動物病理カラーアトラス
第2版

日本獣医病理学専門家協会　編

Japanese College of Veterinary Pathologists (JCVP)

表紙デザイン：中山康子（株式会社ワイクリエイティブ）

序

1990年に『獣医病理組織カラーアトラス』が上梓され，2007年には症例を追加し，肉眼写真も加えた『動物病理カラーアトラス』が出版されました．いずれも精選された写真と的確な説明文からなり，動物の病理学を初めて学ぶ学生諸君ばかりでなく，日本獣医病理学専門家協会（JCVP）の会員資格試験受験を目指す諸氏，獣医病理学の指導的立場にある中堅の研究者に至るまで幅広い層に利用されてきました．『動物病理カラーアトラス』の出版からすでに10年が経ち，獣医病理学の教科書やアトラスで取り上げるべき病気もだいぶ変わってきました．この度改訂した本版では，確実に学ぶべき基本的な病変については前版のまま，あるいは若干手を加えて掲載していますが，近年新たに問題となった感染症や品種特異的疾病などについては新しく項目を設け書き下ろしました．

一方，ここ数年間の獣医学教育の改善には目を見張るものがあります．「獣医学教育モデル・コア・カリキュラム（コアカリ）」が制定され，それに準拠した「獣医学共通テキスト委員会」認定の教科書が多くの科目で作成されています．獣医病理学の教科書では，『動物病理学各論 第2版』と『動物病理学総論 第3版』がコアカリ準拠に認定され，それぞれ2010年と2013年に出版されました．これらのコアカリ準拠教科書では，章ごとに一般目標と到達目標およびキーワードが定められ学習を支援する構成になっています．獣医病理学では，さらにカラー写真があることで，学習すべき内容の理解が格段に進む場合が多いと思います．本書は学習すべき内容を的確に表現するカラー写真とその簡潔な説明を特徴としています．『動物病理学総論』，『動物病理学各論』の副読本として編集されていますが，病変の概要を理解するのであれば単独で用いても十分効果的です．

本書の幾つかの項目では『獣医病理組織カラーアトラス』および『動物病理カラーアトラス』の写真，説明を残している部分があります．したがって，すでに退職された先生方の御名前も執筆者として掲載しています．末筆ではありますが，これらの先輩諸氏を含む執筆者各位，編集委員各位に改めて御礼申し上げます．また，文永堂出版株式会社代表取締役社長 福　毅氏およびしばしば筆が鈍る執筆者を励まし脱稿へと導いて下さった担当の鈴木康弘氏に心より御礼申し上げます．

2018年1月　　　　　　編集委員長　中山裕之

編 集 委 員

（五十音順，敬称略）

内田和幸	東京大学大学院農学生命科学研究科
尾崎清和	摂南大学薬学部
落合謙爾	岩手大学農学部
木村享史	北海道大学大学院獣医学研究院
桑村　充	大阪公立大学大学院獣医学研究科
古林与志安	帯広畜産大学獣医学研究部門
芝原友幸	農研機構 動物衛生研究部門 （略称：動衛研）
＊中山裕之	東京大学名誉教授
三好宣彰	鹿児島大学共同獣医学部
森田剛仁	鳥取大学農学部

＊：編集委員長

執 筆 者

（五十音順，敬称略）

井澤武史	大阪公立大学大学院獣医学研究科
上塚浩司	茨城大学農学部
内田和幸	前掲
宇根有美	岡山理科大学獣医学部
尾崎清和	前掲
落合謙爾	前掲
小山田敏文	北里大学名誉教授
賀川由美子	病理組織検査 ノースラボ
片山芳也	JRA 競走馬総合研究所（略称：JRA 総研）
勝田　修	参天製薬株式会社
上家潤一	麻布大学獣医学部
川口博明	北里大学獣医学部
木村久美子	農研機構 動物衛生研究部門
木村享史	前掲
桑村　充	前掲
古林与志安	前掲
御領政信	岩手大学農学部
酒井洋樹	岐阜大学応用生物科学部
佐々木　淳	岩手大学農学部
芝原友幸	前掲
渋谷　淳	東京農工大学大学院農学研究院
渋谷一元	一般財団法人 日本生物科学研究所（略称：日生研）
渋谷　久	日本大学生物資源科学部
島田章則	元・麻布大学生命・環境科学部

下　山　由美子　アイデックス ラボラトリーズ株式会社
代　田　欣　二　麻布大学名誉教授
末　吉　益　雄　宮崎大学大学院医学獣医学総合研究科
鈴　木　和　彦　東京農工大学大学院農学研究院
寸　田　祐　嗣　鳥取大学農学部
高　橋　公　正　日本獣医生命科学大学名誉教授
谷　村　信　彦　農研機構 動物衛生研究部門
谷　山　弘　行　酪農学園大学理事長
チェンバーズ ジェームズ　東京大学大学院農学生命科学研究科
塚　田　晃　三　日本獣医生命科学大学獣医学部
坪　井　誠　也　株式会社サンリツセルコバ検査センター
中　山　裕　之　前　掲
二　瓶　和　美　富士フイルム VET システムズ株式会社
布　谷　鉄　夫　一般財団法人 日本生物科学研究所
野　村　耕　二　マルピー・ライフテック株式会社
朴　天　鎬　北里大学獣医学部
畑　井　仁　岩手大学農学部
播　谷　亮　東京大学大学院農学生命科学研究科
平　井　卓　哉　宮崎大学農学部
平　山　和　子　バイオ・ラボ
古　岡　秀　文　帯広畜産大学獣医学研究部門
堀　内　雅　之　帯広畜産大学獣医学研究部門
斑　目　広　郎　麻布大学名誉教授
町　田　登　東京農工大学大学院農学研究院
松　田　一　哉　酪農学園大学獣医学群
道　下　正　貴　日本獣医生命科学大学獣医学部
三　井　一　鬼　岡山理科大学獣医学部
三　好　宣　彰　前　掲
森　田　剛　仁　前　掲
森　本　將　弘　山口大学共同獣医学部
柳　井　徳　磨　岐阜大学名誉教授
山　口　良　二　宮崎大学名誉教授
山　田　学　農研機構 動物衛生研究部門
山　手　丈　至　大阪府立大学名誉教授
吉　田　敏　則　東京農工大学大学院農学研究院
和久井　信　麻布大学獣医学部

本書中に掲載されている写真提供の情報について，略称にて記載する場合があります．

例　農研機構 動物衛生研究部門　→　動衛研

JRA 競走馬総合研究所　→　JRA 総研

一般財団法人 日本生物科学研究所　→　日生研

目　次

第1編 脈 管 系

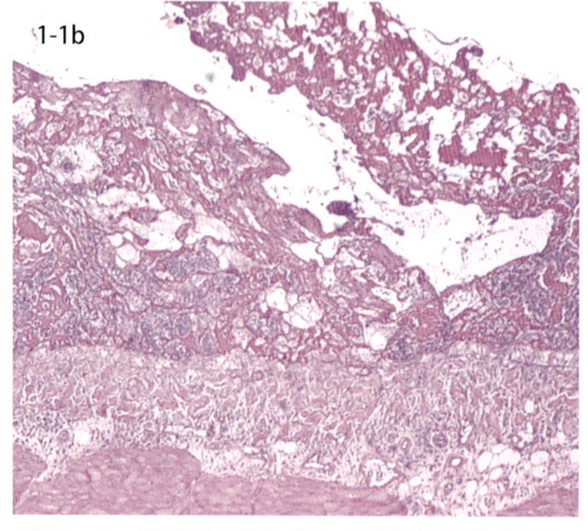

図 1-1a・b　創傷性心外膜炎（牛）．心外膜表面が絨毛に覆われているようにみえる（a）．急性期の心外膜炎．表面は大量の線維素の層で覆われている（b）．

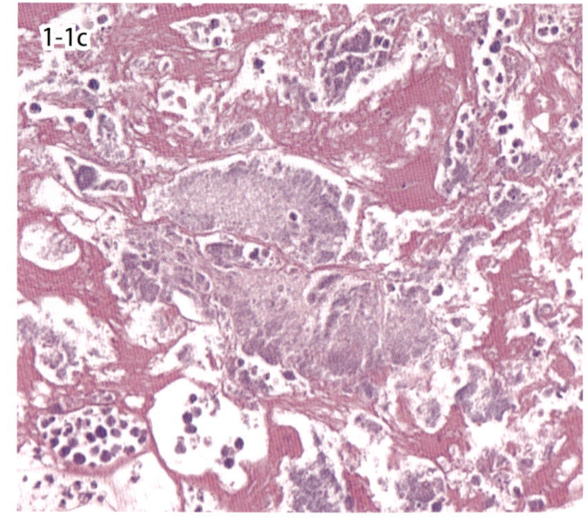

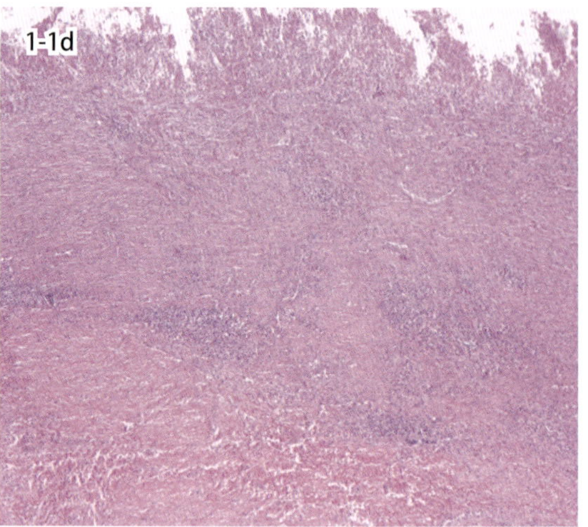

図 1-1c・d　線維素網の中に無数の細菌が認められる（c）．慢性化した心外膜炎．肉芽組織の著しい増殖が認められる（d）．

1-1．創傷性心外膜炎

Traumatic pericarditis

創傷性心外膜炎は牛に特有の疾患である．牛には飼料に混入した針金や釘，竹串，プラスチック製品などの金属あるいは非金属性の異物を摂取する習性がある．また，反芻獣固有の解剖学的特徴から，これらの異物が第二胃胃壁を穿孔し，さらに横隔膜，線維性心膜を穿通することによって生じる．これらの異物には胃液あるいは細菌が付着していることから，線維素性炎あるいは線維素性化膿性炎を示すことが多い．図 1-1a は慢性に経過した牛の創傷性心外膜炎の肉眼像で，心膜を切開したものである．大量の線維素の析出とともにこれを器質化する肉芽組織の形成によって，心外膜表面は絨毛状の外観を呈する（絨毛心 villous heart）．図 1-1b は急性期の心外膜炎の組織図で，心外膜面に大量の線維素の析出，網状構造の形成が認められる．図 1-1c はその析出した線維素の拡大図で，線維素網の中に侵入および増殖した細菌塊が認められる．図 1-1d は慢性に経過した心外膜炎で，表面（上方）に好中球やマクロファージを含んだ線維素が多量に滲出している．下層にはリンパ球，形質細胞，マクロファージ，新生毛細血管などからなる幼若な肉芽組織が増殖している．経過とともに器質化組織が心膜腔を満たすようになり，心膜の両側板は互いに癒着する（癒着性心膜炎 adhesive pericarditis）．その結果，心臓は厚く硬い線維性結合組織で包まれ，鎧心あるいは装甲心 armored heart（防具をつけたという意）と呼ばれる外観を示す．心臓はその動きを制限され，心機能障害に陥り，慢性の肝臓うっ血，腹水症や胸水症を誘発，全身性の循環障害を招く．

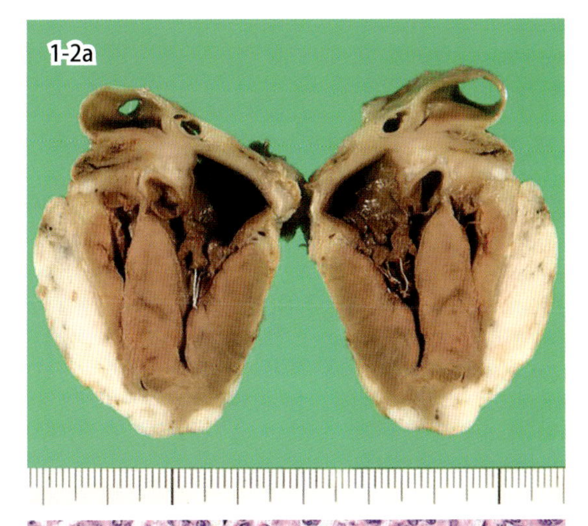

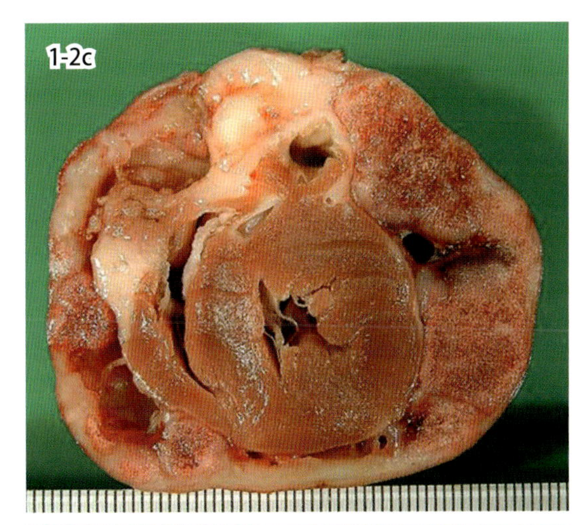

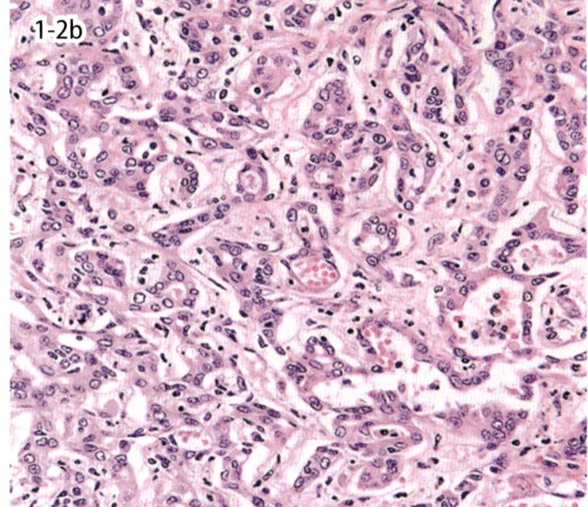

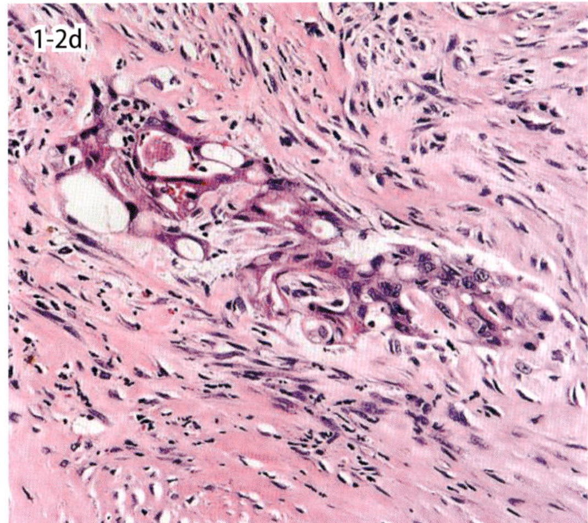

図 1-2a・b 上皮型の心膜中皮腫（犬）．心外膜に主座する腫瘍性病変（a）．線維血管組織周囲に形成された腺房状ないし腺管状構造（b）．

図 1-2c・d 二相型の心膜中皮腫（犬）．心膜腔内を占拠する腫瘍性病変（c）．肉腫様組織内に形成された島状の上皮様細胞集塊（d）．

1-2. 心膜中皮腫

Pericardial mesothelioma

心膜中皮腫は心膜の表面を被覆する中皮に由来する腫瘍であり，その発生は犬では少なく，猫ではまれである．罹患動物は心膜液および胸水の貯留により呼吸促迫や呼吸困難を呈し，心膜液の貯留が重度になると心タンポナーデから右心不全をきたす．本腫瘍は手術適応にはなりにくく，有効な化学療法や放射線療法も確立されていないため，予後はきわめて悪い．肉眼的に壁側ならびに臓側心膜に灰白色～黄色で絨毛状ないし多結節性病変を形成し，心筋層内にも浸潤する（図 1-2a，c）．増殖形態から限局性とび漫性に大別されるが，多くはび漫性の増殖パターンを示す．組織学的に上皮様細胞主体の上皮型，紡錘形細胞主体の肉腫型，これらの細胞が種々の割合で混在する二相型（混合型）に分けられる．上皮型のうち高分化なタイプでは，おおむね均一な大きさの卵円形核と小型の細胞質を有する立方状細胞が乳頭状，腺管状または腺房状構造を形成する（図 1-2b）．一方，低分化なタイプでは，核異型が目立ち細胞質の大きさにバラツキのみられる多角形細胞が充実性のシート状構造を形成する．肉腫型では，紡錘形細胞が線維性結合組織を足場に束状，波状あるいは渦巻き状に配列するが，一般に核の多形性はかなり顕著である．二相型は上皮型と肉腫型の混合タイプである（図 1-2d）．そのほかにも特殊な型がいくつか報告されており，組織型の多様性は中皮細胞の多潜能を反映したものといえる．なお，上皮型および肉腫型の細胞形態や増殖形態がそれぞれ腺癌あるいは線維肉腫に似ているため，HE 染色のみでは鑑別が困難なこともある．

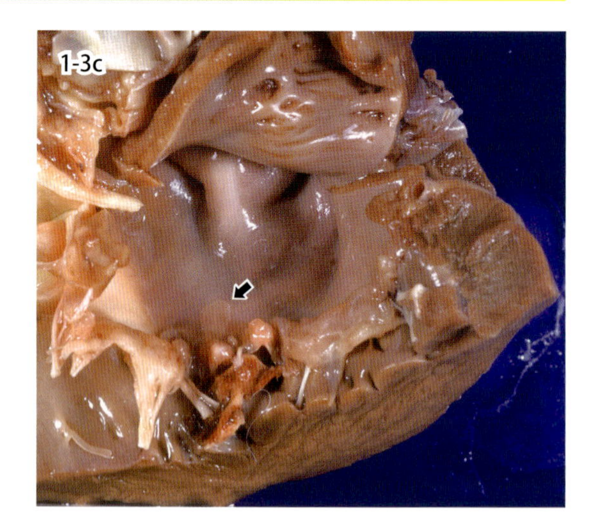

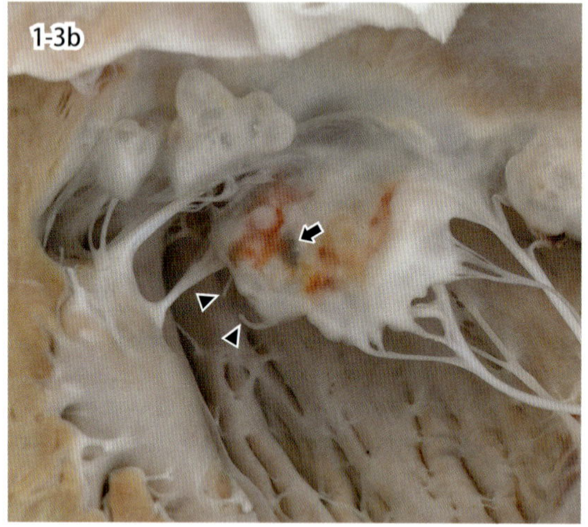

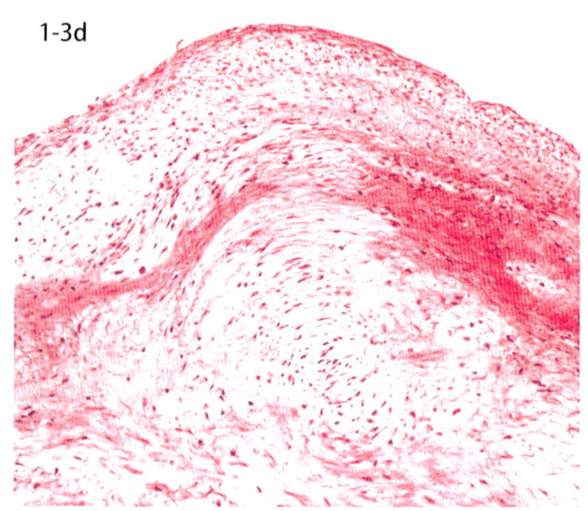

図 1-3a・b　心内膜症（犬）．急性心不全で死亡した症例．僧房弁は結節状に肥厚および変形し（a），弁膜基部の血腫（矢印）および腱索の断裂（矢頭）が認められる（b）．

図 1-3c・d　心内膜症による僧房弁閉鎖不全を示した例の心房内膜における逆流性病変（c，矢印）．組織学的に弁膜では粘液基質の増加がみられる（d）．

1-3. 心内膜症
Endocardiosis

本症は老齢犬の重要な心疾患であり，弁内膜症 valvular endocardiosis もしくは弁の粘液腫様変性 myxomatous valvular degeneration とも称される．小型犬に多く発生し，加齢とともに発生率が上昇する．本症は僧房弁に好発するが，三尖弁にも発生し，また大動脈弁，肺動脈弁にもまれに認められる．肉眼的に病変は 4 型に分類される．Ⅰ型は初期病変で腱索付着部の弁膜に小結節が形成される．Ⅱ型では結節が大型化し癒合する．Ⅲ型ではさらに病変が癒合し，大きな結節あるいはプラーク状病変を形成する．Ⅳ型は極期の病態であり，弁膜は変形あるいは短縮する（図 1-3a）．弁膜の変化に伴い弁膜基部には石灰沈着や出血が認められ，また腱索断裂がみられる場合もある（図 1-3b）．弁膜心内膜炎と異なり，肥厚した弁膜の表面は平滑で光沢を有する．進行すると弁閉鎖不全を引き起こし，心房心内膜の逆流性病変 jet lesion（図 1-3c，矢印）や心房拡張が生ずる．組織学的に，病変の初期には血管内皮細胞の増生，内膜下の線維芽細胞増生とマクロファージ浸潤，結合組織の粗鬆化などが認められる．肉眼的に肥厚あるいは結節状を呈した重度の弁膜病変では，酸性ムコ多糖類（ヒアルロン酸やコンドロイチン硫酸などのプロテオグリカン類）が多量に沈着する（図 1-3d）．このため同病変部はアルシャンブルー染色により明瞭に青色に染色される．

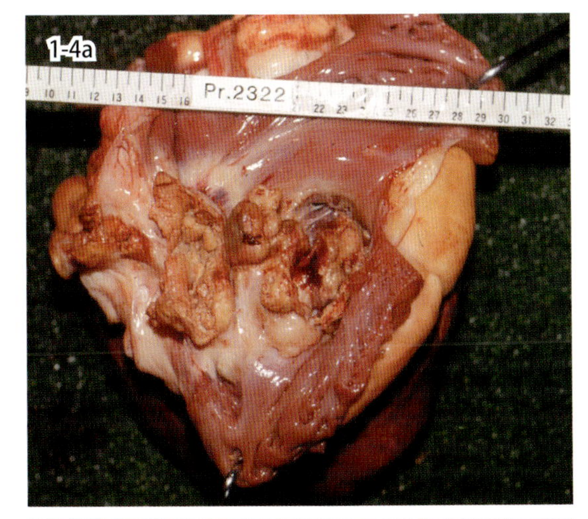

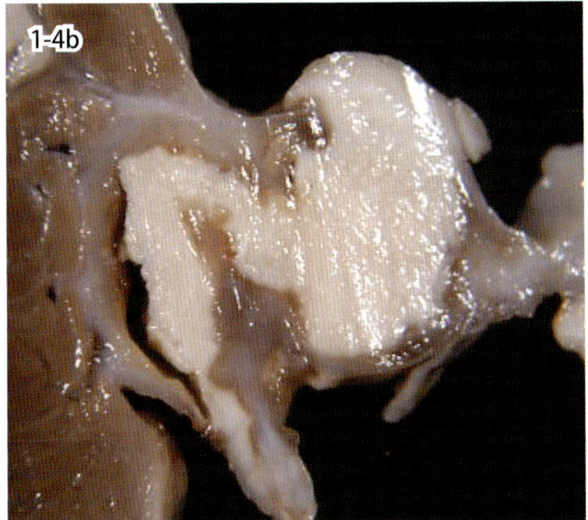

図 1-4a・b 疣贅性心内膜炎（牛）．右房室弁に黄白色のカリフラワー状の脆弱な病巣が多発する（a）．同組織のホルマリン固定後の割面（b）．

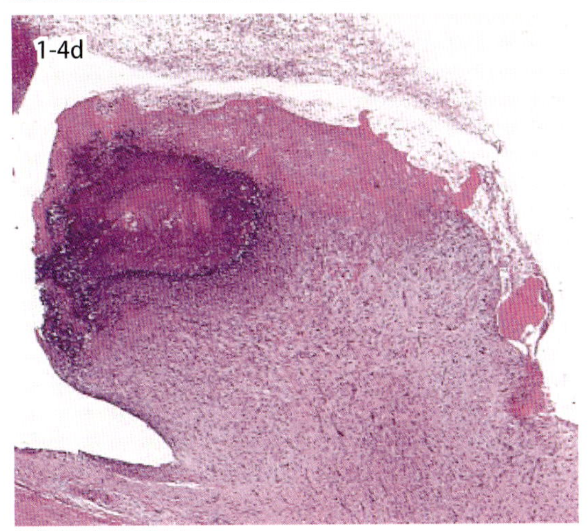

図 1-4c・d 疣贅性心内膜炎（豚）．左房室弁の疣贅病変（c）．細菌塊を含んだ血栓の下層に肉芽組織の増殖がみられる（d）．

1-4. 心内膜炎
Endocarditis

心内膜炎は，発生部位により弁膜性 valvular と壁性 mural に，病変の質により感染性 infectious と非感染性 noninfectious に分けられる．感染性心内膜炎は家畜では細菌に起因することが多く，そのほか寄生虫（馬の普通円虫）が原因となる．牛では *Trueperella pyogenes* が，豚では連鎖球菌や豚丹毒菌 *Erysipelothrix rhusiopathiae* が病巣から分離されることが多い．

細菌性心内膜炎 bacterial endocarditis は，菌血症に続発して弁膜に細菌が定着して生じるが，動物種により心内膜炎の発生部位に相違がみられ，牛では右房室弁に，そのほかの動物では左房室弁に好発する．細菌の増殖による急性期には変性および壊死により潰瘍を生じるが，次いで血栓が形成され，肉芽組織による器質化，さらに瘢痕化が起こる．これらの変化は同時的に繰り返して起こり，その結果，肉眼的にはポリープ状あるいはカリフラワー状の脆弱な病巣を形成することから疣贅性心内膜炎 verrucous endocarditis と呼ばれ，弁膜の閉鎖不全や狭窄を生じる．さらに，細菌を含んだ血栓が剥離すると，血行性にほかの臓器に運ばれシャワー塞栓症 shower thrombus を起こすと同時に転移病巣を形成する．

非感染性心内膜炎 noninfectious endocarditis として，犬では尿毒症に起因する壁性心内膜炎が左心房に認められる．

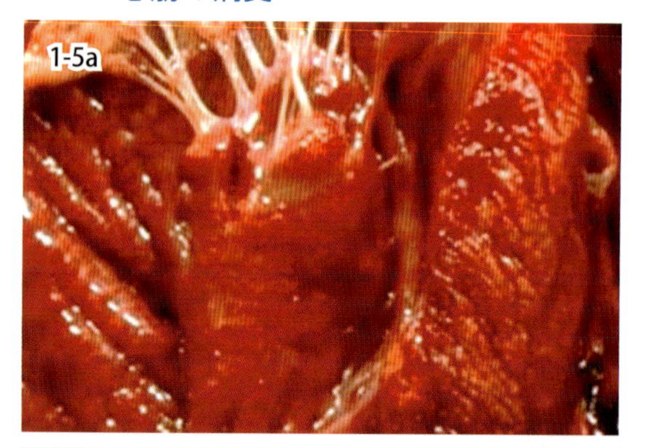

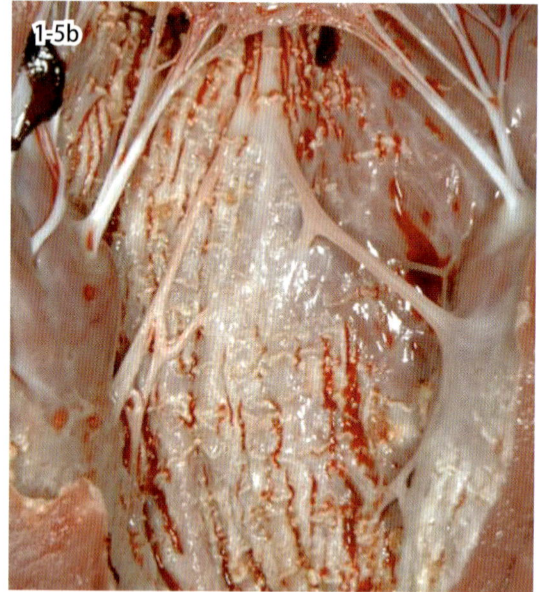

図 1-5a・b　石灰沈着．繁殖豚の心臓（a）．心筋内に微細な灰白色巣が密発している．牛の左心室心内膜（b）．表面に顆粒状ないし線状の白色硬化病変がみられる．

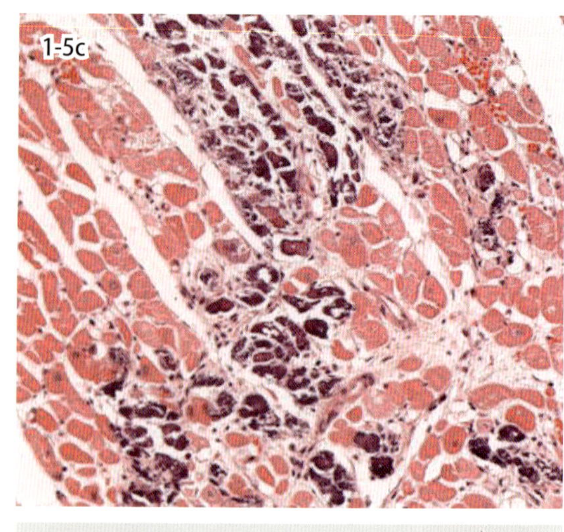

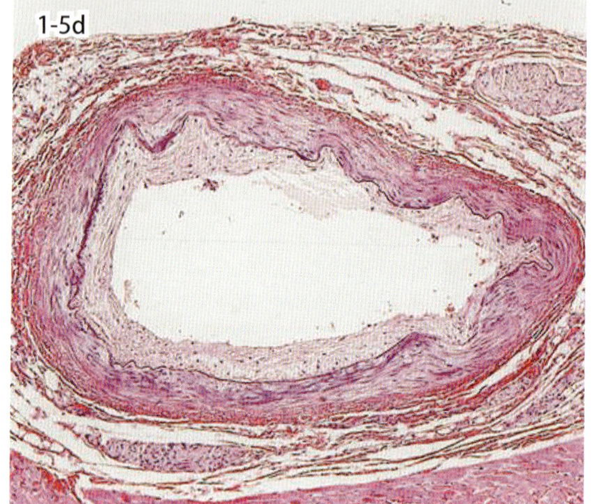

図 1-5c・d　老齢犬の心筋（c）．心筋線維に石灰が沈着．猫の心臓（d），冠状動脈分枝．内弾性板に一致して石灰が沈着．

1-5. 石 灰 沈 着

Calcification

石灰沈着（石灰化 calcification）とは，本来，カルシウム塩が存在しない組織および細胞（軟部組織）にカルシウム塩が沈着することで（病的石灰沈着），大量に沈着すると，肉眼的に白色を呈し，刀割時に抵抗を感じ，触診するとザラザラした感触がある（図 1-5a，b）．カルシウム塩は HE 染色では好塩基性（紫色，濃青紫色）を呈し，組織化学的にアリザニンで赤染，コッサ反応で陽性（黒色）を呈する．

種々の細胞，組織の変性および壊死に続発する石灰沈着を異栄養性石灰沈着 dystrophic calcification という．カルシウムは変性した細胞内には容易に流入するが，本来アルカリ性の組織やアルカリ性に傾いたときに沈着しやすく，細胞内ではとくにミトコンドリアに沈着する．とくに，心筋（図 1-5c），尿細管上皮，脂肪壊死部，融解困難な病巣，瘢痕組織，動脈硬化，血栓，寄生虫，寄生虫虫卵などに沈着しやすい．牛の有機リン中毒ではプルキンエ線維に特異的に石灰沈着が生じる．一方，細胞および組織に先行する障害がなく，血中カルシウム値の上昇を伴った全身性カルシウム代謝異常に基づくものを転移性石灰沈着 metastatic calcification という．この病態は慢性腎不全，上皮小体機能亢進症，ビタミン D 過剰症，草食獣の植物中毒（地方病性石灰沈着症 enzootic calcinosis）などで認められる．主として心内膜，動脈（図 1-5d），肺などの弾性線維，胃粘膜，尿細管上皮などに好発する．

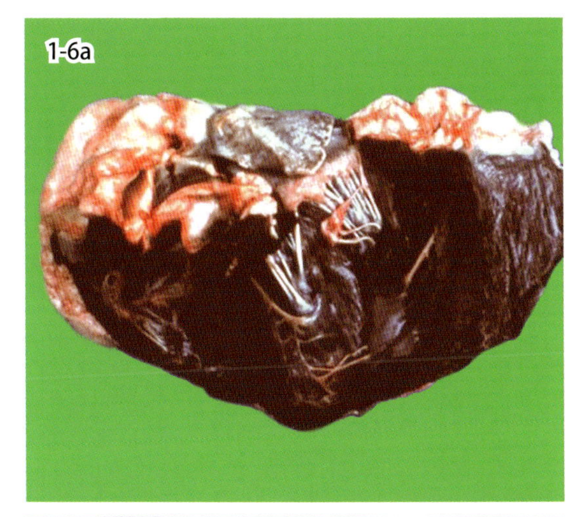

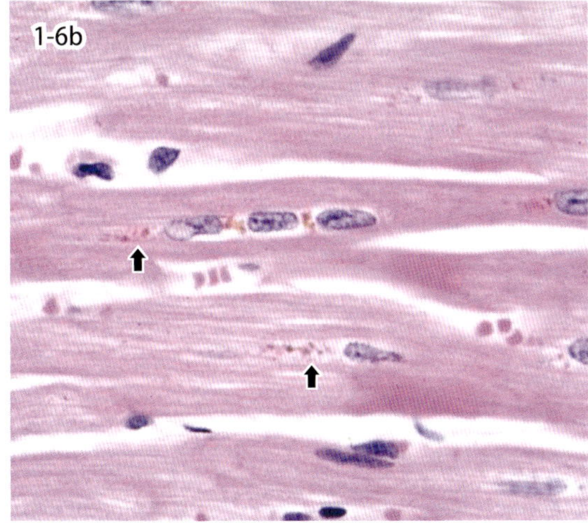

図 1-6　褐色萎縮（牛）．心臓．高度のリポフスチンの沈着により心筋はチョコレート色を呈する（a）．心筋線維の核周明帯（核の両脇）に黄褐色，顆粒状の色素が沈着する（b，矢印）．

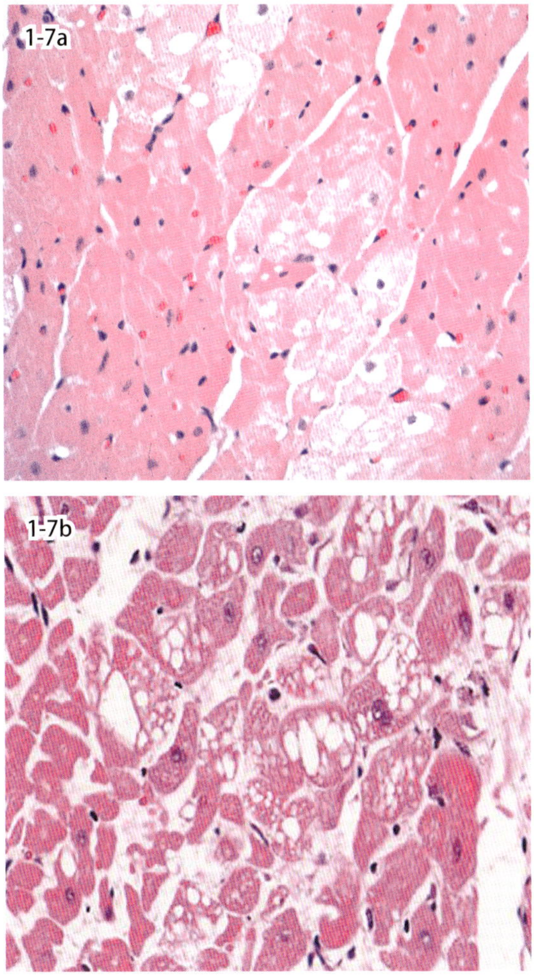

1-6. 褐色萎縮

Brown atrophy

リポフスチン lipofuscin は細胞代謝の過程で生じた不溶性色素で，脂質と蛋白質の凝集体であり，細胞質内の不飽和脂肪酸の過酸化によりリソソーム内に形成され，分解しきれずに蓄積した物質である．光学顕微鏡下で細胞質内に黄褐色～褐色の顆粒として観察される．この色素は老齢，高度の栄養障害や消耗性疾患でしばしばみられることから，加齢性色素あるいは消耗性色素 tear and wear pigment とも呼ばれる．大量に沈着すると肉眼的に臓器は褐色を呈する（図 1-6a）．臓器の萎縮を伴う場合を褐色萎縮 brown atrophy という．心筋線維，肝細胞，神経細胞，尿細管上皮に沈着しやすい．

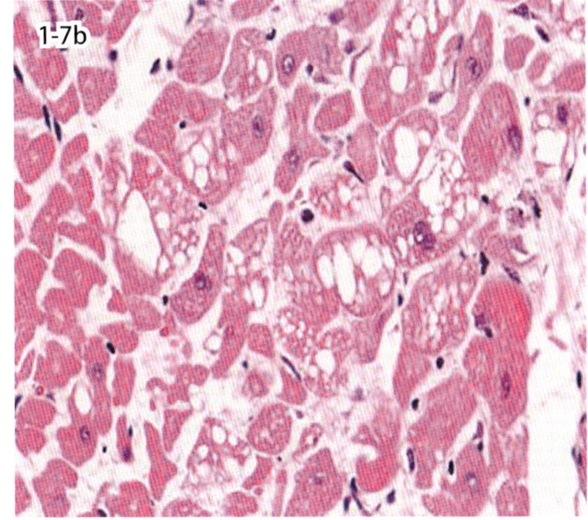

図 1-7　水腫性（空胞）変性．猫の心筋（a）．犬の心筋（b）．心筋線維は大小の多数の空胞を含んで高度に腫大している．

1-7. 水腫性（空胞）変性

Myocardial hydropic（vacuolar）degeneration

混濁腫脹 cloudy swelling に引き続きあるいは同時に生じる可逆的な変性で，低酸素状態あるいは中毒物質によって心筋によくみられる．とくに，アンスラサイクリン系抗癌剤（ドキソルビシンなど）など，心筋毒性のある薬剤の副作用として観察される．組織学的には筋形質に大小さまざまな空胞を形成する．この空胞は滑面ならびに粗面小胞体の拡張である．機序としては混濁腫脹と同様に，主としてミトコンドリアの障害による細胞の水分代謝異常の結果と見なされている．図 1-7a では水腫性変性を示す心筋線維は腫大し，核周囲の明帯の拡大，筋原線維の顆粒状化，筋形質の粗鬆化，ならびに明瞭な空胞形成を伴う．図 1-7b は心筋線維の空胞形成がより高度である．

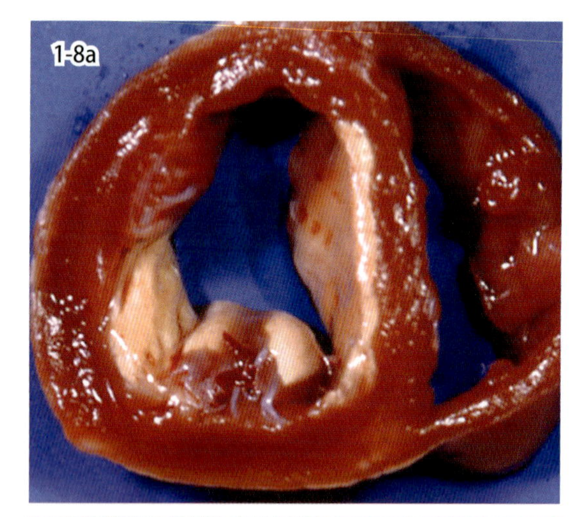

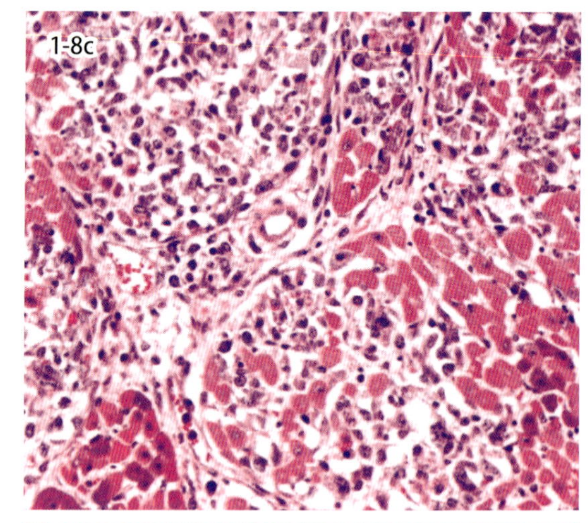

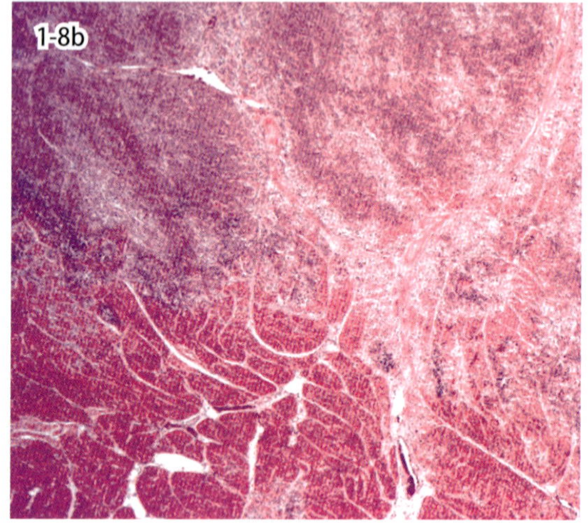

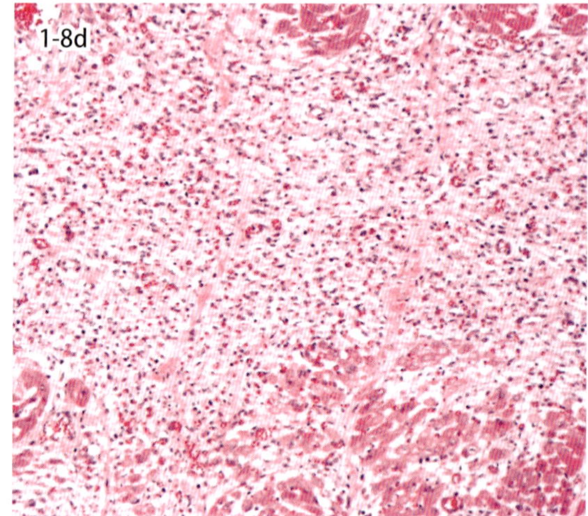

図 1-8a・b　心筋型白筋症（牛）．左心室壁内膜側筋層の白色化が認められる（a）．広範囲な心筋組織の壊死がみられる（b）．

図 1-8c・d　壊死した心筋は浸潤マクロファージによって除去される（c）．壊死組織はマクロファージによる清掃後，線維組織に置換される（d）．

1-8. 心筋型白筋症

White muscle disease, cardiac type

心筋型白筋症は，子馬，子牛，子羊の骨格筋，横隔膜，舌筋および心筋など横紋筋組織に広範な硝子様変性を起こす白筋症の分症として発生する．突然の起立不能，呼吸速迫，心悸亢進，心音微弱，不整脈を発し，短時間内に死亡することが多い．死因は広範囲な心筋の変性および壊死による急性心不全である．ときに，前兆なく突然死として認められる症例もある．原因は，必須微量ミネラルであるセレニウムとビタミンE（トコフェロール）の欠乏とされている．肉眼写真（図 1-8a）は，突然死した生後間もない子牛（ホルスタイン種）の心臓である．左心室中位の横断面で，左心室壁（乳頭筋を含む）ならびに心室中隔壁に，心筋の広範囲な境界明瞭な層状白色化病巣が観察される．右心室壁にも軽度の褪色巣が認められる．病変部は，周囲組織に比べて弾力性を失い脆弱な質感を与える．図 1-8b はその組織像で，心筋組織固有の構造が失われている．心筋束は消失し，一様の組織構造に変化している．図 1-8c はその拡大図で，心筋細胞は核を失い，いわゆる硝子様変性像を示し，マクロファージの浸潤による吸収除去像が認められる．一部，変性した細胞質には石灰の沈着（異栄養性石灰沈着）が青紫色の微細顆粒状に認められる．時間が経過した症例あるいは病変では，変性および壊死した心筋線維のマクロファージの浸潤による清掃反応後の線維性結合組織による置換（器質化）がみられる（図 1-8d）．

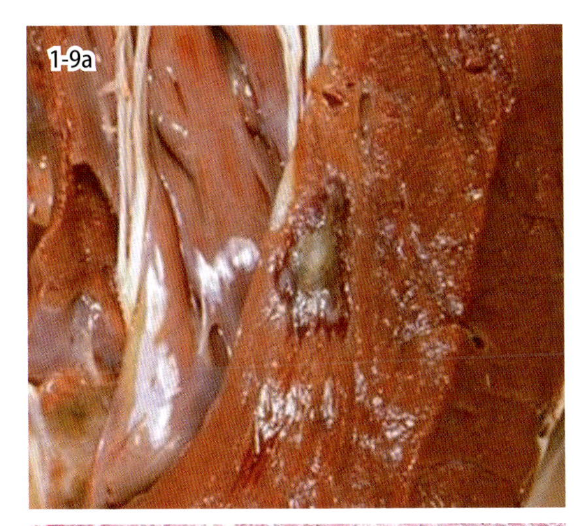

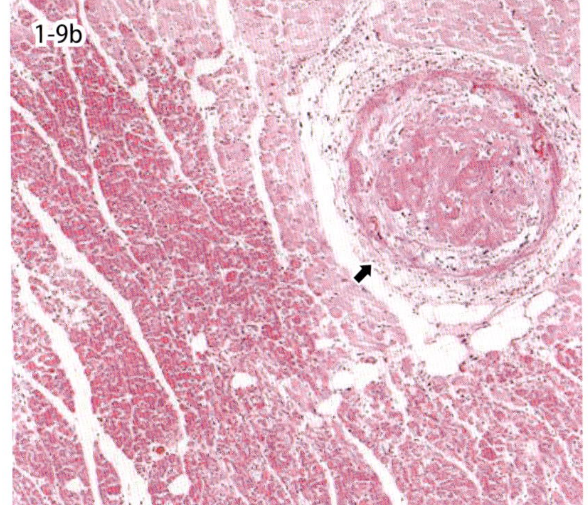

図 1-9a・b 心筋梗塞．牛の心臓．左心室乳頭筋部の壊死巣(a)．犬の心臓の左心室にみられた初期の心筋梗塞（壊死）．動脈に血栓（矢印）がみられる（b）.

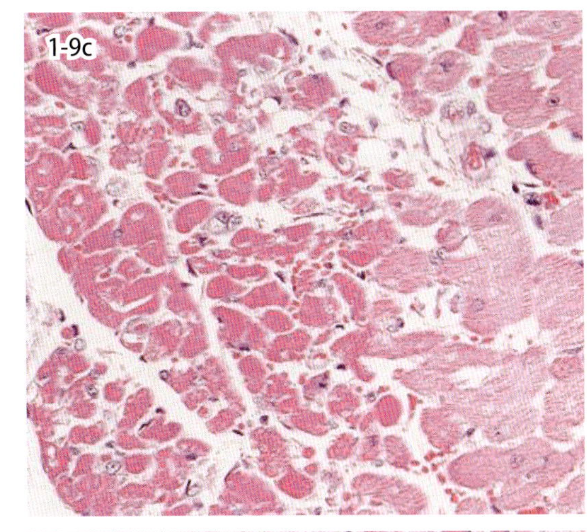

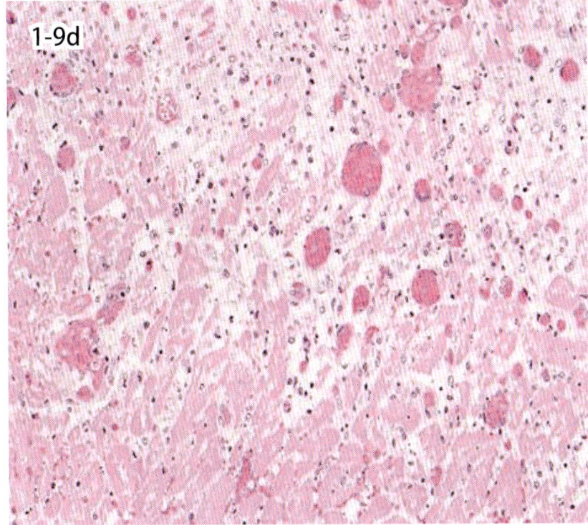

図 1-9c・d 心筋梗塞．犬の心臓．図 1-9b の一部拡大．心筋線維の壊死（c）．ゴリラの心臓．心筋線維が脱落した部位に肉芽組織の増生がみられる（d）.

1-9. 心筋梗塞

Myocardial infarct

心筋梗塞は，虚血性心疾患の１つで，心臓の栄養血管である冠状動脈の閉塞あるいは狭小化によって，支配域心筋への血液供給が減少あるいは途絶えることによって生じる．心筋の代謝活性は高く，短時間の虚血であっても傷害は強く，変性，壊死に陥る．心筋虚血の初期に心筋線維よりグリコーゲン，ミオグロビンなどが消失する．梗塞後５～６時間では肉眼的変化に乏しい．時間の経過とともに，壊死部はやや軟になり，軽度透明化，さらに，黄色，乾燥感，質硬となる（完全な壊死，図 1-9a）．組織学的には，心筋線維の水腫，次に好酸性を増し，筋原線維と横紋も消失し，筋形質が塊状化し，核は濃縮あるいは消失して，硝子化，凝固壊死の形態を示す（図 1-9b，c）．このの ち，好中球，マクロファージなどによる壊死組織の除去，次いで線維芽細胞の増殖による壊死巣の修復機転が進行する（図 1-9d）．心筋線維は再生しないため，壊死巣は最終的には瘢痕組織によって置換される（約１ヵ月）.

心筋梗塞は冠状動脈循環の末梢に当たる部位に好発する．すなわち，心尖に近い部位の，心内膜下心筋層，とくに乳頭筋部である．また，運動量が多く，かつ壁の厚い左心室に生じやすい．ヒトの心筋梗塞の主たる原因は粥状動脈硬化症で，粥腫による内腔狭小化と血栓塞栓を起こす．一方，動物では粥状動脈硬化症の発生はまれで，心筋梗塞の原因は疣贅性心内膜炎に起因する血栓塞栓症や老犬の冠状動脈の硝子化あるいは線維性肥厚である．したがって，動物における心筋梗塞の発生率は，ヒトに比べて非常に低い.

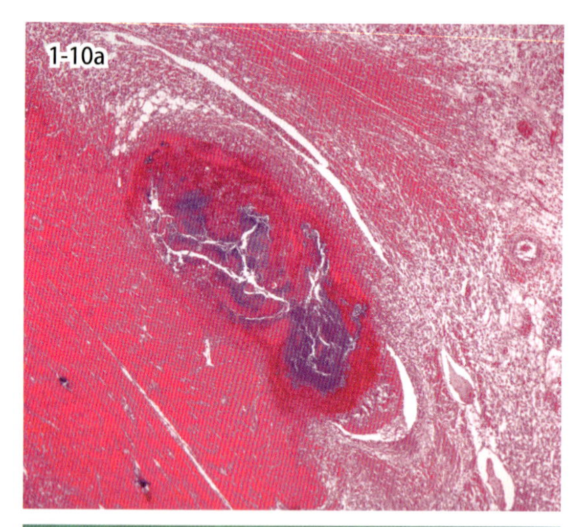

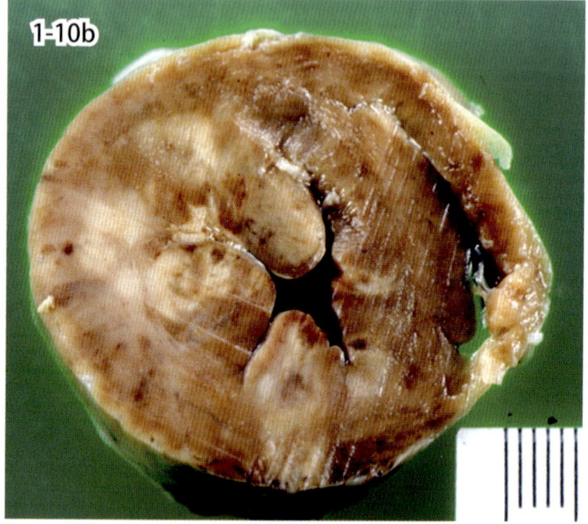

図 1-10a・b　化膿性心筋炎（a 鶏，b 猫，c，d 牛）．黄色ブドウ球菌を含む血栓形成と周囲の化膿性炎症を認める．肉眼的には多巣状性に褐色病変がみられる（b）（写真提供：a は日生研）．

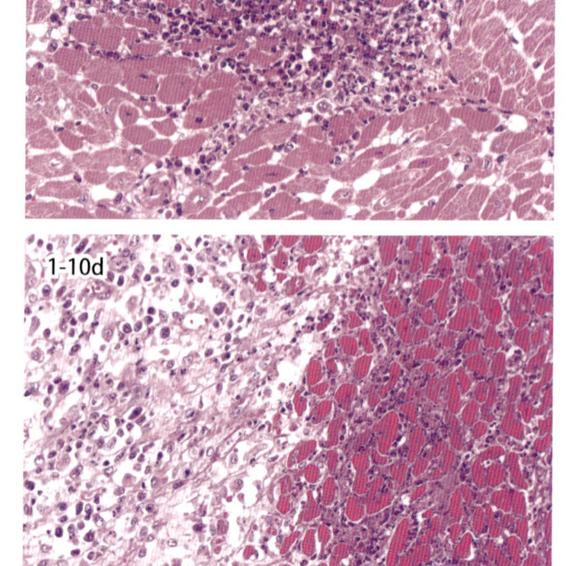

図 1-10c・d　*Histophilus somni* 実験感染牛．心筋壊死と好中球浸潤がみられる（c）．大型梗塞病変では主にマクロファージと形質細胞の浸潤を認める（d）．

1-10. 化膿性心筋炎

Suppurative myocarditis

化膿性心筋炎は，一般的に他の部位に生じた細菌あるいは真菌感染症が血行性に波及して引き起こされる．まれに重度の細菌性胸膜炎から心膜および心筋に感染と炎症が波及する場合もある．産業動物では *Actinobacillus equuli*，*Actinobacillus suis*，あるいは *Listeria monocytogenes* などの化膿菌が主な原因となる．さらに黄色ブドウ球菌 *Staphylococcus aureus* 感染に起因した細菌性冠状動脈塞栓症とこれに随伴した化膿性心筋炎が，ヒト，犬，鶏など多くの動物種で報告されている（図 1-10a）．また豚では豚丹毒症の疣贅性心内膜炎に関連して，細菌血栓が冠状動脈塞栓症を起こして化膿性心筋炎が生じる．さらに牛では *Histophilus somni* の全身感染症の分症として，心筋病変が認められることがある．このような血行性の細菌感染症の場合，菌塞栓を生じた血管とその周囲，血管の支配領域に生じる梗塞により心筋線維の変性および壊死と好中球浸潤が起こり，経過に伴い同部に膿瘍を形成する．全身性真菌感染症の一分症として心筋病変が生じる場合は，化膿性炎症に加え肉芽腫の形成が認められる．剖検時に化膿性心筋炎は，多巣状性ないしび漫性の褐色病変として観察される（図 1-10b）．病変初期には組織学的にも細菌を含む冠状動脈塞栓が認められるが（図 1-10a），冠状動脈分布と関係なく，好中球浸潤巣が心筋内に多巣状性（図 1-10c）あるいはび漫性に認められる．亜急性に経過した大型梗塞巣では，主にマクロファージや形質細胞の細胞浸潤と線維芽細胞増生が観察され好中球の浸潤は減弱する（図 1-10d）．

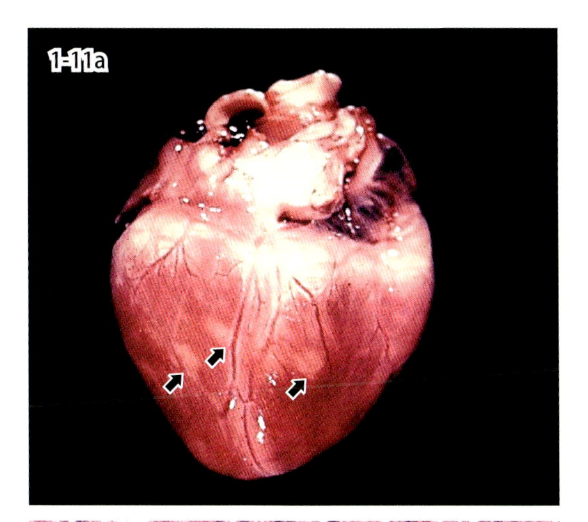

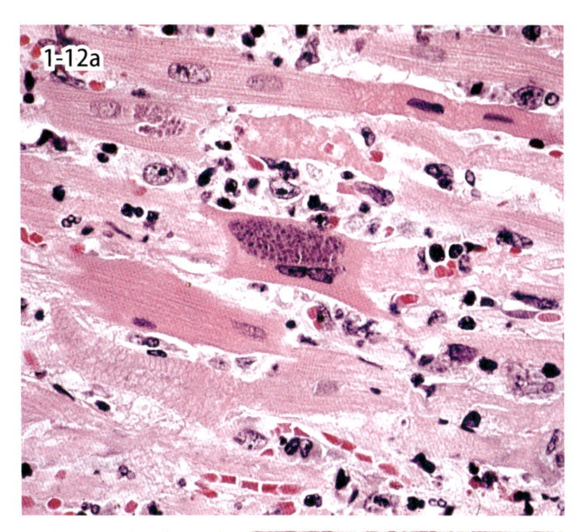

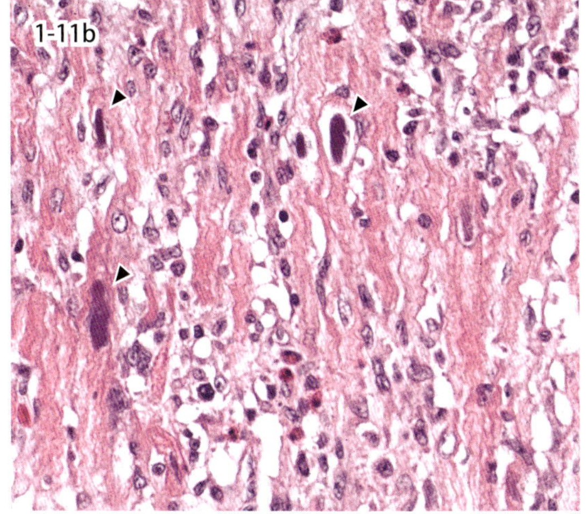

図 1-11 ウイルス性心筋炎．子豚の口蹄疫の心臓病変（a，ラプラタ大学症例）．犬パルボウイルス感染症の心筋病変（b）．心筋線維に核内封入体が観察される（矢頭）．

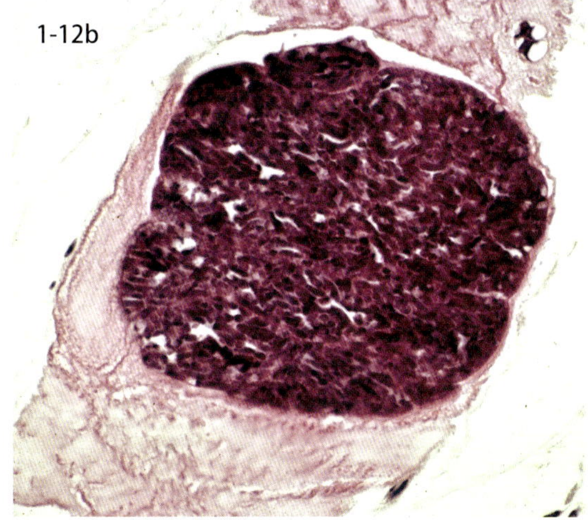

図 1-12 原虫性心筋炎．心筋線維におけるトキソプラズマ原虫のシスト形成（a，カンガルー）．プルキンエ線維における住肉胞子虫のシスト形成（b，牛）．

1-11．ウイルス性心筋炎

Viral myocarditis

心筋炎の原因となるウイルスとして豚の脳心筋炎ウイルス，口蹄疫ウイルス，ウエストナイルウイルス，犬パルボウイルス2型などが知られている．若齢の牛や豚の口蹄疫ウイルス感染では急性の非化膿性心筋炎がみられ，肉眼的に特徴的な斑状の褪色病変が観察される（図 1-11a，矢印）．一方，犬パルボウイルス感染症の心筋炎型は2～8週齢の子犬にみられ，小腸病変を伴わず，急性うっ血性心不全を示し突然死する．肉眼的に心臓は蒼白で弛緩する．組織学的には非化膿性心筋炎を呈し，間質におけるリンパ球浸潤を伴う心筋線維の変性壊死と核内封入体の形成が観察される（図 1-11b）．

1-12．原虫性心筋炎

Protozoal myocarditis

心筋炎の原因となる原虫として *Neospora caninum*，住肉胞子虫 *Sarcocystis* spp.，*Toxoplasma gondii*，*Trypanosoma* spp. などが知られている．*Toxoplasma gondii* による心筋炎では心筋線維にブラディゾイトを含有するシストが観察され，症例によっては重度のリンパ球浸潤と心筋線維の壊死がみられる．本原虫は形態学的に *Neospora caninum* にきわめて類似し，鑑別には免疫組織化学を用いる必要がある．

住肉胞子虫の寄生は反芻獣でよくみられ，心筋線維とプルキンエ線維の細胞質内にサルコシスト sarcocyst を形成する．炎症反応は通常伴わないが，好酸球性肉芽腫を誘発する場合がある．

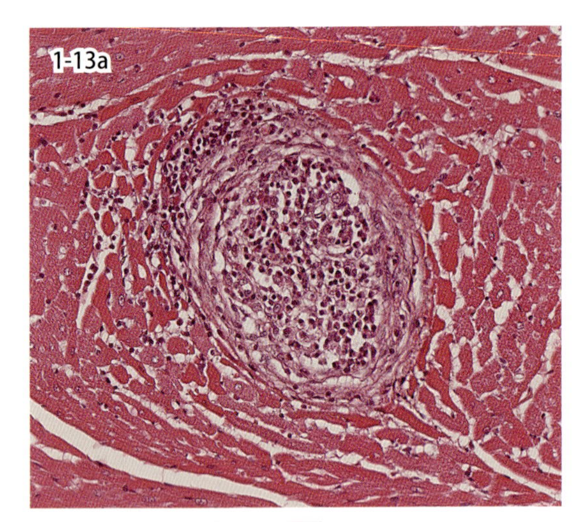

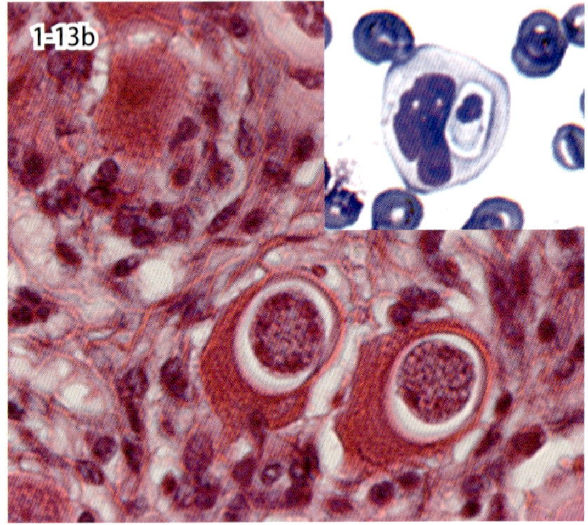

図 1-13　ヘパトゾーン感染症（テン）．心筋内の肉芽腫性結節（a），同部病変内の多数のシゾント（b），好中球内のガメトサイト（挿入図，犬，血液塗抹）．

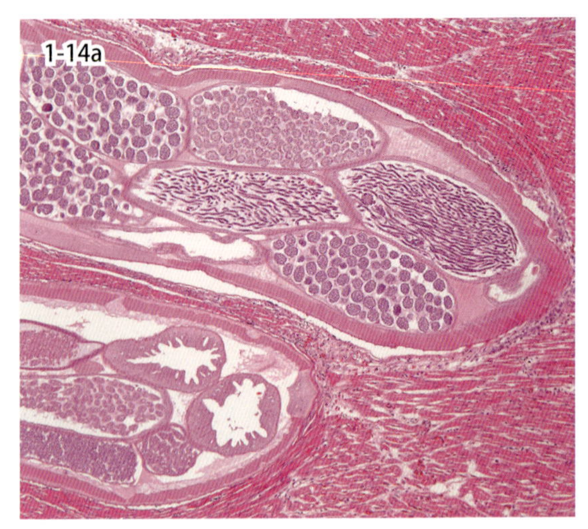

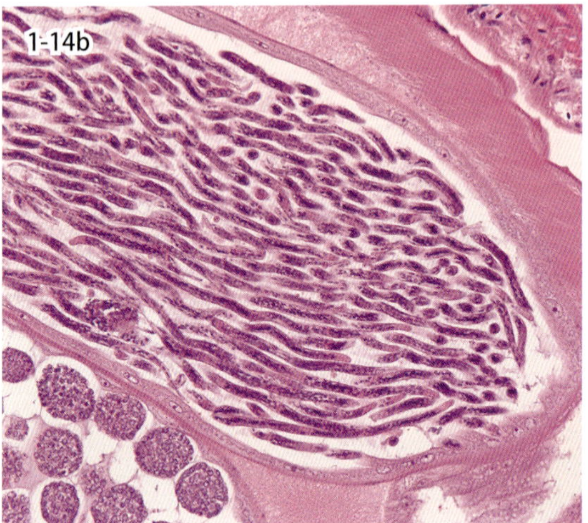

図 1-14　*Sarconema eurycerca* 症（鳥）．野生ハクチョウの心筋実質内に認められる線虫（a）および線虫の生殖器内に含まれる多数の子虫（ミクロフィラリア）（b）．

1-13. ヘパトゾーン感染症

Hepatozoon infection

Hepatozoon canis を含むヘパトゾーン属の原虫は，オーシストを有するダニを脊椎動物が摂取することで宿主に取り込まれる．白血球増多症や非再生性貧血などを引き起こすが，不顕性で臨床症状を示さないことも多い．犬では，スポロゾイトが腸管壁から体内に移行して，血管やリンパ管から心臓，肝臓，腎臓，肺に播種し，単核食細胞や血管内皮細胞に感染し，さらに好中球や単球に感染してガメトサイトを形成する（挿入図）．有性生殖は吸血したダニの体内で行われる．図 1-13a はヘパトゾーン属原虫の感染がみられたテンの心臓で，大小の肉芽腫性結節が散在し，結節内には細胞質にメロントを有する腫大した単核食細胞が認められる（図 1-13b）．

1-14. *Sarconema eurycerca* 症

Sarconema eurycerca infection

Sarconema eurycerca 症は野鳥のフィラリア症であり，主にハクチョウとカモに発生する．中間宿主であるシラミによって媒介され，成虫は心臓にのみ寄生する．肉眼的には心肥大，心筋の褪色，心外膜下および心筋実質内に白色線虫を認めることがある．組織学的には著明な壊死，出血，炎症性細胞浸潤が生じるが，これら病変の程度はさまざまであり，明確な病変を伴わない症例もある．致死的な感染例も報告されているが，本寄生虫の病原性の詳細は不明であり，不顕性感染例も多い．

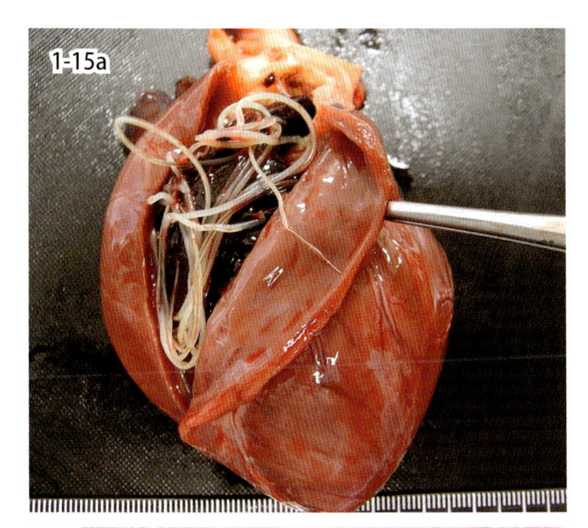

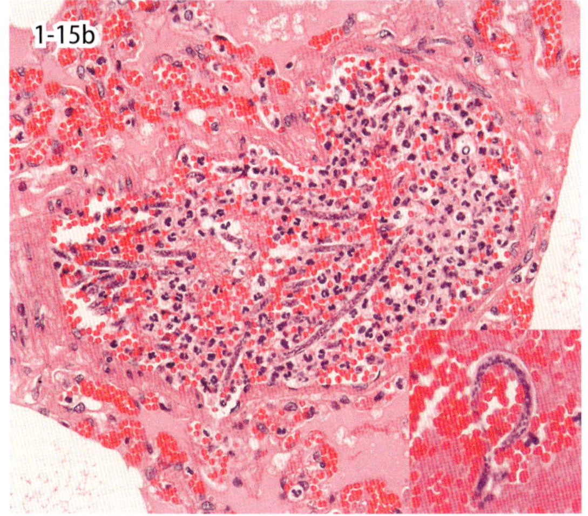

図 1-15a・b フィラリア症（犬）．右心室内に多数の白色線虫（フィラリア成虫）が寄生する（a）．肺の動脈内にミクロフィラリアが認められる（b，挿入図）．

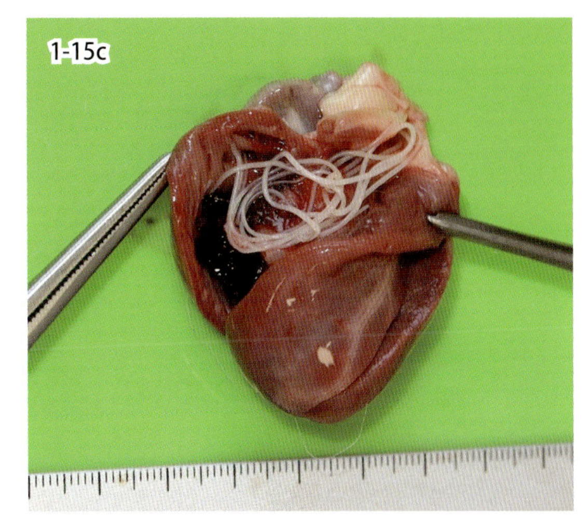

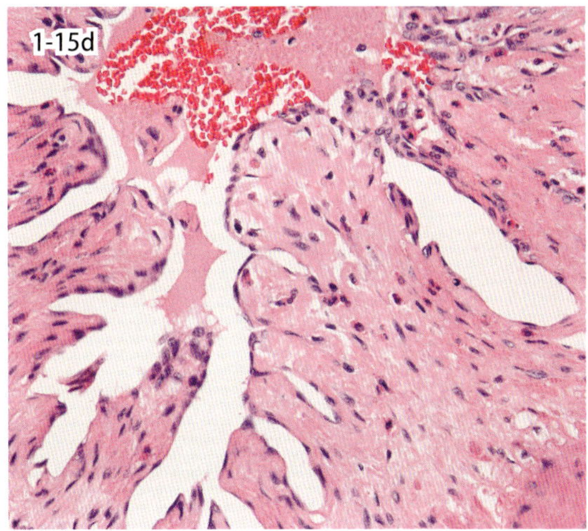

図 1-15c・d フィラリア症（猫）．右心室内にフィラリアが寄生する（c）．肺の動脈の内膜は柔毛状で，少数の好酸球浸潤を伴う（d）．

1-15. 犬，猫のフィラリア症

Dirofilariasis

犬糸状虫 *Dirofilaria immitis* の成虫が主として右心・肺動脈系に寄生することにより，肺循環障害とそれに基づく右心不全を示す疾患である．主な病変は肺動脈内膜の増生，肺動脈塞栓症，肺高血圧症，右心肥大（肺性心），肝臓や脾臓のうっ血，腹水，胸水，心嚢水の貯留，黄疸，貧血である．死滅虫体や血栓形成により閉塞された肺動脈には器質化と再疎通が生じる．後大静脈の塞栓や右房室弁（三尖弁）の異常により，循環不全や血管内溶血を起こした場合にはショック状態となるため注意が必要である．また，動脈の破裂により出血，喀血，虫体の喀出，さらには胃内に嚥下した血液と虫体を認めることがある．腎臓には血鉄症ならびに免疫複合体の沈着による膜性糸球体腎炎が生じることがある．また，心臓以外（脳脊髄実質，脳動脈，眼球，腹腔，胸腔）に虫体が迷入することもある．一方，猫のフィラリア症では，肺動脈内膜の増殖性変化や細胞反応が目立ち，中膜の肥厚が著しく，肺動脈の破綻によって急死することがある．また犬とは異なり，成虫の寄生数が少なく血液中のミクロフィラリアの検出率が低いこと，心肥大が不明瞭であることから生前診断が困難である．

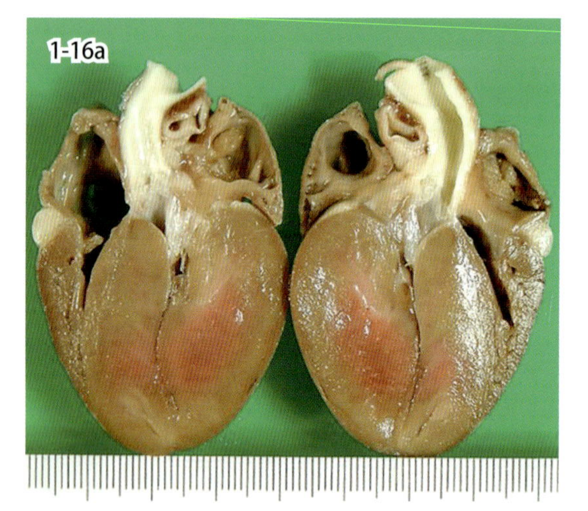

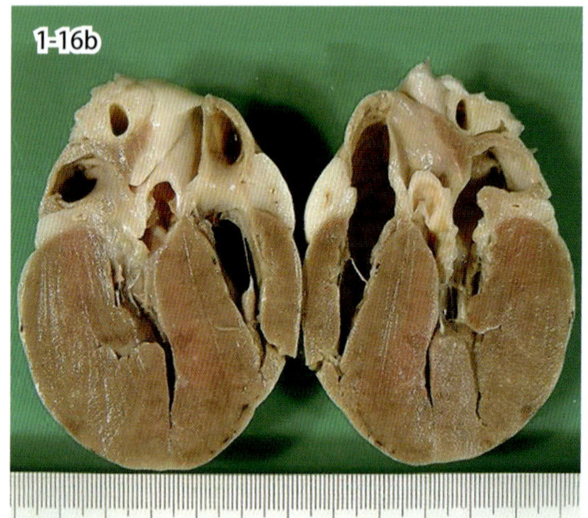

図 1-16 a・b　肥大型心筋症．猫（a）および犬（b）の心房と心室の縦断像．左室壁と心室中隔はいずれも重度に肥厚し，左室腔の狭小化を伴っている．

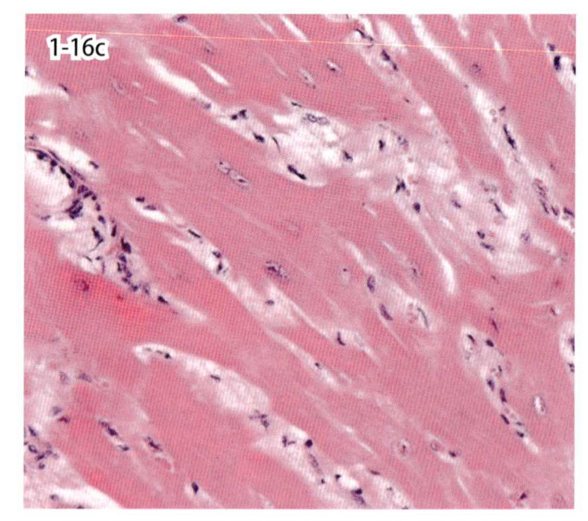

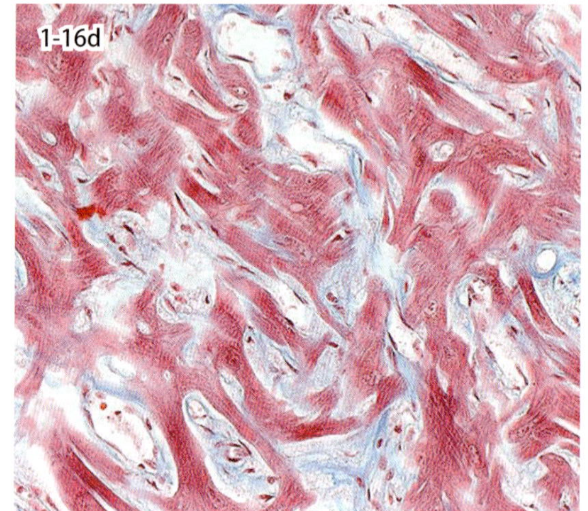

図 1-16c・d　肥大型心筋症（猫）．心筋は重度に肥大し（c），顕著な錯綜配列（重畳，交錯，異常分岐など）と叢状線維化を伴っている（d，マッソン・トリクローム染色）．

1-16. 肥大型心筋症

Hypertrophic cardiomyopathy

肥大型心筋症（HCM）は左室の求心性肥大を特徴とする原発性の心筋疾患である．HCM は猫の心筋症の中で最も一般的なものであり，約 2/3 を占める．本疾患の原因は十分に明らかにされていないが，多くの例で遺伝的素因による心筋収縮蛋白質の異常（サルコメア病）が関与している．メインクーンとラグドールでは，心筋ミオシン結合蛋白 C 遺伝子（MYBPC3）の変異が HCM の発生に関わっている．一方，犬では心筋症全体に占める HCM の割合は低い．犬での病因については不明であるが，罹患犬の多くが若齢の雄犬であることから，遺伝的因子の関与が示唆されている．

HCM の心臓には顕著な左室肥大がみられ，左室自由壁と心室中隔の肥厚により内腔は著しく狭小化している（図 1-16a・b）．右室壁にも種々の程度に肥厚がみられる．猫ではとくに左房が顕著に拡張し，内腔にはしばしば血栓形成を伴う．また，左室流出路には，収縮期前方運動に伴う僧帽弁前尖と心室中隔心内膜面との接触に起因する線維性の斑状肥厚病変が観察されることもある．HCM に特徴的な組織所見は心筋細胞の顕著な肥大と配列の乱れ（心筋錯綜配列）である（図 1-16c•d）．著しく肥大した心筋細胞は奇妙な形態（星芒状〜タコ足状）を呈し，4 細胞結合あるいはそれ以上の細胞結合パターンをとるため，重畳，交錯，異常分岐（樹枝状分岐），渦巻き状配列などを示す．また，心筋錯綜配列に随伴して叢状線維化（繊細な線維組織からなる網目状の間質性心筋線維化）が観察される．心筋層内を走行する小動脈の多くは顕著な内膜肥厚を呈し，管腔の狭小化を伴う．

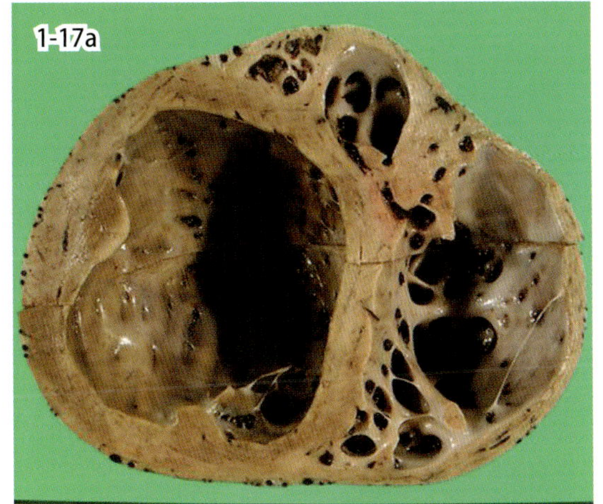

図 1-17a・b　拡張型心筋症．犬（a）および猫（b）の心室横断像．左右の心室腔は中等度ないし重度に拡張しており，心室壁の菲薄化を伴っている．

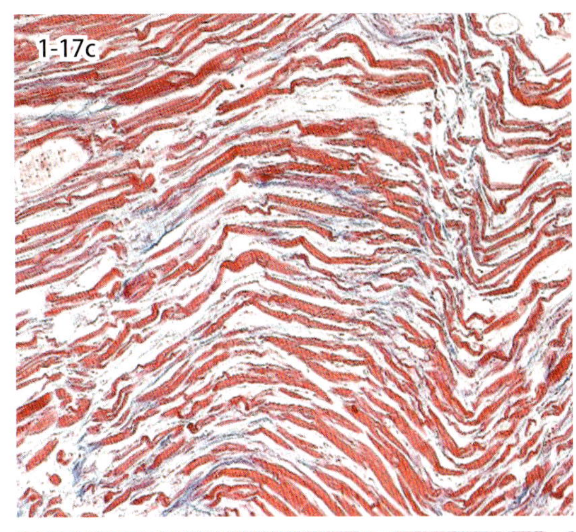

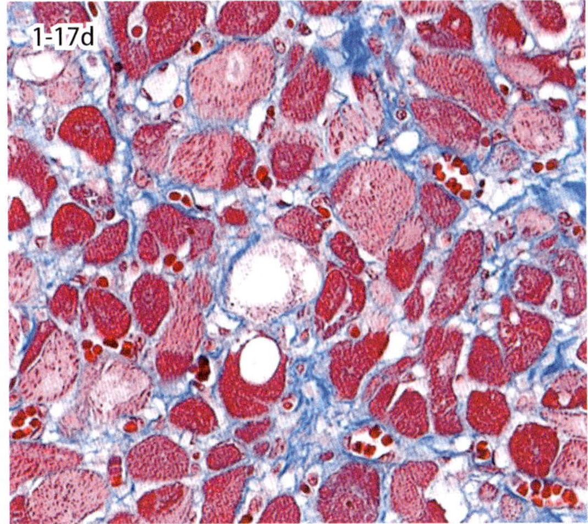

図 1-17c・d　拡張型心筋症（マッソン・トリクローム染色）．縦断像では伸長した心筋が波状に走行している（c）．横断像では心筋が大小不同を呈し，間質の線維増生を認める（d）．

1-17．拡張型心筋症

Dilated cardiomyopathy

拡張型心筋症（DCM）は犬に多くみられる心疾患の１つであり，うっ血性心不全を伴った心室拡張と心室の収縮および拡張不全を特徴とする．DCM罹患犬のそれぞれについてその病因を明らかにすることは困難であるが，原因因子として遺伝的因子，栄養欠乏，代謝異常，免疫異常，感染性疾患，薬物や中毒誘発性の心筋運動低下などがあげられる．犬のDCMは特定の品種あるいは家系に好発することから，一部は遺伝性疾患と見なされている．一方，猫におけるDCMの発生はタウリン欠乏と密接に関連し，キャットフードの中に適量のタウリンが添加されるようになってからは，その発生率が激減した．すなわち，原発性の特発性DCMの発生は比較的まれといえる．

肉眼的に心臓は球状に拡大し，心臓重量の増加ならびに左右の心房および心室の顕著な拡張が認められる（図 1-17a・b）．すなわち，心肥大と心拡張とが共存した遠心性心肥大の形態をとる．犬の特発性DCMは，組織学的に２つのタイプに大別される．１つは多くの中型～大型犬にみられる「attenuated wavy fiber（伸長した波状線維）」タイプであり（図 1-17c），もう１つは主にボクサーとドーベルマン・ピンシャーにみられる「fatty infiltration-degenerative（脂肪浸潤 - 変性）」タイプである．これらはそれぞれ異なった病的プロセスを反映しているものと見なされる．ちなみに，猫のDCMでは「attenuated wavy fiber」のみが高率に観察される．そのほかに心筋壊死，心筋線維化，心筋細胞の空胞変性や（図 1-17d），壁内冠状動脈の内膜および中膜の肥厚などの非特異的な所見も観察される．

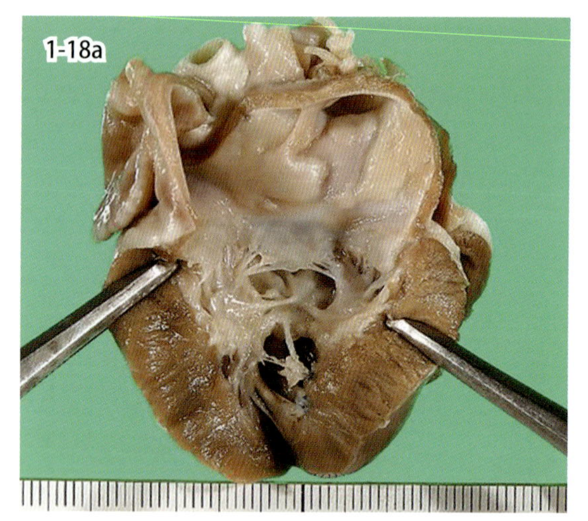

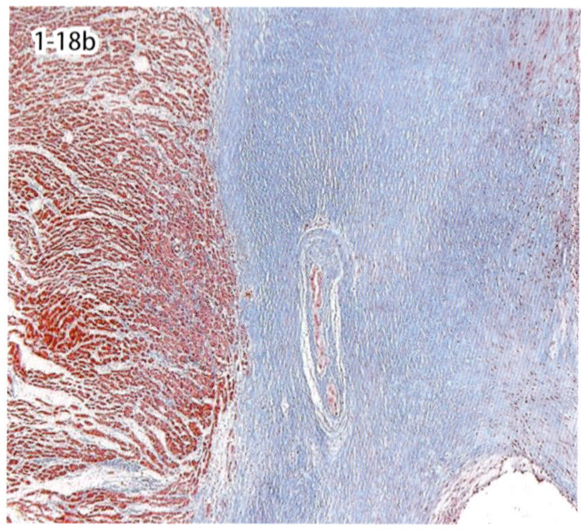

図 1-18a・b 拘束型心筋症（猫）．肉眼的に左室上部 1/2 と左房の心内膜が著しく肥厚している（a）．肥厚した心内膜は線維性結合組織からなる（b，マッソン・トリクローム染色）．

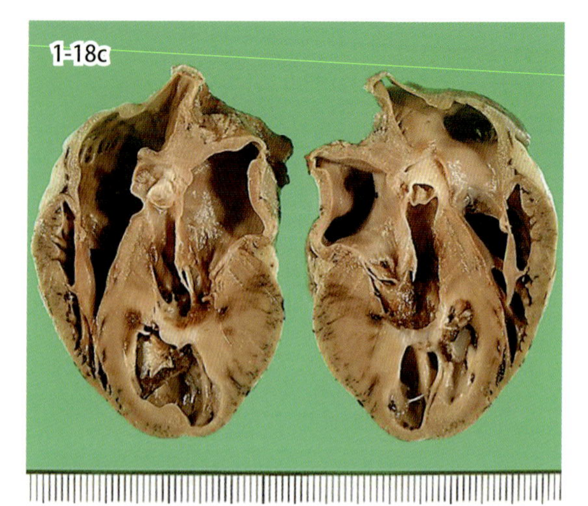

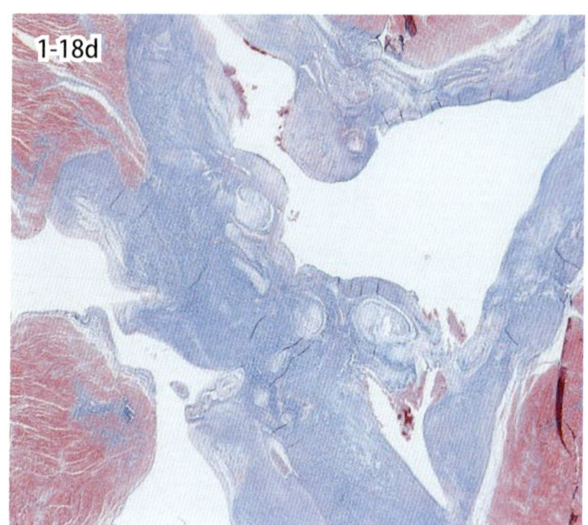

図 1-18c・d 肉眼的に線維索が左室の乳頭筋と心室中隔を連結している（c）．線維索は増生した線維性結合組織からなる（d，マッソン・トリクローム染色）．

1-18. 拘束型心筋症

Restrictive cardiomyopathy

拘束型心筋症（RCM）は，心室の拡張期充満に障害をきたす原発性の心筋疾患の総称である．したがって，特定の疾患単位を指すものではなく，拘束性の病態生理，すなわち心筋スティフネスの増大と拡張機能不全を惹起するさまざまな病的プロセスを包含した機能的な用語といえる．一般に RCM は猫にみられる心筋症の約 20%を占めるとされている．ヒトでの RCM 分類になぞらえて，猫でも心内膜を重度に巻き込んだ疾患群（心内膜心筋型）と，主に心筋を巻き込んだ疾患群（心筋型）の 2 つに分けられているが，後者については不明な部分が多い．

心内膜心筋型 RCM では，心臓は中等度～重度に拡大し，左房の顕著な拡張，左室壁の肥厚とリモデリング，左室腔の狭小化，ときに左房内血栓形成が認められる．左室の心内膜は著しく肥厚して硬さと粗糙感を増し（表面が平滑で光沢を呈しているものもある），灰白色～黄褐色で透明感が低下または消失している．このような心内膜の肥厚は乳頭筋，僧帽弁の腱索や弁膜の一部を巻き込みつつ広範に及ぶが（図 1-18a），一部に限局している例も少なくない（図 1-18c）．組織学的に，肥厚した心内膜は密に配列した膠原線維束からなり（図 1-18b，d），しばしば硝子様化した領域を包含している．なお，膠原線維束間に少数ないしは多数の平滑筋細胞を入れているものも多い．線維組織増生は心内膜下の心筋層内にも波及し，間質性の心筋線維化を引き起こすことがある．少数例ではあるが，肥厚した心内膜と心筋層の境界領域に単核細胞からなる炎症性細胞の浸潤を伴うこともある．

Ⅳ. 心臓の腫瘍

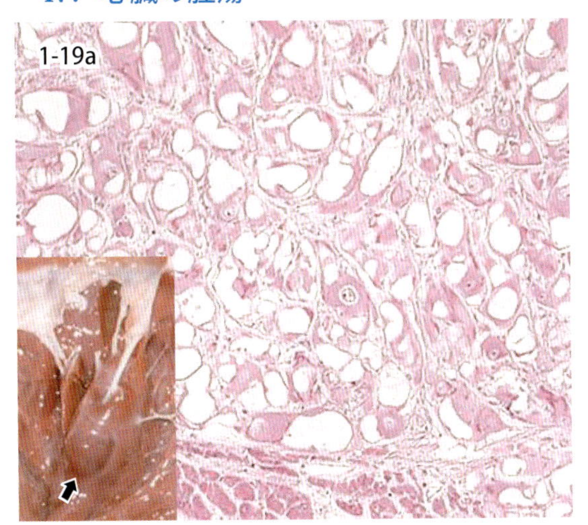

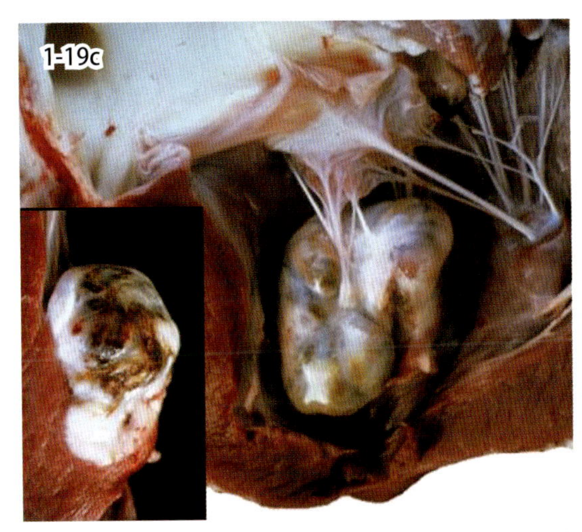

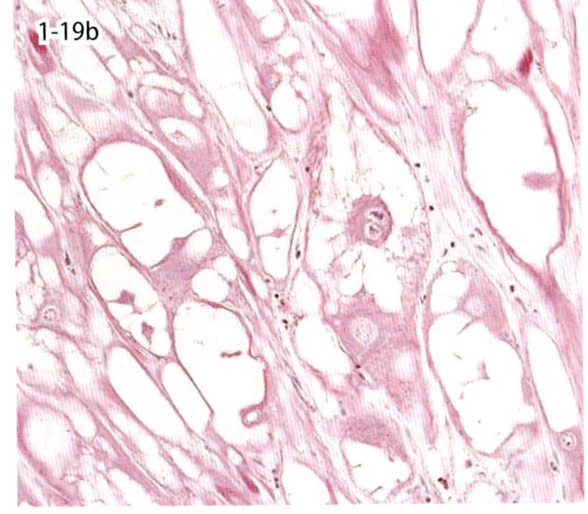

図 1-19a・b 心臓横紋筋腫（豚）．挿入図は左心室乳頭筋部の隆起性腫瘍（矢印）を示す（a）．増殖細胞は心筋プルキンエ細胞様の形態を示す（b）．

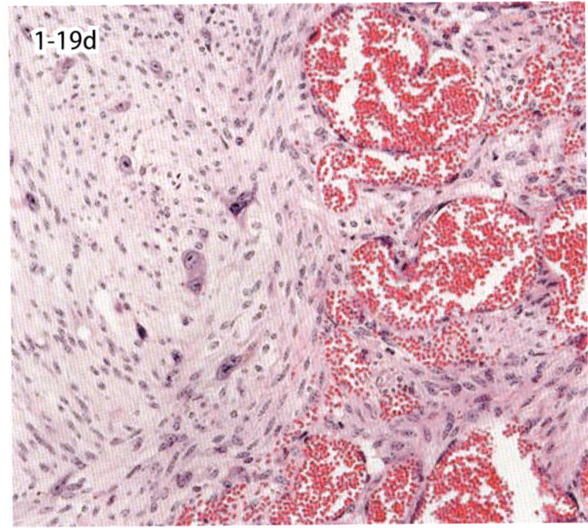

図 1-19c・d 心臓血管筋腫（牛）．腫瘍は乳頭筋部にみられる．挿入図は腫瘍の割面を示す（c）．紡錘形細胞の増殖と血管腫様の部位からなる（d）．

1-19. 原発性腫瘍

Primary cardiac tumors

心臓で観察される腫瘍のほとんどが転移性腫瘍で，心臓原発腫瘍は非常に少ない．心臓に原発する腫瘍として横紋筋腫，血管筋腫，血管肉腫，大動脈小体腫，末梢神経鞘腫瘍，心房粘液腫などがあげられる．心臓の横紋筋腫 rhabdomyoma は，若齢の動物で観察され，一般に過誤腫として捉えられる．心筋内あるいは，心腔内に隆起するように発生し，ときに多発する．心筋と同色で赤褐色を示し，被膜を有さず周囲の心筋組織との境界は不明瞭である（図 1-19a 挿入図）．腫瘍細胞は大型で，細胞質内に豊富なグリコーゲンを有しており，巨大空胞形成，風船状あるいはスパイダー細胞様の形態を示す（図 1-19a，b）．豚とハムスターで報告例が多い．豚では腫瘍細胞が心筋プルキンエ細胞マーカーを発現していることから心筋プルキンエ細胞起源としてプルキンエ腫 Purkinjeoma という名称が提唱されている．

「牛の心臓血管筋腫 cardiac angiomyoma」は若齢の牛で観察される．単発あるいは多発することもあり，転移はしない．発生部位に特徴があり，乳頭筋部に好発し（図 1-19c），弁膜などの弁複合体に発生し，心腔内腔に隆起あるいは突出するように形成され，心筋内に埋没してみられることはない．腫瘍組織は２つの組織成分からなり（図 1-19d），１つは紡錘形細胞が交錯する束状配列を示す部分で，ほかの１つは血管腫あるいは血管肉腫様部分である．症例によってその割合は異なるが，２つの組織内には異型性の強い大型細胞がみられる．過誤腫的性格を有する腫瘍と考えられている．

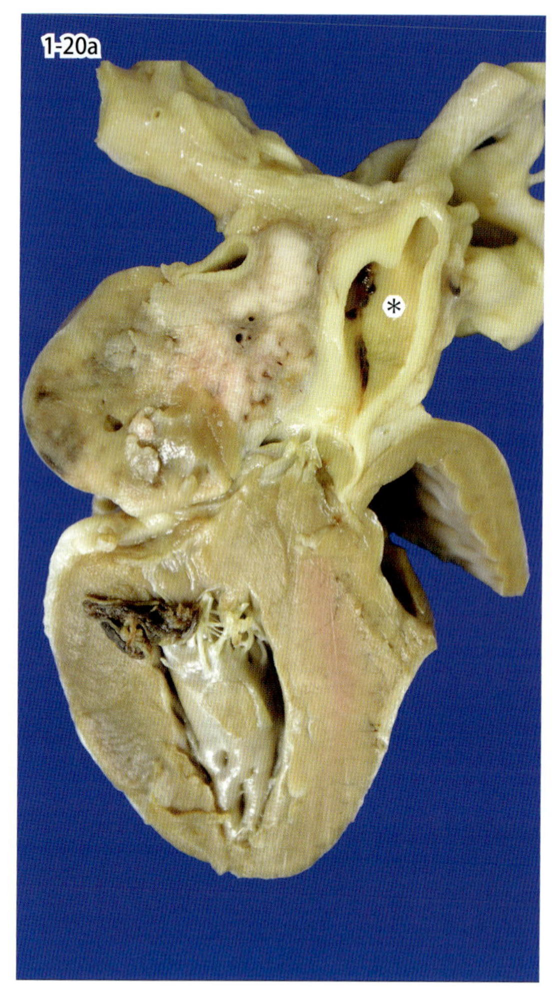

図 1-20a 大動脈小体腫．犬の心臓．大動脈（＊）に接して半球状に隆起する腫瘤の形成を認める．

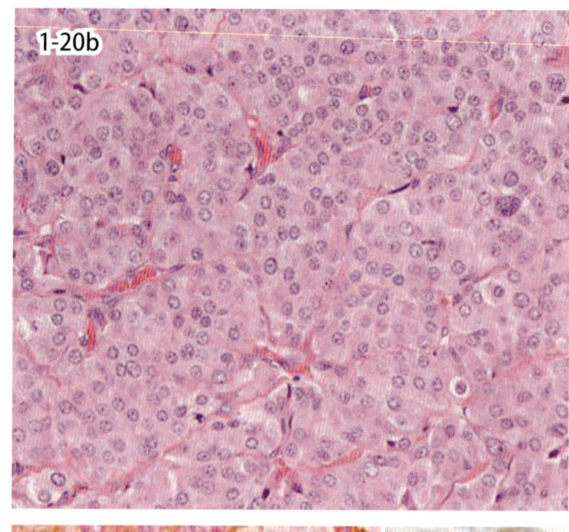

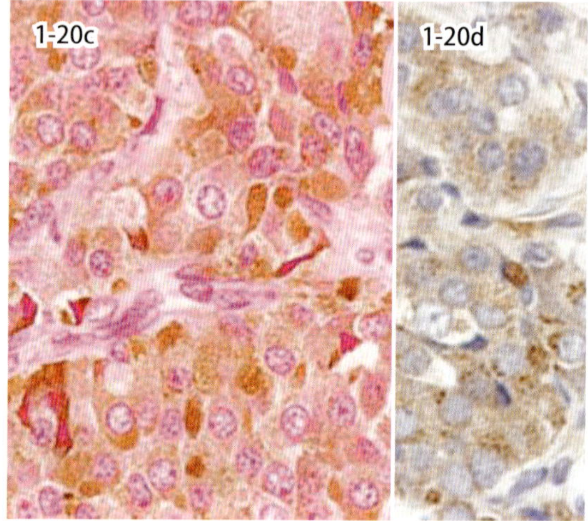

図 1-20b ～ d 大動脈小体腫．b は HE 染色，c はグリメリウス染色，d は抗クロモグラニン A 抗体を用いた免疫染色．

1-20. 大動脈小体腫

Aortic body tumor

心臓の実質細胞以外から発生する心臓腫瘍として，犬では血管肉腫が最も多く，大動脈小体腫がこれに次ぐ．大動脈小体は低酸素血症を感知する末梢化学受容体の 1 つで，大動脈基部，大動脈弓，肺動脈幹基部の外膜内に存在する．その腫瘍発生部位から心基部あるいは心底部腫瘍 heart base tumor とも呼ばれ，腫瘍細胞の由来からケモデクトーマ chemodectoma や非クロム親和性傍神経節細胞腫ともいわれる．大動脈小体腫は頚動脈小体腫に比較して良性腫瘍が多い．通常，非機能性で成長は緩慢とされるが，大型化し，周囲の大血管を圧迫しながら膨張性に発育する（図 1-20a）．心囊水腫や心タンポナーデを随伴したり，悪性のものは，しばしば浸潤性に増殖し，心房，心膜，心冠部脂肪織内，隣接する大型血管や心筋壁を貫通したり，心膜腔内に播種することもあり，遠隔転移もみられる．腫瘍細胞は斉一で，多角から円形で，充実性に増殖し，血管を含む繊細な結合組織によって，不規則に区画される．核は円形から類円形で，中程度のクロマチンを有する．細胞質は好酸性から淡明で，しばしば細顆粒状にみえる（図 1-20b）．グリメリウス染色で，褐色から黒色を呈する微細顆粒を有する（図 1-20c）．免疫染色でクロモグラニン A や NSE が証明される（図 1-20d）．大動脈小体腫の発生原因は不明であるが，品種偏向があり，犬ではボクサー，ボストン・テリアやブルドッグなどの短頭犬種に好発すること，高地生活者での発生率が高いことから，慢性的な低酸素状態が腫瘍発生の発生素因として考えられている．

V. 血管の病変

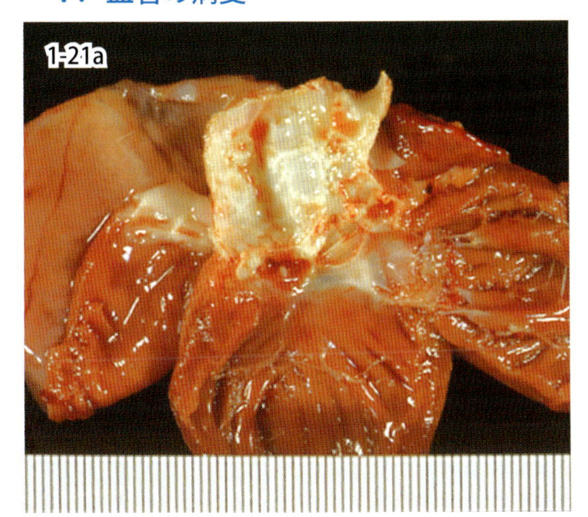

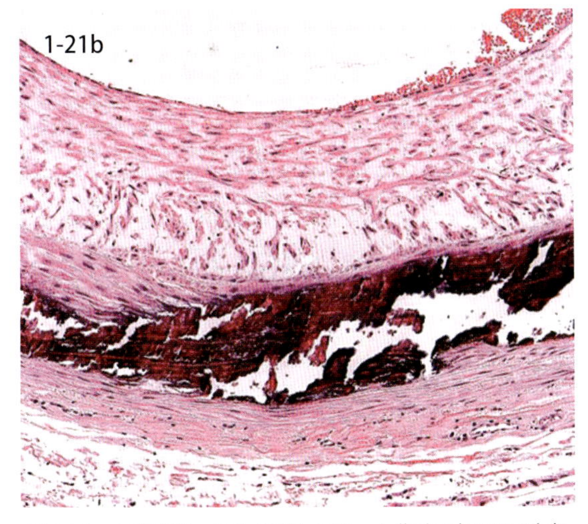

図 1-21 大動脈壁への石灰沈着（猫）．大動脈の内面は灰白色でちりめん状を呈している（a）．中膜の中～外層にカルシウム塩が帯状に沈着している（b）．

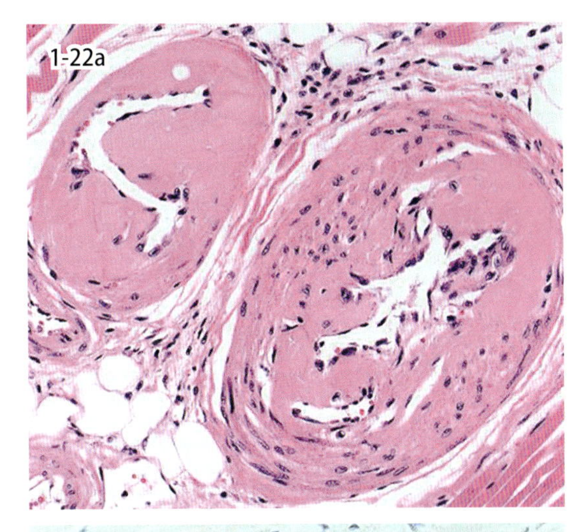

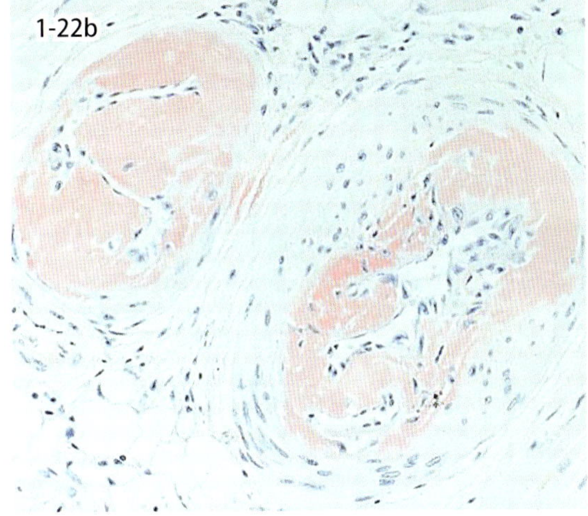

図 1-22 心筋層内小動脈へのアミロイド沈着（犬）．血管壁に沈着したアミロイド物質は，HE 染色（a）では好酸性均質無構造に，コンゴー赤染色（b）では赤橙色に染まる．

1-21. 石 灰 沈 着

Calcification

カルシウム塩が動脈の内膜もしくは中膜に沈着する病的機転であり，HE 染色標本では濃青染する顆粒状物質として観察される（図 1-21）．最も一般的な原因は，ビタミン D 過剰症やビタミン D 中毒，腎性二次性上皮小体機能亢進症などに起因する血中カルシウム濃度の上昇である（転移性石灰沈着）．石灰の沈着は腎臓，肺，心臓，胃などの動脈壁のみならず，尿細管や肺胞壁の基底膜，心内膜や心筋層，胃粘膜にもみられる．カルシウム塩は弾性型動脈の中膜弾性線維や筋型動脈の中膜平滑筋に沈着する．一方，馬の腸粘膜下の細・小動脈にみられる内膜小体，すなわち内皮下への金平糖状石灰顆粒沈着は，変性した内皮下の平滑筋や細胞間物質へのカルシウム塩沈着による．

1-22. アミロイド沈着

Amyloido deposition

アミロイドは，HE 染色標本において好酸性均質無構造を呈する無定形物質である（図 1-22a）．コンゴー赤 Congo red 染色では赤橙色に染まり（図 1-22b），偏光顕微鏡下では黄緑色の複屈折光が確認される．また，透過型電子顕微鏡では幅 8 ～ 15 nm の枝分かれしていない細線維の集積物として観察される．猫では全身性アミロイド症の一分症として，さまざまな臓器や組織内を走行する動脈壁にアミロイドの沈着が認められる．犬ではしばしば高齢個体の髄膜，脳，心臓，肺などの細・小動脈が原発性におかされる．一般に，小口径の動脈では主に内膜に沈着し，併せて中膜に沈着する場合もあるが，中等大以上の動脈では中膜にのみ沈着することが多い．

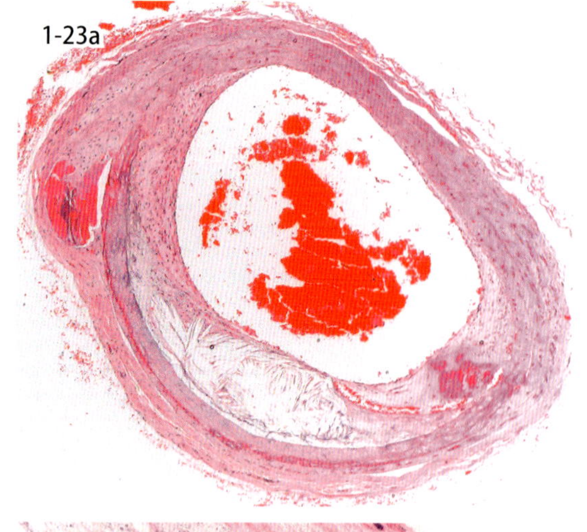

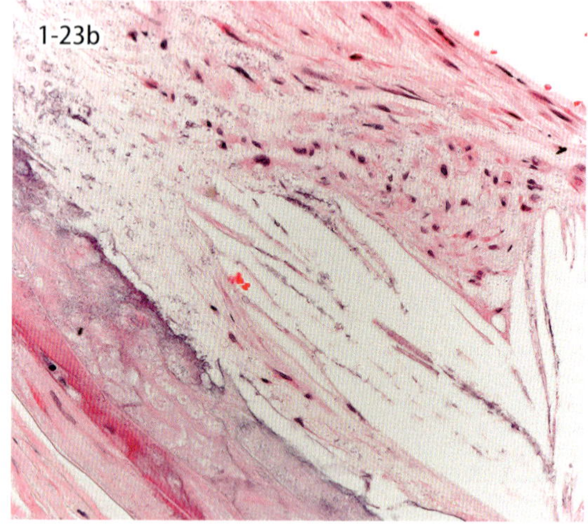

図 1-23a・b　粥状動脈硬化症（a，b，ミーアキャット）と実験的誘発動脈硬化（c～d，豚）．内膜が肥厚し（a），コレステリンと石灰の沈着，結合組織増生がみられる（b）．

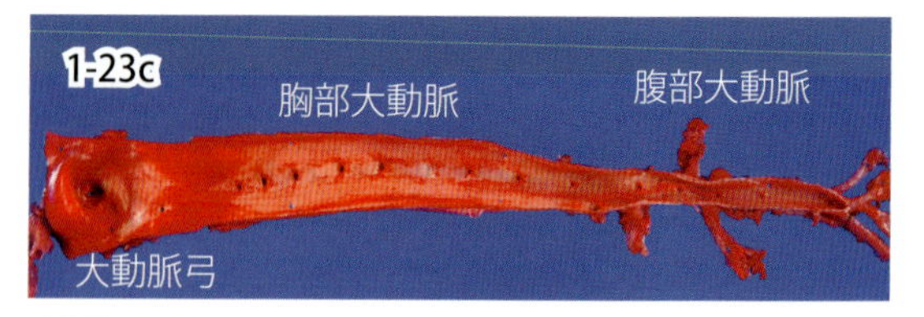

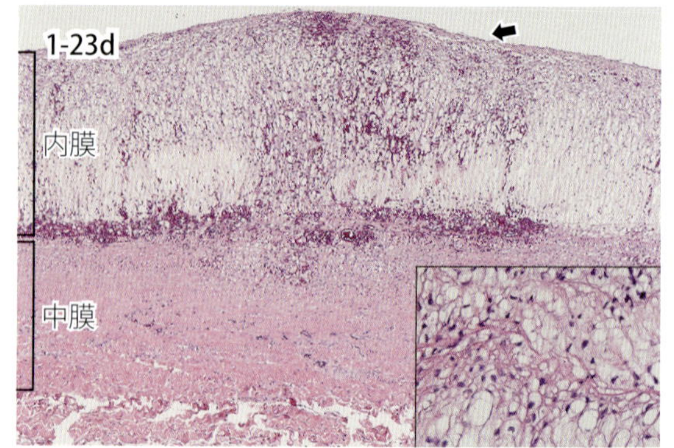

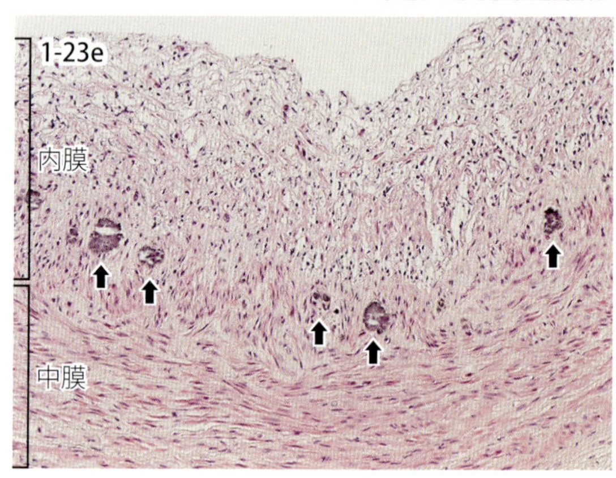

図 1-23c～e　動脈硬化を誘発した豚の大動脈のオイル・レッド O 染色（c）．腹部大動脈（d）の泡沫細胞蓄積（挿入図）を伴う内膜肥厚，冠状動脈の内膜肥厚（e）．

1-23．動脈硬化症

Arteriosclerosis

動脈硬化症は，血管内膜から中膜領域における線維性結合組織の増生により壁の肥厚と弾力低下を示す病態の総称である．ほぼすべての動物種にみられるが，多くは不顕性であり剖検の際に偶発的に発見される．多くは腹大動脈の動脈分枝部に生じる．高齢犬の同部における血栓症との関連を指摘する報告もある．

動脈硬化症の一形態として粥状動脈硬化症（アテローム性動脈硬化症 atherosclerosis）がある．ヒトでは心筋梗塞や脳梗塞の主因と考えられている．本疾患では内膜肥厚部に大量の脂質や組織崩壊物，およびこれらを貪食する泡沫状細胞が集簇し，粥腫（アテローム）atheroma を形成する．粥腫の表面は線維性被膜により被包される．動物における粥状動脈硬化症は，一般的にはまれな病変とされる．獣医療領域では犬の甲状腺機能低下症に随伴して粥状動脈硬化に相当する病変が認められる．また，高齢の豚，兎，鳥などのさまざまな動物種で偶発的に認められる（図 1-23a, b）．

ヒトの粥状動脈硬化症のモデルとして，豚や兎に高コレステロール食を給餌することにより，高コレステロール血症と動脈硬化を誘発することができる．図 1-23c は実験的に誘発した豚（マイクロミニピッグ）の大動脈弓および腹部大動脈であり，オイル・レッド O 染色に赤染する脂質の蓄積がみられる．組織学的には泡沫細胞（挿入図）の蓄積による内膜肥厚を特徴とし，内腔面（表層）における線維および平滑筋の増生よりなる Fibrous cap（矢印）の形成（図 1-23d）や石灰沈着（図 1-23e 矢印）を伴う．

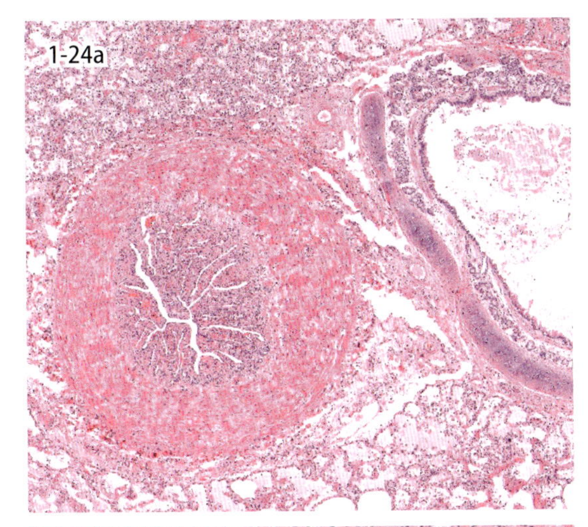

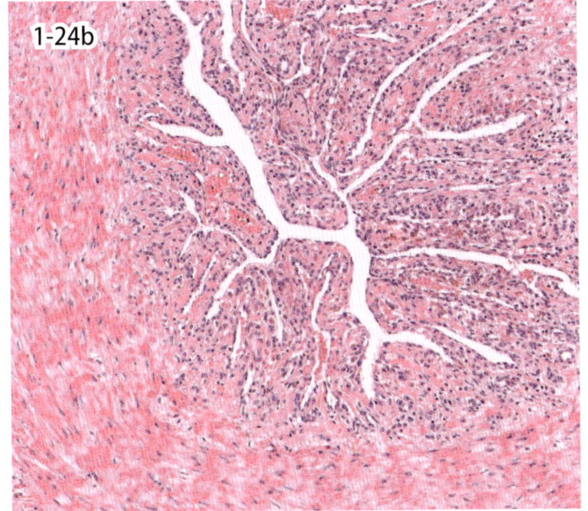

図 1-24 動脈内膜炎（猫）．フィラリア症の猫にみられた肺動脈病変（a）．内膜は不規則な乳頭状増殖を示す（b）．

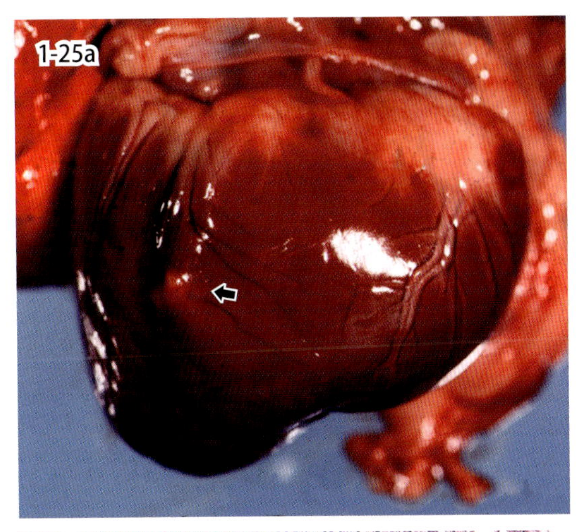

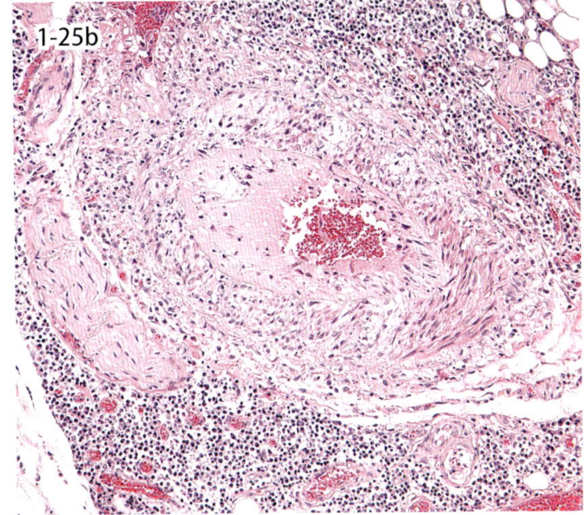

図 1-25 汎動脈炎（犬）．心臓の冠状動脈に認められた結節病変（a，矢印）．同部では血管壁全層に炎症がみられる（b）．

1-24. 動脈内膜炎

Endoarteritis

動脈炎は動脈壁の炎症性病変であり，血管壁およびその周囲の炎症細胞浸潤，血管内皮細胞，中膜平滑筋細胞の変性や壊死ならびに膠原線維の変性を伴う．動脈炎は病変の主座により，動脈内膜炎，中膜炎，周囲炎および汎動脈炎（全層炎）に区別される．図 1-24a はフィラリア症の猫の肺動脈（肺実質内）で，内膜の線維性細胞の増生を伴う乳頭状肥厚により，内腔の狭小化がみられる．強拡大（図 1-24b）では，内膜に線維芽細胞の増殖と，好酸球を主体とする炎症細胞浸潤がみられる．

1-25. 汎動脈炎

Panarteritis

血管壁の全層にわたり炎症性病変が認められる動脈炎は汎動脈炎（全層炎）と分類される．図 1-25a は犬の冠状動脈（矢印）における汎動脈炎である．肉眼的に結節状の病変が冠状動脈に一致して認められる（矢印部）．組織学的には（図 1-25b），血管壁全層に好中球，リンパ球を主体とする炎症細胞が浸潤し，ほぼ全域の中膜の平滑筋線維に空胞変性がみられる．外膜および血管周囲には形質細胞，リンパ球を主体とする細胞浸潤が広範にみられる．

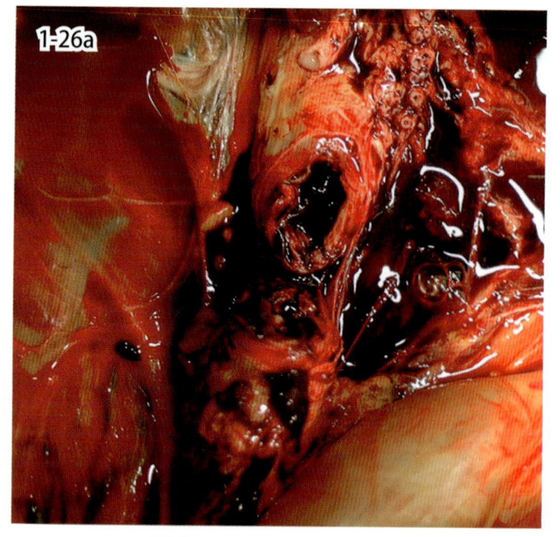

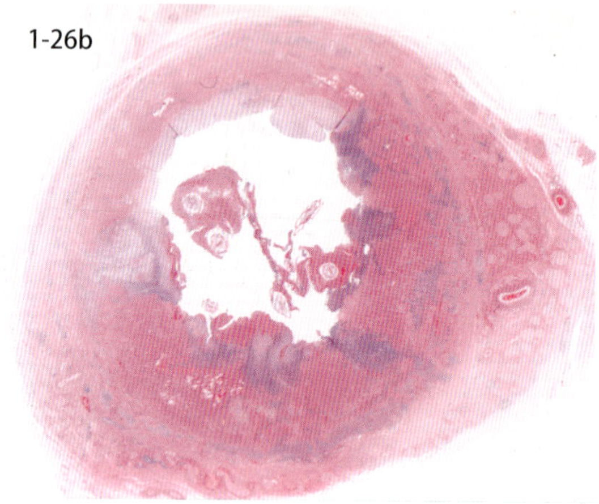

図 1-26a・b　寄生虫性動脈炎（馬）．前腸間膜動脈は太さを増して動脈壁は肥厚している．血管内には血栓と虫体が認められる（写真提供：a は JRA 総研）．

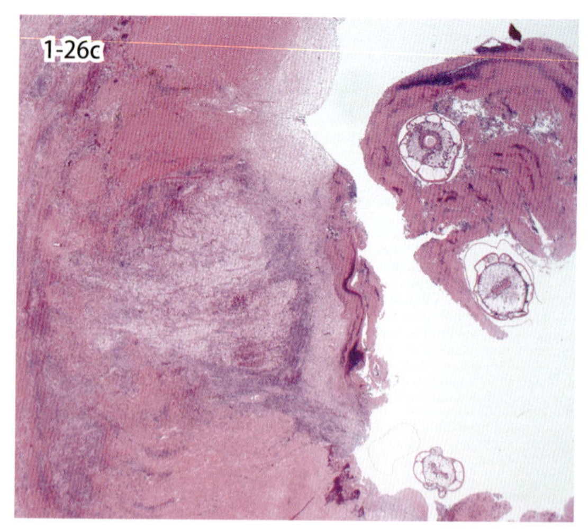

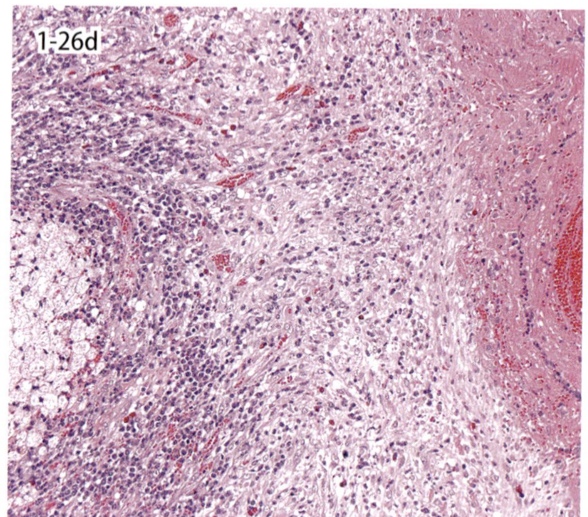

図 1-26c・d　内腔に血栓が付着し，血栓内に虫体が認められる（c）．中膜の平滑筋は部分的に消失し，マクロファージやリンパ球が浸潤する（d）．

1-26. 馬の寄生虫性動脈炎

Equine verminous arteritis

普通円虫 *Strongylus vulgaris* の第 5 期幼虫が前腸間膜動脈の起始部（根部）の主に回結腸動脈に寄生することで引き起こされる慢性の寄生虫性の動脈炎で，一般的には寄生虫性動脈瘤と呼ばれる病変である．普通円虫の成虫は馬の盲腸や結腸に寄生して，糞便中に虫卵を排泄し，外界で感染幼虫（3 期幼虫）に発育して牧草などとともに経口的に摂取される．そして，感染幼虫は小腸で脱鞘し，小腸や大腸の粘膜下の小動脈内に侵入して腸間膜動脈をさかのぼって前腸間膜動脈の基部に達し，同部の血管内膜下あるいは内膜の障害で形成された血栓の内部に寄生することで動脈炎を形成する．3～4 カ月間同部に留まって第 5 期幼虫に成長したあと，腸間膜動脈を下降して大腸に移行し，粘膜下に寄生虫性結節を形成する．そして，さらにこの結節から腸管腔に出て，大腸粘膜面に寄生する．普通円虫の前腸間膜動脈への寄生は疝痛（寄生疝, 血塞疝）の原因となる．

肉眼的には，血管は太さを増し，血管壁は肥厚して，内膜面は凹凸粗造化している．血管内には血栓とともに生きた虫体が観察される（図 1-26a，b）．組織学的には血管内膜の肥厚ないし消失および血栓の付着がみられ，血栓内に虫体の断面が認められる（図 1-26b, c）．内膜から中膜にかけてリンパ球，マクロファージ，好酸球などの炎症細胞浸潤および出血やヘモジデリン沈着がみられ，線維芽細胞の増殖と膠原線維の増生により血管平滑筋は断片化する（図 1-26d）．

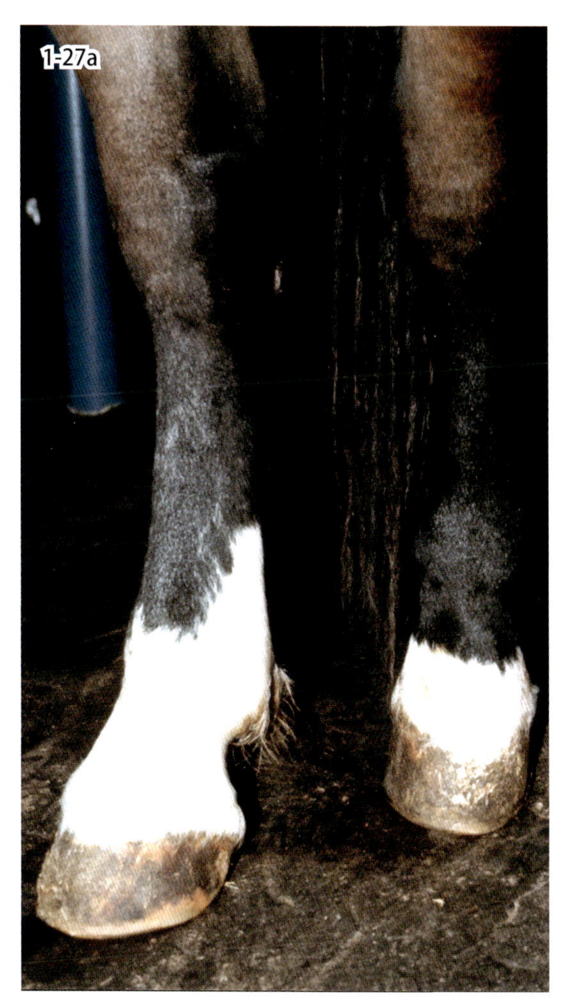

図 1-27a 馬ウイルス性動脈炎．後肢の下脚部に浮腫が認められる（写真提供：JRA 総研）．

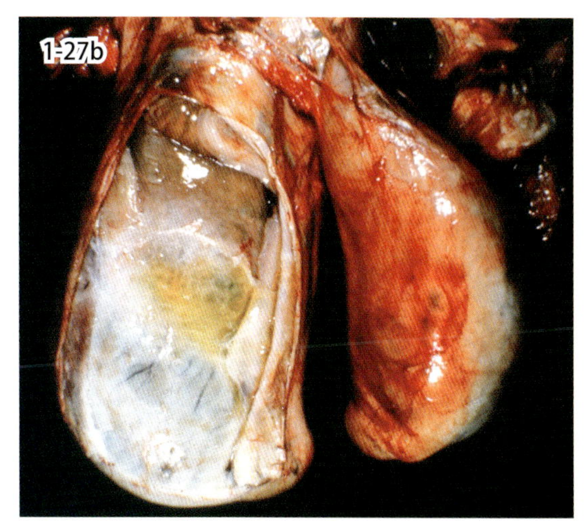

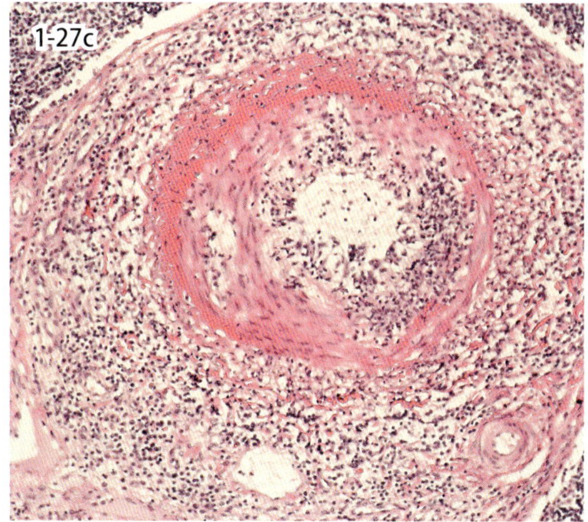

図 1-27b・c 精巣白膜の膠様水腫（b）．動脈周囲と内膜から中膜の炎症細胞浸潤（c）（写真提供：a は JRA 総研）．

1-27. 馬ウイルス性動脈炎

Equine viral arteritis

ニドウイルス目アルテリウイルス科の馬動脈炎ウイルス equine arteritis virus によって引き起こされる．主な感染経路は感染馬との接触あるいは飛沫による感染，あるいは本ウイルスの慢性感染馬（キャリアー）となった種牡馬との交配やウイルスに汚染された精液による人工授精である．臨床症状は多様で，発熱，元気消失，食欲不振，鼻汁漏出，眼結膜の充血，眼瞼の浮腫，下顎リンパ節の腫大，後肢下脚部の浮腫（図 1-27a），頚部から肩部への発疹，下痢，陰嚢の浮腫などがみられる．妊娠馬では高率に流産する．また，感染した多くの馬が不顕性感染となり，鼻汁や精液中にウイルスを排出し続けるキャリアーになる．

肉眼的には本病の基本的病変は出血と水腫で，全身の漿膜面や肺の実質および胃粘膜面における点状出血，副腎における比較的大型の出血がみられる．また，胸水や腹水の増量，腸間膜や腸壁の水腫生肥厚や膠様水腫（図 1-27b）も認められる．

組織学的には小型から中型の動脈の内膜における巣状の平滑筋細胞の変性壊死と炎症細胞浸潤がみられる（図 1-27c）．このような病変は全身の臓器および器官で認められるが，とくに腸，副腎，リンパ節，雄馬では精巣白膜などで頻繁に観察される．流産した雌馬の子宮では，馬動脈炎ウイルスの感染を伴った多発性，壊死性の平滑筋炎がみられる．また，キャリアーの雄馬の尿道球腺や精管にはリンパ球浸潤が観察され，馬動脈炎ウイルスが持続感染していると考えられている．

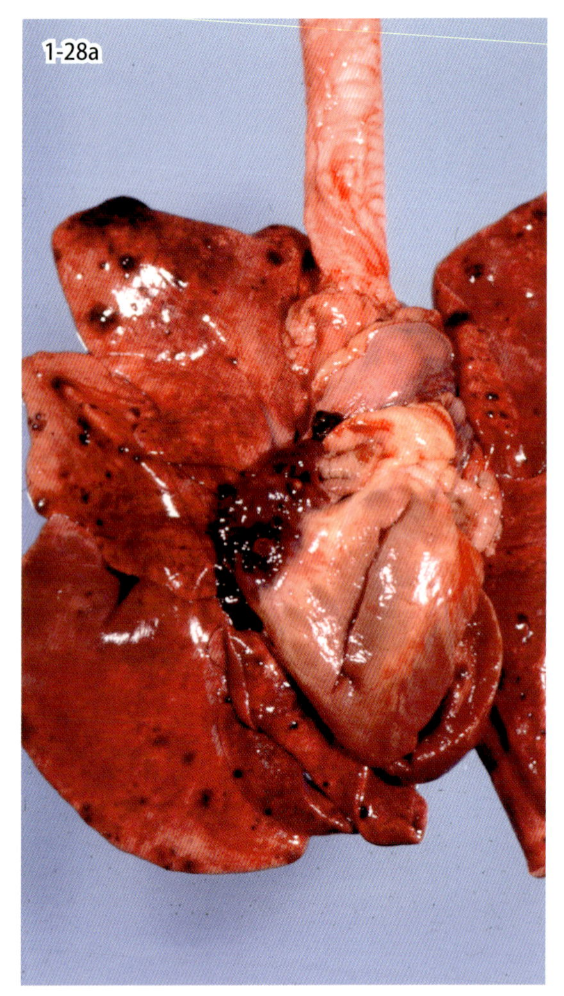

図 1-28a 脈管腫瘍（血管肉腫）．犬の右心耳に暗赤色を示す不規則な形状の腫瘤状病変が認められ，肺に同色調を示す大小の結節病変が多発する（a）．

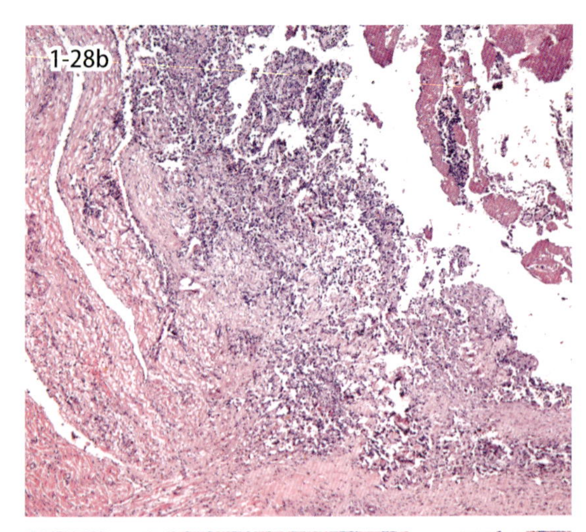

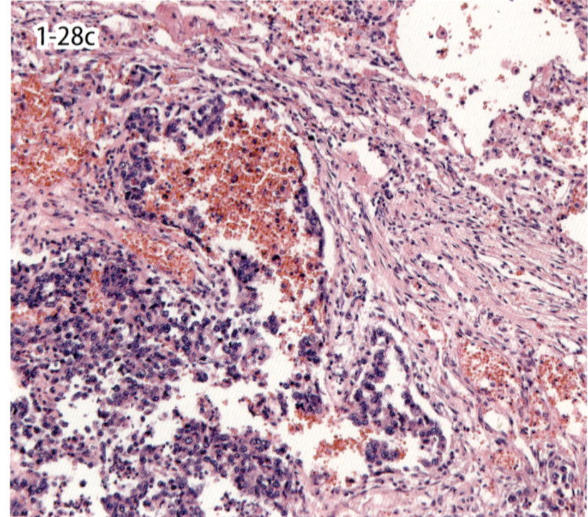

図 1-28b・c 右心房内腔で不規則な空隙を形成して増殖する血管肉腫．心筋浸潤もみられる（b）．同症例の肺転移病変にも不規則な空隙形成を認め，内部に赤血球が存在する（c）．

1-28. 脈管腫瘍

Vascular tumors

脈管腫瘍は血管由来とリンパ管由来に大別される．血管由来の腫瘍は，血管腫 hemangioma と血管肉腫 hemangiosarcoma，リンパ管由来の腫瘍は，リンパ管腫 lymphangioma とリンパ管肉腫 lymphangiosarcoma に分類される．血管腫瘍とリンパ管腫瘍の鑑別には，それぞれの腫瘍で形成された内腔様構造における赤血球の有無が指標となる．しかし厳密な鑑別，とくにリンパ管由来腫瘍の特定には，免疫組織化学的方法などにより増殖細胞におけるリンパ管内皮特異マーカー（Podoplanin，LYVE-1，あるいは PROX-1 など）の発現を確認する必要がある．他の脈管腫瘍としては，血管周皮腫やグロムス腫瘍などが知られる．これらの脈管腫瘍は，さまざまな動物種のいずれの部位にも発生しうるが，とくに犬における報告が多い．

犬の血管肉腫は，軟部組織のほか，脾臓，肝臓および右心耳に原発する．図 1-28a は心タンポナーデ cardiac tamponade を呈した犬の心臓と肺の肉眼所見であり，右心耳に暗赤色脆弱な腫瘤（血管肉腫）が存在し，肺には多発性に同色調の結節病変（転移巣）が認められる．組織学的には腫瘍細胞が，心房腔内に不規則な空隙構造を形成しながら増殖しており，心筋線維間へも浸潤性増殖を示す（図 1-28b）．血管肉腫の腫瘍細胞は，正常血管の内皮細胞と比較して，非常に大型の核，不規則な形態を示し，有糸核分裂も多くみられる．血管肉腫は遠隔転移や体腔播種を起こしやすい腫瘍であるが，とくに右心耳発生のものは，高率に肺に転移病変を形成する（図 1-28c）．

第2編　造血器，リンパ性器官

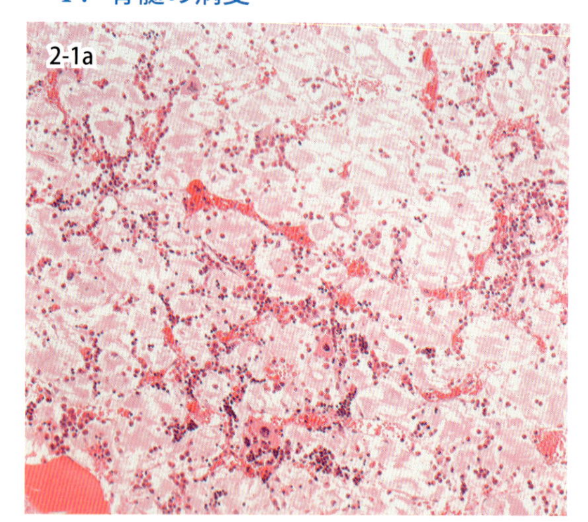

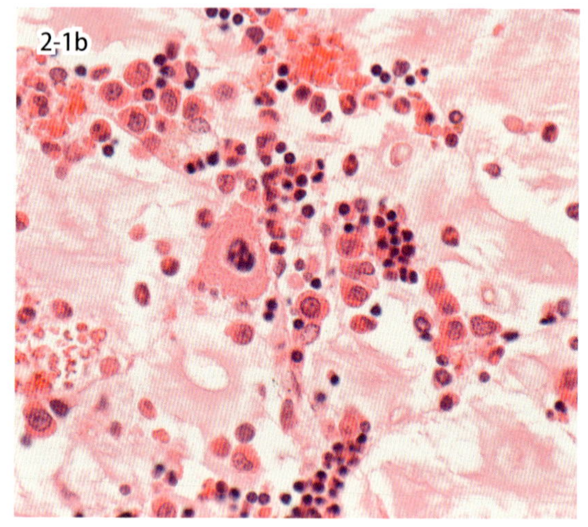

図 2-1　骨髄低形成（モルモット）．大腿骨の骨髄．骨髄細胞の減数が顕著で，全体に水腫を示す（a）．残存する少数の骨髄細胞（b）．

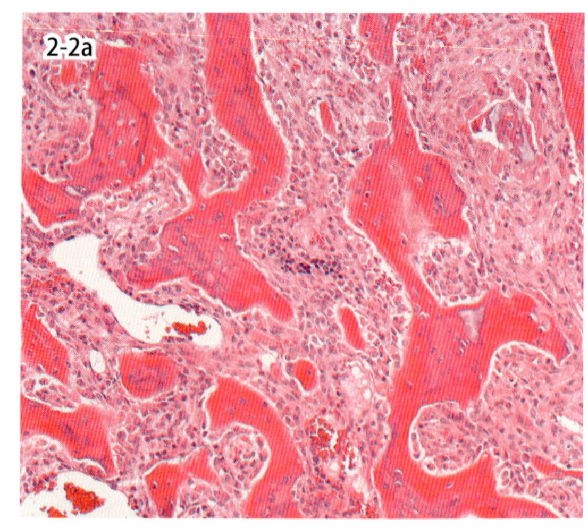

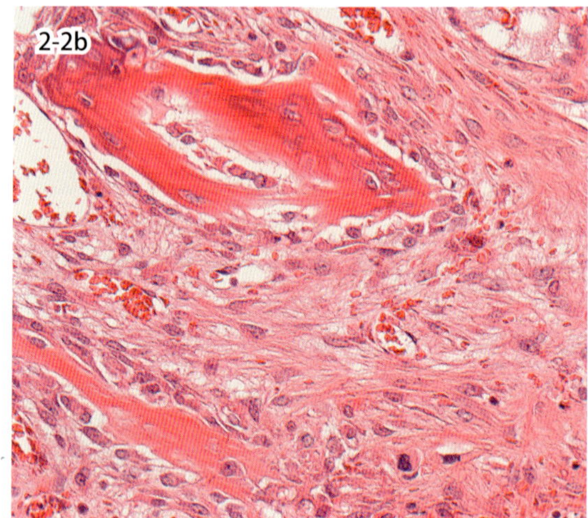

図 2-2　骨髄線維症（兎）．大腿骨の骨髄．骨髄腔内の造血細胞は著しく減数し（a），線維芽細胞増殖による線維化が観察される（b）．

2-1. 骨髄低形成
Bone marrow hypoplasia

骨髄低形成は，骨髄で新生される赤血球系，白血球系，血小板系の細胞新生が低下した状態をいう．通常，低形成 hypoplasia という用語は，発育が停止して正常の大きさに達しない状態を指すが，骨髄低形成は先天的な原因とは限らない．肉眼的に造血が盛んな骨髄は赤色骨髄であるが，造血細胞の消失と脂肪細胞による置換によって骨髄は脂肪化し黄色骨髄（脂肪髄），さらに水腫が加わると膠様髄となる．組織学的に，骨髄腔内の造血細胞は消失し，脂肪細胞による置換がみられる．造血細胞の新生が消失した状態を骨髄無形成 aplasia あるいは汎骨髄癆 panmyelophthisis と呼び，再生不良性貧血がその代表例である．

2-2. 骨髄線維症
Myelofibrosis

外傷，炎症，腫瘍などによって骨髄が慢性的に傷害されると，ほかの臓器と同様に骨髄腔内に線維化が生じることがあり，骨髄線維症と呼ばれる．つまり，骨髄線維症は，骨髄に生じた病変の最終段階で認められる病変である．慢性溶血性貧血やある種の猫白血病ウイルスの感染では，骨髄線維症を引き起こすことがある．ヒトでは，骨髄増殖性腫瘍 myeloproliferative neoplasms（MPN）や骨髄異形成症候群 myelodysplastic syndrome（MDS）の末期において，骨髄線維症が生じる．また，上皮小体機能亢進症の際にも，破骨細胞による骨吸収が亢進し，海綿骨が吸収され線維性組織に置換される（線維性骨異栄養症）．

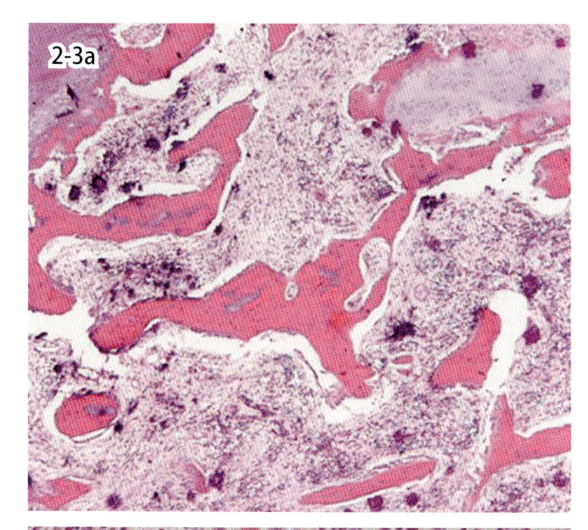

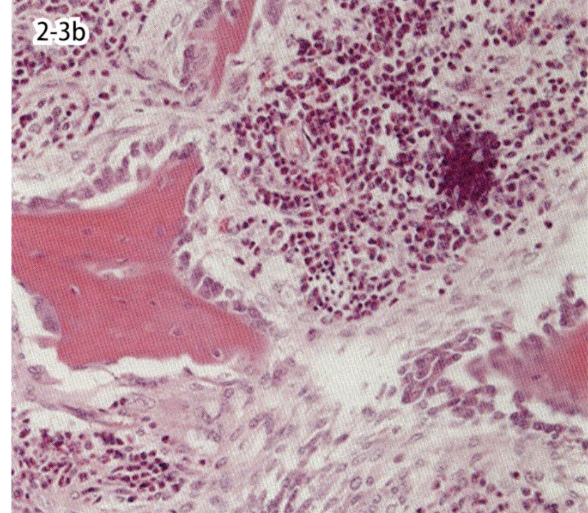

図 2-3a・b　化膿性骨髄炎（牛）．椎骨の髄腔内の細菌叢と好中球浸潤（a）．好中球浸潤と細菌叢に加え，線維増生も認められる（b）．

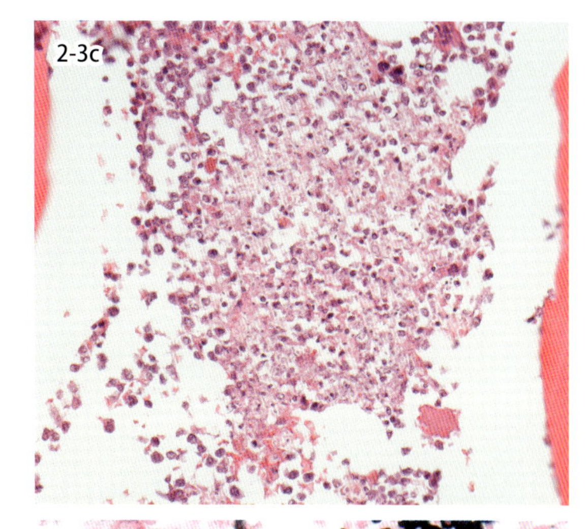

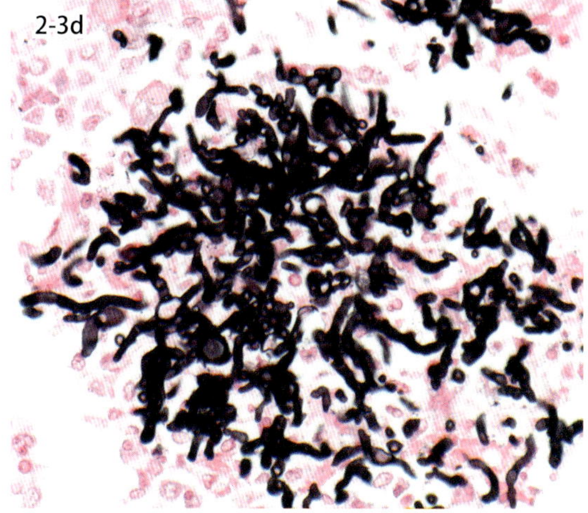

図 2-3c・d　肉芽腫性骨髄炎（犬）．椎骨骨髄の中心部に壊死とマクロファージ浸潤が認められる（c）．グロコット染色で壊死組織内に真菌（カンジダ）が観察される（d）．

2-3. 骨　髄　炎
Osteomyelitis

骨髄腔において炎症が生じた状態を骨髄炎と呼ぶ．主な炎症の原因は，細菌や真菌の感染であり，感染経路として骨折による創面からの感染，関節や周囲組織からの炎症の波及があげられる．また，血流を介しての血行性感染も起こる．ほかの臓器，組織と同様に，細菌による炎症は好中球を主体とする化膿性炎症となり，炎症の拡大と骨吸収の亢進によって骨髄膿瘍を形成することもある．真菌の全身感染症では，多数のマクロファージ浸潤を特徴とする肉芽腫性骨髄炎を起こすことがある（図 2-3c，d）．また，牛では *Actinomyces bovis* による顎骨の炎症が知られており，好中球，マクロファージおよび多核巨細胞の浸潤を伴う壊死性化膿性肉芽腫性炎となる．*Actinomyces bovis* は口腔内の常在菌で，口腔粘膜の創傷部から感染し，上顎あるいは下顎骨に肉芽腫を形成する．臨床的にも下顎は腫脹し瘤顎（コブ顎）lumpy jaw と呼ばれる．

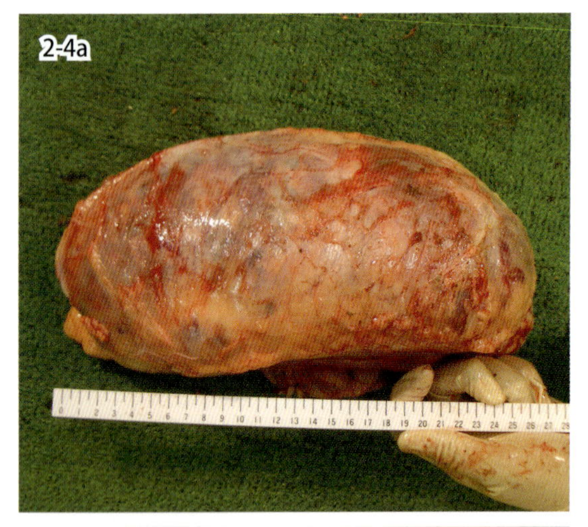

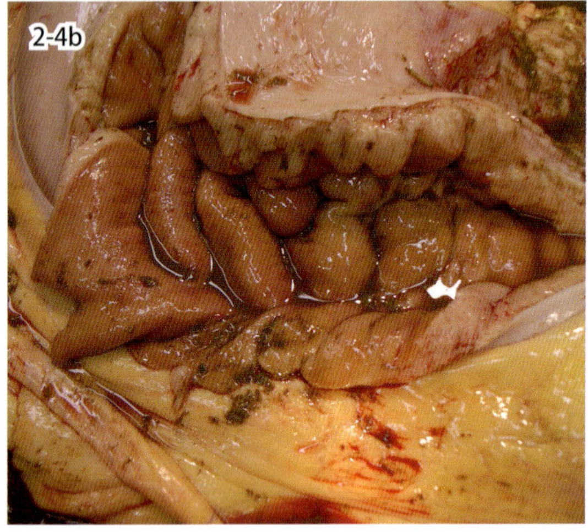

図 2-4a・b 牛伝染性リンパ腫．腫瘍化して巨大となったリンパ節（a）．腫瘍細胞の浸潤により第四胃の壁は高度に肥厚する（b）．

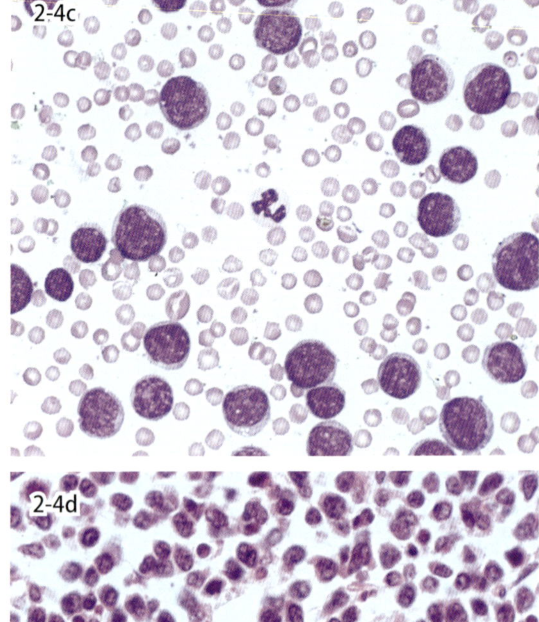

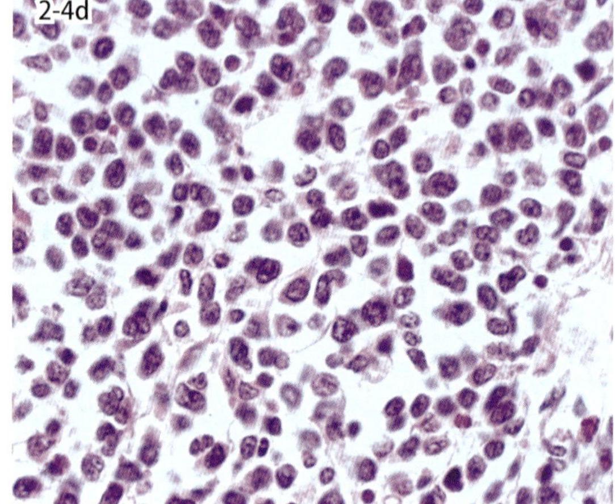

図 2-4c・d 牛伝染性リンパ腫．血液塗抹標本（ギムザ染色）では大型の異型リンパ球が多数みられる（c）．心臓間質に大型の異型リンパ球が浸潤増殖する（d）．

2-4. BLV 関連疾患

BLV-related diseases

牛伝染性リンパ腫は，牛伝染性リンパ腫ウイルス bovine leukemia virus（BLV）に起因する地方病性牛伝染性リンパ腫（EBL）と BLV と非関連の散発型牛伝染性リンパ腫（子牛型，胸腺型，皮膚型）に分類されるが，これらのカテゴリーに入らない症例も存在する．散発型は 1 歳未満の子牛型 B 細胞リンパ腫（子牛型），3 歳未満の若齢型 T 細胞リンパ腫（子牛型と胸腺型），皮膚型 T 細胞リンパ腫（皮膚型）が存在する．

BLV は乳汁または血液を介して感染し，B 細胞 DNA 中にプロウイルスとして組み込まれ持続感染する．牛に感染すると，約 70％は持続感染して生涯無症状キャリアーになり，約 30％は持続性リンパ球増多症，さらに数％が白血病を発症する．EBL では，体表リンパ節の腫大，眼球突出，内腸骨リンパ節の腫大などがみられ，削痩，後躯麻痺がみられることもある．剖検では，全身リンパ節，胃壁，心臓，脾臓，血リンパ節，脂肪織，腎臓，子宮，肝臓，腸壁などにリンパ腫を形成する．

B 細胞は B2 細胞（$CD5^{-}CD11b^{-}$），B1a 細胞（$CD5^{+}CD11b^{+}$）および B1b 細胞（$CD5^{-}CD11b^{+}$）に分類され，EBL の腫瘍細胞は B1a 細胞に由来するものが最も多数であるという報告もある．これは B1 細胞が長命で BLV による発癌に長い潜伏期を必要としていることと関連すると考えられる．B2 細胞の症例は B1 細胞の症例よりも若齢で発症する傾向が認められている．

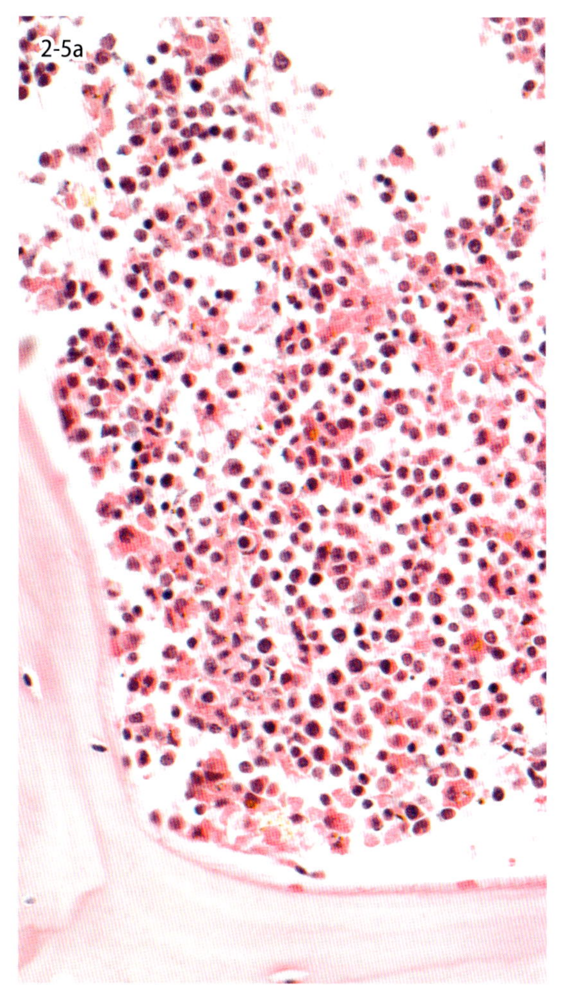

図 2-5a　骨髄性白血病（犬）．胸骨の骨髄．骨髄腔内に異型性を示す腫瘍細胞のび漫性増殖が観察される（a）．

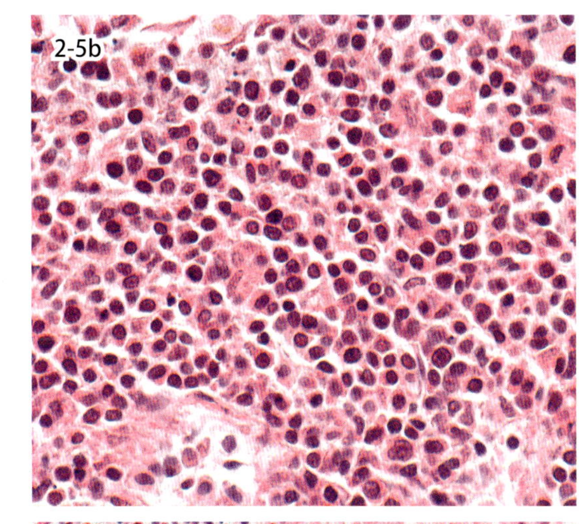

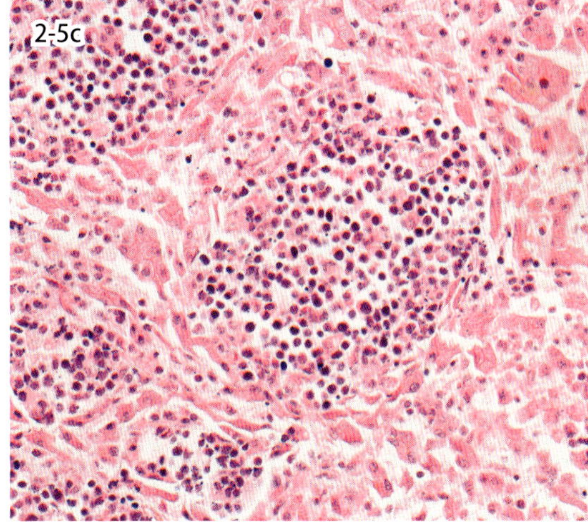

図 2-5b・c　骨髄性白血病（犬）．腫瘍細胞には，強い核異型が認められる（b）．肝臓内に骨髄と同様の異型細胞が多巣性に浸潤および増殖している（c）．

2-5. そのほかの白血病（骨髄性）

Leukemia（myeloid）

動物では犬，猫に骨髄性腫瘍が多く，ほかの動物種での発生はまれである．骨髄性白血病では，腫瘍性に増殖する白血病細胞が骨髄を占拠し，正常な造血細胞が減少するため，貧血，易感染性，出血などの症状を引き起こす．骨髄性腫瘍は，急性骨髄性白血病，慢性骨髄性白血病，骨髄異形成症候群に大別される．急性骨髄性白血病は，腫瘍細胞の由来によって，さらに顆粒球系，単球系，赤血球系，巨核球系に細分類される．骨髄細胞の検索には，T 細胞マーカーの CD3 と B 細胞マーカーの CD79 α に対する免疫染色ならびにズダン黒 B 染色がよく利用される．骨髄系細胞はズダン黒 B 陽性となるが，リンパ球系細胞は陰性となり，ズダン黒 B 染色は，骨髄系細胞とリンパ球系細胞の鑑別に用いられる．

FAB 分類 French-American-British criteria は，ヒトの血液腫瘍の代表的な分類法であり，腫瘍細胞の形態に加えて，ペルオキシダーゼなどの酵素組織化学染色を行って分類する．ミエロペルオキシターゼ染色は，顆粒球系および単球系細胞に陽性となり，非リンパ球系細胞のマーカーとなる．非特異的エステラーゼ染色は顆粒球系前駆細胞のマーカーとして，非特異的エステラーゼ染色は単球・マクロファージ系細胞のマーカーとして用いられる．パラフィン標本は形態的に診断を推測あるいは確認するために用い，詳細な診断は，末梢血液細胞や骨髄穿刺細胞を用いて酵素染色を行う必要がある．

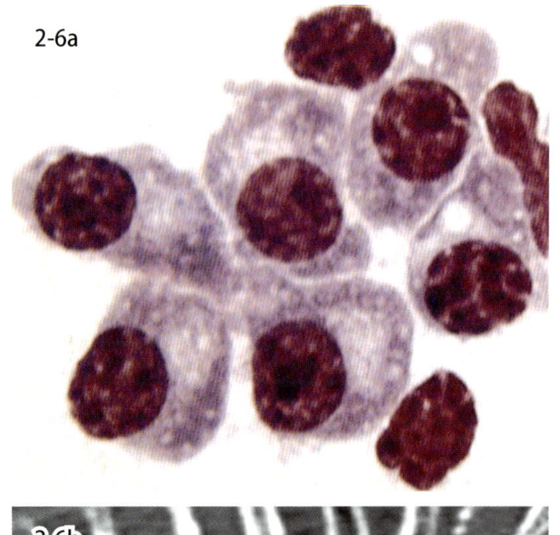

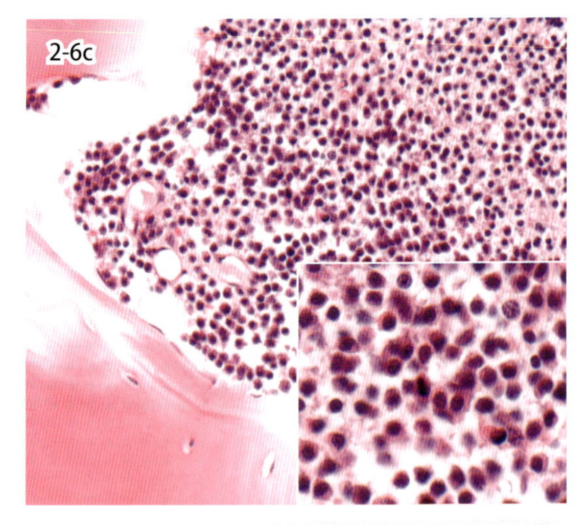

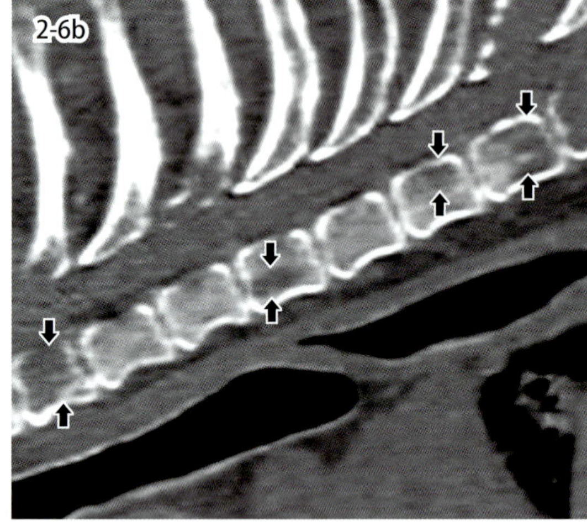

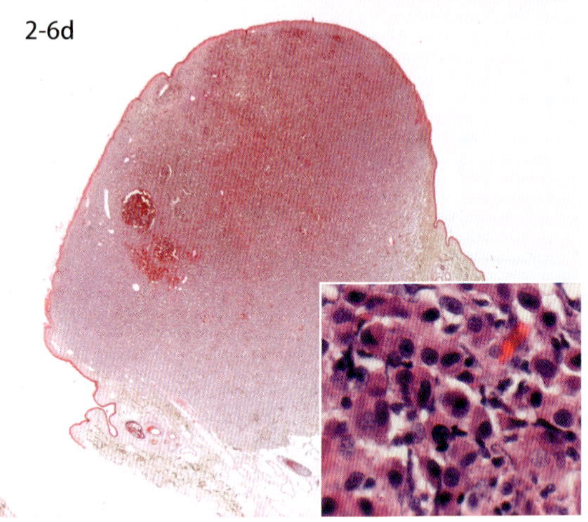

図 2-6a・b　骨髄腫（犬）．末梢血液中の異型形質細胞（a）．CT 画像で椎骨に骨密度の低い「パンチアウト像」を認める（b，矢印）（写真提供：b は秋吉秀保氏）．

図 2-6c・d　骨髄内に腫瘍性の形質細胞がび漫性に増殖する（c）．皮膚の形質細胞腫（d，犬）．皮下に隆起性腫瘤を形成し，腫瘍性の形質細胞がシート状に増殖する（d）．

2-6. 骨髄腫（形質細胞腫）

Myeloma（Plasmacytoma）

形質細胞性腫瘍 plasmacytic tumor は，B 細胞の最終分化段階である形質細胞由来の腫瘍で，骨髄を原発として発生したときには骨髄腫 myeloma と呼ばれる．多数の骨髄に進展することが多く，多発性骨髄腫 multiple myeloma と呼ばれる（末梢血塗抹標本，図 2-6a）．骨髄腫は犬でまれに認められる腫瘍で，ほかの動物での発生は少ない．悪性度は高く，骨融解，免疫グロブリン血症，血液の粘稠化などがみられる．骨を吸収性に破壊しながら増殖するのが特徴で，骨の X 線や CT 写真上，抜打ち像（パンチアウト像）を示す（図 2-6b）．免疫グロブリン血症は全身性のアミロイド症を引き起こすこともあり，重篤な腎障害や単クローン性の蛋白尿（ベンスジョーンズ蛋白）がみられることがある．組織学的には形質細胞に類似する単核細胞が骨髄内でび漫性に増殖し（図 2-6c），腫瘍細胞には核周囲の明庭や車軸状核といった形質細胞の特徴がみられる．

一方，骨髄以外に発生した形質細胞由来の腫瘍は，髄外性形質細胞腫あるいは単に形質細胞腫 plasmacytoma と呼ばれ，犬ではしばしば皮膚の形質細胞腫が発生する（図 2-6d）．その多くは良性で，皮膚に隆起性の腫瘤を形成する．組織学的には腫瘍性の形質細胞が線維性間質に区切られながらシート状に増殖する（図 2-6d 挿入図）．間質にアミロイド沈着がみられることもある．

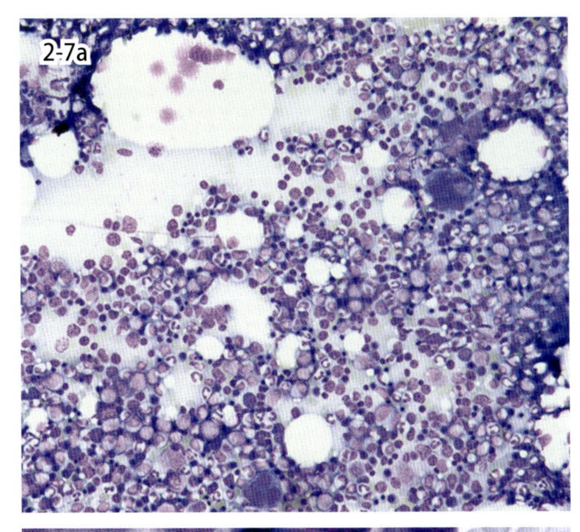

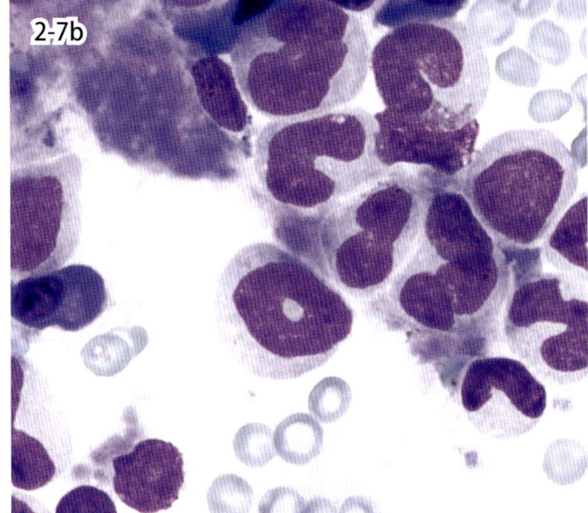

図 2-7a・b　MDS の骨髄塗沫（犬）．脂肪細胞に対して造血細胞の比率が高く過形成を示す（a）．骨髄中にみられた輪状核好中球の強拡大像（b）．

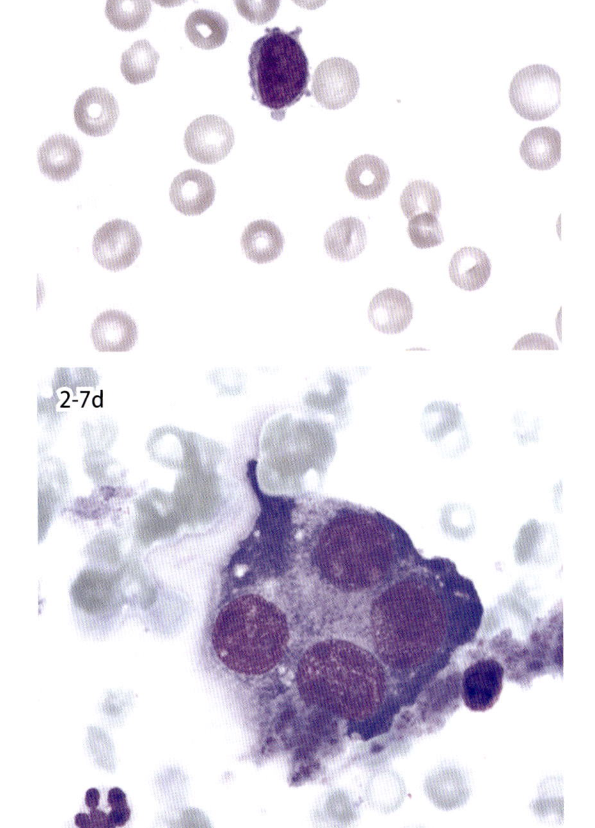

図 2-7c・d　MDS 罹患犬の末梢血に出現した微小巨核球（c）．骨髄中にみられた分離巨核球（d）．

2-7. 骨髄異形成症候群

Myelodysplastic syndrome（MDS）

骨髄異形成症候群は造血細胞の分化・成熟異常に起因する無効造血と，それに伴う血球減少を特徴とする疾患群である．犬と猫で発生するが，猫では FeLV 感染の関与が示唆されている．臨床的には持続的な非再生性貧血や，好中球の欠乏に起因する反復性感染，血小板減少性出血など種々の骨髄機能不全が認められる．末梢血や骨髄に低分化型の骨髄芽球の過剰増殖を伴う場合もあるが，骨髄の芽球比率が 30％を超えない点で急性骨髄性白血病（AML）とは区別される．しかし，一部は AML へ移行することから前白血病段階の病態と捉えられている．

図 2-7 は MDS と診断された犬の骨髄塗沫標本である．持続性の非再生性貧血や血小板減少症を示すにもかかわらず，骨髄では脂肪細胞と比較して造血細胞（赤芽球，骨髄球，巨核球）の比率が高く，過形成を示す（図 2-7a）．また，MDS では各系統の造血細胞に形態異常や分化停止を示唆する所見が認められる．各系統の異常所見として，赤芽球系細胞では核の断片化（アポトーシス）や巨赤芽球様変化，顆粒球系細胞では輪状核好中球（図 2-7b）や偽ペルゲル核異常，左右非対称性の核分裂像，血小板系では微小巨核球（図 2-7c）や小型巨核球，分離巨核球（図 2-7d）などが知られる．

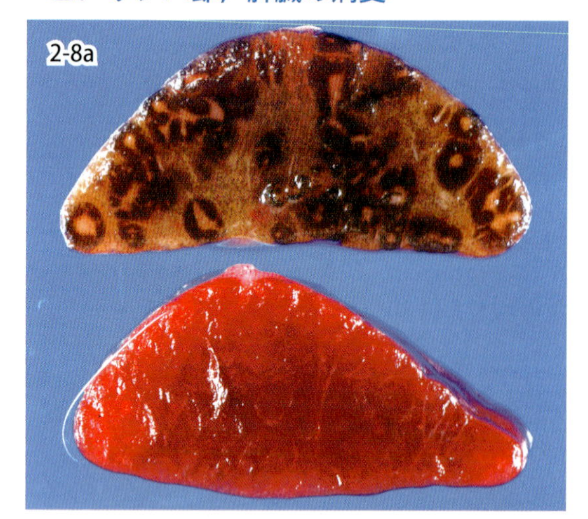

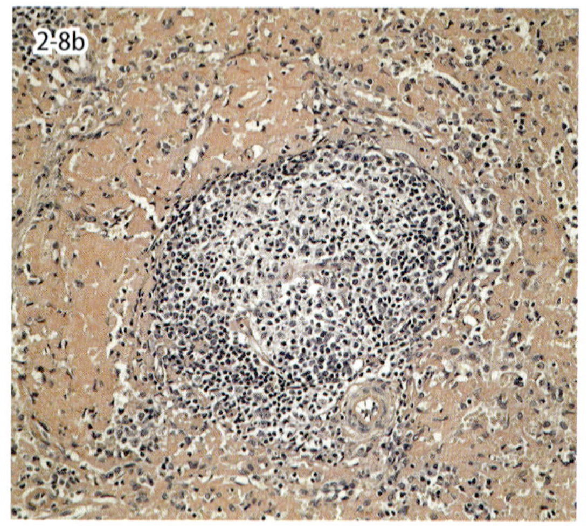

図 2-8a・b　アミロイドが沈着した脾臓（兎）．上はヨード処理後，下は処理前（a）．濾胞周囲にアミロイド沈着が観察される（b，コンゴー赤染色）．

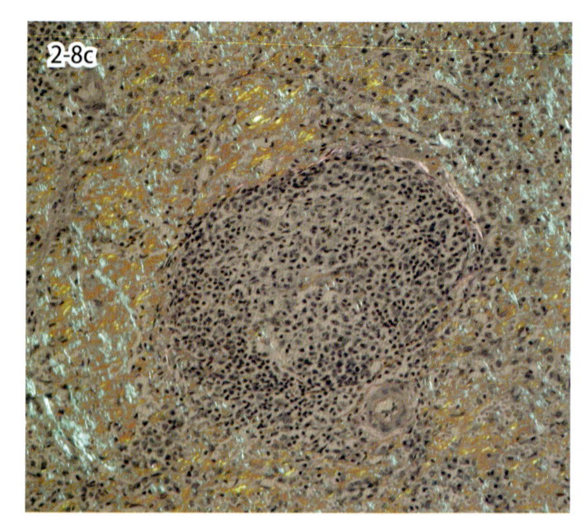

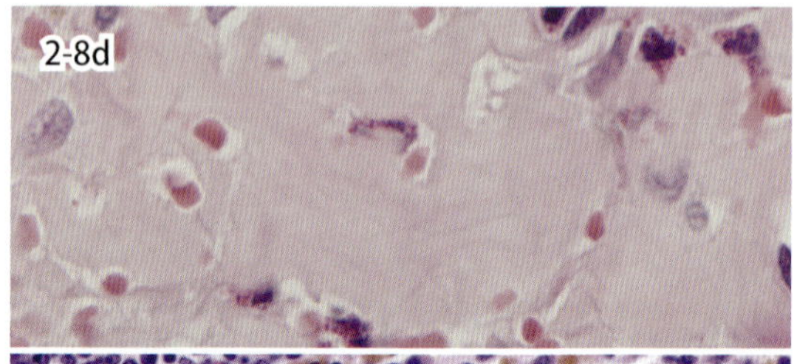

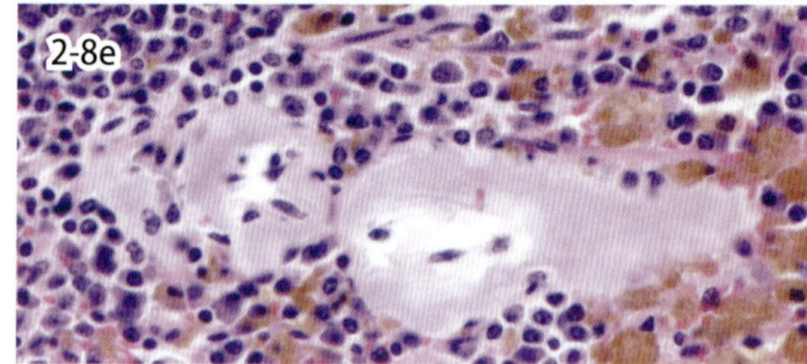

図 2-8c ～ e　アミロイドが沈着した脾臓（c と d は兎，e は牛）．コンゴー赤染色の偏光観察像（c），アミロイド沈着（d），血管への沈着（e）．

2-8．アミロイド沈着

Amyloid deposition

脾臓のアミロイド沈着は，全身性アミロイド症の一分症として観察されることが多い．動物で観察される全身性アミロイドーシスとしては，多発性骨髄腫などを背景に生じる原発性アミロイドーシス，慢性炎症に引き続いて生じる反応性（続発性）アミロイドーシス，遺伝性に生じる特殊なアミロイドーシスが知られており，それぞれ免疫グロブリン L 鎖を前駆蛋白として形成される AL アミロイド，血清アミロイド A 蛋白を前駆蛋白として形成される AA アミロイド，トランスサイレチンを前駆蛋白とする ATTR アミロイドなどが沈着する．アミロイド沈着の有無を肉眼的に断定することは困難であるが，アミロイドがヨードに反応して褐色調に変化する性質を利用して確認できる．図 2-8a はアミロイドが沈着している脾臓断面で，上はヨード処理後の脾臓，下はヨード処理前の脾臓である．ヨード処理後の脾臓では濾胞周囲に褐色に変化したアミロイドが観察される．図 2-8b のようにアミロイドはコンゴー赤染色によって赤橙色に染色され，偏光顕微鏡下で観察すると図 2-8c のようにアップルグリーンの偏光を示す．図 2-8d は濾胞周囲に沈着しているアミロイドの高倍率像（HE 染色）で，好酸性均質無構造の沈着物が認められる．脾臓のアミロイドの沈着部位は，白脾髄（リンパ濾胞）を中心に沈着する型と赤脾髄にび漫性に沈着する型があるが，沈着部位の型別と沈着しているアミロイドの型別は動物の場合無関係のことが多く，アミロイドの型別は免疫染色や蛋白解析によって鑑別する必要がある．脾臓で観察されるアミロイド沈着は，図 2-8e のように血管壁（中心動脈）に観察される場合も多い．

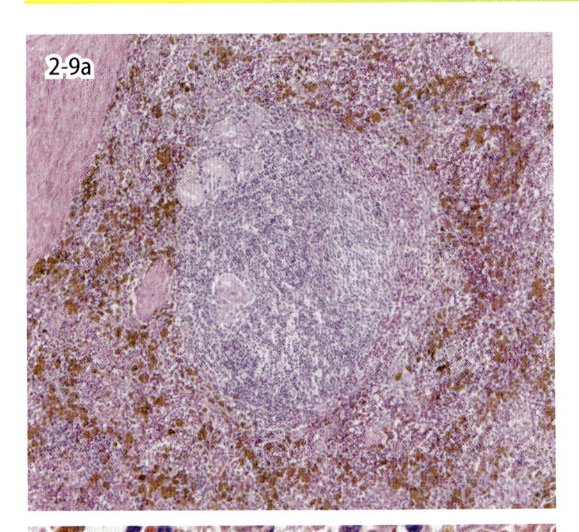

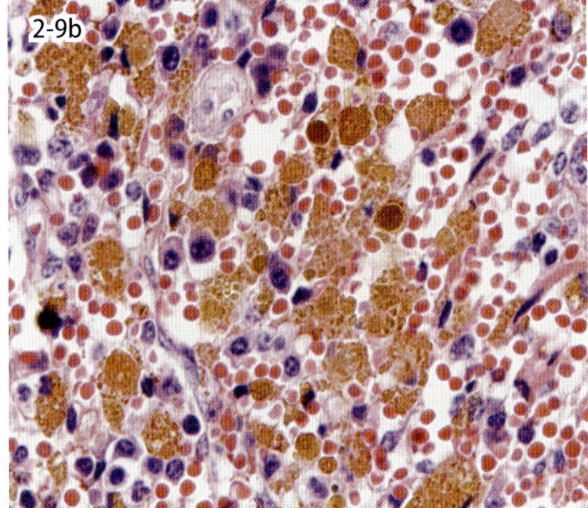

図 2-9a・b　ヘモジデリンが沈着した脾臓（牛）．赤脾髄に重度の褐色色素沈着が観察される（a）．褐色色素は網内系細胞内にみられる（b）．

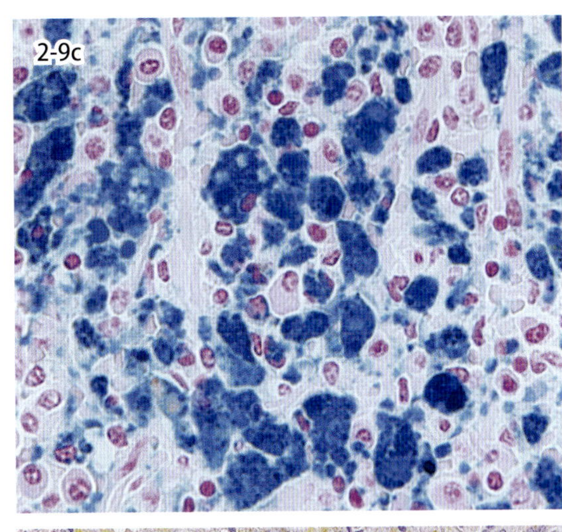

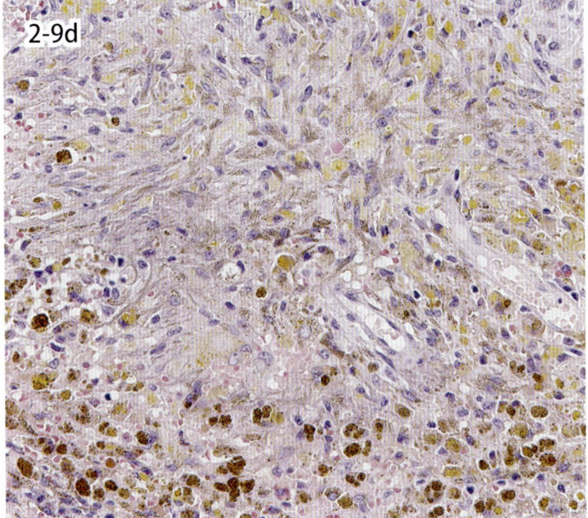

図 2-9c・d　ヘモジデリンが沈着した脾臓（c，牛，ベルリン青染色），脾柱の結節性病変（d，犬）．ヘモジデンリンが青色に染色される（c），複数の色素沈着が観察される（d）．

2-9. ヘモジデリン沈着

Hemosiderosis

ヘモジデリンは網内系細胞などに赤血球やヘモグロビンが取り込まれ，細胞内で形成される黄褐色から褐色の顆粒状色素である．脾臓では，赤血球破壊が盛んに行われているため，正常組織においても濾胞辺縁帯から赤脾髄領域において沈着が観察されるが（図 2-9a），鉄の過剰摂取時，鉄利用障害時，馬伝染性貧血やマラリアなど溶血性貧血亢進時，輸血時には高度の沈着が観察される．ヘモジデリンはその形成機序などから，通常食細胞系細胞の胞体内に観察される（図 2-9b）．ヘモジデリンは，三価の鉄イオンを含むためベルリン青染色（プルシアン青染色）で青く染色される（図 2-9c）．ヘモジデリンが網内系細胞のみに沈着している状態はヘモジデローシスと呼ばれ，実質臓器に沈着し臓器障害を起こしている状態（ヘモクロマトーシス）とは区別される．脾臓においてはヘモジデリン沈着が関連している結節性病変 siderotic nodule が，高齢犬でしばしば観察される．本病変は被膜，脾柱，動脈壁に形成される結節で，膠原線維～好銀線維の増生と同部への山吹色色素（ヘマトイジン），ヘモジデリン，石灰沈着が共存して観察される（図 2-9d）．脾臓の慢性うっ血が本病変形成に関与していると考えられており，ヒトのガムナ・ガンディー結節の類似病変と考えられている．

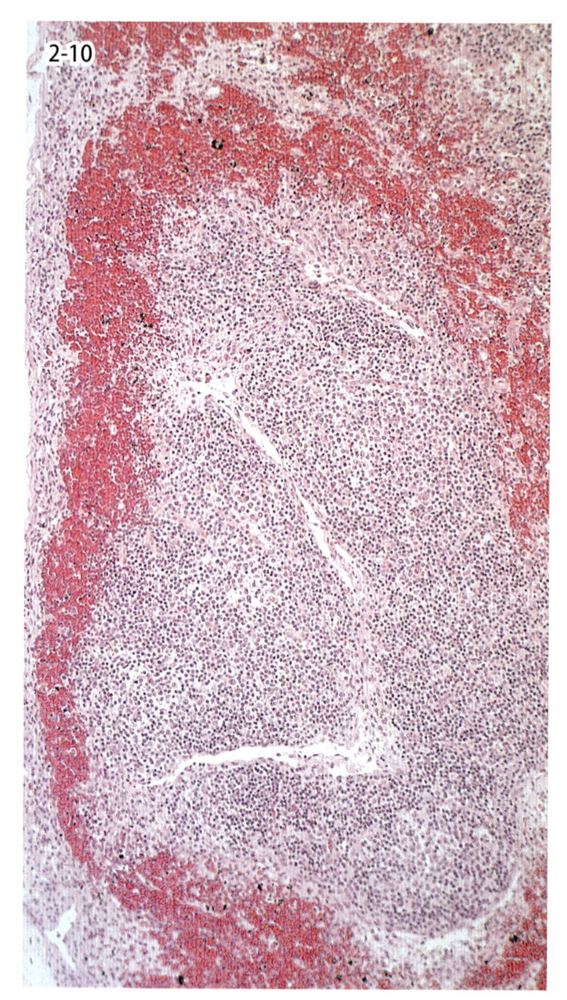

図 2-10　リンパ節の血液吸収．豚熱ウイルス実験感染豚．リンパ洞に赤血球が充満している．リンパ随ではリンパ球が減少している．

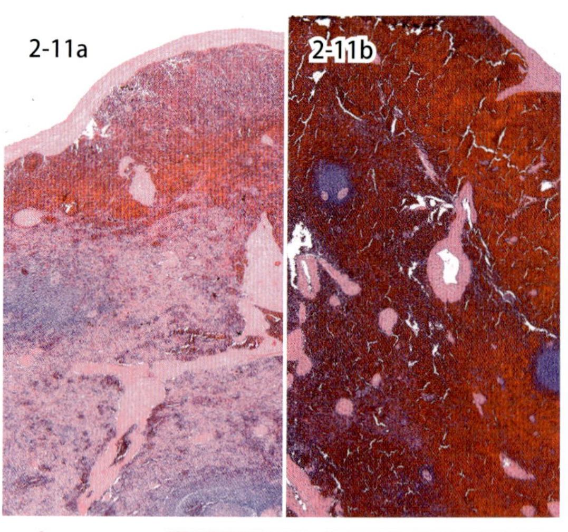

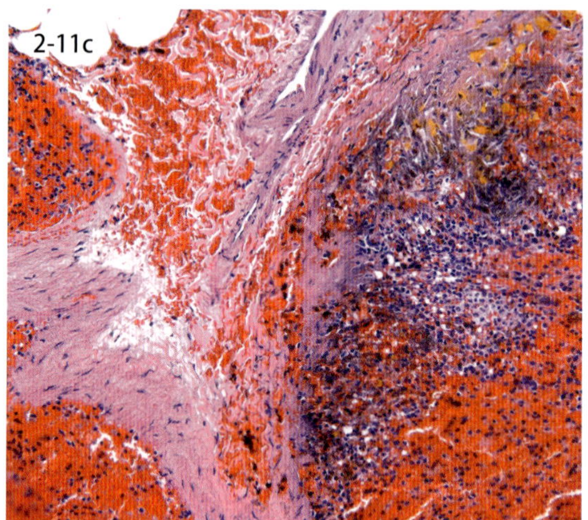

図 2-11　うっ血性脾腫（犬）．被膜近傍の軽度のうっ血（a）と脾臓全域の重度なうっ血（b）およびガムナ・ガンディー結節（c）．

2-10．リンパ節の血液吸収

Blood absorption in the lymph nodes

リンパ節のリンパ洞内に血液が吸収された状態を血液吸収という．これはリンパ節が支配する臓器および組織の出血を示唆する．急性の感染症においては，リンパ節が腫大して暗赤色を呈し，割面では点状ないし斑状，被膜下では帯状に血液吸収が認められる．

図 2-10 は，豚熱ウイルスの感染実験豚のリンパ節で，被膜下洞，小柱洞およびリンパ濾胞周縁洞などのリンパ洞内に限局して赤血球が多数認められる．このほか，リンパ洞以外の組織にも出血が認められる．なお，拡大すると，リンパ洞内のマクロファージがしばしば赤血球を貪食し，ブドウの房状を呈している赤血球食現象 erythrophagia が認められる．

2-11．うっ血性脾腫

Congestive splenomegaly

脾の静脈は門脈に開口し，肝臓を経由して大循環に入るため，脾臓は門脈系の循環障害に影響される．うっ血性脾腫は，①門脈のうっ血（肝線維症，肝硬変，肝腫瘍，肝門脈血栓症など），②門脈血量の増加（特発性門脈圧亢進症，バンチ症候群など）により認められる．また，脾臓の直接的な原因として，③胃脾捻転，④腫瘍，血腫および濾胞過形成などによる圧排，⑤脾柱動脈の拡張（バルビツール系麻酔薬などの影響）によっても起こる．軽度のうっ血では赤血球の貯留が被膜近傍に認められ，重度に伴い脾臓全域に広がる．慢性経過により，石灰沈着，ヘモジデリン沈着が増加し，ガムナ・ガンディー結節が形成されることがある（図 2-11c）．

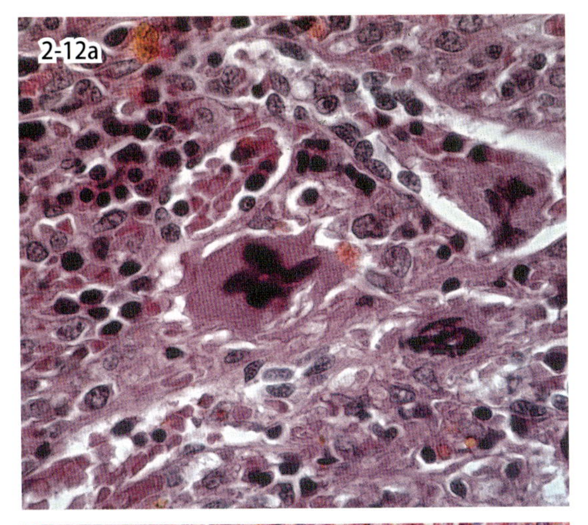

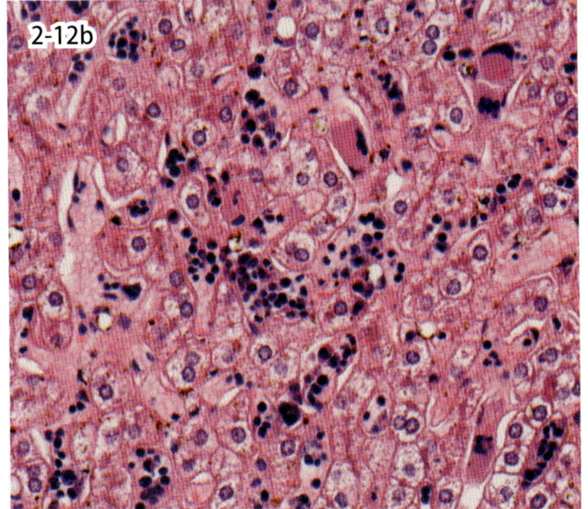

図 2-12　髄外造血．犬の脾臓．赤芽球と巨核球を主体とした髄外造血（a）．サルの肝臓．類洞内に多数の赤芽球，巨核球がみられる（b）．

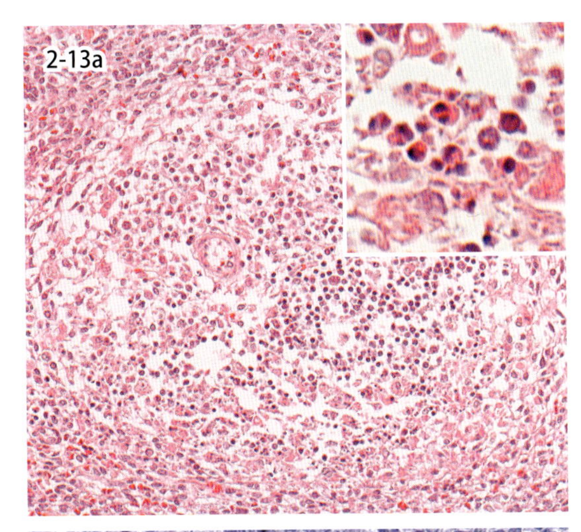

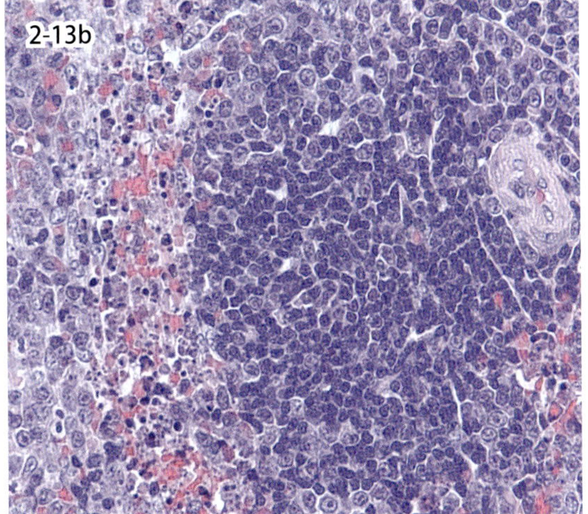

図 2-13　犬ジステンパーウイルス感染による濾胞壊死（a）．白脾髄のリンパ球はほぼ消失し，アポトーシス小体が散見される（挿入図）．犬脾臓のマントル層，辺縁帯の濾胞壊死（b）．

2-12. 髄 外 造 血

Extramedullary hematopoiesis

健康な動物では，赤血球，顆粒球，血小板の造血は骨髄で行われる．骨髄が悪性腫瘍の転移や線維症などで障害されたときや，出血や溶血性貧血などで骨髄造血が需要に対応できないときに，骨髄外で造血が行われ，髄外造血と呼ばれる．溶血性貧血や出血性貧血では赤芽球系が多くみられ，化膿巣を伴う感染症や好酸球増加症では顆粒球系（骨髄芽球）が，播種性血管内凝固症候群（DIC）や敗血症では巨核（芽）球が，骨髄線維症，腫瘍転移やウイルス感染などで骨髄抑制が起きる場合はすべての芽球が出現することが多い．

髄外造血は胎生期に造血の行われた肝臓，脾臓で主にみられるほか，リンパ組織，副腎，腎臓，膵臓，肺などでもみられる．

2-13. 濾胞壊死とアポトーシス

Follicular necrosis and apoptosis

リンパ濾胞の壊死は濾胞壊死と呼ばれ，中毒あるいは感染に随伴してみられる．牛疫，牛ウイルス性下痢・粘膜病，悪性カタル熱，豚伝染性胃腸炎，豚熱，犬ジステンパーなどのウイルス性感染症，放射線障害，牛ワラビ中毒，有機リン中毒，カビ中毒，抗癌剤の投与などで認められる．組織学的には胚中心と中心動脈周囲におけるリンパ球の脱落が著明で，濾胞全体またはその一部は疎となり，水腫性あるいは線維素により置換される．また，胚中心と中心動脈周囲のリンパ球を残して，その周囲の壊死が著明な場合も存在し，初期のエンドトキシンショックなどで観察される．

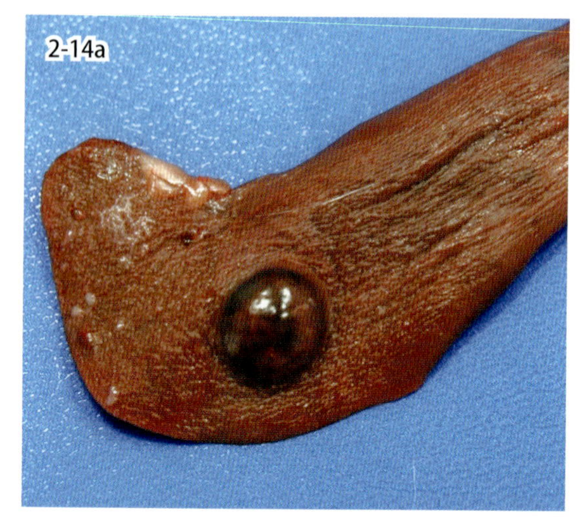

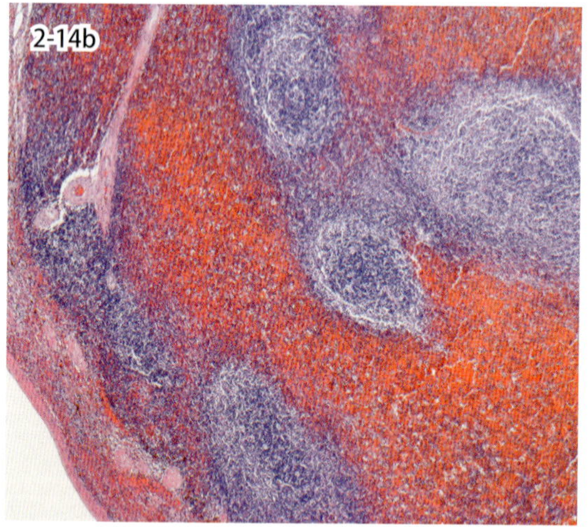

図 2-14a・b　脾臓の結節性増生（犬）．暗赤色の膨隆性で単発の腫瘤がみられる（a）．腫瘤は大小の増生したリンパ濾胞（白脾髄）と赤血球を容れる赤脾随からなる（b）．

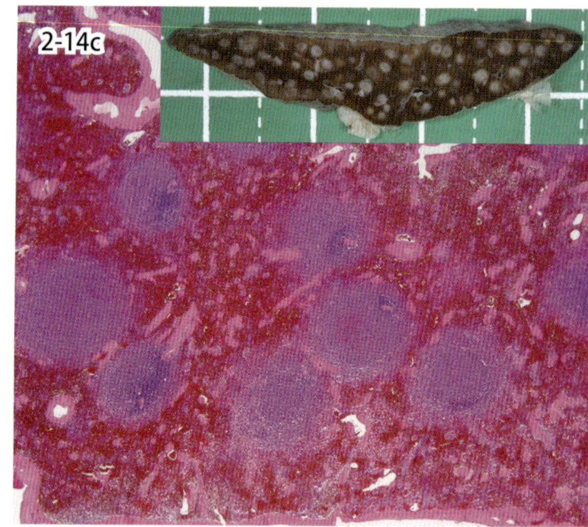

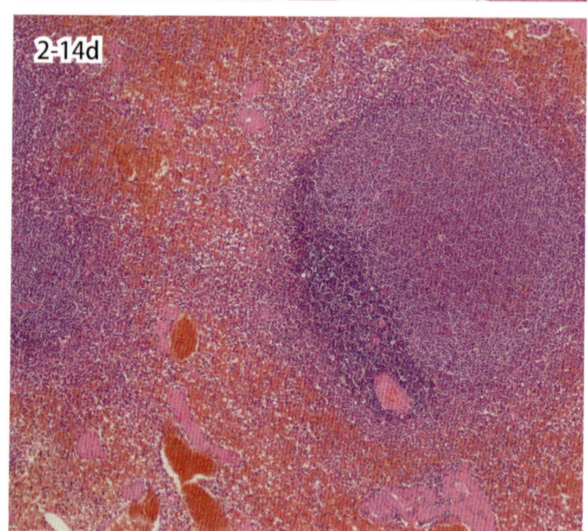

図 2-14c・d　脾臓のリンパ濾胞過形成（猫）．脾臓全体に多数の大型リンパ濾胞がび漫性に広がる（c）．リンパ濾胞は腫大し，とくに胚中心の拡大がみられる（d）．

2-14. 脾臓のリンパ濾胞過形成

Follicular hyperplasia in the spleen

脾臓において単発性または多発性結節性病変としてみられる．結節は胚中心およびマントル層の腫大した多数の白脾髄により構成され，基本的なリンパ濾胞構造はよく保たれているのが特徴である．ヒトでは若齢に多く，リウマチ関節炎，シェーグレン症候群，全身性エリテマトーデス（SLE）などの自己免疫性疾患，トキソプラズマ症，ヒト HIV 感染の初期にみられることが知られている．老齢犬において比較的よくみられ，主に単発あるいは多発する結節性病変として発症し，結節性増生 nodular hyperplasia と呼ばれている（図 2-14a，b）．犬ではアナプラズマ症（*Anaplasma platys* 感染），リーシュマニア症（*Leishmania* spp. 感染），*Rangelia vitalii* 感染実験で報告されている．猫でもヒトの HIV 感染に類似した FIV 感染の初期にみられるとの報告があり，主にび漫性結節性病変として発症する（図 2-14c，d）．豚では PRRS ウイルス感染実験において脾臓を含むリンパ組織で観察され，部分的なリンパ濾胞の腫大を特徴とする病変である．

リンパ濾胞過形成の類症鑑別として，濾胞型リンパ腫が重要である．リンパ濾胞過形成では，大型リンパ球が分布して明るくみえる胚中心と，その外層で小型リンパ球のマントル細胞が分布して暗調にみえるマントル層の構築がよく保たれており，濾胞の極性が維持される．一方，濾胞型リンパ腫では，通常，画一的で大きな濾胞が形成され，マントル細胞層を欠き，極性が失われた濾胞が形成されることが多い．

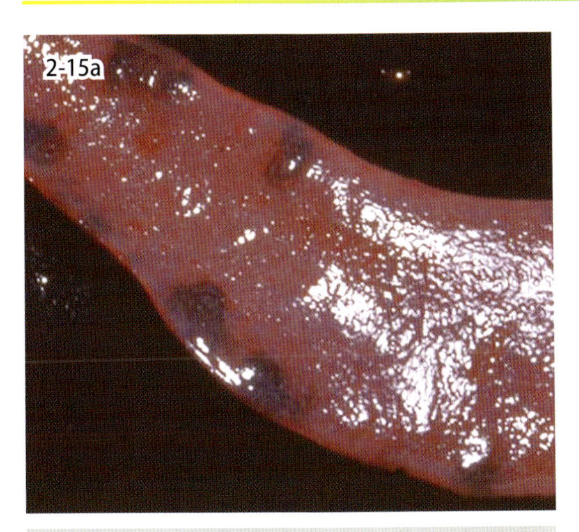

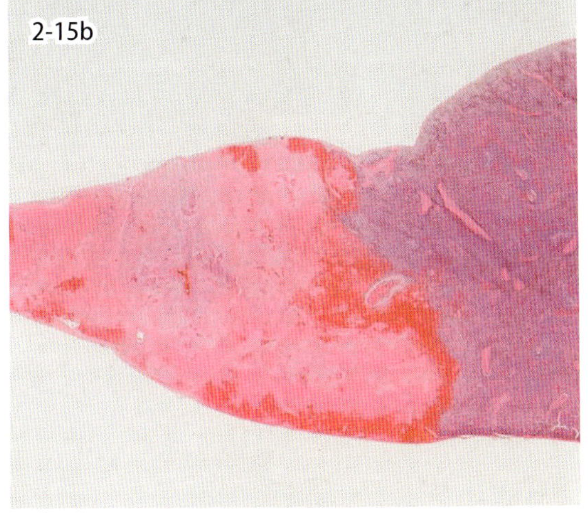

図 2-15a・b　豚熱（豚）．脾臓の出血性梗塞（a）を示す．梗塞巣の辺縁部には出血と充血（b）がみられる（写真提供：a は動衛研）．

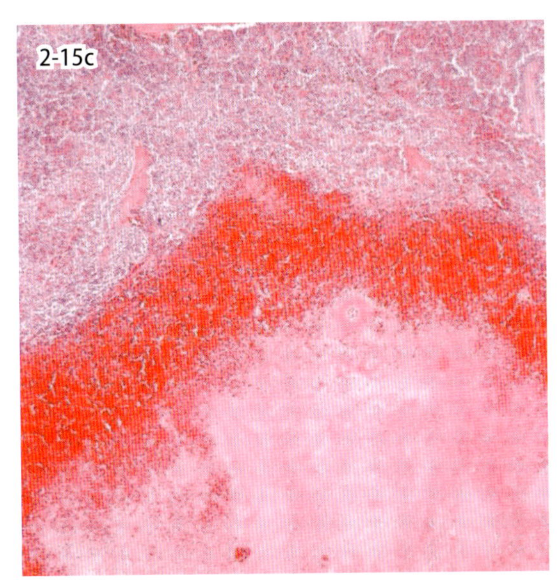

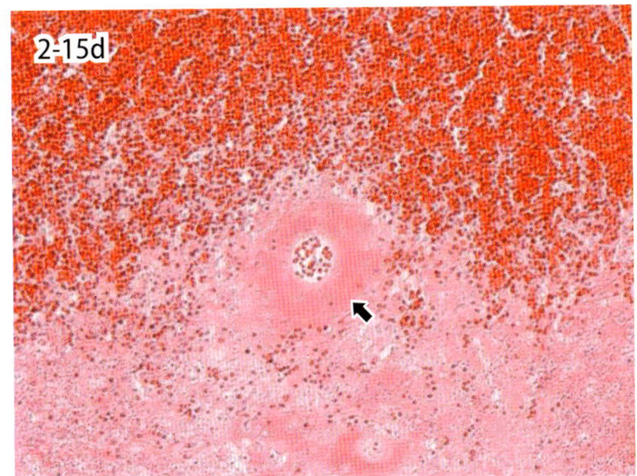

図 2-15c・d　豚熱（豚）．梗塞巣は壊死に陥り（c），同部の小血管にフィブリノイド変性（d，矢印）が観察される．

2-15. 脾臓の出血性梗塞（豚熱）

Splenic hemorrhagic infarct (hog cholera)

豚熱とは豚やイノシシが感染するウイルス感染症であり，高い致死率を特徴とする．原因となる豚熱ウイルスはフラビウイルス科ペスチウイルス属に分類され，経口・経鼻感染したウイルスは，感染初期に扁桃陰窩の上皮細胞や周囲のリンパ組織で増殖する．その後，血流に乗って全身へウイルスが拡散し，全身のリンパ系組織などで二次増殖する．本ウイルスの主な標的細胞は内皮細胞，リンパ球，マクロファージ，上皮細胞であり，リンパ組織，脾臓，腎臓，膀胱などに病変を形成する．豚熱の病態は急性，亜急性，慢性など多様であるが，罹患豚の予後は不良である．発症から死亡までの期間が 14 日前後の急性型豚熱では，脾臓の梗塞は必発病変ではない．ただし，豚熱以外に梗塞を起こす疾患はほとんどなく，脾臓の梗塞は診断的価値が高い．

図 2-15a は脾臓の出血性梗塞の肉眼像で，梗塞巣は膨隆し，直径 0.5 ～ 2 cm 大で暗赤色調を示し，通常，脾臓の辺縁部に認められる．豚熱では敗血症でみられるような脾腫は起こらない．図 2-15b は低倍像で，梗塞巣の辺縁には出血および充血がみられる．図 2-15c は図 2-15b の拡大像で，図下方の梗塞巣において実質は壊死に陥り，脾臓の固有構造はみられない．中央部には出血および充血が目立つ．上部には正常構造が観察されるが，残存する白脾髄ではリンパ球が変性および壊死し，減数する．図 2-15d は拡大像で，出血巣下方の小血管にフィブリノイド（類線維素）変性が認められる．この変化は血管壁の壊死を反映しており，フィブリノイド壊死とも呼ばれる．

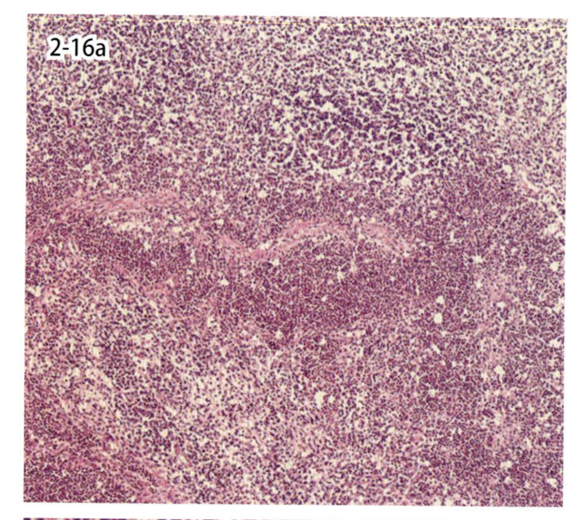

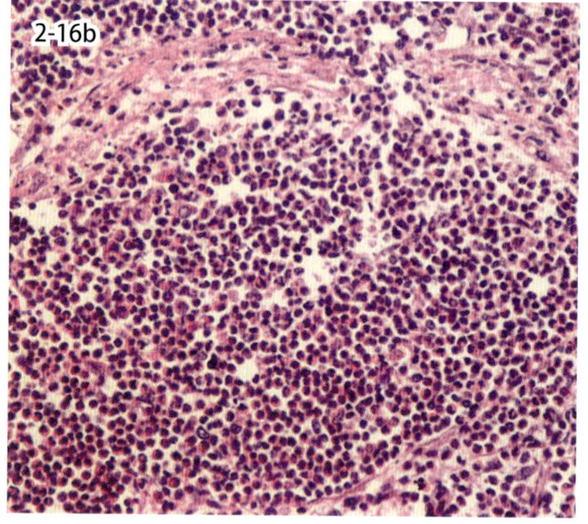

図 2-16a・b 化膿性リンパ節炎（豚）．リンパ洞が高度に拡張し（a），同部に多数の好中球が浸潤する（b）．

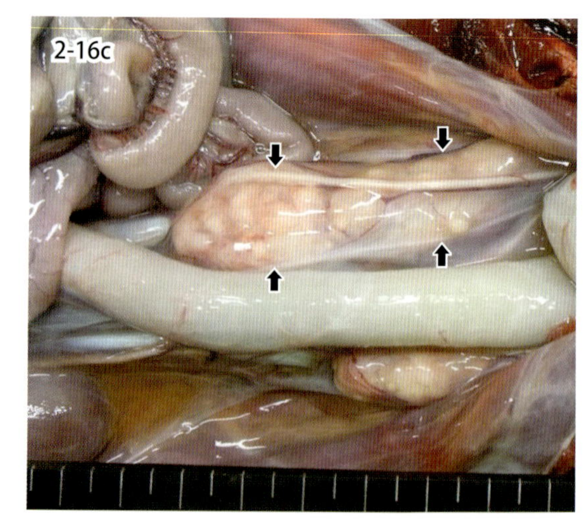

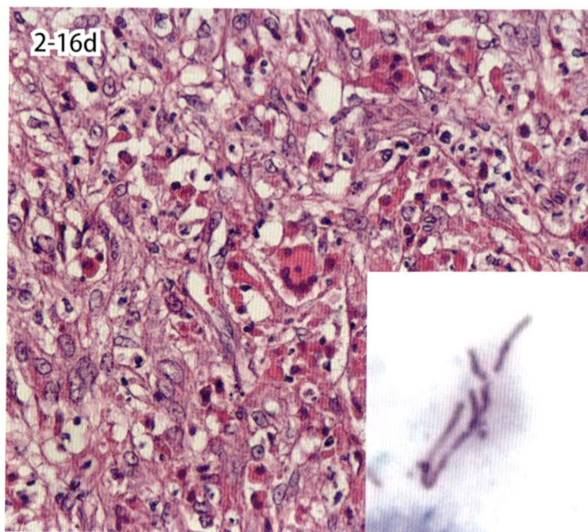

図 2-16c・d 抗酸菌症（レッサーパンダ）．内腸骨リンパ節の腫大（c，矢印），マクロファージ，類上皮細胞，多核巨細胞の集簇（d）．挿入図はチール・ネルゼン染色．

2-16. リンパ節炎

Lymphadenitis

病原体などがリンパ管経由または血行性にリンパ節に到達することによって生じる炎症反応をリンパ節炎と呼ぶ．リンパ節炎は急性と慢性に大別される．肉眼的に急性リンパ節炎では，リンパ節の腫大や充血が起こる．組織学的に好中球やマクロファージの浸潤および水腫によりリンパ洞は拡張する．一般的に細菌感染では好中球浸潤が主体になり，浸潤細胞がリンパ洞に存在する場合には，近傍の組織からリンパ管を介して炎症が波及していると考えられる．一方，好中球が皮質に主座する場合，血行性由来が示唆される．サルモネラ症やトキソプラズマ症などの急性リンパ節炎では壊死巣がみられる．また，牛ウイルス性下痢・粘膜病，犬のパルボウイルス感染症などでは，胚中心の壊死やリンパ球の減少が観察される．図 2-16a は化膿性気管支肺炎を示した豚の気管気管支リンパ節である．辺縁洞は炎症性細胞浸潤により高度に拡張している．図 2-16b はその拡大像で，拡張したリンパ洞には，多数の好中球，マクロファージ，赤血球などを容れている．

慢性リンパ節炎には膿瘍形成を伴う慢性化膿性リンパ節炎や肉芽腫性リンパ節炎が含まれ，リンパ節は腫大する．肉芽腫性炎を起こす病原体として，結核や非結核性抗酸菌症などがある．図 2-16c はレッサーパンダの非結核性抗酸菌症で，内腸骨リンパ節は腫大している．図 2-16d は同部のリンパ節で，多数のマクロファージ，類上皮細胞，多核巨細胞が浸潤して小肉芽腫を形成し，それらは互いに癒合してリンパ組織を置換している．チール・ネルゼン染色では強陽性を示す桿状菌が認められる（図 2-16d 挿入図）．

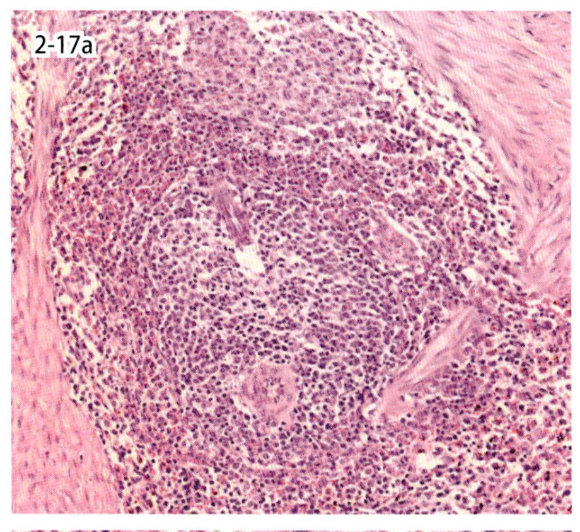

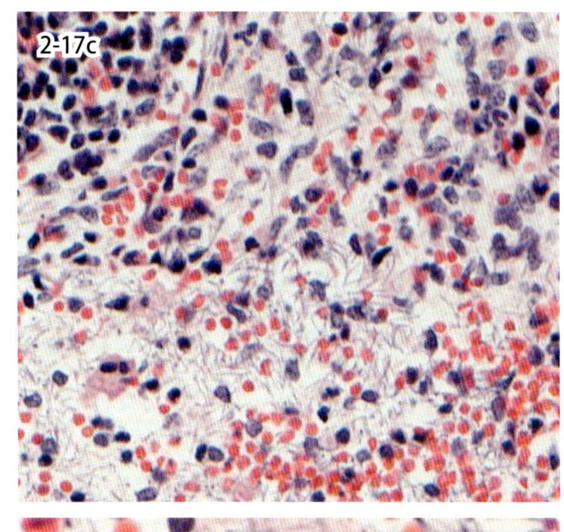

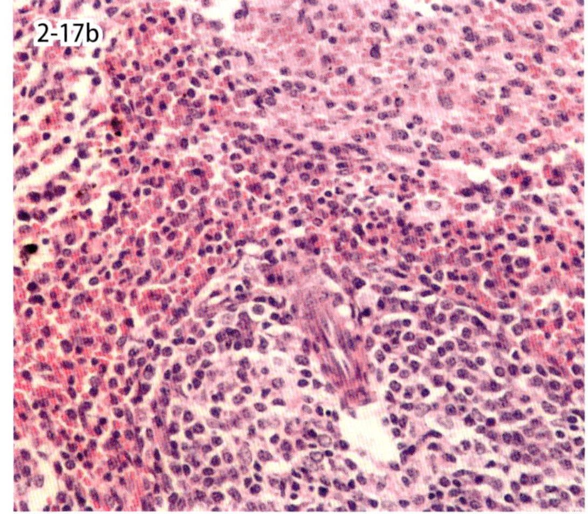

図 2-17a・b　感染脾（豚）．白脾髄周囲の辺縁帯において好中球が浸潤する（a）．b は a の高倍所見．

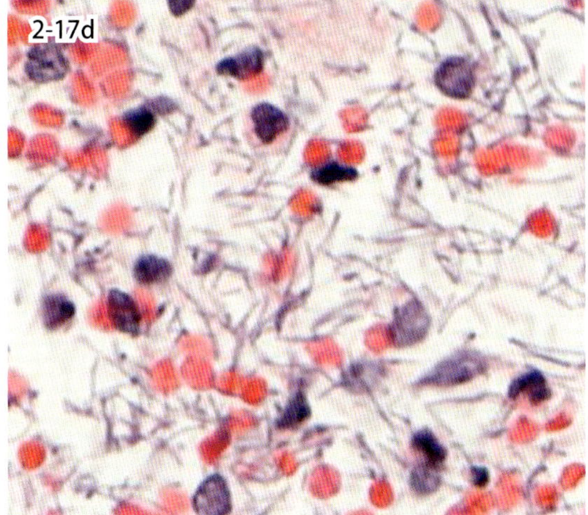

図 2-17c・d　炭疽（モルモット，実験感染）．赤脾髄において充血，好中球浸潤（c），多数の大桿菌（d）が観察される．

2-17．細菌性疾患

Bacterial diseases

赤脾髄と白脾髄との移行部は辺縁帯と呼ばれ，白脾髄の周囲を取り囲むように存在する．辺縁帯には白脾髄の中心動脈からの分枝が直接分布し，血中抗原は最初に辺縁帯に達する．したがって，菌血症などが起こった場合，辺縁帯および周囲の赤脾髄に早期から好中球が浸潤する．図 2-17a は豚の脾臓の低倍像で，重度の気管支肺炎を示した症例である．白脾髄の周囲に炎症性細胞浸潤がみられる．図 2-17b は同部の高倍像で，辺縁帯において主に好中球が浸潤している．

急性脾炎では肉眼的に脾腫が起こり，組織学的には白脾髄の変性，赤脾髄の充血ならびに炎症性細胞浸潤が顕著になる．細菌感染による脾腫として，サルモネラ症，豚丹毒，炭疽などが知られている．炭疽は，炭疽菌 *Bacillus anthracis* の感染によって起こる人獣共通感染症で，家畜伝染病予防法で指定されている重篤な疾患である．炭疽菌はグラム陽性の大桿菌で，鞭毛を欠き，運動性がない．本菌は土壌などの環境中で芽胞として長期間生残する．感染経路として経口感染，経皮感染，吸入感染があげられる．牛や羊などの感受性の高い動物では敗血症により急死する．牛の炭疽では脾腫，多発性出血，皮下～筋間水腫が特徴である．脾臓は腫大し，割面では壊死を伴って暗赤色タール様で脾粥を示す．図 2-17c は炭疽菌を実験感染させたモルモットの脾臓の低倍像で，赤脾髄において充血，好中球浸潤，多数の細菌が存在する．図 2-17d はその高倍像で，多数の大桿菌が観察される．炭疽疑いの場合には，剖検前に血液や滲出液を用いて莢膜染色や芽胞染色などを行う．

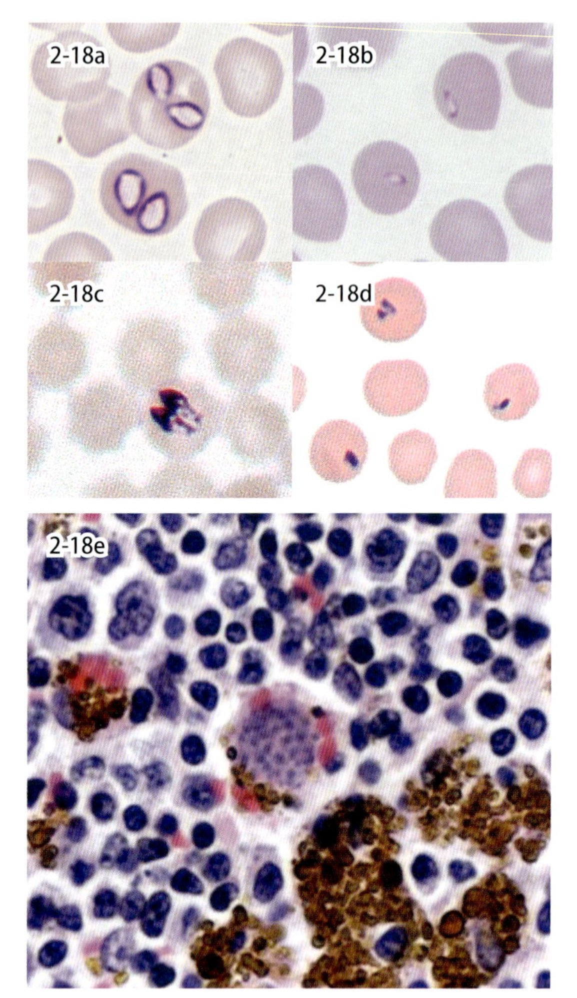

図 2-18a ～ e　犬の血液，*Babesia canis*（a）．犬の血液，*Babesia gibsoni*（b）．牛の血液，*Babesia ovata*（c）．牛の血液，*Theileria orientalis*（d）．リスザルのリンパ節，*Toxoplasma gondii*（e）．

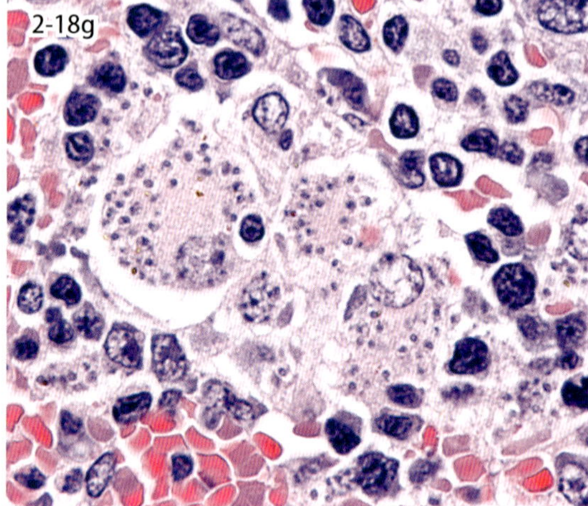

図 2-18f・g　犬の骨髄，*Hepatozoon canis*（f）．マウスの脾臓，*Leishmania donovani*（g）．

2-18．原虫性疾患
Protozoal diseases

ピロプラズマ目に属する *Babesia* 原虫および *Theileria* 原虫による感染症をピロプラズマ病と呼ぶ．これらの原虫は，赤血球内に観察される原虫の大きさにより，大型および小型ピロプラズマに分類されている．宿主特異性が強く，各動物種に特有の原虫寄生がみられる．図 2-18a，b は，犬の赤血球に寄生する大型（*B. canis*）および小型（*B. gibsoni*）ピロプラズマ，図 2-18c，d は，牛の赤血球に寄生する大型（*B. ovata*）および小型（*T. orientalis*）ピロプラズマである．このほかに，赤血球に寄生する原虫として *Leucocytozoon* や *Plasmodium* がある．

真コクシジウム目に属する原虫は，全身諸臓器に感染し，リンパ組織や骨髄組織に観察される場合がある．図 2-18e は，リスザルのリンパ節に観察された *Toxoplasma gondii* のシストである．*T. gondii* は猫科動物を終宿主として，さまざまな動物種に感染する．豚，リスザル，カンガルーは感受性が高く，肺炎を含む全身性の感染症を起こす．図 2-18f は，犬の骨髄に観察された *Hepatozoon canis* である．犬がマダニを経口摂取すると *H. canis* が腸管から侵入し，単核食細胞に寄生して骨髄，リンパ節，脾臓などの標的臓器に移動する．このほかに，単核食細胞に寄生する原虫として *Cytauxzoon* がある．

また，前述のアピコンプレックス門に含まれる原虫のほかに，単核食細胞に寄生する原虫として *Leishmania* がある．図 2-18g は，*Leishmania donovani* を実験感染させたマウスの脾臓であり，マクロファージの細胞質内に多数の原虫が観察される．

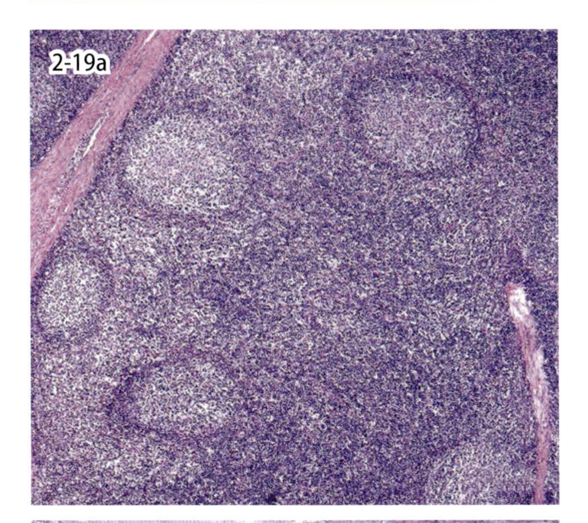

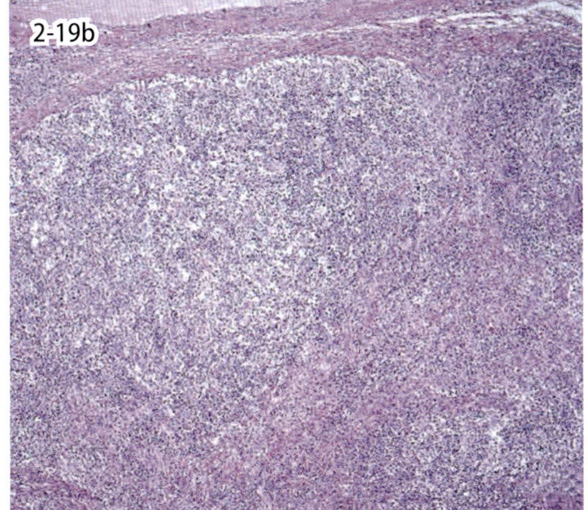

図 2-19a・b　PCVAD（豚）．正常な豚のリンパ節（a）と比較し，PCVAD 罹患豚のリンパ節（b）では，リンパ濾胞の消失が明らかである．

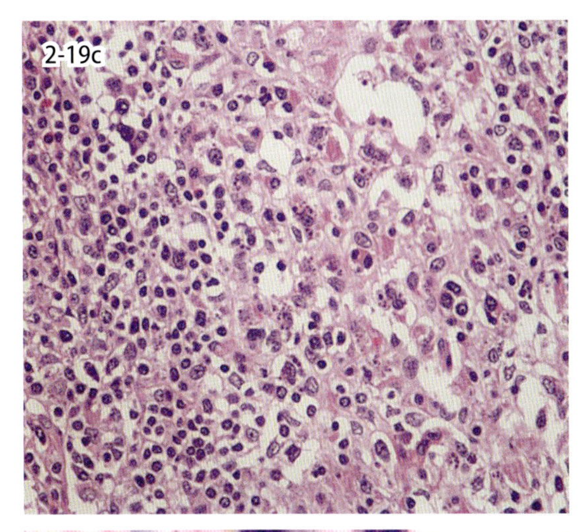

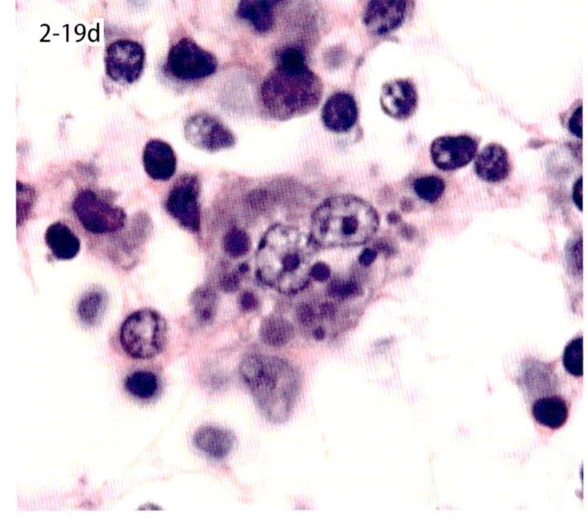

図 2-19c・d　PCVAD（豚）．リンパ球の減数とマクロファージの浸潤（c）が認められ，マクロファージに好塩基性細胞質内封入体（d）が観察される．

2-19. ウイルス性疾患（サーコウイルス）

Viral disease（circovirus）

豚サーコウイルス（PCV）2 型は豚サーコウイルス関連疾病（PCVAD）の重要な感染因子であり，離乳豚の高い死亡率で大きな問題になっていた．しかし，2008 年以降に発売されたワクチンにより，現在では PCVAD による離乳豚の死亡率は大きく改善されている．ちなみに，PCV 1 型は豚腎由来株化（PK-15）細胞に持続感染したウイルスとして発見され，豚に対しては非病原性である．

PCVAD では 5 ～ 12 週齢の離乳豚でみられる進行性の消耗性疾患で，削痩，黄疸，下痢，呼吸器症状などが起こる．主な肉眼病変は全身リンパ節の腫大で，組織学的にはマクロファージの高度な浸潤，合胞体・封入体形成とリンパ球脱落がみられ，肉芽腫性炎が特徴である．とくにブドウの房状の細胞質内封入体形成が特徴所見である．図 2-19a は正常なリンパ節で，リンパ濾胞が確認できるのに対し，図 2-19b は罹患豚のリンパ節で，リンパ濾胞が消失している．図 2-19c はリンパ濾胞の拡大像で，リンパ球が脱落および消失し，マクロファージが増数している．図 2-19d はマクロファージに認められる細胞質内封入体で，さまざまなサイズの封入体が認められる．電子顕微鏡的に封入体は，高電子密度の微細顆粒状物と結晶状に配列する直径約 17 nm のウイルスで構成されている．感染経過の長い症例では，マクロファージ浸潤と合胞体形成が弱くなり，リンパ球の高度脱落による萎縮・荒廃性変化が顕著になる．これらの病変は，リンパ節だけでなく，扁桃，パイエル板などの全身リンパ組織においてみられる．

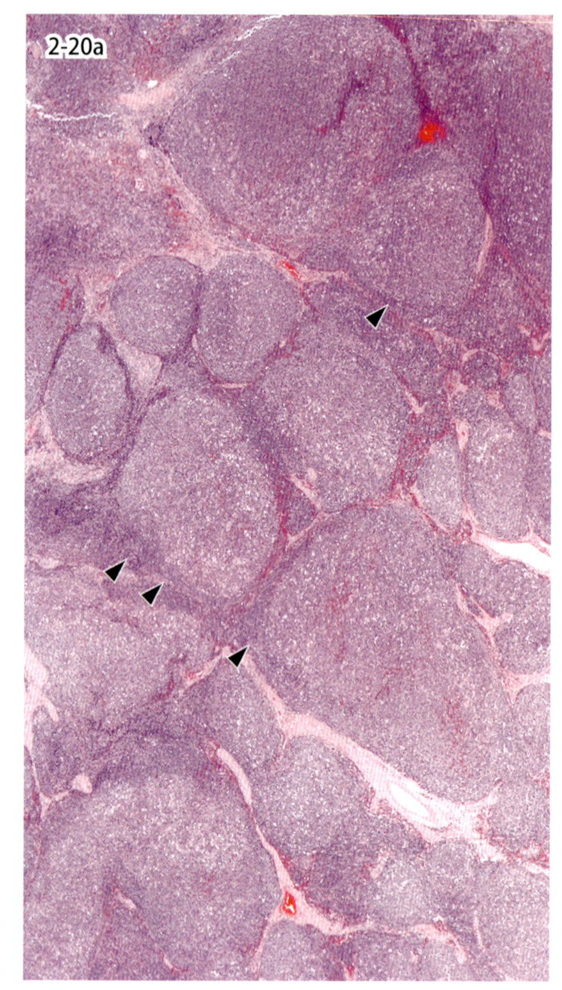

図 2-20a　低グレードリンパ腫（濾胞性リンパ腫，低倍率像）（犬）．矢頭は胚中心様構造によって圧排された傍皮質領域．

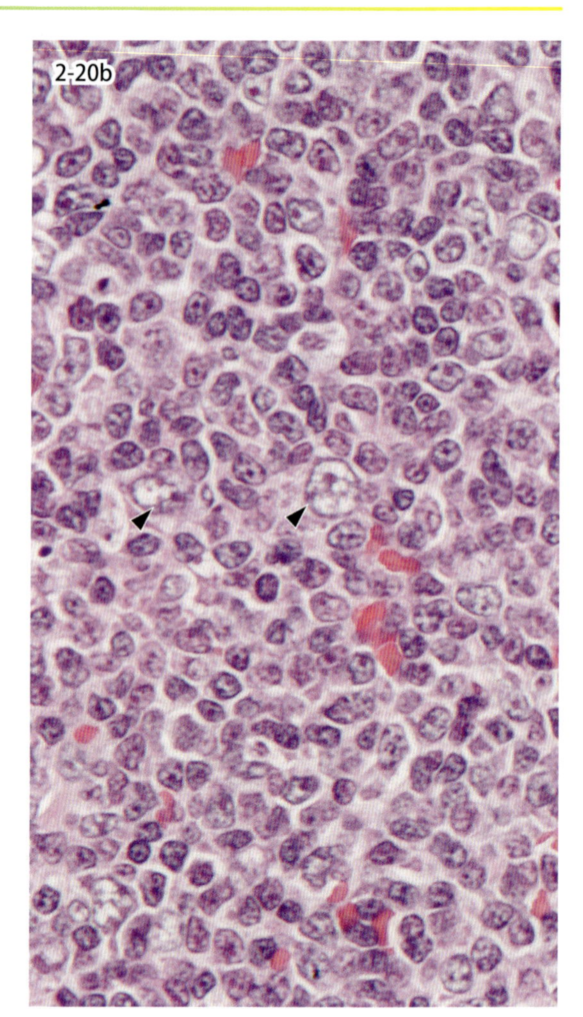

図 2-20b　低グレードリンパ腫（濾胞性リンパ腫，高倍率像）（犬）．矢頭は胚中心芽細胞様腫瘍細胞で，そのほかの小型の細胞は胚中心細胞様腫瘍細胞．

2-20. 低グレードリンパ腫

Low-grade lymphoma

動物のリンパ腫は，ヒトのリンパ腫の分類にならい，免疫表現型（B，T 細胞あるいは非 B 非 T 細胞）およびリンパ球の分化段階に対応した細胞形態などをもとに分類される．臨床動態や化学療法の感受性と関連があるとされるグレード（悪性度）分類は，腫瘍細胞の大きさ（小型，中型～大型）と有糸分裂像を指標に行われる．低グレード（高分化）リンパ腫は，腫瘍細胞の主体が小型（核の直径が赤血球の 1.5 ～ 2 倍）で，核分裂像も乏しく，その増殖は緩徐である．B 細胞由来の濾胞性リンパ腫，T 細胞由来の T 細胞領域リンパ腫などが含まれる．濾胞性リンパ腫 follicular lymphoma は図 2-20a のような腫瘍性リンパ球の胚中心様増殖からなり，比較的大きさの揃った類円形の胚中心様構造が，リンパ節の皮質を含めた全体に認められる．腫瘍細胞の増殖によって，リンパ節構造は崩れるが，リンパ節の被膜を超えた腫瘍細胞の増殖は認めない．これらの胚中心様構造は過形成性の胚中心と類似するが，暗調部と明調部の極性がみられない点，細胞密度が高い点，胚中心様構造とマントル領域との境界が不明瞭な点などから区別される．図 2-20a にみられる胚中心様構造と隣接するマントル領域に類似する小型リンパ球の密在する領域は，傍皮質領域が圧排されたものである．図 2-20b は胚中心様構造内の拡大で，くびれや切れ込みを有する小型～中型（赤血球の 1.5 ～ 2 倍）の核を有する胚中心細胞 centrocyte 様腫瘍細胞と核の辺縁に偏在する 1 ～ 3 個の核小体を含む明るく大型（赤血球の 2 ～ 2.5 倍）の卵円形の核を有する胚中心芽細胞 centroblast 様腫瘍細胞が増殖する．

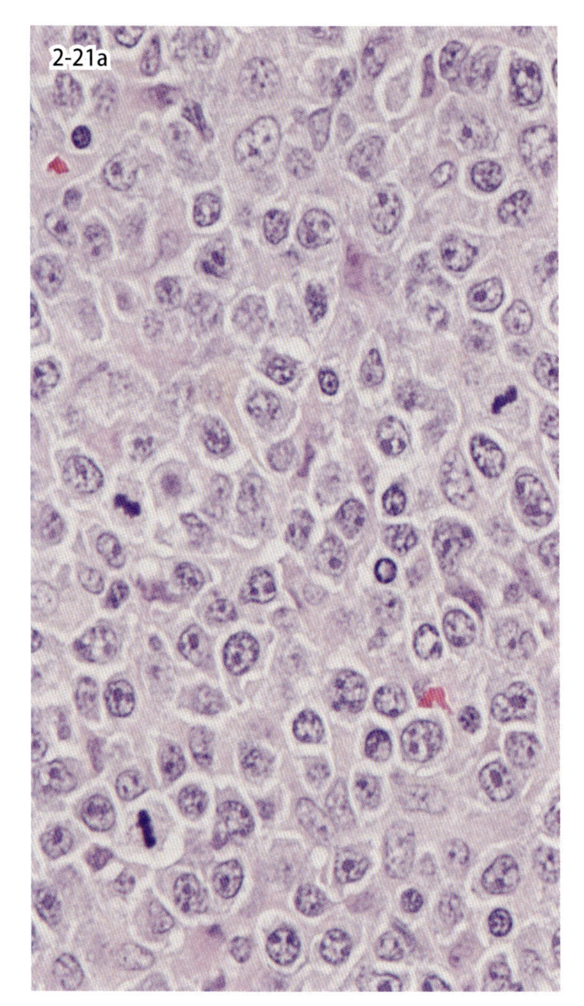

図 2-21a　高グレードリンパ腫（び漫性リンパ腫）．犬のび漫性大細胞型 B 細胞性リンパ腫．

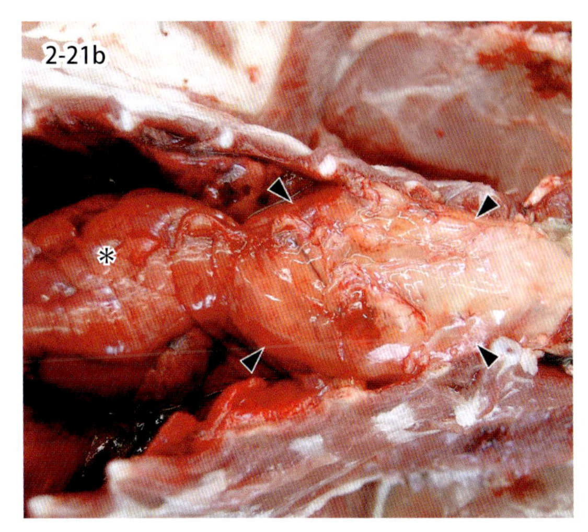

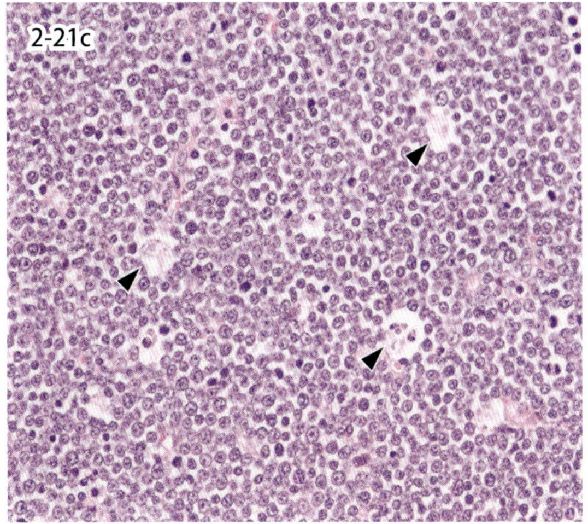

図 2-21b・c　高グレードリンパ腫（び漫性リンパ腫）．猫の胸腺型リンパ腫．＊は心臓，矢頭は前縦隔部の腫瘍（b）．猫の胸腺型リンパ腫．マクロファージ（矢頭）が散在する（c）．

2-21．高グレードリンパ腫

High-grade lymphoma

高グレード（低分化）リンパ腫は，大型のリンパ球様腫瘍細胞のび漫性に増殖からなり，有糸分裂像も多い．腫瘍細胞の増殖には濾胞性リンパ腫のような胚中心様構造を認めず，リンパ節は腫瘍細胞の一様な増殖に置換され，固有構造は消失する．被膜を超えた腫瘍細胞の増殖が観察されることも多い．び漫性大細胞型 B 細胞性リンパ腫 diffuse large B-cell lymphoma は動物で最もよくみられる B 細胞性高グレードリンパ腫である．図 2-21a は胚中心芽細胞型 centroblastic type のび漫性大細胞型 B 細胞性リンパ腫の高倍率像で，腫瘍細胞は大型の類円形核(直径が赤血球の２～３倍)と少量の細胞質からなり，２～４個の核膜近傍に位置する明瞭な核小体を認める．多数の有糸分裂像も観察される．一方，び漫性大細胞型 B 細胞性リンパ腫の免疫芽球型 immunoblastic type では，腫瘍細胞は 1 つの明瞭で大型の核小体を核中央に有する．図 2-21b は猫白血病ウイルス感染がみられた若齢の猫の胸腺型リンパ腫 thymic lymphoma の肉眼像で，心臓頭側の前縦隔部に発生した T 細胞性高グレードリンパ腫である．図 2-21c は猫の胸腺型リンパ腫の組織像で，高グレードリンパ腫では，細胞質の乏しい腫瘍細胞がび漫性に密に増殖する中に，変性およびアポトーシスに陥った細胞や核破砕物 tingible bodies を貪食したマクロファージが散在する星空像 starry sky appearance が認められる．同じレトロウイルスである牛伝染性リンパ腫ウイルスの感染による B 細胞性リンパ腫も類似した形態を示すものが多い．

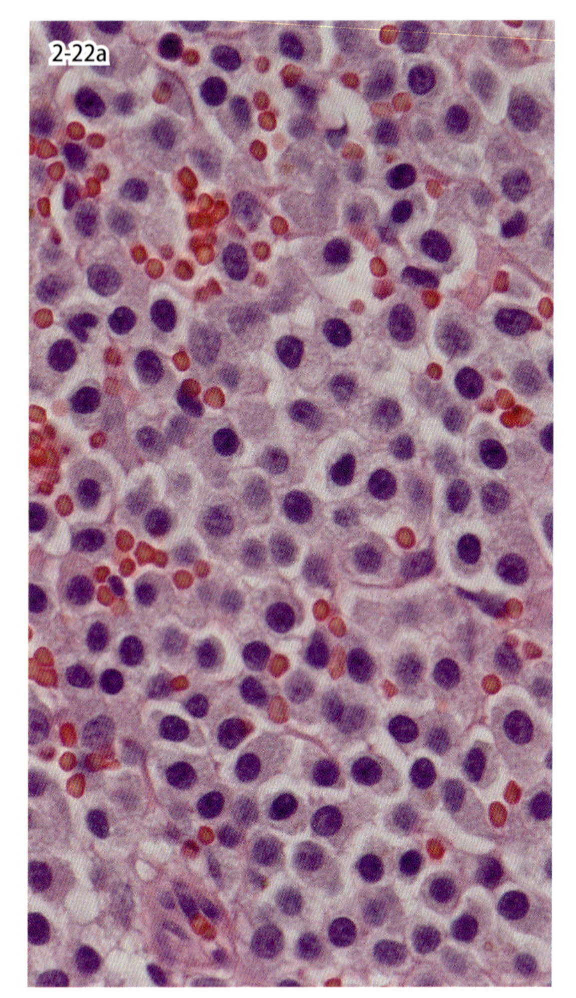

図 2-22a　脾臓の肥満細胞腫（猫）．び漫性に腫瘍細胞が増殖する．

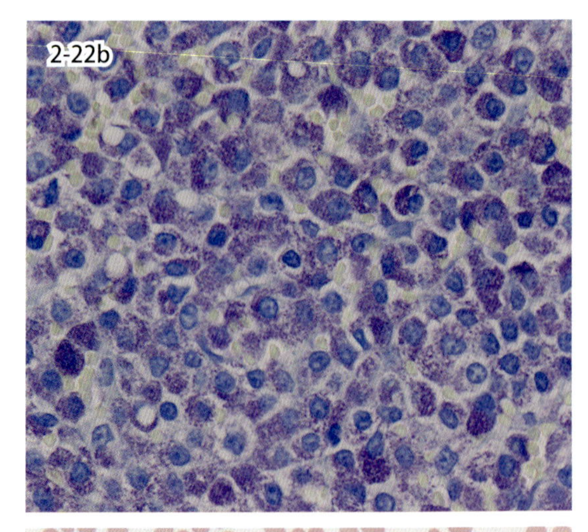

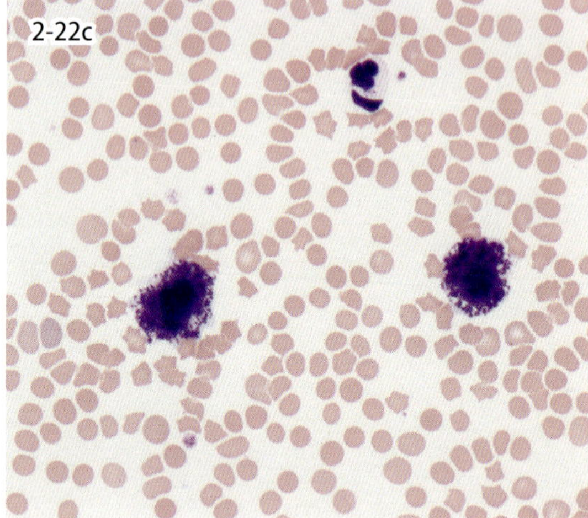

図 2-22b・c　脾臓の肥満細胞腫（猫）．トルイジン青染色像．腫瘍細胞の細胞質には赤紫色の異染性顆粒が多量に認められる（b）．本症例の末梢血塗抹像．肥満細胞が出現する（c）．

2-22. 脾臓の肥満細胞腫

Splenic mast cell tumor

肥満細胞腫 mast cell tumor は犬および猫でよくみられ，そのほか，馬やフェレットでも散発する．犬では皮膚に発生することが多いが，猫では皮膚の発生以外に，内臓型として脾臓にも発生する．猫の脾臓における内臓型肥満細胞腫 visceral mast cell tumor では，肉眼的に腫瘤は形成されず，脾臓全体が腫脹する脾腫 splenomegaly を呈する．図 2-22a は猫の内臓型肥満細胞腫の脾臓の組織像で，赤脾髄において卵円形の核と微細顆粒状で比較的豊富な細胞質を有する肥満細胞様の腫瘍細胞がび漫性に増殖する．腫瘍性肥満細胞の増殖によって，リンパ濾胞は減少あるいは消失する．図 2-22b に示すように，腫瘍細胞の細胞質内顆粒はトルイジン青染色で異染性（メタクロマジー metachromasia）を示す場合が多いが，染色されない場合もある．腫瘍細胞は核の大小不同などの細胞異型性は必ずしも高くなく，形態的に均一であり，核分裂像も散見される程度であるにもかかわらず，ほかの臓器，とくに肝臓に転移しやすい．また，猫の内臓型肥満細胞腫では図 2-22c のように腫瘍性の肥満細胞が末梢血に出現する肥満細胞血症 mastocythemia を示すことがある．

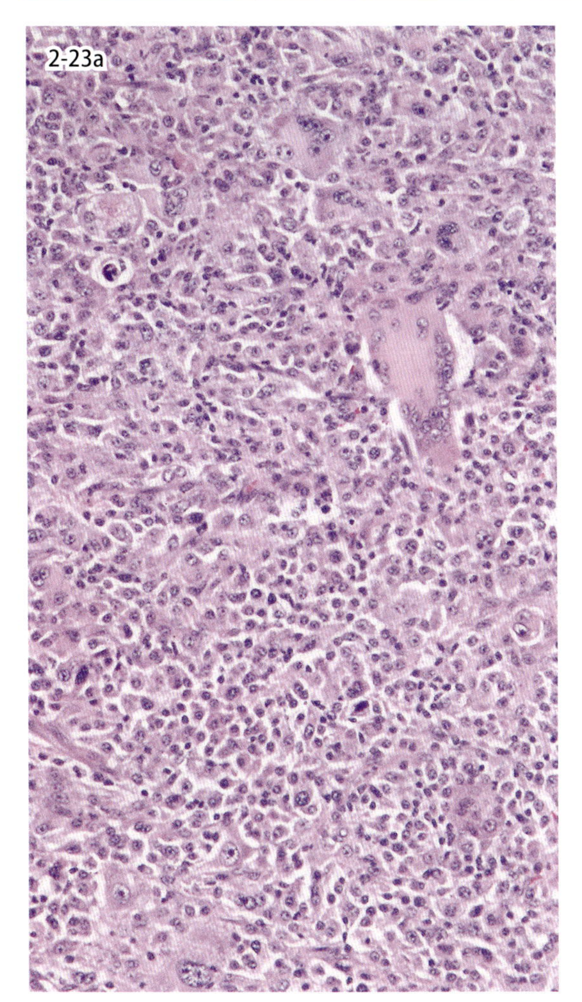

図 2-23a　播種性組織球性肉腫（犬）．多核巨細胞が散在する．

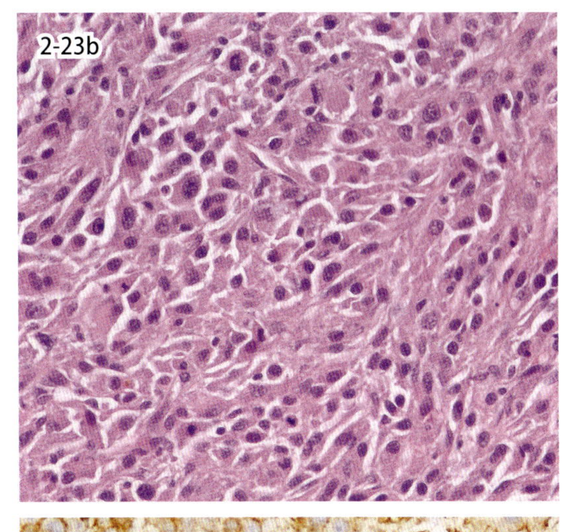

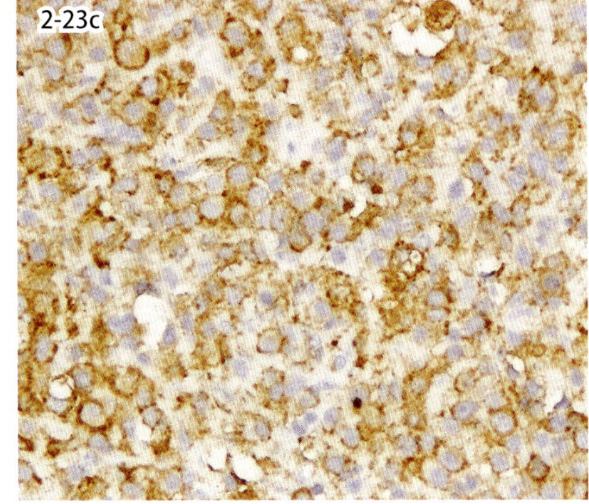

図 2-23b・c　播種性組織球性肉腫（犬）．紡錘形の腫瘍細胞が混在する（b）．腫瘍細胞は CD204 に陽性（茶色）を呈する（c）．

2-23. 播種性組織球性肉腫

Disseminated histiocytic sarcoma

組織球性肉腫は，抗原提示細胞の一種である間質樹状細胞 interstitial dendritic cell の腫瘍である．さまざまな臓器で発生するが，脾臓，リンパ節，肺，骨髄，四肢関節周囲軟部組織，皮膚および中枢神経系は好発部位とされる．病変の分布によって，１つの部位あるいは臓器にみられる局所性組織球性肉腫 localized histiocytic sarcoma と転移により多数の臓器に腫瘍を形成する播種性組織球性肉腫に分けられる．内臓に発生した場合は，すでに多数の臓器に腫瘍が転移し，播種性組織球性肉腫として発見されることが多い．図 2-23a は脾臓に発生した播種性組織球性肉腫で，腫瘍細胞は好酸性で豊富な円形から多角形の細胞質と，類円形で大小不同を認める核を有し，び漫性に増殖する．腫瘍細胞は明瞭で大型の核小体を有し，多核化した巨細胞も認められる．また，図 2-23b では，紡錘形の腫瘍細胞も混在しており，核分裂像も多数観察される．多形性に富む他の肉腫との鑑別が必要となるが，播種性組織球性肉腫の腫瘍細胞は免疫組織化学的に CD1a，CD11c，CD18，MHC Class Ⅱ，Ionized calcium binding adaptor molecule 1（Iba-1）および CD204（図 2-23c）に陽性を示す．

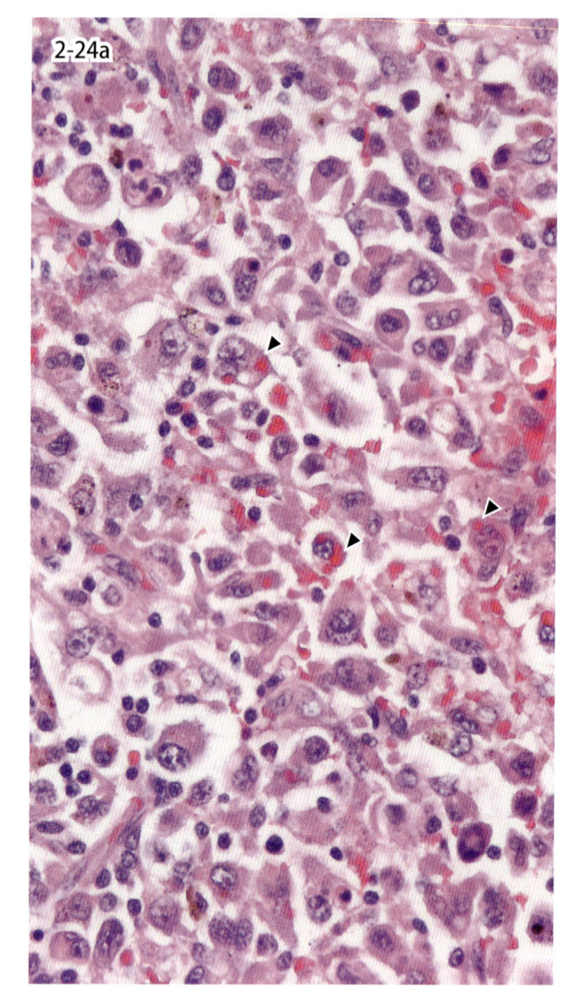

図 2-24a　血球貪食性組織球性肉腫（犬）．赤血球を貪食する腫瘍細胞がみられる（矢頭）．

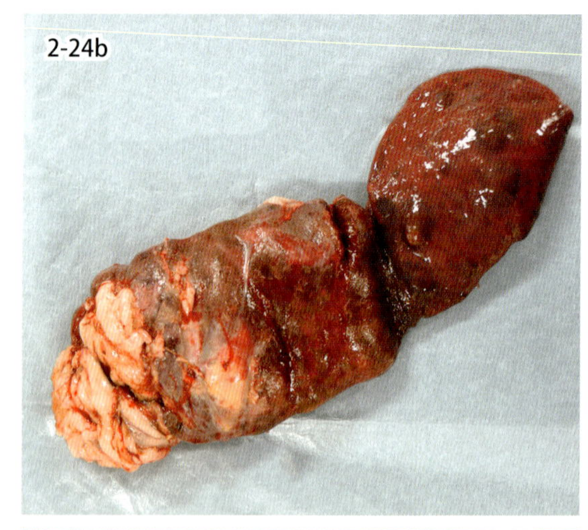

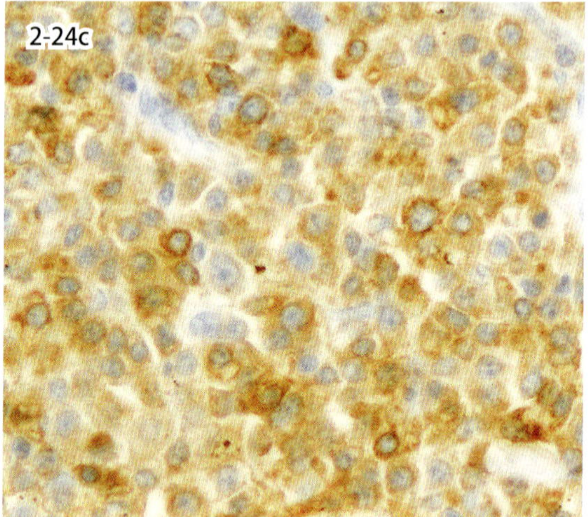

図 2-24b・c　血球貪食性組織球性肉腫（犬）．脾臓全体が腫大する（b）．腫瘍細胞は CD11d に陽性（茶色）を呈する（c）．

2-24. 血球貪食性組織球性肉腫

Hemophagocytic histiocytic sarcoma

血球貪食性組織球性肉腫は，マクロファージに由来する悪性腫瘍である．犬で遭遇する機会が多く，そのほかに猫や牛においても報告されている．腫瘍細胞の形態は，播種性組織球性肉腫とほぼ同じであるが，腫瘍細胞が細胞質内に赤血球を取り込む赤血球貪食 erythrophagocytosis が多く観察されるのが特徴である（図 2-24a）．腫瘍細胞は赤脾髄に沿ってび漫性に増殖し，腫瘤形成というより脾臓全体がび漫性に腫大し，脾腫を呈する（図 2-24b）．免疫組織化学的特徴は，播種性組織球性肉腫と類似するが，樹状細胞マーカーである CD11c は陰性で，マクロファージが発現する CD11d に陽性となる（図 2-24c）．

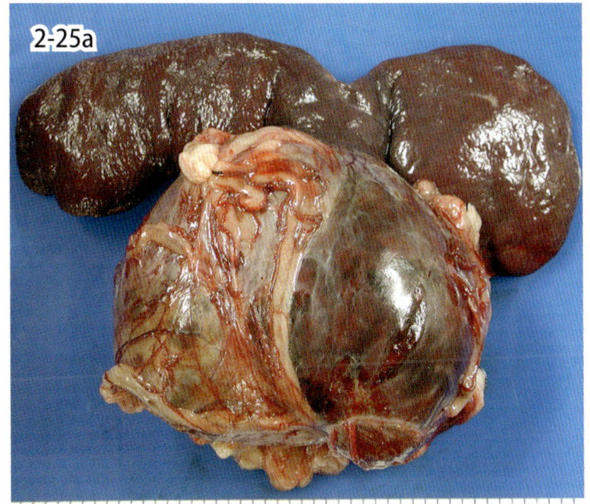

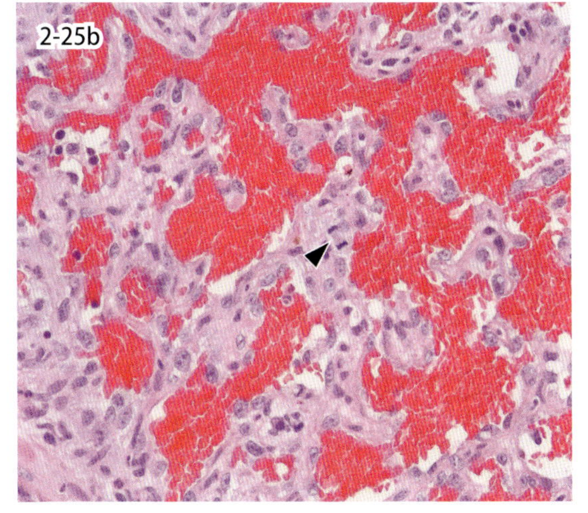

図 2-25a・b　脾臓の血管腫瘍．血管肉腫．脾臓に大型の暗赤色腫瘤が存在する（a）．不規則な血管腔様裂隙を認める．矢頭は有糸分裂像（b）．

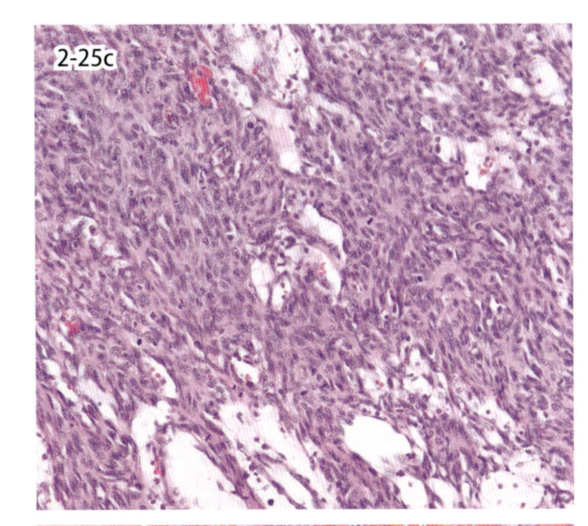

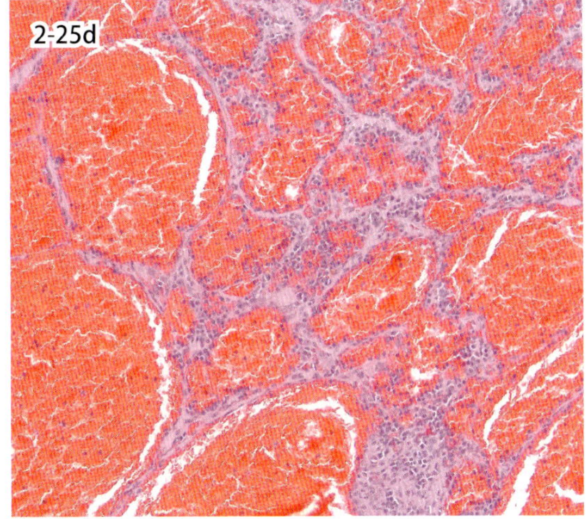

図 2-25c・d　脾臓の血管腫瘍．血管肉腫．血管腔様構造は不明瞭な領域（c）．血管腫．血液を多量に含む大きさの揃った血管腔様構造を呈する（d）．

2-25．脾臓，リンパ節の血管腫瘍

Vascular tumors in the spleen/lymph node

血管腫瘍のうち，血管腫 hemangioma と血管肉腫 hemangiosarcoma は血管内皮に由来する腫瘍である．脾臓に発生した血管腫瘍は，図 2-25a のような大型の暗赤色の腫瘤を形成するが，臨床的，肉眼的に脾臓に発生した血腫 hematoma との鑑別は困難である．悪性の血管肉腫では，腫瘍表面が破れ，腹腔内出血を呈することが多い．図 2-25b は血管肉腫の組織像で，腫瘍細胞は卵円形の核と中等量から豊富な細胞質を有し，膠原線維の表面に張り付くように増殖し，不規則な血管腔様裂隙を形成する．腔内には多量の血液を含む．腫瘍細胞は明瞭で大型の核小体を有し，有糸分裂像も多数みられる．図 2-25c のように，腫瘍細胞がより紡錘形を呈して充実性に増殖し，血管腔様裂隙が不明瞭な増殖を示す例もあり，血管内皮細胞のマーカーである von Willebrand 因子や CD31 の免疫染色により，ほかの肉腫との鑑別が必要な場合がある．一方，良性の血管腫では，図 2-25d のような，正常な血管内皮細胞にきわめて類似した腫瘍細胞によって裏打ちされ，多量の血液を含む比較的大きな血管様構造からなる網目状増殖を認める．

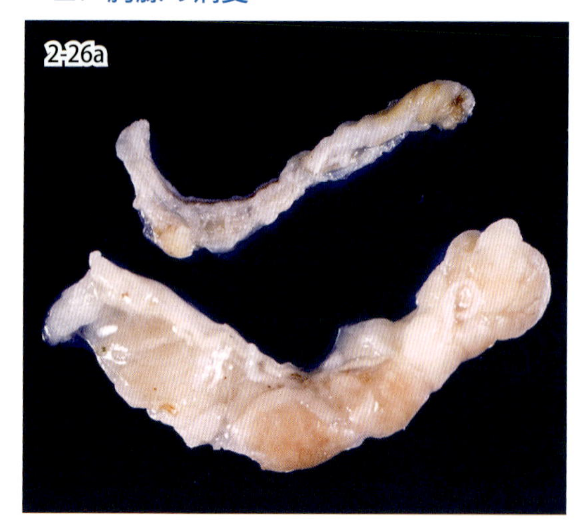

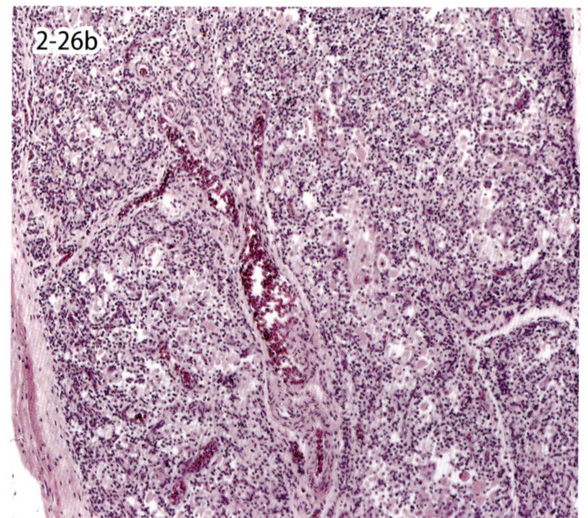

図 2-26a・b　胸腺萎縮（鶏）．鉛中毒の実験例では重度の胸腺の萎縮（a 上段）がみられる．組織学的には皮質部のリンパ球の脱落が顕著にみられる（b）．

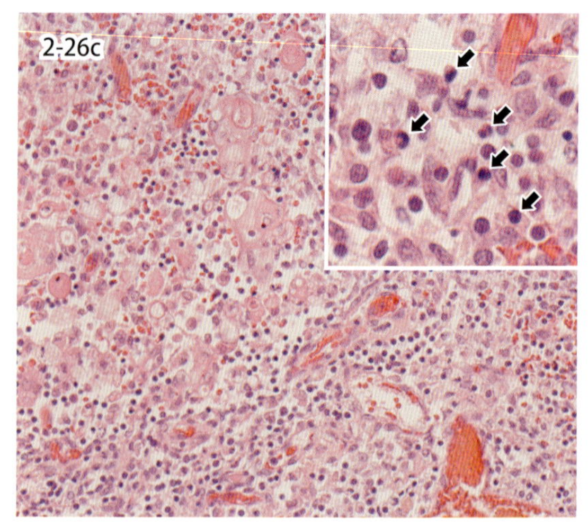

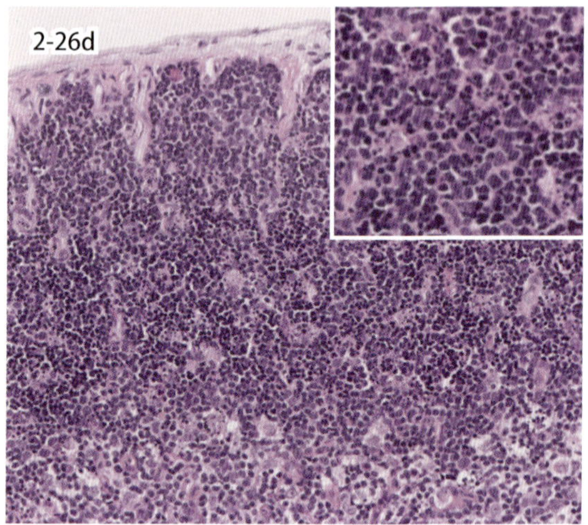

図 2-26c・d　胸腺萎縮（c，犬）．ジステンパー感染犬．リンパ球の脱落，アポトーシス（矢印）．メチルニトロソウレア投与．リンパ球はアポトーシスを示す（d，ラット）．

2-26．胸腺の萎縮

Thymic atrophy

加齢と関連した生理的な胸腺の縮小は胸腺退縮と呼び，一方で栄養不良，中毒，感染因子，抗原刺激の不足，化学療法剤，放射線治療などに起因する縮小は胸腺萎縮という．組織学的には，いずれも皮質部におけるリンパ球の減少がみられ，重度の場合は皮質部と髄質部の境界が不明瞭となる．胸腺退縮と胸腺萎縮を組織学的に鑑別することは困難である．胸腺萎縮は若齢動物において疾病の程度とその持続期間を示す指標となる．また，胸腺は性ホルモンの影響を受けやすい器官の 1 つであり，ストレスによって上昇する糖質コルチコイドによって胸腺重量の減少がみられる．胸腺萎縮は環境中のダイオキシンや PCB や薬物（図 2-26d）によっても発生し，鉛や水銀などの重金属は皮質部のリンパ球の細胞膜に影響して，それらのアポトーシスを引き起こす．フザリウムやアフラトキシンなどのマイコトキシンも，皮質部における重度のリンパ球減少をきたす．感染因子としては，犬パルボウイルス，犬ジステンパーウイルス（図 2-26c），猫汎白血球減少症ウイルス，猫白血病ウイルス，猫免疫不全ウイルス，馬ヘルペスウイルス 1 型，豚熱ウイルス，豚繁殖・呼吸障害症候群ウイルス，牛ウイルス性下痢・粘膜病ウイルスなどが胸腺萎縮の原因として知られている．

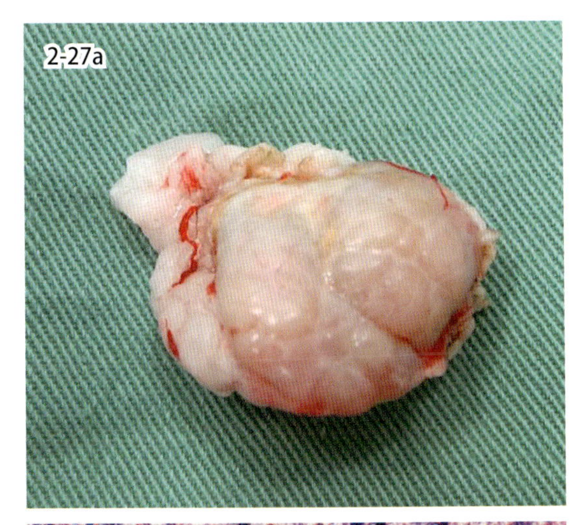

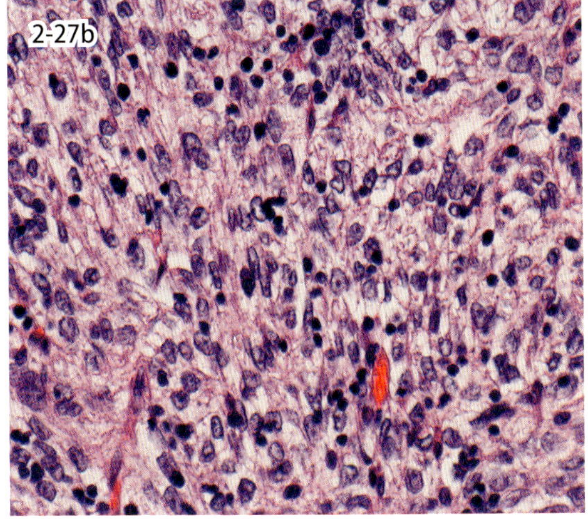

図 2-27a・b　胸腺腫（犬）．小葉状の構造を示す（a）．Type A 胸腺腫は短紡錐形の胸腺上皮細胞の腫瘍性増殖からなる（b）（写真提供：a は秋吉秀保氏）．

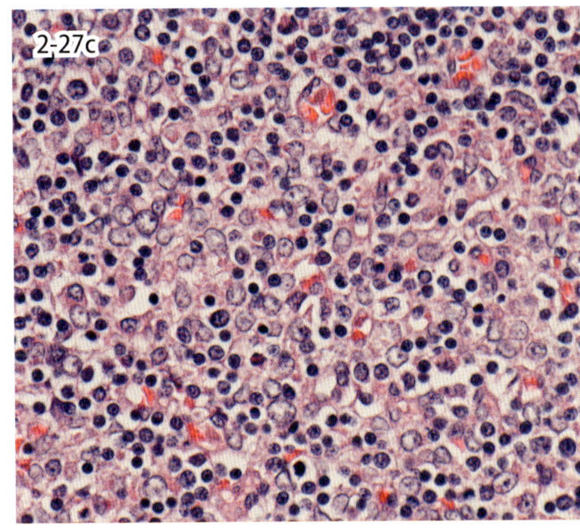

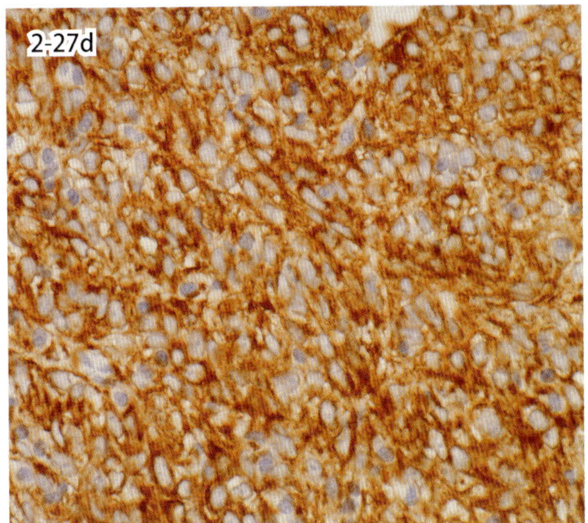

図 2-27c・d　Type B 胸腺腫は類円形の胸腺上皮細胞の腫瘍性増殖からなり，リンパ球浸潤を伴う（c）．腫瘍性胸腺上皮細胞は上皮性マーカーの AE1/AE3 に陽性となる（d）．

2-27. 胸　腺　腫
Thymoma

さまざまな動物種の前縦隔に発生するまれな腫瘍であり，成獣または老齢動物でみられ，とくに 7～8 歳の雌の山羊で多く報告されている．ほとんどは厚い被膜を有してゆっくりと発育し，被膜に覆われた結節状，嚢胞状腫瘤として認められる．組織学的には腫瘍性の胸腺上皮細胞の増殖とともにさまざまな程度で非腫瘍性のリンパ球を伴うことから，猫，牛，犬などでは胸腺リンパ腫との鑑別が必要である．

動物の胸腺腫は組織学的にいくつかのサブタイプに分類されている．Type A 胸腺腫は，免疫組織化学的に pancytokeratin に陽性を示す紡錘形腫瘍細胞の増殖により構成され，花むしろ状，束状，血管周皮腫様などさまざまな増殖パターンを示す．分泌物を伴った腺腔構造や微小嚢胞構造がみられることもある．Type B 胸腺腫は犬では最も多くみられ，組織学的には類円形の腫瘍細胞の増殖により構成される．まれにハッサル小体を伴うこともある．紡錘形細胞と類円形細胞の混在したものは Type AB 胸腺腫と呼び，犬では 15％以下の発生であるが山羊や羊では最もよくみられる．胸腺腫の犬では重症筋無力症や多発性筋炎を併発することがある．

胸腺癌は胸腺上皮細胞由来の悪性腫瘍であり，組織学的には扁平上皮への分化を伴った異型性を示す腫瘍性上皮細胞の増殖や間質における線維増生のほか，よく分化したリンパ球や形質細胞浸潤などがみられる．胸腺癌は肺，脾臓，肝臓，横隔膜，心嚢，気管支，縦隔リンパ節などへ転移することがある．

Chap.2

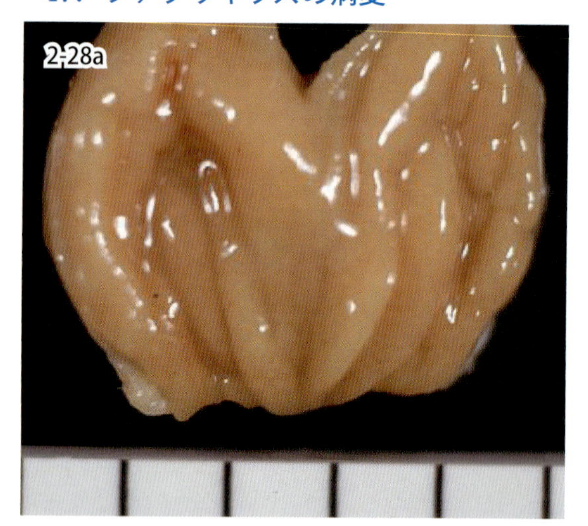

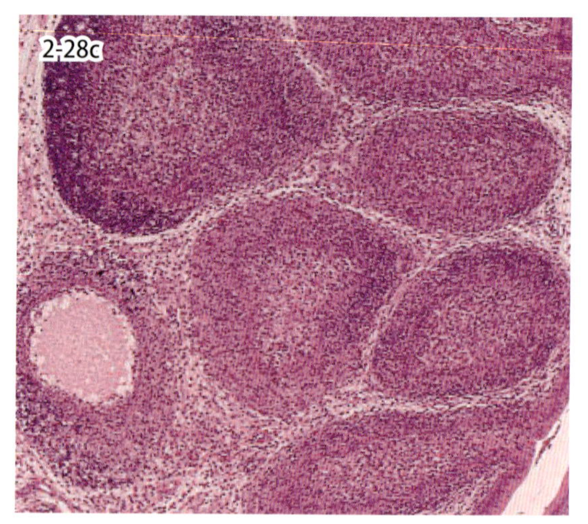

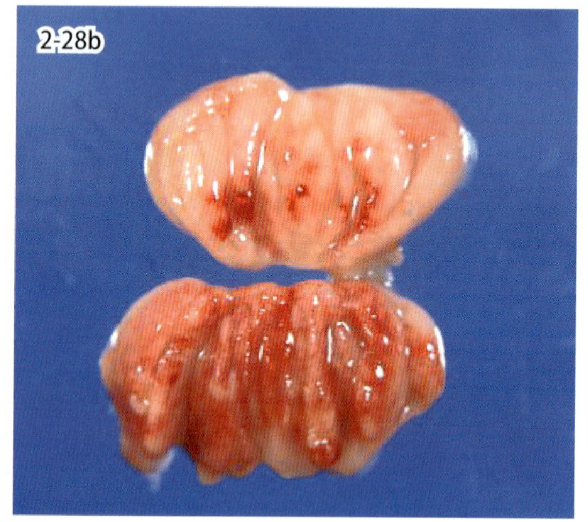

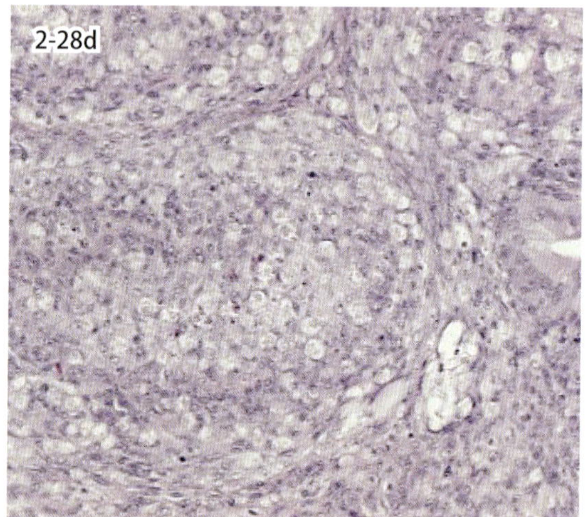

図 2-28a・b 伝染性ファブリキウス嚢病（鶏）．従来株の接種後 4 日では水腫性に腫大（a），強毒株では出血を伴う（b）．

図 2-28c・d 感染極期ではリンパ濾胞におけるリンパ球の壊死（c），極期を過ぎるとリンパ球は完全に消失し，リンパ濾胞は萎縮する（d）．

2-28. 伝染性ファブリキウス嚢病
Infectious bursal disease

伝染性ファブリキウス嚢病（IBD）は，IBD ウイルス（IBDV）に起因する急性伝染病で，ガンボロ病 Gumboro disease とも呼ばれ，主として総排泄腔の背側にあるファブリキウス（F）嚢が障害される疾患である．ウイルスは血清型 1 および 2 に分けられ，七面鳥から分離される血清型 2 のウイルスは，鶏に対する病原性は弱い．血清型 1 は，その病原性と抗原性状により，従来からの classical type（従来型），1980 年代後半にアメリカで出現した variant type（抗原変異型）および very virulent type（強毒型）に大別される．

ウイルスに対する感受性は 3 〜 6 週齢の時期が最も高く，従来型では感染極期の F 嚢は腫大し，黄白色で漿膜面は水腫性，内腔はゼリー状滲出物で覆われ，ときに点状出血を伴い，まれに死亡するが，大部分は数日で回復する．強毒型では重度の臨床症状を示し，死亡率が 100％に達する場合もあり，F 嚢では出血性病変が重度で，肝臓の暗緑色化，脾臓の点状出血，腎臓の腫大，胸腺の煮肉様化，骨髄の脂肪化がみられる．感染極期を過ぎると F 嚢は急速に萎縮し，重度に侵されると萎縮したままで，回復しない．

本病ウイルスは幼弱 IgM 保有細胞を標的細胞として傷害するので，感染極期ではリンパ球の崩壊および壊死，消失が顕著で，リンパ濾胞内は細胞退廃物，壊死細胞を貪食したマクロファージ，偽好酸球および漿液が充満している．強毒型 IBD では F 嚢は上記病変に加えて出血を伴う場合が多く，胸腺，脾臓，盲腸扁桃や骨髄でもリンパ球の壊死およびマクロファージの反応が認められる．

第3編　呼吸器系

Ⅰ．上部気道の病変

3-1．萎縮性鼻炎 Atrophic rhinitis

3-2．封入体鼻炎 Inclusion body rhinitis

3-3．伝染性喉頭気管炎 Infectious laryngotracheitis

3-4．上皮性腫瘍（腺癌）Epithelial tumors（adenocarcinoma）

3-5．間葉系腫瘍 Mesenchymal tumors

Ⅱ．肺の病変

3-6．肺胞性肺気腫 Alveolar pulmonary emphysema

3-7．間質性肺気腫 Interstitial emphysema

3-8．塵　肺 Pneumoconiosis

3-9．石灰沈着（尿毒素性肺症）Calcification（uremic pneumopathy）

3-10．扁平上皮化生 Squamous metaplasia

3-11．うっ血性水腫 Congestive edema

3-12．肺動脈塞栓症 Embolism of the pulmonary artery

3-13．肺動脈高血圧症 Hypertension of the pulmonary artery

3-14．吸引性（誤嚥性）肺炎 Aspiration pneumonia

3-15．化膿性気管支肺炎 Supprative bronchopneumonia

3-16．閉塞性細気管支炎 Obliterative bronchiolitis（Bronchiolitis obliterans）

3-17．急性肺胞傷害 Acute alveolar damage

3-18．間質性肺炎 Interstitial pneumonia

3-19．豚流行性肺炎 Swine enzootic pneumonia

3-20．牛マイコプラズマ肺炎 Bovine mycoplasmal pneumonia

3-21．牛肺疫 Contagious bovine pleuropneumonia

3-22．パスツレラ症 Pasteurellosis

3-23．豚のグレーサー病 Glässer's disease

3-24．鼻　疽 Glanders

3-25．ロドコッカス・エクイ感染症 *Rhodococcus equi* infection

3-26．結　核 Tuberculosis

3-27．ニューモシスティス肺炎 *Pneumocystis* pneumonia

3-28．アスペルギルス症 Aspergillosis

3-29．トキソプラズマ症 Toxoplasmosis

3-30．肺虫症 Lungworm infection

3-31．肺ダニ症 Pulmonary acariasis

3-32．馬鼻肺炎 Equine rhinopneumonitis

3-33．RS ウイルス感染症 Respiratory syncytial virus infection

3-34．アデノウイルス感染症 Adenovirus infection

3-35．巨細胞性肺炎 Giant cell pneumonia

3-36．牛パラインフルエンザ Bovine parainfluenza

3-37．犬ジステンパー肺炎 Canine distemper pneumonia

Ⅰ．上部気道の病変

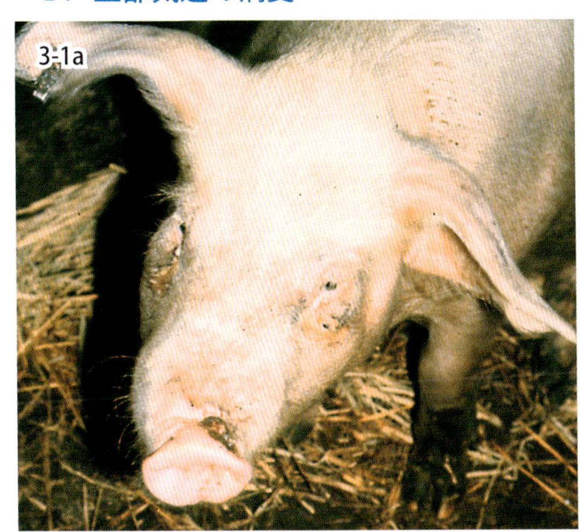

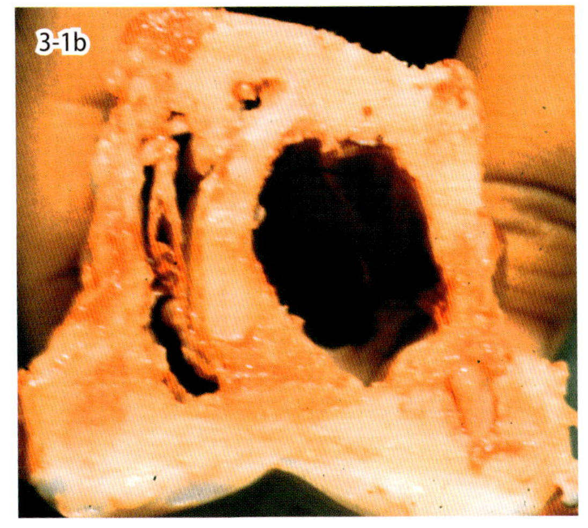

図 3-1a・b　萎縮性鼻炎（豚）．罹患豚の鼻は短縮や側方への湾曲を特徴とし（a），断面では鼻甲介の萎縮，消失がみられる（b）．

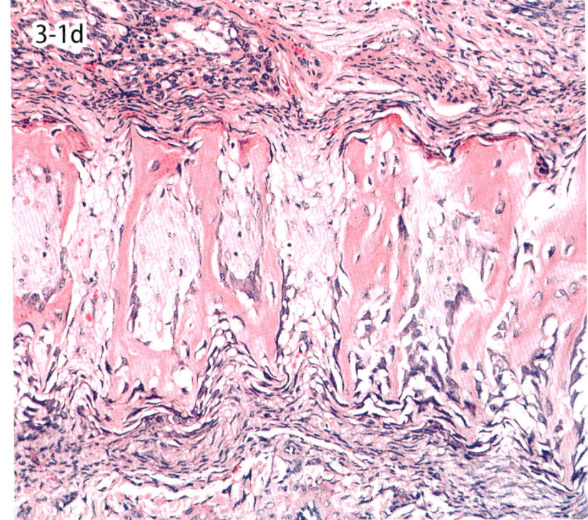

図 3-1c・d　c は鼻粘膜下組織でのリンパ球浸潤と涙腺の減少，鼻甲介骨骨梁の菲薄化と断片化，d はさらに進行し，骨梁の柵状の断片化，線維芽細胞の増殖（写真提供：吉川　堯氏）．

3-1．萎縮性鼻炎

Atrophic rhinitis

豚の萎縮性鼻炎の病名の「萎縮」とは，本病に特徴的とされる鼻の短縮や側方への湾曲といった罹患豚の顔面の変形に関連している．このような罹患豚の顔面の肉眼的変化は，組織学的には鼻粘膜における慢性炎症と鼻骨の萎縮，消失に起因しており，結合組織に置換した鼻骨の瘢痕収縮による．

本病は *Bordetella bronchiseptica* の感染で起こるとされるが，本菌のみの単感染では軽度から中程度の一時的な鼻甲介の萎縮が起こるに過ぎないのに対し，皮膚壊死毒素 dermonecrotic toxin（DNT）を産生する毒素産生性 *Pasteurella multocida* の重感染により鼻腔内での病変がさらに進行し，鼻甲介の形成不全と萎縮が引き起こされると考えられている．

成長期の若齢豚，とくに３週齢未満の豚での感受性が高い．罹患豚は，くしゃみ，発咳，鼻炎を発し，重症例では鼻骨の湾曲により顔面が著しく変形する．

診断は犬歯・第一前臼歯間あるいは第一・二前臼歯間での横断面の鼻甲介の形状で行う．肉眼的にさまざまな程度の鼻甲介の萎縮が認められ，重症例では鼻甲介は消失して空洞状となる．

組織学的には，慢性炎症と鼻骨の萎縮を特徴とし，鼻甲介に破骨細胞の増生と骨吸収像，多数の線維芽細胞を含む線維組織の増生，リンパ球と少数の好中球の浸潤，線毛上皮の重層扁平上皮化生がみられる．病変は進行し鼻甲介骨骨梁の完全な消失を伴い器質化へと進展する．

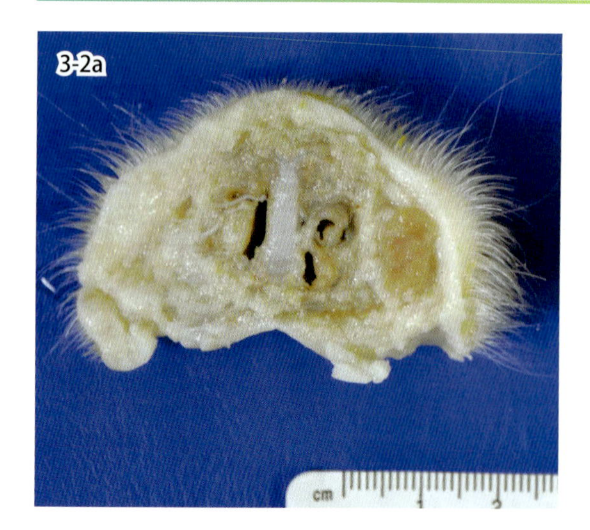

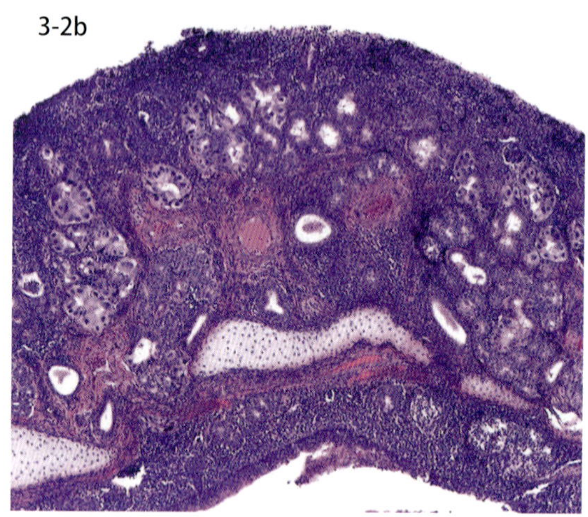

図 3-2a・b　封入体鼻炎（豚）．鼻甲介と鼻腔（a）は不明瞭となり，粘膜面の変化と鼻腺上皮細胞の腫大，間質への重度のリンパ球浸潤（b）（写真提供：日生研）．

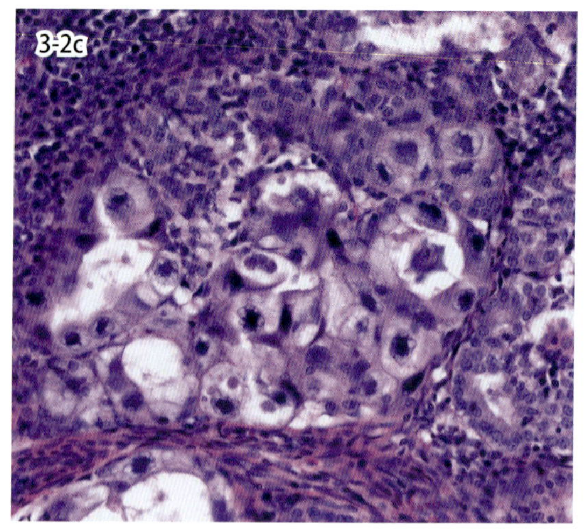

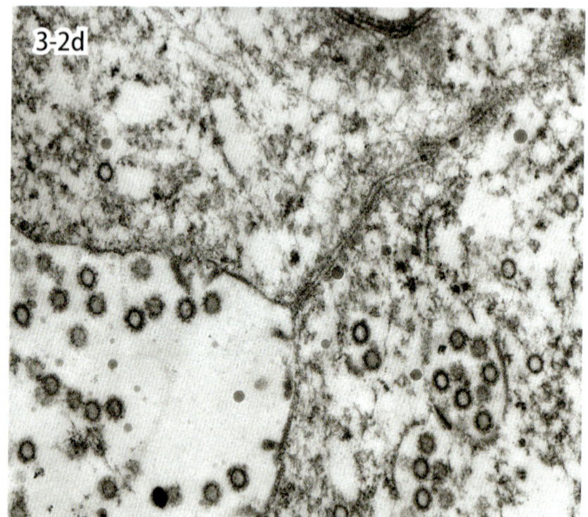

図 3-2c・d　組織所見（c）では腫大した鼻腺上皮細胞に好塩基性巨大核内封入体の形成，電顕（d）ではウイルス粒子が観察される（写真提供：日生研）．

3-2. 封入体鼻炎

Inclusion body rhinitis

豚封入体鼻炎は，豚ヘルペスウイルス 2 porcine herpesvirus 2 の感染によって起こり，別名で豚サイトメガロウイルス病とも呼ばれる．

本病ウイルスは日本も含め，世界中に広く分布しており，ほとんどの成豚は不顕性感染している．このため，幼豚での初感染時が重要となり，感染の日齢，母豚からの移行抗体の有無，飼養環境の衛生対策の良し悪しなどといった要因が，感染した幼豚の症状および予後に影響する．幼豚が感染した場合，3 週齢未満の哺乳豚では，発熱，鼻づまり，くしゃみ，漿液性鼻汁の排出，発咳などの症状がみられ，新生子では 2 ～ 3 週間以内に死亡することが多く，生残しても発育不良などヒネ豚となってしまう．

封入体鼻炎の病名の通り，組織学的に鼻粘膜はカタル性の鼻炎を呈し，鼻腺上皮あるいは導管上皮細胞に特徴的な好塩基性の巨大な核内封入体を形成し，核および細胞質とも著しく腫大する．粘膜上皮は扁平上皮化生を伴い，粘膜固有層を中心にリンパ球を主とする細胞浸潤がみられる．尿細管などの上皮系細胞，血管内皮細胞，全身組織の細網内皮系細胞ではハローを伴った好塩基性核内封入体が認められる．また，肝臓，腎臓などに巣状壊死が認められる．

二次感染によるカタル性炎を伴うことが多い．本症に特徴的な巨大な核内封入体は鼻のほか，涙腺，ハーダー腺や腎尿細管上皮，肺マクロファージ，肝臓，副腎およびリンパ節の（類）洞内皮などに認められる．

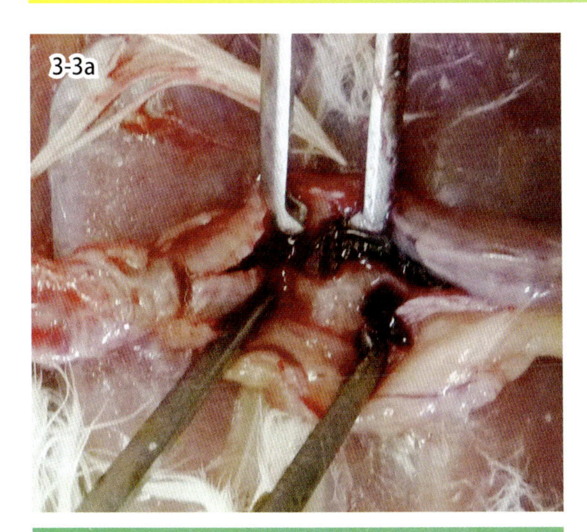

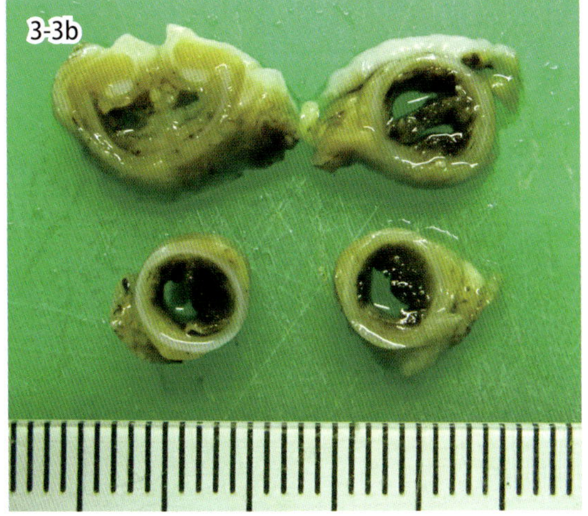

図 3-3a・b　伝染性喉頭気管炎（鶏）．罹患鶏の気管内では凝血塊が観察され（a），固定後の気管の割面でも粘膜面での出血が観察される（b）（写真提供：千葉県中央家保 *）．

図 3-3c・d　罹患鶏の気管粘膜ではリンパ球浸潤により固有層が肥厚（c），合胞体では核内封入体の形成（d）（写真提供：千葉県中央家保 *）．

3-3. 伝染性喉頭気管炎

Infectious laryngotracheitis

本病は，アルファヘルペスウイルス亜科に属する伝染性喉頭気管炎ウイルスの感染に起因する．

呼吸器症状を主訴とする鶏の感染症の 1 つで，気管内での粘膜肥厚と滲出物の増量などの肉眼変化，気管粘膜での合胞体の形成と核内封入体形成などの組織変化が，伝染性気管支炎，伝染性コリーザ，鶏マイコプラズマ病などとの鑑別に役立つが，これら特徴的所見の程度は原因ウイルスの病原性の強弱や，罹患鶏の病期によって影響される．

原因ウイルスの飛沫・接触感染により，日齢，品種，性別に関係なく発病し，年間を通して流行する．喉頭および気管の粘膜肥厚，多量の粘液および滲出物により，開口呼吸や異常呼吸音，奇声などの呼吸器症状がみられることがある．肉眼所見として，感染初期に病変部粘膜で充血，水腫，粘液の増量がみられ，病変最盛期には黄白色クリーム様で血液の混入もみられる多量の滲出物が粘膜表面に堆積している．

病変最盛期の特徴的な組織所見は，粘膜上皮細胞の融合による合胞体 syncytium の形成，核内封入体形成，合胞体の剥離である．核内封入体は塩基性から好酸性で，線毛上皮細胞，杯細胞，基底細胞，腺細胞に認められる．上皮細胞層，固有層および粘膜下織に多数の偽好酸球，リンパ球の浸潤，炎症性充血・水腫が顕著で，腔内には剥離上皮，多数の偽好酸球を含む滲出物を認める．その後，基底細胞の増生，線毛上皮および杯細胞の再生が始まり，10 ～ 14 日でほぼ修復される．ウイルスは感染耐過鶏に潜伏感染する．

* 千葉県中央家畜保健衛生所

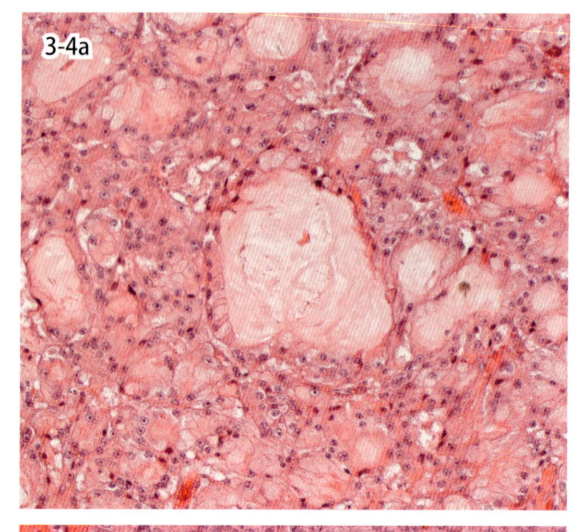

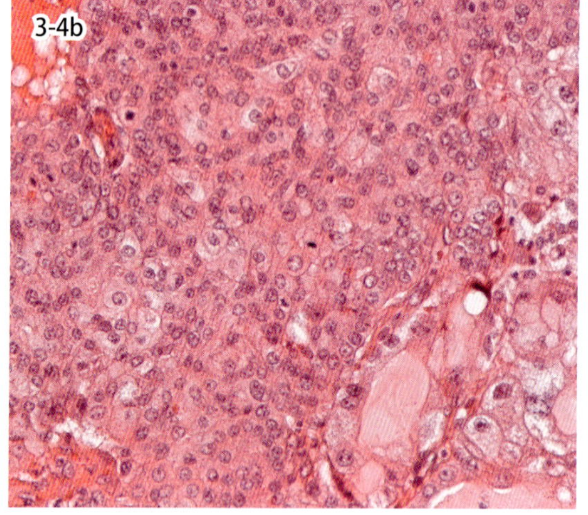

図 3-4a・b　鼻腔腺癌（犬）．腺管状の増殖（a）が認められ，腺腔内には粘液貯留がみられる．一部で充実性増殖（b）がみられ，核分裂像が散見される．

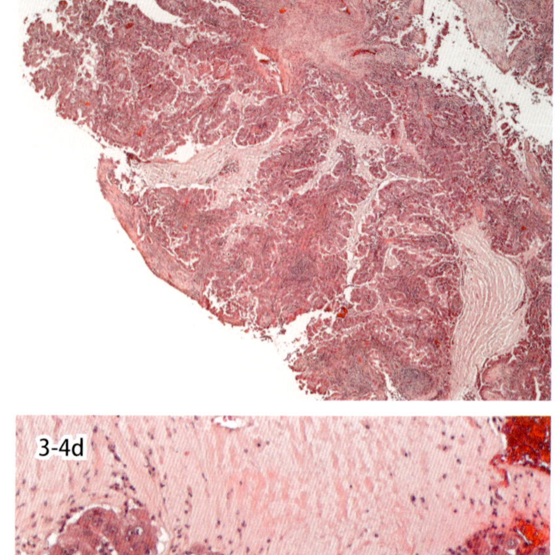

図 3-4c・d　乳頭状の増殖（c）がみられる．豊富な粘液状物の中に腫瘍細胞の集塊が散在している（d）．

3-4.　上皮性腫瘍（腺癌）

Epithelial tumors（adenocarcinoma）

動物における上部気道の腫瘍の発生はあまり多くないが，犬および猫では鼻腔内腫瘍が多くみられる．鼻腔内腫瘍のほとんどは悪性上皮性腫瘍で，扁平上皮癌，移行上皮癌，腺癌，腺扁平上皮癌，腺様嚢胞癌，腺房細胞癌，未分化癌，嗅神経芽細胞腫，神経内分泌癌に分類される．最も多いのは腺癌 adenocarcinoma（図3-4）で，立方ないし円柱上皮細胞が腺管状，乳頭状，胞巣状に増殖し，しばしば腺腔内に粘液の貯留が認められる．腫瘍はしばしば鼻腔内を占有し，進行すると骨組織の破壊，周囲組織への浸潤および遠隔転移がみられる．なお，鼻腔内腫瘍の生検には小さな組織片が用いられることが多く，病理診断には慎重を要する．

羊や山羊ではレトロウイルスである地方病性鼻腔内腫瘍ウイルス Enzootic nasal tumor virus（ENTV）の感染により，鼻腔内に腺腫および腺癌が発生することがある．羊からは ENTV-1，山羊からは ENTV-2 が分離されている．

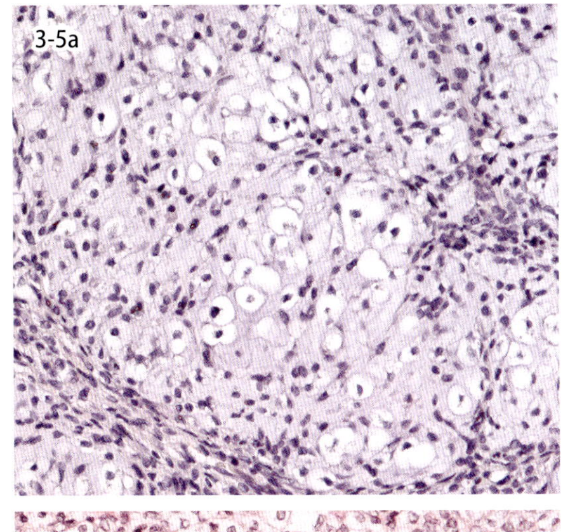

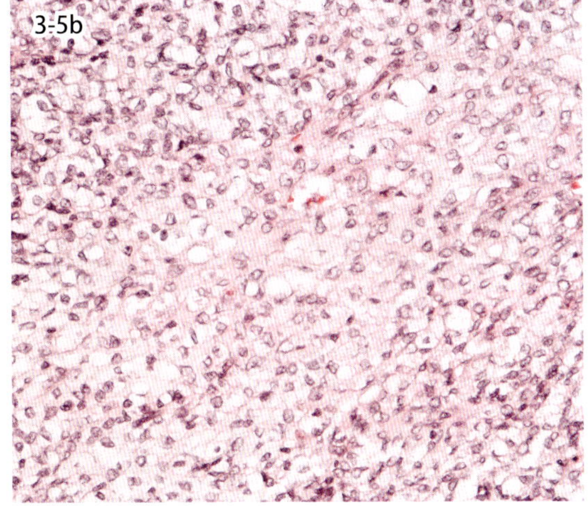

図 3-5a・b　軟骨肉腫（犬）．弱好塩基性の軟骨様基質の産生が認められる（a）．空胞状の細胞質を持つ類円形から楕円形細胞のび漫性増殖もみられる（b）．

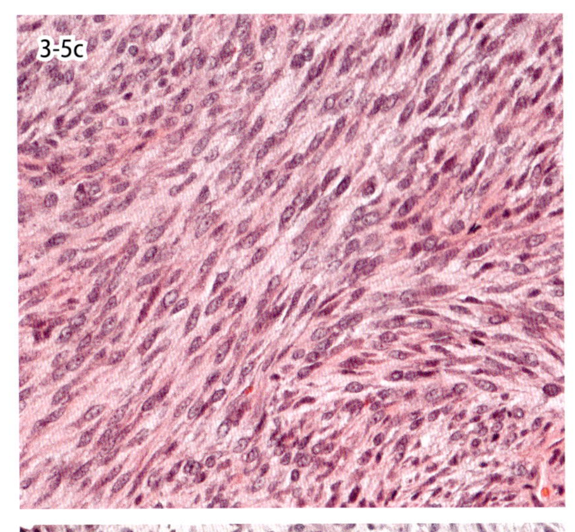

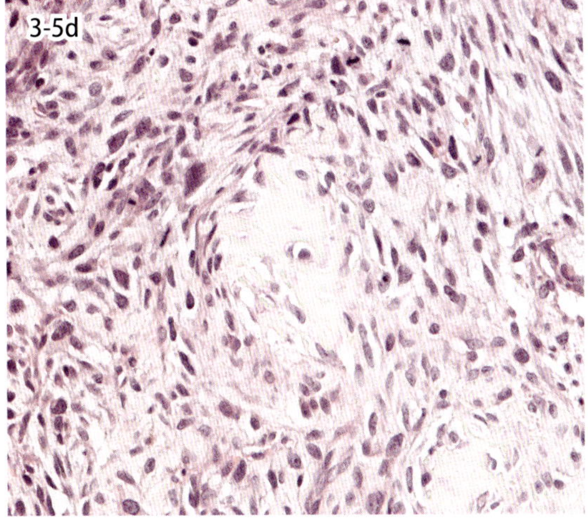

図 3-5c・d　線維肉腫（c，犬）．少量の膠原線維を産生する紡錘形細胞の束状増殖がみられる．骨肉腫（d，犬）．類骨基質の産生や核分裂像が多くみられる．

3-5．間葉系腫瘍

Mesenchymal tumors

上部気道の間葉系腫瘍として，鼻腔では軟骨肉腫 chondrosarcoma（図 3-5a，b），線維肉腫 fibrosarcoma（図 3-5c），骨肉腫 osteosarcoma（図 3-5d）の発生が知られており，そのうち軟骨肉腫が最も発生頻度が高い．鼻腔原発軟骨肉腫の組織像は，ほかの硬組織に発生する軟骨肉腫と同様で，軟骨様基質を産生する間葉系細胞の増殖を特徴とする．腫瘍細胞の分化度や軟骨様基質の産生の程度は症例によって異なる．核分裂像は一般に少ない．腫瘍の進行は緩徐で，遠隔転移よりも局所浸潤がよくみられる．鼻腔の線維肉腫は，口腔原発線維肉腫の浸潤病変との鑑別が必要である．骨肉腫では腫瘍性類骨の形成が認められ，軟骨肉腫との鑑別点となりうる．また，喉頭では横紋筋腫とオンコサイトーマの発生が知られている．両者の組織像は類似しており，鑑別には免疫染色や電顕観察が有用である．

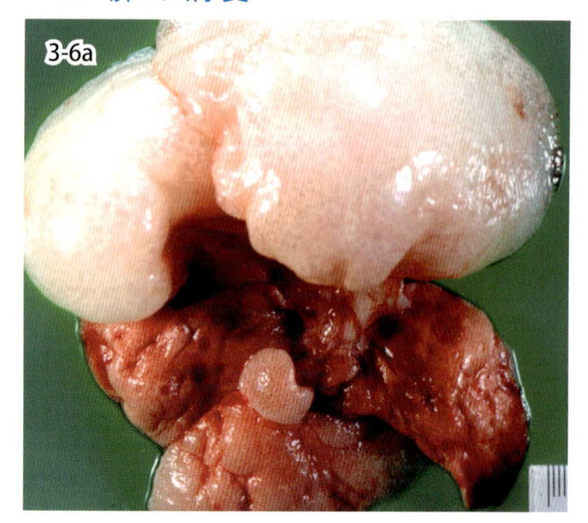

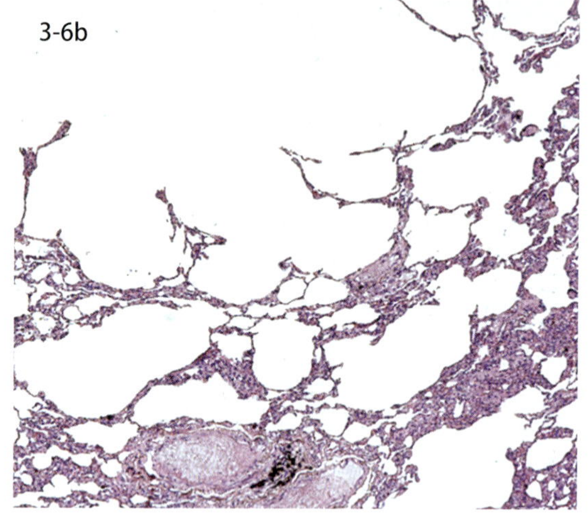

図 3-6　肺胞性肺気腫（犬）．肺の右葉は重度に拡張し，肺胞構造が確認できる（a）．組織学的には肺胞壁の弾性線維が断裂する（b）．

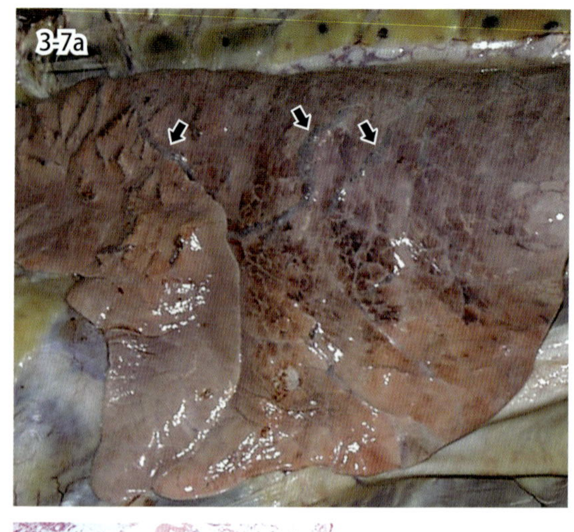

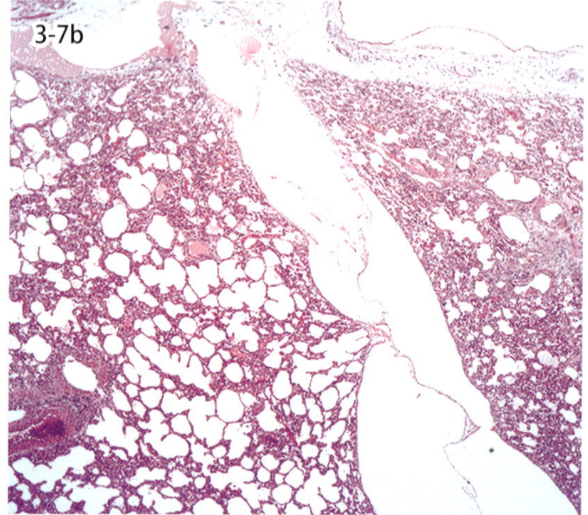

図 3-7a・b　牛の間質性肺気腫（a，矢印）．空気の貯留により小葉間質が拡張する（b）．

3-6. 肺胞性肺気腫

Alveolar pulmonary emphysema

肺気腫とは炎症など種々の原因により呼気が吸気より少なくなり，空気あるいはガスが肺に貯留した状態である（図 3-6a）．肺胞までの気道に炎症や腫瘍などの障害物があり，不完全閉塞になると吸気は通常に肺に入り込み，呼気は排出されないことで生じる．肺胞性肺気腫（図 3-6b）と間質性肺気腫とに大別される．単に肺気腫といえば肺胞性肺気腫で，空気が貯留した部位によって，呼吸細気管支にみられる小葉中心性肺気腫 centriacinar emphysema，小葉全体にみられる汎小葉性肺気腫 panacinar emphysema に分類される．剖検により肺の異常拡張部は虚脱し，退縮しない．

3-7. 間質性肺気腫

Interstitial emphysema

間質性肺気腫は，肺胞の破裂により間質に空気が侵入した肺気腫である．間質性肺気腫は肺胸膜直下，小葉あるいは小葉群間質に起こり，多数の気泡を形成し，肺組織は急速に膨大する．初期には肺胞嚢の拡張，膨大は目立たないが，間質は大小気泡のために膨大し，光沢を有し，図 3-7a のように肉眼で白く風船様に浮き出してみえる．高度の気腫になると数 mm から 1 cm を超す帯状の気泡状を呈し，圧迫された肺胞嚢は虚脱性になる．組織では胸膜直下の肺胞嚢の拡張，小葉間質の拡張が明瞭にみられる（図 3-7b）．

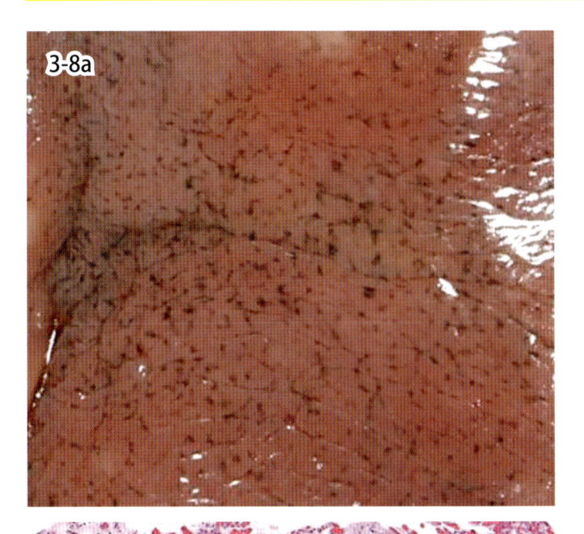

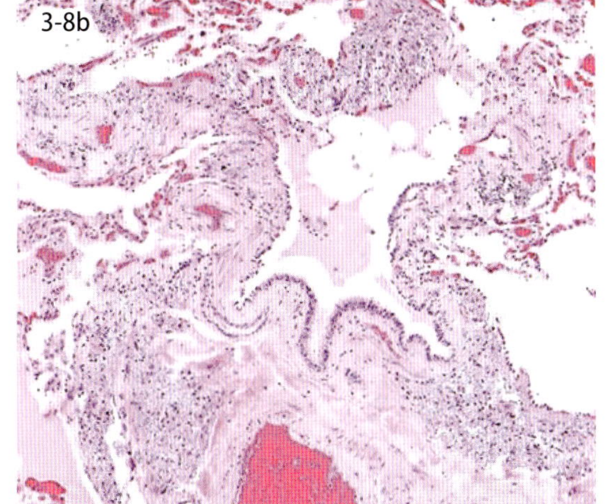

図 3-8a・b　肺の炭粉沈着（a，犬，12 歳）．肺胸膜面に網目状の黒色病変が観察される（b，ニホンザル，HE 染色）．気管支および血管周囲に，結合組織の増生を伴う塊状の塵埃沈着．

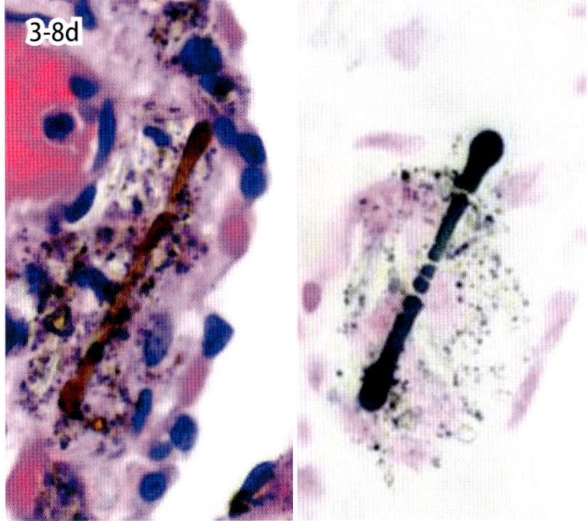

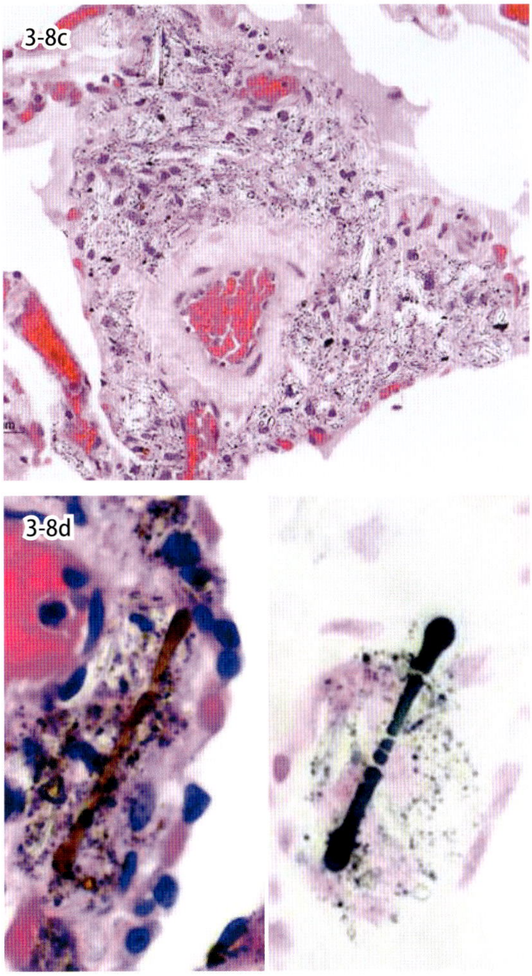

図 3-8c・d　肺の血管周囲の塵埃沈着部拡大像（c, ニホンザル）．微細黒色，灰色の顆粒や無色透明の結晶の沈着がみられる．アスベスト小体（d，左は HE 染色，右はベルリンブルー染色）．

3-8. 塵　　肺
Pneumoconiosis

塵肺とは，空気中に浮遊する粉塵や微粒子（約 1 ～ 5 μm）を長期間吸引し，これらが肺に蓄積することによって生じる肺疾患の総称をいい，主として肺線維症の形態をとり，肺気腫を伴うことがあり肺腫瘍にも関連する．原因物質はさまざまで，その傷害の程度も異なる．動物における塵埃の蓄積は（図 3-8a），愛玩動物における受動喫煙，都市部の交通量の多い場所や粉塵の多い作業場などで飼育されている動物で起きやすい．ヒトで問題となるアスベスト asbestos は 6 種類の繊維状鉱物の総称で，さまざまな用途に利用されてきた．しかし，これらの吸引によってヒトにアスベスト関連疾患（胸膜肥厚斑，アスベスト肺，び漫性胸膜肥厚，アスベスト胸水，アスベスト肺癌，中皮腫）が誘発されるとして，現在は使用禁止となっている．動物では，自然発生性のアスベスト肺が高齢のニホンザル 1 頭（27 歳以上）で確認されている．アスベスト肺の診断は，アスベスト小体やアスベスト繊維の存在と細気管支周囲から始まる線維症によってなされる（図 3-8b）．アスベスト繊維は光輝性のある針状結晶物として，ほかの吸引物質とともに気管支周囲に観察される（図 3-8c）．とくに特徴的なアスベスト小体の存在は診断に有用であるが，形成には長期間を要するとされている．アスベスト小体は，両端部が球形の棒状で（鉄アレイ状構造物），HE 染色で褐色を呈し，鉄を含むためベルリンブルー染色で陽性を示す（図 3-8d）．ヒトでは，アスベスト関連疾患の形成には暴露後最低でも数年～数十年，中皮腫発生に 40 年前後を要するとされる．

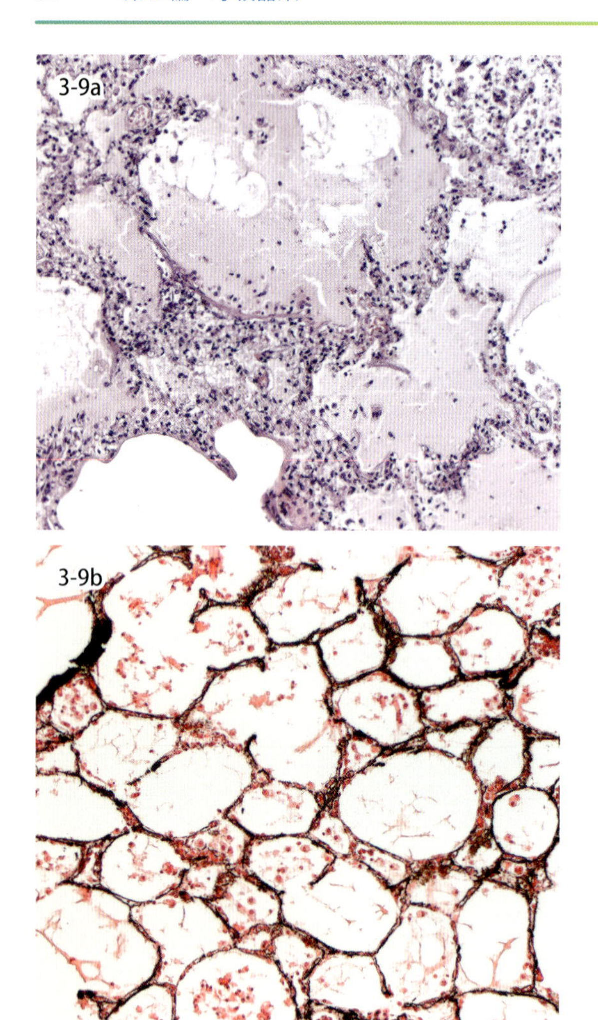

図 3-9　尿毒素性肺症（犬）．肺胞壁の石灰沈着，肺胞腔内の漿液貯留，炎症細胞浸潤がみられる（a）．コッサ反応により沈着した石灰が黒褐色に染まる（b）．

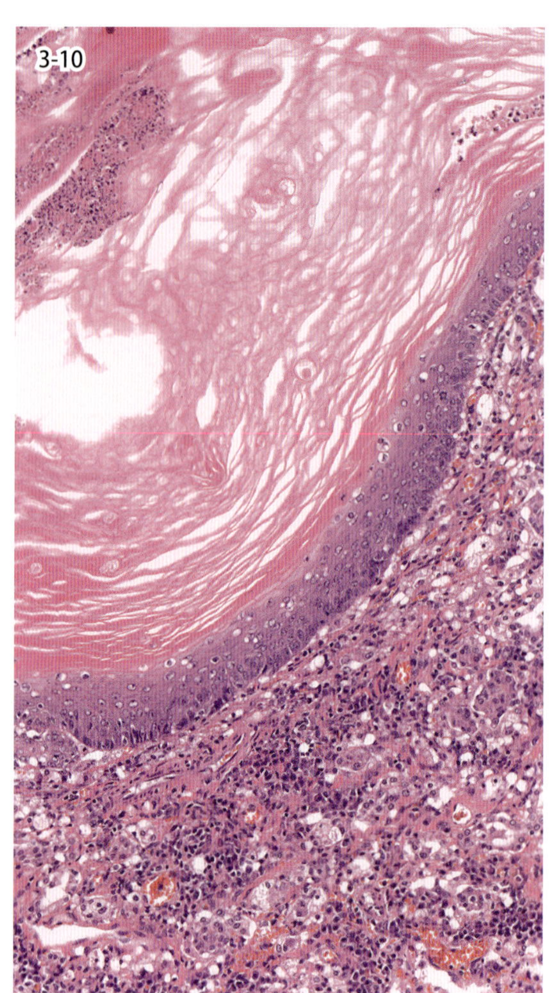

図 3-10　扁平上皮化生（ラット）．気管支上皮の扁平上皮化生とその周囲のリンパ球，形質細胞，マクロファージ浸潤が認められる．

3-9. 石灰沈着（尿毒素性肺症）

Calcification（uremic pneumopathy）

肺の石灰沈着は間質や血管にカルシウム塩が異常に沈着する病態であり，通常は鉄やマグネシウムなどほかの無機塩類の沈着を伴うことから，鉱質沈着 mineralization とも表現される．腎不全により尿毒症を発症した犬および各種動物でよくみられ，尿毒素性肺症と呼ばれる．原発性または二次性上皮小体機能亢進症，ビタミン D 過剰症などで高カルシウム血症が持続するときにもみられる．尿毒素性肺症では，肺胞腔内に滲出液，剥離肺胞上皮細胞，マクロファージなどの炎症細胞，赤血球，線維素が種々の程度で認められる．細気管支から肺胞壁の結合組織，肺静脈の血管壁に石灰沈着がみられる．石灰沈着により肺は硬度を増し，刀割時にジャリジャリとした砂状の抵抗感がある．

3-10. 扁平上皮化生

Squamous metaplasia

化生とは一度分化および成熟した組織が異なる系統の組織に変化することで，刺激に対する組織の適応反応の 1 つとされる．肺の扁平上皮化生は気管支上皮あるいは細気管支上皮が扁平上皮に変化する病変で，牛の気管支拡張症やげっ歯類のセンダイウイルス感染などの慢性気管支炎あるいは慢性細気管支炎でみられることがある．粘膜上皮の傷害，再生および増殖を伴うことが多い．また，化学物質の吸入・経口投与，ビタミン A 欠乏によっても肺の扁平上皮化生が生じることがある．

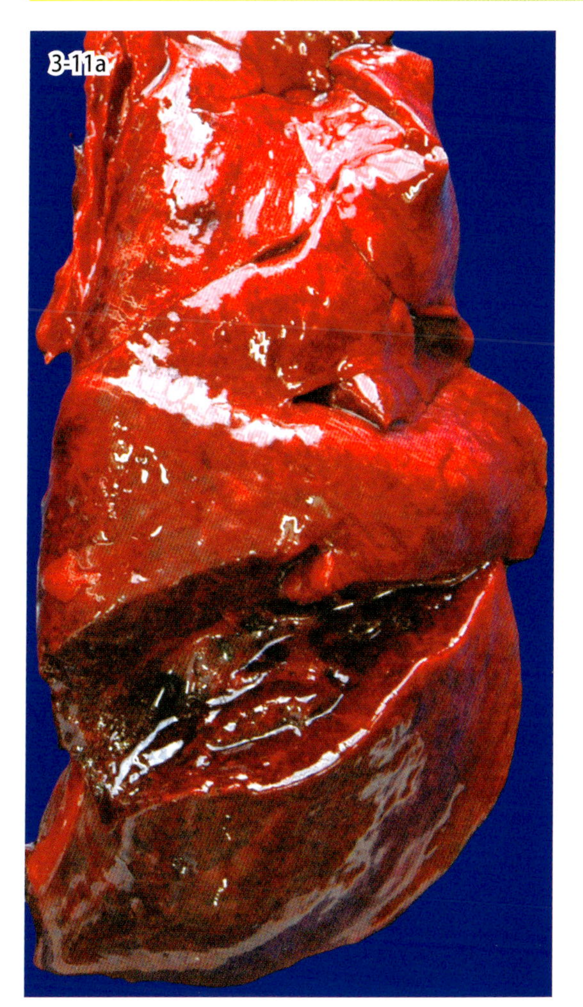

図 3-11a　うっ血性水腫（豚）．肺はび漫性に腫大し，水分に富み，表面は光沢感が強い．割面より泡沫を混じた多量の漿液が流出する．

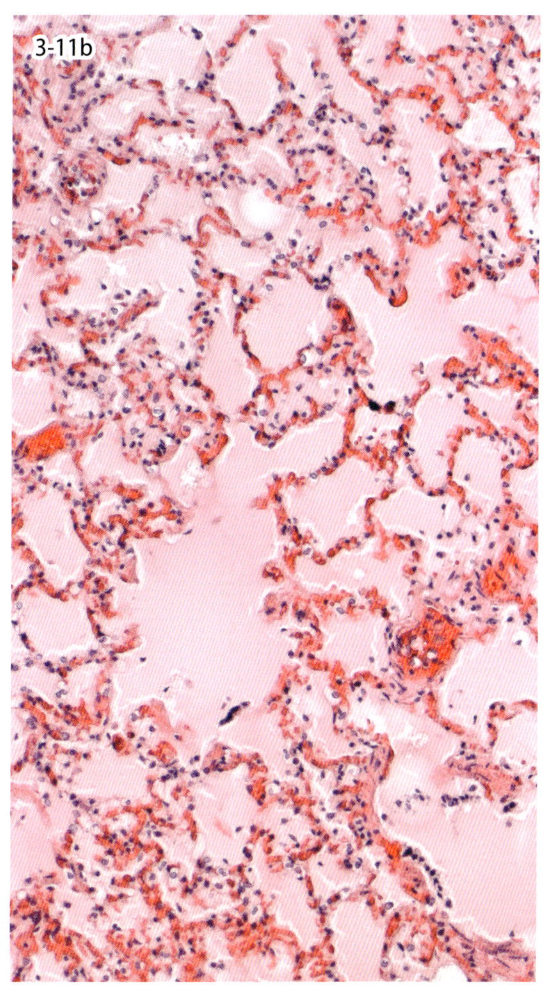

図 3-11b　うっ血性水腫（犬）．肺胞壁毛細血管に多数の赤血球が認められ，肺胞腔内に多量の好酸性漿液が充満している．

3-11. うっ血性水腫

Congestive edema

肺のうっ血は心臓，とくに左心室の機能低下や僧帽弁の障害によって肺から左心への血液流入が障害されたときに生じる．うっ血肺は肉眼的に暗赤色を呈し，容積および重量が増加する．慢性心疾患などにより肺のうっ血が持続すると，肺胞壁毛細血管から漿液成分が肺胞に漏出し，うっ血性肺水腫が生じる．水腫肺は水分を含んで重量を増し，割面からは泡沫液が流出する．重度の肺水腫の組織片は水に浮かべると底に沈む．うっ血性肺水腫では，肺胞内で赤血球が崩壊してヘモジデリンが生じ，これを貪食する肺胞マクロファージがみられる．この細胞を心臓病細胞と呼ぶ．うっ血がさらに長期間持続すると，線維性組織の増生が起こり，ヘモジデリン沈着はより顕著となる．肺は硬化し，褐色を呈することから，褐色硬化と呼ばれる．

うっ血性肺水腫は肺胞性肺水腫に分類され，肺の間質に漿液が溜まる間質性水腫とは区別される．肺胞性肺水腫の機序として，慢性肺うっ血による肺静脈圧の上昇，低蛋白血症による血液浸透圧の低下，感染症，尿毒症および刺激性ガスなどによる毛細血管内皮傷害，過剰な輸液による循環血液量の増加があげられる．

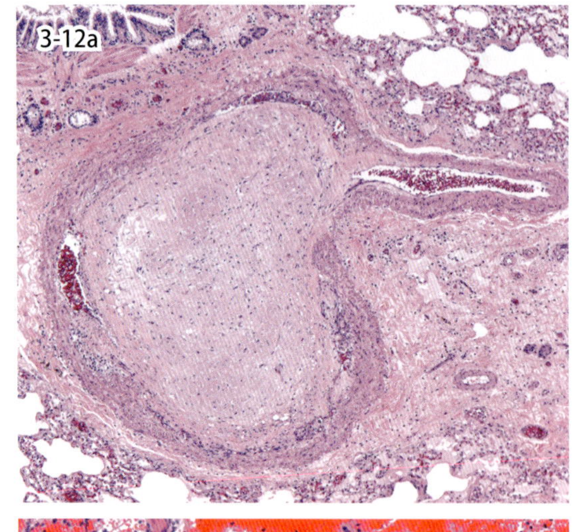

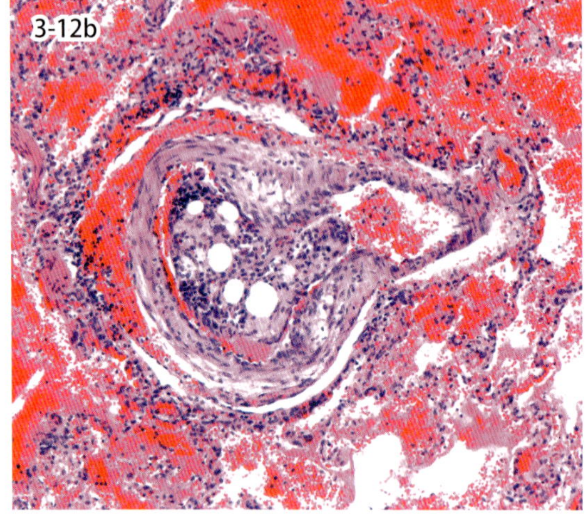

図3-12 犬の肺動脈の器質化血栓（a）と猫の肺動脈の骨髄組織塞栓（b）．

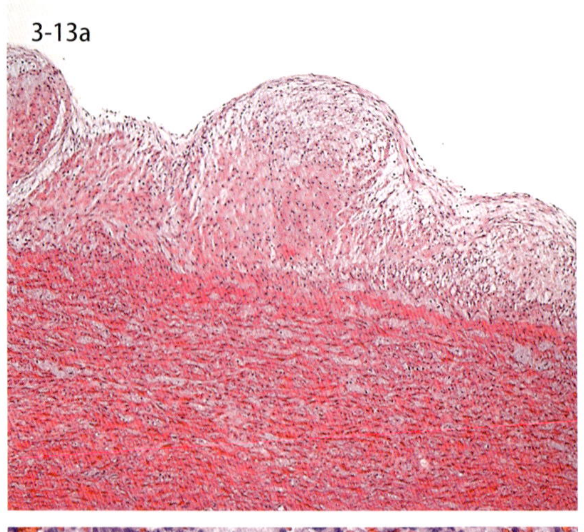

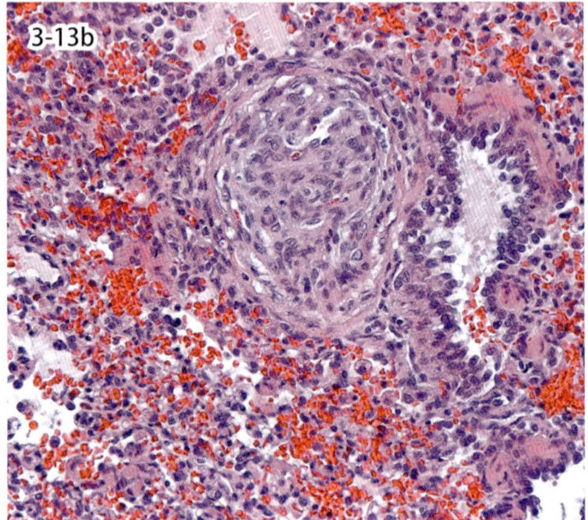

図3-13 肺の大型動脈の内膜肥厚（a，犬）と小型動脈の叢状内膜肥厚（b）．

3-12. 肺動脈塞栓症

Embolism of the pulmonary artery

末梢の臓器で形成された血栓，腫瘍細胞塊，寄生虫卵，細菌塊など，まれに骨髄組織塊が心臓を通過し，最初の細動脈が存在する肺で塞栓することがある．その結果，肺に梗塞巣が生じるが，肺は肺動脈と気管支動脈の二重支配を受け，また毛細血管に富み血流が豊富なため，梗塞部に血液が流入し，出血梗塞を呈する．また，犬糸状虫に濃厚感染した犬では，右心室内に寄生する糸状虫成虫が肺動脈を通って肺に達し肺内の動脈を塞栓することがある．

図3-12aは犬の肺で，中型の肺動脈に血栓が塞栓し器質化した病変である．図3-12bは脊椎の手術後に急死した猫の肺であり，中型動脈に脂肪を含む骨髄組織塊が塞栓している．広範な出血も認められる．

3-13. 肺動脈高血圧症

Hypertension of the pulmonary artery

弁膜肥厚などの左心障害，肺炎など肺実質の病変，低酸素血症などが原因となり肺動脈の血圧が上昇し，肺高血圧症と呼ばれる病態となる．主な病変は肺の筋型動脈にみられ，平滑筋の増生，内膜の線維性肥厚などが観察される．

図3-13aは若齢犬の肺の大型肺動脈壁で，平滑筋の増殖および侵入を伴う内膜肥厚が認められる．図3-13bは若齢犬の肺の気管支周囲に存在する小型肺動脈で，内膜（血管内皮）が血管内腔で叢状に増生している．a，bともに肺の動脈管開存症に続発した肺動脈高血圧症の症例である．

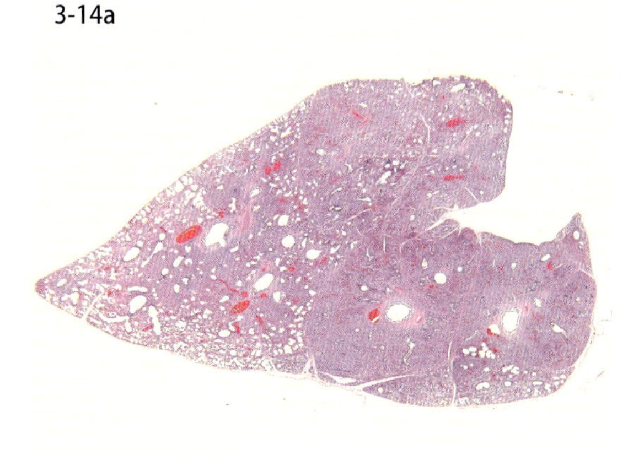

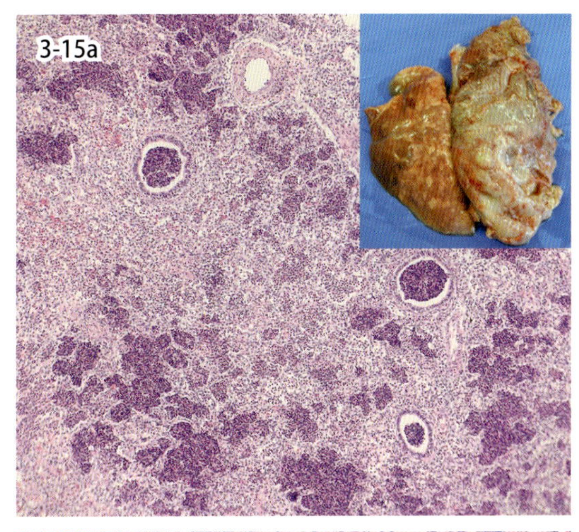

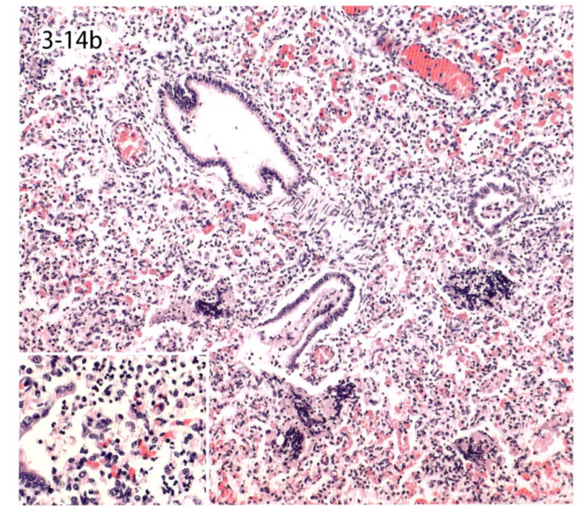

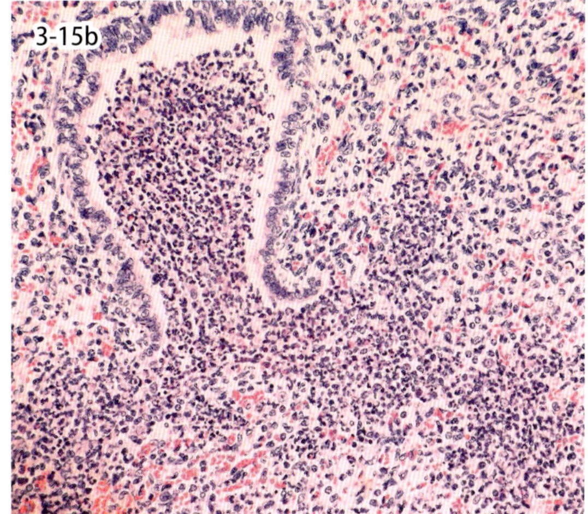

図 3-14　吸引性肺炎（豚）．小葉性の無気肺領域（a，気管支肺炎）．うっ血，細気管支腔～肺胞における投与物（b）と細胞性滲出（挿入図）．

図 3-15　化膿性気管支肺炎（豚）．右肺胸膜面の膿瘍（挿入図）．細気管支腔と肺胞の細胞性滲出（a）．呼吸細気管支や終末細気管支腔内を満たす化膿性滲出物（b）．

3-14．吸引性（誤嚥性）肺炎

Aspiration pneumonia

外来性の異物吸引や逆流した胃内容物などの誤嚥，人為的な投薬あるいは哺乳ミスなどにより発生する．肺炎の程度と転機は吸引した異物の性状により異なり，例えば反芻獣の胃内容物の誤嚥ではその中に混在する腐敗菌などの感染により重度の化膿性あるいは壊疽性肺炎を引き起こす場合がある．横臥状態や麻酔下，嚥下障害，乾燥した埃っぽい飼育環境，粉状飼料による飼育などはいずれも誘因となる．組織学的には，吸引した異物とともに急性の細気管支炎および肺胞炎から化膿性～壊疽性気管支肺炎が主に左右の前葉を中心にみられる．

3-15．化膿性気管支肺炎

Supprative bronchopneumonia

気管支，細気管支とそれらに連続する肺胞に化膿性～粘液化膿性の滲出を特徴とする．主に前葉～中葉の小葉単位で発生するため正常部との境界は明瞭で，小葉性肺炎 lobular pneumonia とも呼ばれる．小葉構造が明瞭な牛や豚で顕著であり，剖検時，割面を圧迫すると気管支や細気管支から膿性滲出物が押し出されるので容易に判断できる．組織学的に，初期の化膿性気管支肺炎では気管支腔，細気管支腔，肺胞などが大量の好中球，マクロファージにより満たされる．慢性化すると気道粘膜には杯細胞が増加して滲出物は粘液化膿性となり，気管支関連リンパ組織 BALT の増生を伴う．さらに進行すれば，気管支や細気管支腔の閉塞，肺膿瘍，癒着性胸膜炎などを起こす．

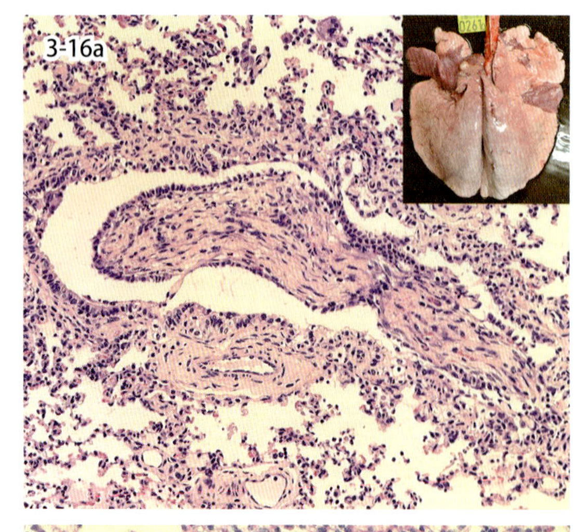

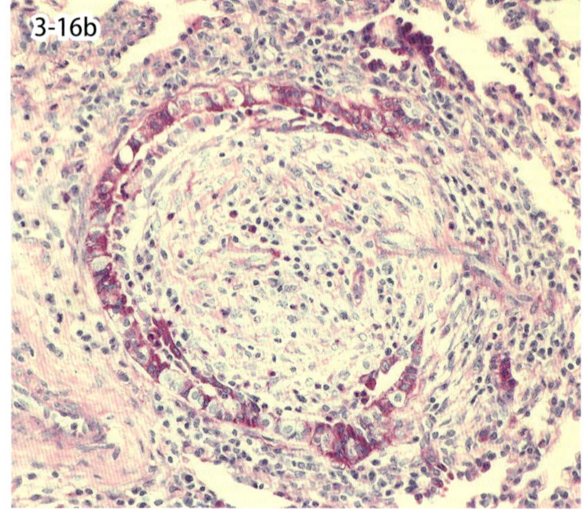

図 3-16　閉塞性細気管支炎（牛）．無気肺病巣（挿入図，気管支肺炎）．ポリープ様肉芽組織（a）．肉芽組織とそれを覆う上皮細胞が腔内を閉塞（b，PAS 反応）．

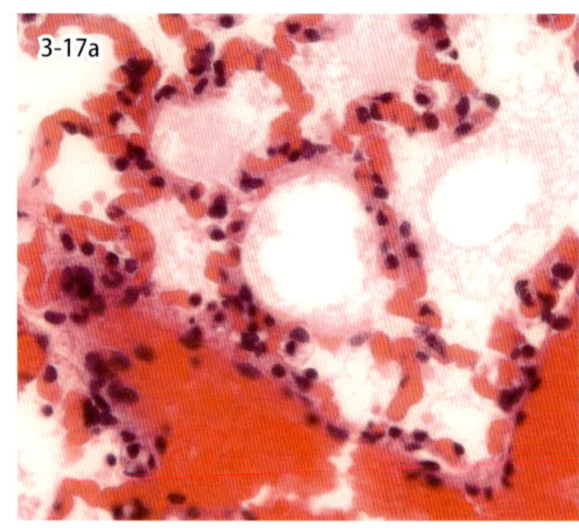

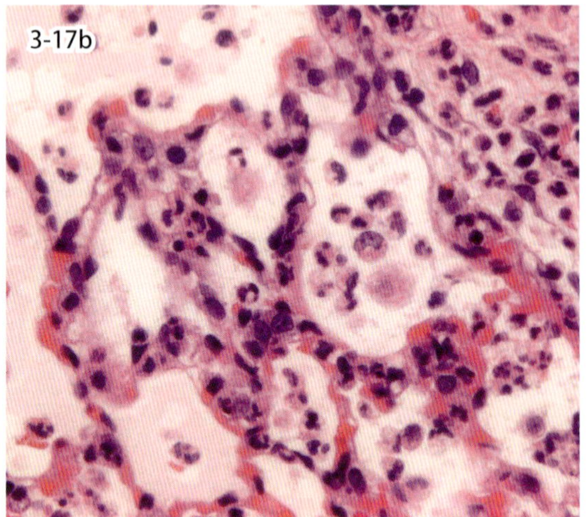

図 3-17　肺（ラット）．ガス状化学物質の 2 週間全身曝露後の重度のうっ血，肺胞水腫（a），肺胞上皮細胞の変性壊死，脱落，炎症性細胞の浸潤（b）（写真提供：相磯成敏氏）．

3-16．閉塞性細気管支炎

Obliterative bronchiolitis（Bronchiolitis obliterans）

細気管支腔内におけるポリープ様の肉芽組織形成と腔の狭小化～閉塞を特徴とする．原因としてウイルス感染や細菌感染時に滲出する好中球，有毒ガスあるいは毒素，寄生虫感染，移植肺に対する拒絶反応などによる細気管支粘膜の傷害に起因する．ポリープ様肉芽組織は，粘膜傷害と腔内滲出物に対する一種の修復・除去反応と理解される．細気管支粘膜上皮が傷害を受けると，残存する上皮細胞や粘膜固有層の線維芽細胞がさまざまなサイトカインや接着分子などを発現して傷害部位あるいは滲出物付着部位に細胞外マトリックスを形成し，それに対して線維芽細胞や毛細血管が増殖して肉芽組織が形成され，その表面を既存の上皮細胞が伸展して覆う．

3-17．急性肺胞傷害

Acute alveolar damage

肺胞の傷害はまず肺胞水腫，滲出および硝子膜形成を特徴とする滲出期から始まる（図 3-17a）．肺胞傷害の組織型はその原因により，上皮型肺胞傷害と内皮型肺胞傷害に分けられる．上皮型肺胞傷害では，肺胞上皮細胞は変性および壊死により肺胞腔内に脱落し，反応性の肺胞マクロファージの浸潤による肺胞炎がみられる（図 3-17b）．内皮型肺胞傷害は肺胞中隔の毛細血管内皮の傷害に起因する肺胞中隔炎を特徴とし，中隔における間質細胞の増殖および線維性の肥厚を伴う．急性肺胞傷害は，肺胞の構成細胞が傷害された急性期から，明確な器質化が生じるまでの組織像といえ，その後は肺胞中隔の細胞増殖，炎症性細胞の浸潤，線維化を経て間質性肺炎へと移行する．

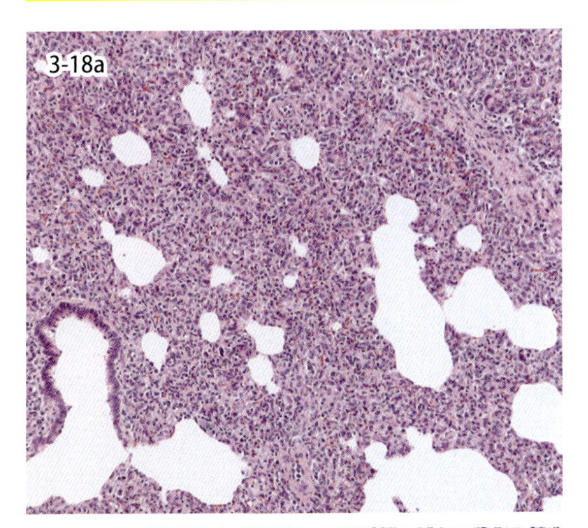

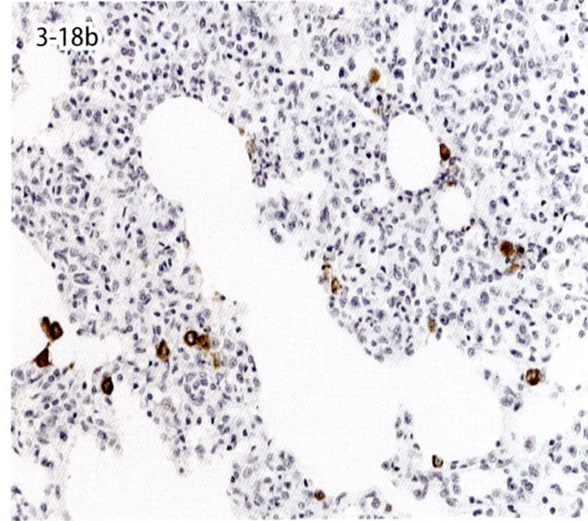

図 3-18a・b　肺（豚）．実験的 PRRSV 接種後 7 日の組織所見．肺胞上皮細胞の増生，炎症性細胞の浸潤による肺胞壁の肥厚（a）．マクロファージ内の PRRSV 抗原（b）．

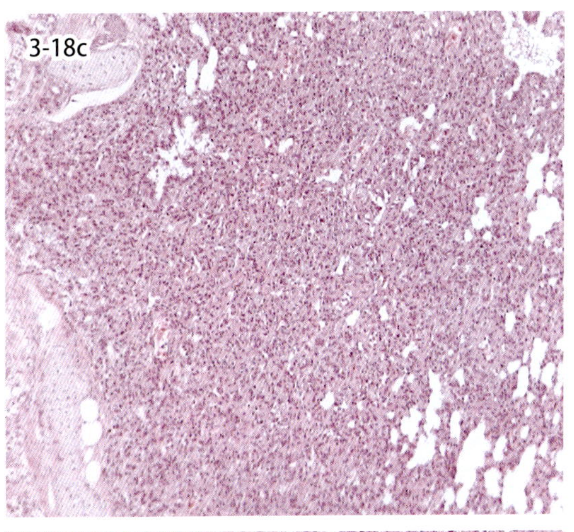

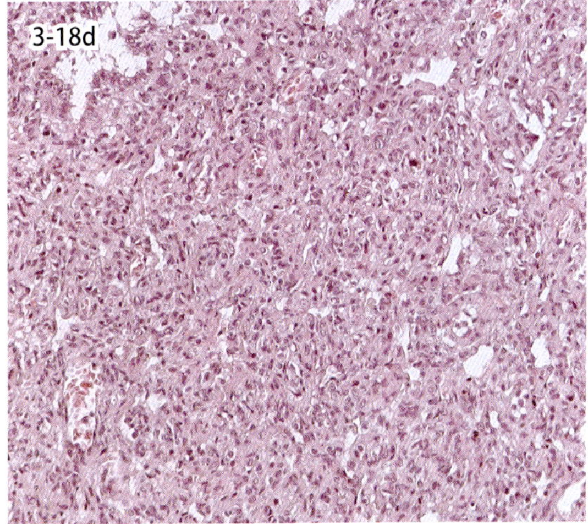

図 3-18c・d　肺（犬）．実験的ジステンパーウイルス接種後 10 日の組織所見．肺胞壁の著明な肥厚（c）．肺胞壁が線維性に増生，炎症性細胞が浸潤（d）．

3-18．間質性肺炎

Interstitial pneumonia

間質性肺炎は炎症性反応の主座が肺胞腔ではなく，肺胞壁および支持組織からなる間質にある場合をいう．肺胞壁の水腫および間質結合組織におけるマクロファージ，リンパ球，形質細胞の浸潤により，肺胞壁が肥厚する．肺胞上皮は傷害に対する感受性が高いⅠ型肺胞上皮細胞が変性し，肺胞腔内に剥離する．肺胞腔内には水腫および線維素の滲出がみられ，硝子膜が形成される．病変の進展に伴い，Ⅱ型肺胞上皮細胞の増生による立方化（上皮化 epithelialization，胎子化 fetalization），肺胞壁への炎症性細胞の浸潤，間質の線維化が起き，肺胞壁はさらに肥厚する．肺胞壁の線維性肥厚に加え気管支周囲の間質も増加する．

豚繁殖・呼吸器障害症候群 porcine reproductive respiratory syndrome（PRRS）では，感染豚の肺は全体に硬結感を示し，組織学的には全葉性の間質性肺炎を示す（図 3-18a）．肺胞上皮細胞は著明に増殖して上皮化し，炎症性細胞が間質に浸潤する．肺におけるウイルス抗原は肺胞マクロファージ内に証明される（図 3-18b）．

犬ジステンパー canine distemper では，肺胞中隔へのリンパ球，マクロファージの浸潤，Ⅱ型肺胞上皮細胞の過形成および合胞性の多核巨細胞の形成により，肺胞壁が肥厚する（図 3-18c，d）．硝子膜の形成もみられる．気管支から呼吸細気管支上皮細胞，肺胞上皮細胞および多核巨細胞の細胞質，ときに核内に好酸性封入体が認められる．さらに経過すると，肺胞壁間質の線維化が著明となり，呼吸細気管支壁の平滑筋の増殖がみられる．

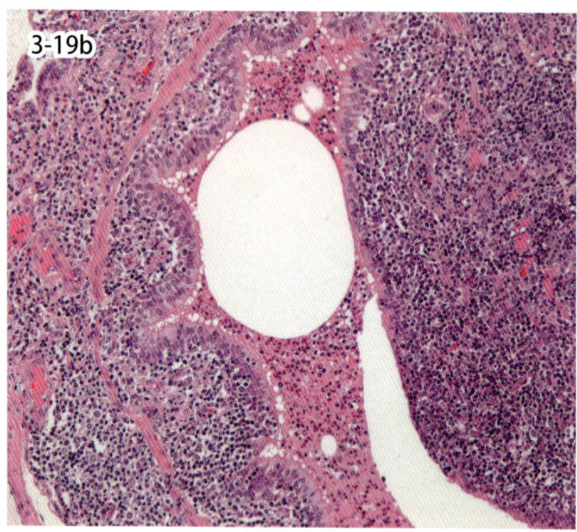

図 3-19a・b　豚流行性肺炎．肺の肝変化（a）と細気管支周囲のリンパ球の浸潤（b，HE 染色）．

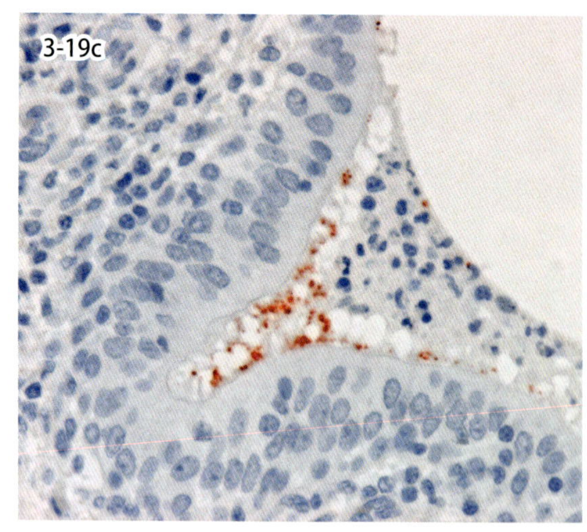

図 3-19c・d　細気管支粘膜上皮細胞上部の *Mycoplasma hyopneumoniae* 抗原（c，免疫染色）と線毛に付着した *Mycoplasma hyopneumoniae*（d，走査型電子顕微鏡）．

3-19. 豚流行性肺炎

Swine enzootic pneumonia

豚流行性肺炎は，*Mycoplasma hyopneumoniae* による感染症である．本疾患は，季節に関係なく発生し，慢性経過をとる．単独感染では致死率は低いものの，豚繁殖・呼吸障害症候群（PRRS）ウイルス，豚サーコウイルス 2 型，そのほかの細菌と混合感染している症例が多い．一般に 6 ～ 10 週齢頃からの感染が多く，豚が本菌に感染すると 2 週間程度の潜伏期間を経て持続的な咳，元気消失などの臨床症状を呈し，それらは数週間から数ヵ月続くことがある．

図 3-19a は *M. hyopneumoniae* に感染した豚の肺の腹側面である．前葉，中葉および後葉前縁部に左右対称性で境界明瞭な肝変化がみられる．この病変は本病診断の指標になりうる．肺近傍のリンパ節の腫脹，充血が認められる．

組織病変は気管支から肺胞に限定される．気管支粘膜上皮の変性，気管支粘膜上皮細胞と肺胞上皮細胞の増殖が認められる．気管支周囲へのリンパ球浸潤とリンパ濾胞の過形成が認められる．図 3-19b は細気管支の拡大で，リンパ球と形質細胞が平滑筋の輪状構造を壊し粘膜固有層にかけて高度に浸潤し，細気管支腔が狭小化している．細胞浸潤によって突出した粘膜上皮は線毛を消失し変性しているが，ほかの部位は丈を増した上皮細胞により覆われる．免疫組織化学的検査では細気管支上皮細胞表面に *M. hyopneumoniae* の抗原（赤色）が認められる（図 3-19c）．同部位の走査電子顕微鏡像では細気管支上皮細胞の線毛に付着する球状の *M. hyopneumoniae* が確認され，一部の線毛が欠失している（図 3-19d）．

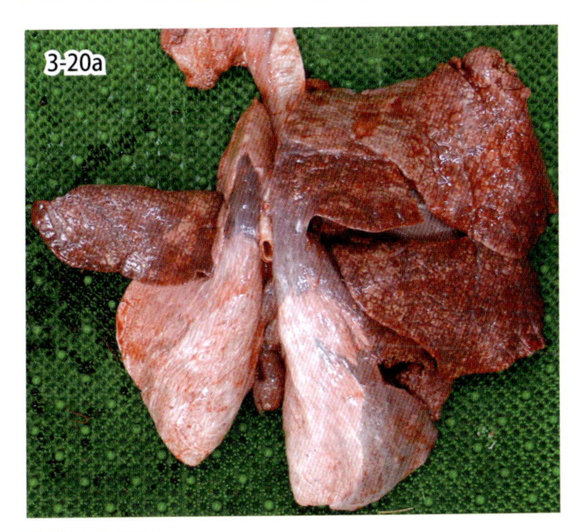

図 3-20a・b　牛マイコプラズマ肺炎．肺の背面（a）と右肺後葉横断面（b，ホルマリン固定後）．細気管支および気管支内の乾酪壊死物（写真提供：愛媛県*）．

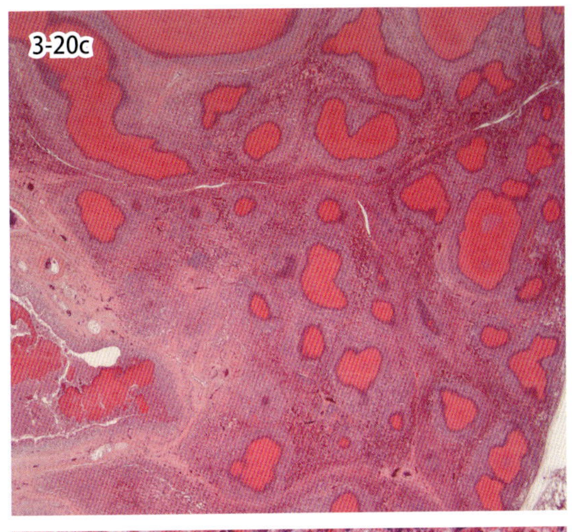

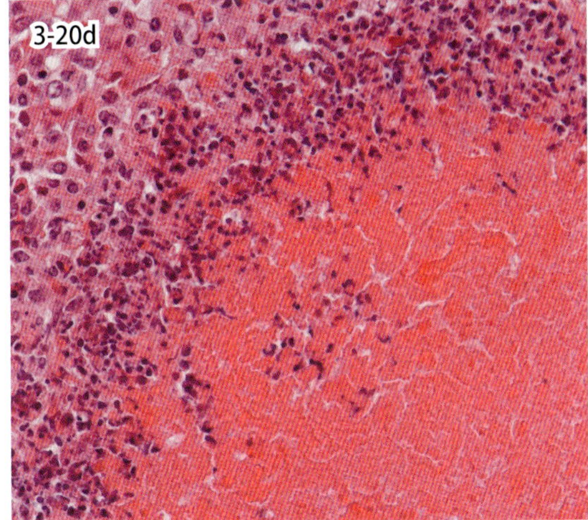

図 3-20c・d　乾酪壊死巣は細気管支内腔に形成された好中球の凝固壊死巣に当たる．c は弱拡大．d は細気管支内凝固壊死巣の強拡大．

3-20. 牛マイコプラズマ肺炎
Bovine mycoplasmal pneumonia

Mycoplasma bovis は牛の肺に多病巣性の乾酪壊死性気管支肺炎を形成する．肉眼的に肺の前腹部は赤色化および硬化し，白色で境界明瞭な脆い隆起性の乾酪壊死巣が認められる（図 3-20a，b）．これらの壊死巣は直径 2 〜 10 mm で，ときおり直径数 cm に大型化する．ほかの細菌と混合感染すると大型の壊死巣に液化した膿を含むものもある．*M. bovis* 肺炎罹患子牛の多くに関節炎が起こり，慢性化すると乾酪壊死巣が関節包に形成される．そのほかに乳房炎罹患牛由来のミルクの摂取と関連して子牛に中耳炎がみられる．

組織学的に，初期病変は細気管支内腔への好中球滲出で始まり，壊死に陥った好中球は細胞の輪郭を保持した状態で細胞質が強好酸性を示し，核は核濃縮および断片化を示し染色性を失う．病変の進行に伴い細気管支上皮細胞は脱落し，壊死巣が細気管支内腔を閉塞して拡大するため周囲の肺胞は無気肺化する．壊死巣周辺にマクロファージやリンパ球が浸潤する（図 3-20c，d）．壊死巣には石灰化がよく起こる．

免疫組織化学検査によりマイコプラズマ抗原が壊死巣内や炎症性細胞内に検出される．子牛は *M. bovis* に不顕性感染している場合も多く，本病の診断には *M. bovis* の感染と特徴病変の存在の両者を確認することが必要である．

M. bovis 以外にも数種の *Mycoplasma* spp. が肺炎罹患子牛からよく分離される．*M. dispar* や *Ureaplasma diversum* は気道周囲のリンパ球浸潤を伴うカタル性気管支炎および細気管支炎を起こし，ほかの細菌の二次感染による流行性肺炎発症の誘因となる．

* 愛媛県家畜病性鑑定所

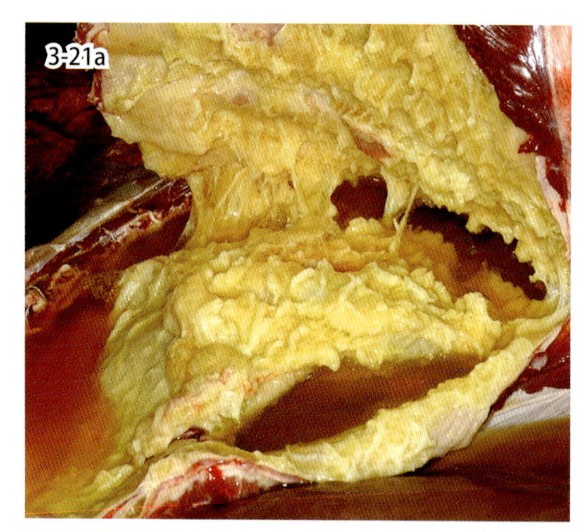

図 3-21 a・b　牛肺疫．胸腔の線維素性滲出物（a）と肺割面の大理石紋様（b）（写真提供：Plum Island Animal Disease Center（USDA），Elizabeth D. Clark）．

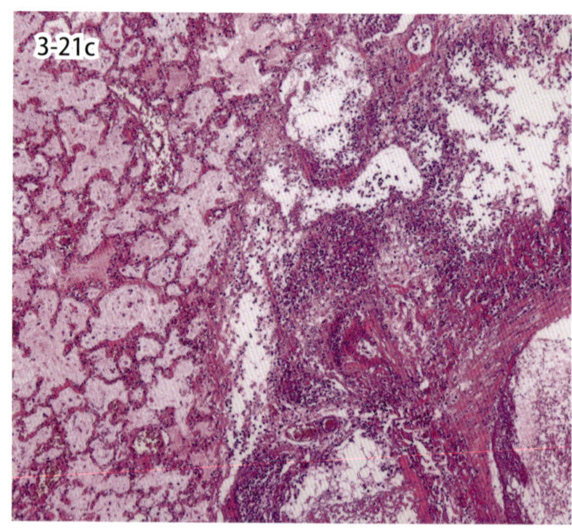

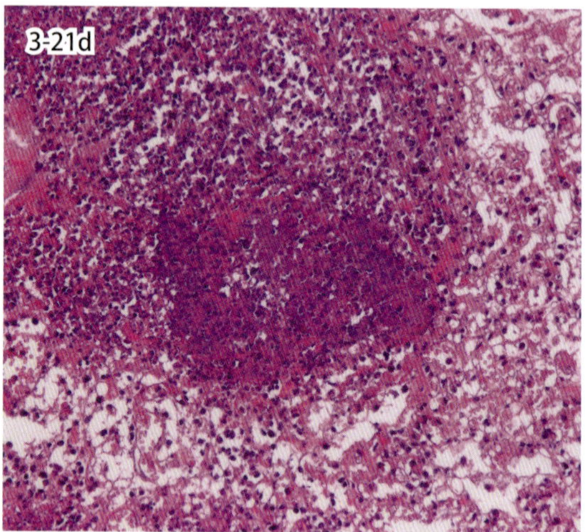

図 3-21c・d　漿液線維素性化膿性肺炎（c）と肺の凝固壊死巣（d）（写真提供：動衛研）．

3-21. 牛　肺　疫

Contagious bovine pleuropneumonia

牛肺疫は，牛や水牛などに感染する急性で致死率の高い感染症で，原因は *Mycoplasma mycoides* subsp. *mycoides* である．

急性型では，発熱，帯痛性の咳，呼吸困難，水様性～粘液性の鼻汁漏出，肋間部の激痛がみられ，予後不良となることが多く，定型的なものは 1 週間以内に死亡する．このような典型的な症例は，子牛で顕著に現れる．慢性型では，軽度の発熱，呼吸器症状，軽い下痢，急性鼓張症を示す．

肉眼的に，肺病変が広範囲となることもあるが，しばしば片側性で後葉に限局する．急性型は漿液線維素性肋膜肺炎（図 3-21a）を特徴とする．肺は厚い線維素性滲出物で覆われる．小葉間質の顕著な水腫性拡張がみられ，小葉は正常から硬化したものまで，色は赤色から灰白色までさまざまである．つまり，線維素性肺炎の各ステージ（充血期，赤色肝変期，灰白色肝変期，黄色肝変期および融解期）が 1 頭の動物の肺で観察され，いわゆる「肺割面の大理石紋様」（図 3-21b）を呈す．慢性型では，壊死片形成と肺胸膜の線維性肥厚，肋膜との癒着がみられる．気管支リンパ節，縦隔リンパ節の腫大も確認される．

組織学的には，広範な漿液線維素性ないし化膿性肺炎（図 3-21c）がみられ，肺実質に多発性凝固壊死巣（図 3-21d）が散見される．小葉間結合組織は重度の水腫と線維素析出により拡張し，小動脈，小静脈に血栓形成がみられる．また，非化膿性動脈炎をみることもある．慢性例では壊死片形成が特徴で胸膜および小葉間結合組織の線維化を伴う．

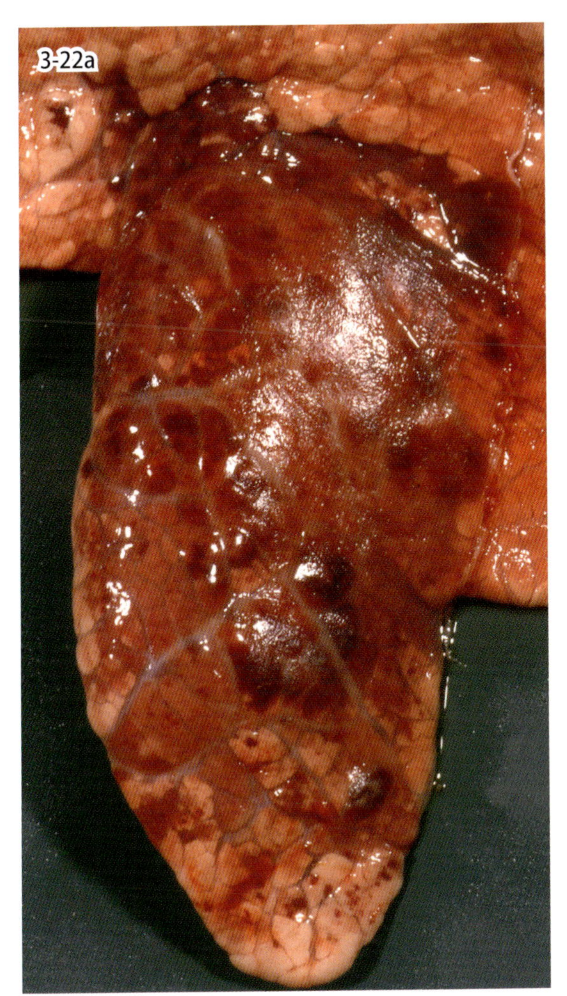

図 3-22a　パスツレラ症（牛）．*M. haemolytica* 血清型 1 を気管支内接種後 4 日の牛の肺．暗赤色の硬化病巣と小葉間中隔の拡張が認められる．

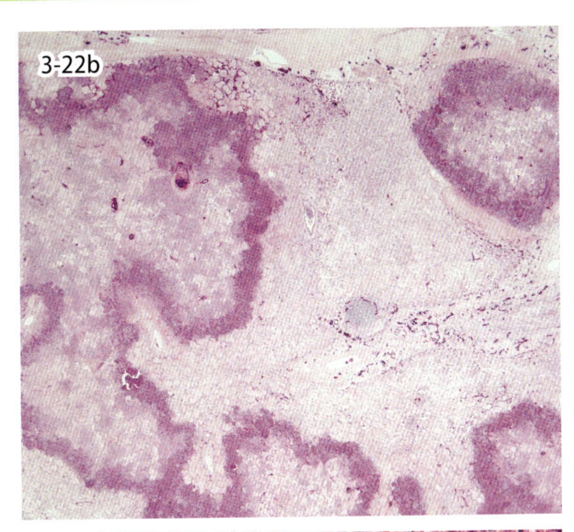

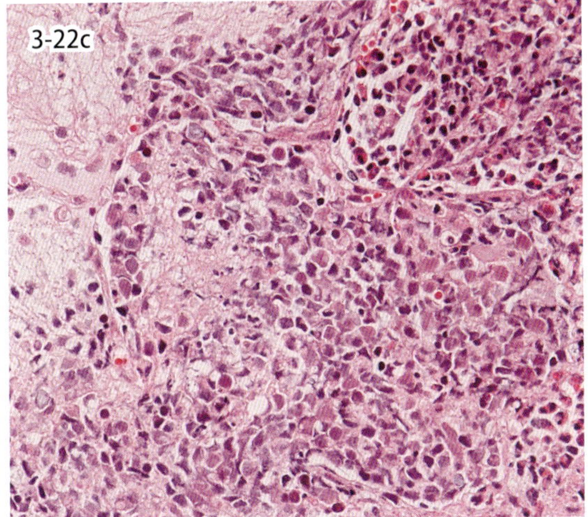

図 3-22b・c　境界明瞭で不規則な形状の凝固壊死巣の周縁に壊死性白血球が集積している（b）．弱好塩基性染色質を持つ壊死性の白血球（c）．

3-22．パスツレラ症

Pasteurellosis

家畜の主な病原性パスツレラ属およびその類縁細菌には，豚や牛の *Pasteurella multocida*，牛の *Mannheimia haemolytica* などがある．*M. haemolytica* は牛の輸送熱を起こす代表的な細菌である．

牛の急性劇症型の *M. haemolytica* 肺炎では肉眼的に，前腹部の大葉性または小葉性の線維素性気管支肺炎，凝固壊死巣，線維素性胸膜炎などが認められる．病変は前葉と中葉で最も重度であるが後葉に及ぶこともある．病変は境界明瞭で，赤紫色からのちに灰褐色を呈し，肺胞への線維素析出により硬化する（図 3-22a）．割面では境界明瞭，不規則な形状で直径 0.5 ～ 5 cm，淡色で乾燥した凝固壊死巣が観察される．小葉間中隔は漿液線維素性滲出物により拡張し大理石模様を呈する．重度の胸膜炎があると線維素が胸膜表面を被い，漿液線維素性の胸水が貯留する．慢性化すると気管支拡張，膿瘍，線維性の胸膜癒着などが認められる．組織学的に，凝固壊死巣を伴う線維素性化膿性気管支肺炎が認められる．肺胞と細気管支は好中球やマクロファージ，線維素，細胞崩壊物，細菌塊などで充満する．凝固壊死巣の内部では細胞の核融解または核崩壊が顕著で，壊死性の白血球が凝固壊死巣を層状に取り囲む．壊死性の白血球は紡錘形の弱好塩基性染色質を有し，「燕麦細胞」と呼ばれる（図 3-22b, c）．これは好中球およびマクロファージが leukotoxin によって壊死に陥ったものとされている．血栓が肺胞中隔毛細血管などに認められる．*M. haemolytica* 肺炎と同様の凝固壊死巣は *Histophilus somni* 肺炎でもみられるが，*P. multocida* 肺炎では通常みられない．

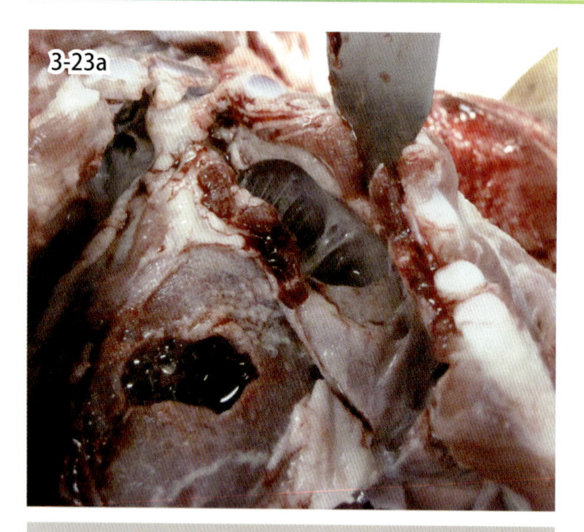

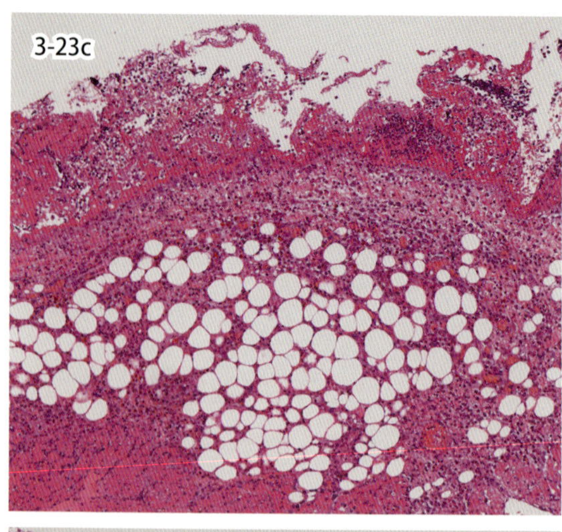

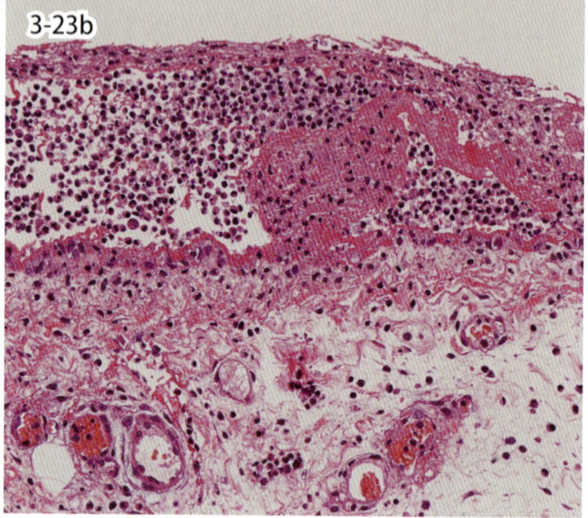

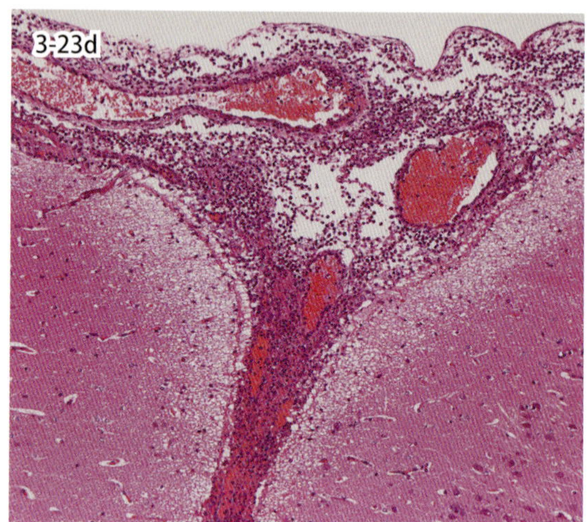

図 3-23a・b グレーサー病（豚）．線維素化膿性滲出物による胸膜の癒着と心膜の肥厚（a），肺胸膜表面の線維素化膿性滲出物（b）（写真提供：東京都家保 *）．

図 3-23c・d 心外膜表面（c）および大脳クモ膜下腔（d）に線維素析出，好中球とマクロファージの滲出が認められる．

3-23. 豚のグレーサー病

Glässer's disease

Haemophilus parasuis による豚の線維素性多発性漿膜炎および関節炎はグレーサー病と呼ばれる．*H. parasuis* は上部気道の正常細菌叢の構成要素であり豚群に遍在している．グレーサー病は子豚の免疫の低下，ほかの病原体の存在，強毒株の侵入などによって正常細菌叢と免疫のバランスが崩れたときに発生する．症状は主に 4 ～ 8 週齢の子豚で観察されるが，発症する時期は移行抗体価や菌定着の程度により変動する．子豚の実験感染によると潜伏期は感染株により接種後 24 時間未満から 4 ～ 5 日間まで幅がある．甚急性の罹患豚は，短い経過（48 時間未満）で特徴的な肉眼病変を伴わずに突然死亡する．肉眼的に点状出血を示す症例ならびに胸腔や腹腔に線維素を含まない漿液が貯留する症例もある．組織学的に播種性血管内凝固（腎臓糸球体や肝臓類洞，肺毛細血管などの線維素血栓）および微小出血が認められる．急性の典型的なグレーサー病に罹患した豚は，高熱（41.5℃），咳，腹式呼吸，跛行，関節の腫脹，中枢神経症状（横臥，遊泳運動，振戦）などを示す．肉眼的に，線維素性または線維素化膿性多発性漿膜炎（図 3-23a）および多発性関節炎，髄膜炎が認められる．線維素性滲出物は胸膜や心膜，腹膜，滑膜，髄膜に認められ，胸水や心嚢水，腹水などの滲出液の増量を伴う．組織学的に，線維素性ないし線維素化膿性漿膜炎および髄膜炎が認められる（図 3-23b ～ d）．急性期を耐過した豚は被毛粗剛，発育不良，跛行を特徴とする慢性症状を起こし，慢性関節炎および心膜や胸膜，腹膜の重度の線維化が認められる．

* 東京都家畜保健衛生所

図3-24a　肺鼻疽（馬）．ホルマリン固定肺割面．大小の黄色～淡褐色で膿を含む結節性病変が多発（黒色化は長期間固定による変色である）．

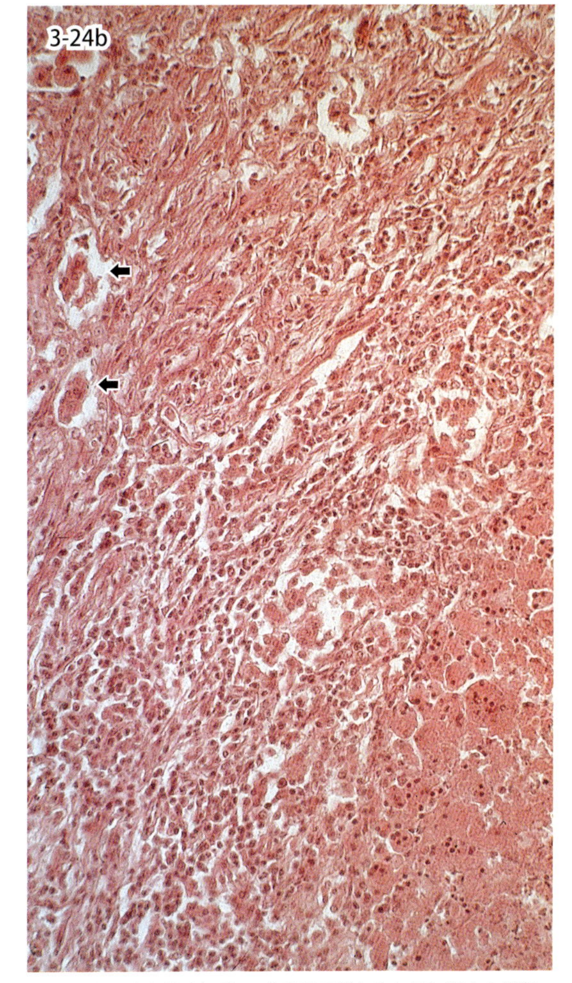

図3-24b　中心部（右下）の乾酪壊死巣を取り囲む類上皮細胞，リンパ球，ラングハンス巨細胞（矢印）および結合組織．

3-24．鼻　疽
Glanders

鼻疽菌 *Burkholderia mallei* を原因とする馬の家畜伝染病である．本菌の感受性はロバが最も高く，ラバおよび馬がそれに続く．ラクダ，山羊，羊のほか，肉食獣の一部とヒトにも感染するが，牛および豚は抵抗性である．現在，わが国での発生はないが，トルコ，中国，モンゴル，インドなどのアジアおよび中東諸国，アフリカ，ブラジルなどでの発生や流行が知られている．主な感染経路は罹患動物との接触や汚染飼料および水を介した経口・経鼻的あるいは体表の傷を介した菌の取込みで，体内に入った菌がリンパ管や血行性に運ばれて随所に病変を形成すると考えられている．本病は基本的にはリンパ管と呼吸器系の疾患であり，初発病巣の部位により，鼻型（鼻疽），肺型（肺鼻疽），皮膚型（皮疽）に分けられる．鼻疽は鼻粘膜や咽喉頭，気管粘膜などの潰瘍形成を伴う化膿性肉芽腫を特徴とし，治癒後に特徴的な星芒状瘢痕 stellate scars を形成する．肺鼻疽では化膿性肉芽腫が肺葉に不規則に形成され，宿主の抵抗力が弱い場合にはび漫性の化膿性滲出性肺炎となる．前者は自壊して中心部の膿汁が排泄されると上部気道に再感染を起こす．化膿性肉芽腫は肺のほか，肝臓，脾臓，腎臓に形成されることもある．皮疽では，同様の結節病変が四肢，腹部，胸部などのリンパ管に沿って形成される．化膿性リンパ管炎によりリンパ管が腫大し，それらが連続し癒合すると念珠状を呈するため，farcy pipes とも呼ばれる．結節病変は自壊してクレーター状の潰瘍を形成し，治癒して瘢痕化するかあるいは菌を含む膿汁が排泄されて病変が周囲組織に波及する．

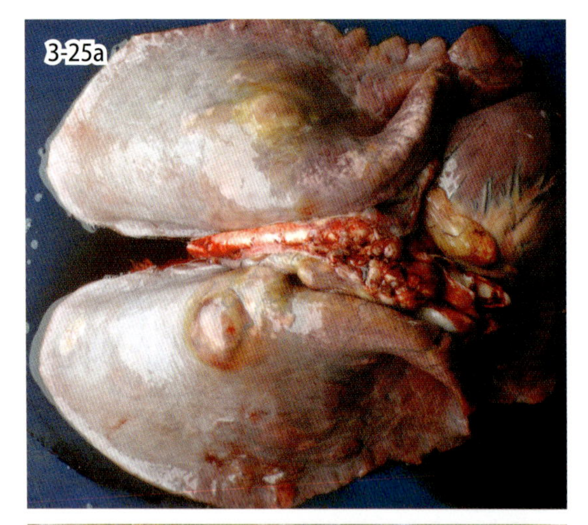

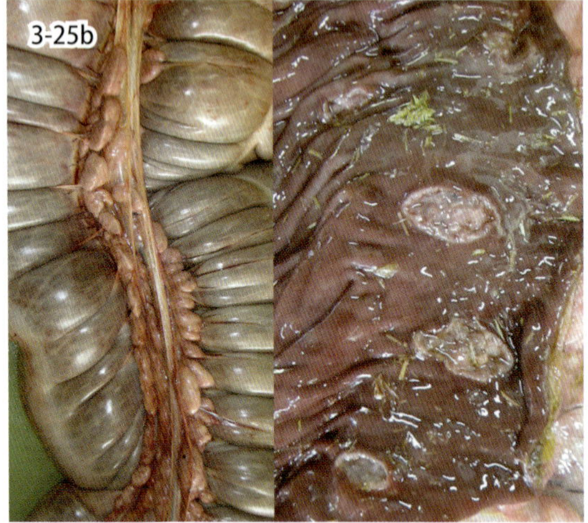

図 3-25a・b　ロドコッカス・エクイ感染症（馬）．肺における結節性病変の多発（a）．結腸リンパ節の腫大と粘膜における潰瘍形成（b）（写真提供：a は樋口　徹氏）．

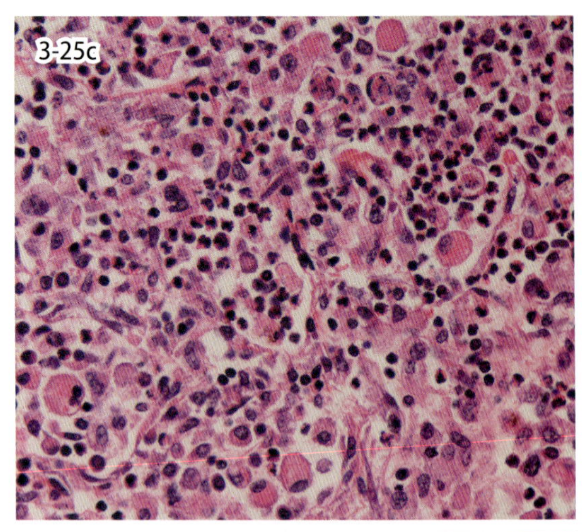

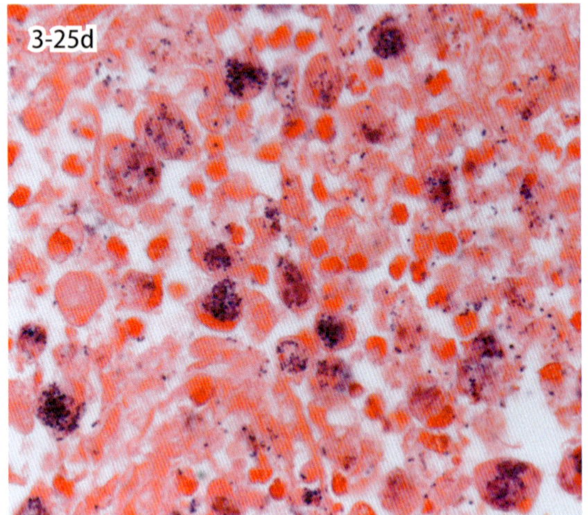

図 3-25c・d　肺病巣における好中球ならびにマクロファージの浸潤（c）．マクロファージ内に認められるグラム陽性球桿菌（d，グラム染色）．

3-25. ロドコッカス・エクイ感染症

Rhodococcus equi infection

ロドコッカス・エクイ *Rhodococcus equi* は 1 ～ 6 か月齢の子馬の肺炎ならびに腸炎の原因として重要である．肺への感染は土壌中に存在する菌体の経気道感染によって起こり，腸への感染は菌に汚染された餌の摂食，もしくは，肺病巣からの喀痰を嚥下することに起因すると考えられている．本菌はグラム陽性通性細胞質内寄生細菌であり，マクロファージに貪食された際にはファゴソームの成熟とリソソームとの融合を阻害することによって細胞内消化に抵抗性を示す．肺病変は化膿性肉芽腫性気管支肺炎であり，直径 1 ～ 10 cm，孤在性または多発性から癒合性，白色から褐色の硬結感のある結節性病巣を形成する．病巣内部は経過とともに脆弱化して乾酪化または融解する．組織学的に肺の初期病変は化膿性気管支肺炎であり，細気管支や肺胞内に好中球やマクロファージ，少数のリンパ球や形質細胞が認められる．病変の進行に伴い，好中球に加えてマクロファージの浸潤が顕著となる．マクロファージや多核巨細胞の細胞質にはグラム陽性を示す菌体が認められる．腸病変は肺病変のある個体の約半数に認められ，結腸，盲腸とその付属リンパ節に好発する．病巣は限局性の潰瘍として始まり，次第に好中球やマクロファージを伴う多病巣性の化膿性肉芽腫性炎症へと進展する．結腸リンパ節はしばしば腫大する．腸壁や付属リンパ節の病巣内部には肺病巣と同様の壊死巣を形成する．そのほか，細菌の血行性播種による多発性関節炎が認められる場合がある．全身性感染を起こした場合には，リンパ節に加えて肝臓や脾臓，皮膚，骨髄，前眼房などに病変が形成される．

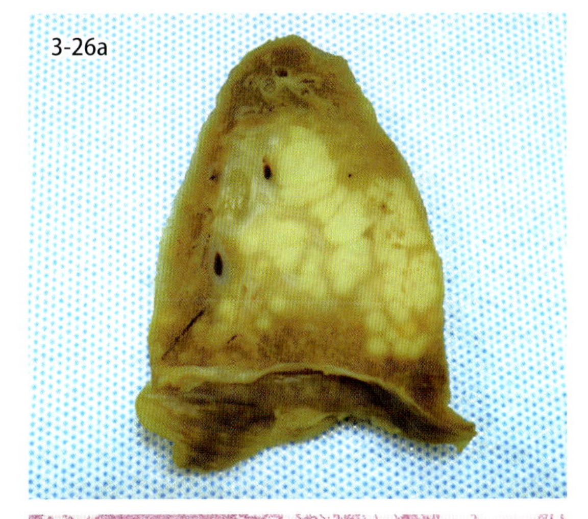

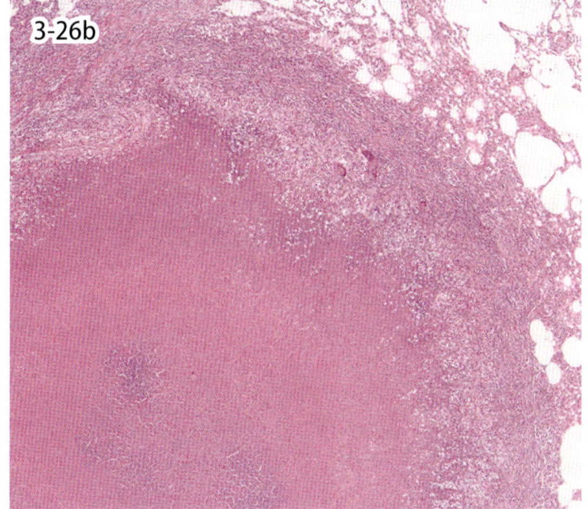

図 3-26a・b　結核（サル）．乳白色の結節性病変（a）と結核結節（b，HE 染色）（写真提供：感染研 *）．

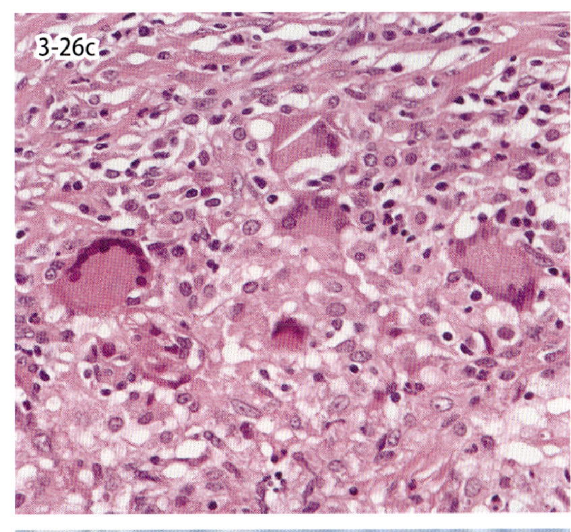

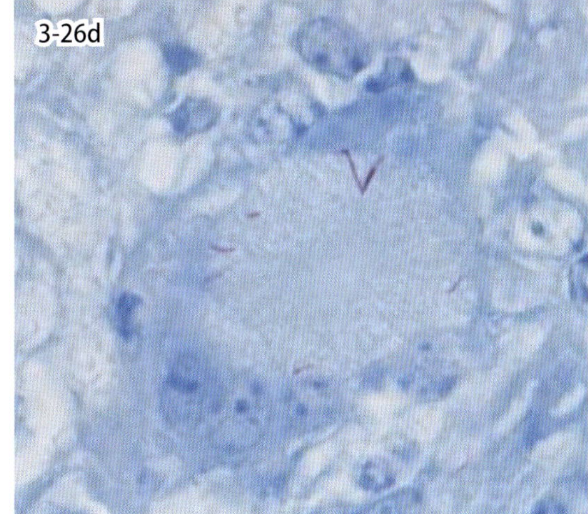

図 3-26c・d　ラングハンス型巨細胞（c，サル，HE 染色）と結核菌（d，牛，チール・ニールセン染色）（写真提供：c は感染研 *，d は熊本県）．

3-26. 結　核

Tuberculosis

結核菌は，マイコバクテリウム科マイコバクテリウム属に属し，ヒト型菌 *Mycobacterium tuberculosis*，牛型菌 *M. bovis* およびトリ型菌 *M. avium* subsp. *avium* があり，動物種別に菌型が異なる．抗酸菌と呼ばれる細菌群の一種である．

結核は結核菌の経気道あるいは経口感染によって起こり，一般に慢性に進行する伝染病である．感染動物は臨床症状に乏しいことが多いが，進行例では発咳，呼吸困難などの呼吸器症状を示し，死に至る．

図 3-26a は，結核に罹患したサルの肺の割面（ホルマリン固定後）で，肉眼的に乳白色の病巣が多発性に確認され，一部は融合している．

肺における結核病巣は滲出性と増殖性の 2 つに大別される．滲出性の場合は，細菌性の急性肺炎にみられるように，肺胞内に，好中球，マクロファージの浸潤，線維素などの滲出が起こるが，間もなく病変部は乾酪壊死に陥る．病巣は細葉性，小葉性，融合性，大葉性と広がり，壊死部は軟化，融合し，気管支から喀出され，のちに空洞を残すことがある．増殖性の変化は特徴的な結核結節の形成であり，結節は 4 層からなる．結節の中心は乾酪壊死がみられる（図 3-26b）．この壊死巣を類上皮細胞層が取り囲む．この類上皮細胞は組織球由来とされており，核が馬蹄形あるいは環状に配列したラングハンス型巨細胞 Langhans giant cell（図 3-26c）も出現し，結核菌（図 3-26d）が認められる．類上皮細胞層の外側にはリンパ球からなる細胞集積層があり，経過が進むと最外層には線維芽細胞が増殖する．

* 国立感染症研究所

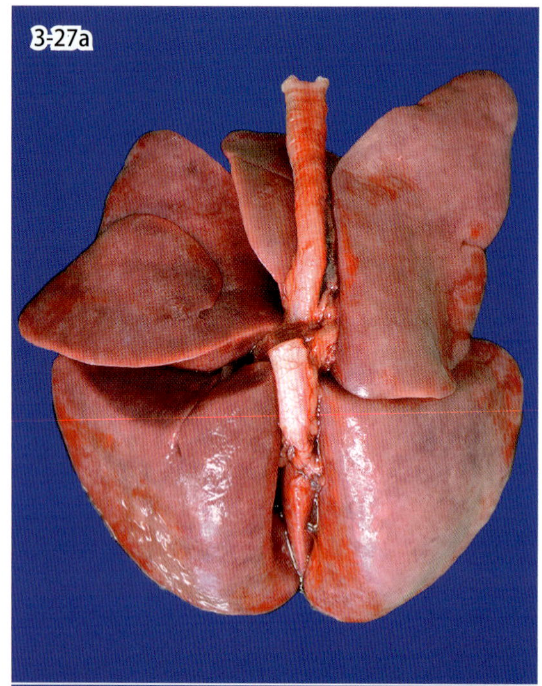

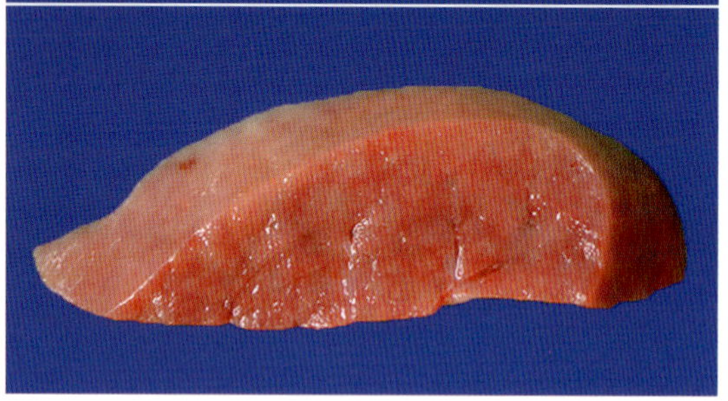

図 3-27a　ニューモシスティス肺炎（犬）．肉眼的に，肺は退縮不良で充実性．ゴムのような固さを示す．

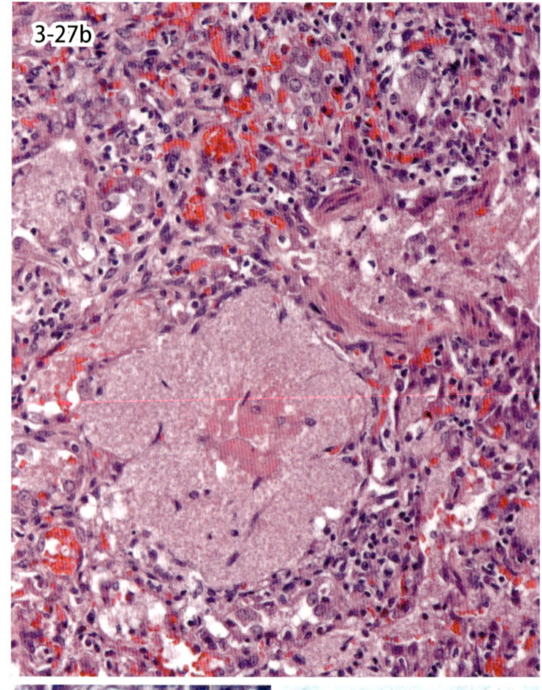

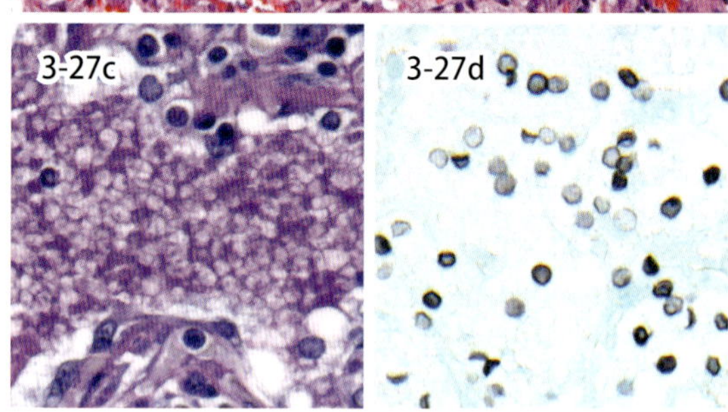

図 3-27b ～ d　肺胞腔に泡沫状の真菌が観察され，間質に炎症細胞が浸潤する（b）．泡沫物は PAS 反応（c）およびグロコット染色（d）に陽性．

3-27. ニューモシスティス肺炎

Pneumocystis pneumonia

Pneumocystis 属真菌の感染による肺炎をニューモシスティス肺炎と呼び，さまざまな動物で発生する．動物種ごとに特有の *Pneumocystis* が呼吸器に常在しており，免疫抑制と関連して発症する代表的な日和見感染症である．ヒトでは *Pneumocystis jirovecii* が感染し，免疫抑制剤や後天性免疫不全症候群（AIDS）などと関連して発症する．病理学的には間質性肺炎の像を示すが，上述の理由から炎症反応が乏しい場合がある．肉眼的には，肺が充実性で退縮不良を示す（図 3-27a）．組織学的には，特徴的な泡沫物が肺胞や気管支内に観察されるが，HE 染色標本では菌体の染色性が淡いため見落とす可能性がある（図 3-27b）．この泡沫状物は，赤血球と同程度の大きさの球状の菌体が集簇したものであり，PAS 反応やグロコット染色により菌体の観察が容易になる（図 3-27c，d）．リンパ球や形質細胞，マクロファージを主体とする炎症細胞の浸潤，Ⅱ型肺胞上皮細胞の増生および間質の線維増生がさまざまな程度で認められる．図は免疫不全症の犬の肺であり，本症例は皮膚に重度の毛包虫感染を伴っていた．また，遺伝子解析により *Pneumocystis carinii* が同定された．

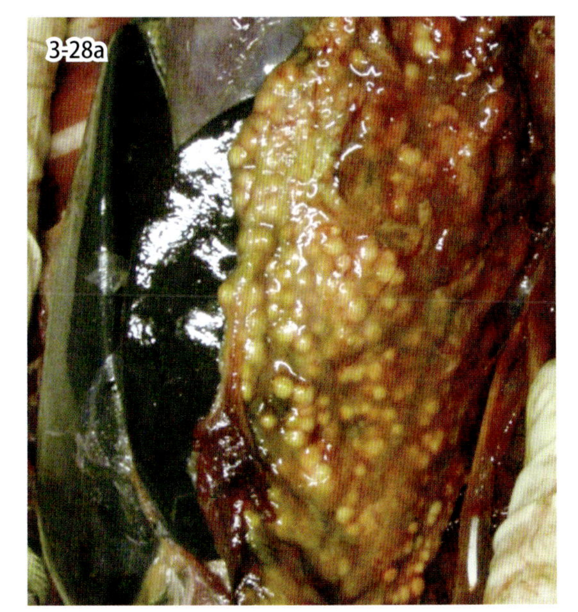

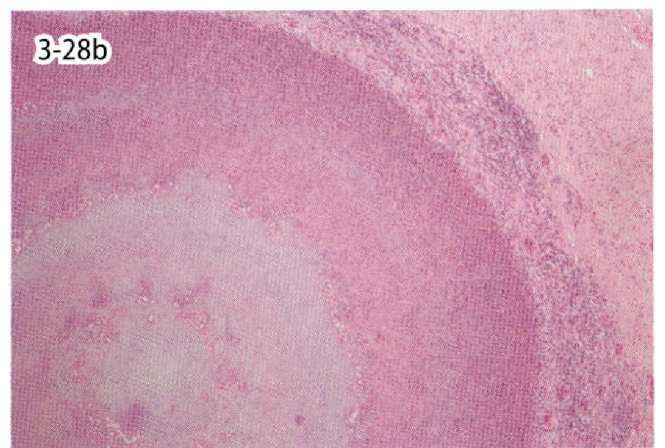

図 3-28a・b　アスペルギルス症（マゼランペンギン）．腹気嚢における肉芽腫性病変（a）．壊死巣には PAS 陽性の菌糸が多数認められる（b）．

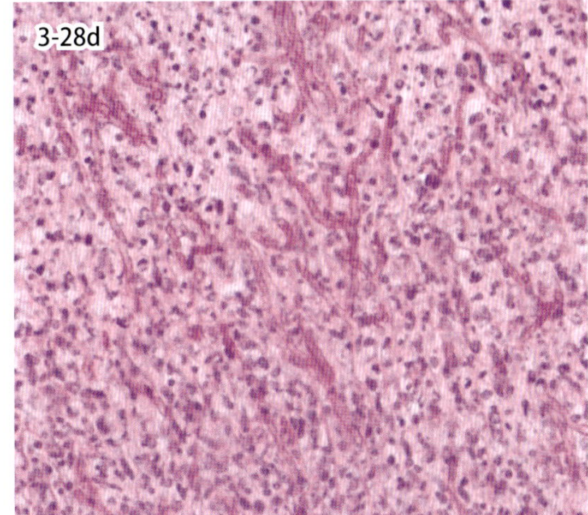

図 3-28c・d　ヘマトキシリン・エオジン染色では淡染した Y 字型の菌糸が認められる（c）．菌糸は PAS 陽性を示す（d）．

3-28. アスペルギルス症

Aspergillosis

本症は主に *Aspergillus fumigatus* による日和見感染症で，さまざまな動物種で発生がみられるが，鶏や七面鳥などの鳥類は比較的感受性が高く，とくにペンギンは感受性が高い．鳥類では胞子の吸入によって，気嚢，気管支，肺などに病変を形成する．肉眼的には粟粒大から大豆大の結節性病巣またはび漫性病巣を形成する．組織学的には壊死性化膿性または肉芽腫性病変がみられ，病巣内では直径 3 ～ 11 μm の有壁菌糸が Y 字型の分岐を示す．菌糸はヘマトキシリン・エオジン染色では淡染し，PAS 陽性で，グロコット染色では黒色を呈する．陳旧病巣では結合組織による被包化がみられ，菌糸は変性，崩壊する．

図 3-28a はマゼランペンギンの気嚢にみられたアスペルギルス症である．肉眼的に黄色結節性病変が多発し，組織学的には偽好酸球や類上皮細胞の浸潤を伴って中心部が壊死に陥っている（図 3-28b）．病巣内では Y 字型の菌糸が多数みられ，それらは PAS 陽性を示す（図 3-28c，d）．

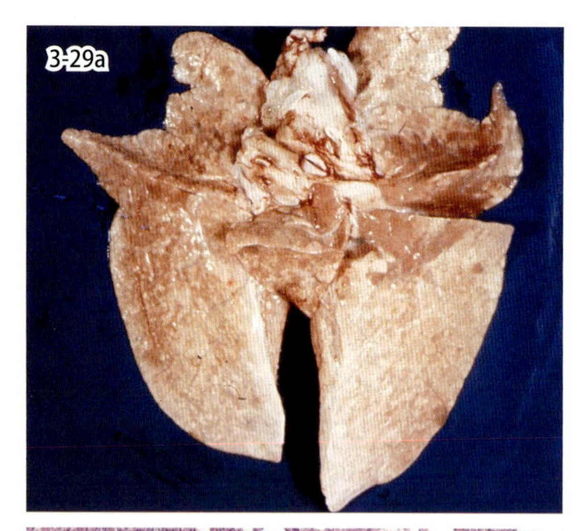

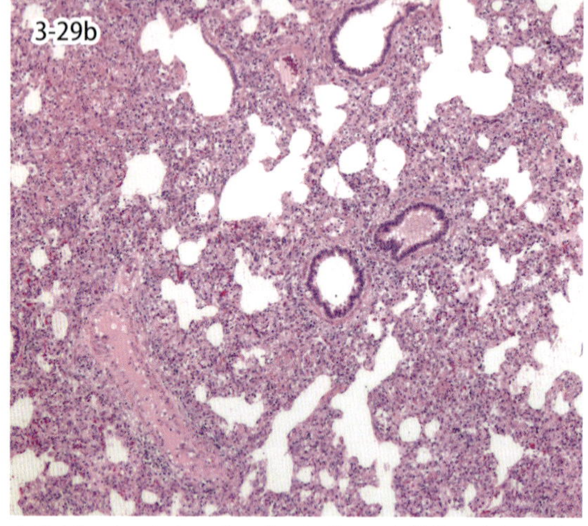

図 3-29a・b　トキソプラズマ症（豚）．大葉性の肺水腫（a）と間質性肺炎（b，HE 染色）（写真提供：a は動衛研）．

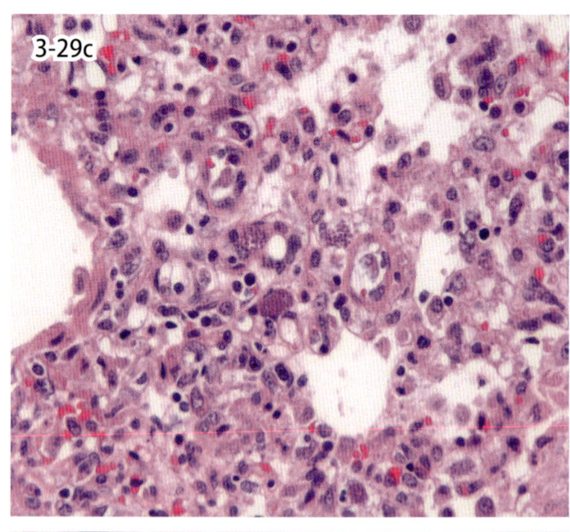

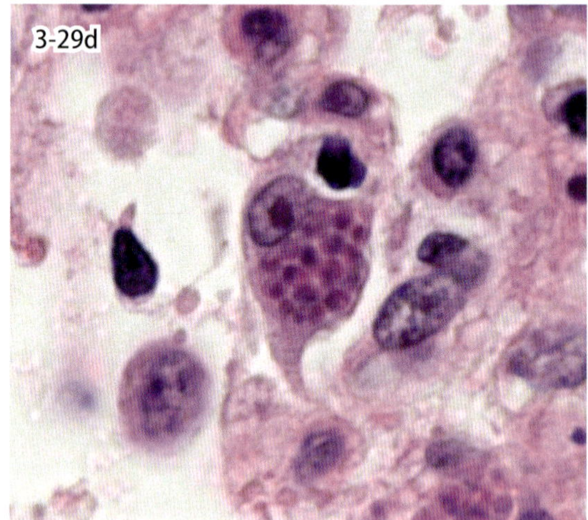

図 3-29 c・d　非化膿性間質性肺炎（c）と細胞質内のタキゾイトの強拡大所見（d）．

3-29. トキソプラズマ症

Toxoplasmosis

トキソプラズマ症は，アピコンプレクサ類に属する1属1種の原虫 *Toxoplasma gondii* により起こされる感染症である．本原虫のオーシストは経口摂取されたのち，体内で増殖型原虫となり，宿主の細胞内で分裂増殖する．有性生殖は猫科動物の腸管上皮細胞内でのみ成立し，無性生殖はヒトや家畜などの温血動物体内で可能である．

豚では2～4カ月齢に多発し，高い死亡率を呈する．臨床的には，稽留熱，下痢または便秘，耳翼，鼻端，下肢，内股部等の紫赤斑，咳，呼吸困難（腹式呼吸），歩様蹌踉および起立不能がみられる．妊娠中に初感染した母豚は流産する．

肉眼的に肺では淡紅色～橙色を呈し，全葉性の水腫（図 3-29a）がみられ，多量の漿液を含み，退縮不全を呈する．肺の割面では多量の漿液を含み，ときに出血斑または白色壊死斑が認められる．リンパ節は腫脹し出血や壊死が認められる．肝臓は混濁腫脹し硬度を増す．

組織学的に，広範囲に間質性肺炎（図 3-29b）がみられる．肺胞壁の毛細血管は拡張し，少数の多形核白血球とともにマクロファージやリンパ球が浸潤し（図 3-29c）．II 型肺胞上皮細胞は立方上皮細胞様に腫大し，肺胞内に剥離する．多数の増殖型トキソプラズマ原虫（図 3-29d）が肺胞上皮細胞やマクロファージの細胞質内に認められる．肺胞腔はしばしば狭小化しており，肥厚した肺胞壁ならびに肺胞腔内には種々の程度の水腫が認められることが多い．

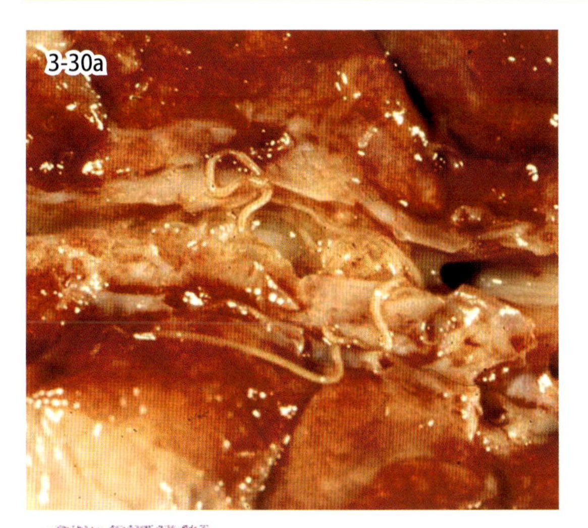

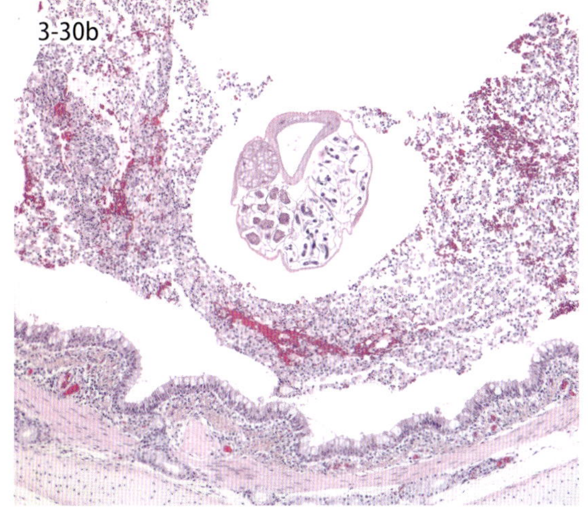

図 3-30a・b　肺虫症（豚）．肺の気管支腔の豚肺虫（a）と気管支腔の豚肺虫の横断面（b）（写真提供：a は動衛研，b は広島県西部家保 *）．

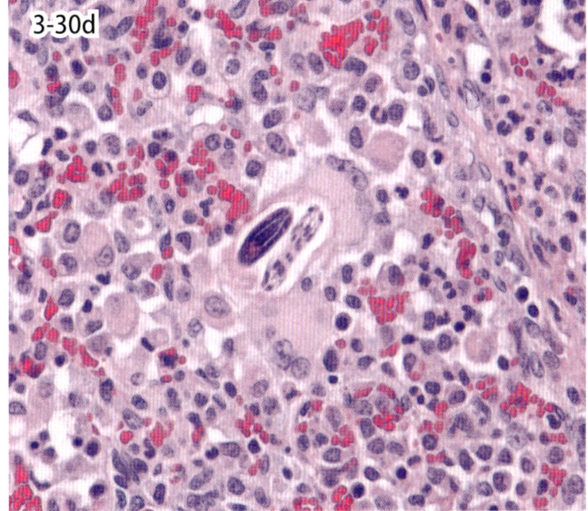

図 3-30c・d　肉芽腫性肺炎所見（c）と多核巨細胞の細胞質内の豚肺虫の子虫（d）（写真提供：広島県西部家保 *）．

3-30. 肺　虫　症

Lungworm infection

家畜では豚肺虫 *Metastrongylus apri* による豚肺虫症がよく知られており，肺虫が末梢気管支を閉塞するため，後葉辺縁に気腫がみられる．牛では *Dictyocaulus viviparus*，羊では *Dictyocaulus filarial*，ニホンカモシカでは *Protostrongylus shiozawai* などが日本における重要種として知られている．

図 3-30a は肺虫症に罹患した豚の肺であり，気管支内腔に虫体が認められる．組織学的に，気管支腔内に虫体の断面（図 3-30b）が認められ，気管支壁には，好酸球や単核細胞の細胞浸潤とともに，リンパ濾胞の形成も認められる．線虫は側索と背側および腹側の神経索が偽体腔を 4 分割し，多核細胞の腸および生殖管を有する．周囲の肺はやや気腫状で，圧迫性変化もある．肺実質には虫体を伴う肉芽腫性肺炎（図 3-30c）が確認される．肺胞内に幼虫を内包した虫卵やこれを貪食した多核巨細胞が認められる（図 3-30d）．

牛肺虫症では，気管および気管支内に多数の成虫が寄生し，ほかの動物の肺虫症に比べとくに強い好酸球の浸潤がみられる．病期が進展すると，気管支腔内滲出物は周囲からの結合組織の増殖により器質化する．一方，肺胞上皮細胞は腫大，増生して立方上皮化を起こし，肺胞壁内面は硝子様蛋白質によって内張りされ，硝子膜が形成されたあと，線維化が起こる．また，感染の初期には血流により移行した第 5 期子虫が毛細血管から脱出し，気管支梢から気管支内に侵入することにより強い液性細胞性滲出が促されるとともに，間質の強い気腫を伴い，局所の出血あるいはリンパ球の浸潤が認められる．

* 広島県西部家畜保健衛生所

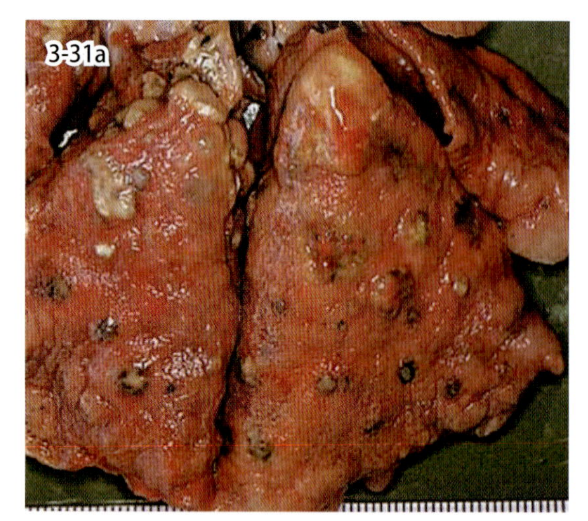

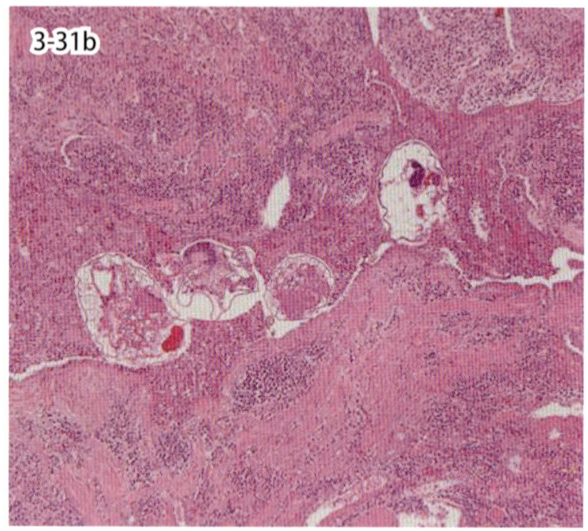

図 3-31a・b　肺ダニ症（a，アカゲザル）．大小，不整形の結節．肺ダニが寄生する気管支（b，ニホンザル）（写真提供：『サル類の疾病カラーアトラス』）．

図 3-31c・d　気管支壁に寄生する肺ダニ（c，ニホンザル）．気管支内の肺ダニと滲出物（d）（写真提供：中村紳一朗氏）．

3-31. 肺ダニ症

Pulmonary acariasis

動物の呼吸器に寄生するダニには数種類あり，いずれも小型で，一般に病原性は低い．肺に寄生するダニとして，サル肺ダニ *Pneumonyssus simicola*（♂ 0.5 ～ 0.6 × 0.2 ～ 0.3 mm，♀ 0.7 ～ 0.8×0.4 ～ 0.5 mm）が最もよく知られている．アジア産やアフリカ産のマカク属のサルでは普通に感染しているとされるが，近年，実験用に繁殖維持されているサル群とそれに由来のサルではほとんどみることがなくなった．一方，野生由来のニホンザルには，しばしば肺ダニの感染が認められる．少数寄生では臨床上ほとんど問題にならないが，寄生数が多くなると二次感染により化膿性肺炎を併発することが多い．虫嚢（ダニが寄生する気管支）は大小さまざまで，しばしば複数の虫嚢が癒合する．色は虫嚢内の貯留物によって白色，黄白色や褐色と多彩で，半透明の嚢胞状や，充実性の結節性病変として観察され，割面で空洞化や膿の貯留がみられる．肺ダニが寄生する気管支は拡張し，細気管支炎，細気管支周囲炎がみられる．気管支壁は，好酸球，リンパ球，形質細胞が浸潤し，リンパ濾胞形成，褐色色素保有マクロファージの集簇などにより肥厚する．ときに，気管支壁の高度肥厚，滲出物の貯留，気管支の虚脱により内腔が狭小化した気管支もみられる．病変は細気管支周囲にとどまり，肺胞にはみられない．ダニは薄いキチン質の外骨格，付属肢，横紋筋，消化管および生殖器官を有する．ダニの代謝産物と考えられる複屈折性の結晶状の黄褐色から黒色の色素がマクロファージ内にみられる．

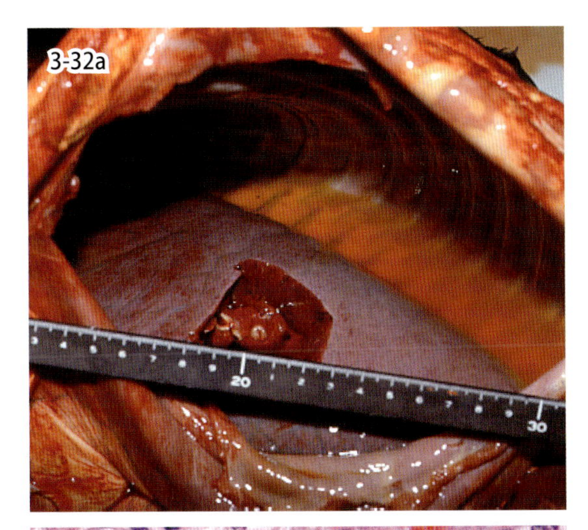

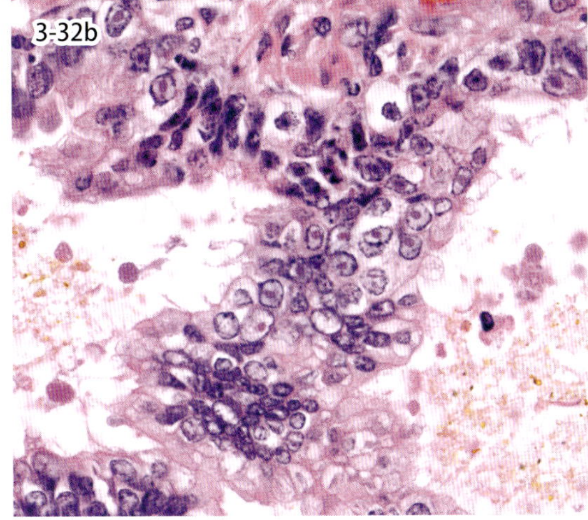

図 3-32　馬鼻肺炎．流産胎子の胸水の増量と肺水腫（a）．気管支上皮細胞の好酸性核内封入体（b）（写真提供：JRA 総研）．

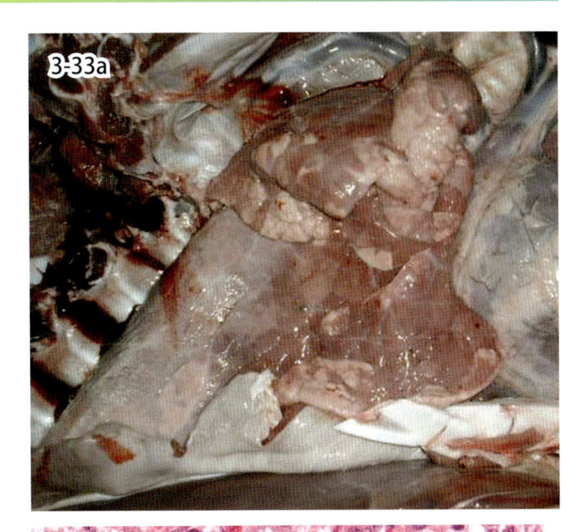

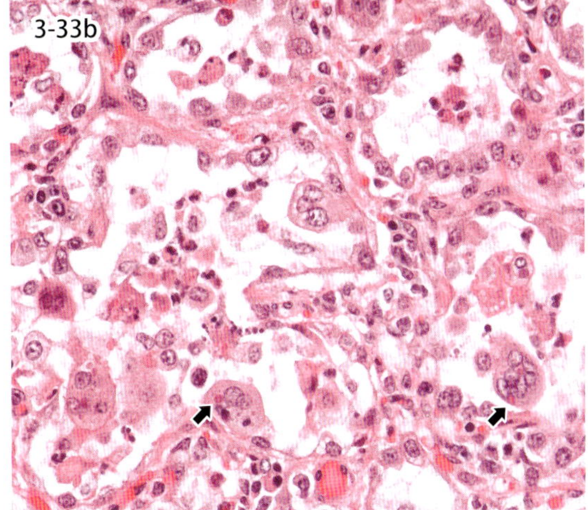

図 3-33　RS ウイルス感染症（牛）．肺小葉の暗赤色化と気腫（a），肺胞上皮に合胞体および好酸性細胞質内封入体（b，矢印）（写真提供：鳥取県倉吉家保 *）．

3-32. 馬 鼻 肺 炎

Equine rhinopneumonitis

馬鼻肺炎は馬ヘルペスウイルス Equine herpesvirus 1 型ないし 4 型によって，発熱性呼吸器症状，流産，神経症状を呈する届出伝染病である．流産は妊娠 9 ～ 11 ヵ月に好発する．特徴的な肉眼所見は呼吸器症状や神経症状の馬では乏しいが，流産胎子では胸水の増量と肺水腫（図 3-32a），脾濾胞の腫大，肝臓の白色小結節，胸腺の膠様化と壊死などが観察される．組織学的には呼吸器症状では鼻粘膜上皮細胞の脱落とリンパ球浸潤がみられ，神経症状では，中枢神経の小血管炎とそれに関連した壊死病巣の形成がみられる．流産では胎子の気管支上皮における好酸性核内封入体形成（図 3-32b）や肝臓，胸腺，リンパ節などの壊死領域の細胞の核内に同様の封入体が認められる．

3-33. RS ウイルス感染症

Respiratory syncytial virus infection

牛 RS ウイルス肺炎に罹患した子牛の肺は，肉眼的に前複部が無気肺状で暗赤色または斑紋状を呈し弾性がある．呼吸困難で死亡した子牛では胸膜下および小葉間に著しい気腫が生じる（図 3-33a）．牛 RS ウイルス肺炎の組織学的特徴病変は，細気管支および肺胞上皮の合胞体形成を伴う気管支間質性肺炎である．組織病変は肺前複部で最も明瞭である．好酸性細胞質内封入体が合胞性細胞に認められる（図 3-33b）．急性期に壊死性細気管支炎，亜急性期に細気管支上皮およびⅡ型肺胞上皮細胞の過形成が起こり，リンパ球や形質細胞が細気管支や血管周囲，肺胞中隔に浸潤する．閉塞性細気管支炎が生じると上皮で被われたポリープ状の肉芽組織が細気管支を部分的に閉塞する．

＊鳥取県倉吉家畜保健衛生所

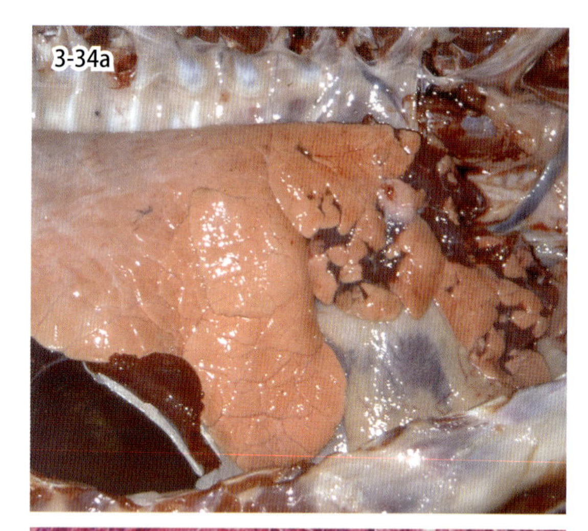

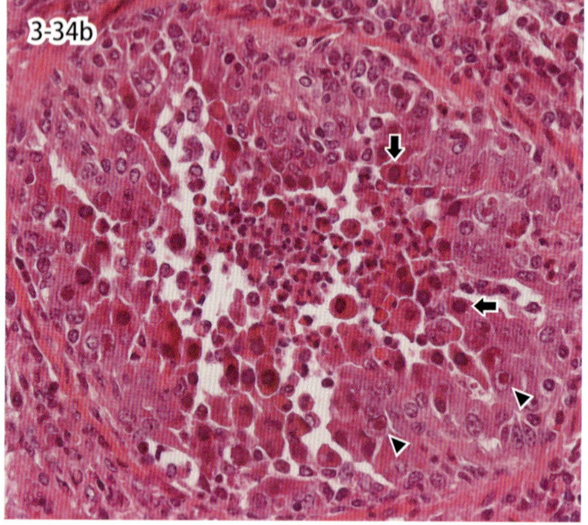

図 3-34 アデノウイルス感染症（牛）．牛アデノウイルス３型気管支内接種後３日目の肺（a），細気管支上皮細胞の核内封入体形成（b）．

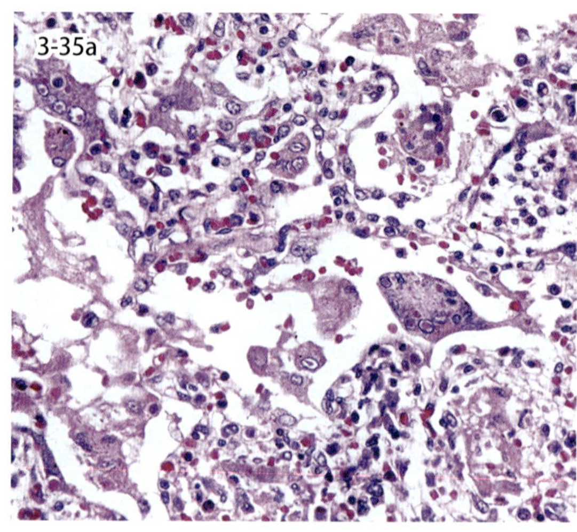

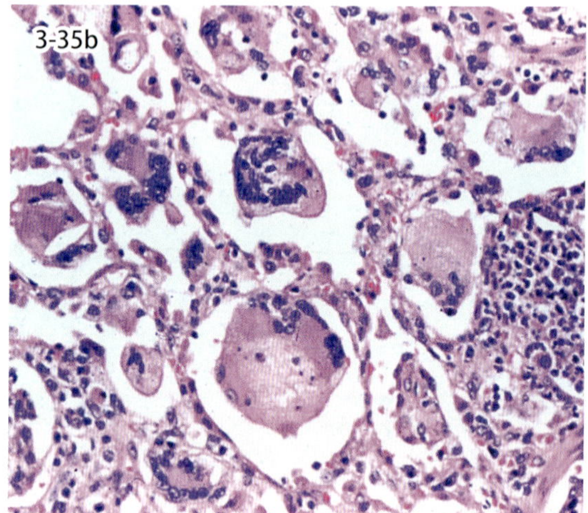

図 3-35 ヒトの麻疹ウイルス感染における巨細胞性肺炎（a）．SIV 感染アカゲザルの肺における多数の多核巨細胞の出現（b）（写真提供：a は喜納 勇氏）．

3-34. アデノウイルス感染症

Adenovirus infection

アデノウイルスは気道の線毛上皮を傷害し肺胞マクロファージ機能を減弱して細菌性肺炎の素因となる株がある．牛アデノウイルス実験感染子牛は軽度の呼吸器症状を発症し，小葉性または斑状の無気肺および赤色化病巣を生じる（図 3-34a）．組織学的に，気管支および細気管支上皮の増殖，気道上皮へのリンパ球浸潤，気道上皮細胞に好塩基性 full 型（図 3-34b 矢印）および両染性 Cowdry A 型（矢頭）核内封入体形成，ウイルス感染細胞の壊死および剥離などが認められる．進行すると広範な細気管支上皮の壊死，剥離上皮による細気管支腔の閉塞が起こる．単核細胞により肺胞中隔が肥厚することがあるが，II 型肺胞上皮細胞の増殖は通常起こらない．

3-35. 巨細胞性肺炎

Giant cell pneumonia

巨細胞性肺炎は，巨細胞の出現を主体とする肺炎全般に用いられる．麻疹ウイルス感染では，ヒトおよび猿類では合胞性巨細胞形成を特徴とする巨細胞性肺炎がみられる．巨細胞化した II 型肺胞上皮には，しばしば核内および細胞質内に好酸性封入体が認められる（図 3-35a）．一方，麻疹ウイルスと近縁の犬ジステンパーウイルスでも慢性化した間質性肺炎では，多核巨細胞の出現が認められるがその出現頻度は低い．サル免疫不全ウイルス simian immune-deficiency virus（SIV）に感染したアカゲザルの肺にも巨細胞性肺炎がしばしば認められる（図 3-35b）．多核巨細胞とマクロファージのほとんどは，SIV 抗原に陽性である．これらの巨細胞はリンパ節や脳にも認められる．

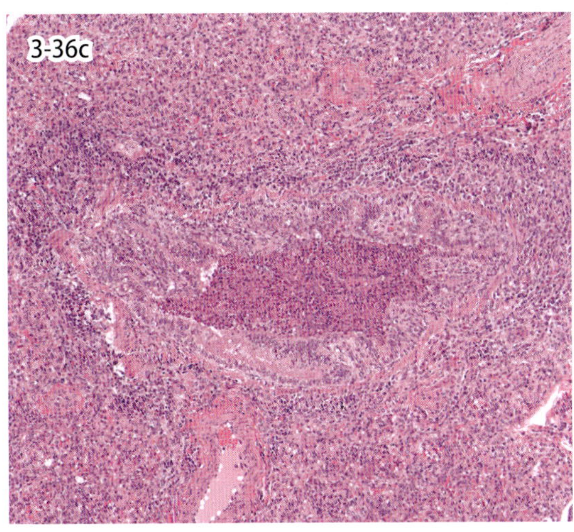

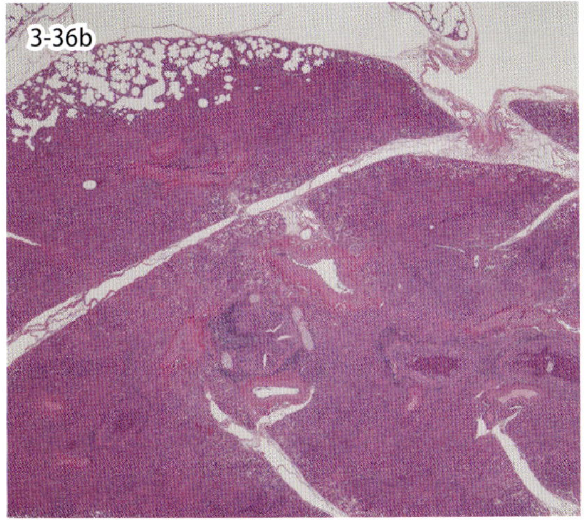

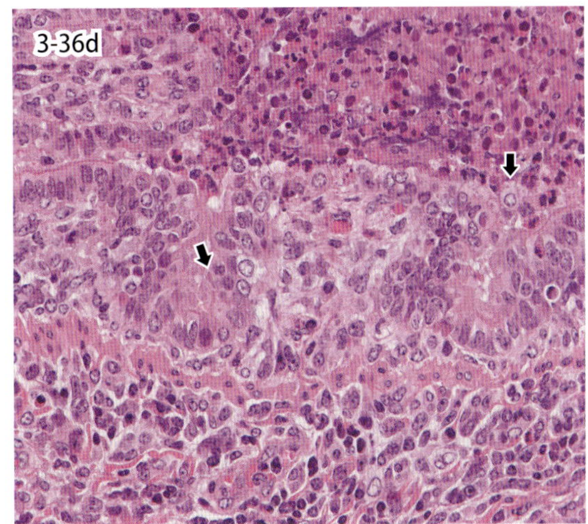

図 3-36a・b　牛パラインフルエンザ．BPIV-3 接種 3 日後の肺の灰赤色化病巣（a）．肺の小葉の無気肺化（b）．

図 3-36c・d　細気管支内腔の好中球滲出および細気管支周囲のリンパ球浸潤（c），上皮細胞に好酸性細胞質内封入体（d，矢印）がみられる．

3-36. 牛パラインフルエンザ

Bovine parainfluenza

牛パラインフルエンザウイルス 3 型（BPIV-3）感染は 2 ～ 8 ヵ月齢の牛に広くみられるが，単独感染による症状は，一過性の発熱，鼻汁分泌，散発性の咳，軽度の沈うつ，呼吸数増加などである．BPIV-3 は輸送熱の素因となるウイルスの 1 つである．BPIV-3 は，気道上皮の粘液線毛運動障害，肺胞マクロファージによる細菌貪食および酸化的殺菌能力の減弱などの機序によって肺の防御機構を障害する．

BPIV-3 肺炎の肉眼病変は一般に軽度であり，前腹部または広汎に小葉性の灰赤色化，硬化または弾性のある病巣，軽度腫脹または無気肺が認められる（図 3-36a）．呼吸困難で死亡した子牛では後葉に気腫が存在する．組織学的に，細気管支炎および軽度の気管支炎が認められる（図 3-36b，c）．細気管支上皮細胞は円形化，空胞化して剥離し，上皮層は非連続性で扁平化，または過形成となる．急性期には気管支，細気管支（図 3-36d），肺胞上皮細胞，肺胞マクロファージに好酸性細胞質内封入体がみられる．実験感染子牛では封入体は感染後 2 ～ 4 日に最も多数存在するが，5 ～ 12 日には減少する．上皮性合胞体が肺胞に形成されることがあるが，牛 RS ウイルス肺炎と比べて少ない．細気管支内腔に好中球滲出，細気管支壁にリンパ球浸潤，肺胞に無気肺化，水腫，マクロファージおよび好中球滲出がみられ，Ⅱ型肺胞上皮細胞が増殖することがある．感染後 7 ～ 12 日に線維芽細胞とマクロファージが細気管支滲出物を器質化し始め，閉塞性細気管支炎が起こる．

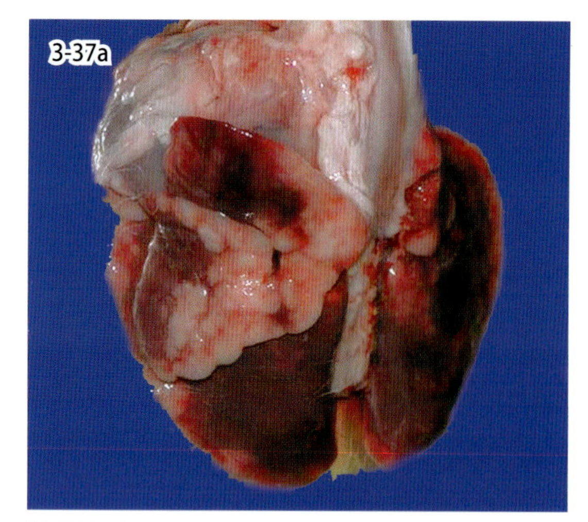

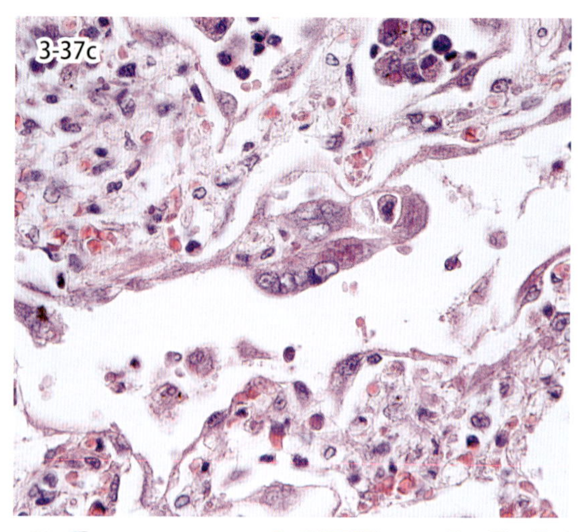

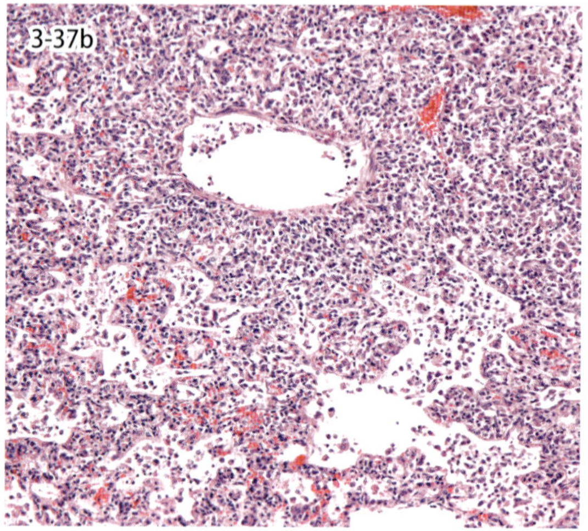

図 3-37a・b　犬ジステンパー肺炎．CDV 感染若齢犬の無気肺病変（a）．組織学的に細気管支腔や肺胞には変性脱落した上皮細胞やマクロファージが貯留する（b）．

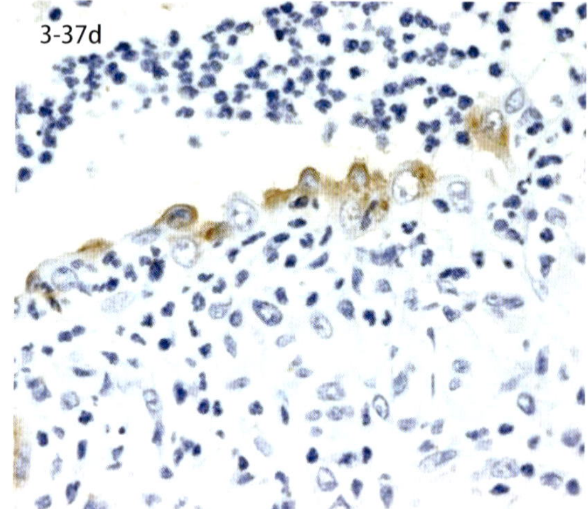

図 3-37c・d　細気管支における多核巨細胞形成と核内および細胞質内封入体（c）．免疫染色によりこれらの感染細胞に CDV 抗原を認める（d）．

3-37．犬ジステンパー肺炎

Canine distemper pneumonia

パラミクソウイルス科モルビリウイルス属犬ジステンパーウイルス（CDV）は，主に犬，オオカミ，キツネ，タヌキなどの犬科動物の気道系，消化器系，泌尿器系，神経系，および皮膚などの多臓器に親和性を有し，これらの組織に病変を形成する．これに加えリンパ・造血器系組織にも感染して免疫不全状態を誘発する．CDV の受容体として，犬のリンパ系に発現する dog SLAM（CD150）と上皮細胞および神経系細胞に発現する Nectin 4 が同定されている．CDV に感染した動物は多様な臨床症状を示すが，気道系感染では，急性鼻炎，気管支炎，気管支肺炎，および間質性肺炎がみられる．CDV 感染により上皮細胞が傷害されると，細菌などの二次感染により化膿性炎症を併発する．

CDV 感染による肺病変は感染の時期，ウイルスの毒性，宿主の免疫状態や年齢によりさまざまである．肉眼的に肺は退縮不良で無気肺を呈し，充実性暗赤色のび漫性病変が認められる（図 3-37a）．組織学的変化も感染時期により異なるが，細気管支腔内あるいは肺胞腔内には，変性脱落した上皮細胞，マクロファージ，あるいは二次感染に伴う好中球などの炎症細胞が貯留し，Ⅱ型肺胞上皮の過形成や多核巨細胞形成が認められる（図 3-37b）．病変部の細気管支上皮細胞，肺胞上皮，あるいはマクロファージに好酸性の核内あるいは細胞質内封入体が認められ（図 3-37c），免疫染色によりこれらの感染細胞には CDV 抗原が確認される（図 3-37d）．

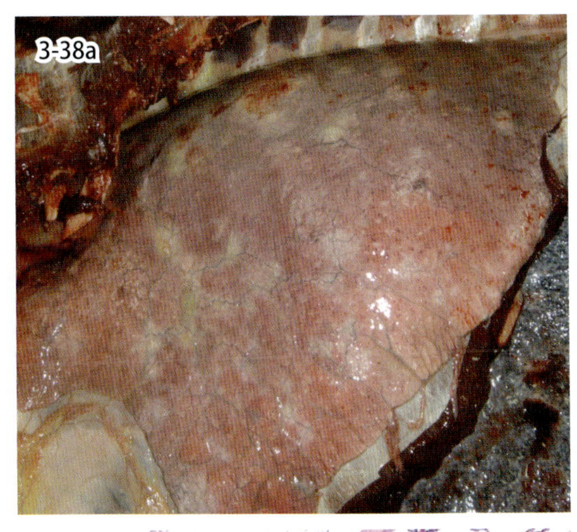

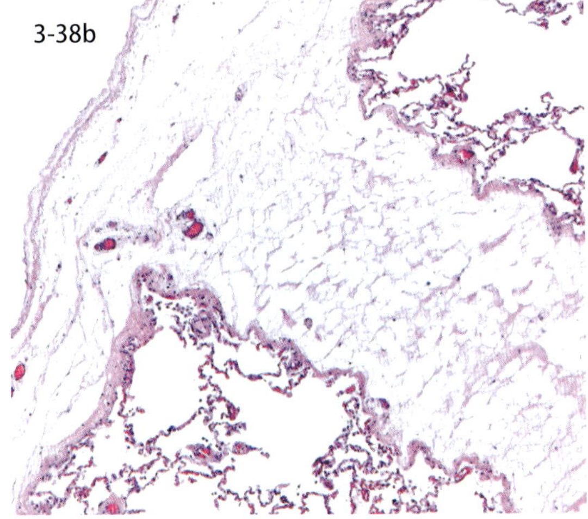

図 3-38a・b　ヘンドラウイルス感染症（馬）．肺水腫と白斑（a）．顕著な肺小葉間水腫，リンパ管の拡張（b）（写真提供：CSIRO*）．

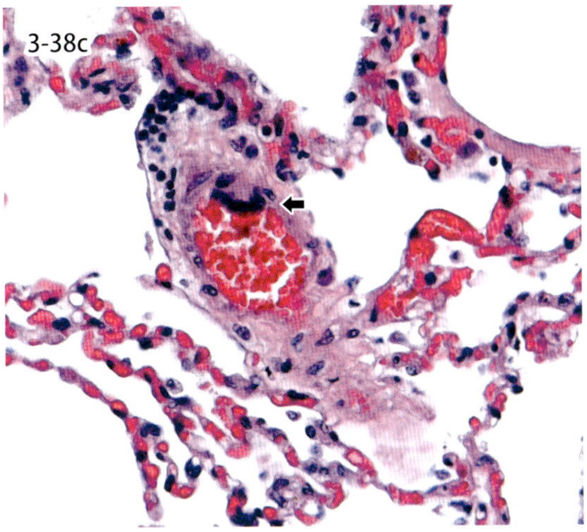

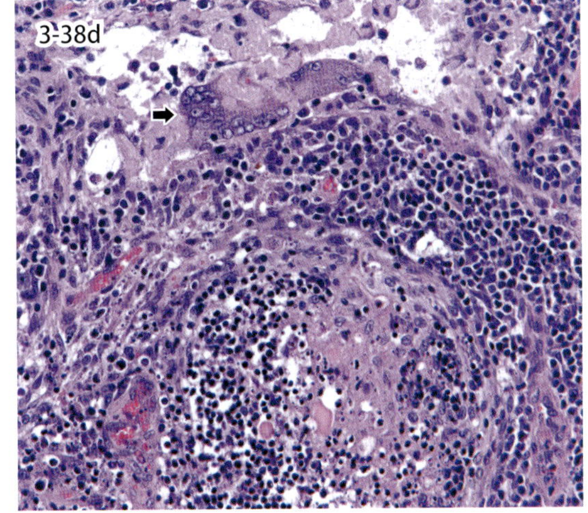

図 3-38c・d　肺の血管内皮細胞の合胞体（c，矢印）．リンパ節の合胞体（矢印）と濾胞壊死（d）（写真提供：CSIRO*）．

3-38. ヘンドラウイルス感染症

Hendra virus infection

本病はパラミクソウイルス科ヘニパウイルス属ヘンドラウイルス Hendra virus による重篤な肺炎や神経症状を主徴とする馬の急性呼吸器疾患である．馬の臨床症状は 40℃以上の発熱の後の突然死がほとんどで，呼吸困難などの重度呼吸器症状を呈する症例，また歩様異常，顔面麻痺などの神経症状を呈する症例もある．斃死馬では泡沫状の鼻汁が顕著にみられる．剖検時，顕著な肺水腫を特徴とする．肺は膨満し重量を増し，小葉間結合組織は水腫により離開してみられる．壊死部が白斑としてみられるものもある（図 3-38a）．気管内に泡沫状滲出物が充満していることが多い．脳脊髄に肉眼病変は認めない．組織学的特徴としては顕著な肺小葉間水腫，リンパ管の拡張が認められる（図 3-38b）．肺胞の壊死を伴う間質性肺炎もみられる．肺，髄膜を含めた全身諸臓器の毛細血管や小血管の内皮細胞における特徴的な合胞体の形成（図 3-38c）および血管炎，血管壁のフィブリノイド壊死が認められる．合胞体形成は腎臓の糸球体やリンパ組織（図 3-38d）でも顕著にみられ，リンパ組織や副腎，卵巣では多発巣状壊死が顕著にみられる．感染初期では合胞体巨細胞に好酸性細胞質内封入体が観察される．急性症例では病変は主に肺でみられ，脳病変は観察されない．非化膿性脳炎は感染後回復した症例，臨床経過の長い症例において確認されている．同じヘニパウイルスのニパウイルスによる病変，合胞体形成は細気管支粘膜上皮に強くみられるのに対し，ヘンドラウイルスによる病変，合胞体は血管に多く形成される．

*CSIRO Australian Animal Health Laboratory

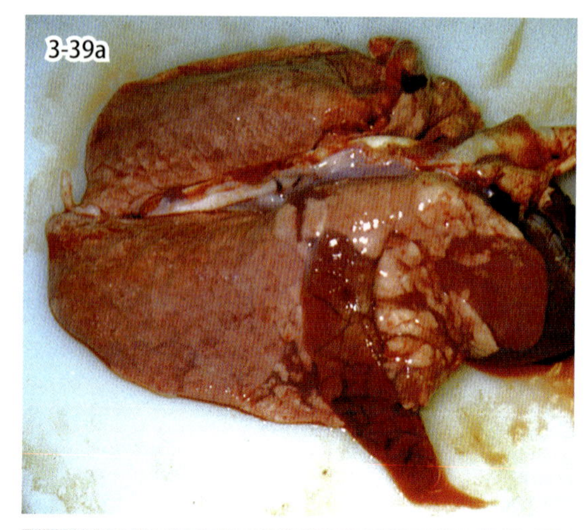

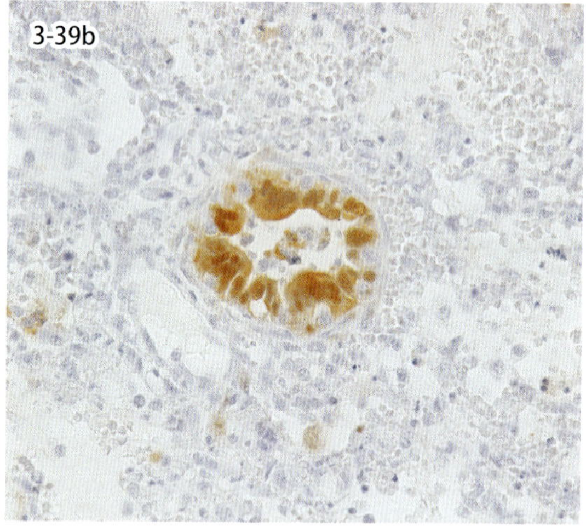

図 3-39a・b　ニパウイルス感染症（豚）．右肺前葉前部，副葉の赤色肝様変化(a)．細気管支上皮と合胞体のウイルス抗原(b, IHC)（写真提供：a は CSIRO*）．

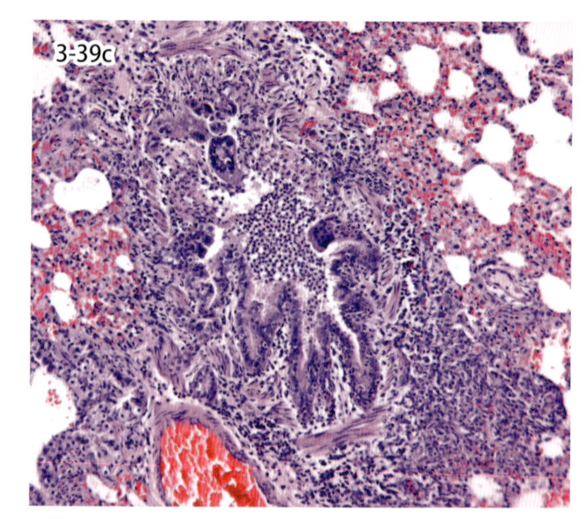

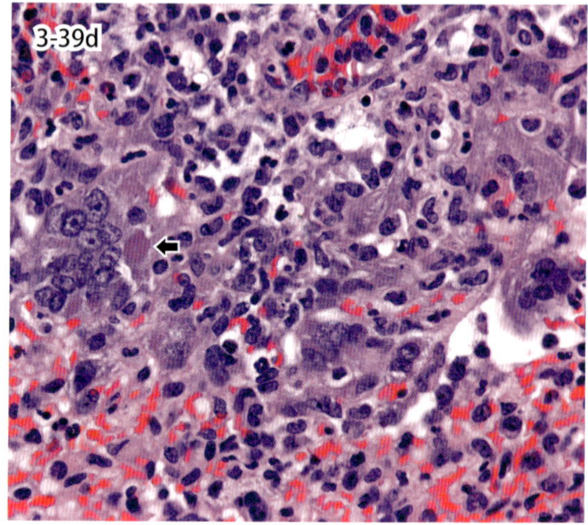

図 3-39c・d　ニパウイルス感染症（フェレット）．上皮細胞の合胞体形成を特徴とした細気管支炎（c）．合胞体の好酸性細胞質内封入体（d，矢印）（写真提供：CSIRO*）．

3-39. ニパウイルス感染症

Nipah virus infection

本病はパラミクソウイルス科ヘニパウイルス属ニパウイルス Nipah virus による重篤な肺炎を主徴とする豚の急性呼吸器疾患である．豚の臨床症状としては多くは無症状であるが，発熱を伴う呼吸器症状を示して斃死するものもあり，そういった症例では犬の吼え声のような特徴的な発咳や開口呼吸，血液を含む鼻汁の流出がみられる．また，ときに異常行動や痙攣などの神経症状がみられることもある．呼吸器症状を示した症例では肉眼的に，肺の小葉間結合組織の水腫，肺の小葉性のうっ血，出血，赤色肝様変化（図 3-39a），気管支内の泡沫状滲出物の充満が観察される．肺以外では腎臓の点状出血，脳髄膜のうっ血が観察されることもある．組織学的に，肺では，動静脈のフィブリノイド壊死を伴った気管支間質性肺炎が観察される．図 3-39c はニパウイルスを経鼻接種したフェレットの肺の細気管支で，合胞体 synsitium 形成，肺胞領域のうっ血と出血，細気管支および肺胞腔内への変性壊死した上皮細胞の脱落，マクロファージと好中球の軽度浸潤がみられる．図 3-39d は，合胞体における好酸性細胞質内封入体の形成を示す（矢印）．なお，合胞体と封入体の形成は肺胞上皮や血管内皮細胞においても観察される．抗ニパウイルスモノクローナル抗体を用いた免疫組織化学的検査により，細気管支上皮や合胞体にウイルス抗原が検出される（図 3-39b）．ウイルス抗原は，上部気道の上皮細胞，肺胞の合胞体，小動脈の平滑筋および血管内皮細胞，扁桃，リンパ管内皮にも検出される．ウイルス抗原陽性の動脈ではフィブリノイド壊死が顕著に認められる．

*CSIRO Australian Animal Health Laboratory

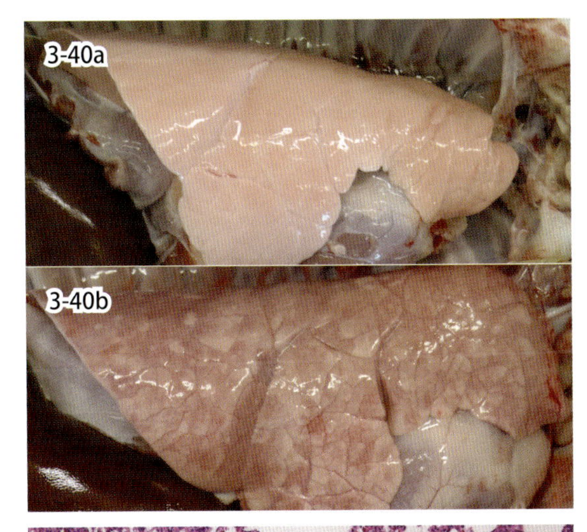

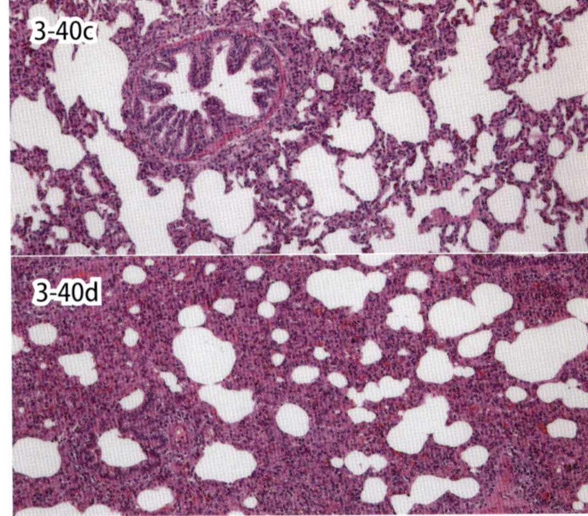

図 3-40a ～ d　正常豚の肺（a，c）．豚繁殖・呼吸器障害症候群の肺（b，d）（写真提供：川嶌健司氏）．

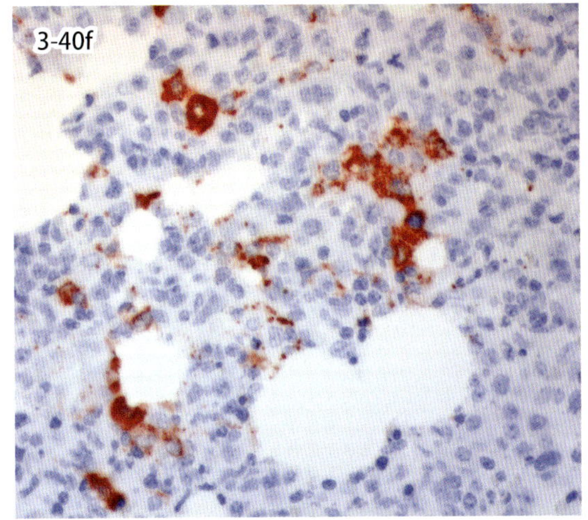

図 3-40e・f　豚繁殖・呼吸器障害症候群．肥厚した肺胞中隔と血管周囲の炎症性細胞浸潤（e）．肥厚中隔病変にみられたウイルス抗原（f：IHC）（写真提供：川嶌健司氏）．

3-40．豚繁殖・呼吸器障害症候群

Porcine reproductive and respiratory syndrome（PRRS）

本病はアルテリウイルス科豚繁殖・呼吸器障害症候群ウイルス porcine reproductive and respiratory syndrome virus（PRRSV）を原因とする．PRRSV は北米型と欧州型の２つの遺伝子型に大別され，さらに遺伝子型内でも多様な変異を示し，株によって病原性や抗原性が異なる．ウイルスはすべての日齢の豚に感染し，妊娠後期の母豚が感染した場合には流産がみられ，子豚が感染した場合には呼吸器症状を伴う肺病変が形成される．不顕性感染も多く，細菌やウイルスの二次感染がなければ死亡率は低い．剖検時，肺は全葉性に褐色と帯暗赤色が混じったくすんだ色調を呈する（図 3-40b）．肺の小葉構造は正常（図 3-40a）と比較してより明瞭となり（図 3-40b），硬度を増す．病変は左右の前葉，中葉に発したのち速やかに全葉に広がる．組織学的に全葉性の気管支間質性肺炎としてみられる．肺胞中隔は肺胞上皮細胞の立方上皮化と増殖，マクロファージや好中球，リンパ球の浸潤により正常（図 3-40c）と比較して著しく肥厚する（図 3-40d）．気管支や血管周囲に形質細胞，リンパ球の細胞浸潤がみられる（図 3-40e）．マクロファージをはじめとした炎症性細胞の核濃縮，核崩壊像（アポトーシス像）が肺胞腔内に認められる．免疫組織化学的にウイルス抗原はマクロファージの細胞質内を中心に病変部に一致して認められる（図 3-40f）．PRRS は近年世界的に強毒株による疾病発生が報告されており，中でも中国や東南アジアにおいて，臨床症状や肉眼所見が豚熱と酷似して致死率の高い病型（高病原性 PRRS）の発生が報告されている．

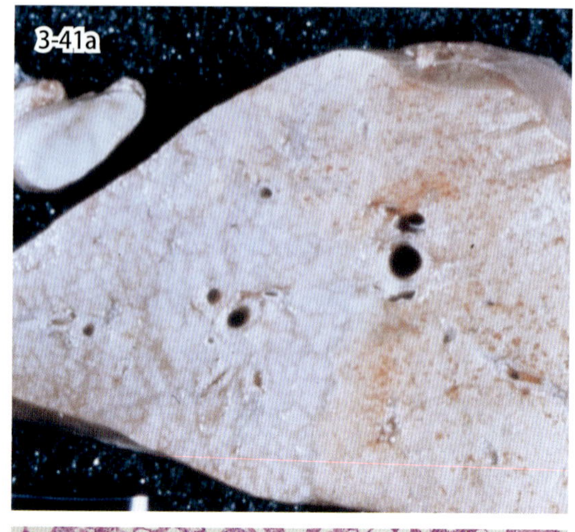

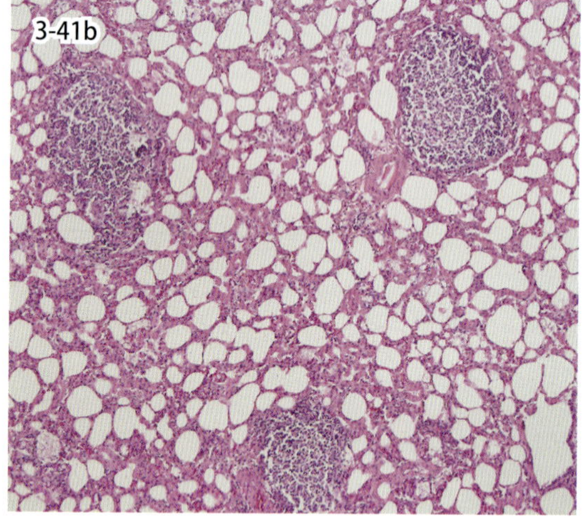

図 3-41　羊の慢性進行性肺炎（マエディ・ビスナ）．肺は肉眼的に充実性で白色を示す（a）．肺組織内にリンパ濾胞形成（b）（写真提供：動衛研）．

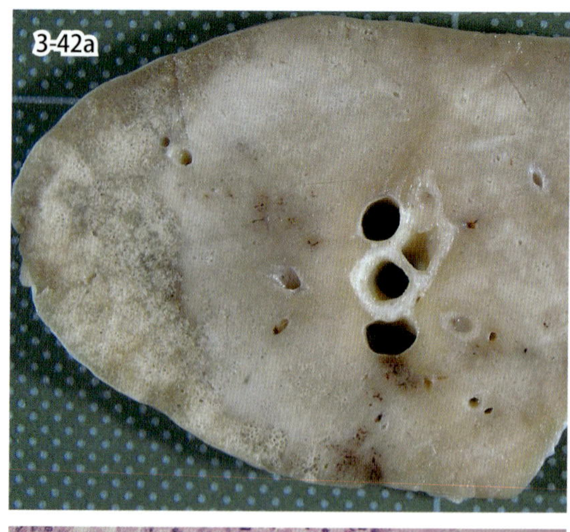

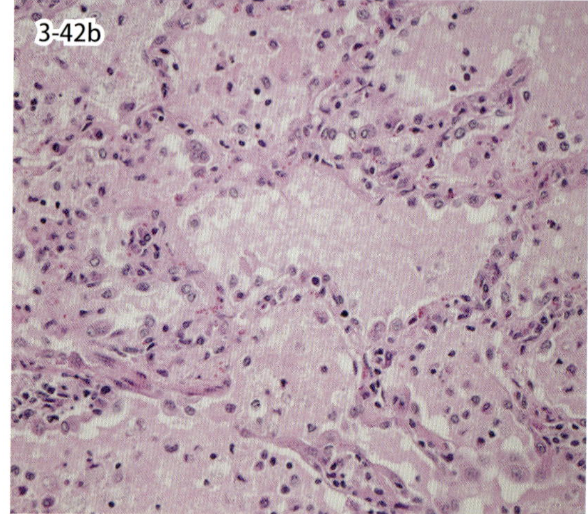

図 3-42　山羊の肺胞蛋白症．肉眼的に白色充実性で（a），肺胞内に蛋白様物質が充満する（b）（写真提供：動衛研）．

3-41．羊の慢性進行性肺炎（マエディ・ビスナ）

Chronic progressive pneumonia in sheep (Maedi-Visna)

本病はマエディ・ビスナウイルスによる羊の慢性進行性呼吸器疾病である．潜伏期は数ヵ月から数年で，ほぼ確実に死の転帰をとる．開胸すると肺は膨隆して認められる．肺は重量を増し，割面充実性で帯黄灰白色から灰褐色で海綿状を呈する部位も認める．胸腔内リンパ節の腫大がみられる．図 3-41a はマエディ・ビスナの羊の肺と胸腔内リンパ節の割面である．肺割面の腹側では灰白色病巣により充実性を示し，背側では海綿状を示している．リンパ節割面は膨隆し，白色を呈し皮髄境界不明瞭である．組織学的に，細気管支，気管支，血管周囲に胚中心の形成を伴うリンパ濾胞の形成がみられる（図 3-41b）．肺胞壁は線維化と肺胞管や終末細気管支平滑筋の過形成によって肥厚する．

3-42．山羊の肺胞蛋白症（山羊関節炎・脳脊髄炎，CAE）

Alveolar proteinosis in goat（Caprine arthritis-encephalitis，CAE）

肺胞蛋白症では，肺胞内に好酸性微細顆粒状の蛋白様物質が充満し，Ⅱ型肺胞上皮細胞の腫大および増生を特徴とする．肺胞内物質は PAS 陽性を示す．Ⅱ型肺胞上皮細胞の代謝異常と考えられているが，山羊関節炎・脳脊髄炎（CAE）ウイルスに起因する慢性間質性肺炎や肺虫寄生の際にも認められる．肺は肉眼的に硬度を増し，充実性を示す．図 3-42a は CAE 罹患山羊の肺の割面で灰褐色充実性である．図 3-42b は CAE 罹患山羊の肺の組織病変で，肺胞は立方形から多角形の細胞（Ⅱ型肺胞上皮細胞）によって裏打ちされている．肺胞腔内には好酸性微細顆粒状物が充満している．

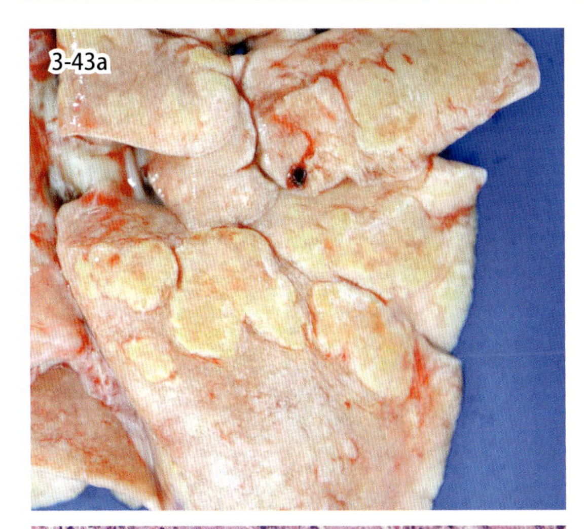

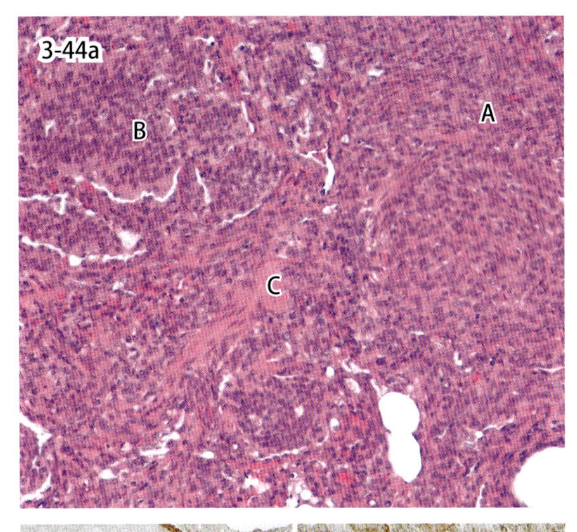

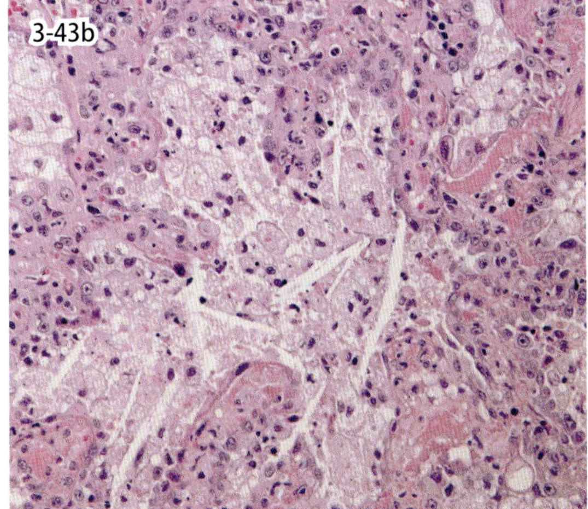

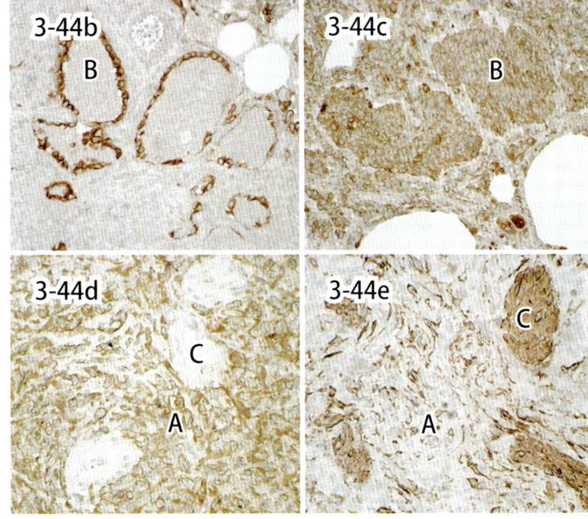

図3-43　類脂質肺炎（猫）．肺．黄色の均質な充実巣が斑点状に散在して観察され（a），肺胞上皮の立方上皮化生と肺胞内にはコレステリン結晶とマクロファージの充満（b）．

図3-44　肺線維症（猫）．肺における間質線維のび漫性増殖（a）．A，B，C 領域の抗サイトケラチン（b），抗ビメンチン（c，d），抗平滑筋アクチン（e）．

3-43．類脂質肺炎

Lipoid pneumonia

類脂質肺炎は，外因性あるいは内因性の原因でまず肺胞内に類脂質の過剰蓄積が起こり，次にこの過剰に蓄積した類脂質に対してマクロファージを主体とする炎症細胞が反応して生じる．肉眼的には均質または斑点状の黄色の充実巣として観察される．組織学的には肺胞内に類脂質とこれを貪食したマクロファージや異物巨細胞が充満し，肺胞壁には細胞浸潤と線維化がみられる．さらにⅡ型肺胞上皮細胞の過形成が起こることもある．また，大きな針状ないし菱形のコレステリン結晶も認められる．類脂質の確認にはオイル・レッド O 染色などの脂肪染色を行うが，パラフィン切片では標本作成の行程で類脂質が溶出してしまうので，凍結切片を使用するのが賢明である．

3-44．肺 線 維 症

Palmonary fibrosis

猫の特発性肺線維症は，猫に自然発症する慢性の進行性呼吸器疾患で，ヒトの特発性肺線維症の病変に肉眼と組織の両方で非常によく類似していると報告されている．罹患猫の肺では病理学的変化の進行が一様でなく，ほとんど正常な肺組織も含め，病期の異なる多様な病変が混在して観察されるのが特徴である．蜂窩肺と呼ばれるヒトの特発性肺線維症での肺表面の肉眼変化は猫でみられることは少ないが，病理組織学的に肺胞上皮細胞の立方状～円柱状細胞への化生性変化（図 3-44a の B），間質での線維増生および線維芽細胞の増殖（図 3-44a の A，B）のみならず筋線維芽細胞への化生および増殖巣の散在（図 3-44a の C）といった特徴的な所見が観察される．

Chap.3

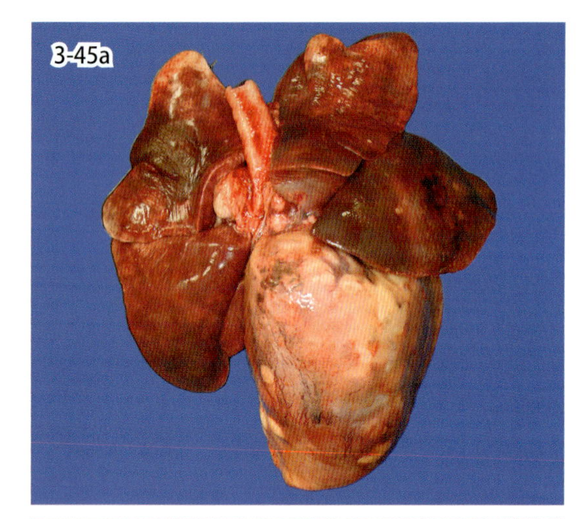

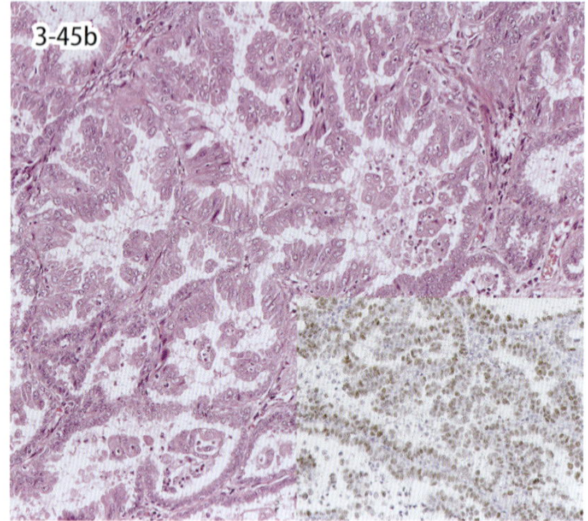

図 3-45　原発性肺腫瘍（犬）．大型腫瘤（右後葉），小型腫瘤，気管支リンパ節転移があり（a），TTF-1 陽性の腫瘍細胞が管状または乳頭状に増殖する（b）．

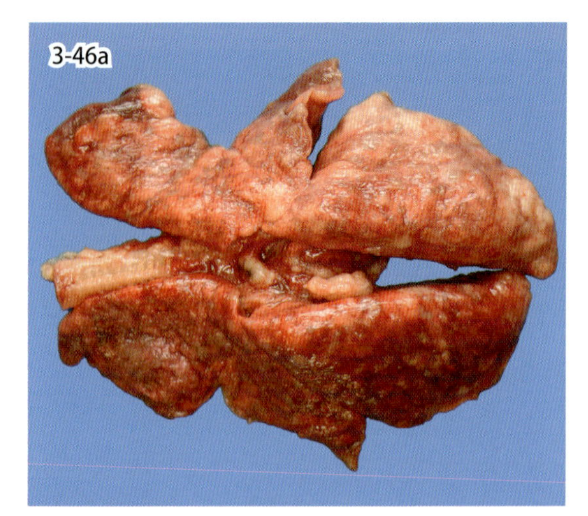

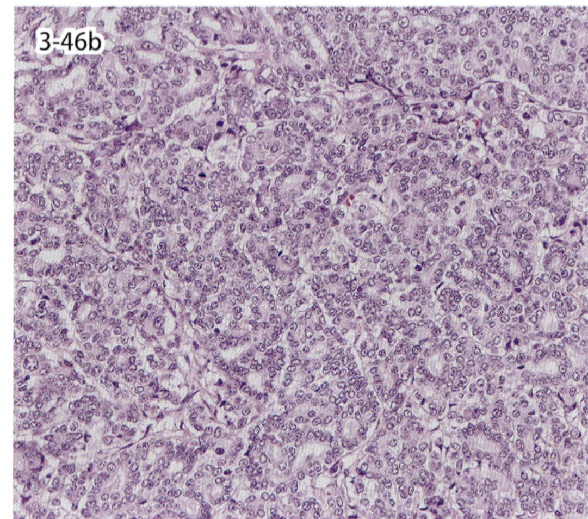

図 3-46　転移性肺腫瘍（猫）．すべての肺葉に多数の白色腫瘤と気管支リンパ節への転移（a）．乳腺管状乳頭状癌の転移で多数の小管腔を形成（b）．

3-45. 原発性肺腫瘍

Primary pulmonary tumors

肺の原発性腫瘍は動物ではまれで，全腫瘍の 1％程度の発生とされており，上皮性腫瘍が多くを占め，高齢の犬と猫に多い．良性および悪性ともに発生するが，悪性上皮性腫瘍では腺癌，扁平上皮癌，腺扁平上皮癌，気管支腺癌が代表例である．猫では四肢末端（指）への転移がみられることがある（猫の肺 - 指症候群）．図 3-45b は腺癌の乳頭状タイプであり，異型性が強い上皮性腫瘍細胞が，微細な間質結合織を伴って管状や乳頭状に増殖している．腫瘍細胞は気管支上皮細胞あるいは肺胞上皮細胞由来と考えられているが特定されていない．犬と猫では，管腔形成がみられる腫瘍細胞の核は TTF-1（甲状腺転写因子 -1）に陽性になることが多い．

3-46. 転移性肺腫瘍

Metastatic pulmonary tumors

肺にはすべての動物においてさまざまな悪性腫瘍が高頻度に転移巣を形成するため，診断と治療の際には原発巣の有無を精査しなければならない．犬と猫の乳腺癌や牛の子宮腺癌をはじめ，さまざまな部位に発生した癌腫が肺に転移巣を形成する．非上皮性腫瘍においては，血管肉腫，線維肉腫，骨肉腫が転移することが多い．図 3-46b は猫の乳腺の単純癌（管状乳頭状癌）の転移性腫瘍であり，原発巣と同様な多数の小管腔を形成する乳腺上皮由来腫瘍細胞が著しく増殖し，分裂像も多くみられる．このような転移性の腺癌の場合には肺原発腫瘍とは異なり，管腔形成がみられる腫瘍細胞であっても，TTF-1（甲状腺転写因子 -1）には陰性である．

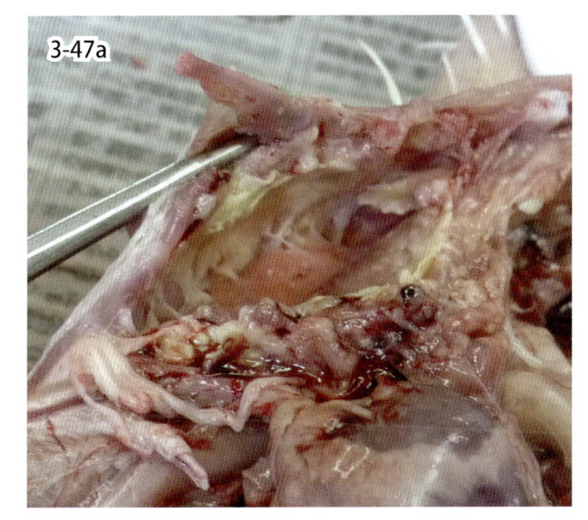

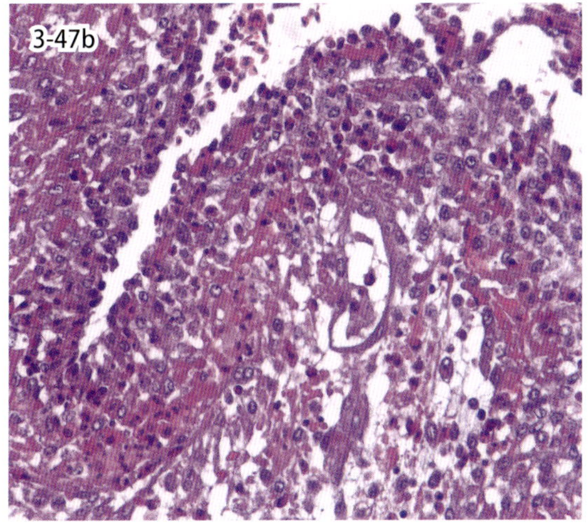

図 3-47　気嚢炎（鶏）．黄色チーズ様凝固物の析出を伴う気嚢炎（a）．重度の化膿性気嚢炎（b）（写真提供：千葉県中央家保＊）．

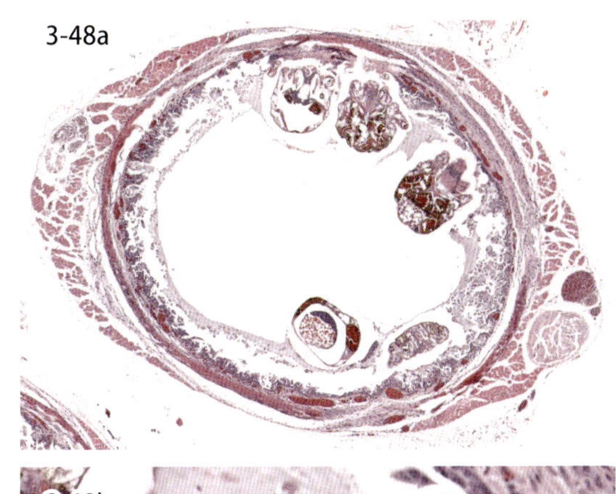

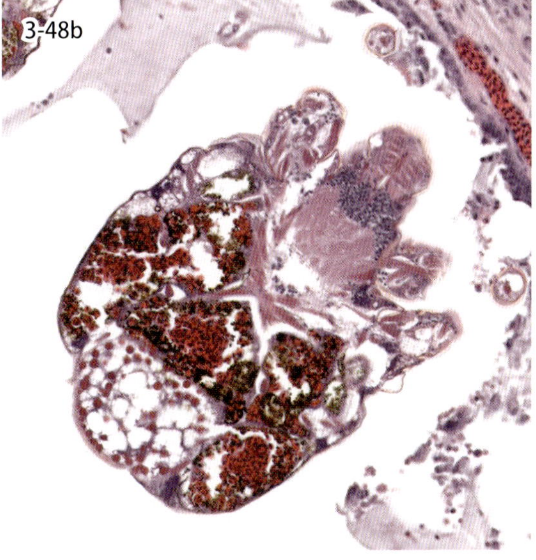

図 3-48　気嚢ダニ（フィンチ）．気管粘膜に寄生した気嚢ダニ *S. tracheacolum*（a）とその強拡大像（b）（写真提供：Oscar Fletcher 氏）．

3-47．気　嚢　炎

Air sacculitis

鳥類特有の器官である気嚢は機能的に呼吸気の交換に大きく関与し，肉眼的には透明な薄膜構造を示し，組織学的に気管支粘膜上皮細胞からの延長となる気嚢上皮細胞で内張され，わずかな結合組織を挟んで外面は漿膜によっておおわれている．気嚢炎の原因には大腸菌，マイコプラズマ，アスペルギルスなどがある．水禽類や猛禽類では全身性の鳥結核症の一分症として発生する．図 3-47a はブロイラーでみられた大腸菌症で，気嚢は肉眼的に黄色滲出物を伴って著しく混濁肥厚し，重度の場合には肝臓や消化管，体壁との癒着がみられる．組織学的には偽好酸球やマクロファージの浸潤，線維素の析出，壊死退廃物などが認められる（図 3-47b）．

＊千葉県中央家畜保健衛生所

3-48．気 嚢 ダ ニ

Air sac mite

鳥類の気嚢に寄生するダニとして，鶏に寄生する *Cytodites nudus* と，カナリアなどに寄生する *Sternostoma tracheacolum* などが知られている．*C. nudus* は，重度の寄生では気嚢の肥厚や肉芽腫性肺炎などがみられる．*S. tracheacolum* は，若齢のカナリアやゴールデンフィンチの気嚢や気管，肺などに寄生する．図 3-48 はフィンチの気管に寄生した気嚢ダニで，ダニは気管粘膜に食い込むように寄生している．組織学的には，ダニ周囲の粘膜にマクロファージやリンパ球，形質細胞などの炎症性細胞浸潤がみられる．肺の細気管支内腔では細胞退廃物が充満し，偽好酸球の浸潤や細菌の二次感染による化膿性気管支肺炎がみられる．重度の寄生例を除いて，臨床症状はみられない．

第4編　消化器系Ⅰ（口腔，消化管）

Ⅰ．口腔の病変
- 4-1.　丘疹性口炎 Papular stomatitis
- 4-2.　口蹄疫 Foot and mouth disease
- 4-3.　水疱性炎症 Vesicular inflammation
- 4-4.　牛白血球粘着不全症の口内炎 Stomatitis in bovine leukocyte adhesion deficiency（BLAD）
- 4-5.　アクチノバチルス病 Actinobacillosis
- 4-6.　放線菌病 Actinomycosis
- 4-7.　口腔の悪性黒色腫 Oral malignant melanoma
- 4-8.　口腔の扁平上皮癌 Oral squamous cell carcinoma
- 4-9.　歯周靭帯由来の線維腫性エプリス Fibromatous epulis of periodontal ligament origin
- 4-10.　歯原性腫瘍 Odontogenic tumors

Ⅱ．食道の病変
- 4-11.　食道粘膜病変 Mucosal lesions of the esophagus
- 4-12.　食道筋層の病変 Lesions in the muscular layer of the esophagus
- 4-13.　食道とそ嚢の感染症 Infectious diseases of the esophagus and crop
- 4-14.　食道の腫瘍 Tumor of the esophagus

Ⅲ．胃の病変
- 4-15.　胃のびらんおよび潰瘍 Erosion and ulcer in the stomach
- 4-16.　胃炎（肥大性，萎縮性）Gastritis
- 4-17.　ヘリコバクター感染症 Helicobacter infection
- 4-18.　真菌感染症 Fungal infection
- 4-19.　胃　癌 Gastric carcinoma
- 4-20.　消化管間質腫瘍 Gastrointestinal stromal tumor

Ⅳ．腸の病変
- 4-21.　腸気泡症 Intestinal emphysema
- 4-22.　炭　疽 Anthrax
- 4-23.　出血性腸炎 Hemorrhagic enteritis
- 4-24.　豚の大腸菌症 Colibacillosis in pigs
- 4-25.　豚赤痢 Swine dysentery
- 4-26.　豚腸管スピロヘータ症 Porcine intestinal spirochetosis
- 4-27.　豚の腸腺腫症 Porcine intestinal adenopathy（PIA）
- 4-28.　ヨーネ病 Johne's disease
- 4-29.　牛ウイルス性下痢・粘膜病 Bovine viral diarrhea-mucosal disease（BVD-MD）
- 4-30.　豚流行性下痢 Porcine epidemic diarrhea（PED）
- 4-31.　ロタウイルス性腸炎 Rotaviral enteritis
- 4-32.　パルボウイルス性腸炎 Parvoviral enteritis
- 4-33.　猫伝染性腹膜炎 Feline infectious peritonitis（FIP）
- 4-34.　コクシジウム症 Coccidiosis
- 4-35.　クリプトスポリジウム症 Cryptosporidiosis

4-36. ヒストモナス症 Histomoniasis
4-37. 回腸血黒症 Hemomelasma ilei
4-38. 糞線虫症 Strongyloidiasis
4-39. ポリープ Polyp
4-40. 腺　癌 Adenocarcinoma
4-41. カルチノイド Carcinoid
4-42. リンパ腫 Lymphoma
4-43. 脂肪壊死症 Fat necrosis
4-44. 中皮腫 Mesothelioma

I．口腔の病変

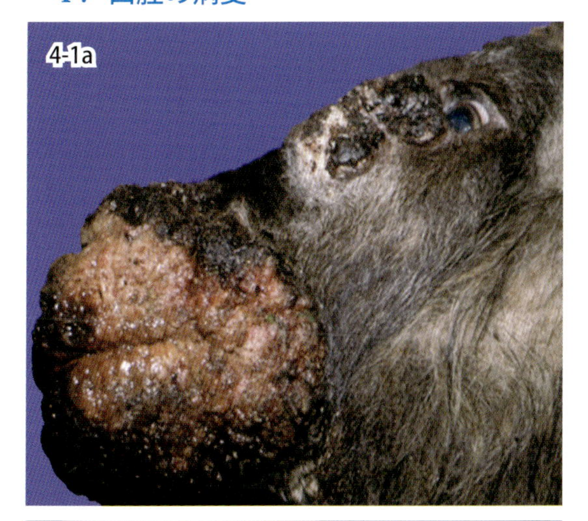

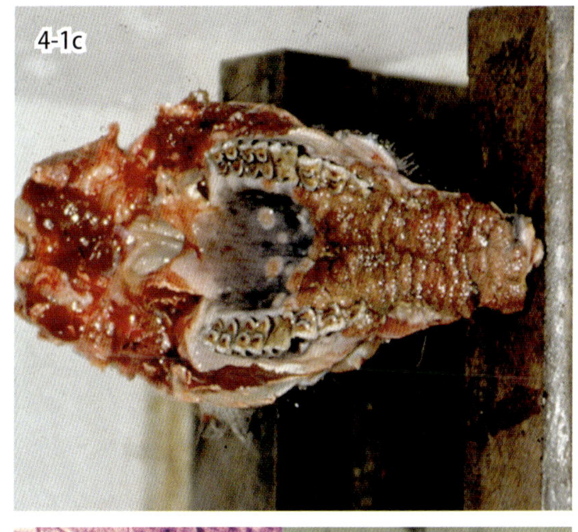

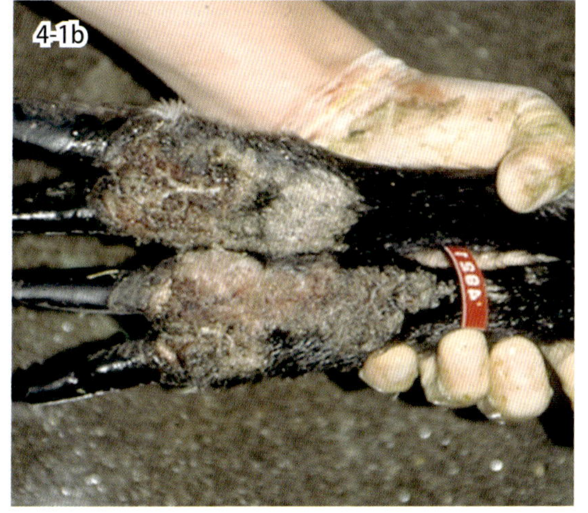

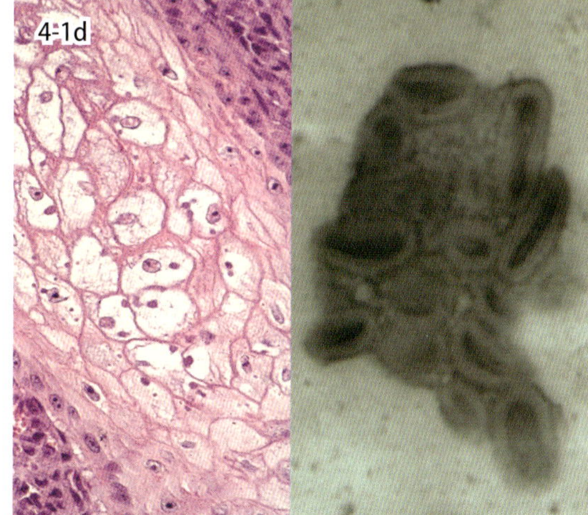

図 4-1a・b　ニホンカモシカのパラポックス症．口唇および目の周囲（a），および蹄冠部の皮膚病変（b）．

図 4-1c・d　ニホンカモシカのパラポックス症．口蓋の丘疹(c)．風船様に腫大した棘細胞および細胞質内封入体（d 左）とウイルス粒子（d 右）．

4-1．丘疹性口炎

Papular stomatitis

パラポックスウイルスの感染による疾患で，ニホンカモシカに周期的な流行が，まれに羊での感染例が認められる．感染個体では，口唇（図 4-1a），四肢蹄冠部（図 4-1b），口蓋（図 4-1c），目の周囲や下腹部の無毛部，および乳房（雌）には，瘡蓋を伴う丘疹性皮膚病変が認められ，臨床的には極度の摂餌困難，体力低下が引き起こされる．二次感染として，口腔における重度の蠅蛆感染がしばしば認められ，死への転機をたどる．雌では感染により繁殖障害を引き起こすために，流行地の個体数減少が引き起こされる．組織学的には，肥厚した無毛部には高度な充血と水腫，有棘細胞の空胞変性を伴う増生および封入体形成が認められる．電顕的には，変性した有棘細胞の細胞質内に楕円形，二重構造を示すパラポックスに特徴的なウイルス粒子が多数認められる（図 4-1d）．

パラポックスウイルスには，伝染性膿疱性皮膚炎ウイルス（ORFV），牛丘疹性口内炎ウイルス（PBSV）が含まれるが，いずれも偶蹄類に共通した皮膚病変を形成し，血清学的に交差するため鑑別は困難であり，PCR にて鑑別が可能となる．わが国のニホンカモシカ生息域での周期的流行では，ほとんどは ORFV で，まれに PBSV が検出される．牛，羊および山羊においても，カモシカとほぼ同様な皮膚病変が形成されるが，二次感染がなければ約 2 週間で皮膚病変は消失して回復する．組織学的には皮膚有棘層の過形成性肥厚と変性し膨化した有棘細胞の細胞質に好酸性封入体が認められる．抗 ORFV 抗体による免疫染色を実施すると膨化した有棘細胞の細胞質内に陽性反応がみられる．

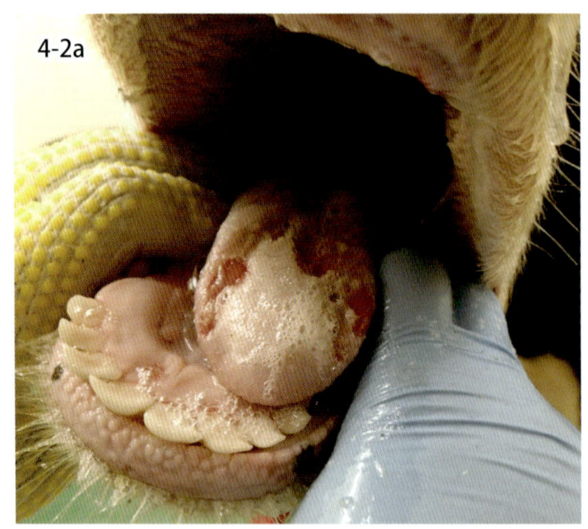

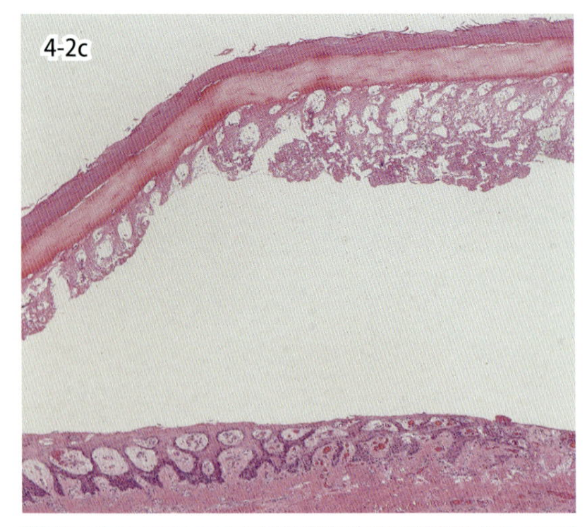

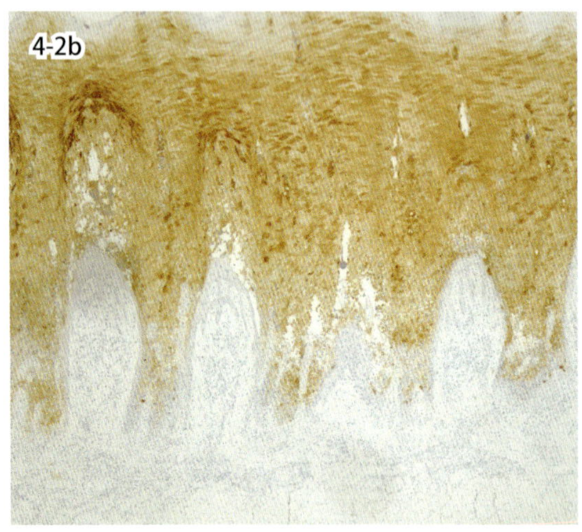

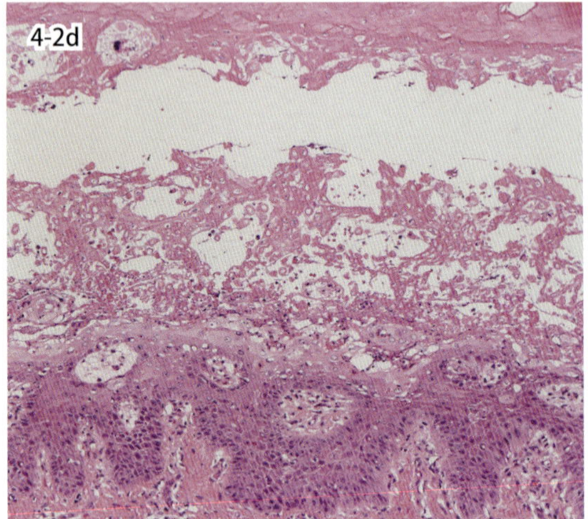

図 4-2a・b　口蹄疫（牛）．舌の潰瘍（a）．ウイルス抗原は有棘細胞に一致して認められる（b，免疫染色）（写真提供：動衛研）．

図 4-2c・d　口蹄疫（豚）．蹄冠部水疱．水疱は有棘細胞層の壊死，離開によって形成される（写真提供：動衛研）．

4-2. 口　蹄　疫

Foot and mouth disease

口蹄疫ウイルスは多くの偶蹄類の動物に感染する．家畜では牛が最も感受性が高く，次いで豚，羊，山羊の順となる．本症は国際重要伝染病（わが国では海外悪性伝染病）に指定され，アジア，アフリカおよび南米の多くの国に常在する越境性動物疾病である．感染後 2 週間以内に感染動物の水疱，唾液，乳汁，糞尿中にウイルスが排出される．豚は，牛などの反芻獣に比較して 100 ～ 2,000 倍量のウイルスを排泄する．

感染牛は 2 ～ 8 日間の潜伏期後，発熱，食欲低下，泌乳量の減少，水様鼻汁，反芻の停止がみられ，その後，唾液分泌亢進，食欲の廃絶，跛行を示す．成獣の死亡率は低いが，幼獣では心筋壊死が起こるため死亡率が 80％以上になることがある．心筋壊死は，左心室壁に好発し，褪色した壊死巣が縞状にみえるため虎斑心と呼ばれる．

感染ウイルスは咽頭や軟口蓋の重層扁平上皮細胞で増殖し，その後，ウイルス血症が起こる．血中のウイルスはマクロファージによって全身の重層扁平上皮に運搬される．初期の肉眼病変は小さな白斑で，これらが徐々に水疱となり，融合して大型化し，潰瘍となる（図 4-2a）．牛の病変好発部位は口腔粘膜（舌背，口唇，軟口蓋）と蹄周囲（蹄冠，趾間，踵）である．病巣は乳頭，乳房，陰唇，結膜，第一～第三胃の重層扁平上皮にもみられる．免疫染色ではウイルス抗原は病変部上皮の有棘細胞に一致して認められる（図 4-2b）．組織学的特徴は有棘細胞の著しい水腫性変性で，細胞融解により形成された有棘層内小水疱や水疱（図 4-2c，d）には上皮細胞の壊死，好中球浸潤が認められる．

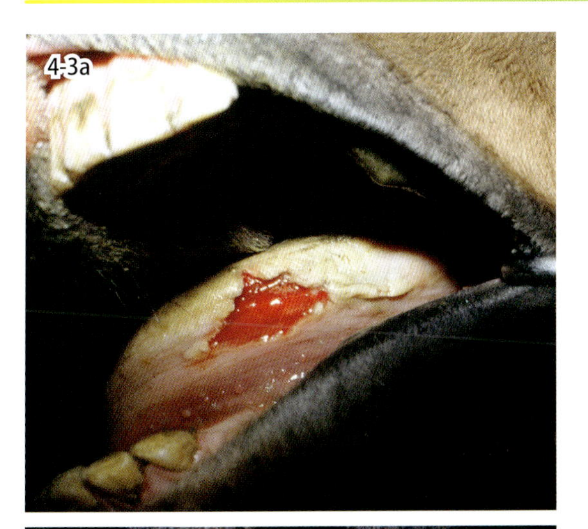

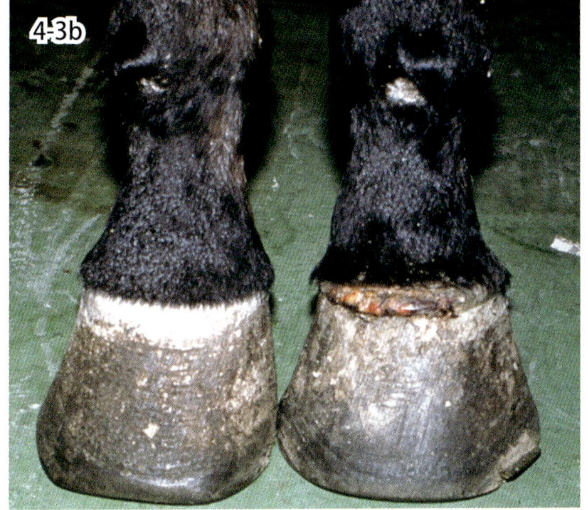

図 4-3　水疱性口炎（馬）．舌のびらん，潰瘍（a）と蹄冠部のびらん，潰瘍（b）（写真提供：JRA 総研）．

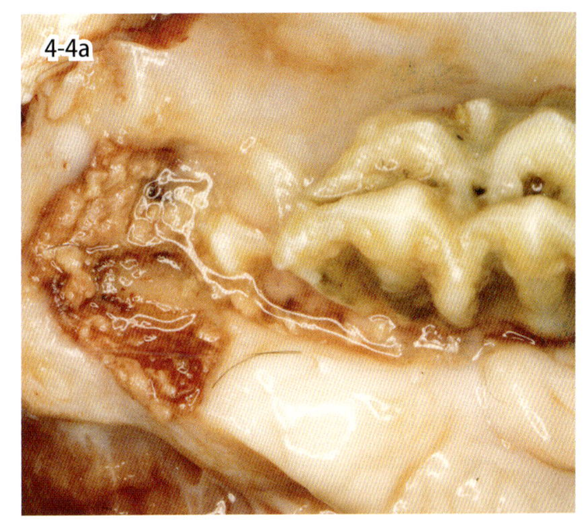

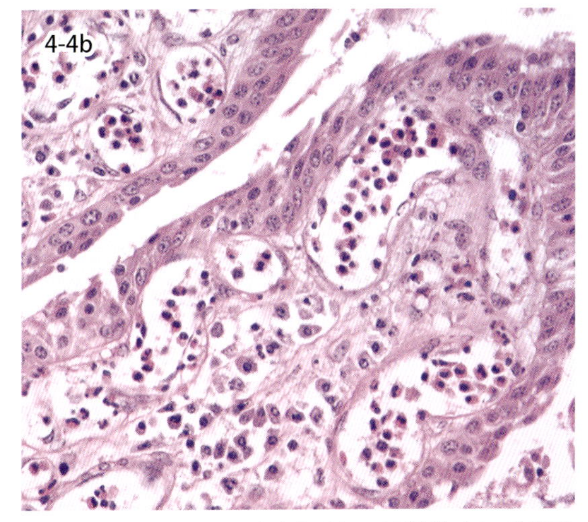

図 4-4　BLAD．歯周囲の歯肉炎（a）．咽頭粘膜（b）．粘膜下組織の毛細血管は著しく拡張しているが，白血球は血管内に止まり，血管外に遊出できない．

4-3．水疱性炎症

Vesicular inflammation

水疱性炎症は，口蹄疫のみの特徴的病変ではなく，水疱性口炎（牛，豚，馬），牛丘疹性口炎，豚水疱疹および豚水疱病でもみられ，類似する症状が認められる．これら疾病の確定診断には，原因ウイルスの特定が必要である．図 4-3a は水疱性口炎 vesicular stomatitis に罹患した馬の舌であり，びらんと潰瘍が認められる．本症では舌と口腔内粘膜のほかに蹄冠部にも水疱，びらんおよび潰瘍（図 4-3b）がみられる．本症の原因となる主要な血清型は New Jersey 型と Indiana 型の 2 つである．これまで本症の発生は南北アメリカ大陸のみに限られ，近年では 2014 年にアメリカ合衆国で牛および馬の New Jersey 型のウイルスによる流行が確認されている．

4-4．牛白血球粘着不全症の口内炎

Stomatitis in bovine leukocyte adhesion deficiency (BLAD)

牛白血球粘着不全症は，細胞膜表面上に発現する粘着分子 β_2 インテグリン（CD11a，b，c/CD18）の欠損による白血球機能異常症の 1 つで，常染色体劣性遺伝病である．白血球粘着分子は細胞の遊走，走化，貪食などの白血球の粘着能に密接に関与している．BLAD では，この能力を失っているために，感染微生物に対しての抵抗力が減退し，感染が持続して慢性化する．図 4-4a は牛の歯肉炎で，粘膜のびらん，潰瘍を示す．図 4-4b は咽頭粘膜病変の組織像で，粘膜下組織の毛細血管は著しく拡張し，多数の好中球が貯留している．これは好中球が血管内皮細胞に接着できず，血管外へ遊出できないためである．

Chap.4

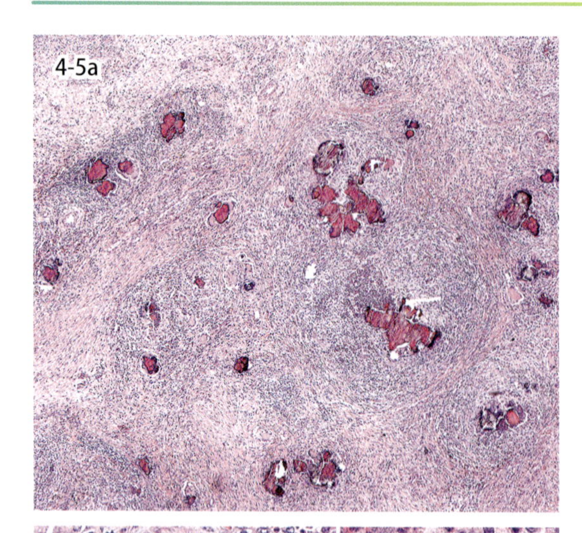

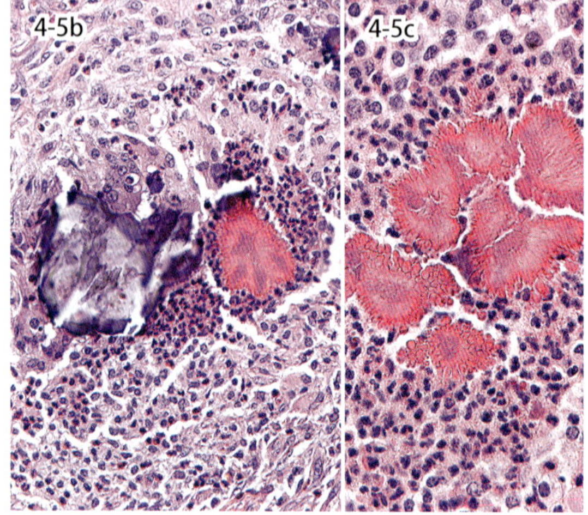

図 4-5　アクチノバチルス病（牛）．弱拡大（a）と強拡大（b, c）．棍棒体集落の周囲に好中球，類上皮細胞，多核巨細胞が認められる．

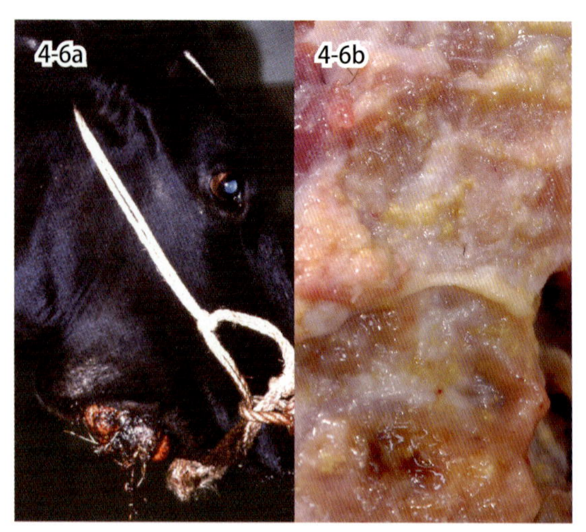

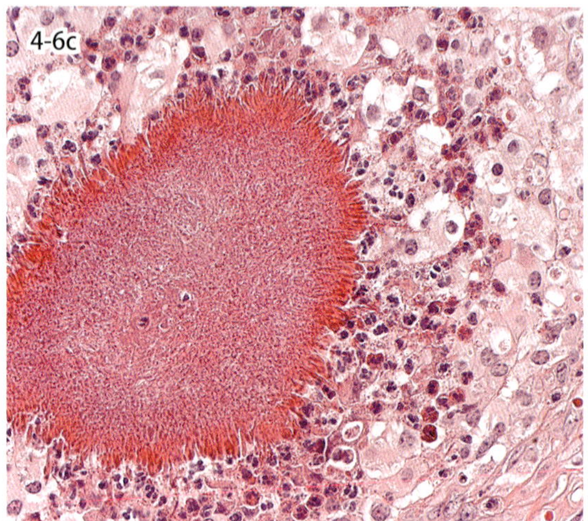

図 4-6　放線菌病（牛）．下顎の潰瘍を伴う腫瘤（a）．硫黄顆粒（b）．棍棒体集落を伴う化膿性肉芽腫性炎（c）．

4-5. アクチノバチルス病

Actinobacillosis

主に牛が罹患する．原因はグラム陰性桿菌の *Actinobacillus lignieresii* で，本菌は口腔の創傷部から侵入して舌，歯肉などの軟部組織を侵し，化膿性肉芽腫性炎を引き起こす．硬化した舌は木舌 wooden tongue といわれる．肉眼的には結合組織内に結節様の病巣が多数形成され，病巣内に黄色の硫黄顆粒が確認できる．硫黄顆粒は組織学的には棍棒体集落（アステロイド体 asteroid body）に相当する（図 4-5a）．この棍棒体（図 4-5b，c）は Splendore-Hoeppli 物質ともいい，主成分は抗原抗体複合体である．棍棒体集落の周囲には好中球，類上皮細胞，多核巨細胞がみられ，これらの周囲はリンパ球，形質細胞の浸潤を伴う肉芽組織によって取り囲まれる．

4-6. 放 線 菌 病

Actinomycosis

牛の下顎骨に好発し瘤状の病巣をつくるため，本疾患は瘤顎 lumpy jaw といわれる（図 4-6a）．グラム陽性嫌気性桿菌である放線菌 *Actinomyces* 属，主に *A. bovis* を原因とする．口腔粘膜の創傷から侵入した原因菌が歯周炎を惹起し，その後リンパ行性に骨髄に達して骨髄炎，骨炎が起こる．肉眼的には骨融解と反応性の骨増殖によって瘤状の骨病変が形成され，病巣の割面では蜂の巣状の不規則な骨梁の間に硫黄顆粒を含む膿や肉芽組織がみられる（図 4-6b）．組織学的には病変は棍棒体集落を伴う化膿性肉芽腫性炎で（図 4-6c），グラム染色またはグロコット染色によりグラム陽性の細長い菌糸状の細菌が菌集落内に確認できる．鑑別診断にアクチノバチルス病があげられる．

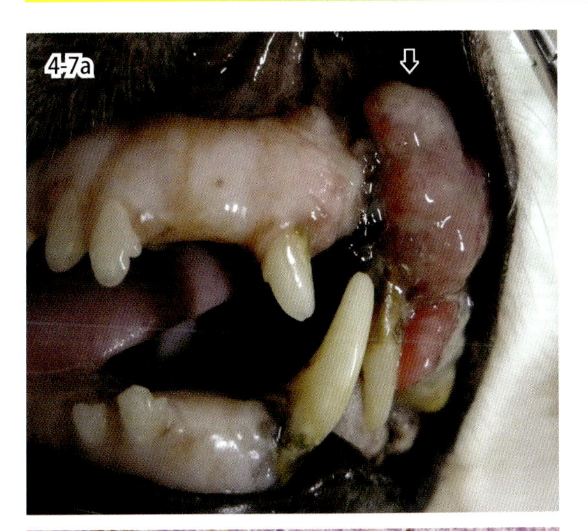

4-7c

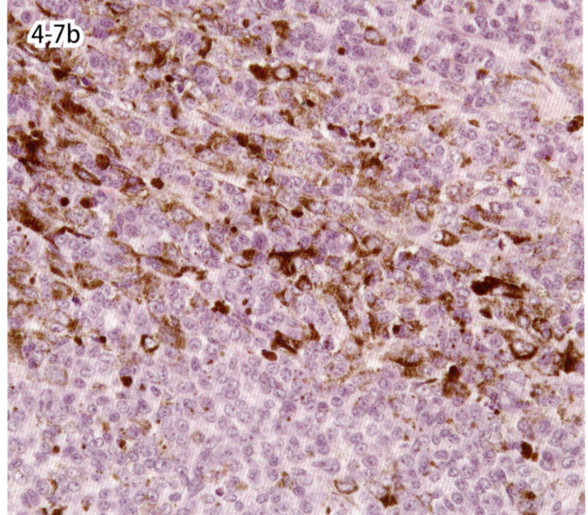

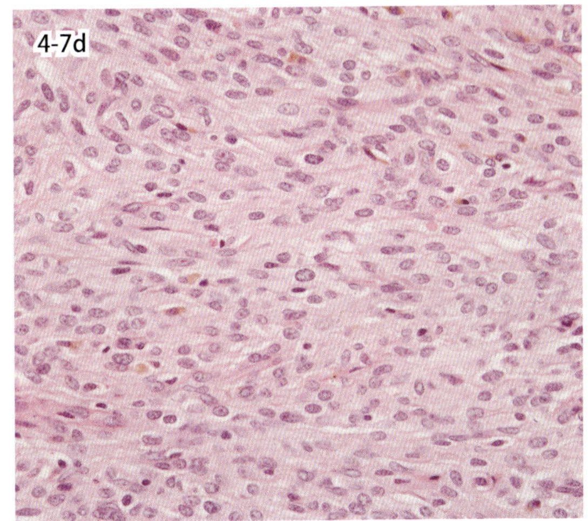

図 4-7a・b　口腔の悪性黒色腫（犬）．歯肉部に発達した結節状の腫瘍（a）．多量のメラニン色素を含有する腫瘍（b）．

図 4-7c・d　口腔の悪性黒色腫（犬）．多角形の上皮様細胞が巣状に浸潤増殖（c），少数の紡錘形細胞の細胞質内にメラニン色素が存在（d）．

4-7. 口腔の悪性黒色腫
Oral malignant melanoma

悪性黒色腫は歯肉や口唇の粘膜あるいは表層部間質に存在するメラノサイト由来の腫瘍である．犬の口腔内黒色腫は中ないし高齢犬に多く発生し，ほとんどが悪性である．肉眼的に孤立性の無茎性結節腫瘤（図 4-7a）として歯肉，頬，口唇，舌，口蓋に発生する．成長は速く，壊死や潰瘍を伴い，歯肉部では骨侵襲が認められる．悪性黒色腫の転移はリンパ行性と血行性のどちらでも起こる．肺や脳の血行性転移巣は小さな黒色巣として容易にみつけられる．腫瘍細胞は多形性を示すが，基本的に３つの型に分類できる．①多角形の上皮様細胞（図 4-7b，c），②線維芽細胞様の紡錘形細胞（図 4-7d），③両型が混在する混合型である．メラニン色素の産生量は核を覆いつくすほど多量のものから無色素性 amelanotic までさまざまである．メラニン色素の量と予後の関連性はない．また，原発腫瘍が無色素性で，転移巣に色素沈着がある場合やその逆も存在する．顕著な多形性，大型の核小体，多数の分裂像およびリンパ管・血管侵襲は悪性度の指標となる．基底細胞層と粘膜下層との境界領域における増殖 junction activity はメラノサイトの腫瘍の特徴であるが，必ずしも認められない．無色素性黒色腫の診断はフォンタナ・マッソン染色，DOPA 反応，Melan A や HMB45 などの免疫染色および電顕によるメラノソームの証明が有効である．色素沈着が著しい標本では，漂白法が分裂像の観察に便利である．猫の口腔咽頭部の黒色腫は老齢猫でまれに認められるが，組織学的には混合型が多い．

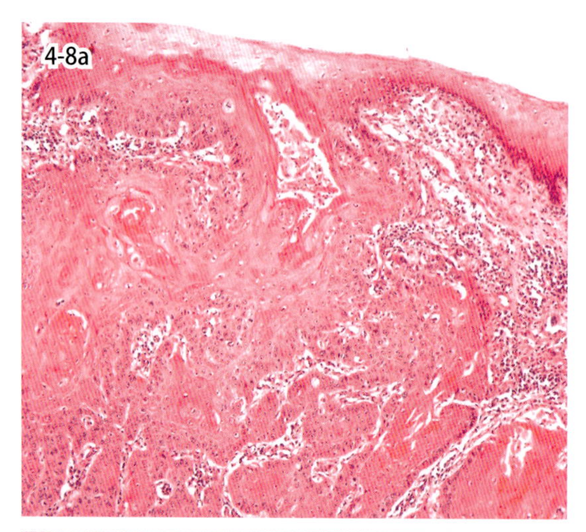

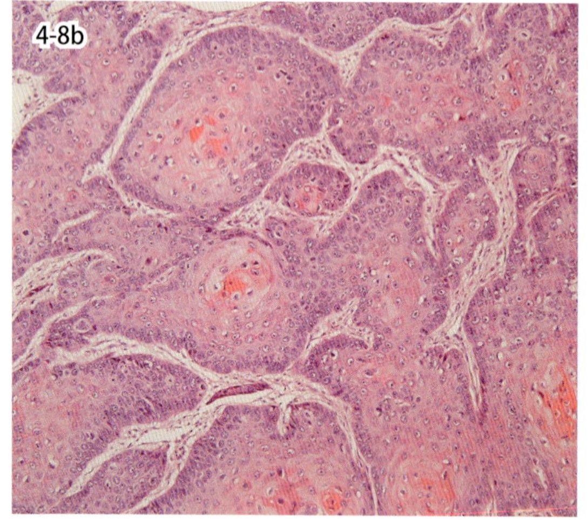

図 4-8a・b　口腔の扁平上皮癌（犬）．粘膜上皮層と連続して増殖（a）．腫瘍細胞は胞巣状あるいは島状に増殖（b）．

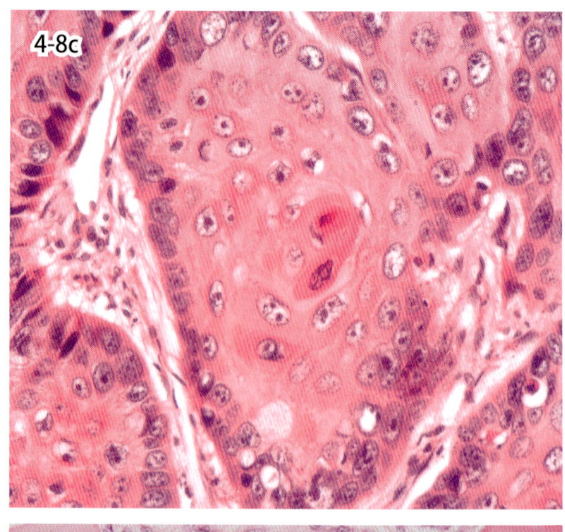

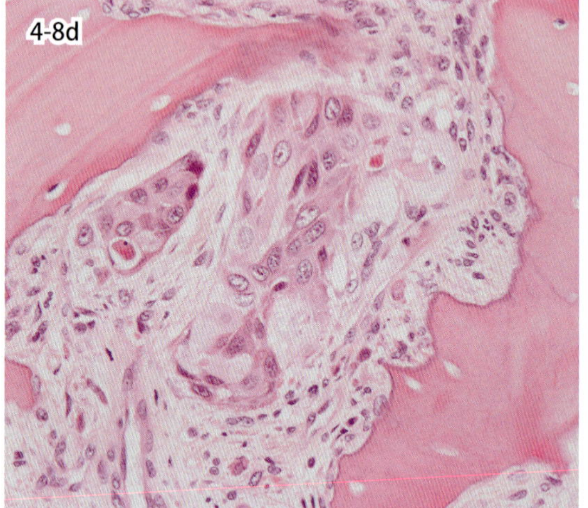

図 4-8c・d　口腔の扁平上皮癌．胞巣中心部の異所性角化（犬，c），および腫瘍細胞の顎骨への浸潤性増殖（猫，d）．

4-8. 口腔の扁平上皮癌

Oral squamous cell carcinoma

扁平上皮癌は口腔粘膜の重層扁平上皮由来の悪性腫瘍で，中～高年齢の犬，猫に発生することが多い．犬では扁桃や歯肉での発生が多く，しばしば雄の扁桃で片側性に発生する．肉眼的には白色または桃色の堅固な結節をつくり自壊することもある．組織学的に腫瘍細胞は重層扁平上皮に類似し，好酸性大型の細胞質と大型の核を有し，充実した胞巣状～島状に浸潤増殖する（図 4-8a，b）．分化の程度はさまざまで，高分化型は角化傾向が強く，特徴的な癌真珠 cancer pearl を形成し，有棘細胞が認められる（図 4-8c）．低分化型は細胞間橋が不明瞭となる．細胞間橋の証明にトルイジン青染色が有効である．また，胞巣中心部の腫瘍細胞が風船様変性，錯角化，壊死などの変性に陥り，偽腺様構造を形成することがある．本腫瘍は局所浸潤性が高く，侵襲された顎骨は骨融解に陥る．転移は口唇や頬の癌ではまれであるが，扁桃の癌では比較的発生の初期に認められる．

猫では舌小帯付近の正中位腹側面に好発する．肉眼的には赤灰色の脆弱な腫瘤として認められ，潰瘍や出血を伴うこともある．犬の本腫瘍と同様に局所浸潤性が高い（図 4-8d）．舌に発生した本腫瘍は近傍リンパ節への転移がよく認められる．

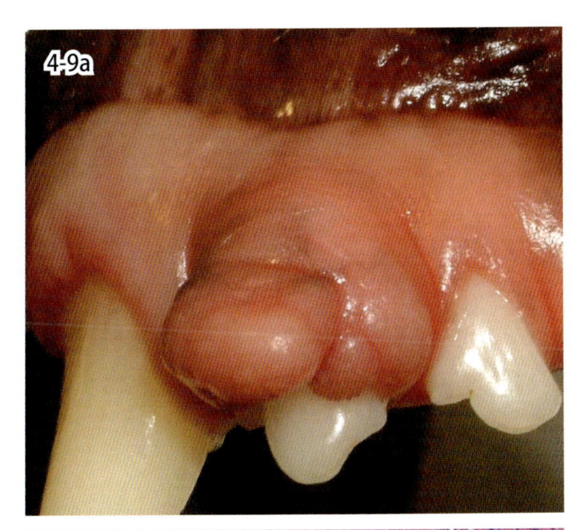

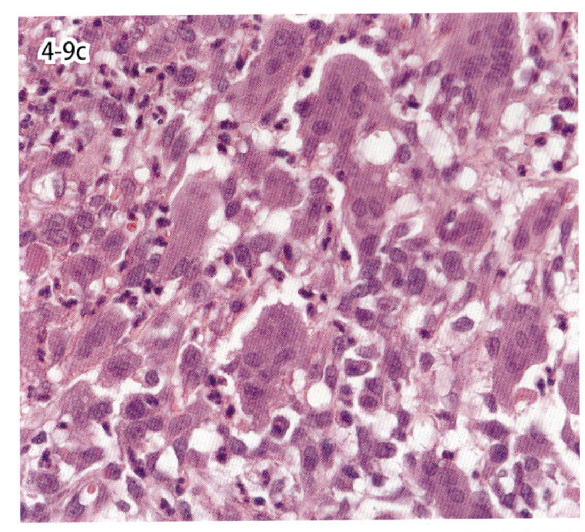

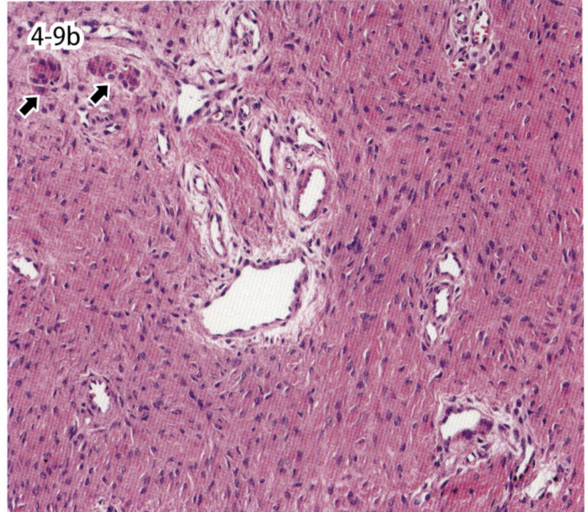

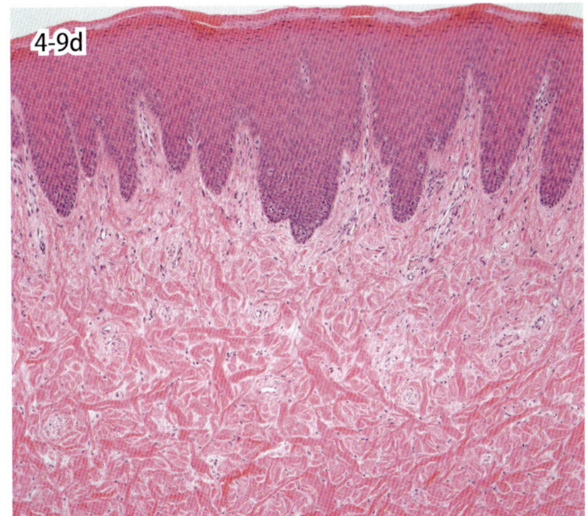

図 4-9a・b　歯周靭帯由来の線維腫性エプリス（犬）．歯肉の腫瘤（a）．小型の間葉細胞と血管，歯原性上皮索（矢印）により構成されている（b）（写真提供：a は廉澤　剛氏）．

図 4-9c・d　周辺性巨細胞性肉芽腫（犬，c）．多数の多核巨細胞の浸潤．歯肉過形成（犬，d）．膠原線維は成熟して太く束状となっている．

4-9. 歯周靭帯由来の線維腫性エプリス

Fibromatous epulis of periodontal ligament origin

歯肉腫（epulis，エプリス）は従来，歯肉に生じた良性の腫瘤病変を総括した臨床的診断名である．病理組織学的には過形成性，腫瘍性，炎症性およびシスト性などの病変に分類される．現在の動物の WHO 腫瘍分類では腫瘍を 4 型に，腫瘍ではない病変を顎のシスト病変と非腫瘍病変の 2 型に分類している．

歯周靭帯由来の線維腫性エプリス（図 4-9a）は歯周靭帯組織由来の腫瘍（ヒトの分類にはない動物特有の亜分類）に分類されているが，WHO 分類では反応性過形成性の病理発生が示唆されており，真の腫瘍といえるか未だ議論がある．犬では年齢を問わず発生し，発生頻度は低いが猫にも発生する．二次的な潰瘍や炎症あるいは大型化により，しばしば臨床的に問題になる．遠隔転移の報告はなく外科的切除は治療に効果的である．肉眼的には歯周靭帯との連続性がみられ，歯に接して形成されるのが特徴である．病理組織学的には歯周靭帯の間葉細胞に類似の小型紡錘形～星状の細胞と拡張した血管構造が比較的規則的に配置するのが特徴である．腫瘤内には歯原性上皮索（図 4-9b，矢印）や骨性組織がみられる場合が多い．鑑別診断には有棘細胞腫性エナメル上皮腫（4-10）があげられる．また，周辺性巨細胞性肉芽腫（図 4-9c；旧名，巨細胞エプリス）や膠原線維の形成からなる歯肉過形成が併発することもある．

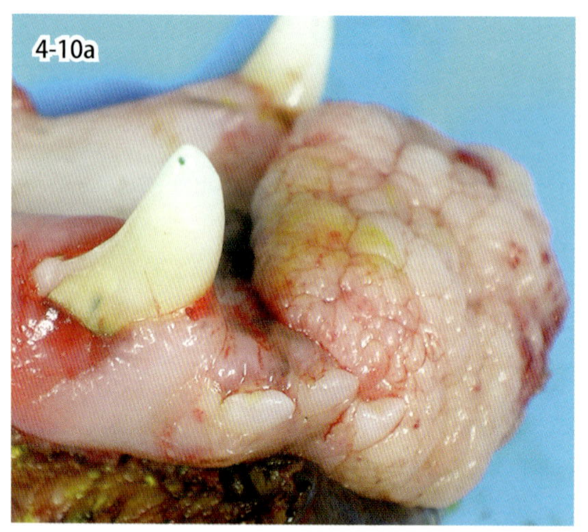

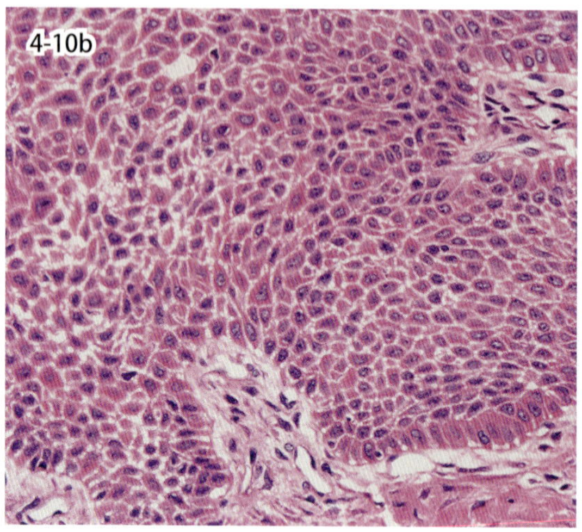

図 4-10a・b 有棘細胞腫性エナメル上皮腫（犬）．下顎の腫瘤（a）．細胞巣周縁部の腫瘍細胞は柵状に並び，細胞巣中心部の腫瘍細胞間には細胞間橋が存在する（b）．

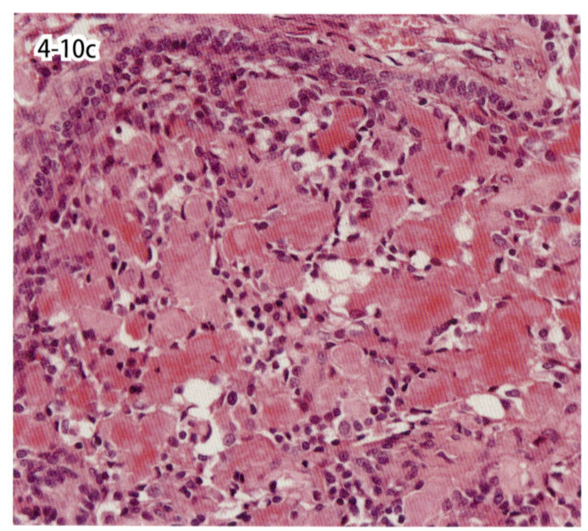

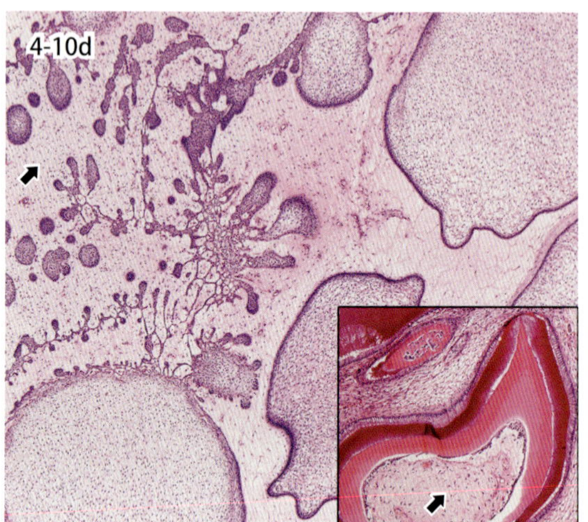

図 4-10c・d アミロイド産生性歯原性腫瘍（c，犬）．エナメル上皮線維腫（d，牛）．上皮細胞巣間の原始間葉組織（矢印）とエナメル上皮線維歯芽腫（挿入図，矢印は原始間葉組織）．

4-10. 歯原性腫瘍

Odontogenic tumors

動物の歯原性腫瘍は以下の４型に分類されている（WHO）．第１に歯原性間葉組織を伴わない歯原性上皮性腫瘍，第２に歯原性間葉組織を伴う歯原性上皮性腫瘍，第３に主に歯原性外胚葉性間葉組織からなる腫瘍，そして第４は歯周靭帯組織由来腫瘍（4-9 参照）である．エナメル上皮腫，アミロイド産生性歯原性腫瘍および犬の有棘細胞腫性エナメル上皮腫は歯原性間葉組織を伴わない歯原性上皮性腫瘍に分類され，歯肉や顎骨内に発生する（図 4-10a）．緩慢に成長し遠隔転移例の報告はない．病理組織学的特徴は，胞巣最外層の円柱状～立方形のエナメル芽細胞様細胞の柵状配列や胞巣内にまばらに分布するエナメル髄様の紡錘形～星芒状細胞の出現である．

犬の有棘細胞腫性エナメル上皮腫（図 4-10b，旧名，棘細胞腫性エプリス acanthomatous epulis）では，細胞巣中心部の腫瘍細胞は有棘細胞に類似し細胞間橋を有している．腫瘍間質は歯周靭帯の間葉組織に類似している．扁平上皮癌との鑑別が必要である．アミロイド産生性歯原性腫瘍では腫瘍細胞間のアミロイド沈着が特徴である（図 4-10c）．

エナメル上皮線維腫は歯原性間葉組織を伴う歯原性上皮性腫瘍に分類される．好発動物は若齢牛である．構成要素の主体は腫瘍性歯原性上皮細胞であるが，歯乳頭組織に類似する原始間葉組織（図 4-10d，矢印）を伴っている．また，象牙質やエナメル質の形成を伴うものはエナメル上皮線維歯芽腫（図 4-10d 挿入図）という．

Ⅱ．食道の病変

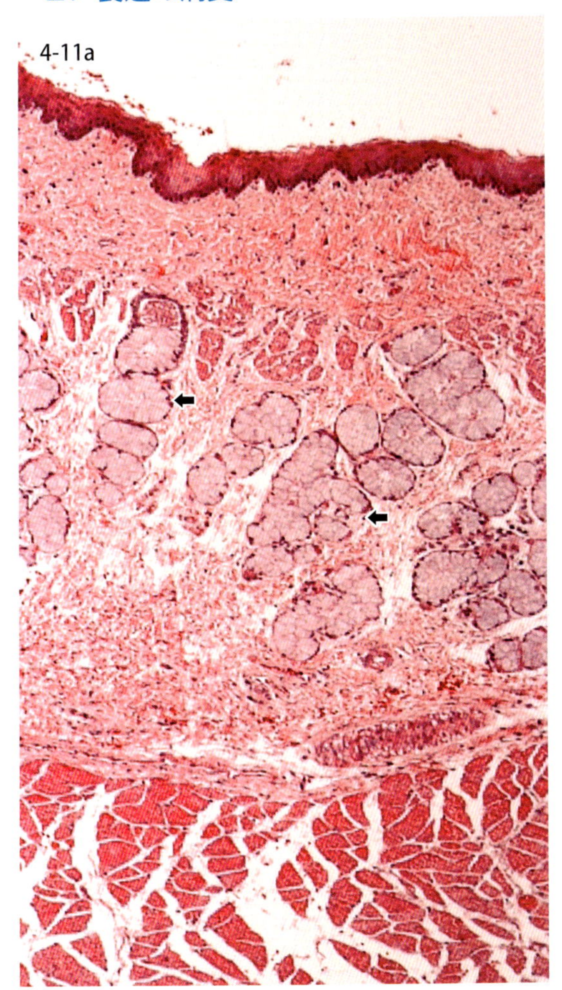

図 4-11a　正常な食道（犬）．組織構築．粘膜上皮，粘膜固有層，粘膜筋板，粘膜下組織，そして筋層を示す．

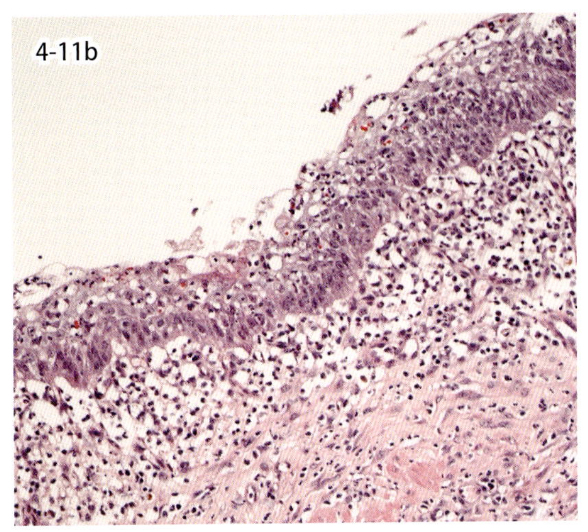

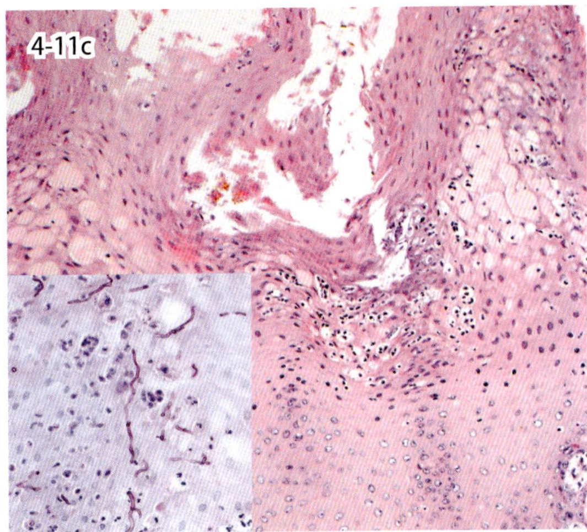

図 4-11b・c　食道炎（b，犬）．粘膜上皮～固有層への炎症性細胞の浸潤．食道のカンジダ感染症（c，イルカ）．有棘細胞の腫大と好中球の軽度の反応．PAS 染色陽性の菌糸（挿入図）．

4-11．食道粘膜病変

Mucosal lesions of the esophagus

食道は，部位により頚部食道，胸部食道，腹部食道と呼ばれ，粘膜は重層扁平上皮からなる．とくに角質層が発達しているのが特徴である．図 4-11a に示すように，粘膜上皮の下方には，粘膜固有層，粘膜筋板，粘膜下組織，筋層がある．粘膜下組織には食道腺（矢印）が存在する．犬では食道腺は全長にわたりみられる．筋層は起始部の咽頭筋から連なる横紋筋で，犬や反芻動物以外の動物では，胸部食道あたりから徐々に平滑筋に置きかわる．なお，鳥類の下方の食道には，食道の一部が拡張してできたそ嚢がある．

食道の病変としては，食道炎が一般的で，物理的あるいは化学的な傷害により生じたり，さらには食道の狭窄，閉塞，穿孔，拡張，憩室，アカラジア（筋弛緩不全症）やヘルニアなどの状態においてもみることがある．図 4-11b は，憩室状に拡張した部位にみられた食道炎で，びらんを伴い，炎症性細胞の反応が粘膜上皮から粘膜固有層にみられる．食道炎は，またウイルス，細菌や真菌の感染によっても生じる．代表的なウイルス感染症としては，牛ウイルス性下痢･粘膜病，牛疫，悪性カタル熱，猫カリシウイルス感染症などがある．細菌による食道炎は，傷に感染した化膿菌によることが多い．代表的な食道の真菌感染症はカンジダである．図 4-11c は，イルカの角質層に感染したカンジダによる表在性真菌性食道炎を示す．角質層の有棘細胞は腫大し，軽度の好中球の反応がみられる．炎症部位には PAS 染色で赤色に染まる菌糸が確認できる．

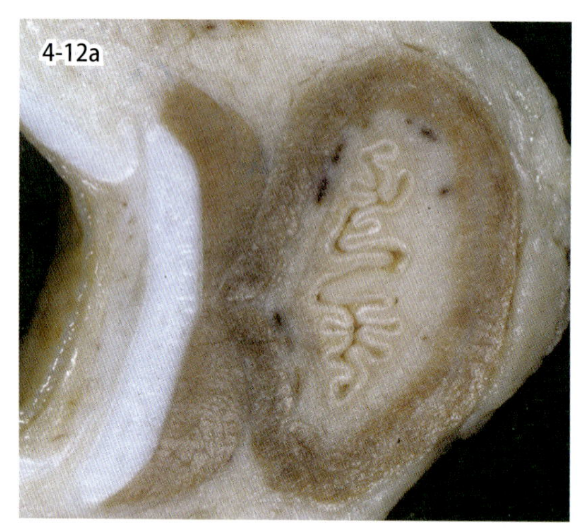

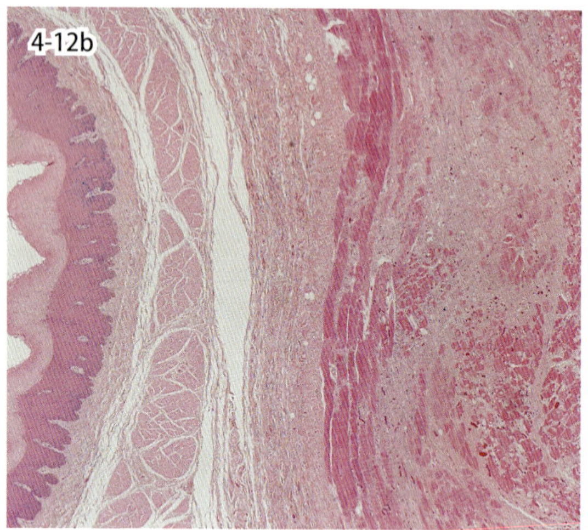

図 4-12a・b　イバラキ病（牛）．食道の筋層の褪色と出血（a，ホルマリン固定後）．筋層の壊死と出血（b）．（写真提供：動衛研）．

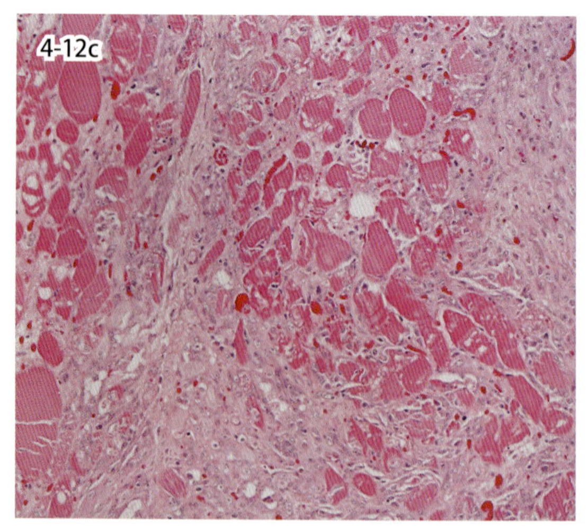

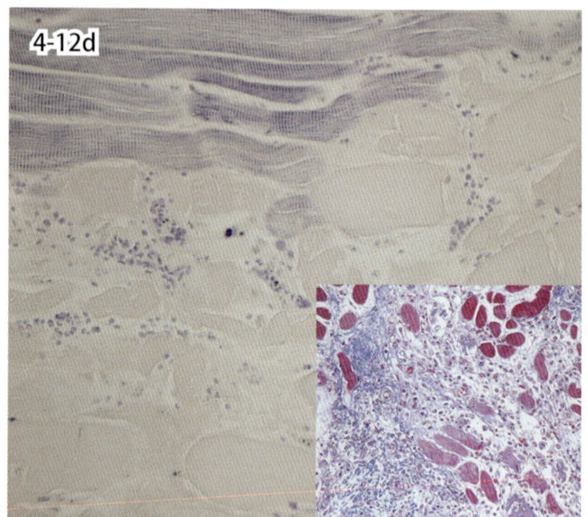

図 4-12c・d　ブルータング（牛）．壊死した筋線維間の線維芽細胞の増殖（c）．膨化筋線維の横紋の消失（d，PTAH 染色）と線維化（d，挿入図はアザン染色）（写真提供：動衛研）．

4-12. 食道筋層の病変

Lesions in the muscular layer of the esophagus

食道筋層に病変を好発する疾病として，イバラキ病 Ibaraki disease およびブルータング Blue tongue があげられる．イバラキ病はイバラキウイルス Ibaraki virus を原因とし，ヌカカによって媒介される．牛のみが感受性を持つ．発症牛は飲水の逆流などの嚥下障害を示す．嚥下障害を起こした牛の食道では，漿膜から筋層にかけての出血，水腫が認められ，筋層は褪色して認められる．図 4-12a はイバラキ病の牛のホルマリン固定後の食道断面である．粘膜下の筋層は白色を示し，出血巣もみられる．図 4-12b はイバラキ病の牛の食道の組織病変で，筋層にのみ壊死と出血がみられる．筋層の病変は舌および咽喉頭にもみられ，舌から食道にかけての機能不全は，採食や飲水の困難および不能を引き起こし，罹患牛は脱水および栄養不良に陥る．ブルータングはブルータングウイルス Blue tongue virus を原因とし，これもヌカカによって媒介される．牛では上部消化管筋層に病変が好発する．牛のブルータングの臨床症状，肉眼および組織所見はイバラキ病ときわめて類似している．図 4-12c ～ d はブルータングの牛の食道の組織病変である．食道筋層の筋線維の膨化，断裂，融解および消失がみられる．膨化した筋線維の横紋は消失し（図 4-12d），均質および無構造で硝子様となる．筋線維間には炎症性細胞の浸潤，線維芽細胞の増殖，水腫がみられる．経過に従い，壊死筋組織は線維性結合組織によって置換される（筋層の線維化，図 4-12d 挿入図）．牛のイバラキ病とブルータングの鑑別診断は病理学的には難しく，確定診断はウイルス学的検査によって行われる．

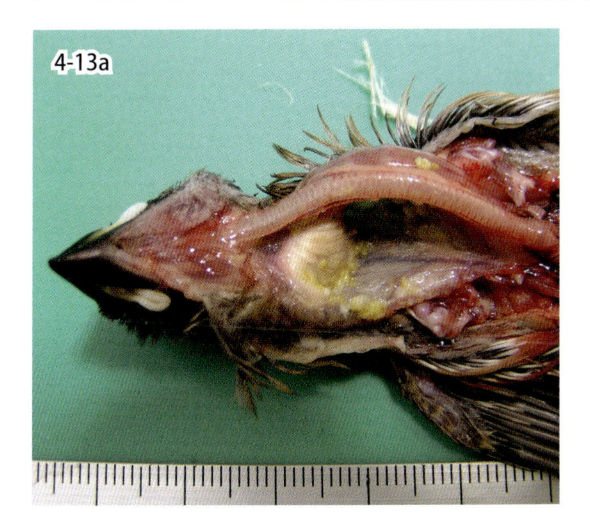

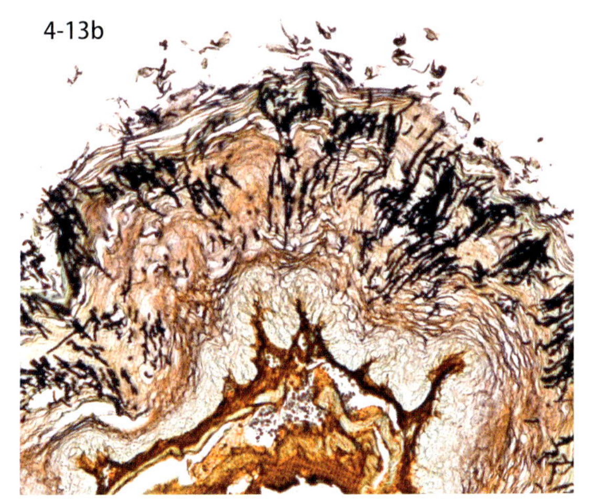

図 4-13a・b　ブンチョウのカンジダ感染によるそ嚢炎．肉眼的に白色肥厚部が認められ（a），同部にはグロコット染色で多数の菌糸が認められる（b）（写真提供：眞田靖幸氏）．

4-13c

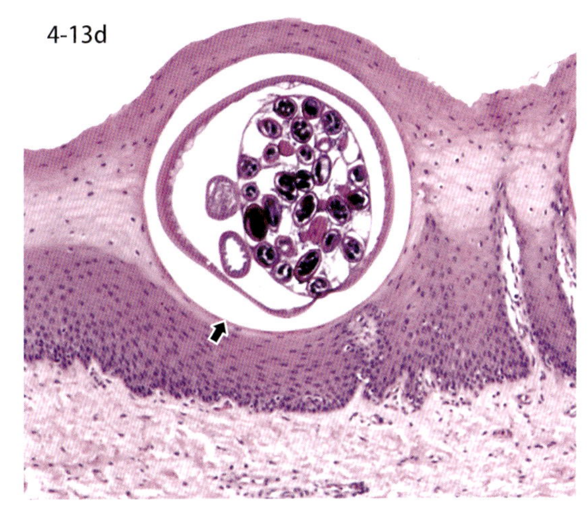

図 4-13c・d　牛の美麗食道虫．重層扁平上皮内に線虫寄生が認められる（矢印）（写真提供：佐藤　宏氏）．

4-13. 食道とそ嚢の感染症

Infectious diseases of the esophagus and crop

食道は口腔から連続する扁平上皮により構成されるが，鳥類では食道の一部が憩室状に拡張して，そ嚢 crop を形成する．食道やそ嚢には口腔と同様の感染症がみられる．そ嚢では，真菌類，とくに *Candida albicans* の感染症が好発する．一般に若齢個体が罹患しやすい．罹患例のそ嚢では，粘膜が白色に肥厚し，しばしば潰瘍や偽膜形成を伴う（図 4-13a）．組織学的には，粘膜の角化亢進，偽好酸球浸潤，線維素析出，あるいは壊死などが認められる．病巣内を注意深く観察すると，粘膜内にカンジダの菌糸が確認できるが，これらは PAS 染色やグロコット染色で明瞭に染色される（図 4-13b）．菌糸が粘膜固有層にまで侵入することは少ない．

動物の食道粘膜から固有層に病変を形成する寄生虫としては，美麗食道虫 *Gongylonema pulchrum* や血色食道虫 *Spirocerca lupi* が知られている．美麗食道虫は，牛，山羊，豚，馬，鹿，およびヒトなどの非常に広い宿主域の動物に寄生する．中間宿主として食糞性昆虫（フン虫）などが知られる．家畜における美麗食道虫症は，一般には病害性が低く，治療対象となることはまれである．感染動物では，食道粘膜にジグザグに走行する体長約 10 ～ 15 cm の線虫を肉眼的に観察することができる（図 4-13c）．組織学的には重層扁平上皮内に寄生する線虫を確認できるが，虫体に対する炎症などの組織反応は乏しい（図 4-13d）．血色食道虫は犬やキツネなどの犬科動物の食道壁や大動脈壁内に肉芽腫を形成して寄生する線虫である．まれに動脈破裂などにより致死的障害をもたらす．

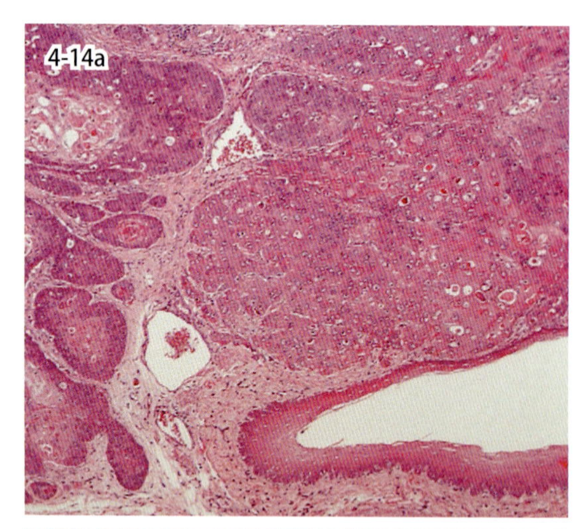

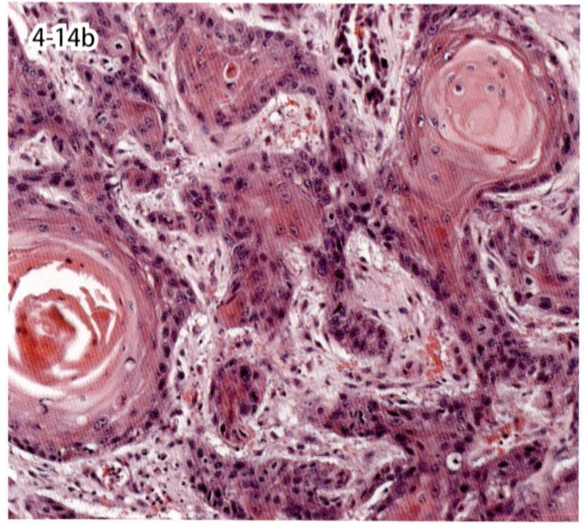

図 4-14a・b 食道の扁平上皮癌（犬）．頚部食道にみられた扁平上皮癌で，粘膜下で浸潤性に増殖し（a），この腫瘍に特徴的な癌真珠（b）がみられる．

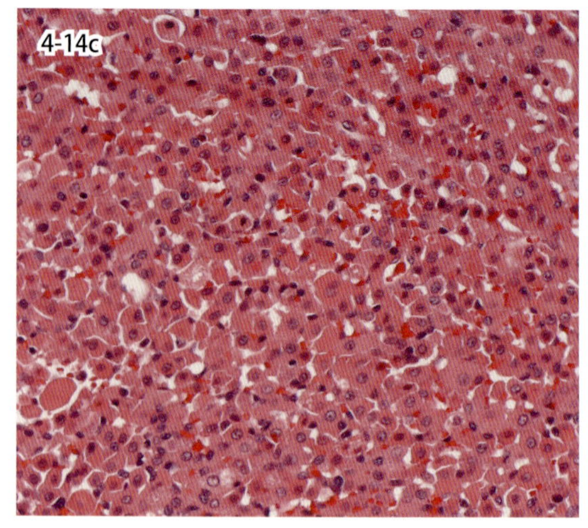

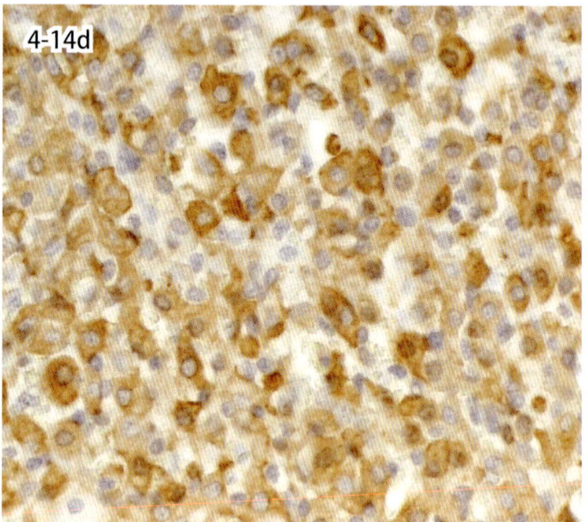

図 4-14c・d 咽頭の横紋筋腫（犬）．咽頭部から食道前庭部に形成された横紋筋腫（c）．免疫組織学的にデスミン陽性を示す腫瘍細胞（d）．

4-14. 食道の腫瘍

Tumor of the esophagus

動物では食道に発生する腫瘍はまれである．食道は重層扁平上皮からなることから，乳頭腫や扁平上皮癌の発生がみられる．食道の乳頭腫は，犬や牛において乳頭腫ウイルスに関連して発生することが知られている．図 4-12a，b は，犬の食道にみられた扁平上皮癌で，腫瘍細胞が食道の深部に向かって浸潤している．皮膚などに生じる扁平上皮癌と同様に癌真珠の形成が特徴である．また，犬では，食道腺由来の腺癌の報告がある．食道の間葉系腫瘍としては，平滑筋腫，横紋筋腫 rhabdomyoma，線維肉腫や骨肉腫の報告がある．図 4-14c，d は，犬の咽頭部から食道前庭部に形成された横紋筋腫を示す．腫瘍細胞は，好酸性の細胞質を有する大型の円形細胞からなり，これらがシート状に増殖している．免疫組織学的にミオグロビンやデスミンに対して陽性を示す．

Ⅲ．胃の病変

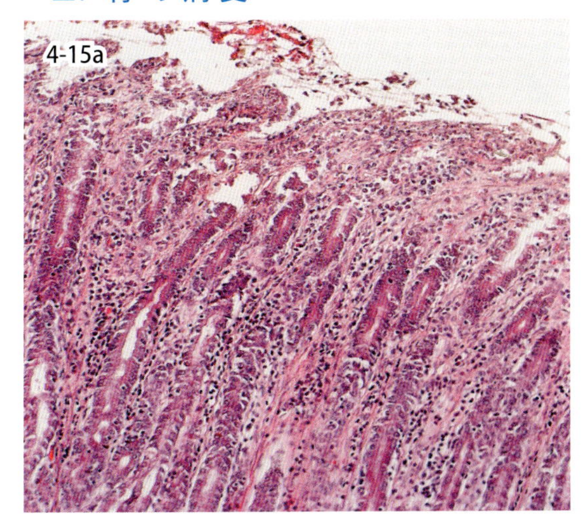

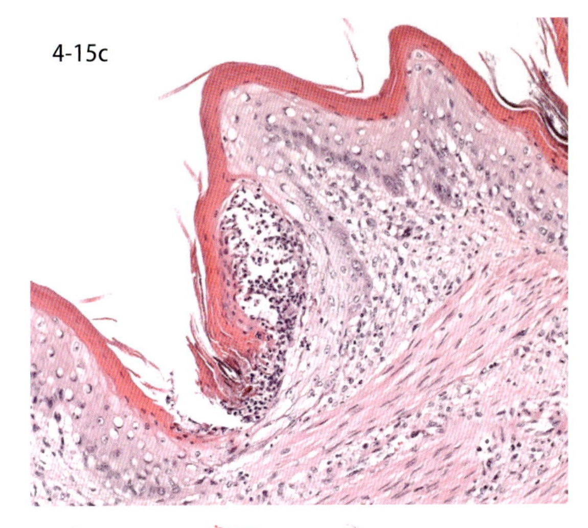

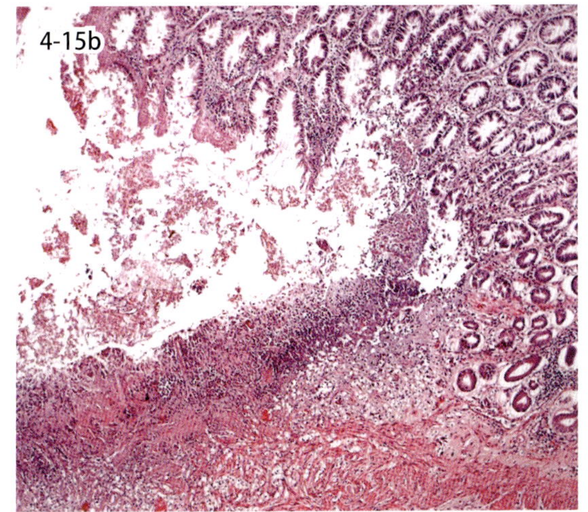

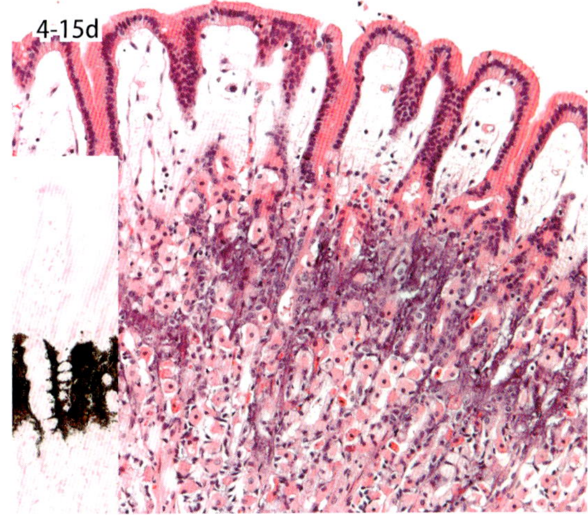

4-15a・b　胃のびらん（a，豚）．胃体粘膜表層の上皮細胞が剥離し，固有層に炎症性細胞が軽度に浸潤している．胃の潰瘍（b，犬）．粘膜固有層に至る欠損．

図 4-15c・d　第二胃の重層扁平上皮内の微小膿瘍（c，アメリカバイソン）．慢性腎障害に伴う胃炎（d，猫）．粘膜上皮下の水腫，炎症性細胞浸潤と転移性石灰沈着（挿入図，コッサ染色）．

4-15．胃のびらんおよび潰瘍
Erosion and ulcer in the stomach

胃は食物の一時貯留と消化を行う．反芻動物では，前胃（第一胃，第二胃，第三胃）と腺胃（第四胃）からなり，前胃は，食道と同じ重層扁平上皮からなり，腺胃は，単胃動物の胃底腺と同じ組織構造を有する．胃底腺には，胃酸を分泌する壁細胞が存在する．さまざまな原因で胃酸の分泌が過剰となると粘膜上皮が傷害されびらんが生じやすい．図 4-15a は，豚の胃底部のびらんで，粘膜上皮の剥離，脱落と固有層への軽度の炎症性細胞浸潤がみられる．粘膜の欠損が粘膜筋板を越えた場合を潰瘍という．びらんや潰瘍は，物理的あるいは化学的な傷害，また外的，内的なストレスや感染症などさまざまな要因で生じる．非ステロイド系抗炎症剤は，びらんや潰瘍を起こす薬物として知られている．図 4-15b は，犬の胃底部に生じた潰瘍である．図 4-15c はアメリカバイソンの第二胃に生じた重層扁平上皮内の微小膿瘍を示す．反芻動物では，濃厚飼料から粗飼料への急な切替えによりアシドーシスが生じ，その結果，第一胃や第二胃に，化膿菌や壊死桿菌の侵入による微小膿瘍が形成されることがある．また，肝臓，腎臓や副腎の機能障害に伴って生じる胃炎も知られている．図 4-15d は，尿毒症罹患猫の胃粘膜で，水腫と炎症性細胞浸潤，転移性石灰沈着がみられる（尿毒症性胃炎）．石灰沈着は主に胃酸を産生する壁細胞のあたりに生じ，コッサ染色で黒褐色に染まる（図 4-15d 挿入図）．

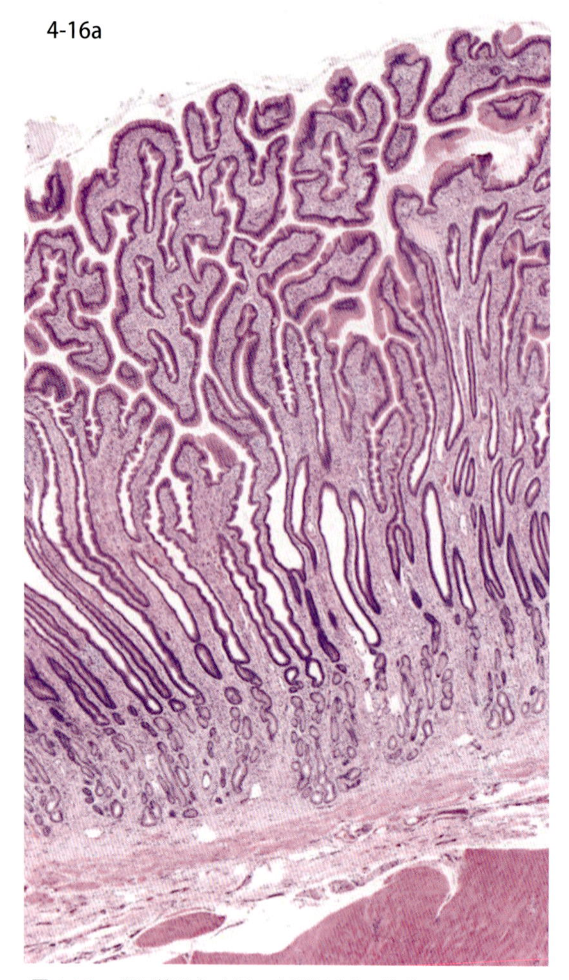

図 4-16a　肥厚性胃炎（犬）．幽門部近くの粘膜の肥厚．

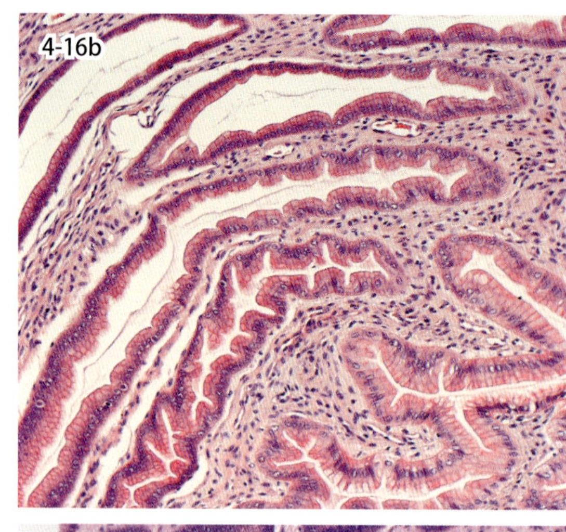

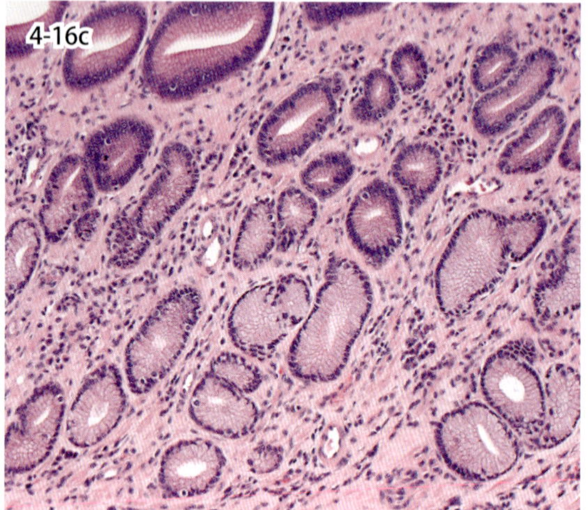

図 4-16b・c　肥厚性胃炎（犬）．図 4-16a の一部拡大．上方（b）と下方（c）の粘膜固有層．

4-16. 胃炎（肥厚性，萎縮性）
Gastritis

多くの慢性胃炎は，急性に生じる胃炎が，慢性化することで生じるが，犬や猫では明確な原因がわからない特発性慢性胃炎がある．これらのうち，粘膜上皮の肥大および過形成を特徴とする胃炎を，慢性肥厚性胃炎 chronic hypertrophic gastritis（または diffuse gastric mucosal hypertrophy）と呼ぶ．そのために胃粘膜は肉眼的に脳回状にみえることがある．組織学的には，粘膜上皮は丈が著しく高くなり，粘膜固有層にはリンパ球の浸潤を伴い軽度から中等度の線維化が生じる．ときに嚢胞状に拡張する胃底腺をみることがある．

図 4-16 は犬の幽門部近くの胃底部粘膜にみられた肥厚性胃炎で，粘膜は全体に著しく肥厚し（図 4-16a），上方の粘膜固有層には，リンパ球の軽度の浸潤を伴った結合組織の中等度の増生がみられ（図 4-16b），下方では著しい結合組織の増生とリンパ球の小集簇がみられる（図 4-16c）．肥厚性胃炎は，犬ではバセンジー，シーズー，マルチーズなどの小型犬種に好発し，さらに老犬に多いとされる．なお，ヒトでは慢性胃炎の 1 つの像としてヘリコバクターの慢性的な感染による萎縮性胃炎 atrophic gastritis が知られており，この胃炎では腸上皮化生を経て胃癌へと進展することがある．

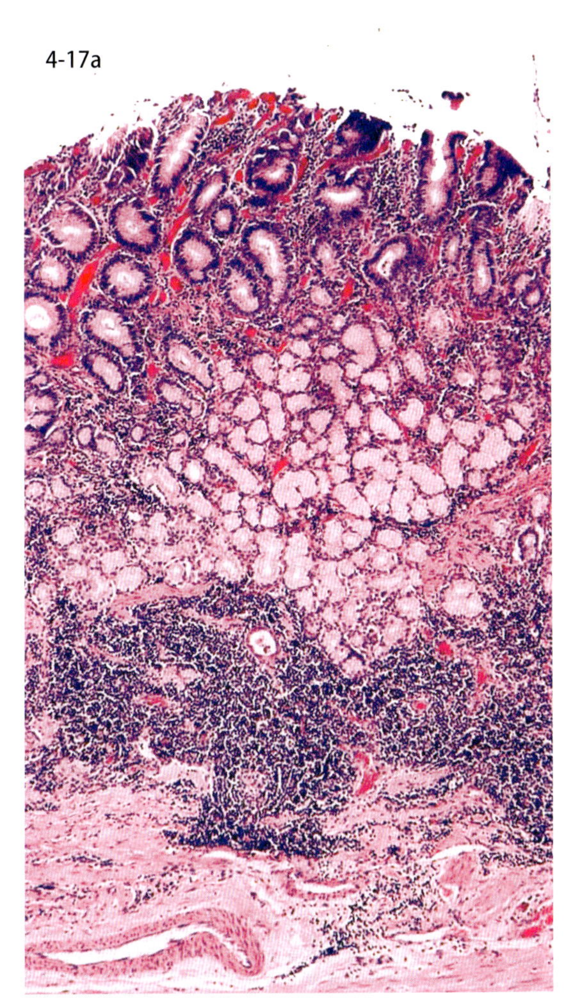

図 4-17a　フェレットの胃幽門部．粘膜表層にはびらんが認められ，固有層に重度のリンパ球浸潤が観察される．

図 4-17b・c　図 4-17a のワーチン・スターリー染色（b）．粘膜上皮にらせん菌が密着する．c は *Helicobacter heilmannii* の強拡大像（チーターの胃）．

4-17. ヘリコバクター感染症

Helicobacter infection

ヘリコバクター属細菌は，強いウレアーゼ活性を有し，強酸の胃内でも生息できるグラム陰性のラセン菌で，現在ではヒトを含め種々の動物に，約 20 種類のヘリコバクター属細菌が確認され，その感染部位は胃のみならず，肝臓や腸にも及び，生息部位から gastric と enteric に大別される．ヘリコバクター属細菌の病原性について，ヒトの *Helicobacter pylori* は胃炎に留まらず，胃潰瘍，胃癌さらにリンパ腫を惹起する細菌として注目されている．実験的に，マウスにある種のヘリコバクター属細菌を感染させるとリンパ・形質細胞性胃炎が誘発できる．しかし，スナネズミを除けば胃癌はもとより胃びらんあるいは潰瘍は誘発できない．自然感染例で問題になるのは，マウスの *H. hepaticus*，フェレットの *H. mustelae* やチーターの *H. heilmannii*，*H. felis*，*H. acinonyx* などである．なお，犬や猫のヘリコバクター属細菌の病原性ははっきりしない．

図 4-17a は，フェレットの幽門部であり，リンパ球，形質細胞が粘膜固有層および粘膜下織へ高度に浸潤している．粘膜表層にはびらんも観察される．*H. mustelae* は，*H. pylori* と近縁で形態的に酷似し，粘膜上皮に密着する点も同様で（図 4-17b），離乳後，各年齢層のフェレットに感染し，自然・実験感染で，表層性胃炎，慢性活動性胃炎，萎縮性胃炎，胃粘膜の再生，びらん，潰瘍，さらには胃癌へと進行するといわれている．図 4-17c は，多くの動物種の胃に観察される *H. heilmannii* で，形態と感染様式が *H. mustelae* と異なる（図 4-17b，c はワーチン・スターリー染色）．

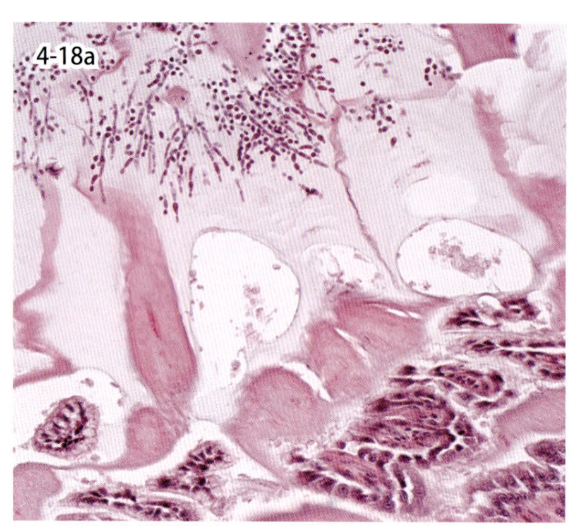

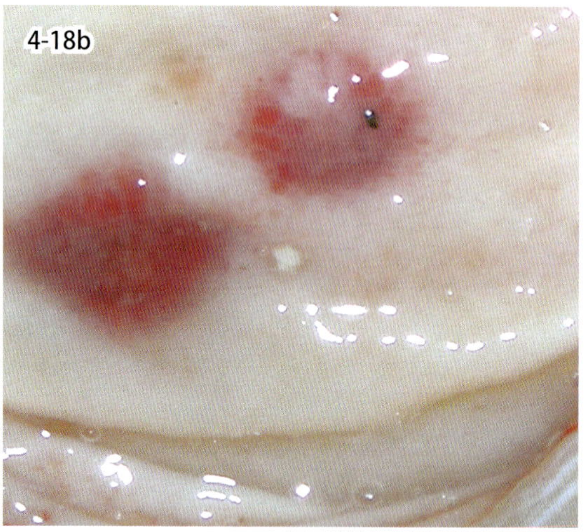

図 4-18a・b 真菌性胃炎．筋胃粘膜表層のカンジダの菌糸（a，オカメインコ）．カンジダ感染による胃粘膜の多発性出血（b，アルダブラゾウガメ）．

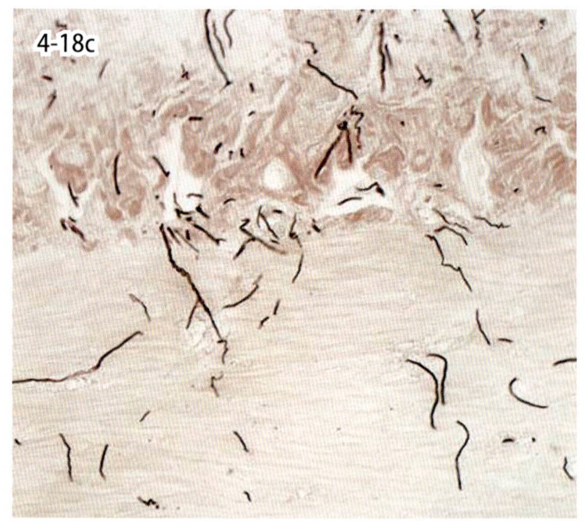

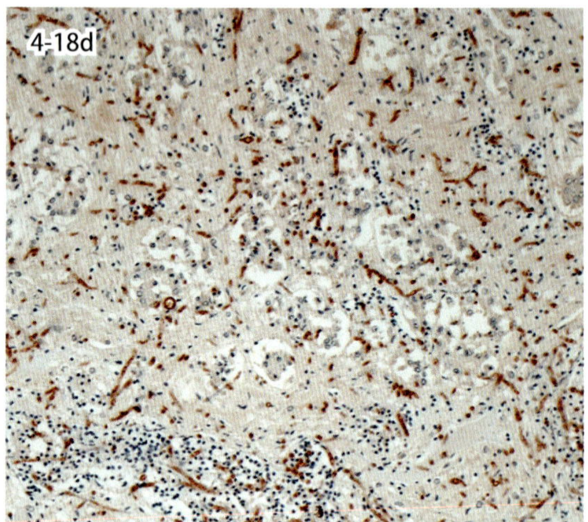

図 4-18c・d 真菌性胃炎（アルダブラゾウガメ）．胃底部粘膜の菌糸（グロコット染色（a）および抗カンジダ抗体（d）を用いた免疫染色）．

4-18. 真菌感染症
Fungal infection

真菌性胃炎 fungal gastritis の原因としては，カンジダやムコールが知られている．内毒素症，敗血症，悪性腫瘍，ウイルス感染，ステロイドの過剰投与，抗生物質の不適切な使用などは真菌性胃炎の要因となりやすい．図 4-18a は，インコの筋胃粘膜に感染したカンジダによる表在性真菌性胃炎を示す．深部には感染していないことから炎症性細胞の反応に乏しい．一方，図 4-18b ～ d は，老齢のカメの胃底腺にみられたカンジダ感染症で，組織学的には，粘膜は剥離して潰瘍が形成され，粘膜固有層には高度の炎症がみられた．このような真菌の感染が深部に及ぶと，菌糸が血管壁に侵入し壊死性血管炎が生じ，血栓症や出血性梗塞が生じることがある．ムコール感染症では血管侵襲が生じやすく重度の壊死性・潰瘍性胃炎が生じる．

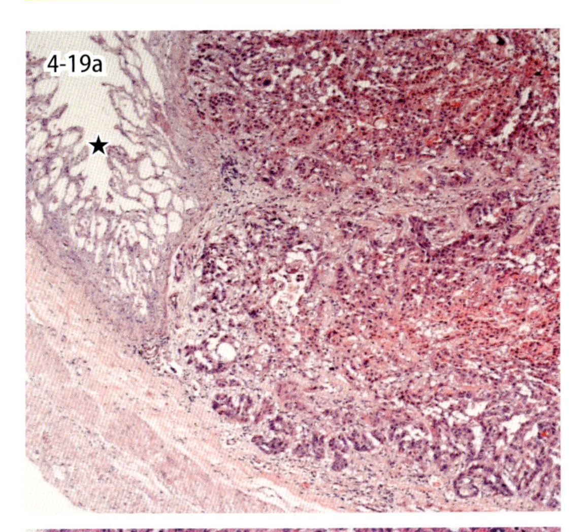

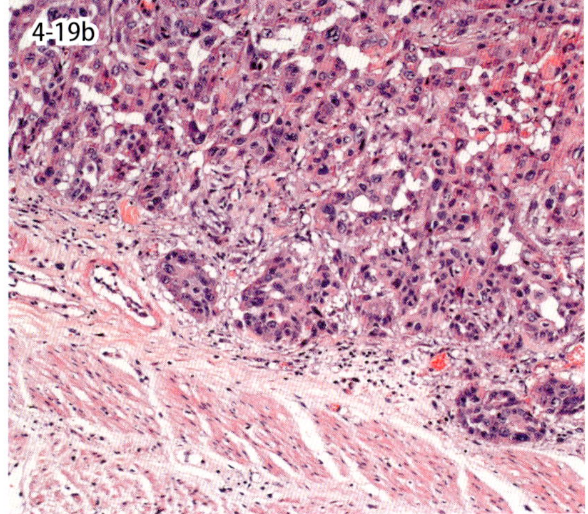

図 4-19a・b　胃の腺癌（シマリス）．壊死した胃粘膜（★）に隣接して浸潤性に増殖する腺癌が認められ（a），深部では筋層に向かって浸潤している（b）．

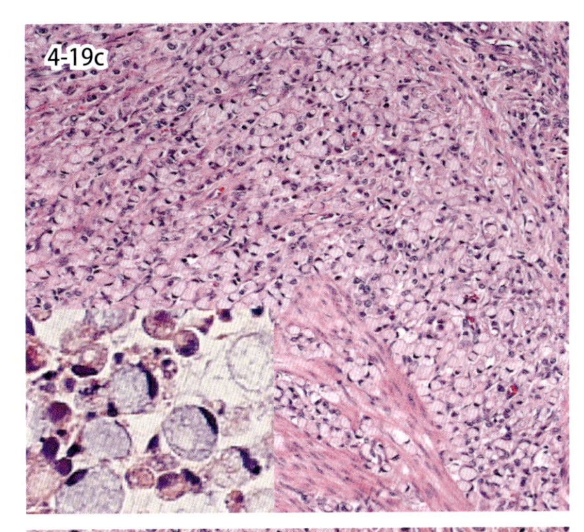

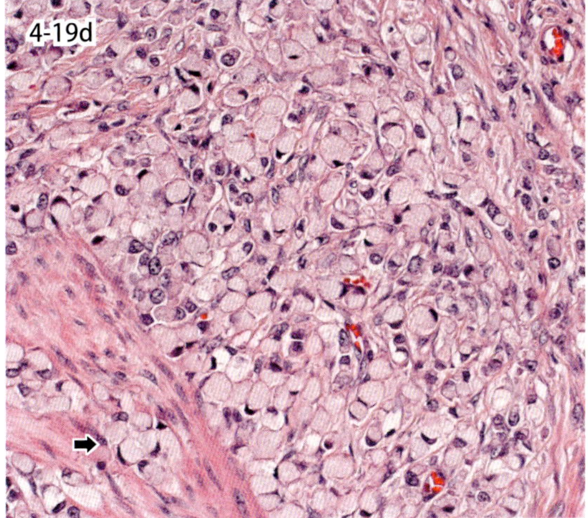

図 4-19c・d　胃の印環細胞癌（犬）．印環細胞の増殖（c），細胞質に粘液を容れて核が辺縁に押しやられ印環状となった腫瘍細胞（c 挿入図）．腫瘍細胞の筋層への浸潤性増殖（d，矢印）．

4-19. 胃　　癌
Gastric carcinoma

胃底腺由来の胃の上皮性悪性腫瘍として腺癌 adenocarcinoma がある．とくに中年齢から高年齢の犬でみられ，好発部位は幽門部近くとされる．肉眼的には，ポリープ状からやや隆起した円盤状で，しばしば潰瘍形成がみられる．組織学的には，増殖様式と細胞の特徴から，管状腺癌，乳頭状腺癌，粘液腺癌や印環細胞癌などに分類される．図 4-19a，b は，シマリスにみられた腺癌で，腺上皮が管状，索状，あるいは乳頭状に増殖し，深部では筋層に浸潤している．図 4-19c，d は，犬にみられた印環細胞癌で，腫瘍細胞は粘液を産生するが，細胞外に分泌することができない．このため，腫瘍細胞は細胞質に粘液空胞を有し，核が辺縁に押しやられて，あたかも昔，ヨーロッパでサイン代わりに使われた印環 signet ring に類似する形態をとることから印環細胞癌と呼ばれる．悪性度の高い腫瘍で，筋層にじわじわと浸潤するように増殖する．ときに，周囲に膠原線維の増生を伴うことがあり，硬癌の特徴が現れる．管状，乳頭状の腺癌においても，印環細胞の特徴を示す腫瘍細胞が，散見あるいは集簇してみられることがある．一方，粘液腺癌の腫瘍細胞も同様に粘液を産生するが，細胞外へ分泌する性質は失っていないため，腫瘍組織の半分以上が細胞外ムチンで占められるものをいう．このような胃の腺癌には，しばしば所属リンパ節やほかの臓器への転移がみられる．

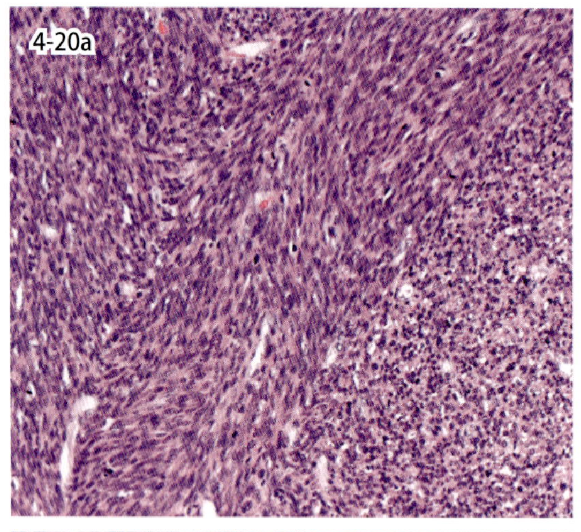

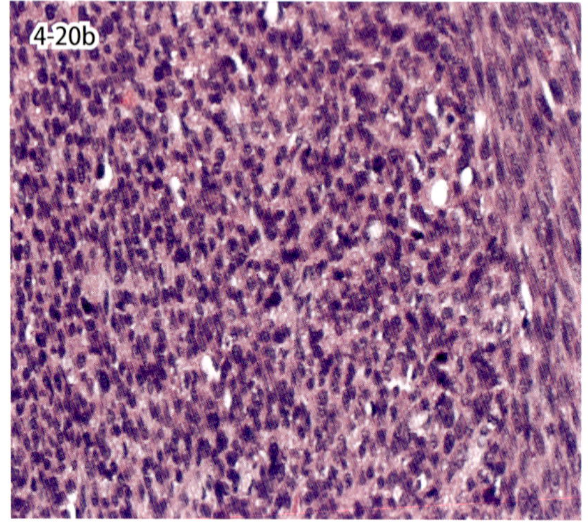

図4-20a・b　胃の消化管間質腫瘍GIST（犬）．紡錘形から多角形，ときに円形の間葉系細胞が束状（a），シート状（b）に増殖している．

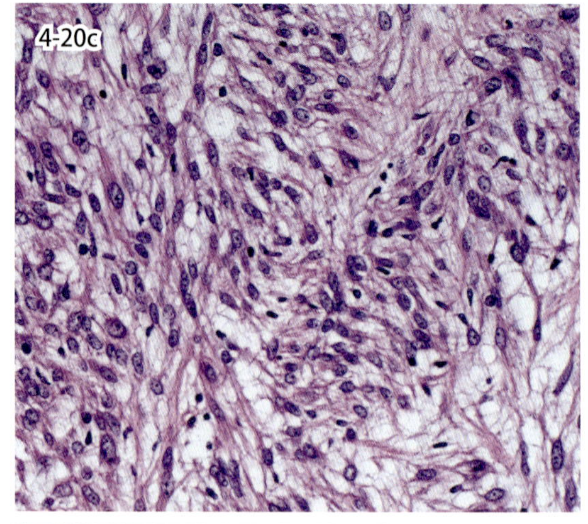

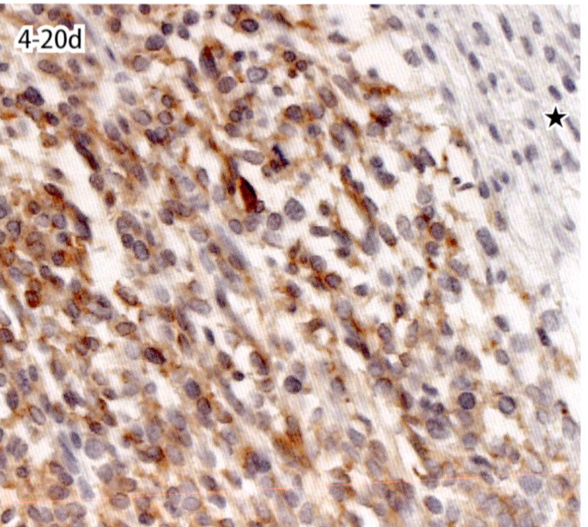

図4-20c・d　胃の消化管間質腫瘍GIST（犬）．紡錘形から多角形，ときに円形の間葉系細胞の増殖と粘液基質（c）．腫瘍細胞はc-kit陽性を示す（d，★は線維組織，免疫染色）．

Chap.4

4-20. 消化管間質腫瘍

Gastrointestinal stromal tumor

消化管間質腫瘍（GIST）は，胃の間葉系腫瘍としては平滑筋由来の腫瘍に続いて多い．以前は平滑筋由来の腫瘍とされていたが，カハール介在細胞 interstitial cell of Cajalに由来すると考えられている．良性から悪性までの臨床的挙動を示す．GISTは多彩な組織像を示す．図4-20は，核異型性の高い紡錘形，あるいはときに円形や多角形の腫瘍細胞が，束状やシート状に配列する部位を示す．また，粘液基質に支持されて束状あるいは波状に増殖することもある．組織学的特徴から，花むしろ型，粘液型，束状型，上皮型に分けられる．免疫組織学的には，間葉系マーカーのビメンチンに対して陽性で，さらにチロシンキナーゼ受容体であるc-kit蛋白質に対しても陽性を示す．c-kitに対する陽性反応はGISTの特徴とされる．平滑筋や神経系への分化を示すことがあり，よって平滑筋の特徴があればα-平滑筋アクチンに対して，神経系細胞の特徴があればS-100蛋白に対して免疫染色陽性となる細胞がみられる．

Ⅳ. 腸の病変

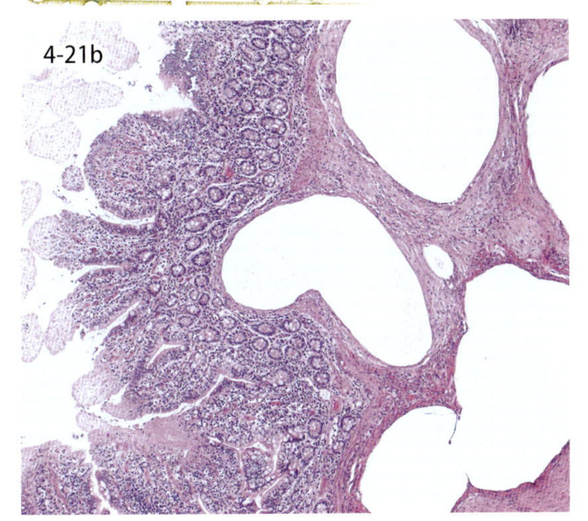

図 4-21a・b　腸気泡症（豚）. 小腸漿膜には大小さまざまな大きさの気泡がみられ（a），組織学的には，内皮細胞で内張りされたリンパ管の拡張が認められる（b）.

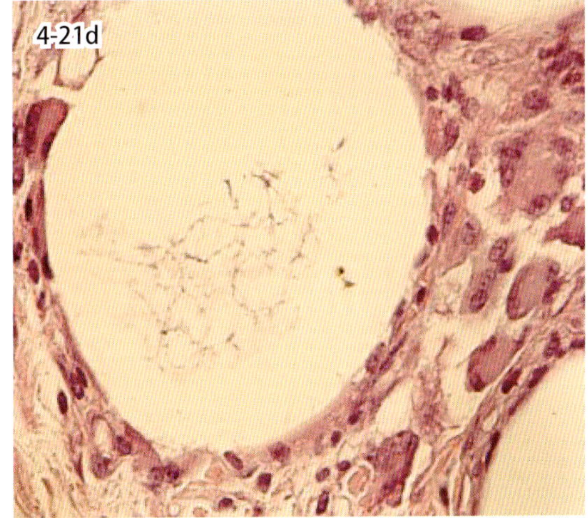

図 4-21c・d　第一胃気泡症（牛）. 粘膜面から多数の気泡が確認され（c），組織学的にはリンパ管の拡張と類上皮細胞と多核巨細胞の反応が観察される（d）.

4-21. 腸気泡症
Intestinal emphysema

腸気泡症は，ヒトでは腸壁囊状気腫 pneumatosis cystoides intestinalis と呼ばれており，腸管壁や腸間膜にガスが囊胞状に貯留する状態で，中年の男性に多い. 消化管の種々な炎症性疾患に合併して二次的に起こるものが大半で，各種検査により多数の粘膜下腫瘤として発見される. 成因については未だ不明であるが，肺胞から漏れた空気に起因する肺原説，腸内圧亢進による腸内ガスに起因するという機械説，嫌気性菌によるという細菌説などがある.

豚の本症は一見健康なと殺豚で発見されることが多く，小腸壁から腸間膜，さらに腸間膜リンパ節にかけて，直径２～３cm 以下のガスを入れる囊胞状の気腫が多数みられる（図 4-21a，b）. 原因は明らかではないが，恐らくは腸管内に貯留したガスがリンパ管を介して組織内に持ち込まれたと考えられている. 牛では肥育の目的で濃厚飼料を多給されると牛の第一胃前部腹囊壁粘膜下に同様の病変が認められる（図 4-21c，d）. これは撹拌が不十分になった第一胃内で産生されたガスが，堆肥状粘土状になった胃内容に遮られるため，リンパ管を介して粘膜下組織に取り込まれたものと推察されている.

組織学的には粘膜下組織から筋層にかけて多数の気腫性空隙がみられる. 多くの空隙の辺縁には内皮が存在し，ときに少量のリンパ液を入れていることからリンパ管の著しい拡張といえる. また，囊胞状空隙の周囲にはマクロファージ，異物巨細胞およびリンパ球の浸潤をみる. これはリンパ管に貯留したガスそのものが異物となって引き起こされた細胞反応である.

Chap.4

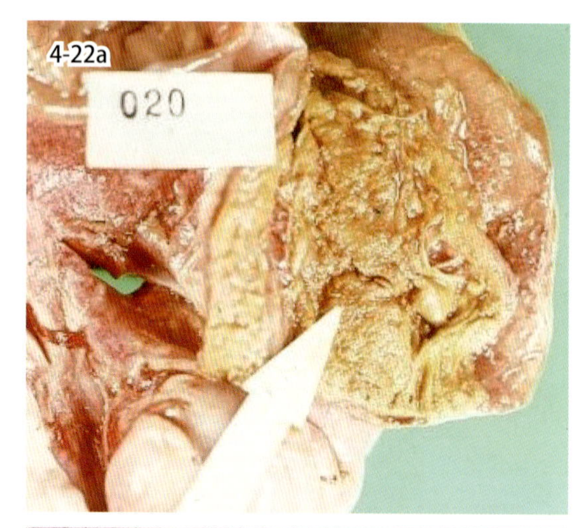

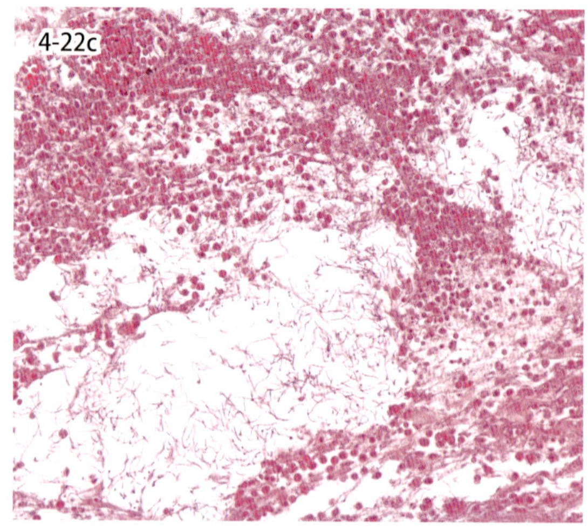

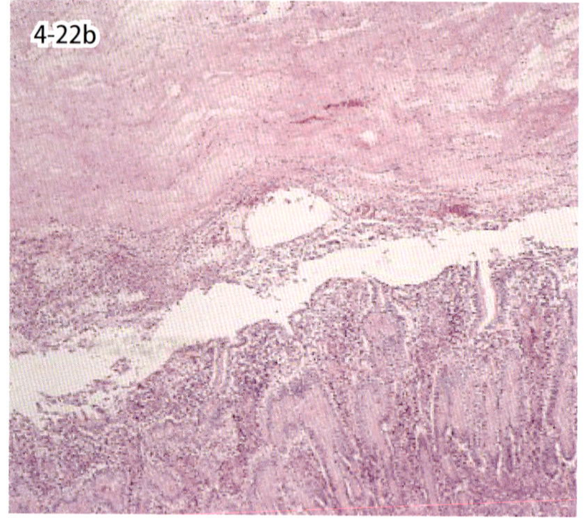

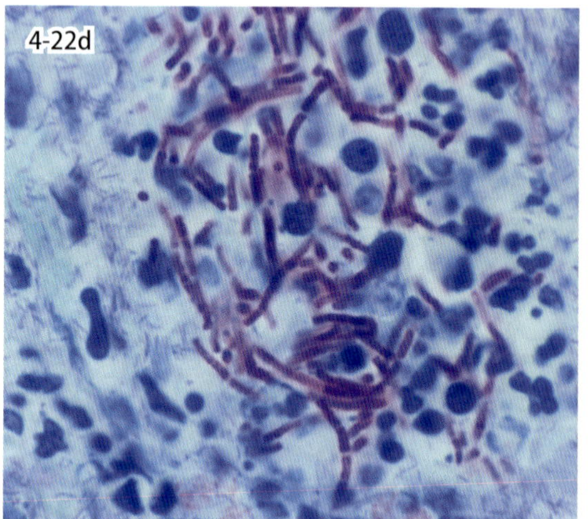

図 4-22a・b　炭疽（豚）．出血性終末回腸炎．回腸の内腔は壊死組織により覆われている（a）．回腸粘膜表面は細胞退廃物で覆われている（b）．

図 4-22c・d　炭疽（豚）．細胞退廃物内の大型桿菌（c）．ギムザ染色では大型の竹節状桿菌が認められる（d）．

4-22. 炭　疽
Anthrax

炭疽菌 *Bacillus anthracis* の感染によって起こる急性敗血症性の人獣共通感染症で，世界各地で散発的に発生し，致死率は高い．炭疽菌はグラム陽性大桿菌で，鞭毛を欠き，運動性はなく，芽胞を形成する．生体内では菌体表層に明瞭な莢膜を形成し短い連鎖状であるが，人工培地では竹節状の長い連鎖を形成する．炭疽菌は３種類の外毒素（浮腫因子，致死因子および防御抗原）を産生し，これらの複合作用により，食細胞の不活化，毛細血管の透過性亢進，抗補体作用および血液凝固不全を引き起こす．

草食動物では土壌中の芽胞が直接あるいは水，牧草を介して感染する．牛，水牛，シカ，馬などの草食動物は感受性が高いが，豚，イノシシ，犬，ヒトは比較的抵抗性である．動物種および感染部位により症状は一様ではない．突然の発熱，血液の凝固不全，天然孔からの暗赤色タール様の血液漏出がみられるが，すべての動物で必発の所見ではない．剖検では全身性斑状出血，急性脾腫（牛，馬），出血性終末回腸炎（豚の腸炭疽），皮膚炭疽，局所のリンパ節腫大などがみられる．組織学的には全身諸臓器・組織における充血，出血，壊死とともに，毛細血管内に大桿菌が認められる．豚の腸炭疽では，大桿菌を伴う出血性壊死性回腸炎が認められる．

本病の診断には塗抹標本検査，アスコリーテスト，パールテスト，ファージテストなどによる菌の分離，同定が必要である．

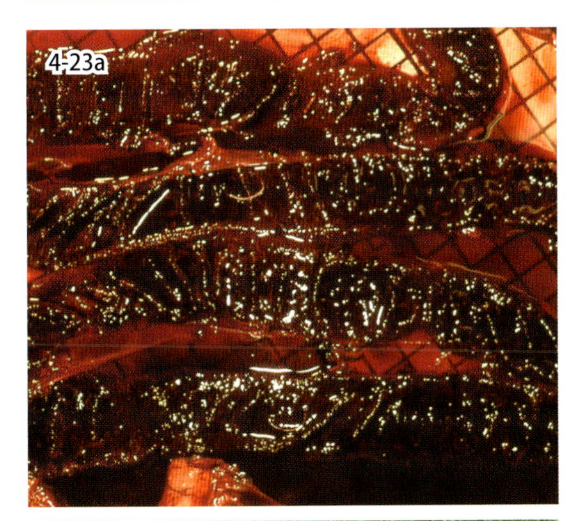

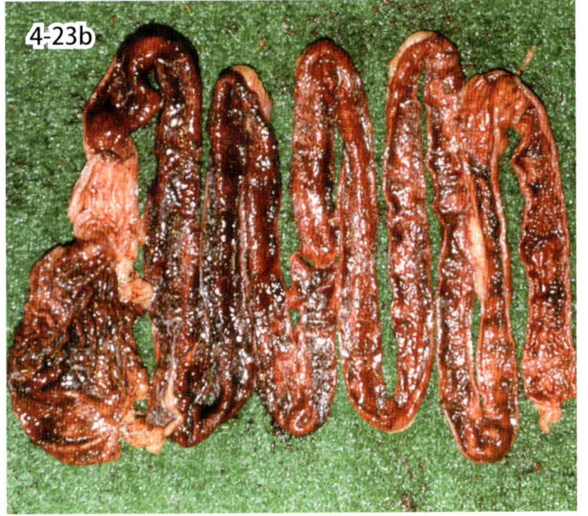

図 4-23a・b　出血性腸炎（犬）．粘膜は高度の出血のため暗黒色を呈している（a）．十二指腸に主座するウエルシュ菌による出血性腸炎（b）．

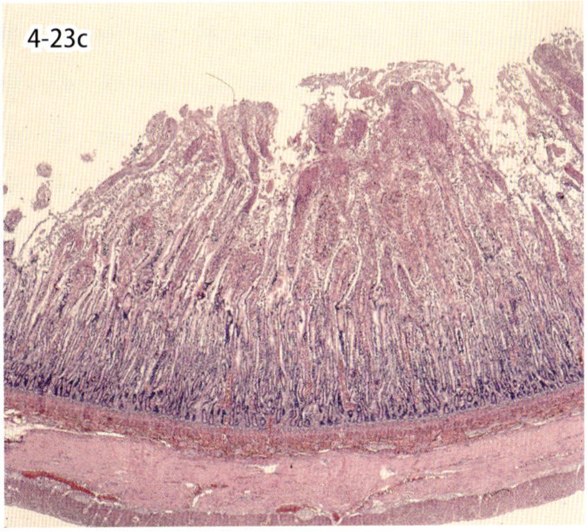

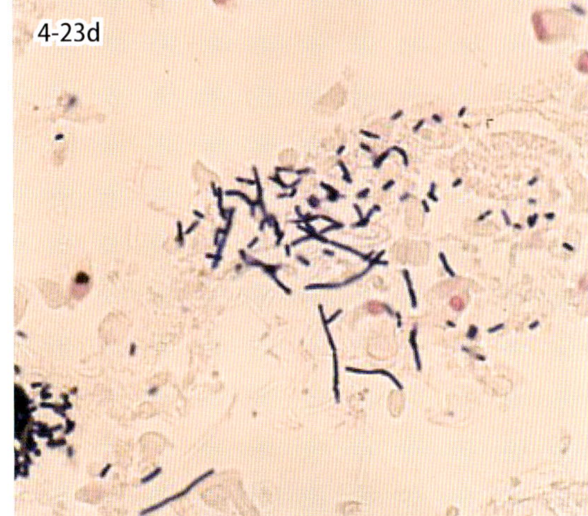

図 4-23c・d　出血性腸炎（犬）．腸絨毛先端の出血，壊死（c）．内腔には大型のグラム陽性大桿菌が認められる（d）．

4-23．出血性腸炎

Hemorrhagic enteritis

出血性腸炎 hemorrhagic enteritis は，粘膜の組織や血管の損傷が重度で，水分，塩類，血漿蛋白ばかりでなく赤血球までが漏出する激しい炎症である（図 4-23a）．ここでは動物の代表的疾患としてクロストリジウム症について述べる．

ウエルシュ菌 *Clostridium perfringens* に起因するエンテロトキセミア enterotoxemia は，牛，羊，山羊，豚，子馬，犬などで報告されており，菌の産生する腸管毒により発症する．ウエルシュ菌は広く自然界に分布し，環境中からも分離され，ヒトや動物の腸内細菌叢にも少数存在するが，本症の発生は散発的である．本菌は産生する毒素の種類によって A，B，C，D，E 型の５つの型に分類され，牛では A 型から E 型菌すべてが原因となるが，豚では C 型菌によるものが多い．

動物はエンテロトキセミアにより急死することもある．剖検では小腸粘膜に壊死やゼリー状血様内容物が認められる（図 4-23b）．組織学的には壊死性出血性炎（図 4-23c）で，絨毛に付着するようにグラム陽性の大型桿菌が多数認められる．

鶏では A または C 型菌に汚染された飼料や敷料を経口的に摂取し，その菌が小腸内で増殖することにより引き起こされる．重度の場合には赤褐色ないし黒褐色のタール便を排泄し，糞便中に腸粘膜組織片が混入する．肉眼病変は小腸に限局し，腸管は径を増して脆くなり，腸粘膜表面には黄色ないし緑色の偽膜が形成されるか，あるいは粘膜が剥離，脱落して菲薄となる．組織学的には壊死性線維素性炎がみられる．

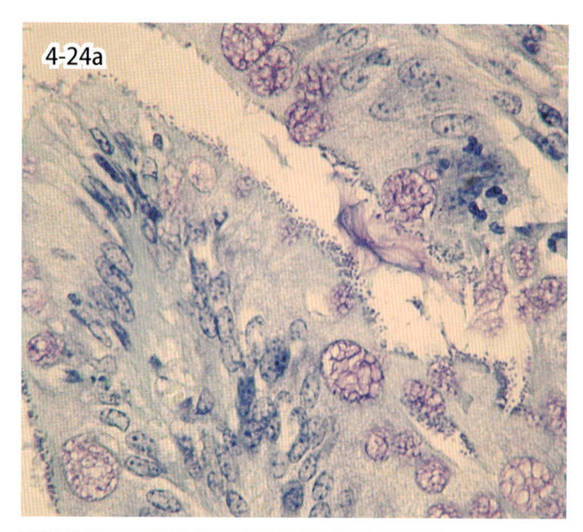

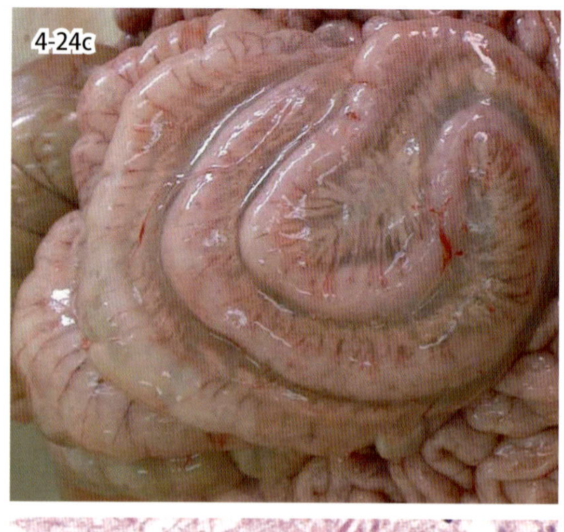

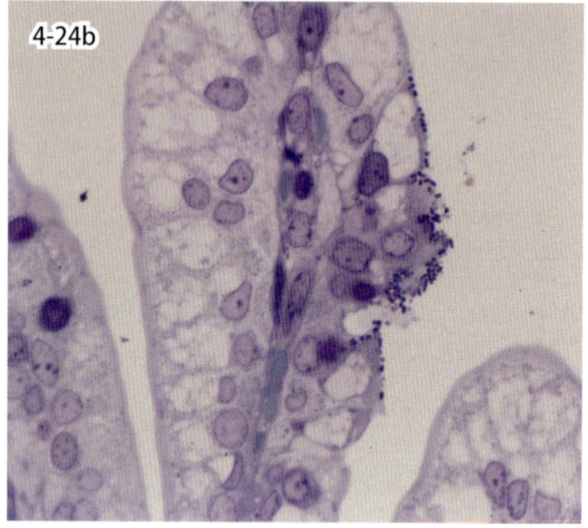

図 4-24a・b　大腸菌症（豚）．ETEC 感染発症豚の空腸粘膜（a，ギムザ染色）．AEEC 感染発症豚の空腸粘膜（b，ギムザ染色）．

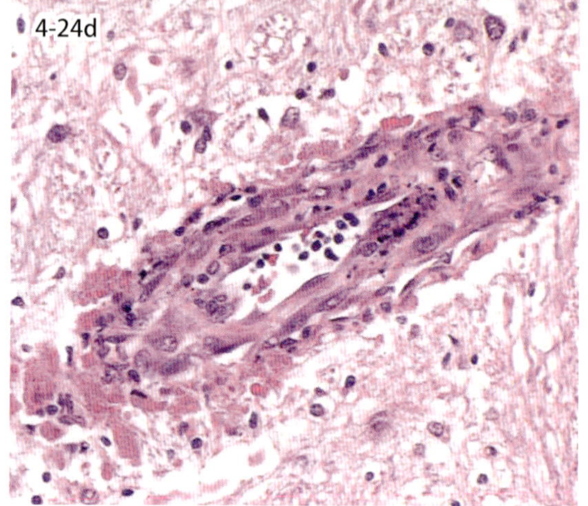

図 4-24c・d　大腸菌症（豚）．浮腫病発症豚の結腸（c）．脳脊髄血管症の脳幹部小動脈（d）．

4-24. 豚の大腸菌症

Colibacillosis in pigs

大腸菌性下痢の多くは，易熱性腸管毒素（LT）あるいは耐熱性腸管毒素（ST）を産生する腸管毒素原性大腸菌 enterotoxigenic *Escherichia coli*（ETEC）が原因で，ときに腸管接着性微絨毛消滅性大腸菌 attaching and effacing *E. coli*（AEEC）が原因となる．主に哺乳豚あるいは離乳豚に発生し，重症の場合，水様性下痢，脱水，削痩を示し死亡する．大腸菌性腸管毒血症は主に離乳豚に発生し，志賀毒素 Stx2e のみを産生する腸管毒血症性大腸菌 enterotoxemic *E. coli*（ETEEC）による浮腫病の病型のほか，Stx2e とエンテロトキシンを産生する ETEEC によって下痢を伴う浮腫病が発生する．耐過した一部の子豚は発育不良となり，神経症状を示し死亡する（脳脊髄血管症）．

ETEC による感染では，腸管は全体に弛緩し，水様性内容物を容れる．組織学的には小腸絨毛の粘膜上皮細胞の刷子縁に多数の大腸菌が付着している（図 4-24a）．AEEC では泥状から水様の内容物がみられ，組織学的には小腸から大腸の表層粘膜上皮細胞上の遊離面に小桿菌の接着と微絨毛消滅像 attaching-effacing（AE）が認められる（図 4-24b）．

浮腫病では眼瞼周囲の浮腫，胃腸管の漿膜や腸間膜の水腫，腸間膜リンパ節の腫大をみる（図 4-24c）．組織学的には全身の小動脈に血栓形成，内皮細胞の腫大，壁の水腫性膨化が認められる．とくに，慢性例に出現する中枢神経系の小動脈中膜の類線維素壊死と血管周囲の PAS 陽性硝子滴は特徴的である（図 4-24d）．

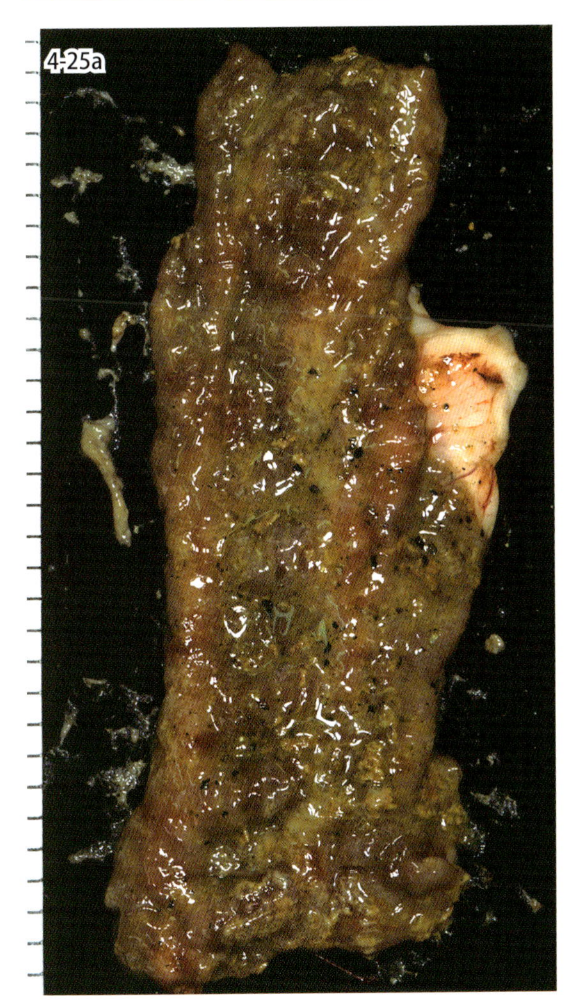

図 4-25a　豚赤痢．感染豚の結腸粘膜．目盛は 5 mm．

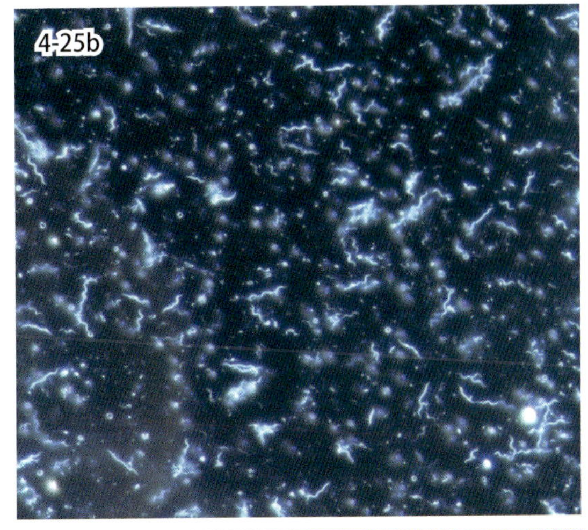

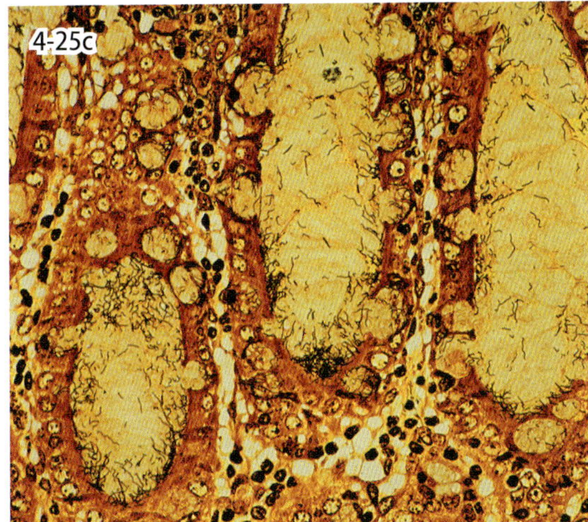

図 4-25b・c　豚赤痢．結腸内容物の暗視野顕微鏡像（b）．結腸粘膜のワーチン・スターリー染色像（c）．

4-25. 豚　赤　痢
Swine dysentery

本疾病は *Brachyspira hyodysenteriae* による急性または慢性の豚の伝染性大腸疾患で，品種，性別に関係なく発生するが，離乳後の 15 ～ 70 kg の豚に多発する．罹患豚は元気消失，食欲減退，体重減少に加えて悪臭のある粘血下痢便（赤痢）の排泄を特徴とする．

肉眼病変は，大腸（盲腸，結腸および直腸）に限局して認められ，腸間膜リンパ節は腫脹する．腸壁は水腫性に肥厚し充血する．粘膜面と腸内容は暗赤色で，粘膜表面は粘液や血液の混在した粘稠性の滲出液で被われ（図 4-25a），偽膜を形成することもある．新鮮糞便あるいは剖検時採材した病変部腸内容を暗視野顕微鏡で観察すると活発に運動する大型らせん菌が観察される（図 4-25b）．

組織学的には粘膜表層で粘膜上皮細胞の変性，壊死，剥離，脱落が著しく，出血，細胞退廃物および線維素の滲出が認められる．粘膜固有層には好中球が浸潤し，陰窩では杯細胞の過形成，粘液の貯留を伴う陰窩腔の拡張が認められる．ワーチン・スターリー Warthin-Starry 染色では，大型らせん菌が粘膜表面，陰窩腔内，杯細胞内あるいは粘膜固有層に認められる（図 4-25c）．超微形態学的には本菌の腸上皮細胞への付着や細胞内侵入，微絨毛の消失，ミトコンドリアと小胞体の腫脹が観察される．

類症鑑別として腸腺腫症，豚腸管スピロヘータ，サルモネラ症，壊死性腸炎あるいは鞭虫症が重要である．

Chap.4

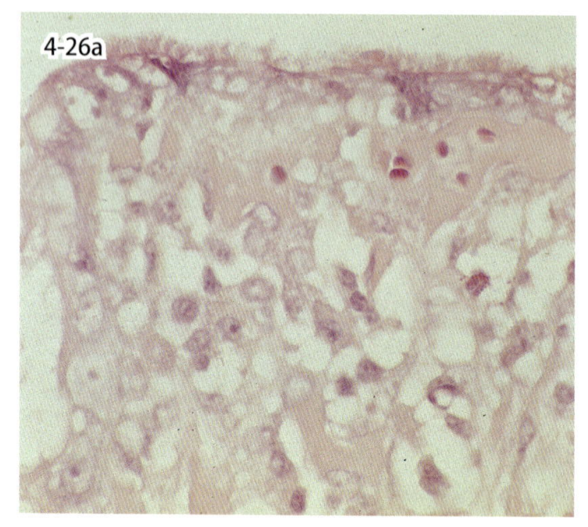

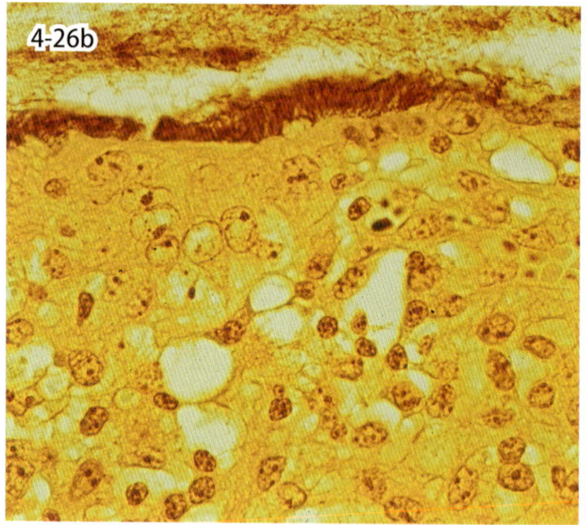

図 4-26a・b　豚腸管スピロヘータ症．豚の結腸粘膜（a は HE 染色，b はワーチン・スターリー染色）．

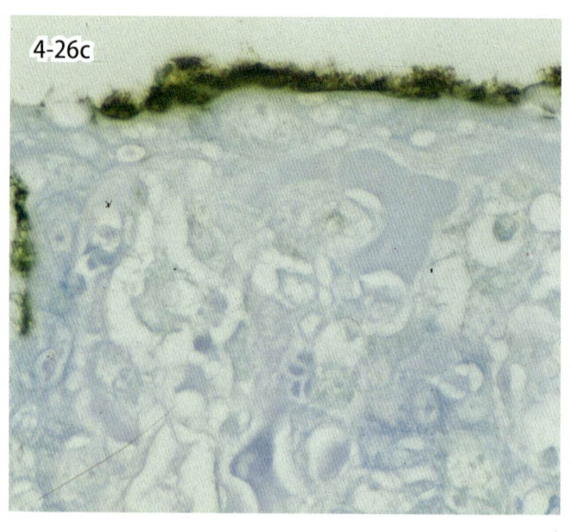

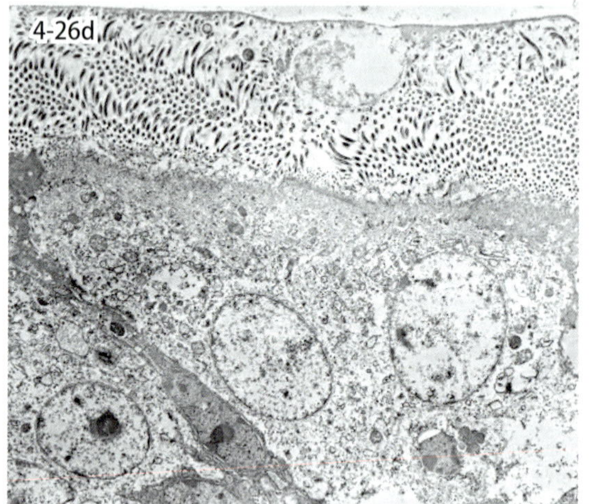

図 4-26c・d　豚腸管スピロヘータ症．豚の結腸粘膜（c，免疫染色）と電子顕微鏡像（d）．

4-26. 豚腸管スピロヘータ症

Porcine intestinal spirochetosis

本疾病は *Brachyspira pilosicoli* の感染によって起こり，下痢を主徴とする離乳豚の細菌性腸管感染症である．

臨床症状として，微量の粘液と血液を含む緑色から褐色を帯びた軟便あるいは水様性下痢が認められる．再発をみることもあるが，下痢は通常 2 ～ 14 日間で終息する．発症しても，食欲は維持されるが，飼養効率は低下し，発育不良となるため出荷日数が延長する．死亡はまれである．

肉眼病変は盲腸と結腸に好発する．腸管は弛緩し，水様緑色あるいは黄色粘性の内容物で充満する．粘膜には軽度の充血やうっ血，ときにびらんがみられる．重症例では点状～斑状出血，多発性潰瘍あるいは血液を混じた粘液を伴う大腸炎となる．慢性例では線維素あるいは壊死組織塊が粘膜に付着する．

組織学的には，粘膜は水腫性に肥厚し，充血がみられ，陰窩膿瘍が散在する．陰窩上皮細胞の核分裂像は増数し，立方化あるいは扁平化した上皮細胞が粘膜表層に認められる．大型でらせん形の本菌は上皮細胞表面に密に縦に整列して付着するため，フリンジ様の偽刷子縁像を呈する（図 4-26a ～ c）．超微形態学的には，本菌の接着による粘膜上皮細胞表面の糖衣の消失，微絨毛の破壊，ミトコンドリアや小胞体の腫脹が認められ，腸上皮細胞は壊死に陥る．本菌は粘膜上皮細胞間隙や粘膜固有層，さらに細胞膜を通過して細胞内に侵入することがある（図 4-26d）．

類症鑑別には豚赤痢，腸腺腫症，サルモネラ症，壊死性腸炎や鞭虫症があげられる．

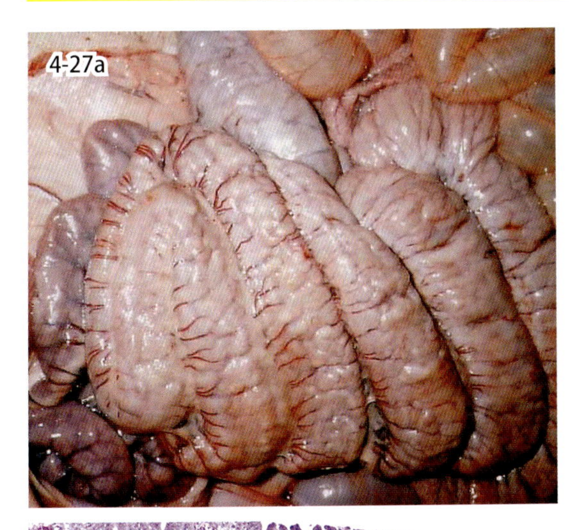

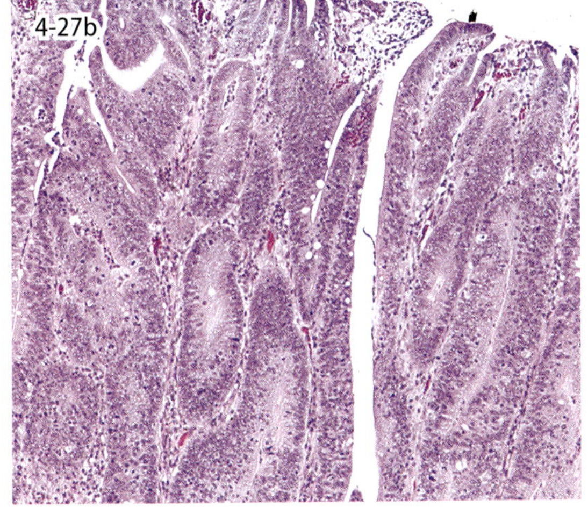

図 4-27a・b　豚の腸腺腫症．発症豚の消化管（a）．回腸粘膜（b，WS 染色）．

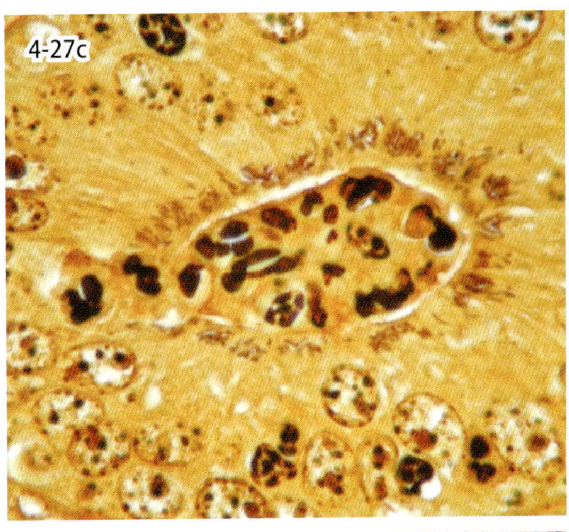

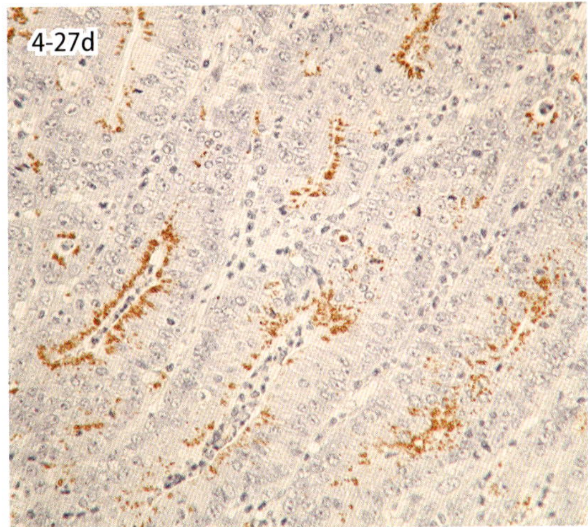

図 4-27c・d　豚の腸腺腫症．回腸粘膜（c はワーチン・スターリー染色，d は免疫染色）．

Chap.4

4-27．豚の腸腺腫症

Porcine intestinal adenopathy（PIA）

本疾病は細胞寄生性の *Lawsonia intracellularis* による細菌感染症で，育成期から肥育期の豚に発生する．急性あるいは慢性の病型に分けられ，急性例はタール様暗黒色血便を排泄し，貧血を伴い死亡する．慢性例では臨床症状に乏しく，養豚場での診断は困難で，食肉処理場の内臓検査で発見される．

肉眼病変の特徴は両型とも腸管壁の肥厚で，ホース状を呈する（図 4-27a）．回腸遠位部に好発し，切開すると粘膜の皺壁形成がみられる．急性型は腸管腔内に暗赤色の内容物を容れ，増殖性出血性腸炎とも呼ばれる．

組織学的には，陰窩上皮細胞の腺腫様過形成が認められ，粘膜が著明に肥厚する（図 4-27b）．陰窩は伸長，拡張あるいは枝分かれする．拡張した陰窩腔内には細胞頽廃物が貯留した陰窩膿瘍がしばしばみられる．増殖した陰窩上皮細胞は未分化で丈が高く，有糸核分裂像が観察され，重層化がしばしば認められる．杯細胞は減少し，重度の場合，消失する．ときに，陰窩上皮細胞の過形成は回腸のほか，空腸，盲腸，結腸あるいは直腸でも認められ，小腸では絨毛の萎縮が著明となる．過形成を示す陰窩上皮細胞にはワーチン・スターリー Warthin-Starry 染色，免疫組織化学的染色あるいは電子顕微鏡観察で，小桿菌が多数観察される（図 4-27c，d）．粘膜固有層あるいは粘膜下組織には炎症性細胞が軽度に浸潤する．壊死組織，炎症性細胞と線維素からなる偽膜も認められる．ときおり腺腫様の細胞塊が粘膜下組織や附属リンパ節に存在することがある．

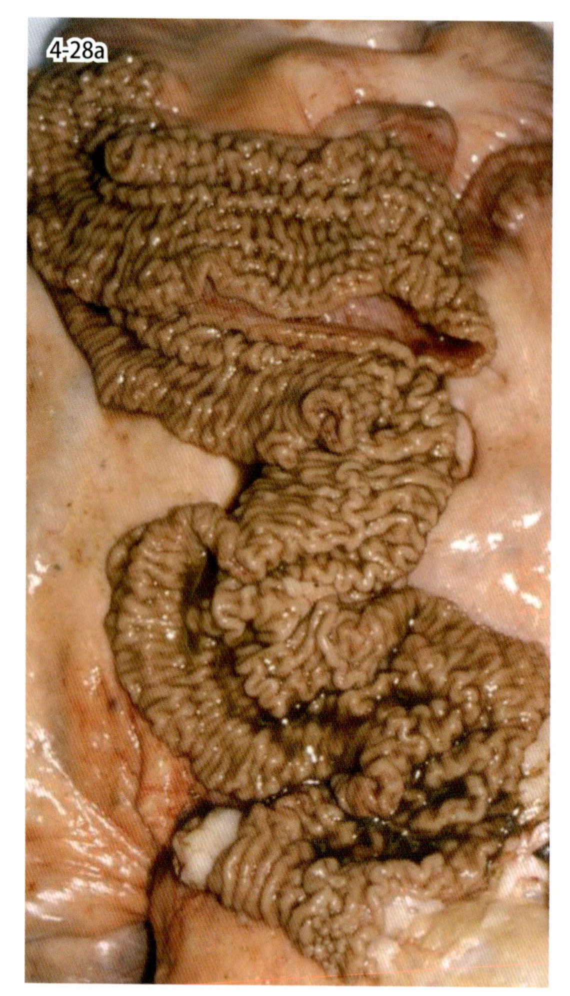

図 4-28a　ヨーネ病（牛）．回腸粘膜のわらじ状肥厚（写真提供：宮崎県）．

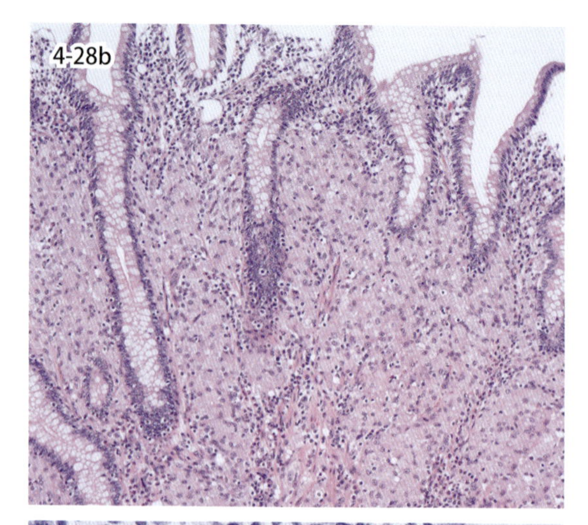

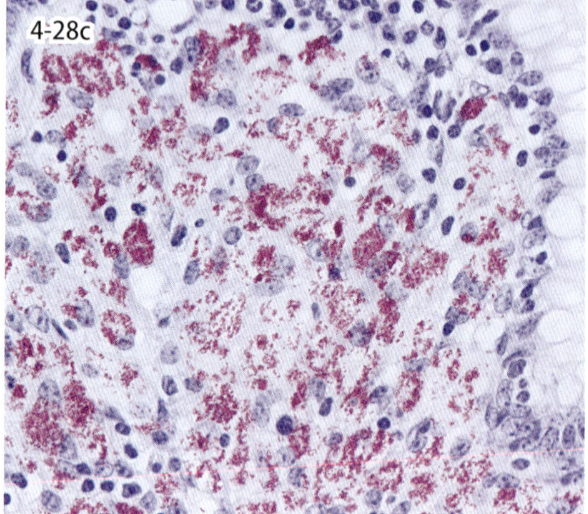

図 4-28b・c　ヨーネ病（牛）．回腸の粘膜固有層で敷石状に増殖する類上皮細胞（b）．類上皮細胞細胞質内に多数存在する Ziehl- Neelsen 染色陽性の桿菌（c）（写真提供：宮崎県）．

4-28. ヨーネ病

Johne's disease

本疾病は *Mycobacterium avium* subsp. *paratuberculosis* の感染によって起こり，主に削痩，慢性下痢がみられる細菌感染症である．家畜反芻動物のほか，豚，野生反芻動物，ラクダ，馬科，霊長類でも認められる．宿主は糞便を介した本菌の経口摂取で感染するが，本菌はミルク，精液，尿を介しても感染し，胎盤感染も起こる．牛では生後 30 日以内が最も感受性が高いが，発症は 2 ～ 5 歳齢である．潜伏期が長いため，発症牛がいなくても，不顕性感染牛が存在している場合がある．粘膜やリンパ節内に菌が存在する生涯無症状の保菌牛もいる．本菌は経口感染後，腸管粘膜の M 細胞に取り込まれたのち，パイエル板のマクロファージに貪食され細胞内で増殖する．

典型的症状は長期に及ぶ激しい間欠性下痢である．分娩，低栄養や他疾病の併発により症状は悪化し，削痩は著明となるが，末期まで食欲は比較的維持される．

肉眼的には回腸，盲腸，結腸および腸間膜リンパ節に病変が認められる．リンパ管炎がしばしば認められ，腸管漿膜面から腸間膜，腸間膜リンパ節にかけて径を増したリンパ管が認められる．牛では腸粘膜の肥厚は顕著であるが（図 4-28a），緬山羊，シカでは軽度である．

組織学的特徴は肉芽腫性炎で，粘膜固有層から粘膜下組織にかけて巨細胞形成を伴う類上皮細胞がび漫性に増殖する（図 4-28b）．腸間膜リンパ節にも同様の肉芽腫性炎が認められる．抗酸菌染色（Ziehl-Neelsen 染色）により類上皮細胞や巨細胞の細胞質内に本菌が証明される（図 4-28c）．

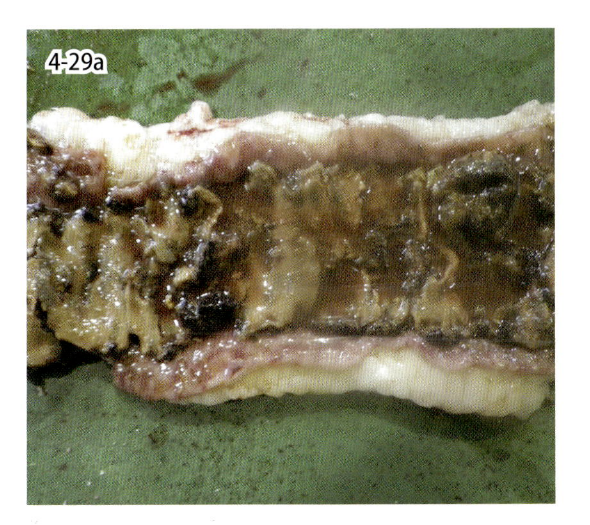

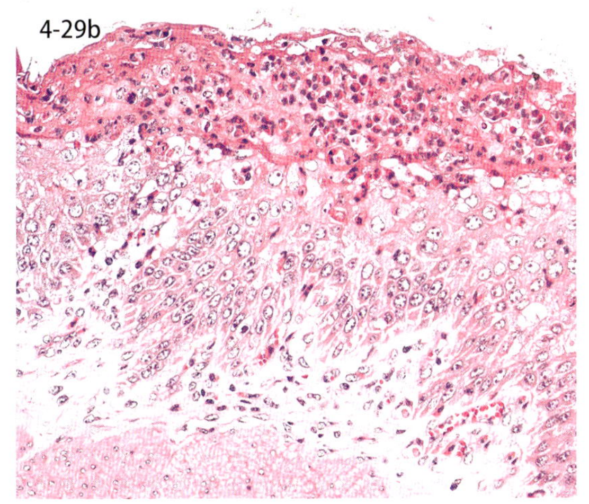

図 4-29a・b　牛ウイルス性下痢・粘膜病．回腸（a）と第三胃粘膜（b）（写真提供：宮崎県）．

4-29c

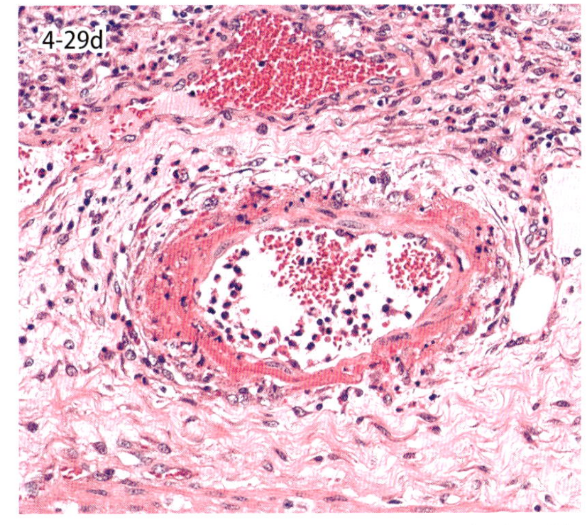

図 4-29c・d　牛ウイルス性下痢・粘膜病．回腸．陰窩の拡張（c）と小動脈壁のフィブリノイド壊死（d）（写真提供：宮崎県）．

4-29．牛ウイルス性下痢・粘膜病

Bovine viral diarrhea-mucosal disease（BVD-MD）

本疾病は牛ウイルス性下痢（BVD）ウイルス（遺伝子型 1 または 2）による感染症で，発育不良や下痢，呼吸器症状，異常産などが引き起こされる．

急性感染牛では，発熱，下痢，呼吸器症状，水様性から粘液性鼻漏，異常産あるいは血小板減少がみられる．持続感染（PI）牛では無症状または慢性下痢，発育不良，不受胎がみられる．粘膜病発症牛では褐色，泥状または水様性の下痢，口腔粘膜のびらんおよび潰瘍がみられる．

粘膜病発症牛では，口腔から肛門までの消化管粘膜にびらん，潰瘍が形成される．粘膜病変は食道に高率に発現する．また，小腸ではパイエル板に一致して壊死や線維素の付着がみられる（図 4-29a）．異常産子では，小脳形成不全，内水頭症，小眼球症，発育不良などがみられる．

粘膜病発症牛では消化管粘膜に壊死，びらん，潰瘍がみられる．図 4-29b は第三胃の粘膜で，表層の上皮細胞が壊死に陥り，好中球が軽度に浸潤している．小腸ではパイエル板を含む腸粘膜の変性，壊死が特徴的で，陰窩は粘液，壊死した細胞残渣，好中球を容れて拡張する（図 4-29c）．小腸の動脈壁にはフィブリノイド壊死 fibrinoid necrosis が認められる（図 4-29d）．潰瘍化するとしばしば線維素の滲出，二次的な細菌感染を伴う．免疫組織化学的検査で，BVD ウイルス抗原が粘膜上皮細胞，平滑筋細胞，マクロファージ内に検出される．異常産子では，大脳および小脳の低形成，髄鞘低形成などがみられる．

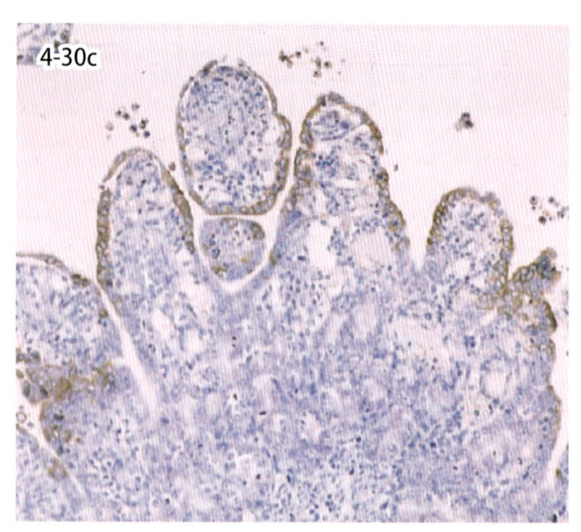

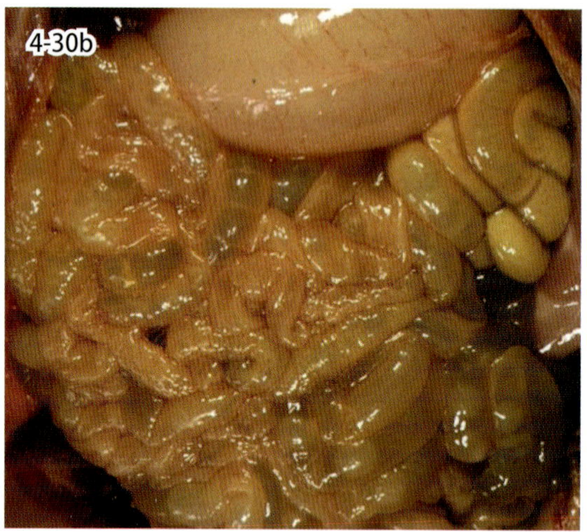

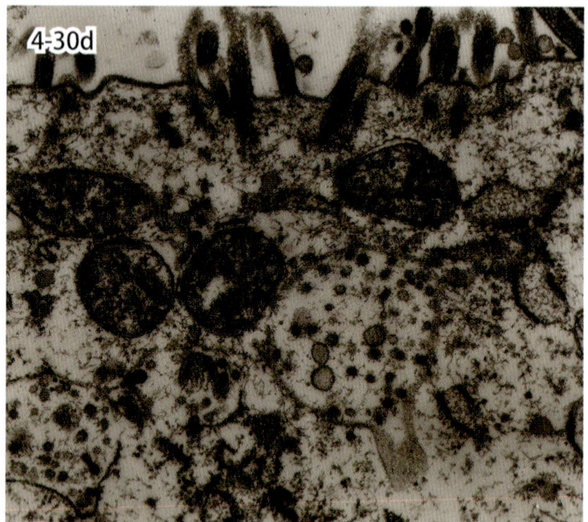

図 4-30a・b　豚流行性下痢．母豚の乳房は張りがなく，哺乳豚は下痢便が体表に付着し，削痩している（a）．発症子豚の小腸壁の菲薄化（b）．

図 4-30c・d　豚流行性下痢．空腸（c，免疫染色）．空腸粘膜上皮細胞の電子顕微鏡写真（d）．

4-30．豚流行性下痢

Porcine epidemic diarrhea（PED）

本疾病は豚流行性下痢ウイルスの感染で起こり，全日齢で発症し，嘔吐と下痢を主徴とする．10 日齢以内の新生子豚が感染および発症すると，削瘦，脱水症が著明となり，致死率が 100%になることもある．日齢とともに致死率は低下する．哺乳子豚の症状は嘔吐および黄色水様の下痢が特徴である．母豚の場合，さらに食欲減退，発熱，泌乳量の減少あるいは泌乳停止が認められる（図 4-30a）．育成豚，肥育豚および種雄豚にも水様性下痢が認められるが，1 週間程度で回復する．

剖検では，腸壁が菲薄化し，充満した黄色水様性腸内容物が外部から透けてみえる（図 4-30b）．また，しばしば胃は凝固乳で充満する．

組織学的には小腸絨毛の粘膜上皮細胞が剥離および脱落し，絨毛が正常の 1/3 〜 1/7 に萎縮する（図 4-30c）．残存した吸収上皮細胞は，立方化あるいは扁平化する．粘膜固有層への炎症性細胞の浸潤は比較的軽度である．病変の経過とともに，陰窩上皮細胞の過形成が起こり陰窩は伸長する．免疫組織化学的染色で，絨毛の粘膜上皮細胞の細胞質内に特異抗原が検出される（図 4-30c）．抗原は大腸の粘膜上皮細胞内にも検出される．電子顕微鏡で観察すると，腸上皮細胞の細胞質内の空胞内あるいは細胞外に直径 100 〜 140 nm で，約 20 nm の棍棒状のスパイクを保有したウイルス粒子が観察される．

重要な類症鑑別として，伝染性胃腸炎，デルタコロナウイルス感染症，ロタウイルス感染症がある．

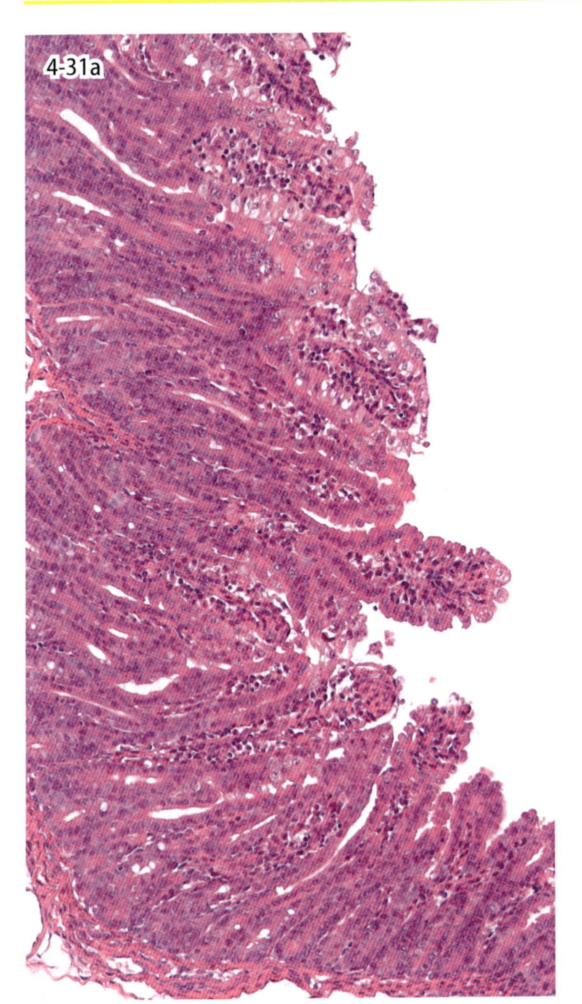

図 4-31a　ロタウイルス性腸炎（豚）．ロタウイルス実験感染例の小腸．絨毛の萎縮と上皮細胞脱落を認める．

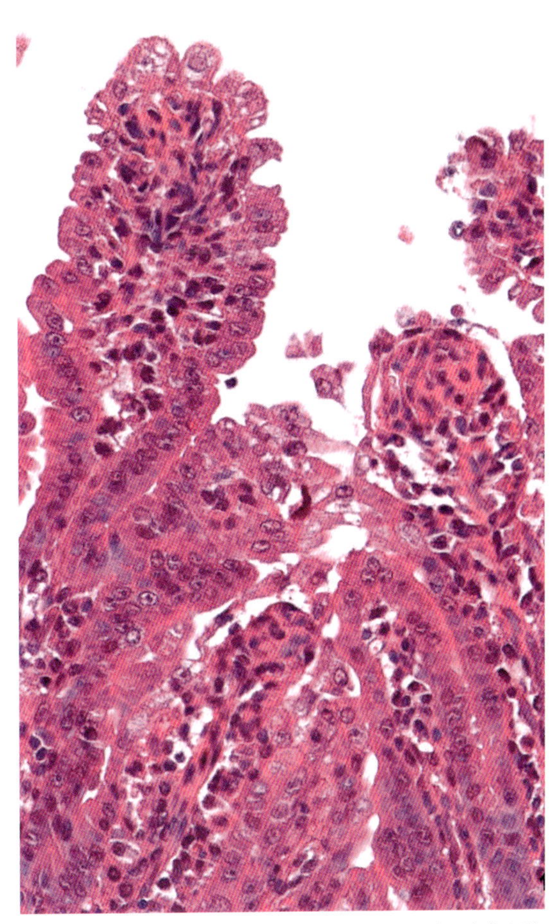

図 4-31b　図 4-31a の強拡大．絨毛先端の上皮細胞の変性や剥離および脱落を認める．

4-31．ロタウイルス性腸炎

Rotaviral enteritis

本疾病はロタウイルス（A～G の７つの血清型）の感染によって起こり，下痢を主徴とするウイルス性感染症である．A 群ロタウイルスは最も一般的で，家畜，ヒト，実験動物，野生動物のすべての種に感染する．非 A 群ロタウイルスは豚，反芻動物に感染する．ロタウイルスは広く分布しており，外部環境に比較的抵抗性である．本ウイルスは空腸から回腸の絨毛の吸収上皮細胞，ときに杯細胞に感染する．感染上皮細胞の剥離および脱落により絨毛の萎縮が起こる（図 4-31a，b）．

牛では通常 4 日齢～ 3 週齢で発症し，水様性下痢が認められる．剖検所見は非特異的で，コロナウイルス感染症の病変に類似する．組織学的に，先端が丸くなって棍棒状になった絨毛や中等度に至る絨毛萎縮，絨毛の融合がみられる．絨毛を覆う吸収上皮細胞は立方状～扁平となり刷子縁は不明瞭となる．粘膜固有層には，単核球，好酸球，好中球の浸潤がみられ，陰窩上皮細胞の過形成や陰窩の伸長がみられる．病変とウイルス抗原は小腸遠位部にみられる．

豚 A 群ロタウイルスは子豚の下痢の主な原因で，多くの農場で常在化しているため，新生期から離乳期に発生しやすい．発病率は 10 ～ 30％，死亡率は 15％以下で，剖検所見，組織所見および病原性は TGE や PED と類似している．

子羊ではほかの動物と違って結腸感染もある．3 ～ 4 カ月齢以下の子馬でも下痢がみられるが，死亡はまれである．1 ～ 2 週齢以下の子犬でも下痢が引き起こされ，ときに致死的である．

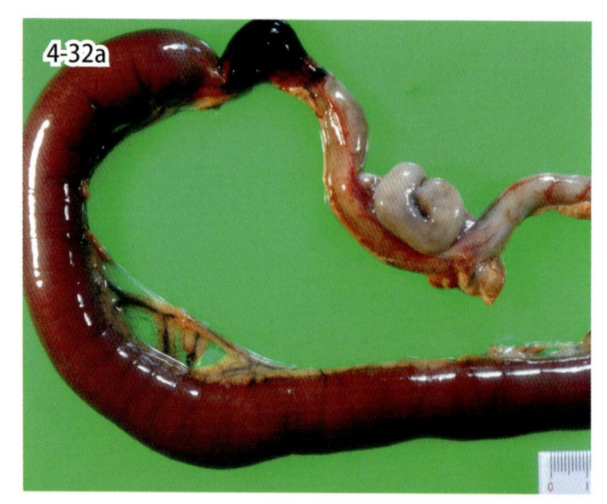

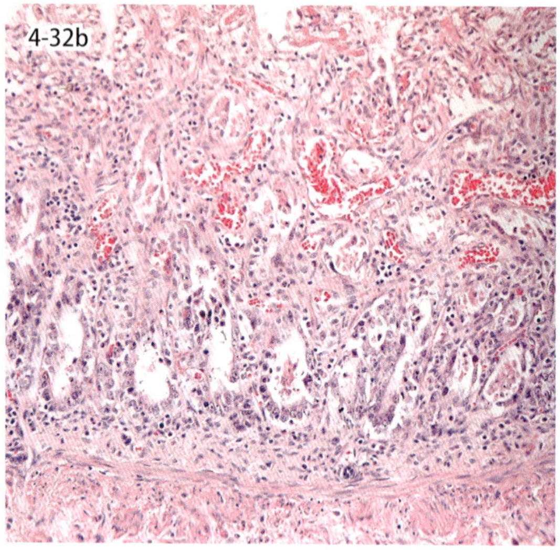

図 4-32a・b　パルボウイルス感染症（犬）．小腸漿膜面は重度の出血により暗赤色を呈する（a）．粘膜は壊死に陥り絨毛は消失している（b）．

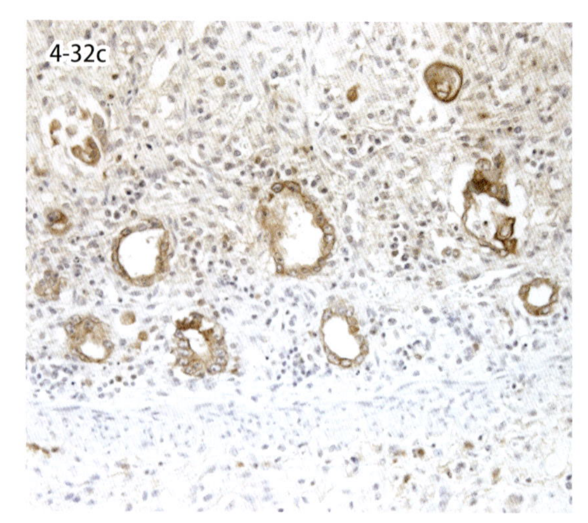

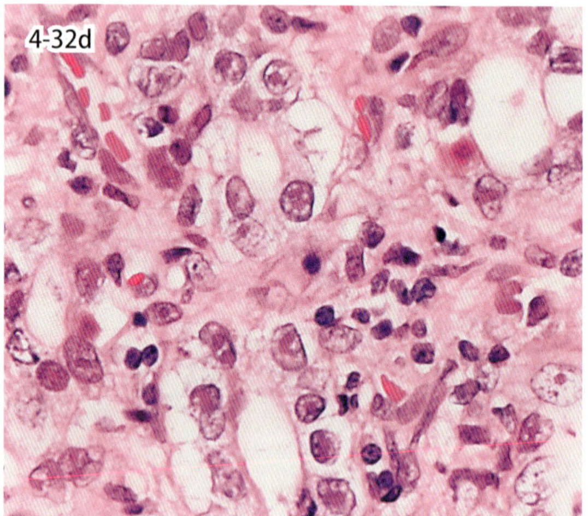

図 4-32c・d　パルボウイルス感染症（犬）．拡張した陰窩にサイトケラチン陽性の上皮細胞が認められる（c，免疫染色）．陰窩上皮細胞に形成された核内封入体（d）．

4-32. パルボウイルス性腸炎

Parvoviral enteritis

犬パルボウイルス感染症は犬パルボウイルス 2 型を原因とし，嘔吐や血便を伴う消化器症状と白血球減少を特徴とする疾患である．図 4-32a は 2 歳の感染犬の空腸から回腸までの外観を示している．小腸壁は暗赤色水腫性でホース状に腫脹している．腸内容も暗赤色，ケチャップ様となる．

パルボウイルスは増殖の盛んな細胞に感染するため，腸陰窩上皮細胞や骨髄が傷害される．図 4-32b は嘔吐と水溶性の血便を示した犬の小腸で，粘膜上皮は剥離し，粘膜固有層には壊死と軽度の線維化が認められる．著しく傷害された陰窩は虚脱あるいは拡張し，内腔は壊死上皮や好中球を容れる（図 4-32b）．引き続き，これら陰窩には上皮細胞の修復，再生が始まり，陰窩は扁平化した上皮細胞や腫大した核と著明な核小体を有する奇怪な大型上皮細胞によって内張りされる（図 4-32c）．好塩基性核内封入体は感染初期の陰窩上皮細胞とリンパ球に出現する（図 4-32d）．粘膜上皮の大半が傷害されるため，脱水や低蛋白血症が続発し，これらが原因となって病態は重篤化する．

猫汎白血球減少症の腸病変は犬とおおむね同様である．犬パルボウイルスは猫パルボウイルスが変異したと考えられている．犬の本病出現当初は心筋炎型が子犬に発生した．これは生後しばらくは心筋細胞が分裂を繰り返し標的となるからで，現在は予防接種などで母犬が免疫されているため，心筋炎型はほとんど発生しない．

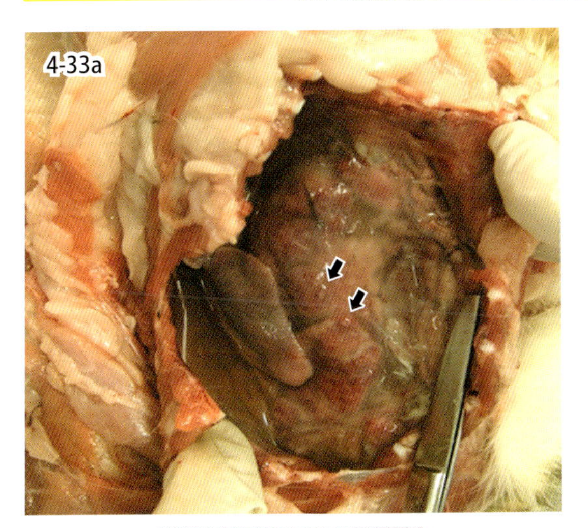

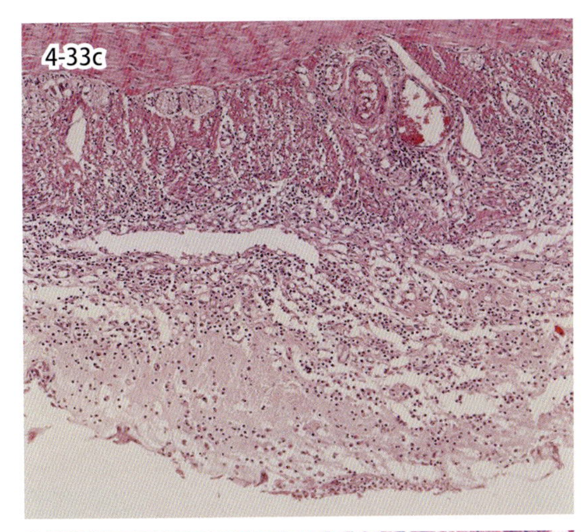

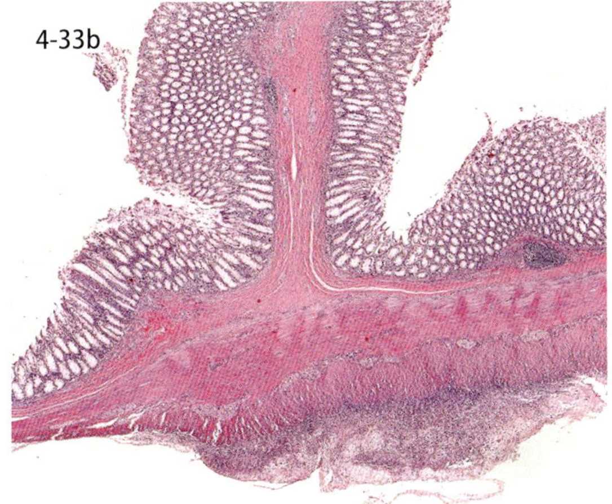

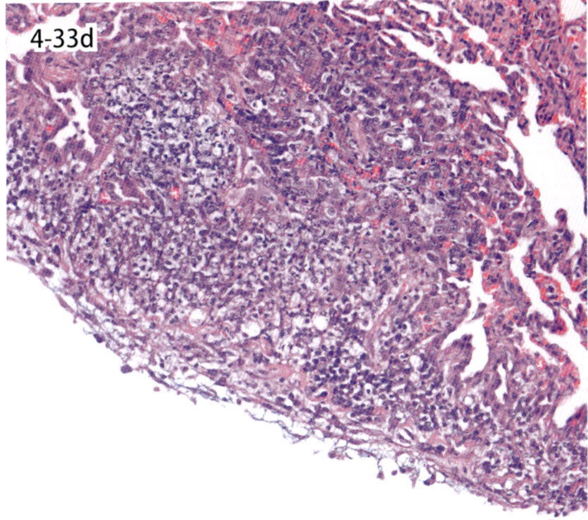

図 4-33 a・b　猫伝染性腹膜炎（猫）．腹水貯留とフィブリンの析出，臓器表面の小結節（矢印）が観察される（a）．腸管漿膜面のフィブリンの析出（b）．

図 4-33 c・d　猫伝染性腹膜炎（猫）．フィブリンの析出と血管周囲炎（c）．非滲出型罹患猫の肺にみられた化膿性肉芽腫（d）．

4-33．猫伝染性腹膜炎

Feline infectious peritonitis（FIP）

本病はコロナウイルス科に属する，FIP ウイルスに起因する猫の慢性進行性疾患で，感染初期には発熱，食欲不振，嘔吐，下痢，体重減少など非特異的な症状を示すが，病気の進行に伴って，高ガンマグロブリン血症，白血球（とくに好中球）増多症などが認められる．

本症は腹（胸）水貯留を特徴とする滲出型 effusive type とこれらをほとんど欠く非滲出型 non-effusive type がある．同一のウイルスによってもいずれの病型が誘発されるため，病型の差はウイルス側と宿主の免疫状態との相互作用に依存していると考えられている．図 4-33a は滲出型で，線維素を混じる麦稈色混濁粘稠腹水の貯留がみられる．腹水は空気に触れると凝固する．内臓諸臓器の表面は線維素の沈着により灰白色粗ぞうとなるか，白色の小結節を認める（図 4-33a，矢印）．非滲出型では肝臓，腎臓，肺，眼球（ブドウ膜），脳，脊髄の実質に大小の結節が形成される．組織学的には両病型とも化膿性肉芽腫性血管炎，とくに小静脈炎や血管周囲炎が特徴的である．図 4-33b は滲出型罹患猫の腸病変で，漿膜面に線維素が析出し，病巣内には変性した好中球やマクロファージの細胞残渣が多く含まれる（図 4-33c）．

図 4-33d は非滲出型罹患猫の肺病変である．このように非滲出型では，血管病変よりも肉芽腫性病変の形成が強く認められる．

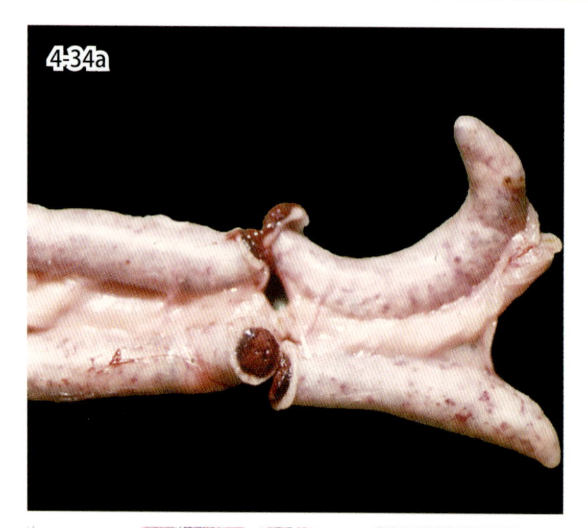

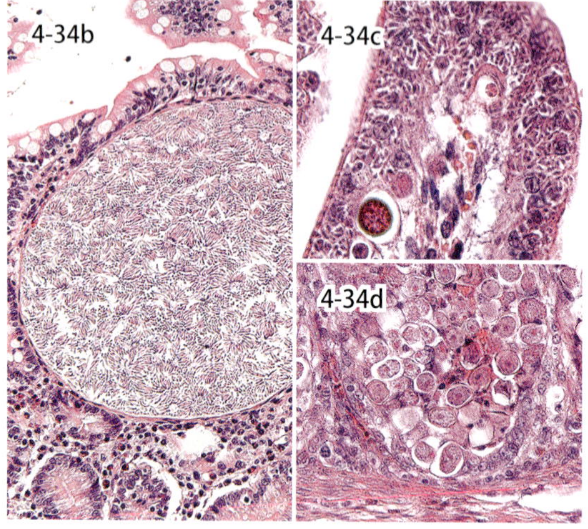

図 4-34 コクシジウム症．壊死性盲腸炎（a, 鶏）．シゾント（b, 牛，小腸）．メロゾイト（c, 兎，小腸）．オーシスト（d, 鶏，小腸）．

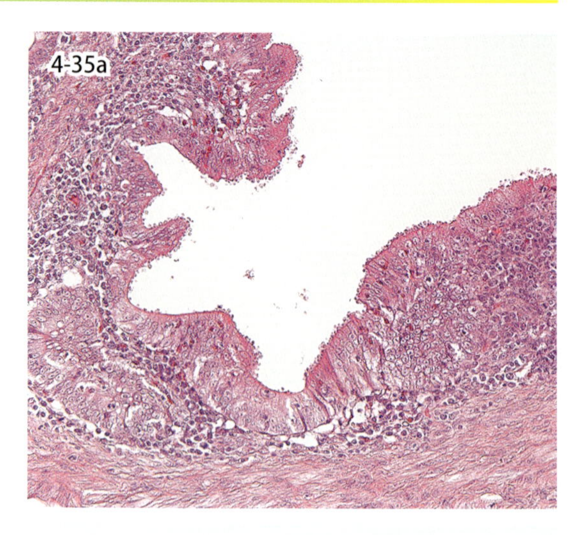

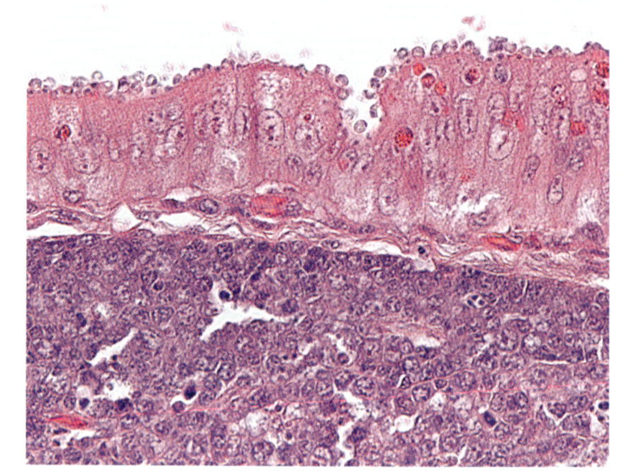

図 4-35 クリプトスポリジウム症（鶏）．総排泄腔の粘膜上皮（a）およびファブリキウス囊皺壁上皮細胞（b）の自由面に付着する原虫．

4-34. コクシジウム症

Coccidiosis

Eimeria は主に鶏，牛，豚，兎に感染し，*Isospora* は犬と猫に感染する．宿主特異性が高い．血便や下痢を主徴とし，鶏では以下の２種が重要である．急性症状は第２代シゾント期に一致して現れ，*E. tenella* は盲腸に（図 4-34a），*E. necatrix* は小腸中部に出血性壊死性炎を引き起こす．牛では *E. zuernii*，*E. bovis* が重要である．感染は成熟オーシストの経口摂取により成立する．消化管でオーシストから遊出したスポロゾイトは粘膜上皮細胞に侵入してシゾント（図 4-34b）を形成し，シゾント内のメロゾイト（図 4-34c）は粘膜上皮細胞で再びシゾントを形成する（無性生殖）．その後，雄性・雌性ガメートによる有性生殖を経て，オーシスト（図 4-34d）が体外へ排出される．

4-35. クリプトスポリジウム症

Cryptosporidiosis

ヒトを含む哺乳類，は虫類，鳥類の消化管に寄生する原虫で，下痢症の原因となる．牛には *Cryptosporidium parvum*，*C. andersoni* が，鶏には *C. baileyi* が主に寄生する．本原虫はオーシストの経口摂取により感染し，若齢または免疫不全時に発症しやすい．

本原虫の生活環はコクシジウムのそれと類似するが，宿主細胞の粘膜表面にある微絨毛内に寄生体胞を形成し，この中で生活するのが特徴である（細胞内寄生であるが，細胞質外寄生）．肉眼的には漿液〜粘液カタル性炎が起こる．図 4-35a は鶏の総排泄腔で，粘膜上皮細胞の自由面が点状の原虫の寄生により粗ぞうとなっている．図 4-35b は鶏のファブリキウス囊で，径 1 〜 4 μm の原虫が多数認められる．

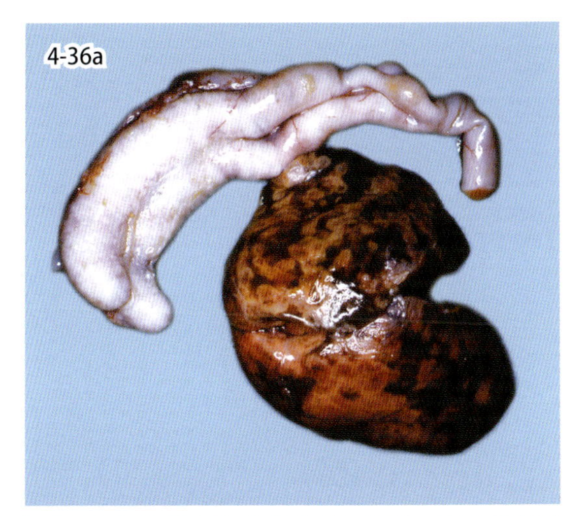

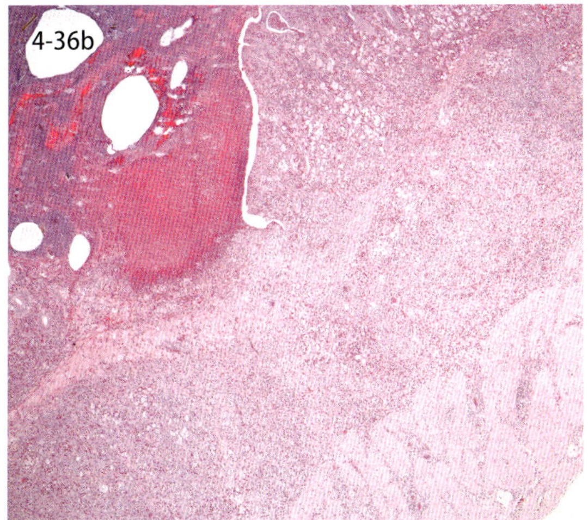

図 4-36a・b　ヒストモナス症（鶏）．盲腸の腫大と肝臓の巣状壊死（a）．罹患鶏の盲腸（b）．偽膜形成と全層性の炎症（写真提供：a は板倉智敏氏）．

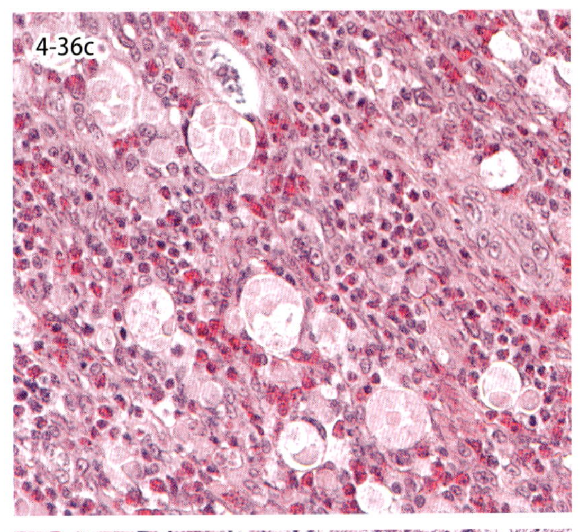

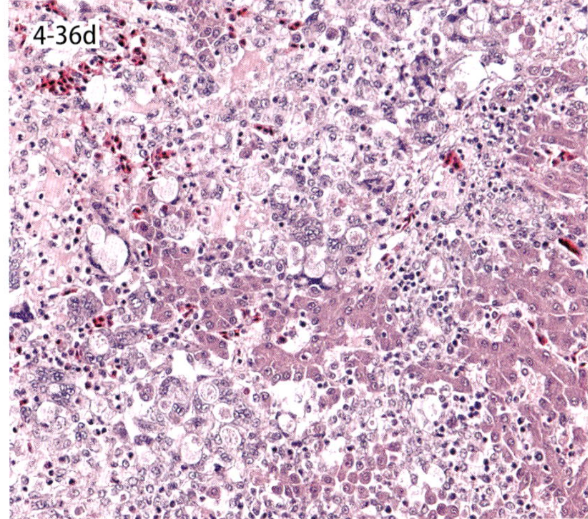

図 4-36c・d　ヒストモナス症（鶏）．粘膜固有層の偽好酸球浸潤と原虫（c）．肝臓実質内の多核巨細胞を伴う肉芽腫と原虫（d）．

4-36. ヒストモナス症

Histomoniasis

Histomonas meleagridis は鳥類に感染して，壊死性盲腸炎および肝炎を引き起こす．クジャクと七面鳥はとくに感受性が高く，とくに 6 ～ 9 月に好発する傾向がある．七面鳥は，感染すると頭部が高度なチアノーゼに陥り黒色調を帯びるので「黒頭病」とも呼ばれる．鶏ではこの症状はみられない．一般的な症状としては，元気消失，翼および頭部下垂，嗜眠および食欲不振，重度の貧血および下痢が認められる．肉眼的には，病変は盲腸と肝臓に認められる．盲腸では腸壁の高度な肥厚，黄白色チーズ用偽膜の形成，穿孔，腹水の貯留，盲腸と腹膜の癒着，肝臓では腫大および表面の不規則モザイク状の陥凹からなる黄白色菊花状壊死巣が認められる（図 4-36a）．

組織学的には，感染初期には粘膜固有層から，粘膜下織を中心に充血と偽好酸球浸潤が高度で，多数の虫体の侵入が認められる．病期が進行すると，粘膜表面から内腔に偽膜が形成されジフテリー性炎を呈する（図 4-36b）．虫体は感染後 2 ～ 3 週間で粘膜下織，筋層を通過して漿膜下に到達し，漿膜下に巨細胞性肉芽腫をしばしば形成する（図 4-36c）．肝臓では，大小不規則な巣状壊死が多発し，肉芽腫病変内や周囲に虫体が認められる（図 4-36d）．虫体の細胞質内には豊富なグリコーゲンが蓄積されており PAS 染色で濃赤色に染色される．

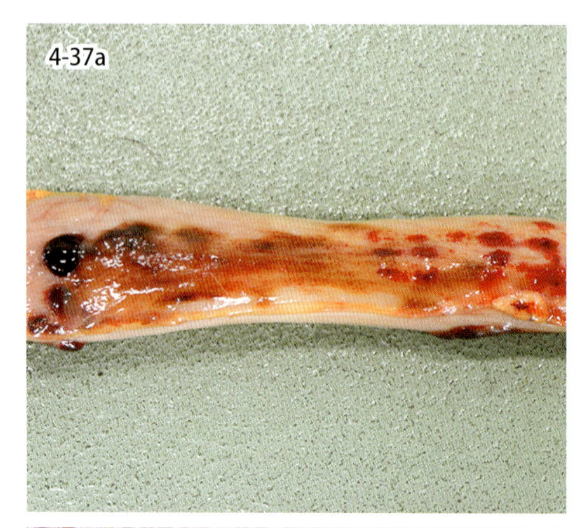

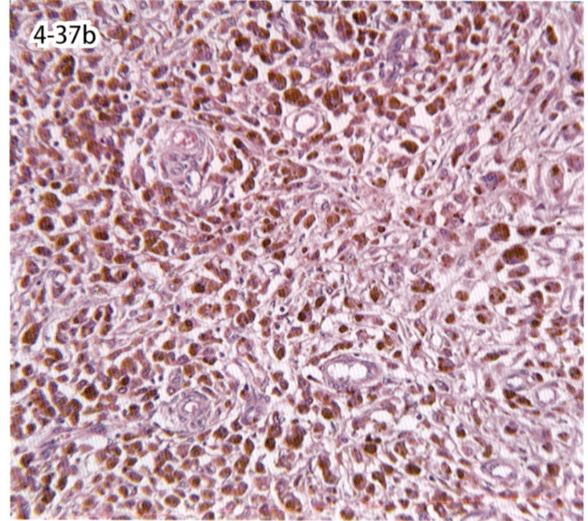

図 4-37　回腸血黒症（馬）．漿膜下にわずかに膨隆する黒赤色巣（a）．ヘモジデリン貪食マクロファージの集積と軽度の線維化（b）．

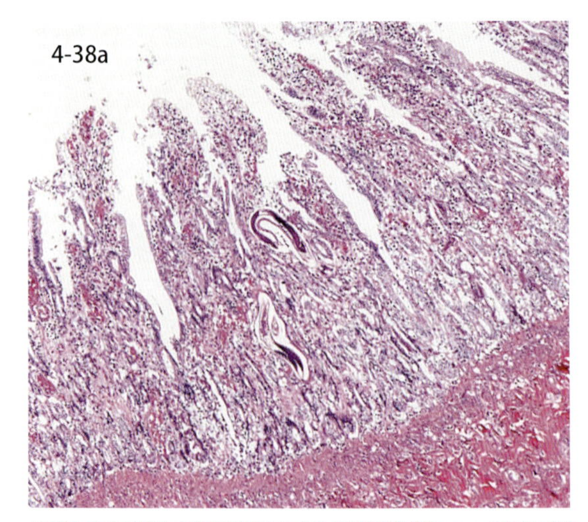

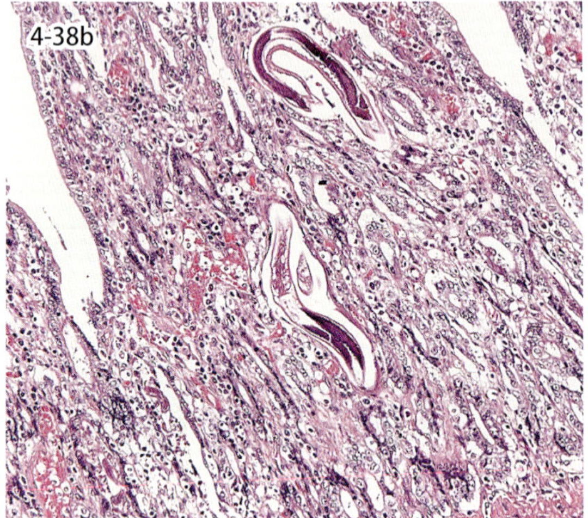

図 4-38　糞線虫症（犬）．小腸粘膜内の成虫（a）．成虫と粘膜固有層のリンパ球浸潤およびうっ血，出血，陰窩上皮の変性および壊死（b）．

4-37. 回腸血黒症

Hemomelasma ilei

馬の回腸の漿膜面に線条または斑状の黒赤色巣が形成されている（図 4-37a）．この病変は表面よりわずかに隆起した出血性病変で，無歯円虫 *Strongylus edentates* あるいは円虫科 *Strongylus* sp. の幼虫が腸管の漿膜下に迷入し移動した結果，形成された虫道病変である（図 4-37a）．組織学的には出血と好中球，好酸球や赤血球貪食マクロファージがみられるほか，寄生虫の虫体断端や穿孔道がみられることもある．経過とともに病巣は褐色調を帯びてくる．こうした病巣には多数のヘモジデリン貪食マクロファージの集積と種々の程度の線維化がみられる（図 4-37b）．

4-38. 糞線虫症

Strongyloidiasis

糞線虫属の生活環は寄生世代と自由生活世代があるヘテロゴニーで，第 3 期幼虫が経皮的に感染し，体内移行後に気道から消化管を下降して小腸に達し，小腸粘膜内で成虫となる（図 4-38a）．糞線虫 *Strongyloides stercoralis* の成虫は 1 ～ 2 mm の小形の線虫で，ヒト，サル，犬，猫などの小腸に寄生し，下痢，びらん，潰瘍の原因となる．犬の糞線虫症では，成虫の寄生により粘膜が傷害され，絨毛の萎縮，粘膜固有層でのリンパ球浸潤が認められる（図 4-38b）．重度の感染ではびらんや潰瘍を生じ，幼犬では出血性下痢や幼虫の肺内移行による間質性肺炎が起こる．子牛では乳頭糞線虫 *S. papillosus* の重度の感染により心不全となって突然死することがある（突然死型乳頭糞線虫症）．

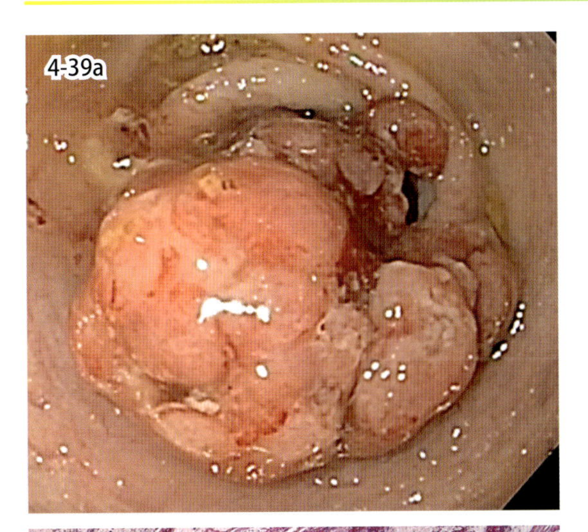

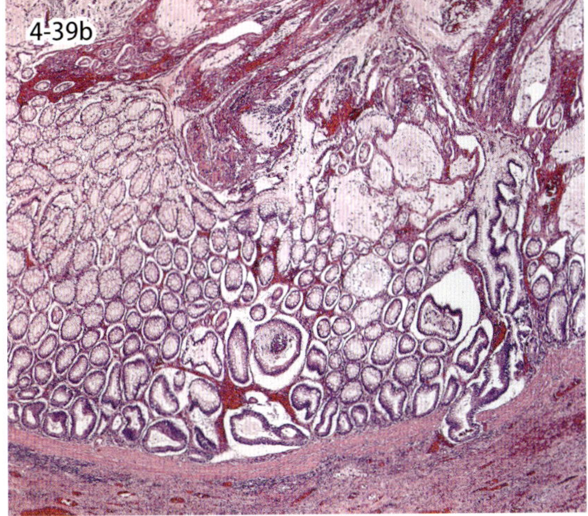

図 4-39　ポリープ(犬)．出血および粘液貯留を伴う直腸ポリープの内視鏡所見（a）．粘膜上皮細胞が増生し，粘液分泌の亢進，間質の出血を伴う（b）．

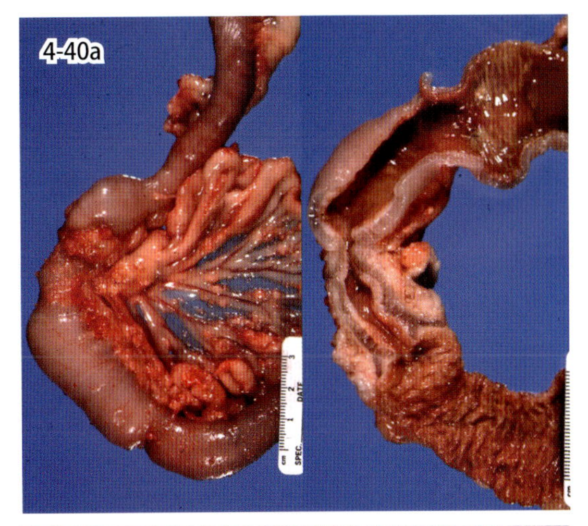

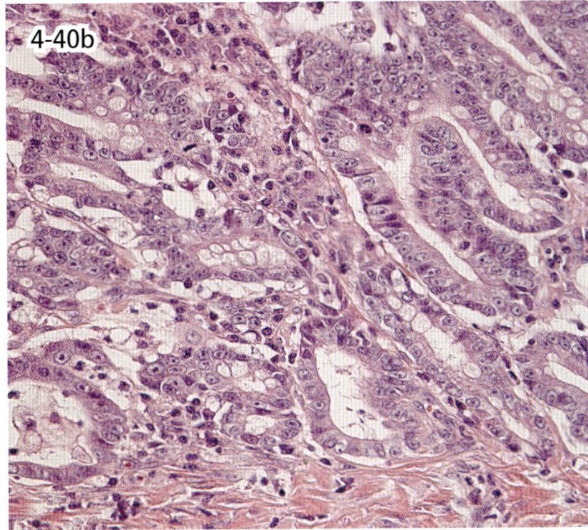

図 4-40　腺癌（猫）．小腸の狭窄と腸間膜の播種病変（a，左）．狭窄部の腸管は肥厚（a，右）．粘膜下組織の腫瘍細胞の腺管状増殖（b）．

4-39. ポリープ

Polyp

ポリープとは，粘膜から隆起あるいは突出する病変の総称で，その実態は炎症，過形成あるいは腫瘍とさまざまである．動物の腸に発生するポリープとして，犬の肛門から 10 cm 以内の直腸に発生する直腸ポリープがよく知られており，本病変は直腸乳頭状腺腫と表現されることが多い．しかし，腺腫様過形成や限局性ポリープ様癌としても報告されており，生物学的性状についての見解は一致していない．臨床的にはしぶり，ポリープの脱出，排便に伴う出血，排便困難，下痢などがみられる．肉眼的には一般に有茎性で，大きさは 1 ～数 cm，しばしば出血と潰瘍を伴う（図 4-39a）．組織学的には，粘膜上皮が管状あるいは乳頭状に増殖する（図 4-39b）．

4-40. 腺　癌

Adenocarcinoma

腺癌は犬，猫，羊，牛，山羊，馬，豚にみられるが，犬，猫，羊を除き発生はまれである．犬猫では 8 歳以上での発生が多い．小腸で発生した場合は嘔吐，食欲不振，腹囲膨満，結腸が原発の場合は下痢，しぶり，血便，排便障害などを示す．肉眼的には壁内あるいは内腔に主座し（図 4-40a），管腔を狭窄または閉塞する．組織像はどの動物種でもおおむね共通しており（図 4-40b），上皮由来の腫瘍細胞が腺管状，乳頭状構造を作る．多くの例で粘液産生がみられ，印環細胞（☞ 図 4-19c，d）も観察される．腫瘍細胞は筋層から漿膜を超えて浸潤し，腹腔内播種することもある．さらに，リンパ管および静脈へ侵入し，リンパ節や肝臓などへ転移する．

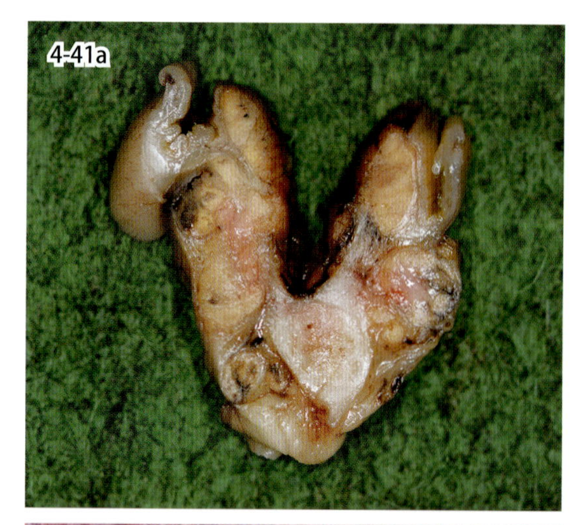

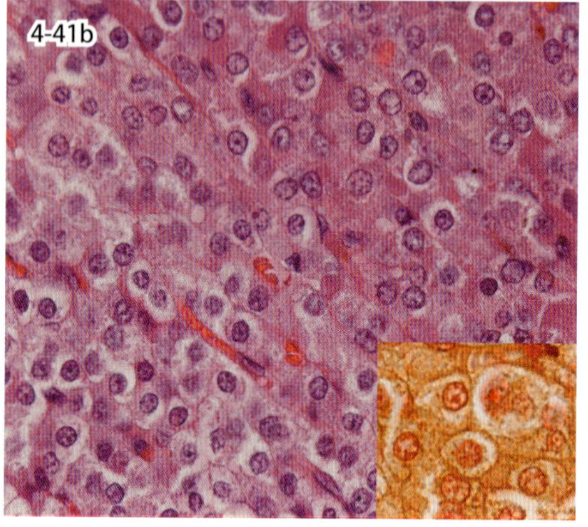

図4-41　カルチノイド(犬)．回盲部腸壁の多発性褐色腫瘤(a)．均一な円形核と微細顆粒状の細胞質を持つ腫瘍細胞（b）．細胞質内顆粒はグリメリウス染色陽性を示す（挿入図）．

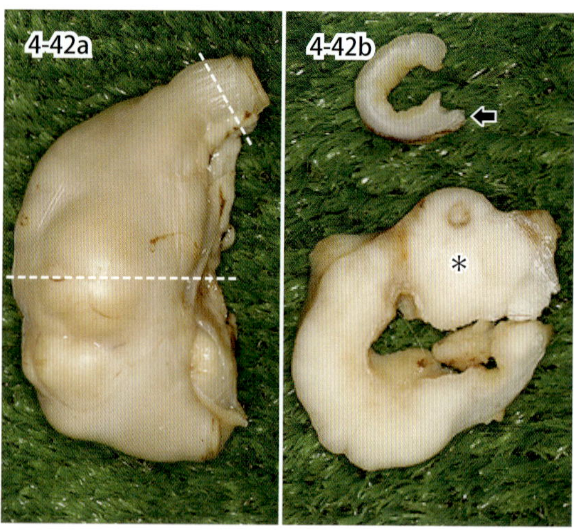

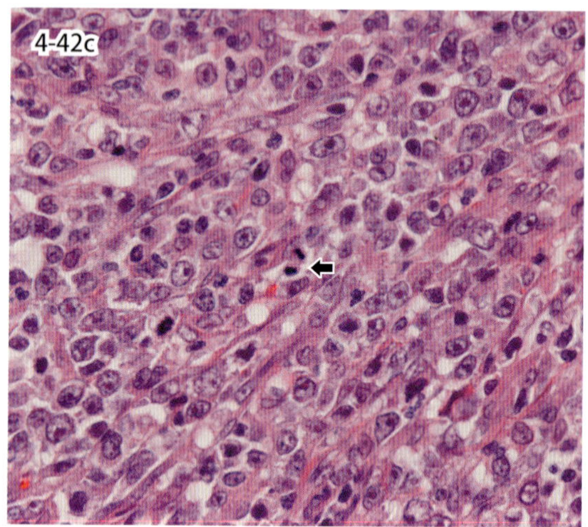

図4-42　リンパ腫（猫）．小腸壁は肥厚し，割面（＊）は乳白色充実性（a と b，点線は切断部位，矢印は正常組織）．明瞭な核小体と異型核を持つ腫瘍細胞（c）と有糸分裂像（c, 矢印）．

4-41．カルチノイド

Carcinoid

カルチノイドは神経堤由来の神経内分泌腫瘍である．発生頻度は低く，増殖態度は緩慢であるが，遠隔転移することもある．腫瘍細胞はセロトニン，ヒスタミン，キニンなどの神経活性物質を産生する（機能性腫瘍）．腫瘍細胞の細胞質には好銀性顆粒が存在し，グリメリウス染色は確定診断に有効である．図 4-41a は，犬の小腸のカルチノイド腫瘍の横断面である．出血壊死を伴う茶褐色の多結節状の腫瘤が筋層から漿膜にかけて形成されている．図 4-41b は同一列の組織像で，腫瘍細胞は主に索状に増殖している．腫瘍細胞はクロマチンが粗な類円形核と広い好酸性顆粒状の細胞質を有する．核分裂像はごくまれにしか観察されない．間質には毛細血管と結合組織の増生がやや目立つ．

4-42．リンパ腫

Lymphoma

消化管型リンパ腫は猫，犬，馬，牛，豚などで報告されている．老齢の猫，犬での発生頻度が比較的高く，嘔吐や下痢などの症状を示す．図 4-42a は猫の小腸の肉眼像，図 4-42b は横断面である．正常な小腸壁（矢印）に比較し，腫瘤部（＊）では高度に肥厚している．断面はおおむね乳白色充実性で，小腸壁の全層にわたって腫瘍が増殖している．組織学的には，細胞質が乏しく，円形～楕円形の核と明瞭な核小体を有するリンパ芽球様細胞が増殖している．核分裂像(矢印)も頻繁に観察される．鑑別診断には消化管型肥満細胞腫があげられる．

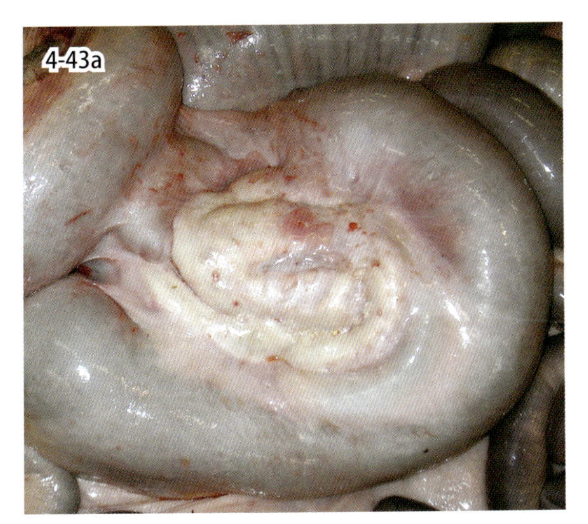

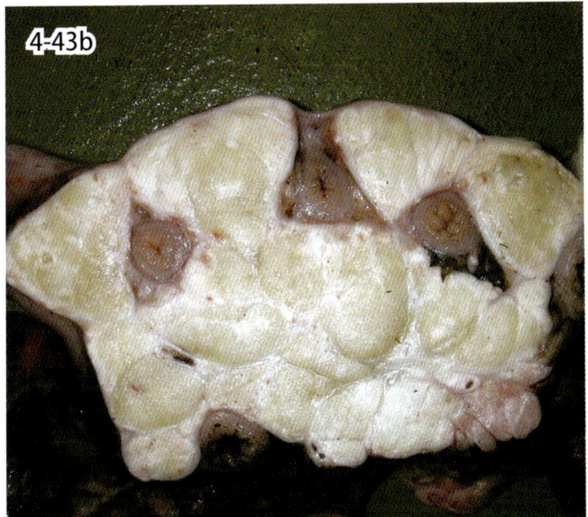

図 4-43a・b　脂肪壊死（牛）．円盤結腸腸間膜の硬い腫瘤（a）．同部位の割面（b）．乳白色で硬い塊状脂肪壊死巣に埋め込まれるように結腸が存在する．

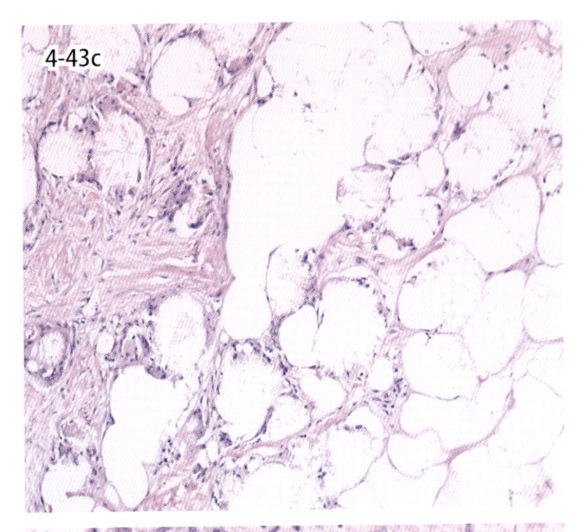

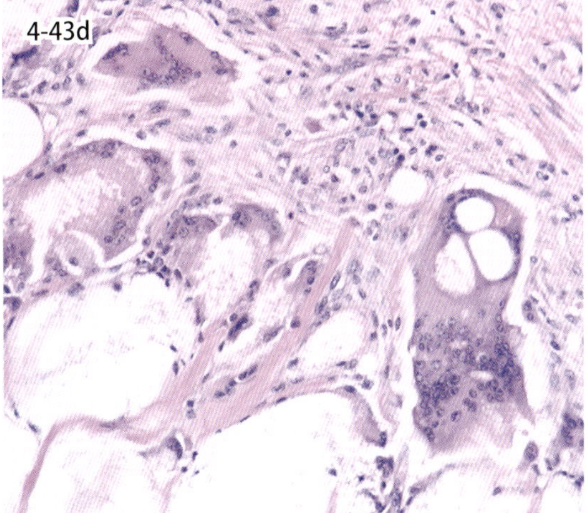

図 4-43c・d　脂肪壊死（牛）．線維化を伴う脂肪壊死（c）．壊死に陥った脂肪細胞の周囲にマクロファージと異物巨細胞が反応している．

4-43. 脂肪壊死

Fat necrosis

脂肪組織の壊死は胸腔や腹腔内あるいは皮下組織を含む全身の脂肪組織に起こる．

牛の脂肪壊死は脂肪酸代謝障害によると考えられ，腹腔内脂肪組織に好発する（図 4-43a）．正常の脂肪組織とは異なり，黄白色または白色で硬く，割面は乾燥性で石鹸に似た質感を持ち，周囲組織と明瞭に区別される．しばしば硬く大きな組織塊として発見され，周囲の臓器を巻き込むと，腸管の狭窄，尿管の閉鎖，子宮圧迫などを招き，死因となることもある（図 4-43b）．組織学的に脂肪細胞内に針状結晶物が放射状に形成され（図 4-43c），これに対してマクロファージや異物巨細胞が反応し，間質にはマクロファージやリンパ球を伴った結合組織の増殖がみられる（図 4-43d）．

犬，豚，羊における脂肪壊死は，急性膵臓壊死に続発して膵臓周囲の脂肪組織に起こる．壊死巣は黄白色で不透明，不整形で散在性もしくは融合性に形成され，周囲は充血帯で囲まれ，表面に線維素の析出を伴うこともある．これは膵臓外分泌腺より放出された脂質消化酵素の作用 によって起こる．

脂肪組織が脂肪分解酵素リパーゼによって加水分解されると，エステル結合が解かれ，脂肪酸とグリセリンになる．この脂肪酸がナトリウム，カルシウム，マグネシウムなどイオン結合して脂肪酸塩が形成される．これらの脂肪酸塩は水に不溶性の一種の石鹸であり，この現象を鹸化あるいは石鹸化 saponification という．壊死組織にはコレステロール結晶の析出や石灰沈着がみられることもある．

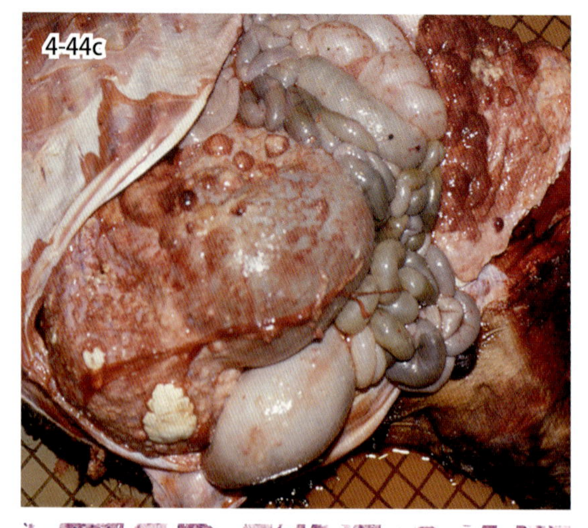

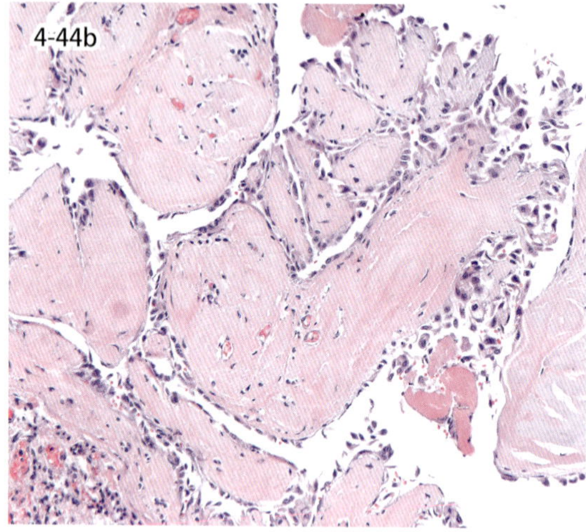

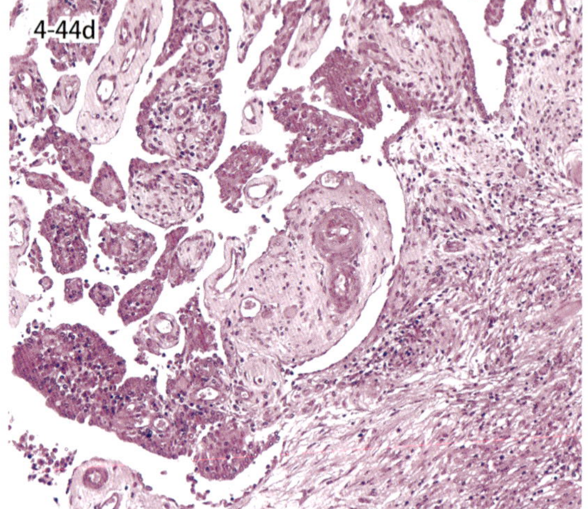

図 4-44a・b　中皮腫（犬）．肺胸膜面に小型の結節状腫瘤が多発する（a）．腫瘤部では中皮細胞が膠原線維を主体とする結合組織を伴い乳頭状に増殖する（b）．

図 4-44c・d　中皮腫（牛）．子牛の腹壁および腹膜に暗赤色大小の結節状腫瘤が多発する（c）．中皮細胞の乳頭状増殖部と結合組織の増殖部が混在する（d）．

4-44. 中　皮　腫

Mesothelioma

中皮細胞が存在する胸腔（胸膜），心膜，腹腔（腹膜），陰嚢，および各臓器漿膜面のいずれからも発生しうる．犬では主に心膜，胸膜（図 4-44a，b），および陰嚢に発生し，一般的に高齢犬に発生がみられる．中皮腫が発生した体腔には，滲出液（心嚢水，胸水，腹水）の貯留がみられる．牛では腹腔と胸腔のいずれにも中皮腫の発生がみられるが，一般的に腹腔発生のものが多い（図 4-44c，d）．また，牛ではさまざまな年齢で中皮腫の発生がみられ，出生後間もない子牛に中皮腫が認められる場合もある．中皮腫の発生を誘発する外因として，ヒトではアスベスト暴露と関連するが，動物の中皮腫とアスベスト暴露の関連については明確ではない．

肉眼的に中皮腫は，多発性結節病変として観察される．病変は，膜性組織や臓器漿膜面に多発性あるいはび漫性に形成されるが，臓器実質内への浸潤増殖はまれである（図 4-44a，c）．組織学的に典型的な中皮腫では，異型性を示す中皮細胞が間質結合組織を伴い乳頭状に増殖する（図 4-44b，d）．中皮腫には組織型として，上皮様の腫瘍細胞が増殖し腺癌に類似する上皮型，紡錘形細胞の増殖からなり線維肉腫に類似する線維型，これらが混在する二相型が知られ，ほかの癌腫や肉腫との鑑別が問題になる．ヒトの中皮腫の診断には，calretinin，cytokeratin 5/6 および mesothelin などが中皮腫の免疫組織化学的マーカーとして使用される．

第５編　消化器系Ⅱ（唾液腺，肝臓，膵臓）

5-37. 膵島変性 Islet degeneration
5-38. 膵島細胞増生 Islet hyperplasia
5-39. 膵島腫瘍 Islet tumor

I．唾液腺の病変

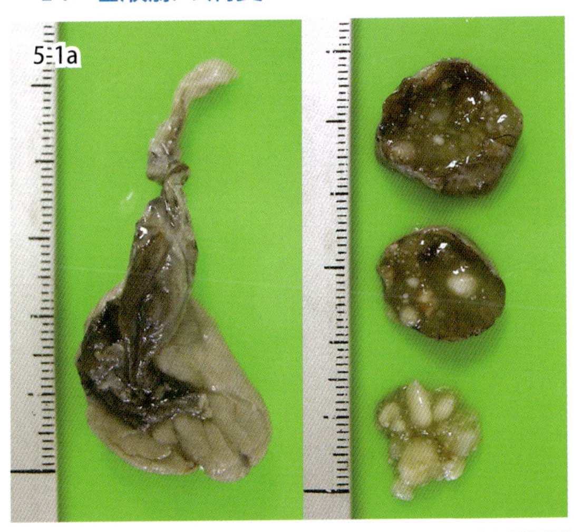

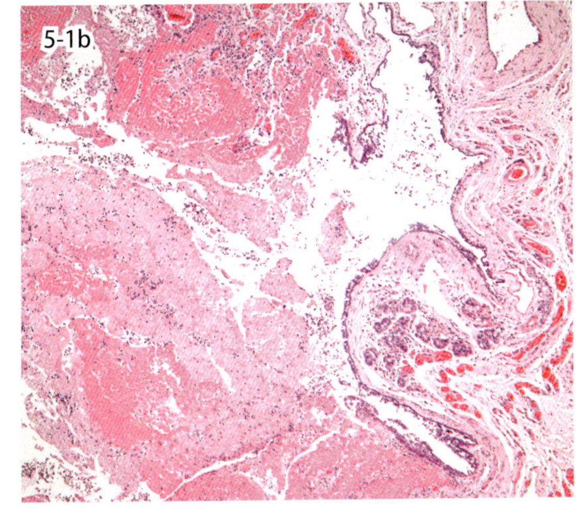

図 5-1　唾液腺囊胞（犬）．唾液腺導管の拡張（a，左）と粘稠内容物（a，右図）．組織学的に導管の拡張と破裂，好酸性物質の貯留と肉芽組織形成がみられる（b）．

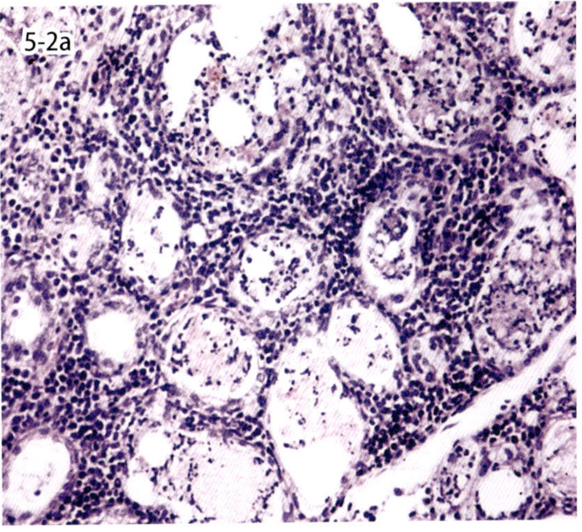

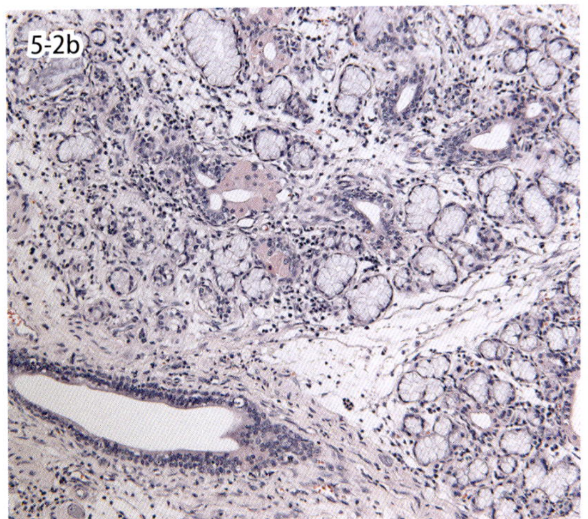

図 5-2　唾液腺炎．唾液腺涙腺炎ウイルス感染症（a，ラット）．腺房の壊死と好酸球浸潤，犬の慢性炎（b）．腺房萎縮，線維化，炎症細胞浸潤．

5-1．唾液腺の囊胞病変

Cystic lesions of salivary gland

唾液腺に囊胞 cyst を形成する病態は，ガマ腫 ranula と唾液瘤 sialocele に大別される．ガマ腫は，唾液の流出障害に伴い，唾液腺導管が拡張して囊胞を形成する病態であり，粘稠な内容物を入れた囊胞が主に下顎部に形成される．組織学的には，導管上皮細胞に裏打ちされた囊胞が形成され，囊胞周囲には炎症反応を伴う結合組織増生や水腫が認められる．唾液瘤は，頚部あるいは口腔軟部組織における単房あるいは多房性囊胞であり，粘稠な黄緑色の内容物を入れる囊胞が形成されるが（図 5-1a），組織学的に囊胞には上皮細胞の裏打ちを欠く（図 5-1b）．このため管外漏出性偽囊胞とも呼ばれる．通常，唾液腺導管の損傷に起因して形成される．

5-2．唾液腺炎

Sialoadenitis

唾液腺炎は，多くの場合，細菌やウイルス感染によって生じる．とくに下顎腺と耳下腺が好発部である．ラットでは唾液腺涙腺炎ウイルス感染によって唾液腺と涙腺に炎症が起こる（図 5-2a）．犬の唾液腺炎で重要な疾患は狂犬病と犬ジステンパーである．肉眼的に急性期では炎症と分泌物うっ滞により腺は腫大するが，慢性期には萎縮，硬化する．組織学的に急性炎では導管の拡張，好酸球浸潤，間質水腫，腺房細胞の変性および壊死がみられる．慢性炎では腺の萎縮と線維化が顕著である（図 5-2b）．

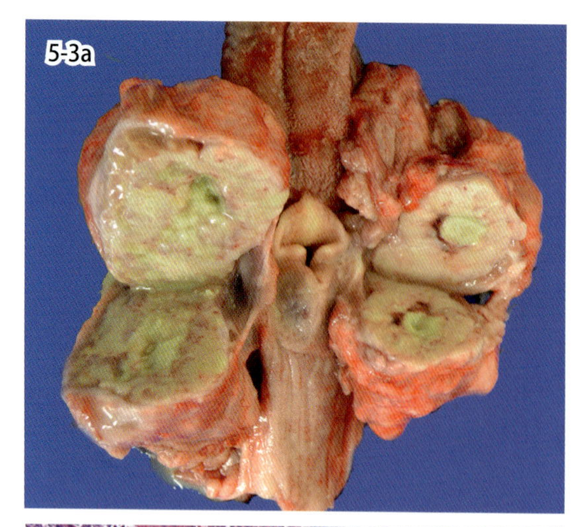

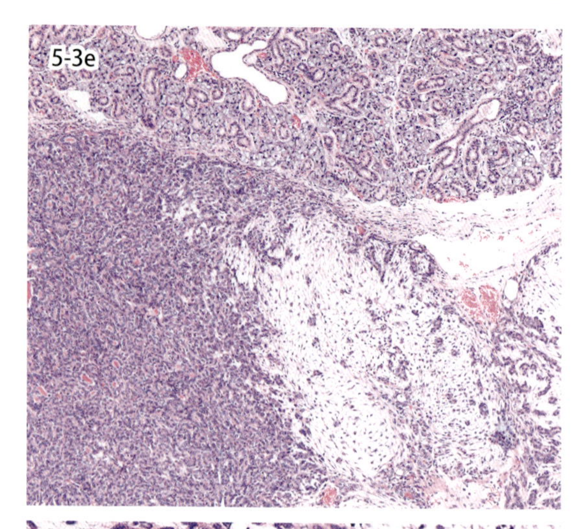

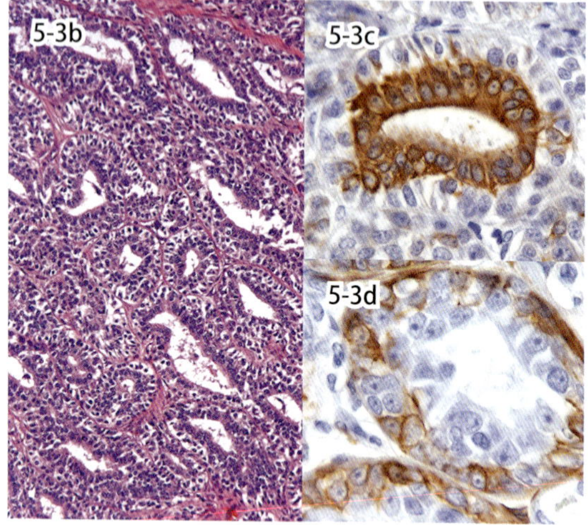

図 5-3a ～ d　唾液腺癌（犬）．唾液腺の両側性腫大と中心部の壊死巣形成（a）．他症例の唾液腺癌における腺組織増殖巣（b）．この腺組織は CK8 陽性細胞（c）と SMA 陽性細胞（d）からなる．

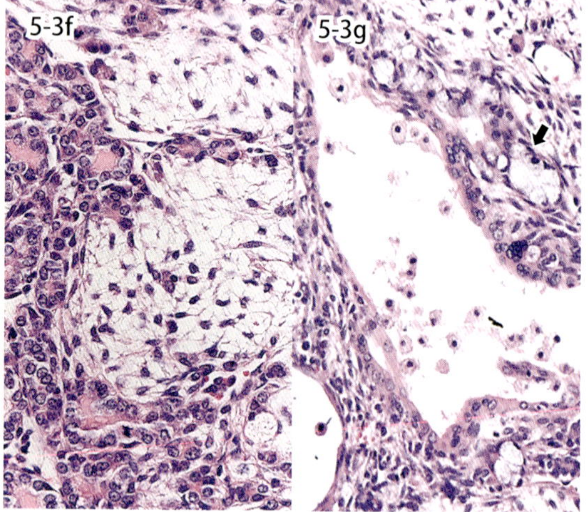

図 5-3e ～ g　マウスの唾液腺癌．正常（上），腺上皮増殖巣（左），筋上皮増殖巣（右）が混在する（e）．同例では腺上皮と筋上皮（f），導管（g）に加え粘液上皮も増殖する（矢印）．

5-3．唾液腺腫瘍

Tumors of salivary gland

唾液腺腫瘍は組織形態がきわめて多彩である．動物での発生は少ないが，ヒトの腫瘍分類に従い良性上皮性腫瘍は，腺腫（管状，嚢胞，脂腺）のほか，多形腺腫（混合腫瘍），オンコサイトーマ，導管乳頭腫，悪性上皮性腫瘍は，腺房細胞癌，粘表皮癌，嚢胞腺癌，悪性筋上皮腫，多形腺腫内癌あるいは肉腫，扁平上皮癌などに分類される．この多彩な形態は，導管（導管上皮細胞と基底細胞）と腺房部（腺細胞と筋上皮細胞）に異なる上皮細胞が混在することに起因する．悪性腫瘍では，ある上皮細胞が単独に増殖するもの（単純癌）より，異なる上皮細胞が混在して増殖するもの（複合癌）が多く，複合癌には骨や軟骨などの間葉組織の増殖が加わることがある．

図 5-3a は犬の唾液腺癌の肉眼像であり，両側唾液腺の著明な腫大と壊死が認められる．図 5-3b ～ d は，他症例（犬）の唾液腺癌の組織像であり，基底膜で被包された腺組織が充実性に増殖しているが，同腺組織の腺腔側と基底膜側に 2 種類の細胞が存在する（図 5-3b）．これらはそれぞれサイトケラチン（CK）8 陽性の腺上皮細胞（図 5-3c）と α 平滑筋アクチン（SMA）陽性の筋上皮細胞（図 5-3d）の特徴を持つ細胞であり，このような腫瘍を複合癌と分類する．図 5-3e はマウスに発生した唾液腺癌の組織像であり，正常唾液腺（上部）に，腺上皮細胞主体の増殖巣（左側）と筋上皮細胞主体の増殖巣（右側）が混在する．図 5-3f は腺房細胞と筋上皮細胞が混在する部位，図 5-3g は導管様構造と筋上皮細胞の混在部を示すが，いずれの部位にも矢印で示す粘液細胞が散在性に認められる．

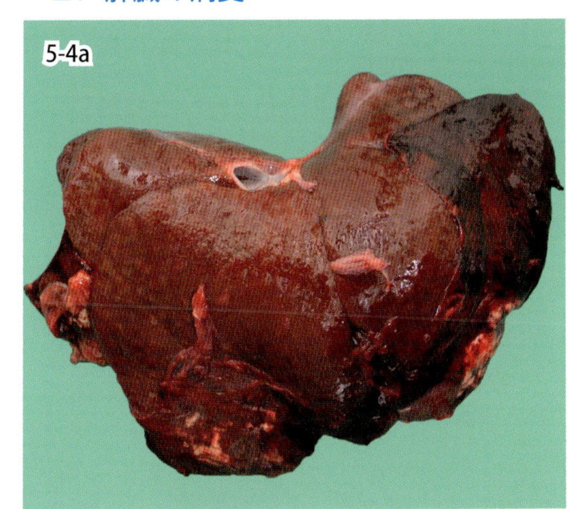

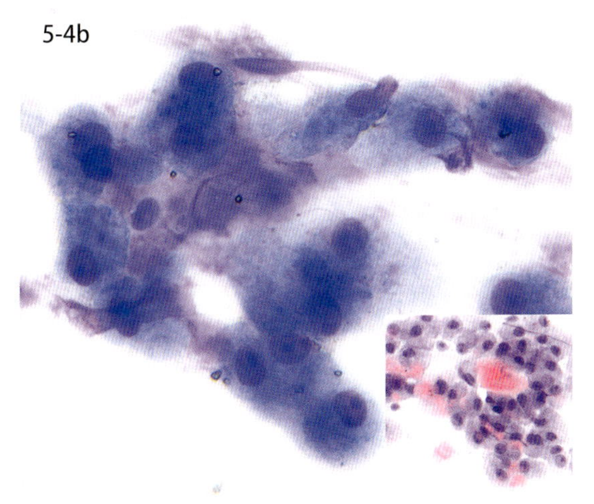

図 5-4a・b　肝臓のアミロイド沈着（猫）．肝臓は腫大し一部破裂する（a）．細胞診では細胞外に基質様物質がみられ（b），コンゴー赤染色に染色される（挿入図）．

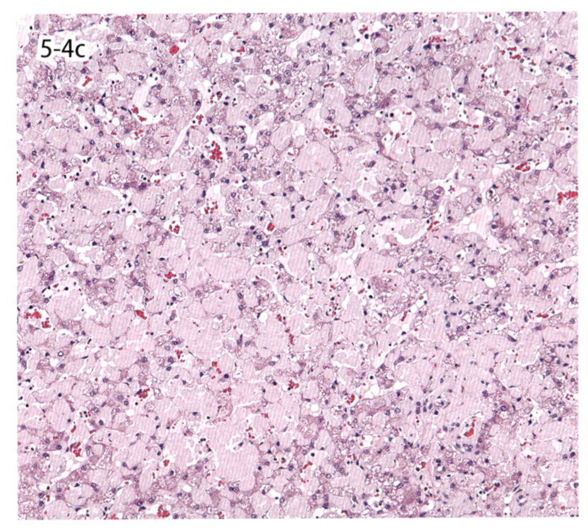

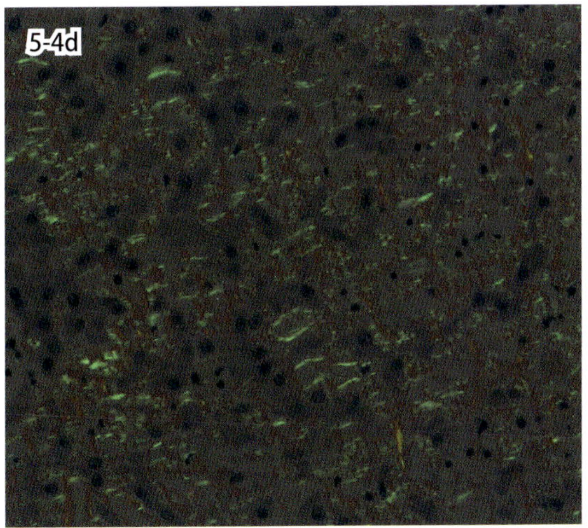

図 5-4c・d　ディッセ腔における著明なアミロイド沈着（c）．アミロイドはコンゴー赤染色で橙赤色に染色され偏光顕微鏡で複屈折性を示す緑色偏光を示す（d）．

5-4．アミロイド沈着
Amyloid deposition

アミロイド amyloid とは，β シート構造に富む不溶性蛋白質のことであり，電顕的には約 10 nm の太さの細線維の密な集合体として観察される．肝臓のアミロイド沈着は，馬，牛，犬，猫，ミンク，マウスのさまざまな哺乳動物のほか，鶏やアヒルなどの鳥類に認められる．肝臓におけるアミロイド沈着は，全身性アミロイド症 systemic amyloidosis の一分症として観察される場合が多い．その多くは急性期炎症蛋白質である血清アミロイド A（SAA）に由来する AA アミロイドの沈着により生じる．馬，牛，犬，猫では慢性の組織破壊性疾患あるいは炎症性疾患に随伴して発生することが多い．ヒトでは関節リウマチに続発することが知られている．

アミロイドが大量に肝臓に沈着すると，肝臓は全体に腫大し，褪色あるいは灰色調を帯びるようになる（図 5-4a）．猫では重度のアミロイド沈着が生じた肝臓に物理的刺激が加わると，肝破裂による肝出血が起こる．針生検にて細胞診を実施すると肝細胞に混じて，細胞外基質様の物質としてギムザ染色で赤紫色に染色されるアミロイドが確認される（図 5-4b）．組織学的に肝臓のアミロイドはディッセ腔に沈着することが多いが（図 5-4c），肝三つ組の結合組織内や血管壁にも沈着が認められる．アミロイドはコンゴー赤染色で橙赤色に染色され（図 5-4b，挿入図），それを偏光顕微鏡で観察すると緑色複屈折性を示す（図 5-4d）．このような染色性は AA アミロイドの場合，過マンガン酸カリウムとシュウ酸による酸化・還元処理により失活する．

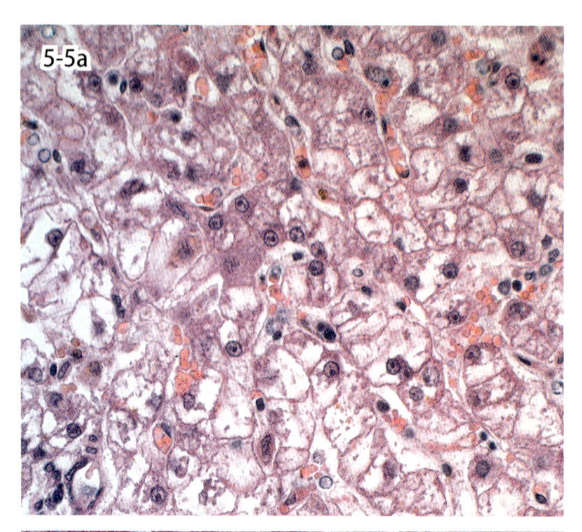

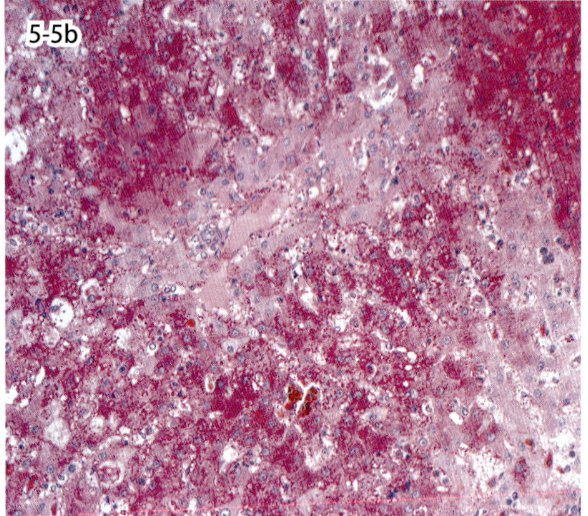

図5-5　グリコーゲン変性（犬）．グリコーゲンは水を含む固定法で溶出し，細胞質が白く抜け（a，HE染色），PAS反応で赤紫色を呈する（b）．

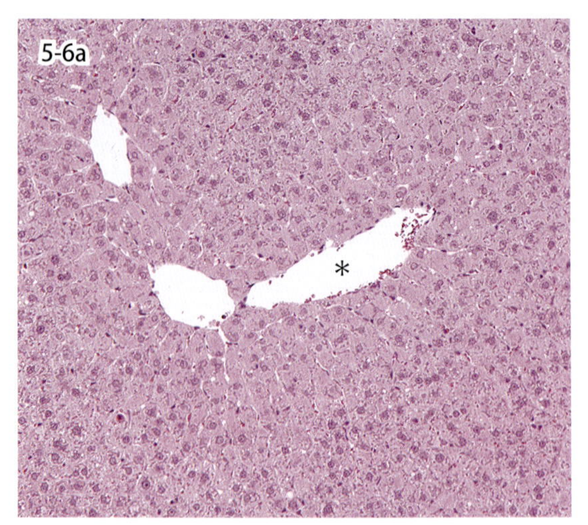

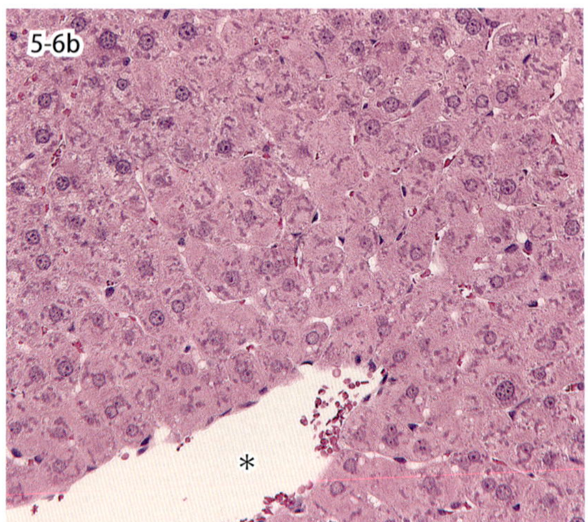

図5-6　くもり硝子変性（ラット）．有機塩素系殺虫剤であるDDTの経口投与2週間後の肝臓で，中心静脈（*）周囲の肝細胞の細胞質が淡く好酸性に変化する．

5-5．グリコーゲン変性

Glycogen degeneration

グリコーゲン変性は，肝細胞内に正常を超える量のグリコーゲンが蓄積した状態である．グリコーゲンは水溶性であるため，ホルマリン固定標本ではグリコーゲンが溶出し，細胞質内の膜に囲まれない境界不明瞭な空隙として観察される（図5-5a）．グリコーゲンの証明には純アルコールやカルノア液などで固定し，PAS反応（図5-5b），ベストのカルミン染色液，ヨードカリ液などの染色を用いる．

グリコーゲン変性は，機能性の副腎皮質腫瘍，副腎皮質機能亢進症，グルココルチコイドの長期間投与，および糖原病などにより出現する．

5-6．くもり硝子変性

Ground-glass degeneration

主に肝臓でみられる変化であり，肝細胞の細胞質全域あるいは大部分がやや淡く好酸性に変化した病態である．さまざまな核内受容体の活性化を介したシトクロムP450誘導剤に対する反応性変化として観察されることが多く，シトクロムP450誘導剤の代表例としては，抗てんかん薬のフェノバルビタールが知られている．肉眼的に肝臓は肥大し，暗褐色を呈する．組織学的にはとくに小葉中心部において，肥大した肝細胞の細胞質がくもりガラス様にみえる．電顕的には滑面小胞体の増殖，粗面小胞体の分散および貯蔵グリコーゲンの減少として観察される．酵素誘導は生体の恒常性維持における適応反応であるが，酵素誘導に伴う過剰な肝細胞肥大は肝細胞変性や壊死を引き起こす．

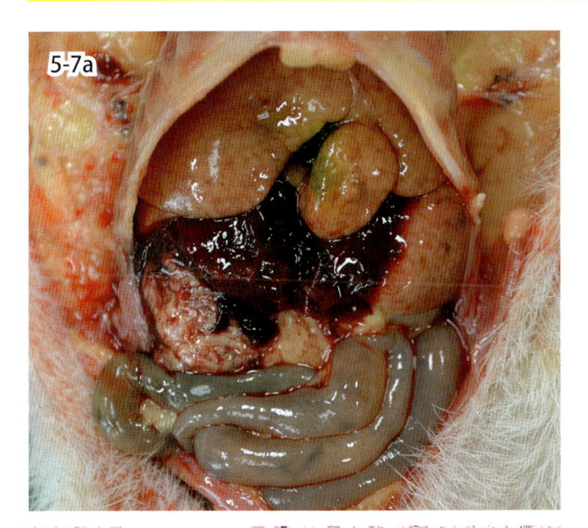

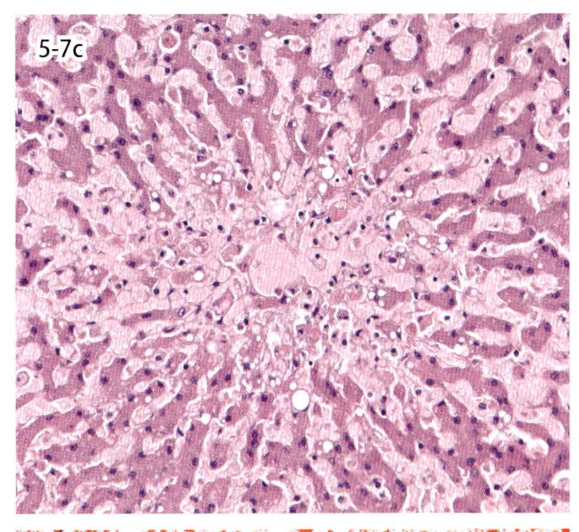

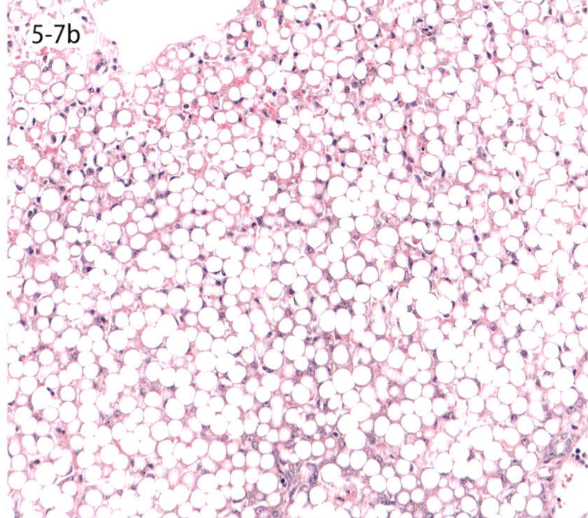

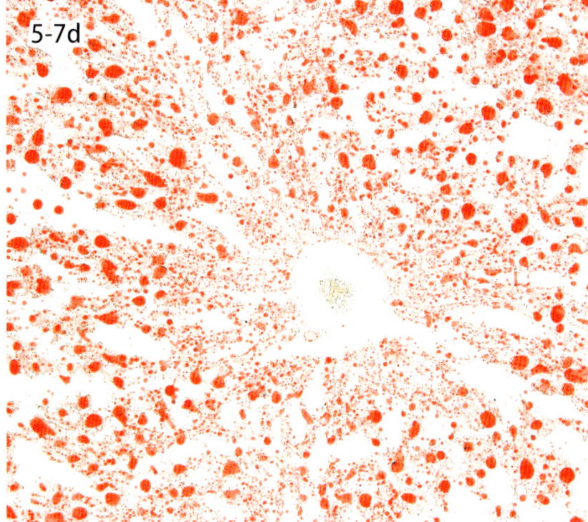

図 5-7a・b　脂肪変性．重度の脂肪変性により肝臓は黄色を呈し腫大する（a，ハリネズミ）．び漫性に肝細胞が空胞化（脂肪変性）を示す（b）．

図 5-7c・d　犬の急性四塩化炭素中毒．中心静脈のうっ血と周囲肝細胞の軽度の脂肪変性（c）．アルコール投与と高脂肪給餌された肝臓の脂肪変性のオイルレッドＯ染色（d，マウス）．

5-7. 脂肪変性
Fatty degeneration

脂肪変性は正常より多くの脂肪が実質細胞内で増量する変化であり，脂肪代謝を行う肝臓では肝細胞の脂肪変性が起こりやすい．体内に吸収された過剰な脂肪や遊離脂肪酸は，主に肝臓の小胞体でエステル化され中性脂肪となり，これにアポ蛋白Ｂが結合するとリポ蛋白質になる．このリポ蛋白合成が何らかの原因で阻害されると，中性脂肪の細胞内蓄積が起こる．肝臓の脂肪変性は，肝小葉内での脂肪滴の分布から，小葉中心性，小葉周辺性，び漫性に分類される．小葉中心性は低酸素状態，うっ血，薬物中毒，コリン欠乏，小葉周辺性は高脂肪食，蛋白欠乏食，飢餓により，それぞれ中心静脈，グリソン鞘周囲に脂肪変性が観察され，び漫性は糖尿病や糖尿病性ケトアシドーシスで小葉全体に脂肪変性が認められる．

図 5-7a は重度の脂肪変性を示したハリネズミの剖検時の腹腔所見である．肝臓は黄色を呈し腫大し，肝臓破裂による出血が認められる．重度の肝臓の脂肪変性では本例のように肉眼的に肝臓は黄色に腫大する．組織学的には，び漫性の脂肪変性が認められる（図 5-7b）．なお肝細胞内の脂肪滴は組織標本作製過程で有機溶媒に溶出するため細胞質内の空胞として観察される．図 5-7c は犬の急性四塩化炭素中毒で認められた肝臓の小葉中心性脂肪変性の組織像である．中心静脈のうっ血と，周囲の肝細胞の脂肪変性が認められる．なお組織中の脂質を証明するためには，有機溶媒を含まない固定液で組織固定を行い，凍結切片を作製して，ズダン黒Ｂ，ズダンⅢ，オイル赤Ｏ（図 5-7d），ナイル青などの特殊染色を実施する．

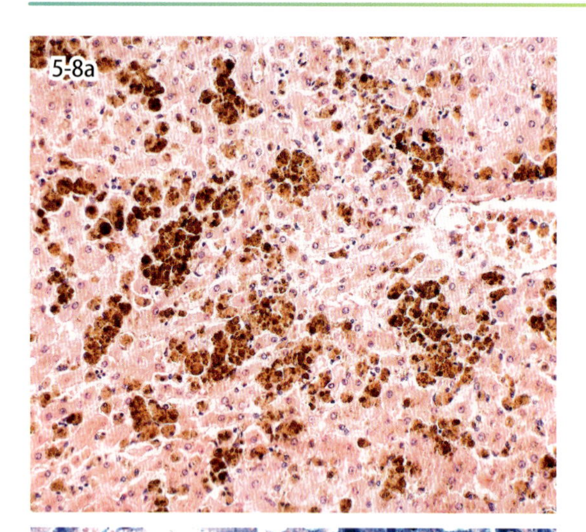

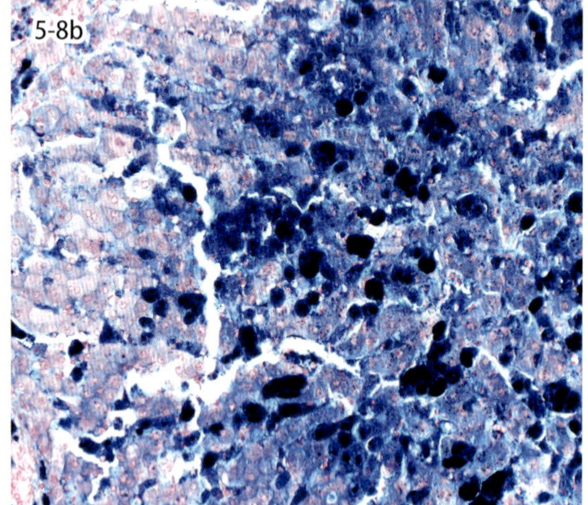

図5-8　ヘモクロマトーシス（クロサイ）．肝細胞とクッパー細胞内に鉄由来色素顆粒が沈着し（a，HE染色），ベルリン青染色で青色となる（b）（写真提供：Robert Klopfleisch 氏）．

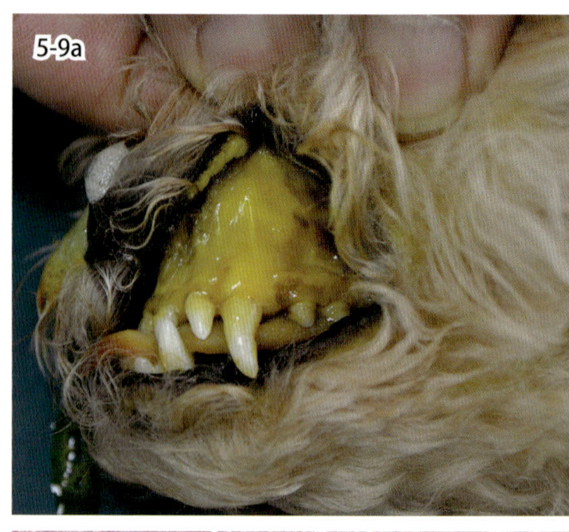

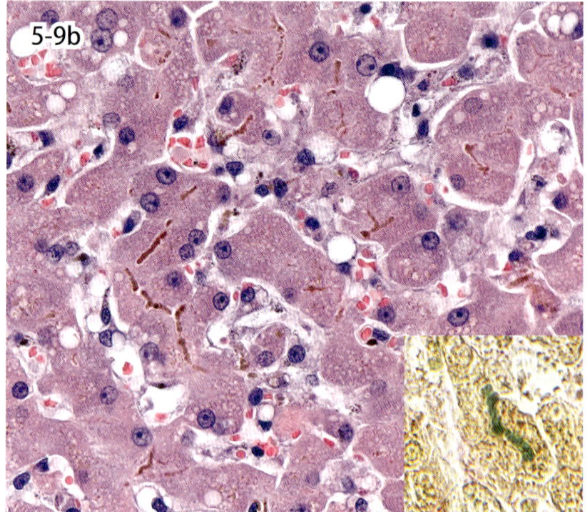

図5-9　犬の口腔粘膜の著明な黄疸（a）．毛細胆管の胆汁栓（b）はホール法で緑色を呈する（b挿入図）．

5-8. ヘモクロマトーシス

Hemochromatosis

ヘモクロマトーシスは先天的な原因（酵素欠陥による腸管からの鉄の過剰吸収），後天的な原因（鉄剤の過剰投与，銅やコバルトの欠乏）によりヘモジデリンに類似した鉄由来色素顆粒が肝細胞および腎尿細管上皮細胞に過剰に蓄積し，実質細胞が傷害される疾患である．ヘモクロマトーシスはマクロファージのみに沈着する血鉄症ヘモジデローシスとは区別し，細胞鉄沈着症とも呼ばれる．図5-8aはクロサイの肝臓のヘモクロマトーシスであり，肝細胞内に褐色色素が大量に沈着し，ベルリン青染色（図5-8b）により青色を呈する．ヒトでは原発性，続発性ヘモクロマトーシスが報告されているのに対し，動物でのヘモクロマトーシスの発生は比較的まれである．

5-9. 胆汁沈着

Bile pigmentation

肝臓に沈着する胆汁色素は肝細胞で産生された抱合型ビリルビンを主成分とし，ホール法により緑色を呈する．胆汁沈着は肝毒性黄疸，閉塞性黄疸で観察され，胆汁流出路の狭窄あるいは閉塞，胆管あるいは総胆管の閉塞により生じ，しばしば毛細胆管あるいは細胆管に胆汁栓が形成され，管腔が拡張する．胆汁うっ滞の原因として四塩化炭素，アフラトキシンなどの毒性物質，肝炎ウイルスおよび細菌感染などにより腫大した肝細胞による毛細胆管の狭窄，肝蛭などの吸虫寄生による肝内外の胆管の閉塞，線維性結合組織増生による肝内胆管の圧迫，細胆管炎，胆石による胆管の狭窄，腫瘍などによる胆管の圧迫ならびに十二指腸炎による胆管開口部の閉塞などがあげられる．

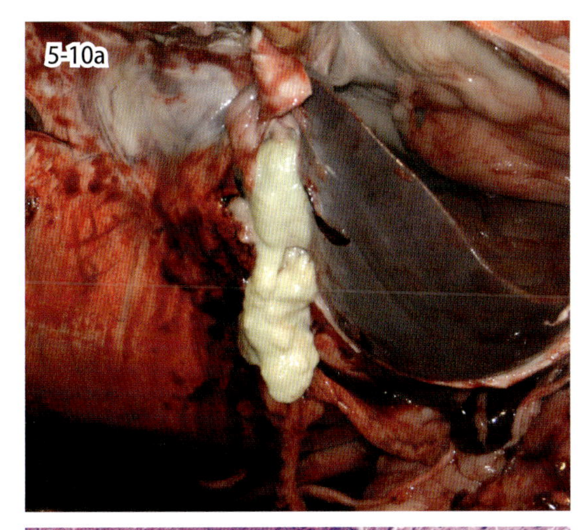

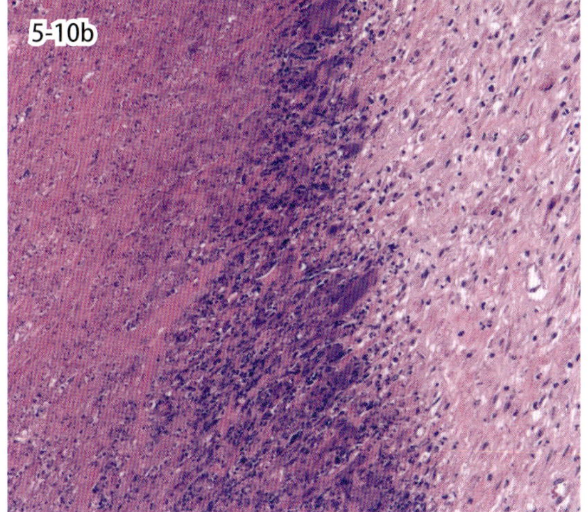

図 5-10a・b　壊死桿菌症（牛）．肝臓の被包化膿瘍（a）．肝臓の壊死病変と肉芽組織（b，HE 染色）（写真提供：群馬県家衛研 *）．

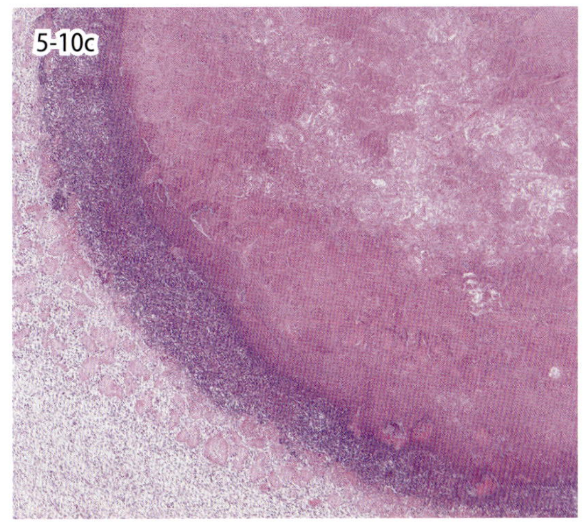

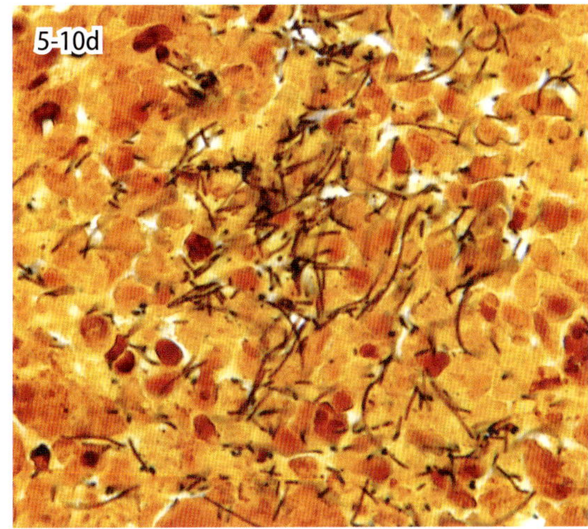

図 5-10c・d　壊死桿菌症（牛）．壊死桿菌による肺炎（c，HE 染色）と壊死桿菌（d，ワーチン・スターリー染色）（写真提供：群馬県家衛研 *）．

5-10．壊死桿菌症

Necrobacillosis

壊死桿菌症は壊死桿菌 *Fusobacterium necrophorum* を原因とする感染症で，牛では肝膿瘍と趾間腐爛として認められる．牛の肝膿瘍は，多頭飼育の農場にて穀物など濃厚飼料を多給されている肥育牛，とくに乳用雄肥育牛に好発する．特徴的な臨床症状は乏しく，生前診断法が確立していないため，ほとんどの場合と畜検査で摘発される．濃厚飼料多給に起因する第一胃アシドーシス，第一胃錯角化症，第一胃炎などにより，第一胃粘膜が損傷すると，壊死桿菌が門脈経路によって肝臓に運ばれ壊死病変を形成する．

肉眼的に肝臓に小豆大～小児頭大の膿瘍がみられる（図 5-10a）．亜急性期には病変は黄白色，乾燥感があり隆起し，菊花状の紋様を呈し，薄い肉芽組織で覆われる．経過の長いものは膿瘍膜により健常部との境界が明瞭となり，被包化膿瘍となる．

組織学的に肝臓病変は類洞での細菌増殖に始まり，初期には微小膿瘍が出血を伴って多発する．微小膿瘍の中心には菌塊を含み周囲を壊死巣で囲まれる．数日後には微小膿瘍が融合し，粗大な凝固壊死巣が形成される．治癒過程では，液化を伴う凝固壊死が壊死組織と浸潤炎症細胞が混在する層で境界され，肉芽組織（膿瘍膜）によって周囲の健常組織から隔絶される分界性炎が起こる（図 5-10b）．同様の病変は，壊死性肺炎（図 5-10c）および脳炎としてもみられる．壊死病変部部分をワーチン・スターリー染色すると，無数の長桿菌が認められる（図 5-10d）．

* 群馬県家畜衛生研究所

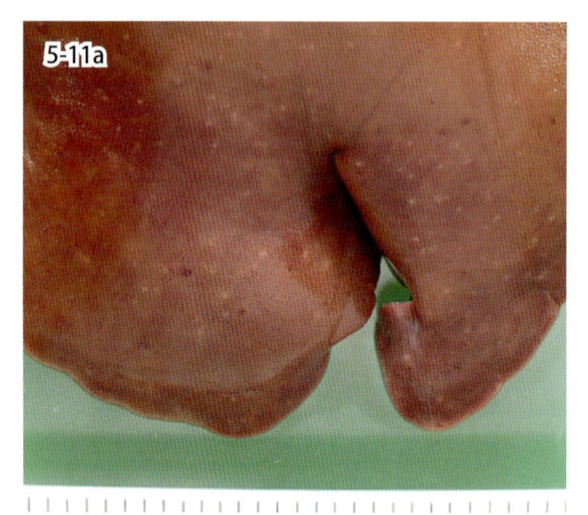

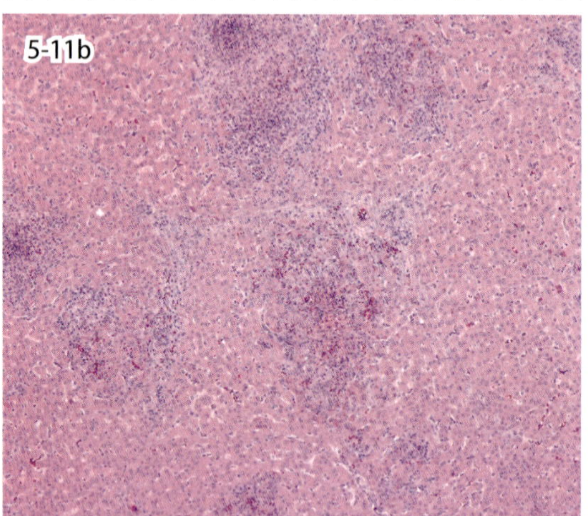

図5-11a・b　サルモネラ症（豚）．肝臓の多数の白斑（a）と肝臓の多発性巣状壊死（b，HE染色）（写真提供：aは横浜市食衛検＊，bは動衛研）．

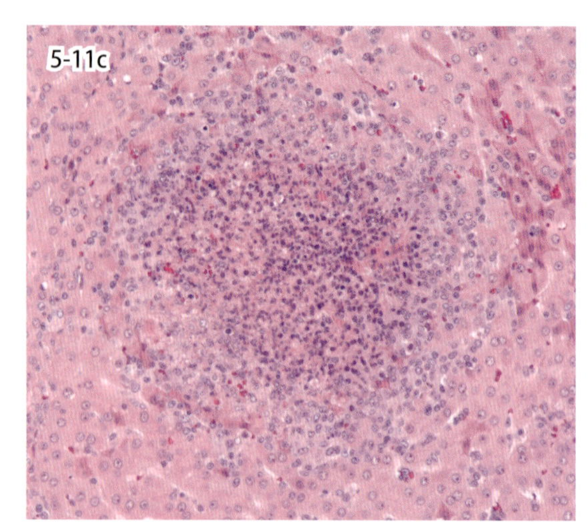

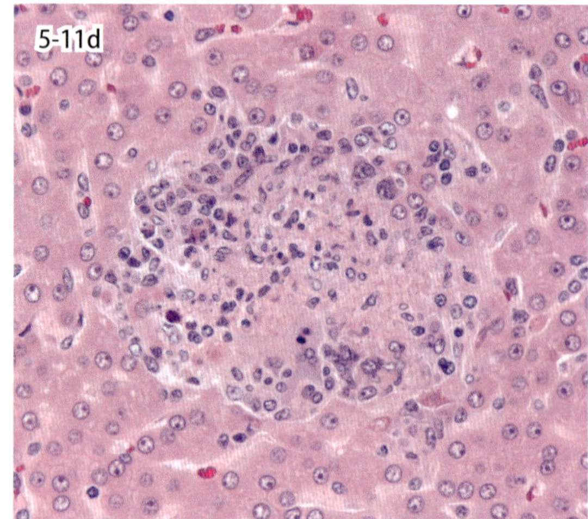

図5-11c・d　サルモネラ症（豚）．好中球の浸潤を伴う巣状壊死（c）とチフス様結節（d）（写真提供：動衛研）．

5-11．サルモネラ症

Salmonellosis

豚のサルモネラ症は *Salmonella* Choleraesuis に起因する全身性の急性または慢性感染症と *S.* Typhimurium に起因する下痢症がある．急性型では，発熱とともに耳介，四肢，下腹部のチアノーゼが認められる．慢性型では黄色下痢や血便がみられ，しばしば死亡する．肉眼的に急性型では，肝臓の混濁腫脹や小白斑（図5-11a）と脾臓の腫脹がみられる．慢性型では，腸壁の肥厚，空腸から結腸にかけて潰瘍がみられる．組織学的に肝臓の多発性巣状壊死が認められ，1小葉内に複数の壊死巣があり，その分布は一定しない（図5-11b）．病期により，線維素の析出，好中球の浸潤が強いもの（図5-11c）から，マクロファージが多く認められるものまでさまざまである．経過が進むにつれ，好中球は少なくなり，マクロファージが多く認められ，チフス様結節を形成する（図5-11d）．

牛のサルモネラ症は *S.* Typhimurium あるいは *S.* Dublin によることが多い．本症は子牛に多発し，急性例では敗血症により死亡する．搾乳牛では乳量減少，水様性下痢や血便が認められる．肉眼的にカタル性，出血性，線維素性（偽膜性）腸炎が，回腸で最も強くみられる．また，肝臓の腫大と壊死性小白斑が散在性にみられる．ときに肺の限局性肝変化もみられる．組織学的に，初期には小腸粘膜表層の線維素細胞性滲出がみられ，次いで，粘膜の重度壊死，潰瘍，線維素の析出および好中球の浸潤がみられる．肝臓では多発性巣状壊死，チフス様結節がみられる．敗血症例では，肺胞壁が肥厚し，マクロファージの浸潤，肺胞毛細血管に硝子血栓および水腫がみられる．

＊横浜市食肉衛生検査所

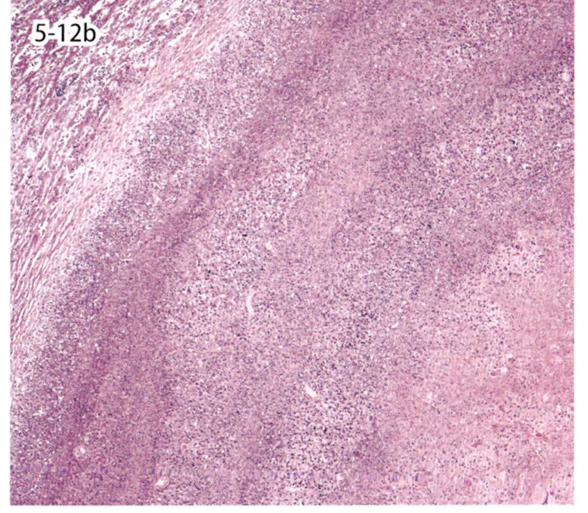

図 5-12　仮性結核（山羊）．大型黄白色病巣の割面は同心円状（a）を呈する．組織学的には広範な壊死巣（b）．

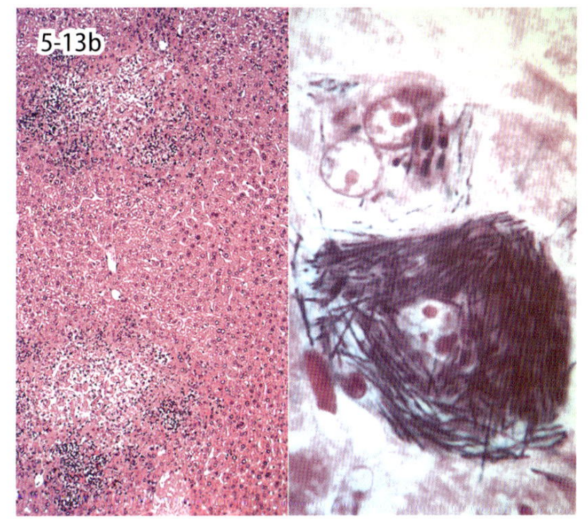

図 5-13　Tyzzer 病（マウス）．肝臓に白色巣状壊死巣が観察され（a），壊死巣（b 左）周囲の肝細胞内に長桿菌が充満している（b 右）．

5-12. 仮性結核

Pseudotuberculosis

仮性結核菌 *Corynebacterium pseudotuberculosis* の感染により起こり，主に山羊や羊の肝臓，腎臓，肺，リンパ節に乾酪壊死性の病変が形成される．図 5-12a は山羊の肝臓の割面で，大小の黄白色乾酪性病変が多発している．大型病変の割面は同心円状構造を示し，本病変の成立経過を表している．図 5-12b は病変部（中央から右）と正常部（左上）との境界である．結節病変の中心部は広範な壊死巣（図の右）で，類上皮細胞とリンパ球を混じた結合組織の層で取り囲まれている（図の中央）．最初は類上皮細胞の小型集簇巣として形成され，これが壊死してその外側を新たな類上皮細胞とリンパ球の病巣が囲み，これが繰り返され同心円状の病変がつくられる．

5-13. Tyzzer 病

Tyzzer's disease

Tyzzer 菌 *Clostridium piliforme* の感染により生じる．主にマウス，ラット，兎が感染するが，宿主域は広く馬，牛，犬，猫をはじめ多くの哺乳類で感染の報告がある．図 5-13a はマウスの肝臓で，直径数 mm の白色巣状壊死巣が多数観察される．図 5-13b 左は肝臓巣状壊死巣の組織像で，壊死部周囲に好中球が浸潤している．図 5-13b 右は壊死巣周囲肝細胞の過ヨウ素酸メセナミン銀（PAM）染色標本である．肝細胞内には長桿菌が充満している．Tyzzer 菌は偏性細胞内寄生菌で，PAM 染色のほか，ギムザ染色，チオニン染色，PAS 染色などにより検出される．腸粘膜への感染も認められ，出血および壊死が観察される．

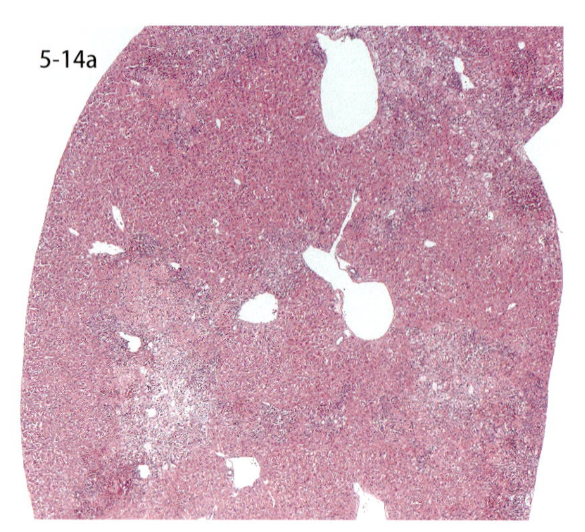

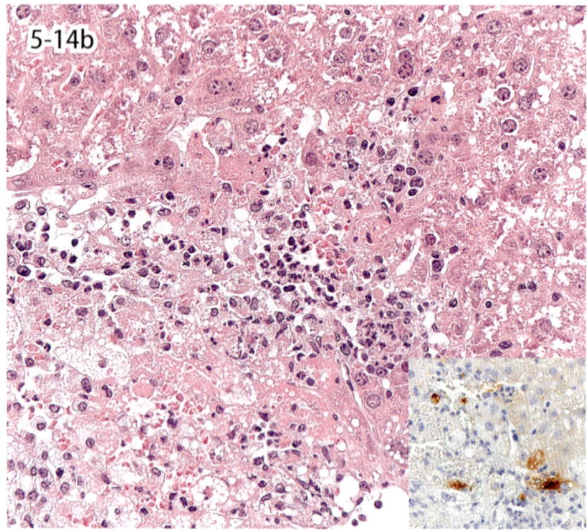

図 5-14　マウス肝炎．MHV 感染症による多発性巣状壊死巣形成（a）．壊死巣には好中球やマクロファージが浸潤し（b），周辺の肝細胞には免疫染色で MHV 抗原が認められる（挿入図）．

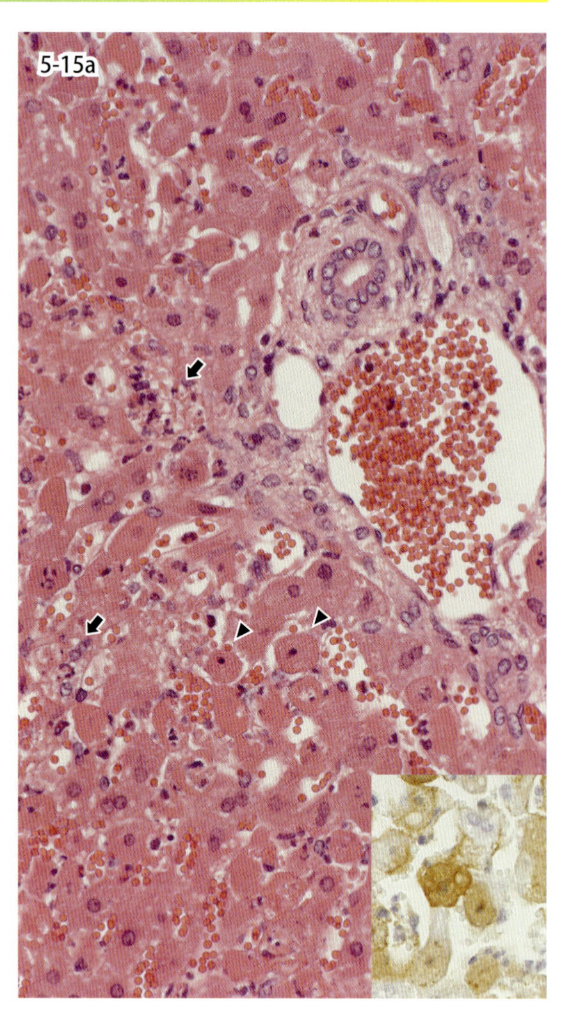

図 5-15　兎出血病．挿入図は免疫染色．小葉の周辺部に肝細胞の融解壊死（矢印）および凝固壊死（矢頭）が認められ，同部位の肝細胞は兎出血病ウイルス抗原陽性を示す（挿入図）．

Chap.5

5-14. マウス肝炎

Mouse hepatitis

マウス肝炎ウイルス mouse hepatitis virus（MHV）はコロナウイルス科コロナウイルス属のウイルスであり，マウスに高い伝染力を示す．MHV は感染マウスの糞便中に排泄され，ほかのマウスがこれに接触して，経鼻的あるいは経口的に感染する．MHV 感染症の病態は宿主であるマウスの年齢，系統，免疫状態に依存すると同時に，MHV にも多様な系統が知られている．多臓器親和性を示す MHV 株に，若齢あるいは免疫不全マウスが感染すると，全身感染症の分症として肝臓病変が認められる．肝臓には肉眼的に多巣状の結節病変が観察される．組織学的には肝細胞やマクロファージに合胞体形成を伴う壊死巣形成が認められ，壊死巣周囲には好中球やマクロファージの浸潤を伴う．

5-15. 兎 出 血 病

Rabbit hemorrhagic disease

兎出血病ウイルスを原因とし，成熟した兎が感染すると3～4日以内にほぼ 100％が死亡する．特徴的病変は肝臓にみられ，そのほかの臓器および組織には循環障害（播種性血管内凝固，うっ血，出血）が生じる．

肝臓病変は，小葉内の巣状壊死であるが，肝細胞の孤在性壊死もしばしば認められる．巣状壊死は小葉周辺帯に生じる傾向を示し，Kupffer 細胞の反応（腫大，増生）と偽好酸球浸潤を伴う．門脈域に軽度のリンパ球浸潤がみられることがある．図 5-15 は罹患兎肝臓小葉周辺部の強拡大で，矢印は肝細胞の融解壊死を，矢頭は凝固壊死を示す．抗兎出血病ウイルス抗体を用いた免疫組織化学的染色を施すと，小葉周辺部の肝細胞が陽性所見を示す（挿入図）．

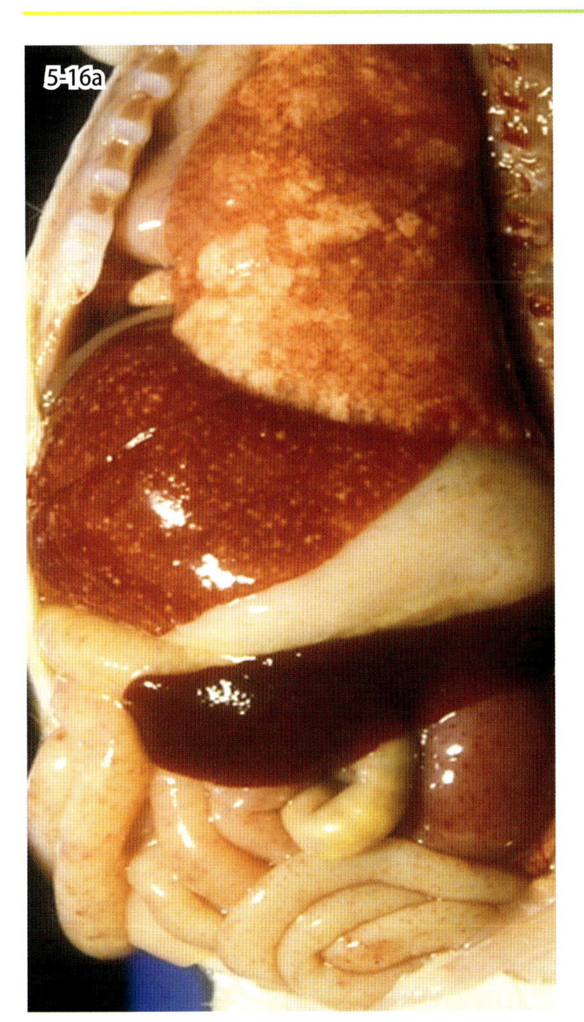

図 5-16a　ヘルペスウイルス感染症（犬）．肝臓の多発性巣状壊死，脾腫，消化管と腎臓の出血．

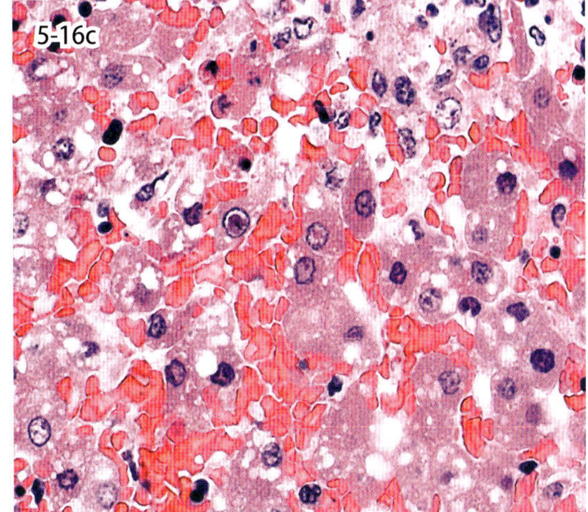

図 5-16b・c　ヘルペスウイルス感染症（b，c）．肝臓に巣状壊死が認められ（b），肝細胞には好酸性核内封入体が認められる（c）．

5-16. 犬ヘルペスウイルス感染症

Canine herpesvirus infection

犬ヘルペスウイルス Canine herpesvirus（CHV）は，犬の胎子および新生子の死因として重要な感染症の 1 つである．CHV が母犬に感染した場合，胎子死，流産，死産およびミイラ化が認められる．新生子犬が CHV に感染すると，1 ～ 2 週齢でほぼ 100％が斃死し，4 週齢以上では不顕性感染となる場合が多い．CHV に感染し斃死した子犬では，肉眼的に肺，肝臓，腎臓をはじめとする内臓諸臓器に多中心性の出血巣および壊死巣が認められる．とくに腎臓の皮髄境界部における菱形状出血巣は CHV 感染に特徴的な変化とされる．図 5-16a は CHV 感染子犬の典型的な肉眼所見で，内臓諸臓器および胃腸の漿膜表面に出血斑や壊死巣が認められる．脾腫や肺水腫もみられる．

組織学的には，好酸性核内封入体の出現を伴う巣状壊死病変が肝臓，腎臓，肺および小腸でしばしば認められ，まれに副腎，心臓および鼻粘膜でもみられる．図 5-16b は肝臓の壊死病変で，壊死巣辺縁の肝細胞にまれにヘルペスウイルス感染に特徴的な好酸性核内封入体が認められる．壊死巣は不規則で，正常部との境界は比較的不明瞭である．細胞反応は一般に乏しい．また，封入体がほとんど認められない場合もある．壊死の辺縁部の肝細胞には，しばしば細胞質における空胞化が認められる．神経系では，非化膿性髄膜脳炎や神経節炎が認められる．胎子の病変は基本的に新生子犬と同様である．

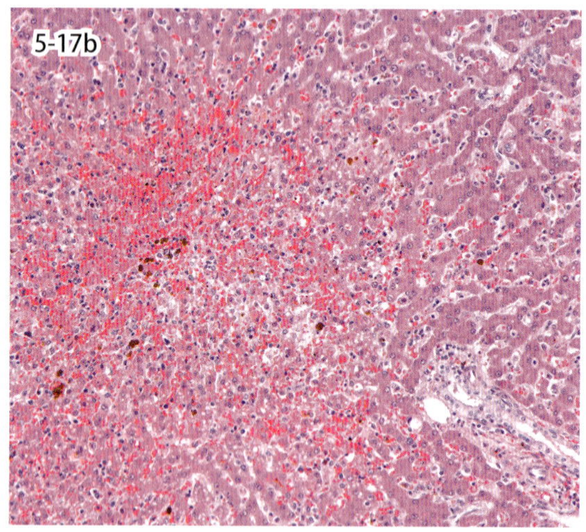

図 5-17a・b　犬伝染性肝炎．罹患例に認められた胆嚢の膠性水腫（a）．犬伝染性肝炎の出血を伴う肝細胞壊死巣（b）．

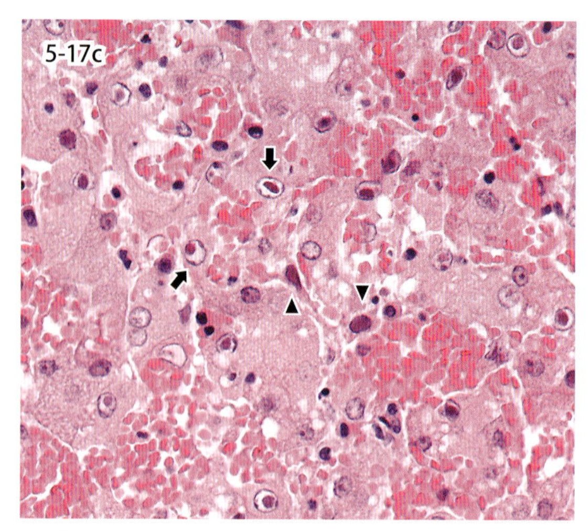

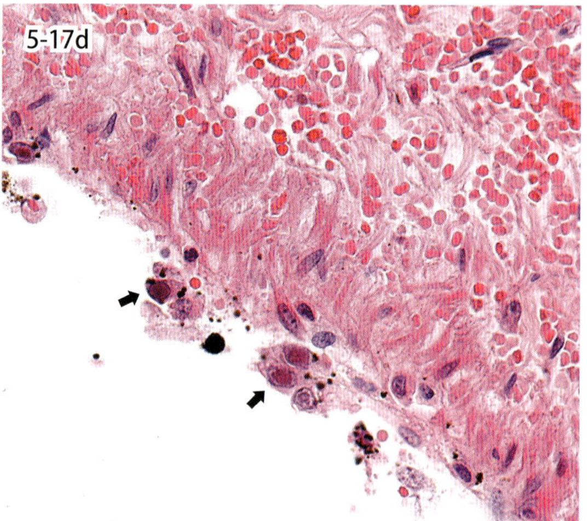

図 5-17c・d　肝細胞や内皮細胞の Cowdry A 型（矢印）と Full 型（矢頭）の核内封入体（c）．同症例の大型肝静脈壁の出血と内皮細胞のウイルス封入体（d，矢印）．

5-17．犬伝染性肝炎

Infectious canine hepatitis

犬伝染性肝炎 infectious canine hepatitis は，犬アデノウイルス 1 を原因とする犬科動物に広く感染性を示す感染症である．現在では，飼い犬ではワクチンの普及によりほとんど発生がみられない．1 歳以下の若齢犬が感染した場合は致死率が高く，成犬は不顕性感染を示す．主な臨床症状としては，突然の激しい腹痛に始まり，高熱ののち，虚脱に陥る．吐血や血便を伴うこともある．感染後 2 ～ 8 日の潜伏期間を経て，次第に元気が消失し，40 ～ 41℃の高熱が 4 ～ 6 日持続する．食欲の消失，下痢および嘔吐，腹痛が 4 ～ 7 日間続いたあと，急速に回復する．回復期には，角膜が水腫を示し青く混濁する，いわゆるブルーアイを示すこともある．

犬アデノウイルス 1 は，全身の血管内皮細胞に感染するため，全身，とくに口腔粘膜，消化管漿膜や粘膜，あるいは腎臓に点状出血が認められる．ときに血液を混じた腹水や胸水の貯留が認められる．このほか，口蓋扁桃，リンパ節，脾臓，および肝臓の腫大が認められ，胆嚢壁がゼラチン状に肥厚（膠性水腫）を示す（図 5-17a）．これらの病変の多くはウイルスによる直接的な血管内皮傷害に起因する．組織学的に肝臓ではうっ血や出血に加え，肝細胞の変性および壊死が認められる（図 5-17b）．肝細胞，クッパー細胞，および血管内皮細胞の核内に封入体が認められる．封入体には典型的な Cowdry A 型の封入体と核全体を好塩基性物質が置換する Full 型封入体が認められる（図 5-17c）．このようなウイルス封入体は全身諸臓器の血管内皮細胞に認められる（図 5-17d）．

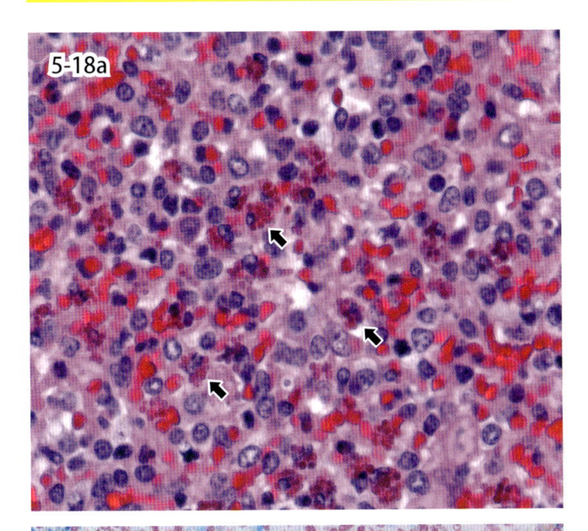

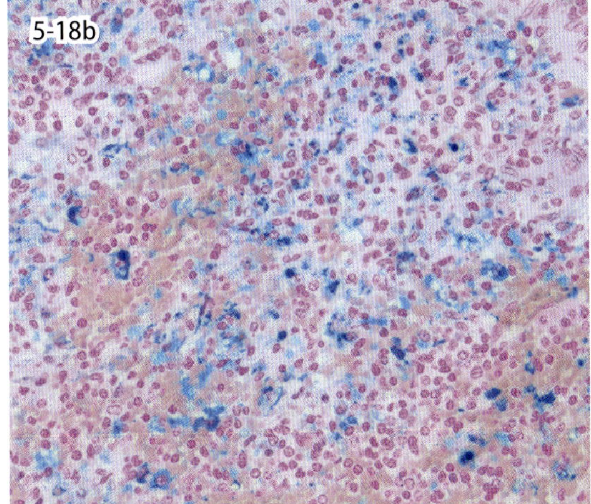

図 5-18a・b　馬伝染性貧血．脾臓．細網細胞の増生，ヘモジデリン含有マクロファージ（矢印）の増数が認められる（a）．ベルリン青染色（b）．

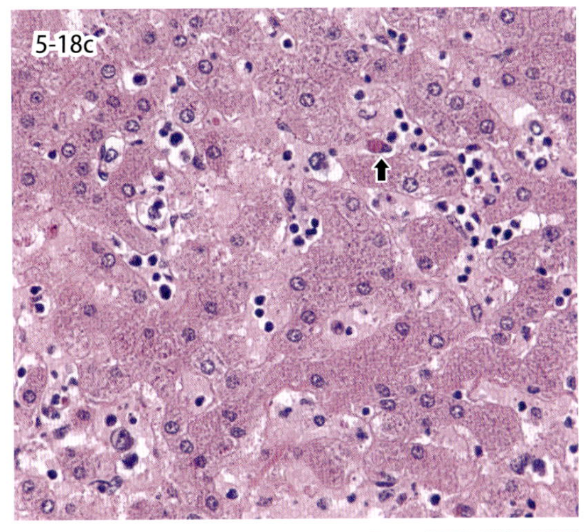

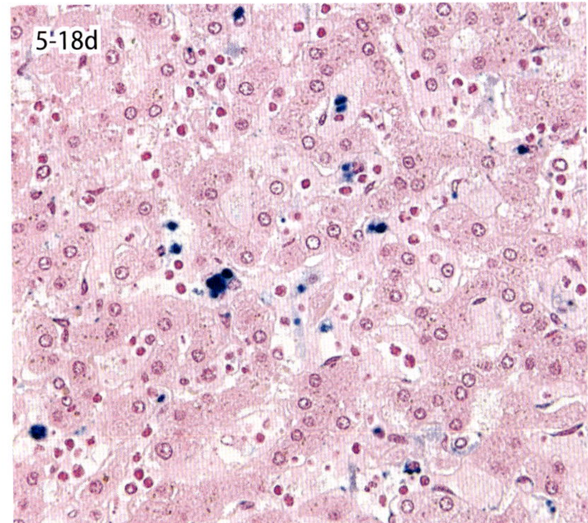

図 5-18c・d　馬伝染性貧血．肝臓．クッパー細胞の腫大とヘモジデリン蓄積（矢印），類洞内の単核細胞増数が認められる（c）．ベルリン青染色（d）．

5-18. 馬伝染性貧血

Equine infectious anemia

馬伝染性貧血ウイルス（EIAV）は馬の単核食細胞系細胞に感染するレンチウイルスで，節足動物の咬刺傷であるいは経胎盤性に伝播する．本病は初感染後の致死的な急性型および再発性ウイルス血症と関連する慢性型で発症する．感染は生涯続き，感染馬は無症候性キャリアとなることがある．EIAV は免疫媒介性溶血および赤血球生成の減少によって貧血を起こす．溶血は主に血管外で起こるが，急性期には血管内でも起こる．血小板減少症は免疫媒介性に起こる．本病は寒天ゲル内沈降反応（AGID）による抗体検査に基づいて確定診断される．

溶血発作で瀕死の馬は黄疸，貧血，広範な出血を示す．脾臓と肝臓は腫大し，暗色で被膜下に出血がある．点状出血が腎臓被膜下および皮質と髄質全体に明瞭である．骨髄は脂肪組織が造血組織により置換されるため暗赤色を呈する．組織病変の重症度は疾病の持続期間によってさまざまであり，脾臓，肝臓，骨髄で最も重要である．脾臓では，多数のヘモジデリン含有マクロファージが存在し，その数の多さは疾病の持続期間と溶血発症の頻度を反映している．肝臓では，ヘモジデリン含有クッパー細胞の過形成，リンパ球の門脈周囲浸潤が認められる．骨髄では，赤血球系造血細胞が脂肪組織と置換し，形質細胞の増数，ヘモジデリン含有マクロファージの増数が認められる．慢性経過で衰弱した馬では脂肪組織の膠様萎縮がみられる．図 5-18 は AGID 陽性のため病性鑑定に供された馬の脾臓と肝臓であり，PCR 検査で末梢血白血球から EIAV の *gag* 遺伝子が検出されている．

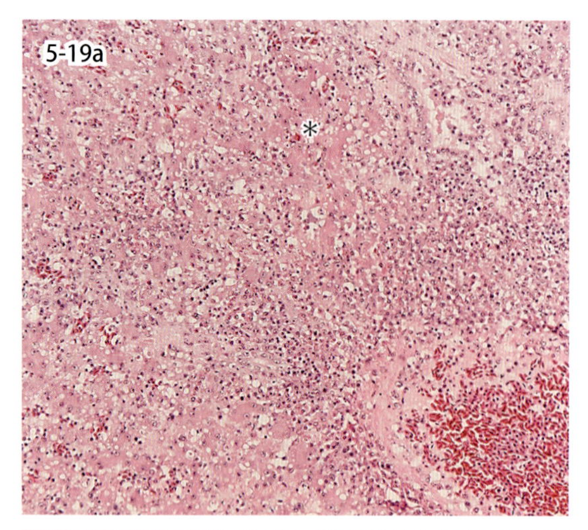

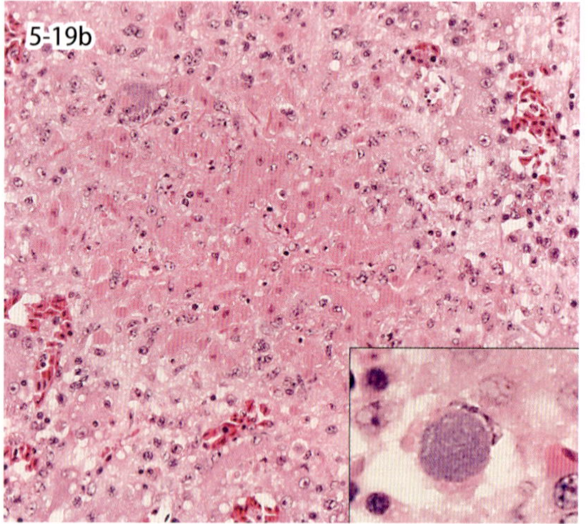

図 5-19　クラミジア症（インコ）．肝臓．壊死巣（＊）と血管周囲に炎症細胞浸潤（a）．壊死巣周囲には細胞質内に好塩基性のクラミジア封入体が認められる（b，挿入図）．

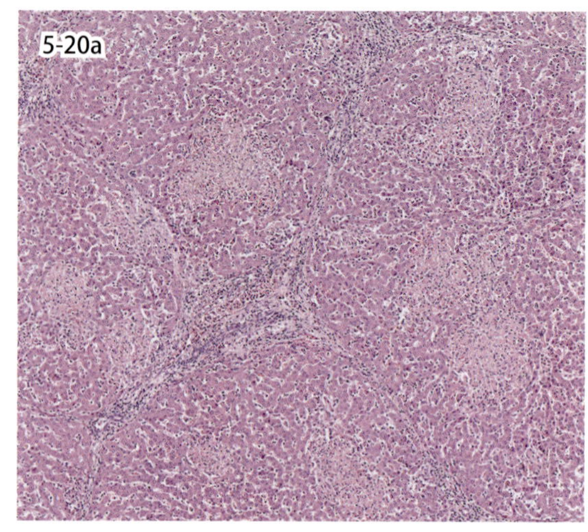

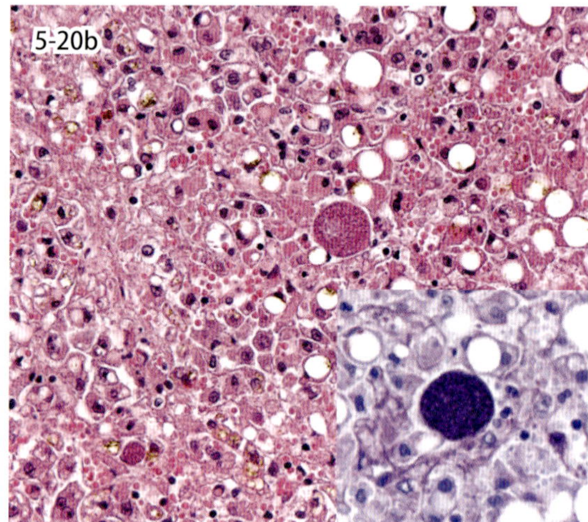

図 5-20　トキソプラズマ症．多発性巣状壊死がみられる豚の肝臓（a）．シストがみられるミーアキャットの肝臓（b）および PAS 染色（挿入図）．

5-19. クラミジア症

Chlamydiosis

クラミジア科の *Chlamydophila psittaci* 感染に起因し「オウム病」として知られる人獣共通感染症である．*C. psittaci* は，偏性細胞内寄生性の細菌であり，宿主域が非常に広い．オウムやインコなどの愛玩鳥からの排泄物内のクラミジアが経気道，直接接触，または経口的に動物やヒトに感染する．感受性は，インコ類がとくに高く，感染すると敗血症か不顕性感染を示す．鳥の死亡例では肉眼的に脾腫や肝腫大が認められ，気嚢や心嚢膜に病変が認められる．組織学的には，肝臓に多中心性の巣状壊死や血管炎が認められ（図 5-19a），肝細胞やマクロファージに好塩基性微細顆粒状の大型封入体を形成する（図 5-19b）．また，線維素性化膿性気嚢炎や心外膜炎を伴うことがある．

5-20. トキソプラズマ症

Toxoplasmosis

トキソプラズマ症は猫科動物を終宿主とする *Toxoplasma gondii* の感染によって起こり，ヒトを含むあらゆる哺乳類や鳥類で発症する人獣共通感染症である．猫の糞便中のオーシストや臓器内のシストの摂取により感染し，全身諸臓器に炎症や壊死病変が形成される．図 5-20a には不規則で多発性の肝細胞の壊死巣が認められ，さらに小葉間結合組織には炎症性細胞浸潤がみられる．壊死巣における炎症性細胞浸潤は少数である．図 5-20b はミーアキャットの肝細胞の壊死巣で，シストの形成が認められ，内部にはブラディゾイトが多数みられる．シストおよびブラディゾイトは PAS 反応に陽性で赤紫色に染色されている（挿入図）．

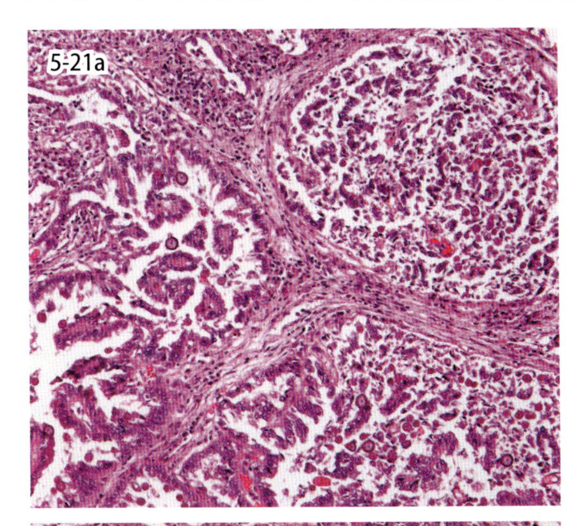

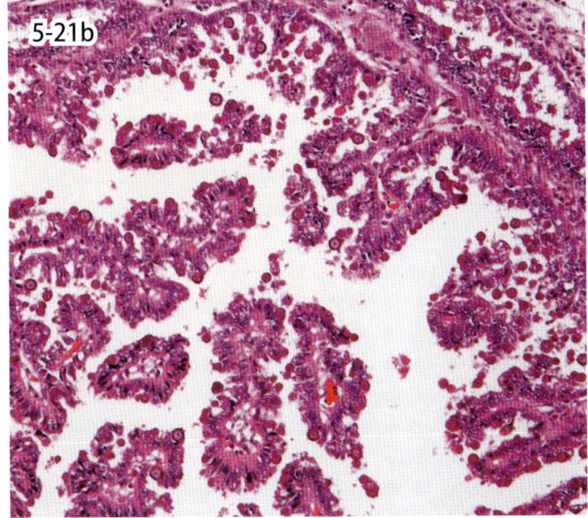

図5-21　肝臓コクシジウム症（兎）．コクシジウムの寄生による胆管の拡張，胆管上皮の剥離と乳頭状再生（a），胆管内にはコクシジウムの虫体が認められる（b）．

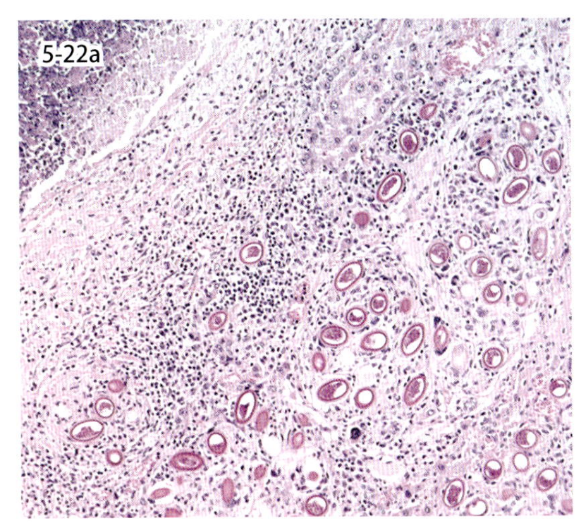

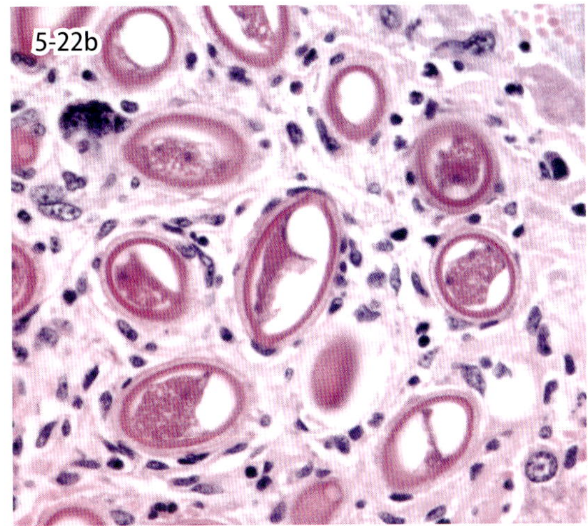

図5-22　肝毛細線虫症（マウス）．野生ネズミに認められた肝毛細線虫症の肝臓組織所見．成虫による壊死巣形成と多数の虫卵を認める（a）．虫卵の両端には卵栓がみられる（b，矢印）．

5-21. 兎の肝臓コクシジウム症

Hepatic coccidiosis

腸管寄生のコクシジウム症と異なり，兎のコクシジウム症では原虫は胆管に寄生する．コクシジウム症の原虫にはイソスポラ属とアイメリア属があり，兎のコクシジウム症ではアイメリア属の *Eimeria stiedae* が胆管に寄生する．肉眼的には，肝臓に多発性に，大小不同で不整形の灰白色ないし黄色の病巣が生じ，これら病巣の割面からは緑色または黄色調の粘稠液が漏出する．組織学的には，原虫の増殖とそれによる胆管上皮細胞の破壊と再生からなる．胆管上皮細胞は腫大，増生し，乳頭状に増殖する．原虫の増殖が旺盛になると，拡張した胆管内に剥離上皮と多数の原虫が充満する．また，胆管周囲には線維化およびリンパ球の浸潤が認められる．

5-22. 肝毛細線虫症

Hepatic capillariasis

肝毛細線虫症 *Hepatic capillariasis* は，肝毛細線虫 *Capillaria hepatica* 感染に起因する．ネズミのほかヒトを含む多様な哺乳類に寄生する．成虫は肝臓に寄生して産卵するが，虫卵は体外に排泄されない．感染動物が，ほかの動物に捕食されるか，死亡後に腐敗して初めて虫卵が外界に放出される．虫卵が適当な宿主に摂取されると，消化管内で孵化して幼虫となり，腸管壁に侵入したのち，血行性に肝臓に達する．雌成虫が肝実質に産卵すると，虫卵に対して異物反応が生じ，虫卵周囲にはマクロファージや類上皮細胞の集簇と結合組織増殖，リンパ球や形質細胞などの細胞浸潤が認められる（図5-22a）．虫卵は 60 × 35 μm 程度の大きさで，両端に卵栓を有する（図5-22b）．

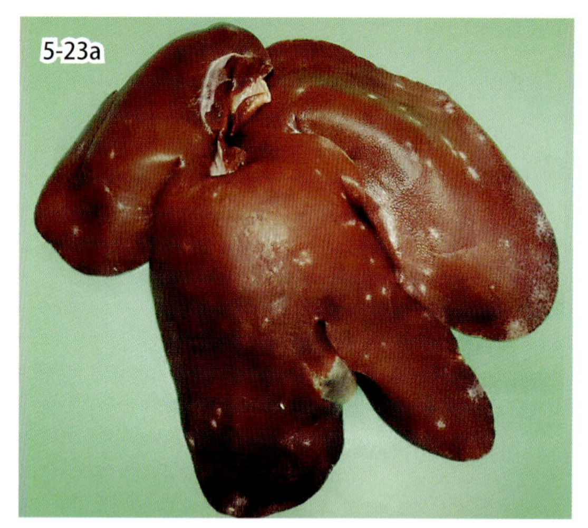

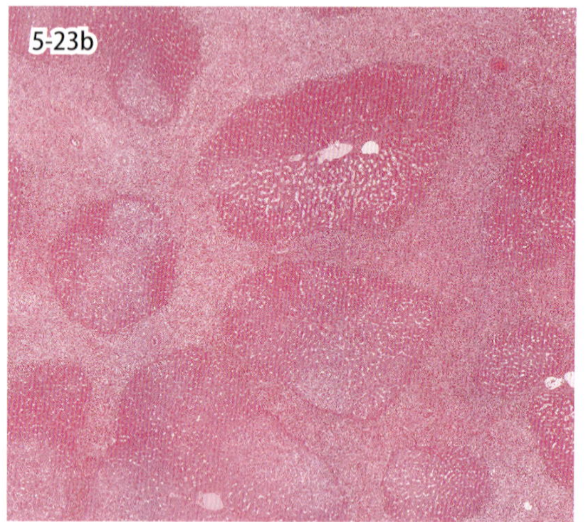

図 5-23　豚回虫症．大小の白斑（いわゆるミルクスポット）が散在（a）．小葉間結合織が線維増生により著しく肥厚する（b）．

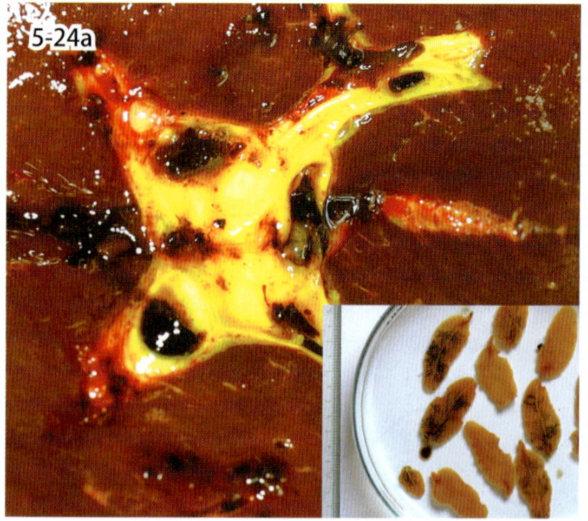

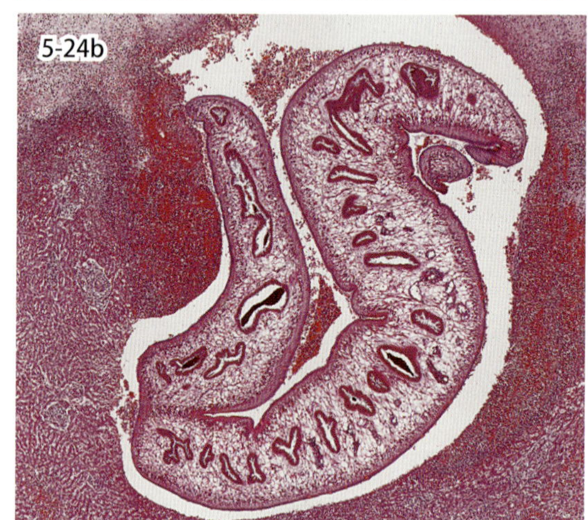

図 5-24　肝蛭症（牛）．挿入図（a）は虫体．胆管内の成虫の寄生（a）．肝臓実質に虫道病変を形成した幼虫の肝内移行期（b）．

5-23. 豚 回 虫 症

Swine ascariasis

豚回虫は虫卵の経口摂取により感染し，消化管内で孵化後，幼虫が体内移行する．幼虫は消化管壁に侵入して門脈から肝臓に達し，血流により肺に達する．気管型移行により幼虫は気管を経由して小腸に戻り成虫となる．年齢抵抗性があり，6カ月齢以下の幼獣に感染が認められ，症状が重度となる．図 5-23a は白斑（いわゆるミルクスポット milk-spot）がみられる肝臓であり，幼虫の体内移行により形成される．初感染時は出血斑と少数の好酸球浸潤をみる程度であるが，幼虫の重度感染や再感染の結果，小葉間結合織が線維化により著しく肥厚する（図 5-23b）．小葉間結合織には好酸球の浸潤も認められる．

5-24. 肝　蛭　症

Fascioliasis

主に反芻動物の疾患であり，日本では日本産肝蛭といわれる *Fasciola* 属の吸虫が原因とされる．宿主がメタセルカリアを摂取して小腸内で脱嚢した幼虫が肝臓に達した場合には，肝臓実質の組織破壊，出血，炎症を伴う虫道病変が形成され，胆管内で成長して物理的に胆管上皮細胞を傷害し，胆管炎や胆管周囲炎を起こす．図 5-24a は肥厚した胆管に成虫が認められる．図 5-24b は幼虫の肝内移行期の虫道病変であり，幼虫が炎症，出血を伴い肝実質に認められる．幼虫が多数寄生した場合には，腹膜炎を併発することもある．このような急性病変だけでなく，小胆管の増生（腺腫様増生）や線維化を伴う慢性病変も形成される．

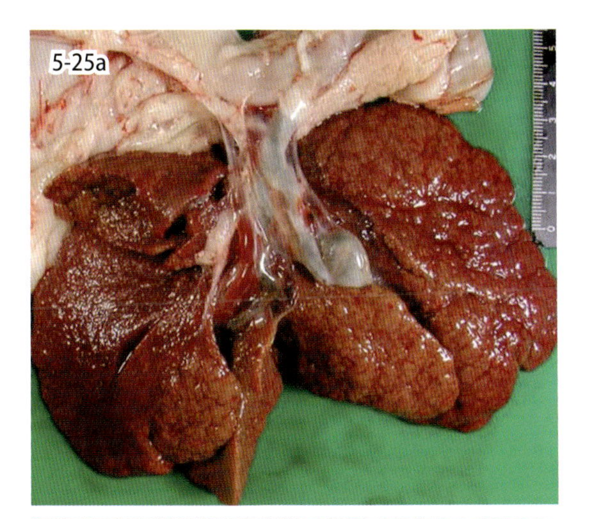

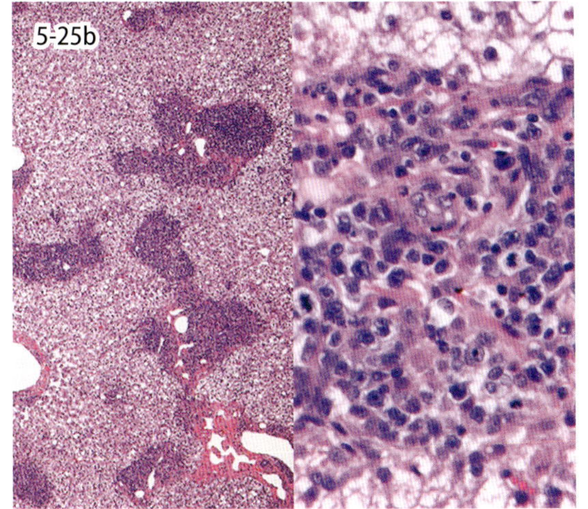

図 5-25　リンパ球性胆管炎（猫）．不整な小結節状を呈した肝臓の肉眼像（a）．グリソン鞘周囲性の炎症細胞浸潤（b 左）とその強拡大（b 右）．

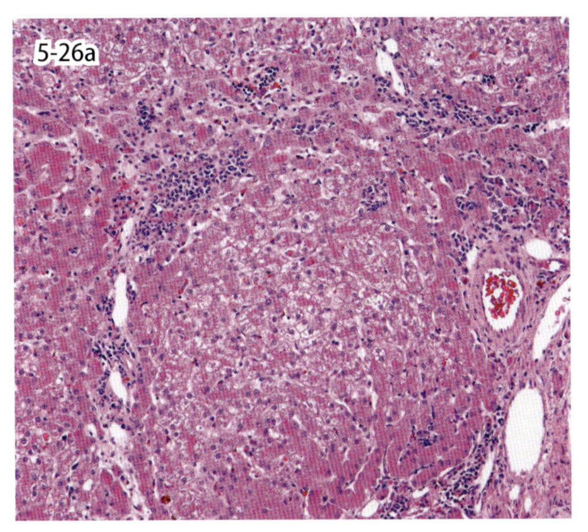

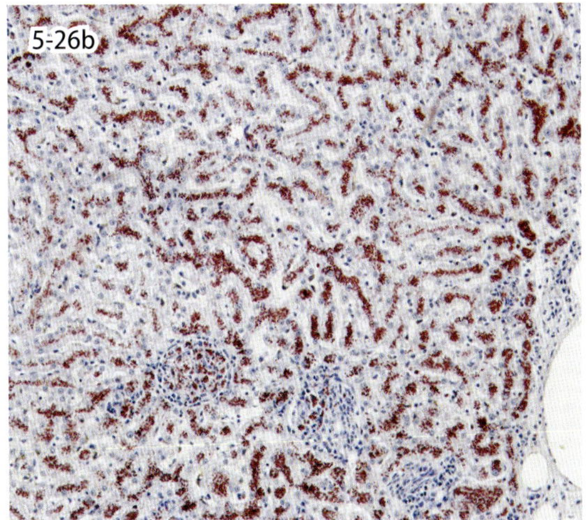

図 5-26　銅関連肝疾患（犬）．グリソン鞘でのリンパ球浸潤と軽度線維化を伴う肝結節病変（a）．銅が黄褐色に染色される（b，ロダニン染色）．

5-25．リンパ球性胆管炎

Lymphocytic cholangitis

胆管炎および胆管肝炎は，猫での発生が多い．胆管炎および胆管肝炎では，グリソン鞘への炎症性細胞の浸潤に加えて，細胆管の再生や線維増生が観察される．経過が長く線維増生が旺盛になると，線維化の程度に応じてその肉眼像も，肝表面が不整な小結節状を呈するようになる．猫の場合には，リンパ球性と化膿性の胆管炎 / 胆管肝炎を区別することが多いが，両者を独立した病態とする考え方と，化膿性胆管炎 / 胆管肝炎が急性病変で，リンパ球性がそれに引き続く慢性化病変とする考え方の２つが提唱されている．なお，猫の胆管炎 / 胆管肝炎の原因としては，腸管からの上行性の細菌感染や免疫機序の関与が推定されている．

5-26．銅関連肝疾患

Copper associated liver disease

銅は生命の維持に重要であり，ホメオスタシスの維持のため，銅の代謝は厳密に調節されている．犬ではヒトと同様に，銅は食餌と飲水から吸収され，その後肝臓に蓄積される．したがって，銅の代謝調節に異常のある犬では，肝細胞に銅が過剰蓄積することになる．これが原因で肝細胞が変性および壊死を起こすと，急性肝壊死，亜急性肝炎，慢性肝炎，肝硬変が招来されることになる．組織学的に，過剰に蓄積した銅は，HE 染色で肝細胞内に黄褐色顆粒として観察される．また，ロダニン染色では銅は赤茶色の顆粒として明瞭に染め出される．ベドリントン・テリアでは銅代謝異常に関連した常染色体劣性遺伝性肝疾患が報告されている．

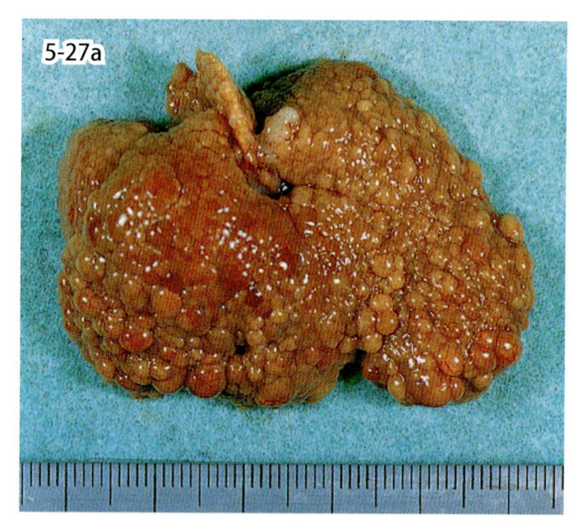

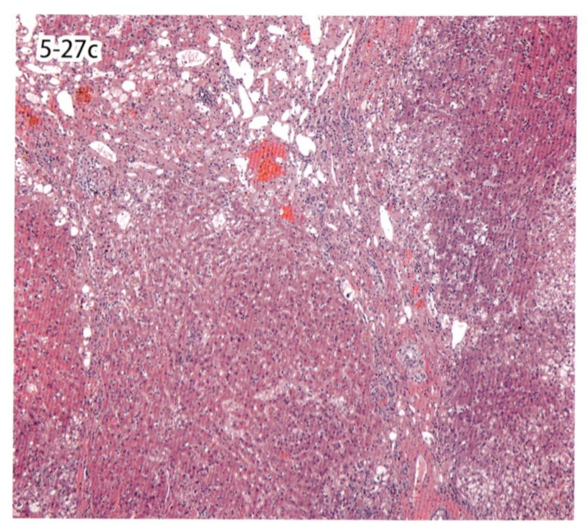

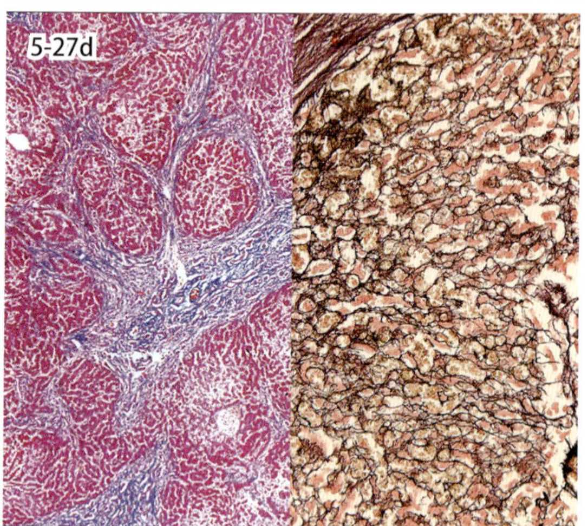

図 5-27a・b　肝硬変．コリン欠乏食投与によるラットの肝硬変（a）．犬の肝硬変（b）（写真提供：a は中江　大氏）．

図 5-27c・d　肝硬変（犬）．線維性の隔壁による偽小葉形成と，肝細胞再生結節（c）．マッソン・トリクローム染色や渡辺鍍銀染色（d）で線維増殖が明瞭．

5-27. 肝　硬　変
Liver cirrhosis

肝硬変は，肝細胞壊死と慢性線維化を伴う重度の炎症による非可逆性変化の終末像であり，結合組織の増生による肝小葉構造の改変（偽小葉 pseudolobule），肝内門脈・肝静脈シャント，および肝細胞再生結節の形成がみられる．ヒトの肝硬変の主な原因は B 型あるいは C 型肝炎ウイルスの感染や多量のアルコール摂取による肝細胞傷害である．肝細胞壊死と再生を繰り返すことで，グリソン鞘・中心静脈間に著明な線維化が生じ，これに囲まれながら再生した肝細胞は結節を形成する（再生結節）．再生結節の形成により門脈血流が障害されると，門脈圧が上昇し，線維性隔壁内に門脈・肝静脈シャントなどの側副血行路が形成され，肝臓での有効血液量の減少により肝細胞の壊死が拡大する．線維化が肝全体に及んでも，偽小葉の形成がみられない場合は肝線維症 hepatic fibrosis という．

動物でみられる病態の多くは肝線維症に包括され，真の肝硬変はまれである．犬ではフィラリア感染などによる慢性心不全に伴う慢性うっ血により，小葉中心部の低酸素状態による肝細胞の脂肪化や壊死が生じて肝臓に偽小葉を形成するが，再生結節を伴わない．実験動物では間質の反応が乏しいため真の肝硬変の作出は困難であるが，メチオニンやコリン欠乏食の投与による脂肪肝に伴い，肝線維症を経て肝硬変に進展することがある．図 5-27a はコリン欠乏食を 52 週間投与したラットに生じた肝硬変で，多結節性の病変が認められる．図 5-27b，c，d は犬の肝硬変で，増生した結合組織が隔壁を形成して肝小葉を分割し，偽小葉を形成する．

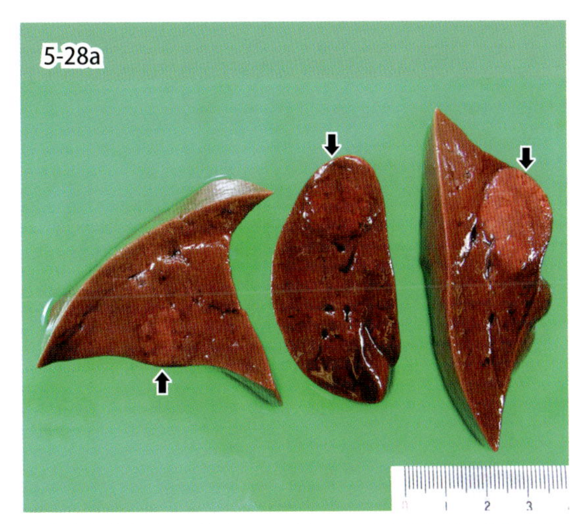

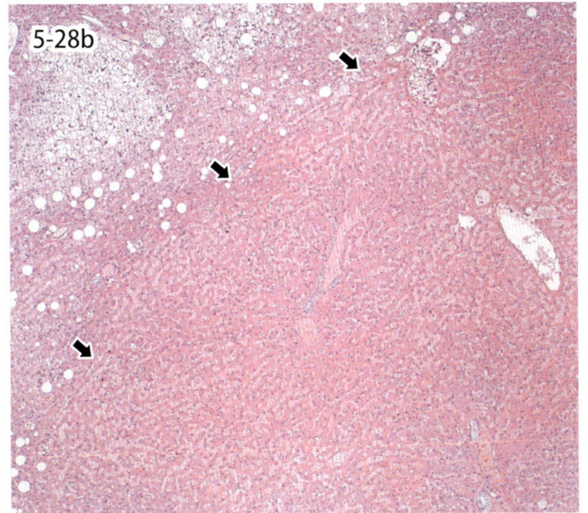

図 5-28a・b　結節性過形成（犬）．同一の犬の肝臓での複数の結節の割面だが，結節ごとにさまざまな色調を呈する（a）．結節性過形成（矢印）の周囲実質の肝細胞は変性する（b）．

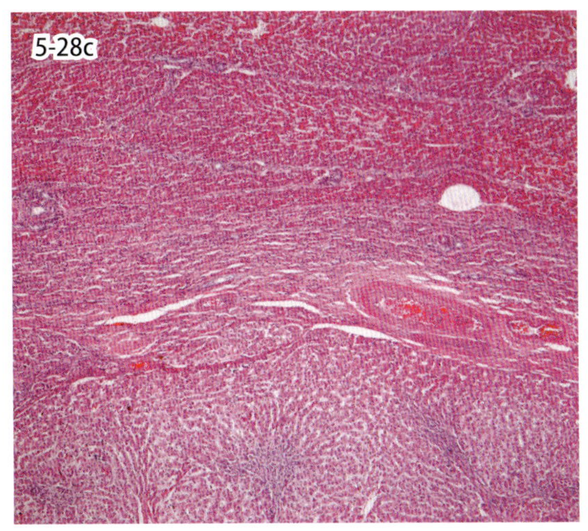

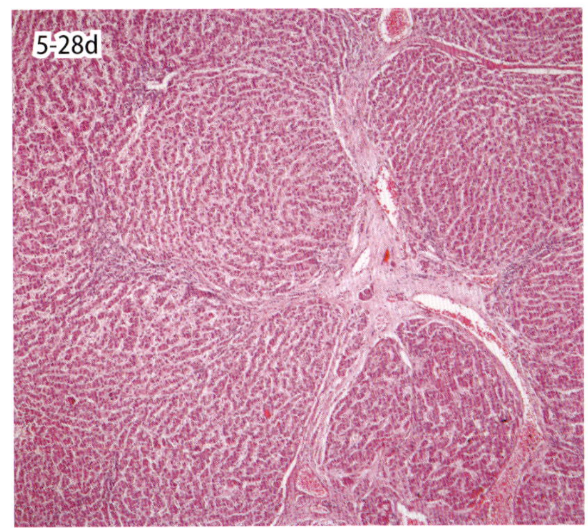

図 5-28c・d　結節性過形成（豚）．周囲実質との境界部（c），結節内部（d）．豚の肝臓は小葉構造が明瞭であり，結節内部と比べ周囲実質の小葉は扁平化している．

5-28．肝細胞結節性過形成

Hepatic nodular hyperplasia

肝臓の結節性過形成は，獣医学領域では高齢の犬の肝臓でみられることが知られる．一方，犬以外の動物種の肝臓で結節性過形成がみられることはほとんどなく，豚でまれにみられることがある．ヒトの場合にはステロイドや経口避妊薬の使用が肝臓の結節性過形成と関連することが知られているが，犬の肝臓の結節性過形成は加齢に伴う変化で臨床的な意義は乏しいとされるが，病理学的には肝細胞腺腫や転移性病巣との鑑別が問題となる．

肉眼的には，直径 0.5 ～ 3 cm 大あるいはそれ以上の大きさの結節が肝臓に単発性または多発性に形成される．結節はしばしば肝被膜下実質に半球状に突出あるいは隆起して認められるが，実質内に形成され肝表面からはみえないこともある．結節は球状で，周囲実質との境界は明瞭である．割面は周囲の肝実質よりも色調の明るい黄色～灰白色，または反対に周囲より色調の暗い赤褐色を呈する類円形領域として観察される．割面の色調は，結節内の肝細胞の空胞化や充・うっ血の程度を反映する．

結節内の肝細胞は脂肪変性やグリコーゲン変性によって，び漫性あるいは巣状に空胞化を呈していることが多い．結節内では肝細胞の索状配列は不明瞭となるが，肝三つ組構造を入れるグリソン鞘は認められることから，小葉構造の維持が確認できる．このことは肝細胞の腫瘍性病変との重要な鑑別点となる．結節内の肝細胞の増殖は周囲に浸潤性を示さず，膨張性で周囲を圧迫する．

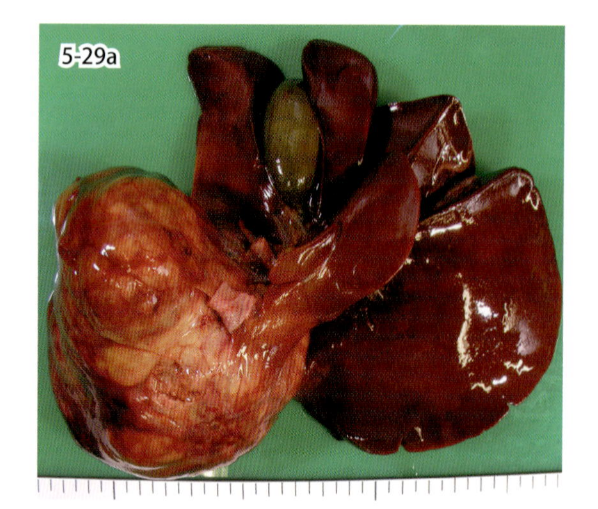

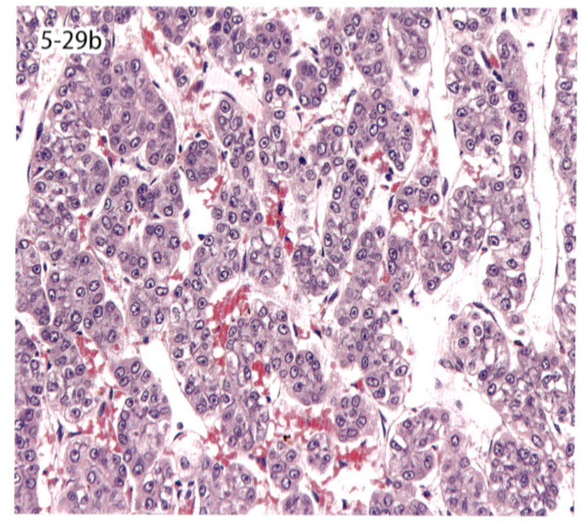

図 5-29a・b　肝細胞性腫瘍（犬）．肝細胞癌（a）．腫瘍細胞が肝細胞索に類似した索状構造を形成する（b）．

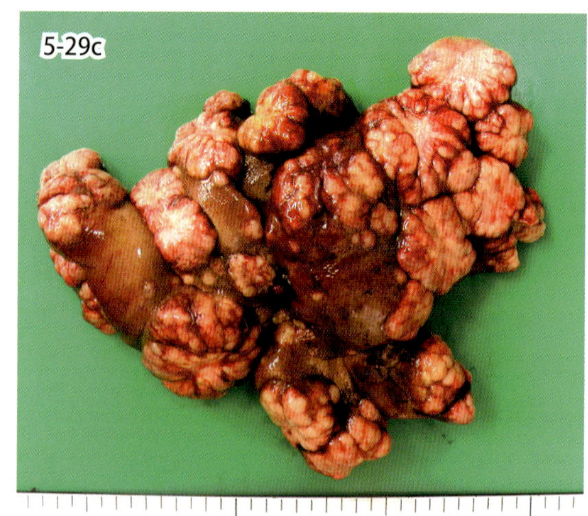

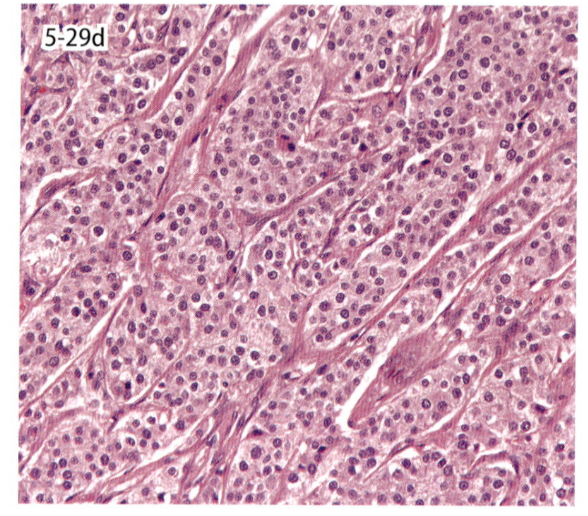

図 5-29c・d　カルチノイド（猫）．細胞学的に結合組織に区画されながら腫瘍細胞がシート状に増殖する（d）．

5-29．肝細胞性腫瘍

Hepatocellular tumors

肝細胞由来腫瘍には，肝細胞腺腫 hepatocellular adenoma，肝細胞癌 hepatocellular carcinoma，肝芽腫 hepatoblastoma，カルチノイド carcinoid がある．犬で高率に発生し，結節性過形成や再生性結節との鑑別が困難な場合がある．

肝細胞腺腫は，肝細胞由来の良性腫瘍である．肉眼的には境界明瞭な腫瘤であり周囲組織を圧排するが，必ずしも被膜を有さない．腫瘍細胞は正常肝細胞に類似し，索状に配列することが多く，細胞質内に脂肪滴やグリコーゲンなどを含むことがある．腫瘤内に中心静脈，肝静脈，門脈や胆管などはみられないが，髄外造血巣を認めることがある．

肝細胞癌は，肝細胞由来の悪性腫瘍で，比較的境界明瞭な腫瘤を形成する．腫瘤は脆弱で，破裂により腹腔内出血や癒着を起こすこともある．肉眼的に白色，褐色，赤色，黒色など種々の色調を呈する（図 5-29a）．組織学的な増殖形態は索状型（図 5-29b），偽胆管型，充実型などがあり，数層に及ぶ索状構造を示す場合もある．低分化型では腫瘍細胞の異型性が強く，周囲の血管への浸潤増殖を示す場合もあるが，通常は高分化型が多く，組織学的に肝細胞腺腫と区別することが困難である．

肝芽腫は肝臓の胚組織由来細胞からなる腫瘍で，主に若齢の動物で発生する．

カルチノイドは，神経内分泌系細胞由来の腫瘍で，均一な類円形核を示す腫瘍細胞のシート状増殖と管腔様ないしロゼット様構造の形成を特徴とする（図 5-29c，d）．

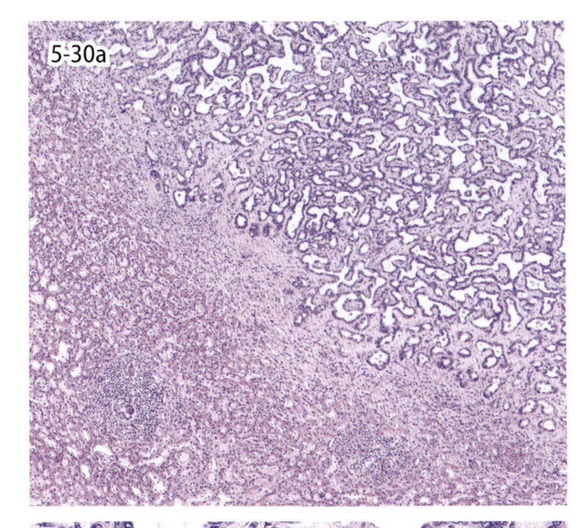

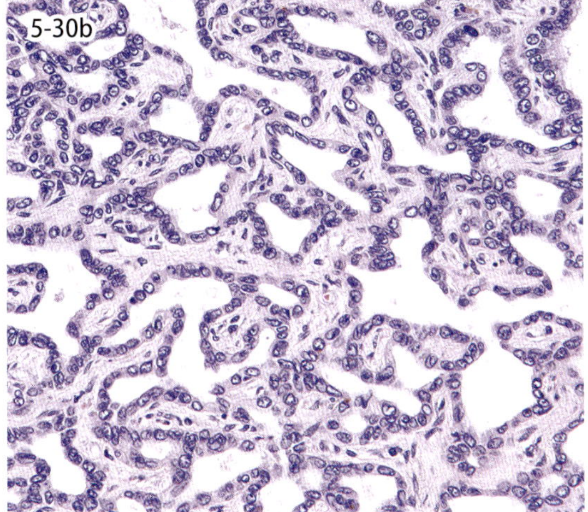

図 5-30a・b　胆管腫瘍（犬）．胆管腫は周囲組織との境界が明瞭で（a），単層の上皮に内張りされた腺管を多数形成する（b）．

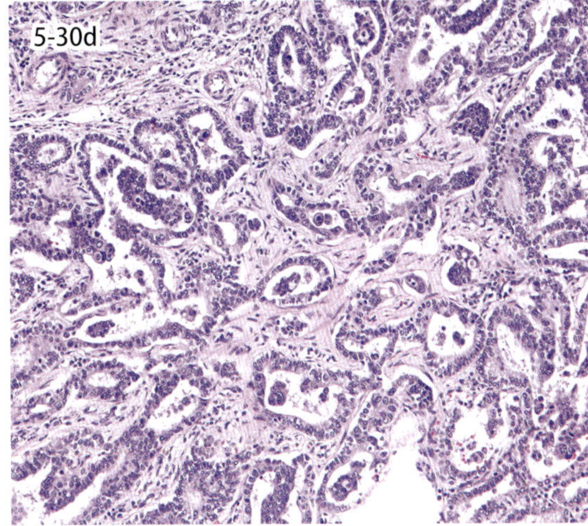

図 5-30c・d　胆管腫瘍（犬）．胆管癌（c）．不整形の腺管形成性に腫瘍細胞が増殖する．間質増生が豊富で硬癌の形態をとる（d）．

Chap.5

5-30. 胆管腫瘍

Biliary tumors

肝内胆管由来の腫瘍としては，胆管腫と胆管癌がある．胆嚢および肝外胆管由来の腫瘍はまれである．胆管腫 cholangioma は，老齢の犬や猫でみられることが多く，性差は認められない．肉眼的に，境界明瞭の小さい嚢胞を含む硬い結節として観察され，犬，猫ではまれに臓器表面から突出あるいは肝実質内の嚢胞状の腫瘤として認められる．嚢胞内には灰色から緑色の水様性あるいは粘性のある液体が貯留する．組織学的に，腫瘍は胆管上皮に類似した立方型の上皮に内張りされた腺様構造をとり，間質を伴って増殖する．管腔は大小さまざまで液体を貯留する．猫では，胆管が拡張して嚢胞状となった胆管嚢胞腺腫 biliary cystadenoma に遭遇することが多い．

胆管癌 cholangiocarcinoma は犬，猫，牛，馬，羊，山羊で報告されているが，肝細胞癌と比較して発生頻度が低い．肉眼的に硬い菊花状の結節であり，結節中央は凹状を示す．組織学的に，腫瘍は胆管上皮細胞を模倣する円柱状ないし立方形の腫瘍細胞からなる．高分化型では腺管の形成がみられ，低分化型では一部不整形の腺管形成がみられるが大部分は島状あるいはシート状の増殖からなり，豊富な結合組織の増生を伴うことを特徴とする．腺腔内あるいは胞体内には好酸性あるいは弱好塩基性のムチンを含み，PAS 反応陽性を示す．腺腫と同様に複数の大型の嚢胞から形成される腫瘍は胆管嚢胞腺癌 biliary cystadenocarcinoma とする．腫瘍細胞は周囲の正常肝臓組織へ浸潤性に増殖する．肝門リンパ節，肺，腹腔への転移がしばしば認められ，予後は一般的に不良である．

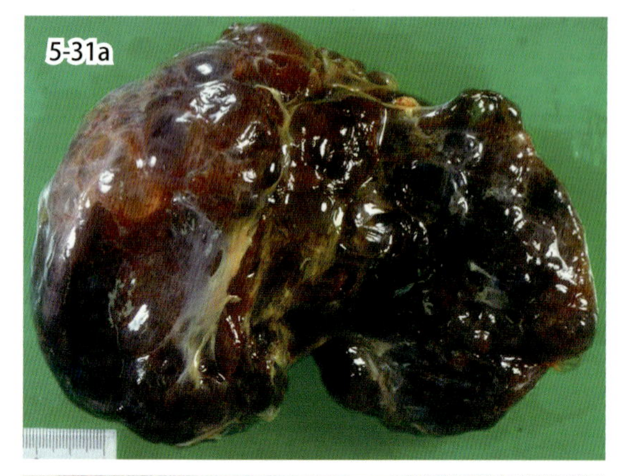

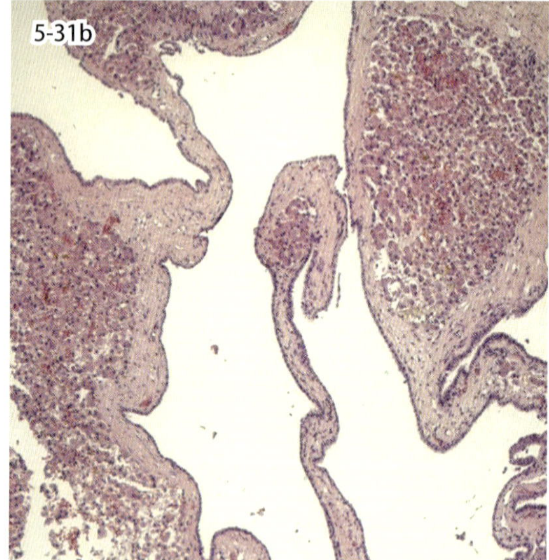

図 5-31a・b　肝嚢胞症（猫）．肝表面には透明な漿液を入れた多数の嚢胞が観察され（a），嚢胞壁は単層の立方状から平坦な上皮細胞で内張りされている（b）．

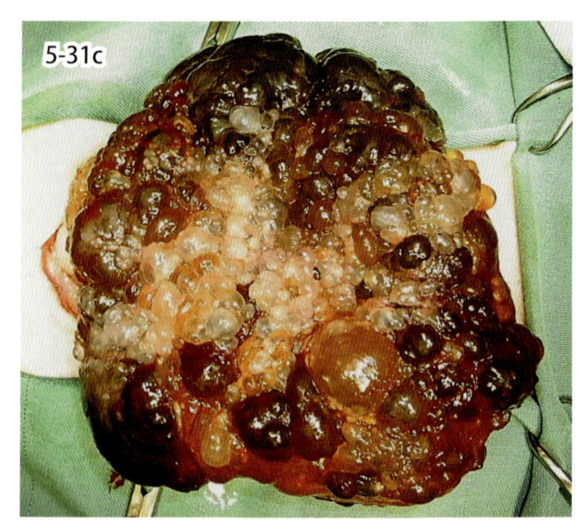

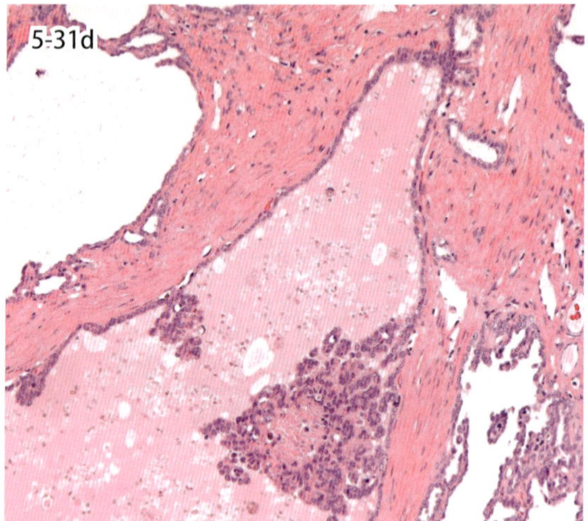

図 5-31c・d　肝嚢胞症（フェレット）．肝表面に大小さまざまな多数の嚢胞が密発（c），嚢胞壁は単層の立方上皮で内張りされるが，一部で乳頭状増生がみられた（d）．

5-31．肝臓の嚢胞性疾患

Cystic disease of the liver

肝の嚢胞性疾患とは，図のように肝臓に嚢胞の発生が明らかな病態の総称である．発生する嚢胞の数や大きさは，小型の嚢胞が多発するものから，非常に大型の嚢胞が単発性に生じているものなどさまざまである．嚢胞の内容物は透明な漿液性液体である．先天性に生じる嚢胞性疾患は，さまざまな動物種で起こる．嚢胞壁は1層の平坦な細胞あるいは立方状細胞で内張りされる．嚢胞の発生由来については，大部分の症例では胎生期の胆管発生異常に関連すると考えられている．

動物の肝臓での嚢胞性疾患の遺伝的発生については，ケアーン・テリアおよびウエスト・ハイランド・ホワイト・テリアの子犬，およびスイス・フライバーガーの子馬で遺伝的素因についての研究が報告されている．また，肝臓の嚢胞は，常染色体関連の発生が推察されているペルシャの多発性嚢胞腎においても同時にみられることが多い．しかし，いずれの研究においても正確な病理発生については不明である．

後天性に生じる嚢胞性疾患としては，空洞状病変も含めるとして，既存胆管の物理的閉塞による著しい拡張，細菌感染性の膿瘍，寄生虫性の嚢胞，原発性腫瘍（胆管嚢胞腺腫・腺癌，胆管癌，血管肉腫など）および転移性腫瘍（膵臓や卵巣由来の腺癌など）があげられる．

Ⅲ．膵臓の病変

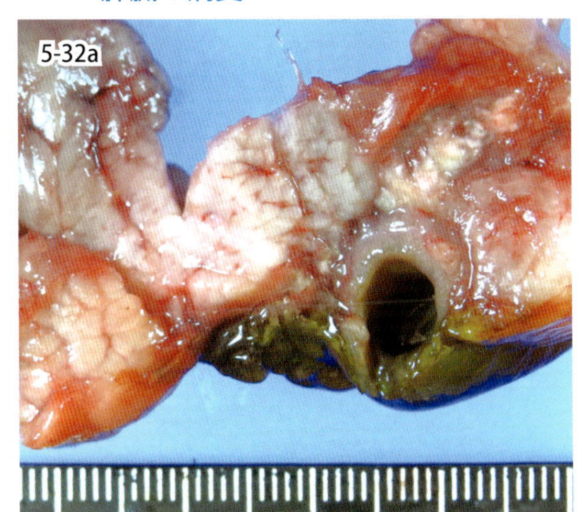

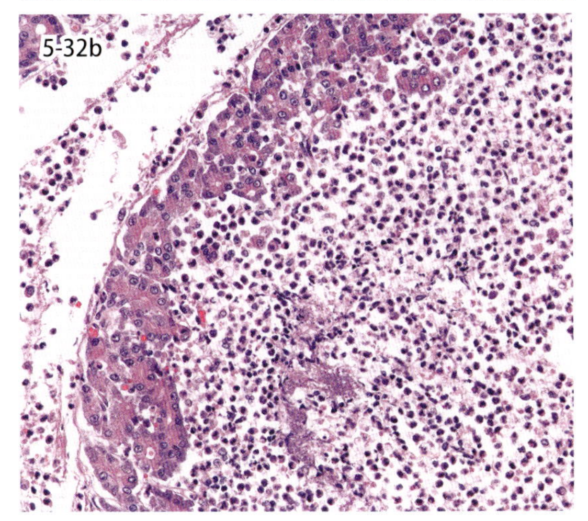

図 5-32　急性膵炎（犬）．肉眼的に，膵実質に出血および水腫が認められる（緑色は胆汁，a）．組織学的に，広範な壊死，好中球およびマクロファージの著明な浸潤（b）．

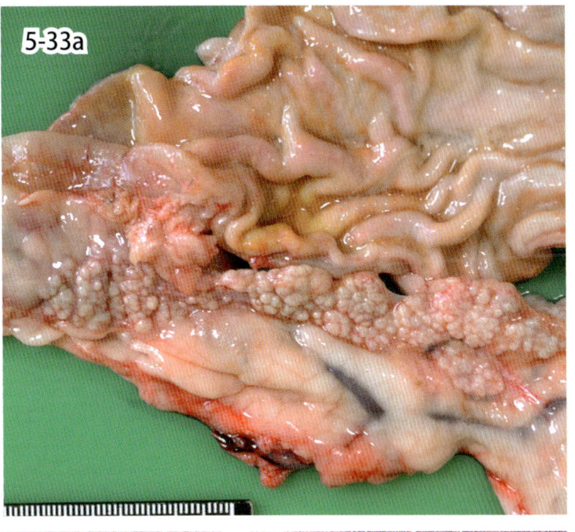

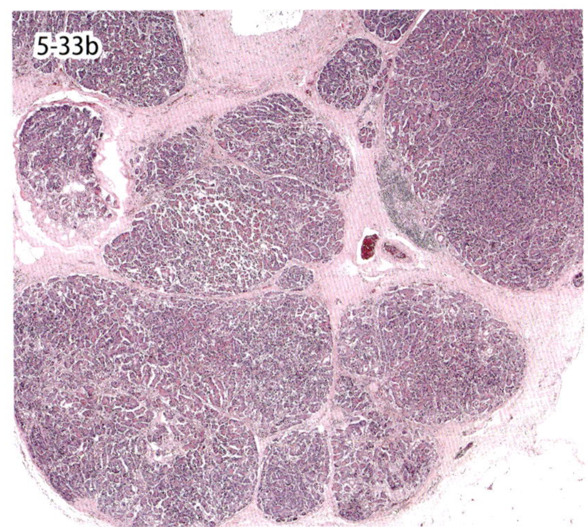

図 5-33　慢性膵炎（猫）．肉眼的に大小の結節状を示す膵臓（a）．膵実質に線維化と同部にリンパ球の浸潤が認められる（b）．

5-32．急性膵炎

Acute pancreatitis

急性膵炎は膵臓に親和性を有するウイルス感染症では導管，腺房細胞などの変性．壊死が主体であるが，ときに炎症を伴い巣状壊死となる．また，犬や猫では敗血症性腹膜炎に伴い膵炎が生じることがある．炎症は膵管性あるいは膵管周囲性に生じることが多いが，ときに膵周囲からの炎症が波及する．炎症は急速に膵全体に拡大し，広範な出血および壊死を伴う．膵管性では膵管腔に好中球が浸潤し，上皮は変性および剥離する．その後，小葉間および実質内に拡大する（膵フレグモーネ）．図 5-32 は犬の急性膵炎である．急性膵炎では出血および水腫が認められることが多く，膵実質の広範な壊死を伴う．炎症性細胞は主に好中球やマクロファージである．

5-33．慢性膵炎

Chronic pancreatitis

慢性膵炎は猫，馬などに発生し，原因は腸内細菌の上向や寄生虫の遊走などである．主にリンパ球，形質細胞などの炎症性細胞が浸潤し，線維化が膵管周囲から膵全域の間質に拡大する．膵実質細胞の変化として，外分泌細胞の萎縮が生じる一方で，膵島は比較的保たれる傾向がある．

線維化が著しくなれば，肉眼的に結節性病変が多数みられるようになり，組織学的には膵管の部分的閉塞や拡張，膵管上皮細胞の過形成や扁平上皮化生も観察されるようになる．

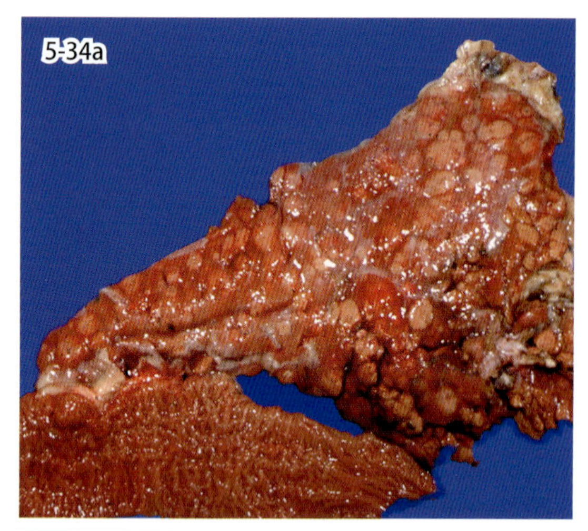

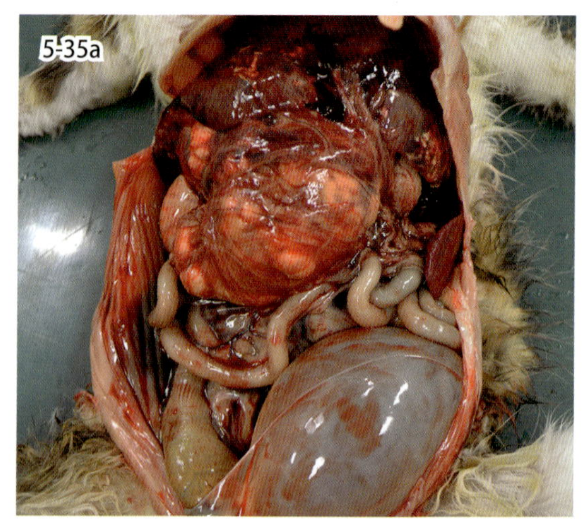

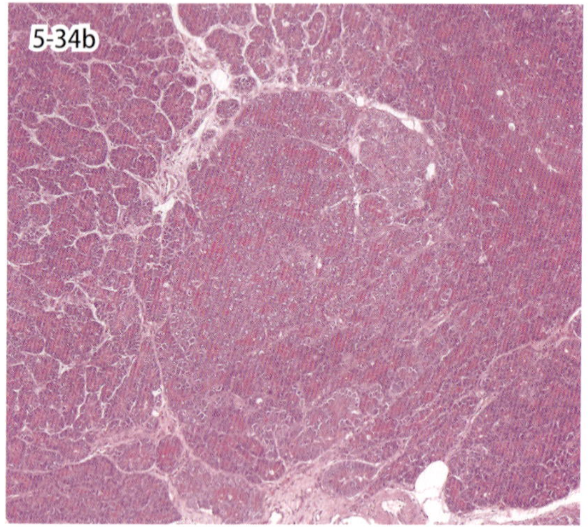

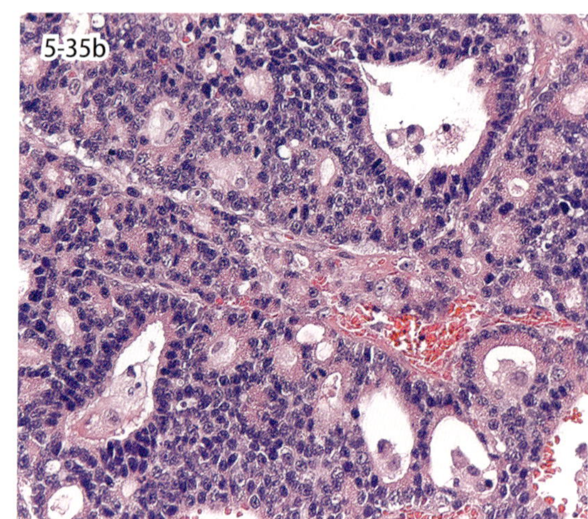

図 5-34　膵外分泌部結節性過形成．高齢牛の膵臓に大小の白色結節性病巣が散在（a）．高齢猫の膵臓において膵外分泌腺の結節性増生が認められる（b）．

図 5-35　膵外分泌腺癌．猫の膵外分泌腺癌（a）．大型の腫瘍形成がみられる．異型性を示す外分泌腺細胞の腺腔形成性増殖（b）．

5-34. 膵外分泌部結節性過形成

Nodular pancreatic（exocrine gland）hyperplasia

膵外分泌部の結節性過形成は老齢の犬，猫および牛に生じる．本症は膵外分泌細胞のみに起こり，膵島には生じない．肉眼的にはさまざまな大きさの灰白色結節が膵実質から隆起するように形成される（図5-34a）．組織学的には外分泌組織の結節性増殖であり，腺腫との区別が困難であるが，本症は結合組織で被包されず，周囲組織を圧迫しない（図 5-34b）．細胞は大型で好酸性を増すことが多い一方で，細胞が小さくなり細胞質の染色性が低下することがある．

5-35. 膵外分泌腺癌

Exocrine pancreatic adenocarcinoma

膵外分泌腺癌はまれな腫瘍であるが，犬や猫で報告されている．肉眼的には充実性で明瞭な硬い結節として認められ（図 5-35a），しばしば間質結合組織の著明な増生を伴う．組織学的に 4 つの増殖形式，すなわち小管腔状，大管腔状，腺房状，ヒアリン様が知られている．また，導管上皮由来であれば管腔を形成し，腺房上皮由来であれば細胞質に好酸性顆粒（チモーゲン顆粒様）が観察される（図 5-35b）．本腫瘍は腹膜への播種性転移，付属リンパ節，肝臓などへの転移，十二指腸への浸潤性増殖を示すことがある．

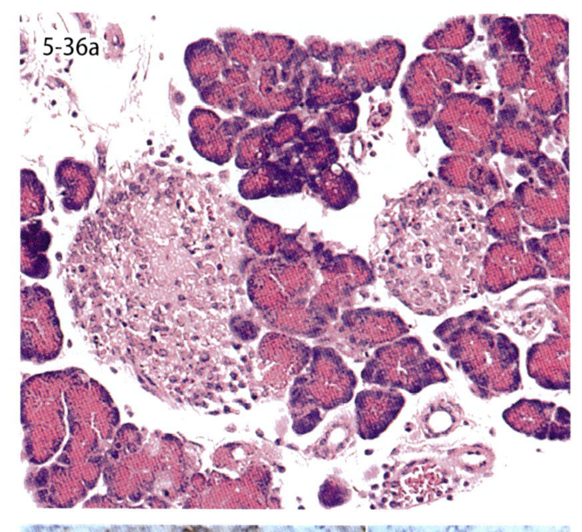

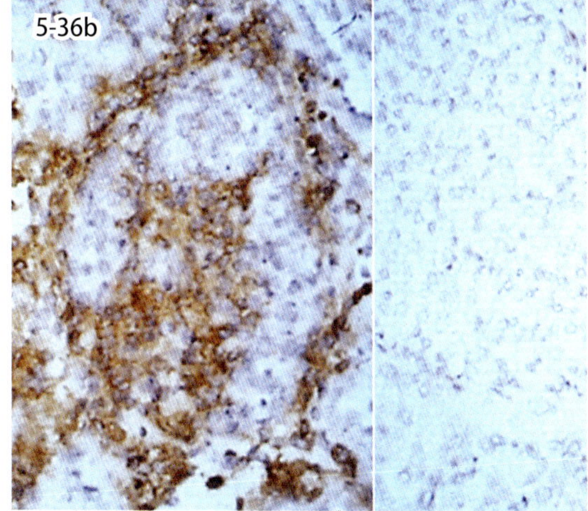

図 5-36　脳心筋炎ウイルスD株を接種した2日後のDBA/2マウスの膵島（a）．マクロファージと好中球の浸潤を伴う膵島壊死．同部のMAC-1免疫染色（b左．b右は非接種対照群）．

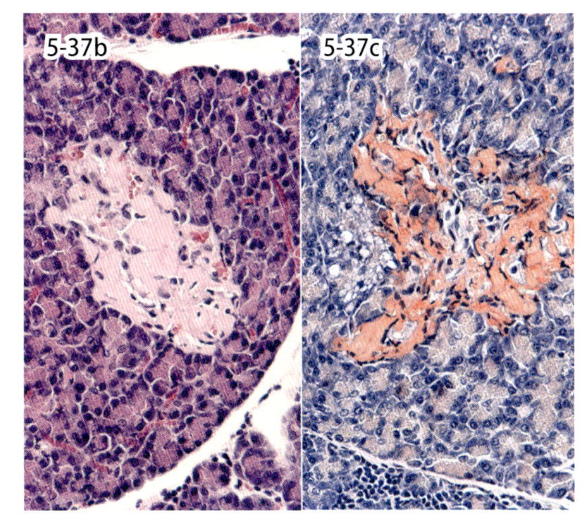

図 5-37　膵島細胞の空胞変性（a）．膵島アミロイド症（猫）．HE染色（b）とコンゴー赤染色（c）．

5-36．膵島の炎症

Islet inflammation

図5-36aは脳心筋炎（EMC）ウイルスを接種したマウスの膵島で，マクロファージや好中球の浸潤を伴う壊死が観察される．浸潤細胞はMacrophage antigen-1（MAC-1）に陽性である（図5-36b）．膵島炎の結果，インスリン分泌が減少し，糖尿病を併発する．膵島炎に関連する感染症として，ヒトではコクサッキーウイルスB4が知られている．ウイルスの感染による膵島炎の発生機序として，①膵島細胞の直接破壊と，②感染ウイルスの分子構造の一部が膵島にも発現し，ウイルスに対する免疫反応が膵島を攻撃するものがある．自己免疫的膵島炎ではリンパ球主体の炎症が認められる．アロキサンやストレプトゾトシン投与により膵島炎を誘発するモデルも知られている．

5-37．膵島変性

Islet degeneration

膵島の変性には，主に空胞変性とアミロイド沈着による硝子化とがある．前者は膵島へのグリコーゲン蓄積により，後者はインスリンと同様膵島B細胞で産生されるタンパク質，アミリンの沈着により生じる．図5-37aは猫の膵島で，膵島細胞が腫大，空胞化している．これらの細胞質内にはグリコーゲンが沈着していたが，標本作製の過程で流出し空胞化したものである．図5-37bは高齢猫の膵島で，膵島全体に硝子様物質が沈着している．図5-37cは同組織のコンゴー赤染色組織像である．硝子様物質はアミリン関連アミロイドである．ヒト，猫，サル類でこのような膵島病変がしばしば観察されるが，糖尿病との関連は十分にわかっていない．

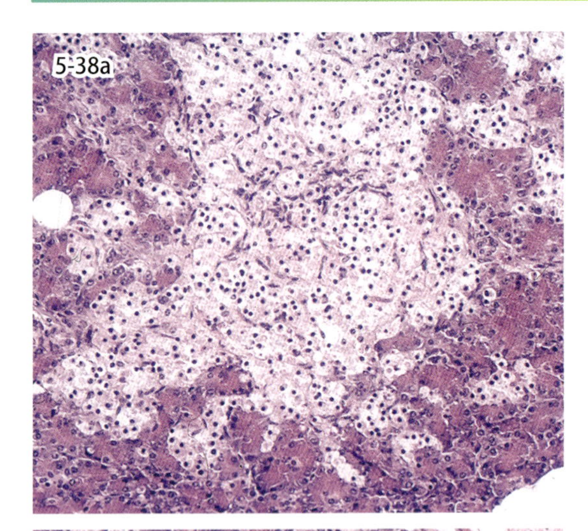

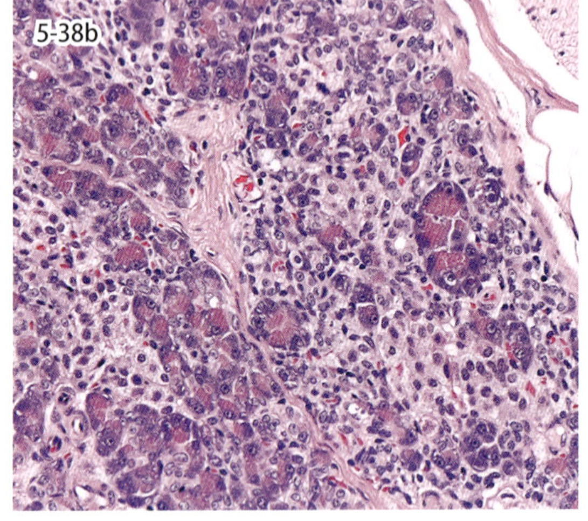

図 5-38　膵島細胞の増生による大型の膵島（a，モルモット）とび漫性に増生した膵島細胞（b，犬）．

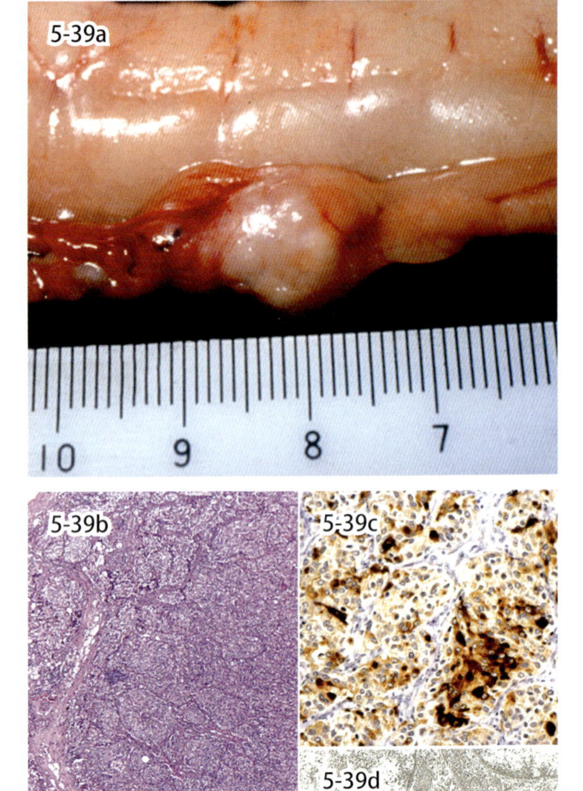

図 5-39　膵臓のインスリノーマ（犬，a と b）．抗インスリン抗体による免疫染色（c）と電子顕微鏡所見（d）．

5-38. 膵島細胞増生

Islet hyperplasia

膵島の傷害に引き続き膵島細胞が反応性に増殖（増生あるいは過形成 hyperplasia）することがある．ヒトでは乳幼児の高インスリン性低血糖症 hyperinsulinemic hypoglycemia の際に膵島および膵管の過形成が観察され，「膵島細胞症 nesidioblastosis」と呼ばれている．動物では，主にげっ歯類で膵島を含む膵臓傷害を受けたあとに膵島細胞の増生が観察される．また，ラットや馬では老化との，ヒトと犬では膵島腫瘍あるいは糖尿病との関連が指摘されている．図 5-38a はモルモットの膵臓で膵島細胞の増生により膵島が大型化している．図 5-38b は犬（ビーグル）の膵臓で膵島細胞のび漫性増生と外分泌腺の萎縮が認められる．

5-39. 膵 島 腫 瘍

Islet tumor

膵島由来の腫瘍には，インスリン産生性腫瘍 insulinoma，グルカゴン産生性腫瘍 glucagonoma，ソマトスタチン産生性腫瘍 somatostatinoma などがあり，このうちインスリノーマの発生頻度が最も高い．また，ホルモンを産生しない非機能性膵島腫瘍もある．図 5-39a は犬のインスリノーマの肉眼像で，径約 1 cm の腫瘤が認められる．図 5-39b は同腫瘍の組織像で，小型から中型の多角形腫瘍細胞が充実性に増殖している．図 5-39c は抗インスリン抗体を用いた免疫染色で，腫瘍細胞はインスリンに陽性である．図 5-39d はインスリノーマの腫瘍細胞の電子顕微鏡写真で，細胞質内には径 200 ～ 300 nm の高電子密度の分泌顆粒が認められる．

第6編　泌尿器系

Ⅰ．腎臓の病変

6-1．多発性嚢胞腎 Polycystic kidney

6-2．水腎症 Hydronephrosis

6-3．腎臓のアミロイド症 Renal amyloidosis

6-4．尿酸塩沈着症（痛風）Urate deposition（gout）

6-5．尿路結石症（尿石症）Urolithiasis

6-6．播種性血管内凝固 Disseminated intravascular coagulation（DIC）

6-7．乳頭壊死 Papillary necrosis

6-8．貧血性腎梗塞 Anemic infarction

6-9．硝子滴変性 Hyaline droplet degeneration

6-10．石灰沈着症 Calcinosis

6-11．急性尿細管壊死 Acute tubular necrosis

6-12．ファンコーニ症候群 Fanconi syndrome

6-13．糸球体の微小変化 Minor glomerular abnormalities

6-14．膜性腎症（膜性糸球体腎炎）Membranous nephropathy

6-15．メサンギウム増殖性糸球体腎炎 Mesangial proliferative glomerulonephritis

6-16．管内増殖性糸球体腎炎 Endocapillary proliferative glomerulonephritis

6-17．膜性増殖性糸球体腎炎 Membranoproliferative glomerulonephritis

6-18．糸球体硬化 Glomerulosclerosis

6-19．そのほかの糸球体の変化 Other glomerular lesions

6-20．塞栓性化膿性腎炎 Embolic suppurative nephritis

6-21．レプトスピラ症 Leptospirosis

6-22．腎盂腎炎 Pyelonephritis

6-23．腎芽腫 Nephroblastoma

6-24．腎細胞癌 Renal cell carcinoma

Ⅱ．膀胱の病変

6-25．膀胱炎 Cystitis

6-26．移行上皮乳頭腫 Transitional cell papilloma

6-27．移行上皮癌 Transitional cell carcinoma

6-28．地方病性血尿症 Enzootic hematuria

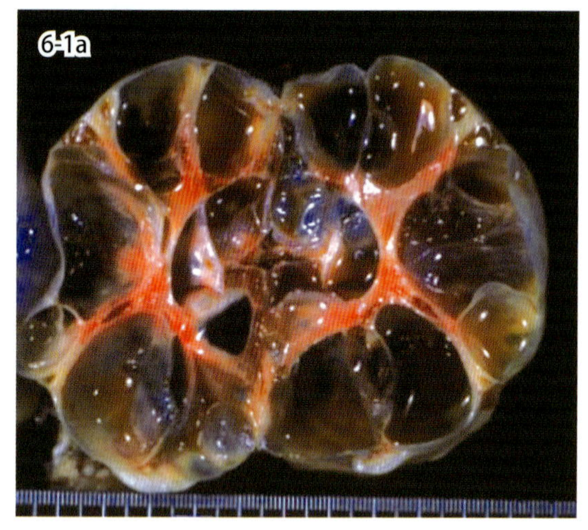

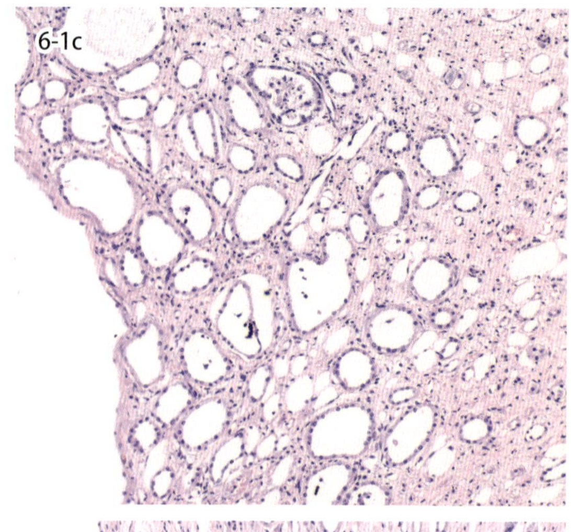

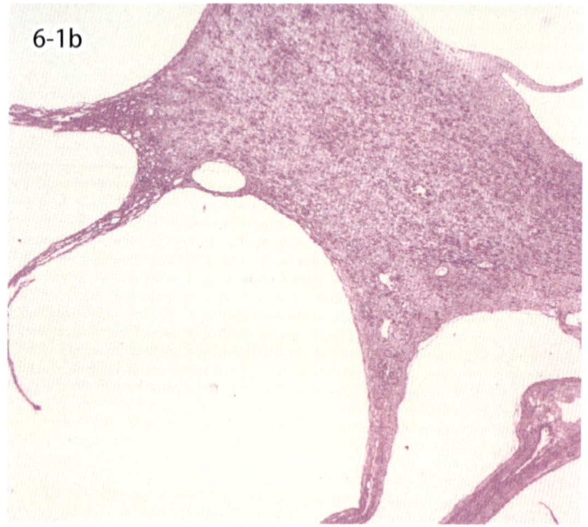

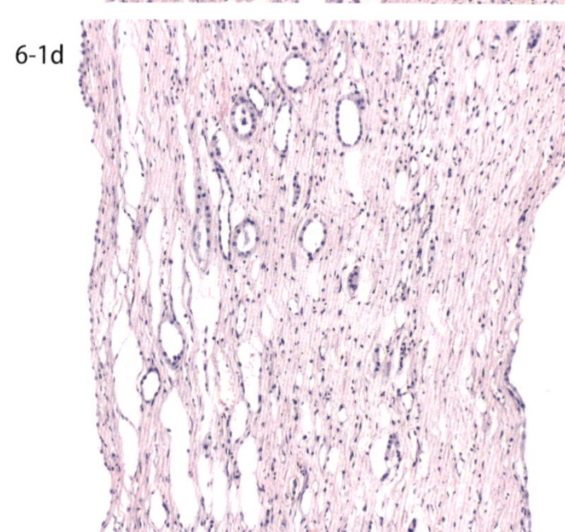

図 6-1a・b　多発性囊胞腎（猫）．腎に囊胞が多発し，腎実質が萎縮している．

図 6-1c・d　間質は高度に線維化している．

6-1．多発性囊胞腎

Polycystic kidney

多発性囊胞腎は囊胞が両側性に多発している腎臓で，犬，猫，豚，馬，羊，兎など多くの動物種に散発性に認められる．囊胞は尿細管が囊状に拡張したもので扁平ないし立方上皮で内張りされ，内部に透明な液体を含む．動物の多発性囊胞腎には先天性と後天性のものがある．ブル・テリアおよびペルシャ猫でみられる常染色体優性遺伝型多発性囊胞腎 autosomal dominant polycystic kidney（ADPK）は，ヒトの ADPK に類似している．ヒトの ADPK は *PKD1*，*PKD2* 遺伝子の異常が原因で，*PKD1*，*PKD2* 遺伝子は尿細管上皮細胞管腔側の線毛に分布する膜蛋白質である polycystin-1，polycystin-2 をそれぞれコードしている．*PKD1*，*PKD2* 遺伝子変異は尿細管上皮細胞の異常増殖，細胞接着や分化の異常をきたし囊胞が形成されると考えられている．猫の ADPK ではヒトと同様に *pkd1* 遺伝子に変異が認められる例がある．多発性囊胞腎の症例には肝囊胞や膵囊胞を合併するものが認められる．

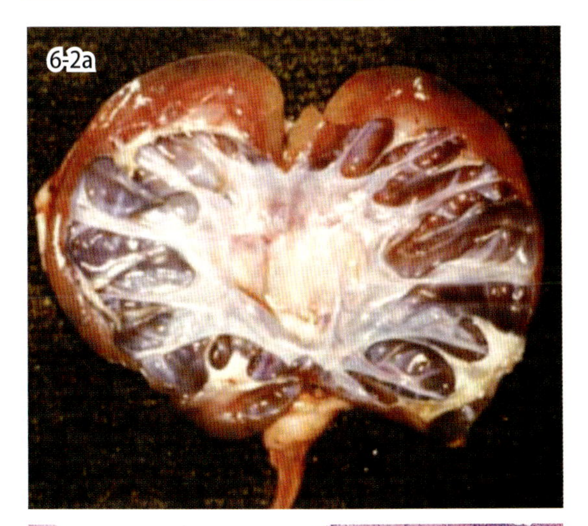

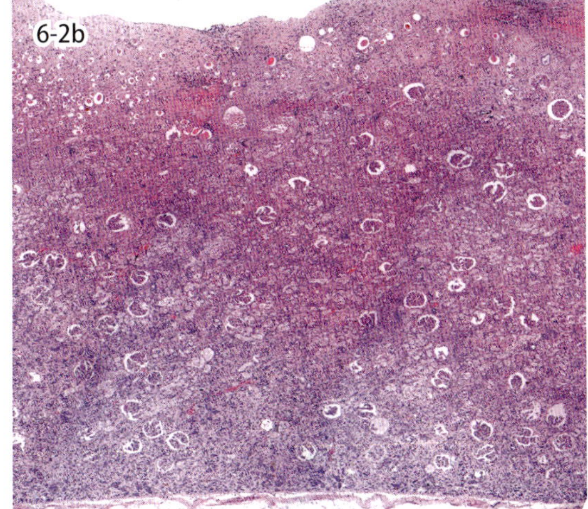

図 6-2a・b　水腎症（犬）．腎盂が高度に拡張し，髄質および皮質が萎縮している（b，HE 染色）．

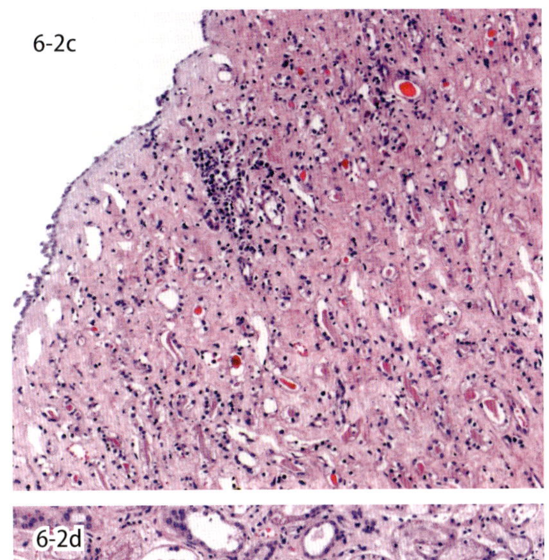

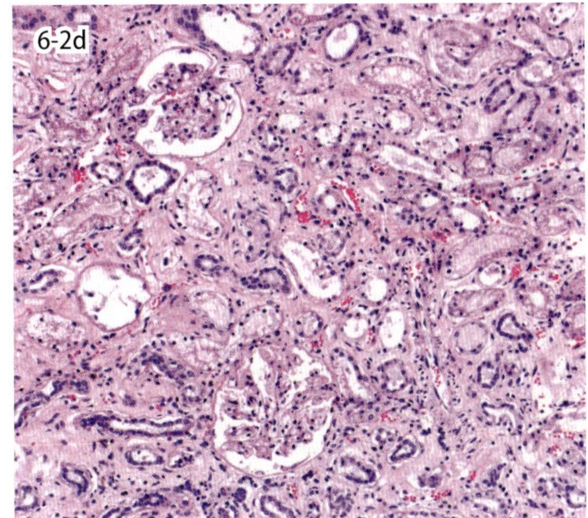

図 6-3c・d　髄質（c）および皮質（d）で尿細管の拡張と間質の線維化が観察される．糸球体は健常に保たれている．

6-2. 水　腎　症

Hydronephrosis

水腎症は片側性もしくは両側性の尿路通過障害のために，腎盂内に尿が停滞し内腔が拡張したものである．水腎症の腎臓は腫大し，割面では腎盂の拡張に伴って腎乳頭の萎縮，扁平化が認められる．また，圧迫萎縮により腎実質は菲薄化し，高度な場合には膜状となる．

組織学的には，初期病変は集合管内腔の拡張であり，次いで遠位および近位尿細管の内腔も拡張する．内腔拡張に伴って尿細管上皮細胞は萎縮・扁平化し，ついには消失する．病態の初期では糸球体の変化は乏しいが，経過とともに硬化または硝子化する．血管が圧迫されることにより実質の循環障害が生じ，皮質および髄質の間質結合組織が増生し線維化が起こる．

水腎症には先天性のものと後天性のものがある．先天性水腎症は犬，猫，豚，牛などで認められる尿路の狭窄もしくは閉塞などの発生異常によるものである．尿路の狭窄部位によって片側性ないし両側性に発生し，尿管や膀胱の拡張を伴うこともある．後天性の水腎症の多くは腎盂，尿管に形成された結石が原因であるが，尿路の腫瘍，前立腺肥大，腹腔や骨盤腔の腫瘍による尿路の圧迫などさまざまな原因によっても起こる．

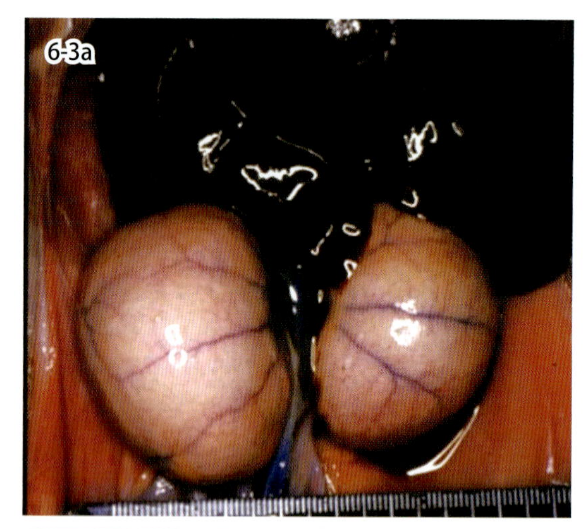

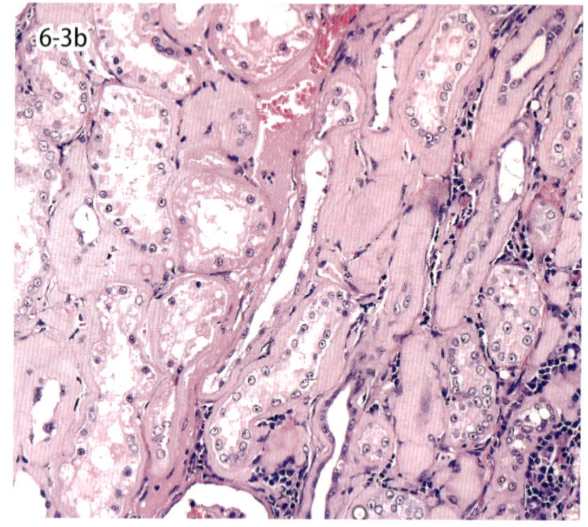

図 6-3a・b アミロイド症（猫）．腎臓は腫大し，乏血性で透明感がある．尿細管基底膜にアミロイド沈着が観察される（b，HE 染色）．

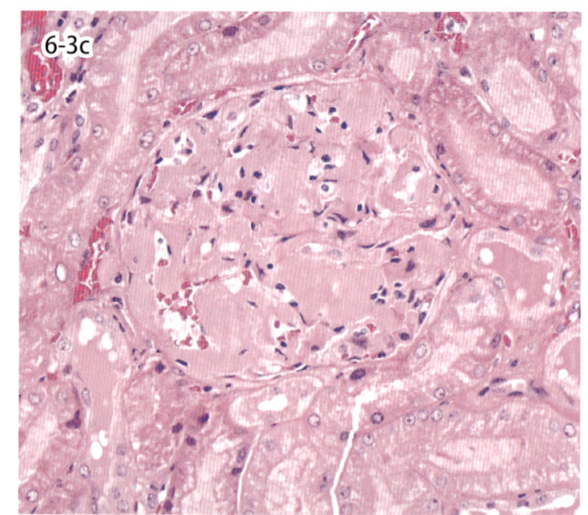

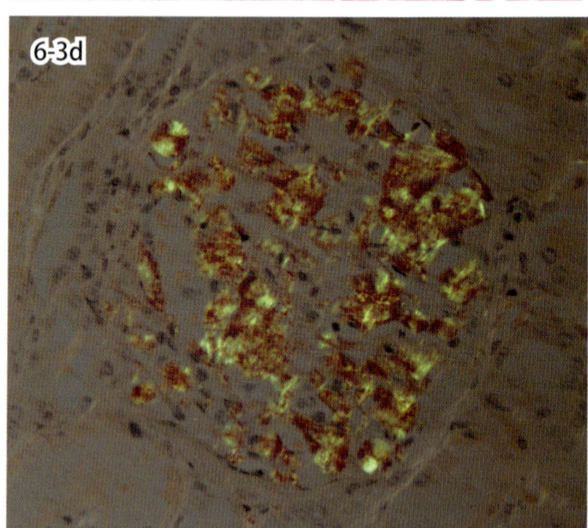

図 6-3c・d アミロイド症（犬）．糸球体は全節性アミロイド沈着により腫大する（c）．沈着物はコンゴー赤染色で，偏光顕微鏡観察でアップルグリーンの複屈折光を示す（d）．

Chap.6

6-3. 腎臓のアミロイド症

Renal amyloidosis

腎臓のアミロイド症は，全身性アミロイド症に併発することが多い．アミロイドを形成する蛋白質は数種類が報告されているが，動物の全身性アミロイド症では血清アミロイド A 蛋白質（SAA）から誘導される AA アミロイドが多い．

高度にアミロイドが沈着した腎臓は，肉眼的には腫大し，乏血性で透明感がある．腎臓はアミロイド沈着が起こりやすい臓器で，糸球体や間質に沈着する．アミロイドが主に糸球体に沈着する病態を糸球体アミロイド症といい，犬の腎臓アミロイド症で多い．糸球体のアミロイド沈着が高度になると割面で糸球体が肉眼的に明視される．糸球体アミロイド症では，組織学的に好酸性均質無構造なアミロイドがメサンギウム基質と糸球体毛細血管の内皮下にみられ，糸球体は腫大する．これにより，高度蛋白尿やネフローゼ症候群を発症する．アミロイド沈着が進行すると糸球体毛細血管の狭小化，糸球体構成細胞の減少および消失をきたし，固有構造を失いアミロイド塊と化し，糸球体濾過率の低下が進行する．最終的には慢性腎不全から尿毒症に陥る．猫やチーターではアミロイドは髄質間質に沈着することが多く，腎乳頭壊死の重要な原因疾患である．アミロイドは尿細管基底膜や小動脈壁にも沈着する．

アミロイドは HE 染色では弱好酸性，PAS 反応で弱陽性を示す．コンゴー赤染色では特異的な橙赤色に染色され，偏光顕微鏡観察によりアップルグリーンの複屈折光を示す．蛍光顕微鏡下では赤色蛍光を発する．

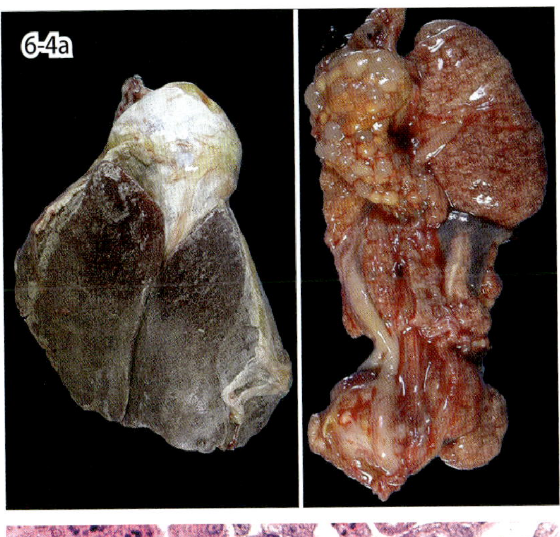

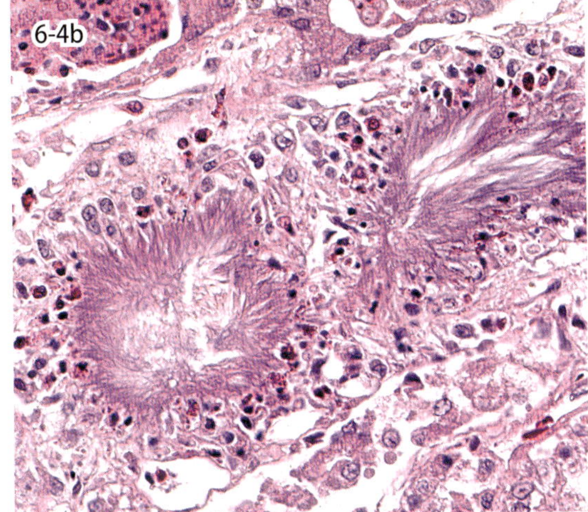

図 6-4　尿酸塩沈着症（鶏）．心臓および肝臓（左）の漿膜面と腎臓（右）に析出した尿酸塩結晶（a）．腎実質の痛風結節（b）．

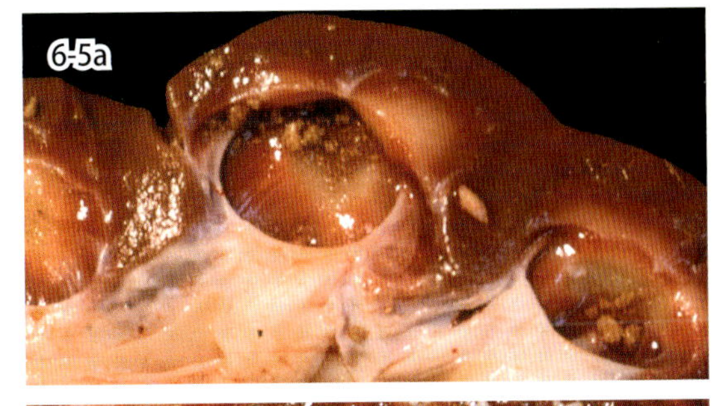

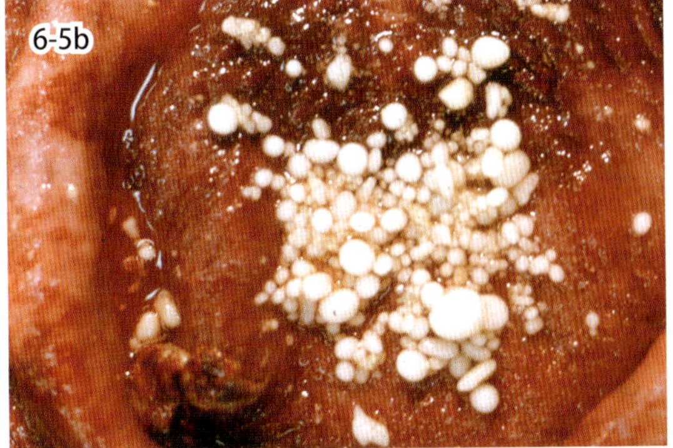

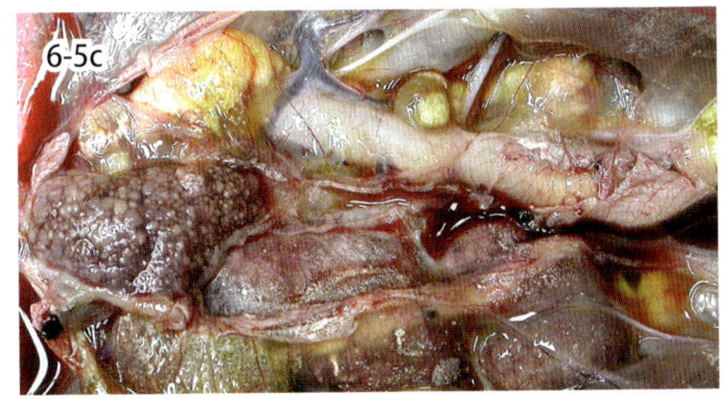

図 6-5　尿路結石症．腎結石と拡張した腎杯（a，牛）．膀胱結石と膀胱炎（b，牛）．尿石を伴う尿管の拡張（c，鶏）．

6-4．尿酸塩沈着症（痛風）

Urate deposition（gout）

プリン代謝物を尿酸として排泄する鳥類やは虫類で多く発生する．内臓痛風と関節痛風に分けられ，前者の発生頻度が高い．内臓痛風は脱水，鶏伝染性気管支炎腎炎型，ビタミン A 欠乏症，尿石症などが原因となる．肉眼的には腎実質，心外膜や肝臓の表面に白色泥状物質が沈着する（図 6-4a）．組織学的には腎実質に沈着した針状または放射状の尿酸塩結晶とこれを取り囲む偽好酸球とマクロファージの反応（痛風結節 tophus，図 6-4b）を特徴とする．鶏の関節痛風は遺伝的素因と高蛋白飼料の給与に関連して発生し，趾関節，足関節などの関節腔に尿酸塩が沈着する．なお，霊長類以外の哺乳類はウリカーゼを持つので体液中で尿酸塩が過飽和になることはなく，痛風もほとんど発生しない．

6-5．尿路結石症（尿石症）

Urolithiasis

結石 calculus は尿路のどこにでも生じるが，腎盂，腎杯に最も多くみられる（図 6-5a，☞ 6-21）．結石は球形や卵型の硬い固形物で，主成分はシュウ酸，リン酸あるいは尿酸など弱酸のカルシウム塩である．結石形成の要因には上記塩類の尿中濃度上昇，細菌感染，尿の停滞などがある．図 6-5b は膀胱結石を伴う膀胱炎の肉眼像である（☞ 6-24，25）．

成鶏では尿酸塩を含む結石が尿管や腎臓内に貯留しやすい．カルシウムの過剰給与や育雛早期からの成鶏用飼料の給与，鶏伝染性気管支炎腎炎型が原因となる．尿管は両側または片側性に拡張し（図 6-5c），尿管腔内には粘稠な白色混濁液や結石が貯留する．

Chap.6

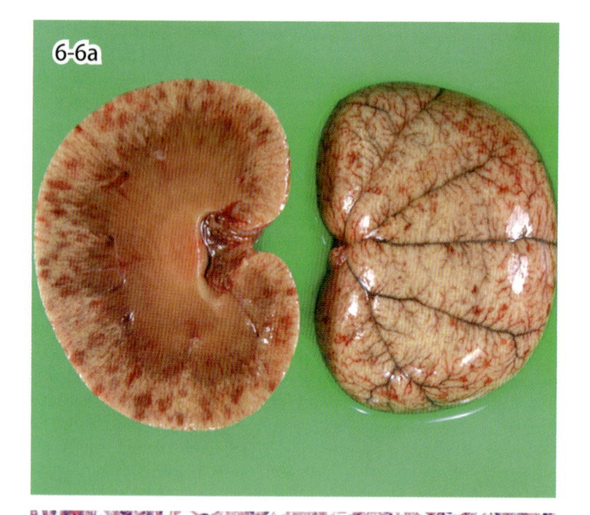

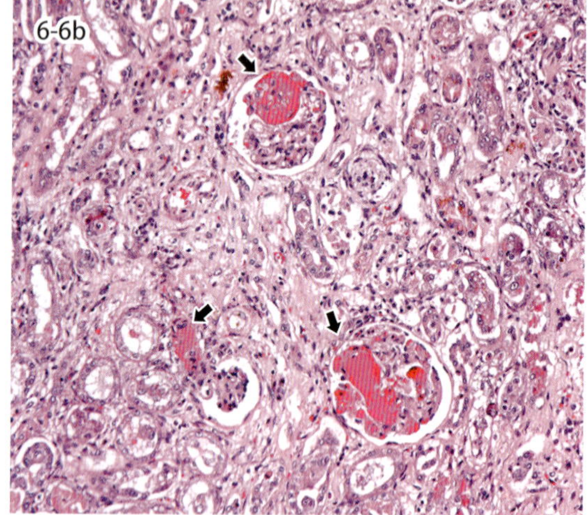

図 6-6　腎臓にみられた多発性点状出血（a，猫）．腎臓糸球体毛細血管および輸入動脈内の硝子血栓（b，犬）．

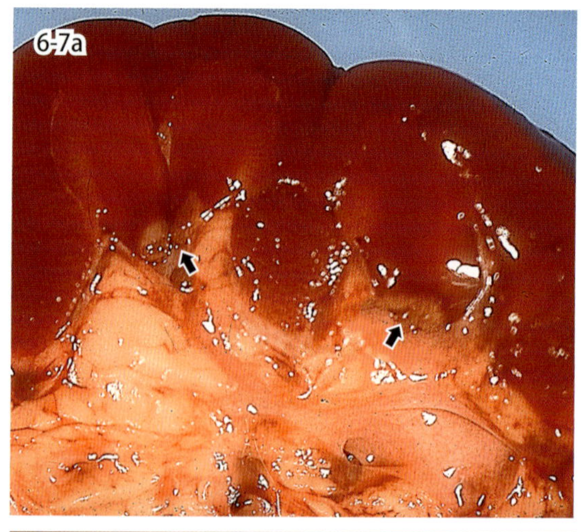

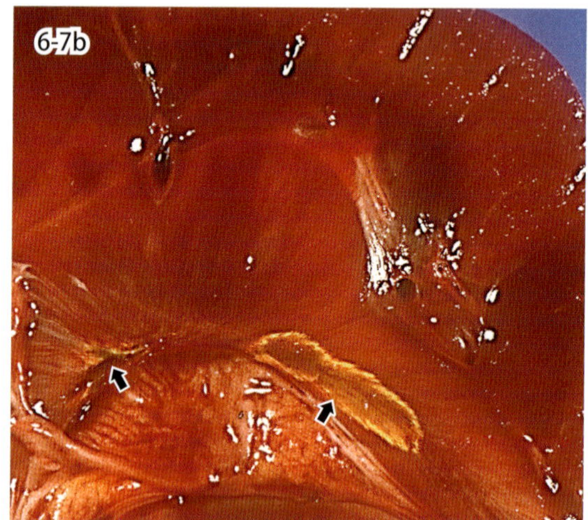

図 6-7　乳頭壊死（子牛）．腎乳頭部（a）と腎盤部（b）の限局性壊死病変．

Chap.6

6-6. 播種性血管内凝固

Disseminated intravascular coagulation（DIC）

播種性血管内凝固（DIC）とは，敗血症や中毒によるショックの際，あるいは癌などの慢性悪性疾患の末期に，全身性の血液凝固亢進と出血傾向亢進とが同時に生じる現象である．血管内皮細胞の傷害により凝固系が亢進して血栓が形成され，その後凝固系因子が枯渇するため線溶系が活性化し出血が起こる．病理学的には全身の毛細血管に出血と硝子血栓とが同時に認められる．図 6-6a は DIC の猫の腎臓の肉眼写真で，腎臓表面と割面に多数の点状出血が認められる．図 6-6b は犬の腎臓の組織像で，糸球体の輸入細動脈や毛細血管内に硝子血栓が形成されている（矢印）．DIC に罹患した動物では，肺胞壁の毛細血管内などにも多数の硝子血栓が観察される．

6-7. 乳 頭 壊 死

Papillary necrosis

腎乳頭部の壊死は，ヒトではアスピリンやフェナセチンなどの鎮痛薬を大量に服用した際に遭遇する特徴的な病変として知られている．これらの鎮痛薬およびその代謝物質の毒性と乳頭部における酸素欠乏状態との相乗作用により壊死が生じると考えられている．動物では，非ステロイド系抗炎症剤（NSAIDs）を投与した馬やフェノチアジンを投与した子牛や子羊に生じ，脱水との関連が指摘されている．図 6-7a，b は子牛の腎臓割面の肉眼写真である．乳頭部（a）や腎盤部（b）に限局性の壊死巣（矢印）が認められる．一方，犬ではモネンシンとロキサルソンとの併用で乳頭壊死が起こり脱水との関連はない．

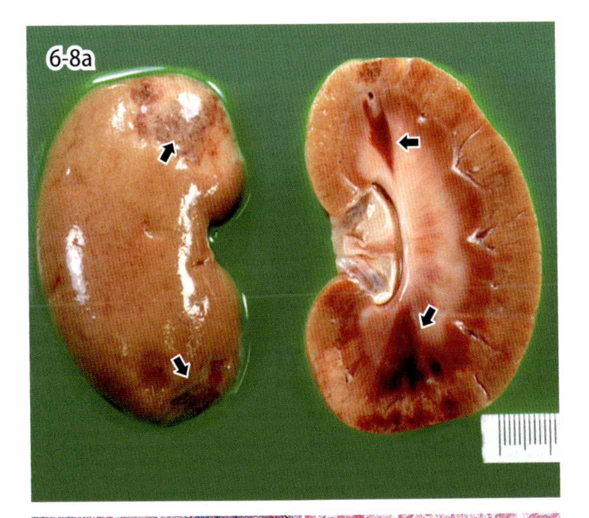

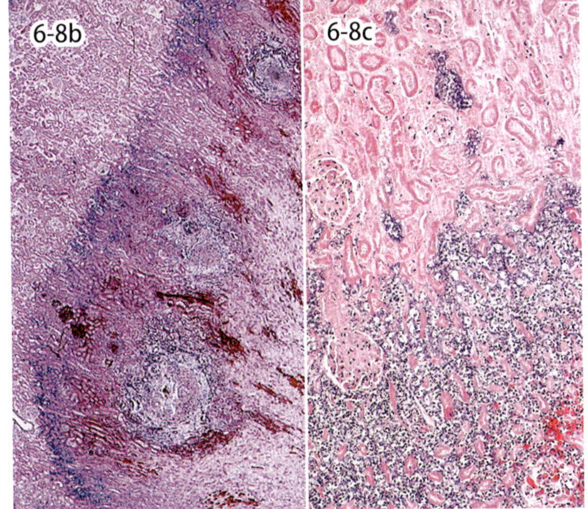

図 6-8　貧血性梗塞（犬）．ｃはｂの拡大像．

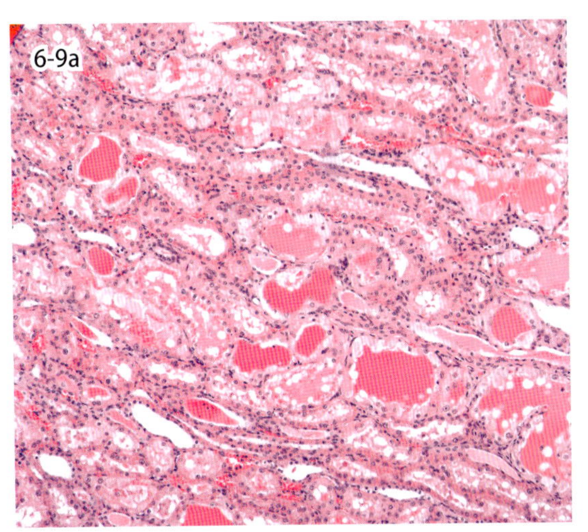

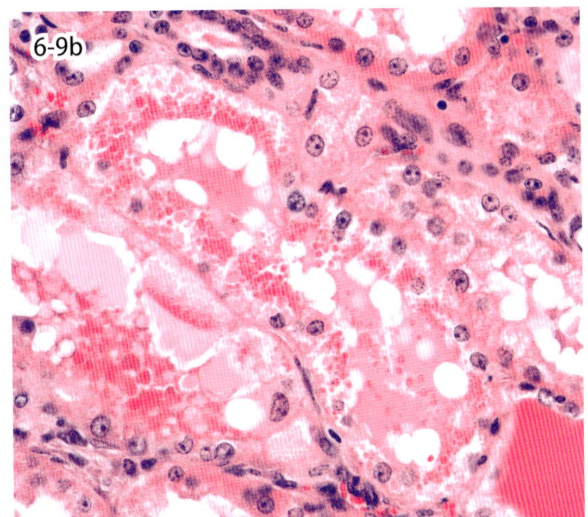

図 6-9　硝子滴変性（牛）．糸球体透過性亢進に伴い，皮質の尿細管腔には好酸性の尿円柱（a）が，近位尿細管上皮細胞内には硝子滴（b）が認められる．

6-8．貧血性梗塞
Anemic infarction

梗塞 infarct とは末梢動脈の閉塞により，その支配域が壊死することである．貧血性梗塞 anemic infarct は１つの動脈に支配されている組織で生じ，病変中央部の凝固壊死巣とそれを取り囲む好中球浸潤および出血帯よりなる．これに対し，出血性梗塞 hemorrhagic infarct は二重の動脈支配が認められる肺，肝臓，腸などの臓器，組織に特有の変化である．図 6-8a は貧血性梗塞を呈する犬の腎臓の肉眼像で，動脈の閉塞個所を頂点とした扇型の梗塞巣が認められる（矢印）．図 6-8b は同部の組織像，図 6-8c は b の拡大像である．壊死巣（桃色）とその周囲の好中球浸潤帯（青色），出血帯（赤色）が明らかである．

6-9．硝子滴変性
Hyaline droplet degeneration

硝子滴は HE 染色で好酸性の均一な球状物として細胞内外に認められる．糸球体腎炎やアミロイド症により糸球体血管係蹄の透過性が亢進し，原尿中に多量の蛋白質が濾過された場合に尿円柱が形成される（図 6-9a）．これらの蛋白尿は尿細管上皮細胞に再吸収されて硝子滴として観察される（図 6-9b）．また，銅中毒などの急性溶血性疾患，馬の麻痺性筋色素尿症などの大量の筋組織が急激に壊死する疾患では，血色素や筋色素に由来する蛋白が尿細管上皮細胞内に硝子滴として観察される．

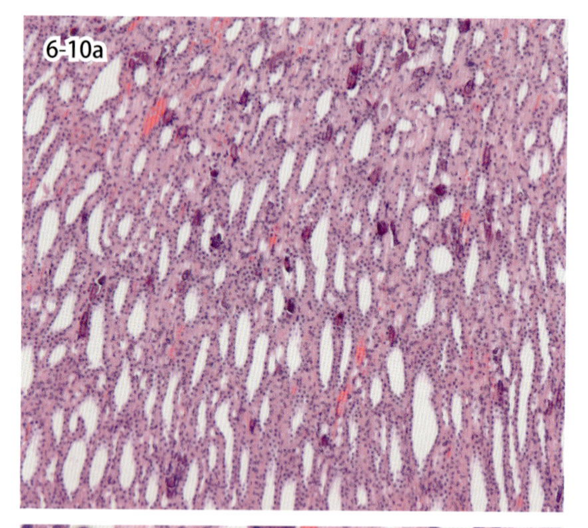

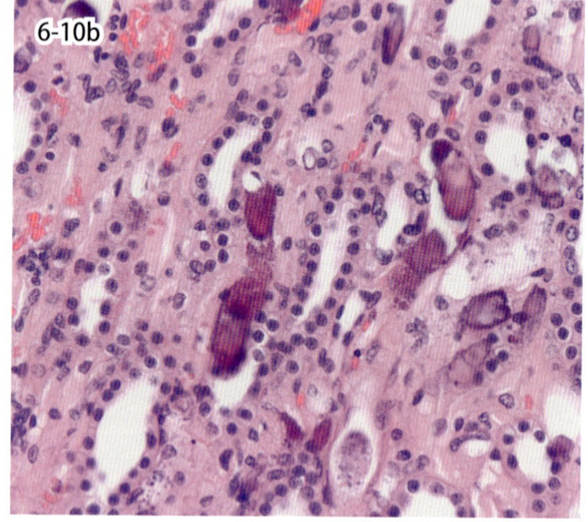

図 6-10 石灰沈着症（リスザル）．髄質に好塩基性沈着物として石灰沈着が認められる（a，b）．

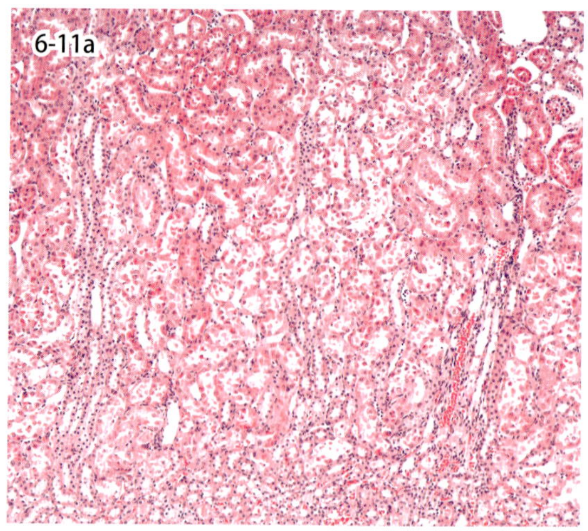

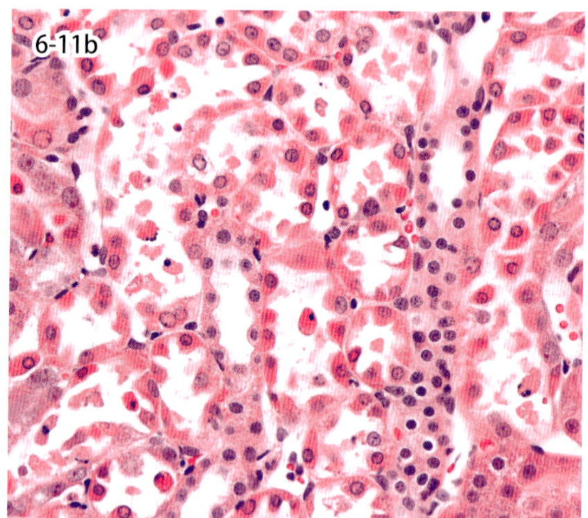

図 6-11 急性尿細管壊死（ラット）．腎毒性物質の投与により，皮髄境界部の S3 領域で広範囲に尿細管上皮細胞の壊死や脱落（a，b）がみられるが，基底膜は保持されている（b）．

6-10. 石灰沈着症

Calcinosis

HE 染色では好塩基性微細顆粒状，塊状～板状沈着物として細胞内や間質組織に認められる（図 6-10a，b）．変性および壊死した細胞や組織，融解および吸収が困難な病巣にカルシウム塩が局所的に沈着する異栄養性石灰沈着は，さまざまな原因に起因し，とくに近位尿細管に認められる．一方，高カルシウム血症に続発してカルシウム塩が沈着する転移性石灰沈着は尿細管基底膜，ボーマン囊基底膜および血管壁に認められる．高カルシウム血症は原発性または腎性続発性の上皮小体機能亢進症，リンパ腫や肛門囊腺癌などの腫瘍随伴症候群，ビタミン D 過剰摂取などによって惹起されるが，加齢に伴う腎機能の低下も要因の 1 つである．

6-11. 急性尿細管壊死

Acute tubular necrosis

急性腎不全の原因として重要な病態であるが，可逆性病変であるため，適切な処置により尿細管上皮細胞が再生すると腎機能も回復する．原因は虚血性と中毒性に大別される．虚血性急性尿細管壊死は，各種病態に随伴するショックによる腎動脈血の供給不足が原因で，近位および遠位尿細管に不連続に観察され，尿細管基底膜の断裂や遠位尿細管から集合管における尿円柱形成を伴う．一方，中毒性急性尿細管壊死は抗生剤や抗がん剤などの尿細管毒性物質の投与が原因で，壊死は近位尿細管にみられる（図 6-11a）が，尿細管基底膜は保持される（図 6-11b）．尿細管再生には基底膜の保持が必要であるため，虚血性の方が中毒性よりも予後が悪い．

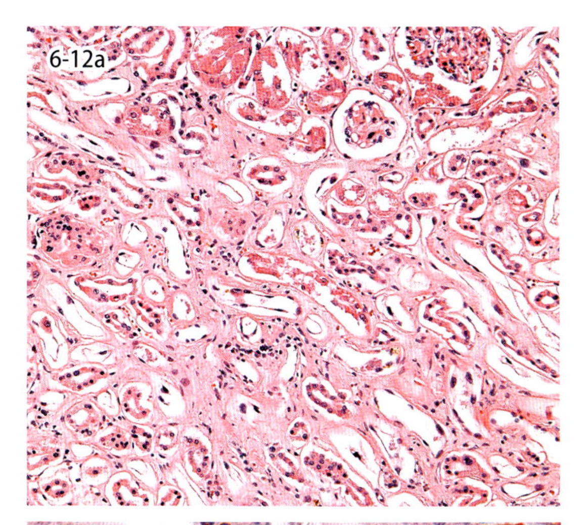

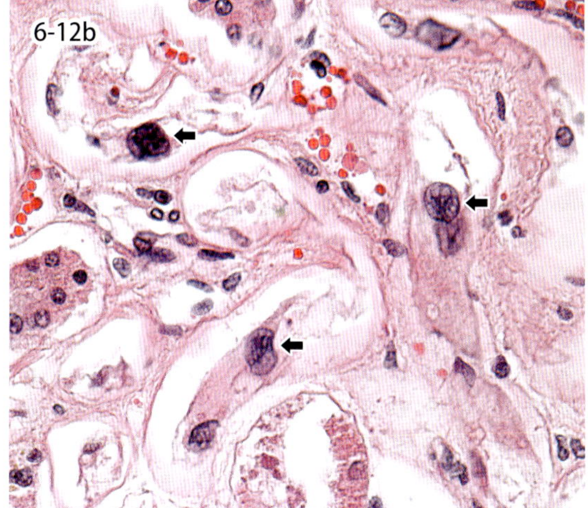

図 6-12　ファンコーニ症候群（犬）．間質に膠原線維が蓄積し（a），異常再生を示唆する巨大核を有する尿細管上皮細胞が多見される（b）．

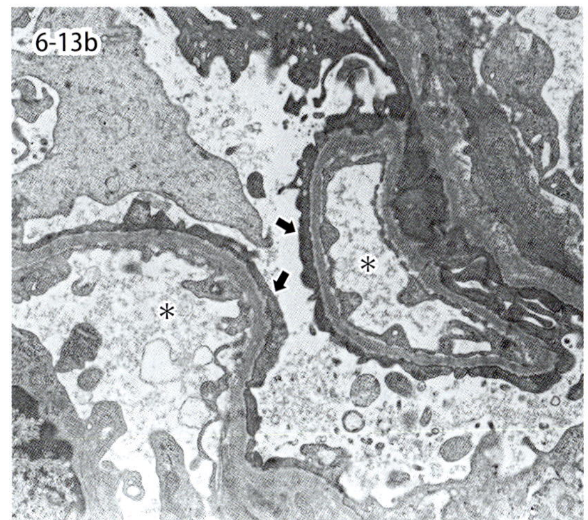

図 6-13　犬の腎糸球体の微小変化．足細胞に硝子滴が認められる（矢印）以外，糸球体には病変がない（a）．電顕的には足細胞足突起の消失（矢印）が認められる（b）．＊印は毛細血管．

6-12．ファンコーニ症候群

Fanconi syndrome

近位尿細管においてアミノ酸，ブドウ糖，リン酸，重炭酸イオン，尿酸などの再吸収が全般的に障害される再吸収不全症候群である．バセンジーの遺伝性疾患であるが，いずれの年齢でも発症しうる．後天的には鉛やカドミウムなどの重金属中毒，ゲンタマイシンやシスプラチンなど近位尿細管毒性物質によって生じる．臨床的には多飲多尿，近位尿細管性アシドーシスを呈し，適切な処置を怠るとアシドーシスの悪化により腎機能低下が進行し，多臓器不全により致死する．組織学的には尿細管上皮細胞の壊死や脱落，間質性腎炎が認められ，病態が進行すると間質に膠原線維が蓄積する（図 6-12a）．また，異常再生を示唆する巨大核を有する尿細管上皮細胞が出現する（図 6-12b 矢印）．

6-13．糸球体の微小変化

Minor glomerular abnormalities

光学顕微鏡的に糸球体に基底膜肥厚や細胞増殖などの異常を認めず，蛍光抗体法による免疫グロブリンや補体の沈着も認められないにもかかわらず，電子顕微鏡観察によって全節性に糸球体足細胞足突起の消失ないし扁平化などの病変が認められることがある．これを微小糸球体変化と呼ぶ．ヒトでは，本病態でネフローゼ症候群を呈する場合は臨床的に微小変化型ネフローゼ症候群とされ，基本的にステロイドに反応する．図 6-13 は高度蛋白尿（UPC ＝ 9.25）が認められた 6 歳のミニチュア・ダックスフント去勢雄の腎生検の糸球体である．

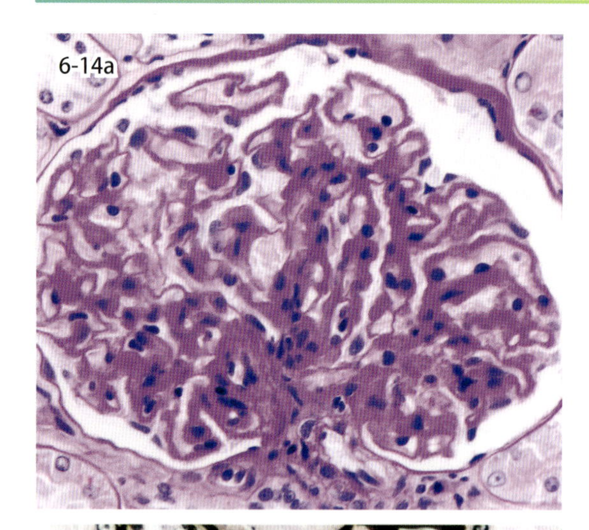

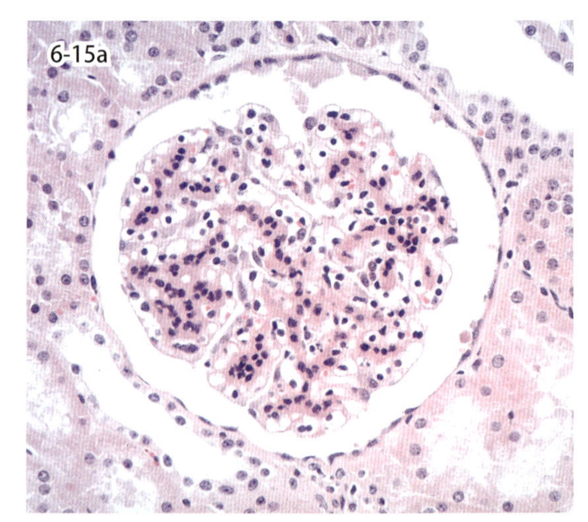

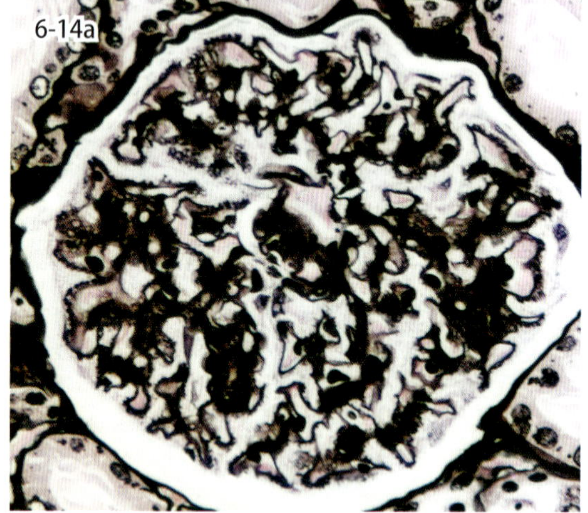

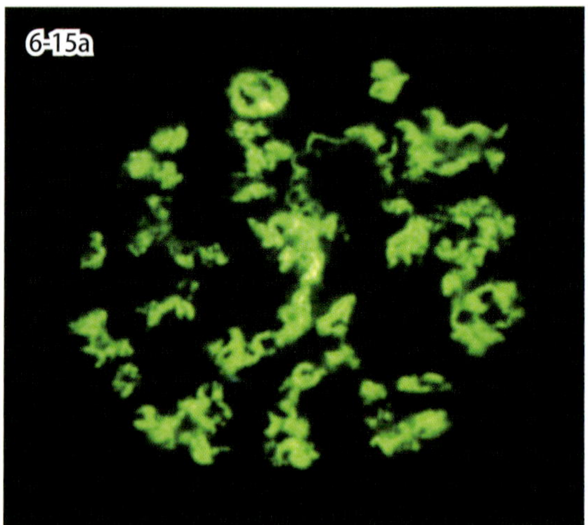

図 6-14　膜性腎症（犬）．PAS 染色で糸球体基底膜の不規則な肥厚が認められる（a）．PAM 染色では基底膜におけるスパイク形成が明瞭に認められる（b）．

図 6-15　メサンギウム増殖性糸球体腎炎（豚）．糸球体にメサンギウム細胞増殖によるメサンギウム域の拡大が認められる（a）．メサンギウムにおける IgG 沈着（蛍光抗体法，b）．

6-14. 膜性腎症（膜性糸球体腎炎）

Membranous nephropathy

膜性腎症は，免疫複合体沈着による糸球体腎炎の典型例で，罹患動物は蛋白尿を呈する．HE 染色ではび漫性全節性に糸球体毛細血管壁（係蹄壁）の肥厚が認められ，PAS 染色（図 6-14a）や PAM 染色（図 6-14b）など糸球体基底膜を染める特殊染色で，糸球体基底膜から外側（足細胞側）に向かう棘状の小突起（スパイク spike）が観察される（図 6-14b）．経過が長いものではスパイクが融合し，基底膜が梯子状ないし鎖状にみえる．電子顕微鏡観察により，糸球体基底膜の上皮側に免疫複合体の集積物である高電子密度沈着物 dense deposits と基底膜物質の増生が特徴的に観察される．

6-15. メサンギウム増殖性糸球体腎炎

Mesangial proliferative glomerulonephritis

ほとんどの糸球体に，メサンギウム細胞の増殖による一様なメサンギウム域の拡大が認められるものをメサンギウム増殖性糸球体腎炎と呼ぶ．図 6-15a は豚の腎糸球体で，メサンギウム細胞が糸球体全域に増殖しているが，メサンギウム細胞の細胞質は狭く，核の増加として確認される．メサンギウム細胞の増殖は細胞周囲のメサンギウム基質の増生を伴うが，糸球体基底膜の肥厚や細胞浸潤は伴わない．ヒトでは IgA 腎症において組織形態学的にこのタイプの糸球体腎炎が多い．動物では豚にこのような糸球体の異常が高頻度に認められ，メサンギウムに免疫グロブリンや補体の沈着を伴うが，臨床的な意義についてはよくわかっていない．

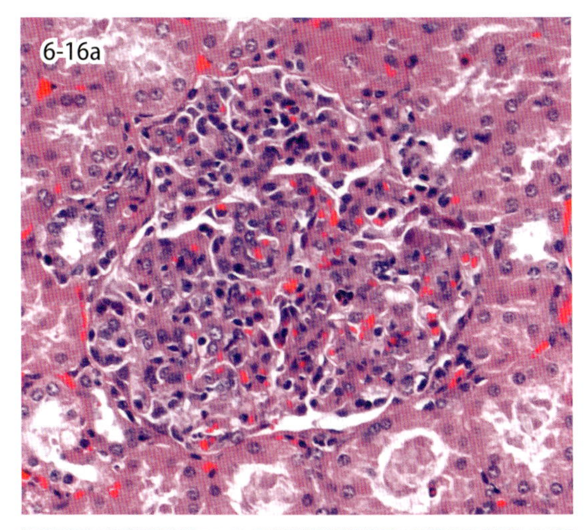

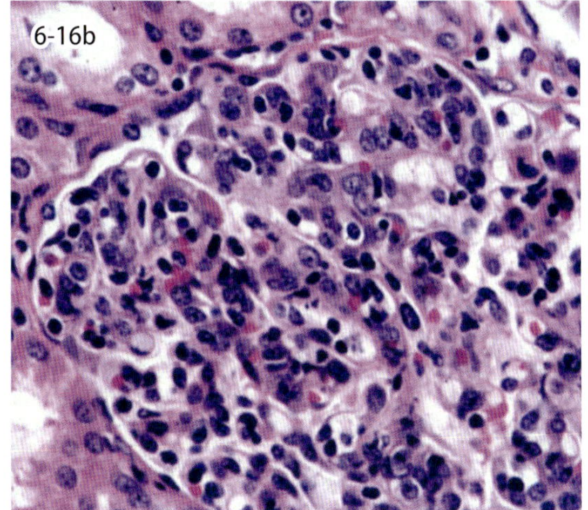

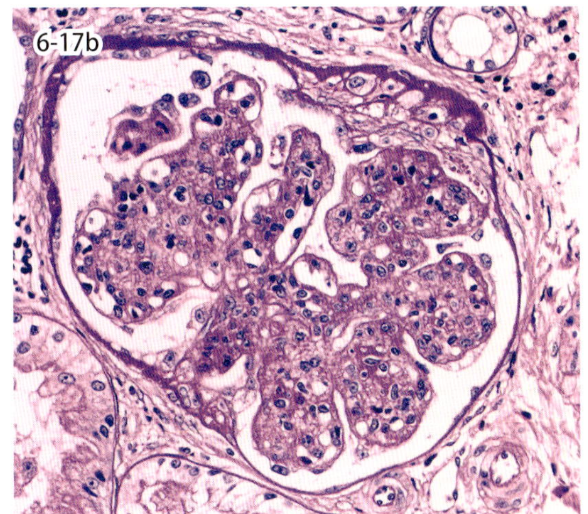

図 6-16　管内増殖性糸球体腎炎（豚）．糸球体は細胞増加のため腫大（a）．糸球体毛細血管腔は白血球浸潤と腫大した内皮細胞により閉塞し，メサンギウム域との境界が不明瞭（b）．

図 6-17　膜性増殖性糸球体腎炎（猫）．糸球体全域における毛細血管壁の肥厚，メサンギウム細胞の増殖（a）．挿入図は PAM 染色．細胞増殖が顕著な例の糸球体の分葉化（b）．

6-16．管内増殖性糸球体腎炎

Endocapillary proliferative glomerulonephritis

管内増殖性糸球体腎炎では腎臓のほとんどの糸球体に細胞の増加（富核 hypercellularity）が認められる（図 6-16a）．増加した細胞には，メサンギウム細胞，糸球体毛細血管腔あるいはメサンギウム域に集簇ないし浸潤した好中球や単球，腫大した血管内皮細胞が含まれるが，細胞の増加は毛細血管内およびメサンギウム域内に限局しているため，「管内（性）増殖性」と表現される．糸球体内の細胞増加により糸球体毛細血管腔とメサンギウムとの区別が困難となり，細胞の識別も難しい．糸球体基底膜の肥厚やメサンギウム基質の増生はなく，毛細血管腔は細胞集簇と内皮細胞の腫大のため，狭小化ないし閉塞する（図 6-16b）．

6-17．膜性増殖性糸球体腎炎

Membranoproliferative glomerulonephritis

膜性増殖性糸球体腎炎では，腎臓のほとんどの糸球体にメサンギウム細胞の増殖と糸球体毛細血管壁の肥厚が認められる（図 6-17a）．毛細血管壁の肥厚は PAS 染色（図 6-17a）や PAM 染色（図 6-17a 挿入図）の標本で観察すると，基底膜の二重化として認められる．この状態を double track，tram-track appearance あるいは double conture と呼ぶ．これは増殖したメサンギウム細胞の突起が毛細血管壁に侵入すること（メサンギウム陥入と呼ぶ）により形成された病変で，本疾患の重要な形態学的特徴である．肥厚した毛細血管壁内にメサンギウム細胞の核が認められることもある．メサンギウム細胞の増殖が高度の場合は，糸球体の分葉化 lobulation が起こる（図 6-17b）．

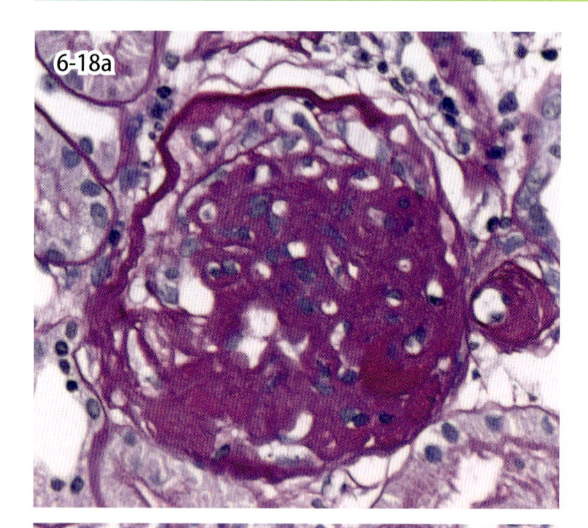

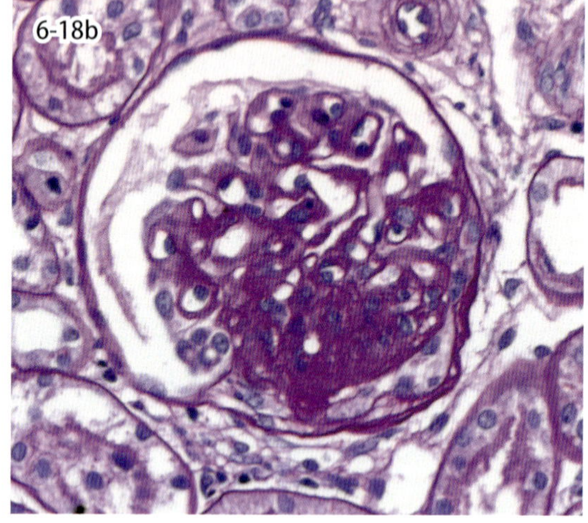

図 6-18 糸球体硬化（犬）．全節性硬化（a）と分節性硬化（b）．

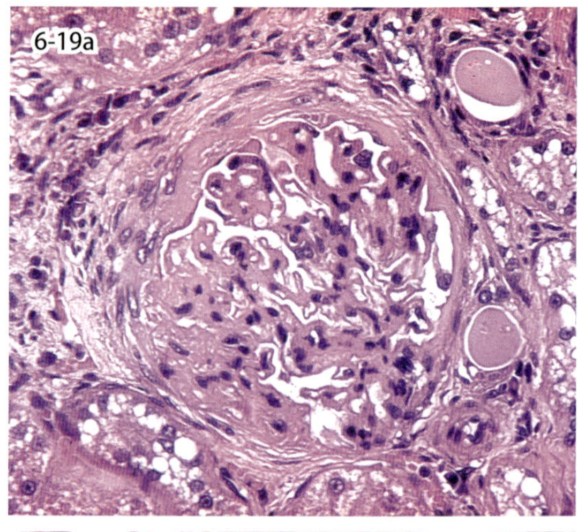

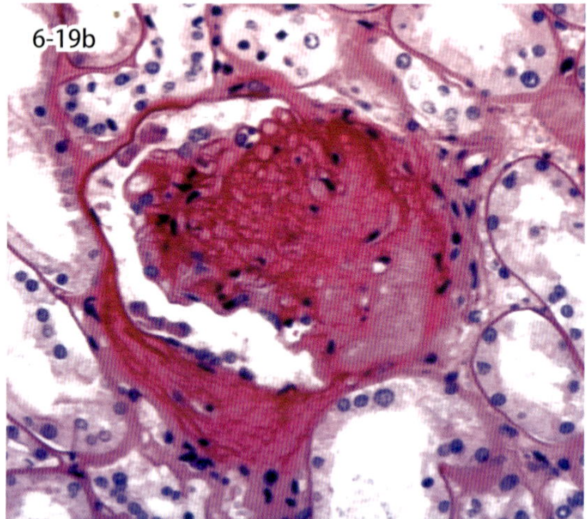

図 6-19 糸球体病変．猫の糸球体ボーマン嚢壁（左上部）に認められた線維性半月（a）．長期経過の糖尿病罹患犬に認められた糸球体硬化病変の PAS 染色像（b）．

Chap.6

6-18. 糸球体硬化
Glomerulosclerosis

糸球体硬化はさまざまな原因による糸球体傷害の終末像で，糸球体内に細胞外基質が蓄積し，毛細血管腔が狭小化ないし消失，糸球体内細胞数の減少した状態で，不可逆性の病変である．糸球体硬化には糸球体全体に起こる場合（全節性硬化 global sclerosis，図 6-18a）と糸球体内の一部に限局性に起こる場合（分節性硬化 segmental sclerosis，図 6-18b）があり，硬化した部位がボーマン嚢と癒着している場合が多い．また，糸球体内に蓄積する細胞外基質は基底膜様物質ないしメサンギウム基質であり，PAS 陽性である．特殊な病態において，元来糸球体には存在しない膠原線維が蓄積する場合があるが病変部は PAS 陰性で，硬化と区別され糸球体線維化という．

6-19. そのほかの糸球体病変
Other glomerular lesions

糸球体が傷害を受けると，ボーマン嚢の一部または全周で上皮細胞が増殖して多層化する．このような糸球体病変を細胞性半月 cellular crescent という．慢性化すると増殖細胞間の膠原線維や基底膜物質の増加が進行し細胞成分が消失する．この状態は線維性半月 fibrous crescent という．図 6-19a は猫の腎糸球体で，ボーマン嚢壁左上側に線維性半月が観察される．

糖尿病患者では持続的な高血糖状態により糸球体が傷害され，微小血管瘤やメサンギウム融解 mesangiolysis が起こる．病変が進行すると分節状のあるいは合節性の硬化巣が形成される（図 6-19b）．ヒトではこの病変は Kimmerstiel-Wilson 病変と呼ばれる．

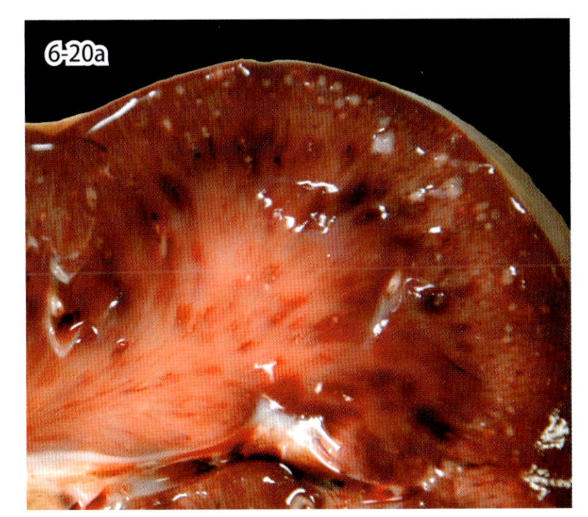

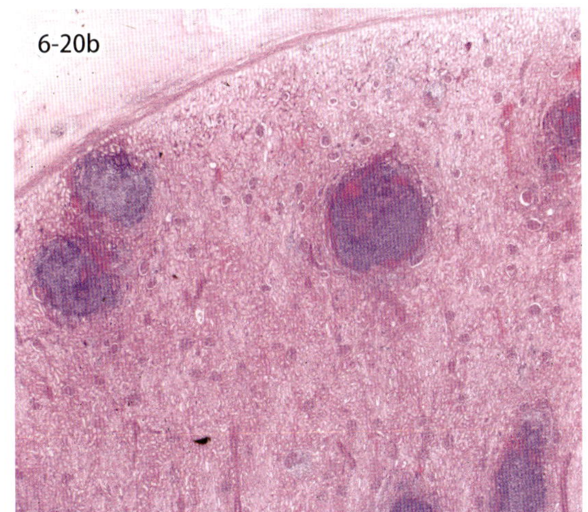

図 6-20a・b　塞栓性化膿性腎炎（馬）．腎皮質に多病巣性にみられる微小膿瘍（写真提供：a は日本中央競馬会）．

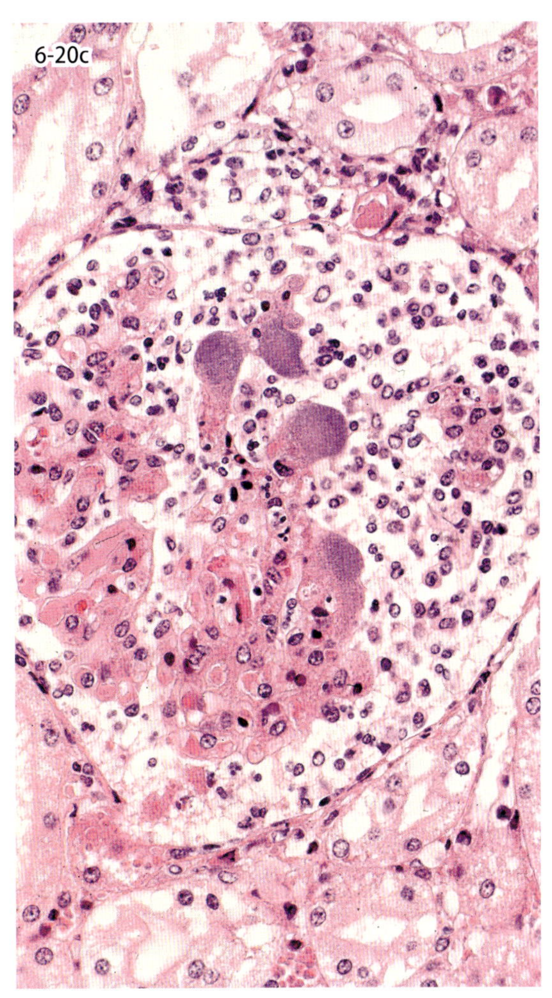

図 6-20c　糸球体微小膿瘍．糸球体毛細血管内の細菌塞栓とボーマン嚢内腔を占める好中球とマクロファージ．

6-20．塞栓性化膿性腎炎

Embolic suppurative nephritis

菌血症あるいは敗血症の際，血行性に腎臓内に細菌が散布されて発生する．細菌塊や細菌を伴う血栓が糸球体や尿細管周囲の毛細血管を閉塞し，その後，塞栓局所から細菌が腎実質に侵入してさまざまな大きさの膿瘍が多数形成される．これら膿瘍は一般に皮質に分布するが，グラム陰性の腸内細菌が感染すると髄質に主座して微小膿瘍が認められることがある．

馬では *Actinobacillus equuli* が胎内，分娩時あるいは生後間もない時期に子馬の臍帯から感染し，敗血症に進展することが多い．劇症型の敗血症を免れ，数日間生存した子馬では腎臓被膜下実質や割面に 3 mm 程度の黄白色～黄緑色の膿瘍が多数認められる（図 6-20a）．腎臓以外の諸臓器にも同様の微小膿瘍が認められ，多発性関節炎を認めることもある．組織学的にはさまざまな大きさの膿瘍が好塩基性の細胞集簇巣として観察できる（図 6-20b）．図 6-20c は毛細血管内に好塩基性顆粒状の細菌塞栓が形成された糸球体で，ボーマン嚢は拡張し好中球とマクロファージが浸潤している．好中球の多くは変性して細胞質を失い，裸核となっている．

本病変は豚では豚丹毒の際にみることが多い．成牛では *Trueperella pyogenes* を原因とする疣贅性心内膜炎に続発してみられる．羊や山羊では仮性結核で認められ，本疾患に特徴的な同心円状の層構造を持つ被包化膿瘍がつくられる．*Prototheca zopfii* を原因とする犬のプロトテカ症の全身感染例では腎臓に塞栓が起こりやすく，糸球体毛細血管や間質の肉芽腫巣には球形～楕円形の藻類が認められる．

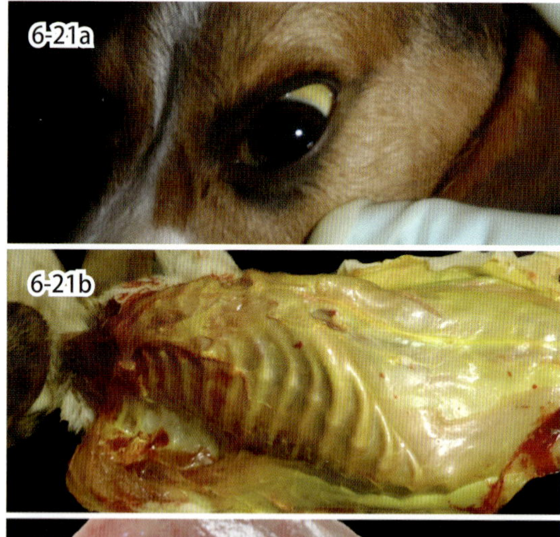

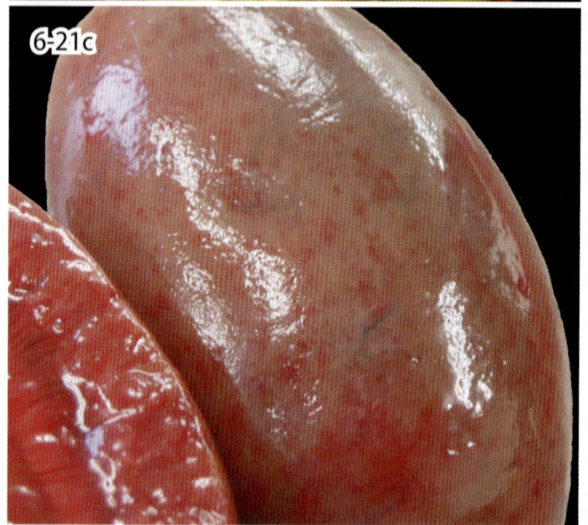

図 6-21a ～ c　レプトスピラ症（犬）．眼球結膜の黄染（a）．皮下組織の黄染(b)．腎臓被膜下実質の点状出血(c)(写真提供：共立製薬株式会社)．

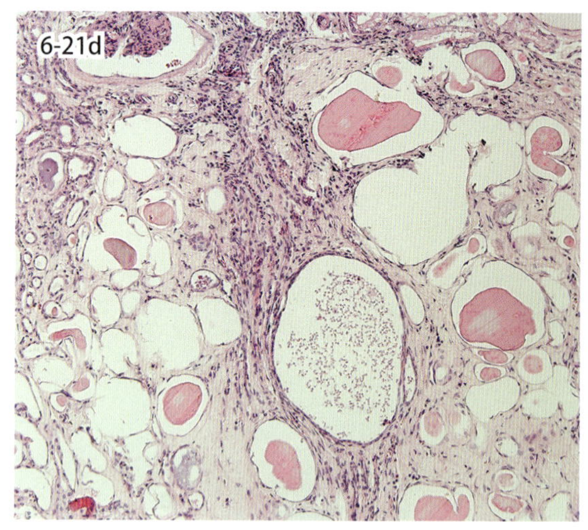

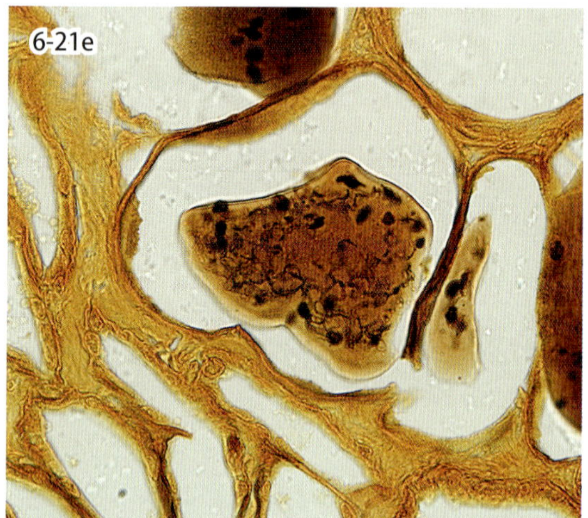

図 6-21d・e　蛋白円柱を容れた尿細管の拡張と間質へのリンパ球浸潤，HE 染色（d）．円柱内のらせん菌，ワーチン・スターリー染色（e）．

6-21．レプトスピラ症

Leptospirosis

病原性レプトスピラによる人獣共通感染症で，*Leptospira interrogans* の 7 血清型による疾病は届出伝染病に指定されている．本菌はげっ歯類や家畜など感染動物の尿を介して経皮または経口感染するほか，水や土壌からの間接感染も起こる．

犬では血清型 canicola と icterohaemorrhagiae が病原性が強く，症状や病変は年齢や病期によって異なる．とくに幼犬が icterohaemorrhagiae に感染すると，発熱，嘔吐，脱水，吐血，下血，鼻出血などを示す劇症型敗血症に陥り 2 ～ 3 日で死亡する（超急性感染 hyperacute infection）．黄疸は超急性型では目立たず，急性型で顕著となる（図 6-21a，b）．超急性～急性型の肉眼的特徴は腎被膜下皮質の出血である（図 6-21c）．組織学的には肝傷害が強く，肝細胞の巣状壊死と肝細胞板の解離，胆汁栓がみられる．急性期の腎病変は菌の直接的な傷害による尿細管の変性壊死で，回復期や慢性期には非化膿性間質性腎炎となる(図 6-20d)．ワーチン・スターリー Warthin-Starry 染色やレバジチ Levaditi 染色により，尿細管上皮細胞，尿細管腔にらせん菌が検出できる（図 6-20e）．canicola の感染では急性～慢性型が多く，不顕性感染の場合は慢性間質性腎炎となる．

牛や豚では pomona が重要で，牛の重度の急性感染例では黄疸や諸臓器の出血，血色素尿が特徴的で，組織学的には腎皮質尿細管の変性がみられる．慢性感染例は無症状のことが多く，組織像は軽度で非特異的なものにすぎない．馬の間欠性眼炎（月盲）は pomona 感染によるアレルギー性炎と考えられている．

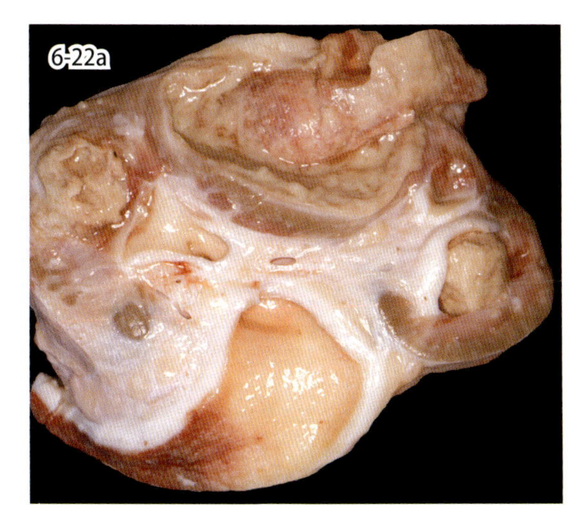

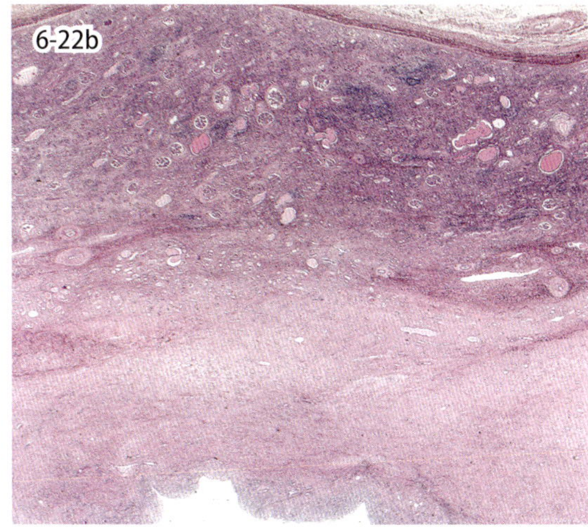

図 6-22a・b　腎盂腎炎（牛）．慢性腎盂腎炎（a）．線維素化膿性滲出物を容れた腎杯の拡張（a）と腎実質の菲薄化（b）．

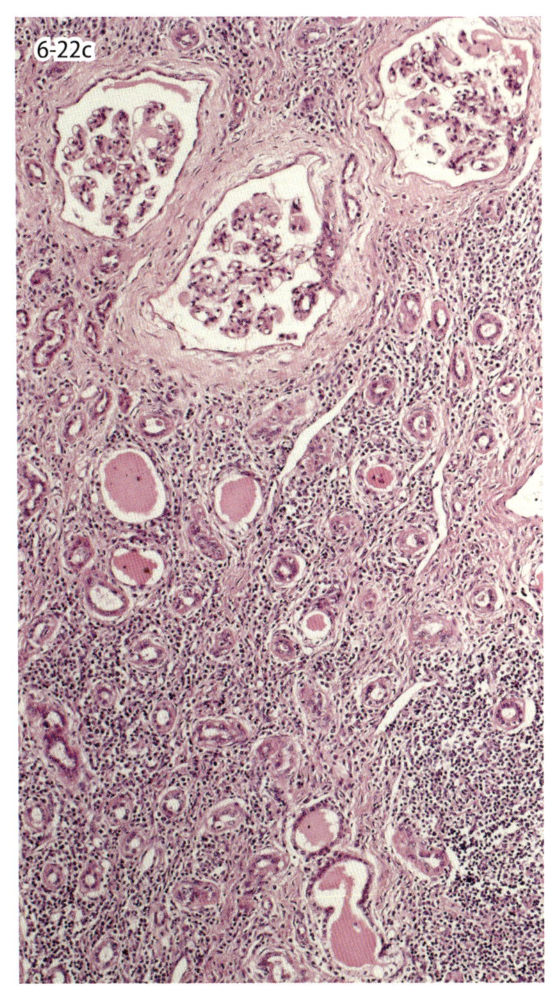

図 6-22c　慢性腎盂腎炎（牛）．腎糸球体の近接化，間質の線維化とリンパ球浸潤．

6-22. 腎盂腎炎

Pyelonephritis

腎盂ならびに腎実質の炎症で，多くは下部尿路系の尿道炎や膀胱炎が先行し，上行性に腎炎に進展する．臨床的には血尿，混濁尿，膿尿，あるいは細菌尿などを主徴とする．

上行性腎盂腎炎は腎杯の炎症，壊死と，これに随伴する尿細管間質の炎症と壊死により特徴づけられ，病変分布はほかの型の腎炎とは異なる．片側性または両側性に発生する．急性腎盂腎炎では主に腎盂および髄質の炎症性変化と壊死が目立ち，慢性期には実質の瘢痕化へと進展する．肉眼的には腎表面に粗大な凹凸が形成され，腎盂，腎杯は拡張し，髄質から皮質の広い範囲にわたって非対称性の瘢痕がみられる（図 6-22a）．原因菌は主に大腸菌，ブドウ球菌，エンテロバクター属菌など腸内や皮膚の常在菌で，このほか，牛では *Corynebacterium renale*，*C. cystitis*，豚では *Eubacterium suis* が原因となることが多い．雌牛では慢性の経過をたどるのが一般的である．犬，猫では急性腎盂腎炎は臨床的に見逃されやすく，慢性期に発見される．

図 6-22b は牛の慢性腎盂腎炎で下方に腎杯がある．この腎杯壁から腎髄質にかけて線維性結合組織が増殖している．線維化の著しい部位では炎症性細胞はすでに消失し，萎縮した集合管が散在性に認められる程度である．図 6-22c は同一例の腎皮質で，間質にはリンパ球を主体とする炎症性細胞が浸潤し，尿細管は萎縮するか，均質無構造の蛋白円柱を容れて拡張している．また，実質の脱落に伴って糸球体が近接化している．

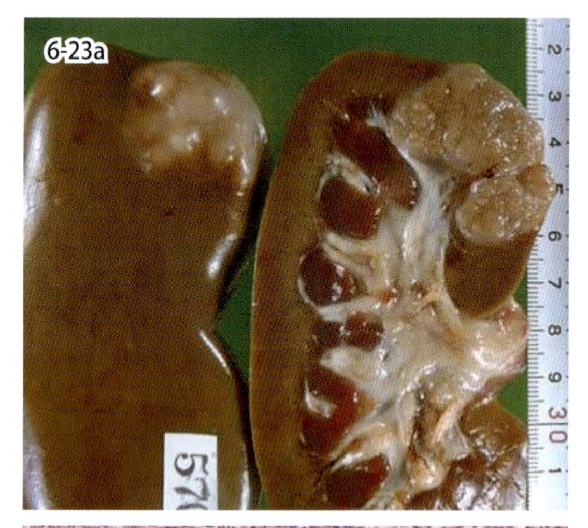

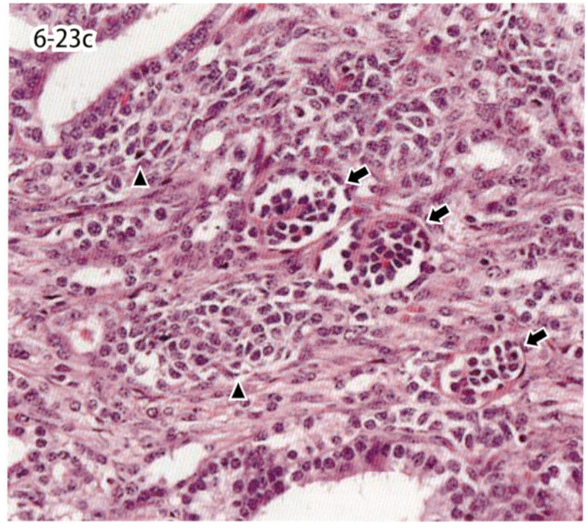

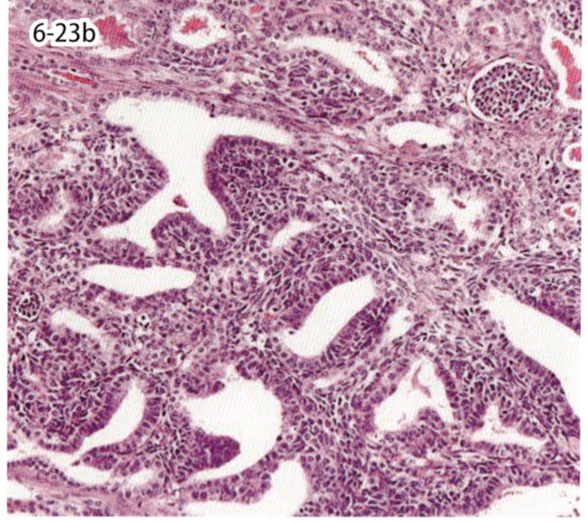

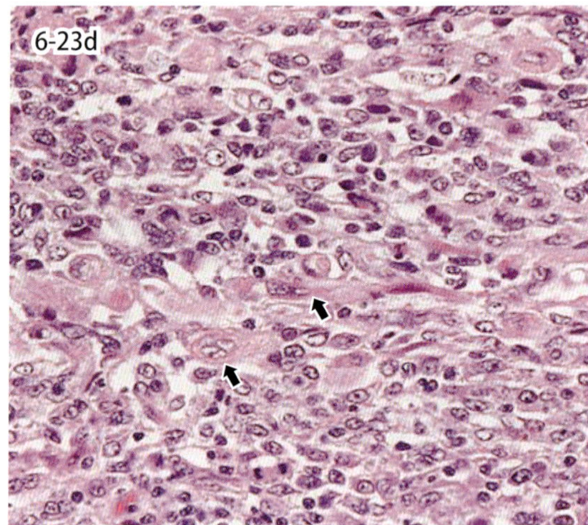

図 6-23a・b　腎芽腫（豚）．腫瘍組織は実質から表面に隆起性に形成される（a）．種々の形態の腺管形成と腎芽細胞の充実性増殖がみられ，原始糸球体様構造が観察される（b）．

図 6-23c・d　矢印は原始糸球体構造を矢頭は腎芽細胞増殖巣を示す（c）．腺管細胞と周囲の腎芽細胞との移行像もみられる．間葉性成分である横紋筋細胞（矢印）が観察される（d）．

6-23. 腎　芽　腫

Nephroblastoma

腎芽腫は，中胚葉の後腎腎芽組織 metanephrogenic blastema を起源とする混合腫瘍で，腎臓に発生する悪性腫瘍である．ヒトでは代表的な小児悪性腫瘍で，動物においても幼若な動物でみられることが多い．基本的な腫瘍成分は，腎芽細胞成分，上皮成分（器官様 organoid 成分），間葉成分で，これらの成分が種々の割合でみられ，多彩な組織像を示す．Wilms 腫瘍や胎児性腎腫などさまざまな名称で呼ばれていた．組織学的には，腎芽細胞のび漫性，充実性増殖に加えて，未熟な尿細管などさまざまな分化度を示す腺管構造，原始糸球体様構造（図 6-23b，c），ときに横紋筋，骨や軟骨がみられる（図 6-23d）．腎芽細胞と腺管を形成する細胞にはしばしば移行があり，腺管の基底膜が不明瞭なことも多い．一方で粘液上皮細胞への分化がみられることもある．動物では，豚と鶏で多く発生し，そのほか，犬，猫，牛，馬，羊，兎，ラットでも報告されている．多くは片側性，単発性に発生するが，両側性，多発性あるいは，まれに腎外性（後腹膜，脊柱管内など）の発生もある．豚の腎芽腫は腎臓表面に隆起，突出するように形成されることが多く（図 6-23a），上皮性成分を主体とする組織型が多い（図 6-23b）．豚以外の動物では，腎芽細胞を主体とする組織型が多い．

ヒトでは 11 番染色体上の WT1 遺伝子（11p13 領域）または WT2 遺伝子（11p15 領域）の領域に異常が確認されている．また，泌尿生殖器奇形をはじめさまざまな奇形を伴うことが知られている．

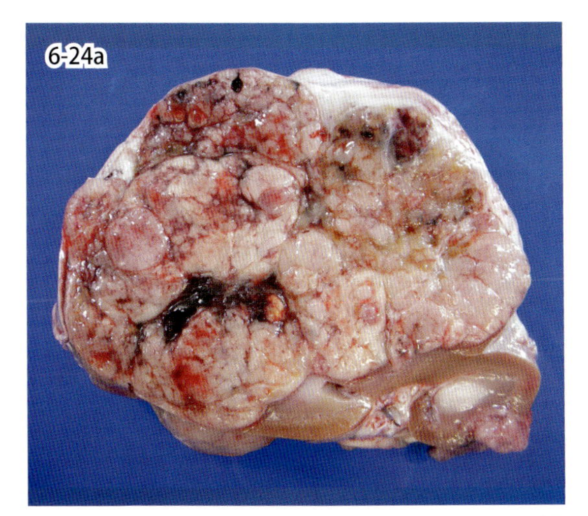

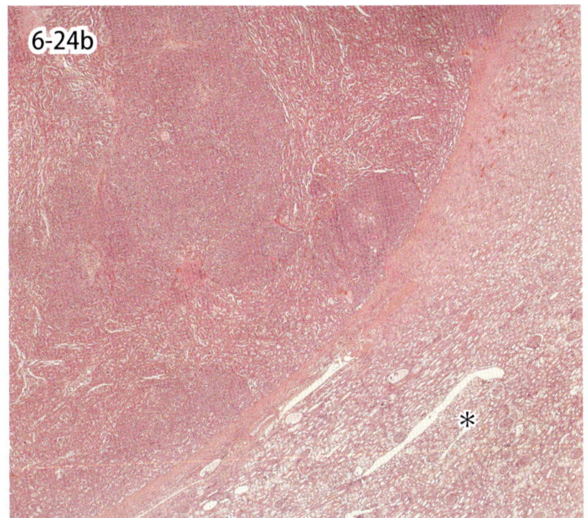

図 6-24a・b　腎細胞癌（犬）．結合組織性被膜で包囲された境界明瞭な腫瘍で（a），正常腎臓組織（＊）を圧迫している（b）．

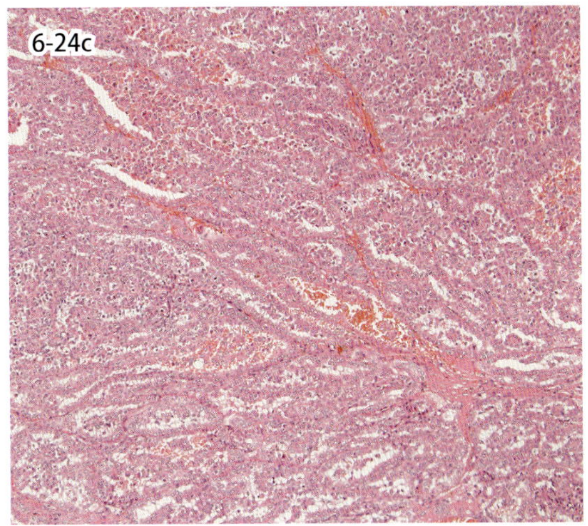

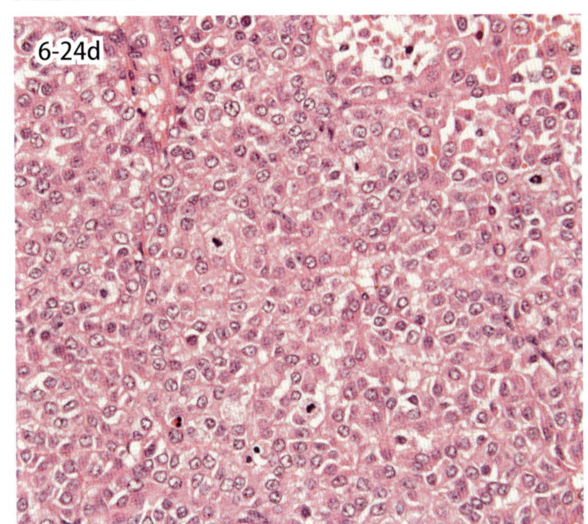

図 6-24c・d　右腎臓腫瘍（犬）．腫瘍細胞は管状に配列しながら増殖し（c），腫瘍細胞の細胞質は好酸性で，有糸核分裂像が散見される（d）．

6-24. 腎細胞癌（腎癌，腎腺癌）

Renal cell carcinoma

腎臓原発腫瘍は一般的に家畜では発生頻度が低いが，尿細管上皮細胞を発生母地とする悪性腫瘍である．腎細胞癌は犬，牛，馬では最も発生頻度の高い腎臓原発腫瘍である．猫での発生は少数しか認められていない．肉眼的には球形または卵円形の腫瘤で典型例では腎臓の一方の極に局在し，膨張性に発育する．娘結節 satellite（daughter）nodule を近傍に形成することもある．腫瘍部と非腫瘍部との境界は通常明瞭で，腫瘍に隣接する腎臓組織は圧迫萎縮を示す．腫瘍は腎臓の大きさを超えて発育することもある．腫瘍の割面は膨隆し，色調は黄色，灰白色など多彩で，大型化すると壊死や出血により，暗赤色部位が出現し，脆弱化する（図 6-24）．浸潤性が強い場合には腎盂，後腹膜と血管を侵す．動物の腎細胞癌は組織学的に腫瘍乳頭状，管状，充実性に分類され，さらに色素嫌性細胞型，好酸性細胞型に細分類される．家畜では管状，好酸性細胞型の腎細胞癌が最も多い．転移は犬では約 50％の症例にみられ，肝臓，肺，同側の副腎などに転移しやすい．牛では全身性転移の頻度は低く 5％程度とされる．両側性に発生することが多い．馬の報告はまれであるが，局所浸潤性で転移もあるとされている．

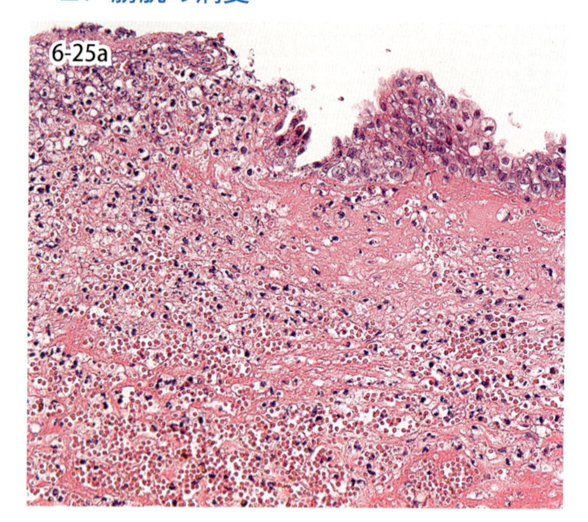

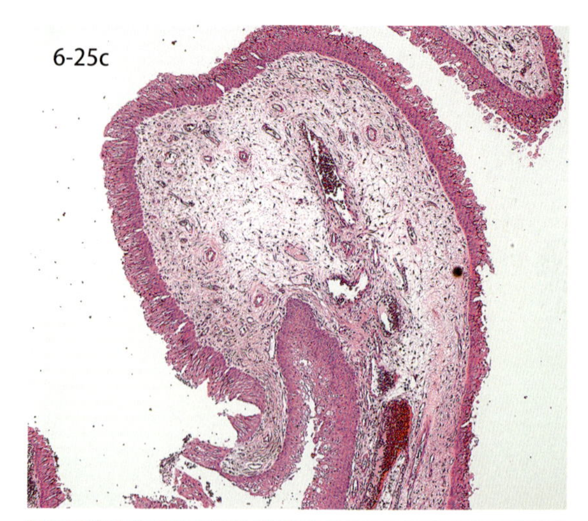

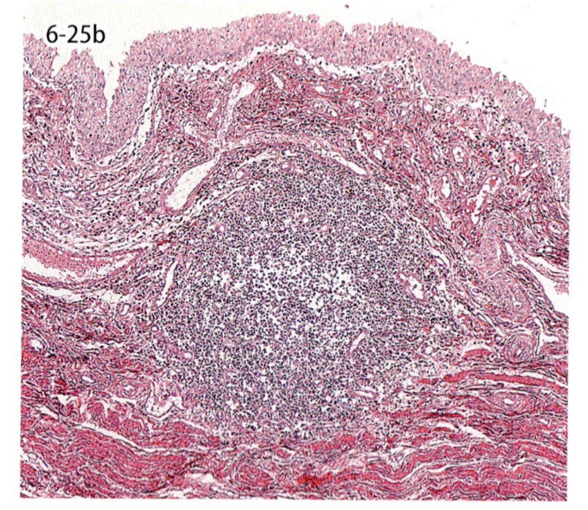

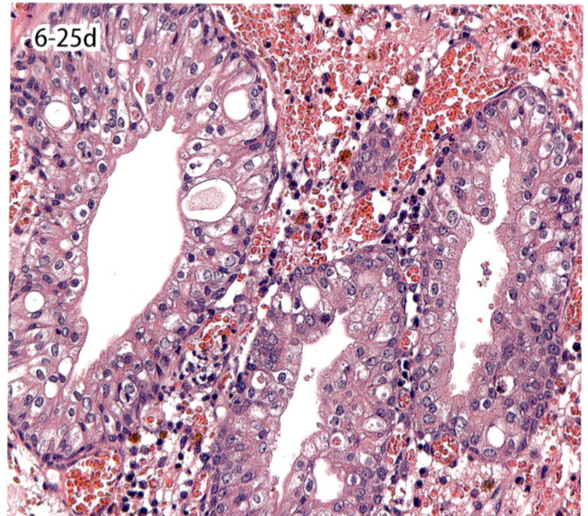

図 6-25a・b 膀胱炎．猫の急性壊死性膀胱炎（a）．犬の慢性濾胞性膀胱炎．リンパ濾胞形成（b）．

図 6-25c・d 犬の慢性ポリープ状膀胱炎．膀胱粘膜の絨毛状隆起（c）．犬の慢性膀胱炎にみられたブルン細胞巣の腺性化生（d）．

6-25．膀　胱　炎
Cystitis

膀胱炎は通常，尿道からの細菌の上行性感染により発生する．原因菌は直腸の腸内細菌に由来することが多い．正常の膀胱は感染抵抗性を有し，侵入した細菌は尿とともに排泄除去されるが，尿路閉塞による尿のうっ滞，排尿不全，粘膜上皮の傷害などが起こると，これらが感染の誘因となる．急性カタル性膀胱炎は通常は軽度であるが，重篤化すると潰瘍が形成されて粘膜表層は線維素壊死性の偽膜で覆われ，さらに膀胱壁全層にわたって出血，壊死，線維素の析出，好中球浸潤がみられる（図 6-25a）．細菌感染以外に，糖尿病に罹患した犬や猫で気腫性膀胱炎が発生する．また，シクロホスファミドの投与例に無菌性出血性膀胱炎が発生することがある．

一方，慢性膀胱炎は膀胱内に生じた結石に随伴して発生することが一般的で，粘膜の充血，出血，水腫，粘膜上皮の剥離とともに，固有層から粘膜下組織にリンパ球，形質細胞の浸潤および線維化が観察される．犬に多くみられる濾胞性膀胱炎は，慢性の膀胱結石症に関連して発生し，粘膜面には径 3 mm ほどの灰白色小結節が多数形成される．これらの小結節は組織学的にはリンパ球の集簇巣またはリンパ濾胞に相当する（図 6-25b）．慢性ポリープ状膀胱炎はいずれの動物種でも発生する．膀胱粘膜に有茎性のヒダ状または絨毛状の隆起が形成される．これらの隆起はリンパ球，形質細胞の浸潤を伴う線維性結合組織からなる（図 6-25c）．また，慢性膀胱炎ではブルン細胞巣 Brunn's nests（反応性の増殖性病変，図 6-25d）が形成されることがあり腫瘍との鑑別が必要である．

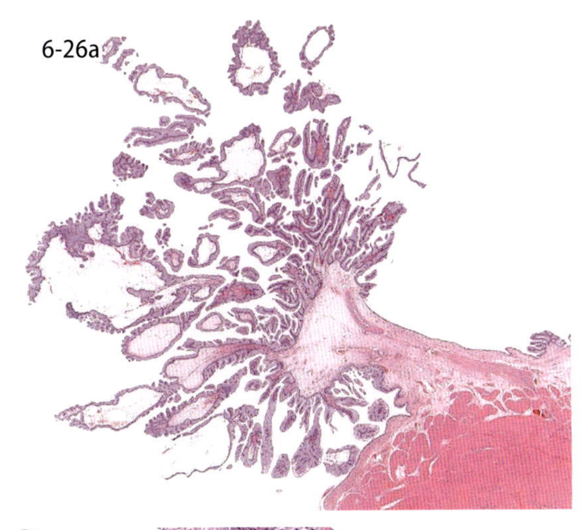

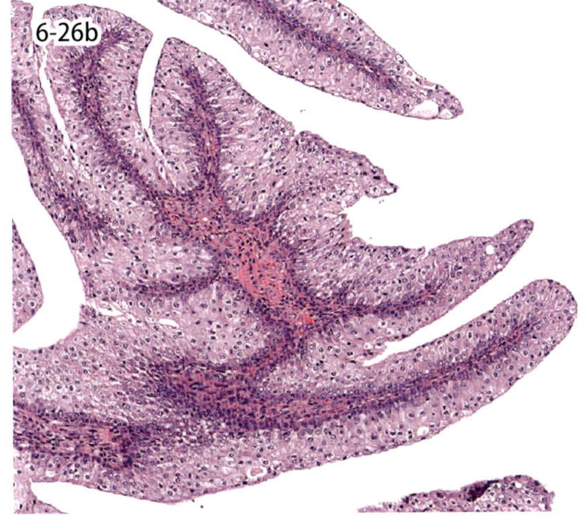

図 6-26　移行上皮乳頭腫（犬）．細い血管間質を軸として移行上皮細胞が乳頭状に増殖する（a）．腫瘍細胞に浸潤性はなく，細胞の重層化は 6 層を越えない（b）．b は a の強拡大．

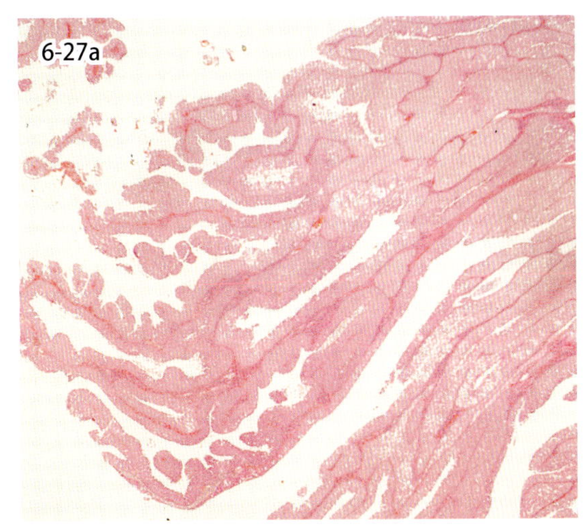

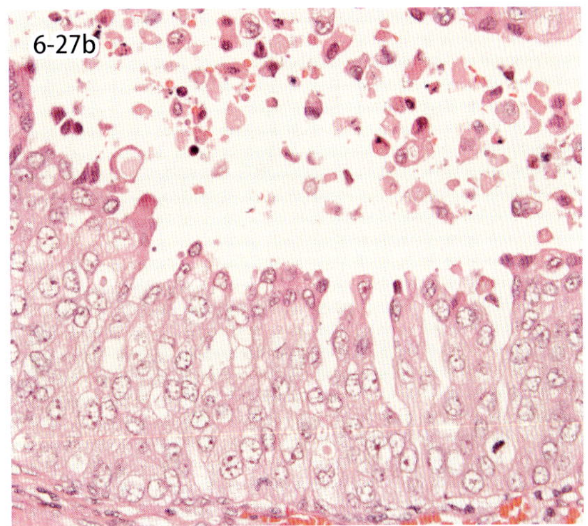

図 6-27　膀胱移行上皮癌（犬）．外向性乳頭状増殖．腫瘍細胞は多層化し，核は淡明大型化し N/C 比（核:細胞質比）が増加．多数の孤立性または集塊性の剥離上皮細胞を認める．

6-26．移行上皮乳頭腫

Transitional cell papilloma

移行上皮に由来する良性腫瘍．組織学的には，細い血管間質を軸とした移行上皮の乳頭状増殖を特徴とする．上皮の重層化は通常 6 層以下とされる．腫瘍細胞の異型性は低く，基底膜を破壊する浸潤増殖は認められない．ポリープ病変を形成する過形成や増殖性膀胱炎との鑑別が必要となるが，これらは過形成性の移行上皮に覆われた線維性組織であり，乳頭状増殖に乏しいことから区別される．また，過形成や炎症性のポリープでは移行上皮は 7 層以上に重層化する場合があるが細胞異型や構造異型がなく，固有層にブルン細胞巣 Brunn's nests が形成されることからも区別される．

6-27．移行上皮癌（尿路上皮癌）

Transitional cell carcinoma

膀胱における発生頻度は高くはないが，主に犬，猫，牛に発生し，他の動物種における報告はほとんどない．膀胱原発悪性上皮性腫瘍には移行上皮癌（尿路上皮癌），扁平上皮癌，腺癌と未分化癌があるが，90％以上が移行上皮癌である．移行上皮癌は膀胱頚や膀胱三角に発生することが多く，一般に外向性に乳頭状，ポリープ状あるいは広基性 sessile 発育を示すが（図 6-27），内向性（浸潤性）に発育することもあり，半数近くは転移を起こす．移行上皮癌の病理診断では細胞異型度，構造異型度と壁内浸潤度所見が重要である．T（原発腫瘍浸潤），N（領域リンパ節転移），M（遠隔転移）に基づいた進行度分類は予後判定や治療法の選択に有用である．

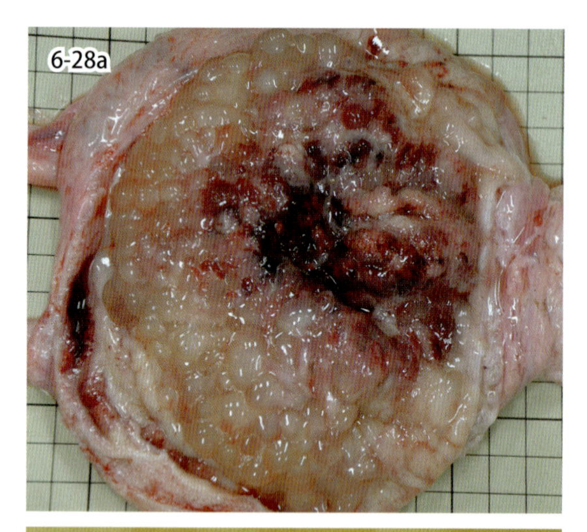

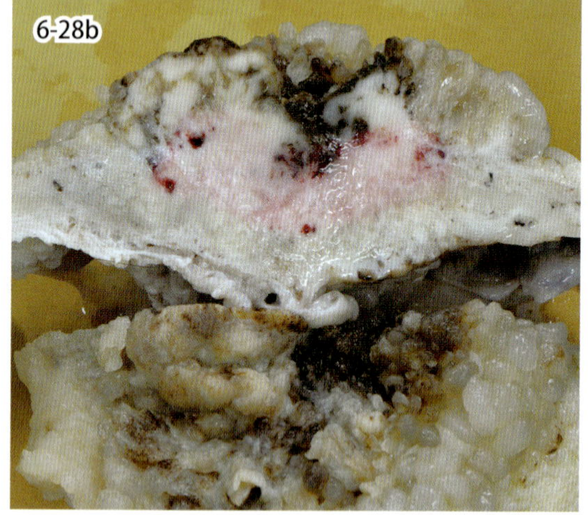

図 6-28a・b　地方病性血尿症（牛）．膀胱粘膜表面の出血（a），膀胱壁の肥厚と潰瘍形成を認める（b）．

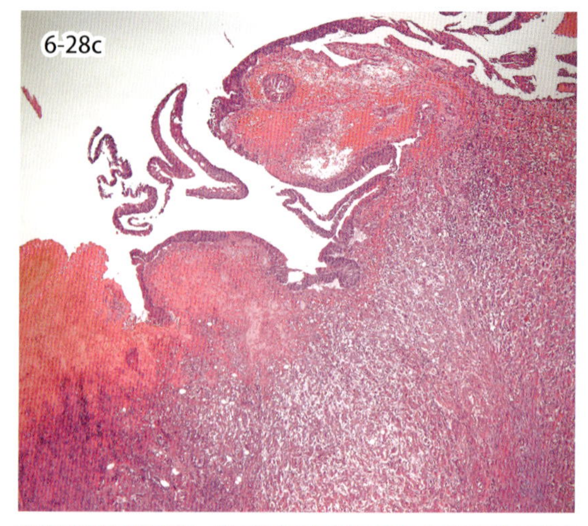

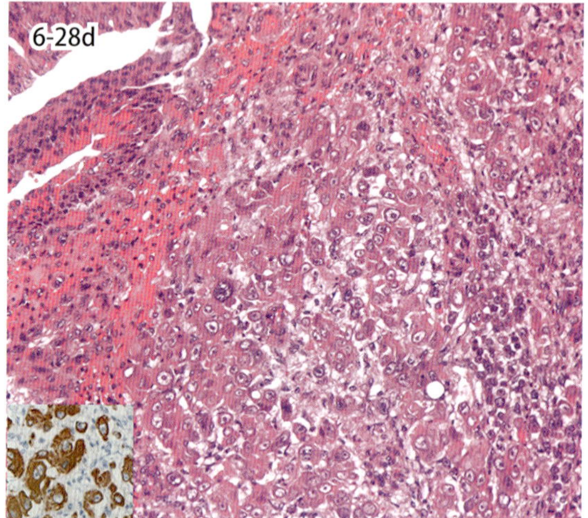

図 6-28c・d　腫瘍細胞の浸潤による粘膜下崩壊と出血を認める（c）．腫瘍細胞は未分化上皮細胞で，サイトケラチン陽性である（d，挿入図）（写真提供：高知県中央家保 *）．

6-28．地方病性血尿症

Enzootic hematuria

成牛で持続性の血尿と貧血を伴う症状を示す病態の総称名である．下部尿路組織での出血が原因で，約90％が腫瘍による．膀胱腫瘍の発生に関しては，ワラビに含まれるプタキロシドの慢性的な暴露による腫瘍原生作用が重視されている．日本を含む全世界で発生がみられる．発生地域は限局されるが，地域内での罹患率は高い．発生する腫瘍に関しては，移行上皮癌，平滑筋肉腫，線維肉腫，腺癌など種々である．牛の膀胱腫瘍としては，牛乳頭腫ウイルスによる乳頭腫が知られているが，乳頭腫単独では出血に至ることはあまりなく，地方病性血尿症の原因腫瘍とはならない．牛乳頭腫ウイルス感染は原因腫瘍の成長に深く関わっているとされる．

図 6-28a，b は，臨床的に地方病性血尿症と診断された症例の膀胱粘膜の表面と固定後の割面を示している．出血，潰瘍を伴ったブドウの房状の肥厚部が認められる．潰瘍部周辺には腫瘍細胞は認められないが，扁平上皮化生や粘液産生細胞の出現を伴った慢性ポリープ性膀胱炎がみられる．図 6-28c は膀胱出血部位近辺の組織写真である．腫瘍細胞がび漫性に増殖し，粘膜下まで浸潤している．粘膜下には組織の崩壊と出血がみられる．増殖細胞は異型度が高く，多核の細胞も多く認められる．サイトケラチン陽性（挿入図）の一部で小腺管を形成しているが，大部分はび漫性に増殖している（図 6-28d）．本症例は未分化癌と診断されたが，牛乳頭腫ウイルスは陰性であった．

＊高知県中央家畜保健衛生所

第7編　生殖器，乳腺

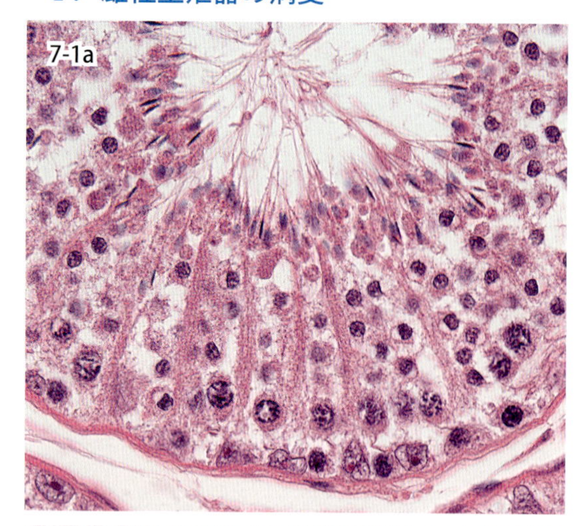

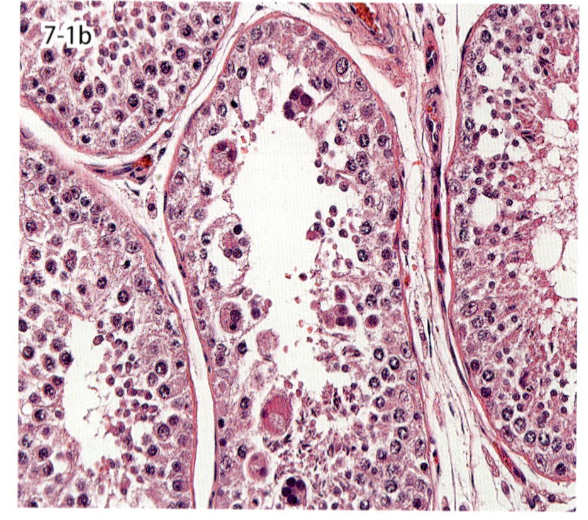

図 7-1a・b　精巣（犬）．正常の精細管（a）．多核巨細胞を容れた精細管（b）．

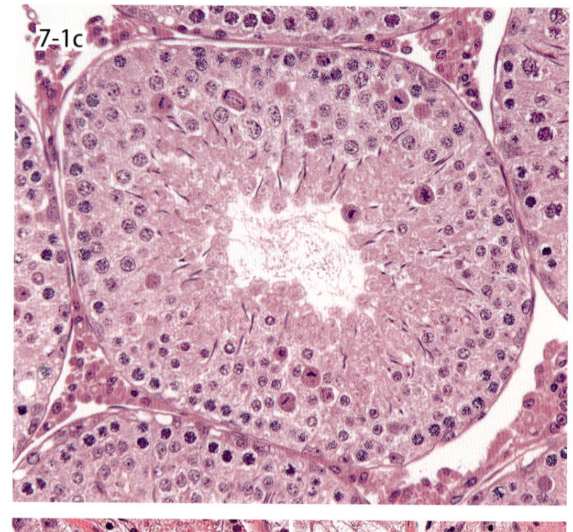

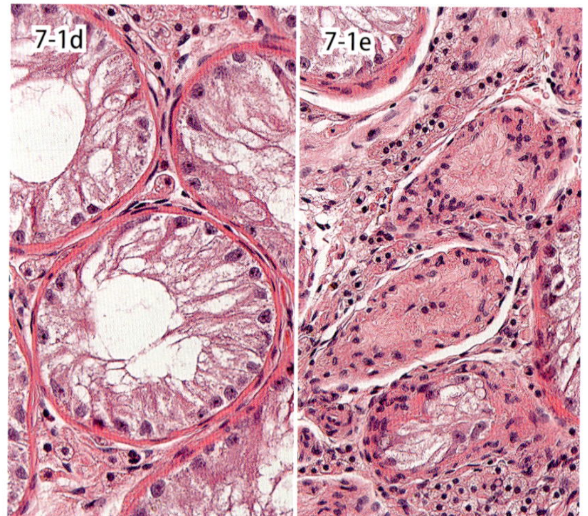

図 7-1c ～ e　精巣変性．精母細胞の細胞死（c，ラット），精細管の萎縮（d および e，犬）．

7-1. 精巣変性

Testicular degeneration

精巣は実質である精細管と間質からなり，精細管の厚い壁をつくる精上皮はセルトリ細胞と精細胞（生殖細胞）から構成されている（図 7-1a）．セルトリ細胞は基底膜の上に塔のように立ち，楕円形で切込みや陥凹を持つ淡明な核と明瞭な核仁を備える．一方，精祖細胞は基底部に存在し，表層に向かって精母細胞，精娘細胞，精子細胞，精子へと分化するが，精細管の各領域ですべての段階の細胞が存在するわけではない．発生段階の精細胞には 1 つの領域内で組合せ（ステージ）がみられ，各ステージが周期的に進み精子形成が行われている．

精巣を構成する細胞のうち，精細胞は一般にストレスに感受性が高く，熱，細菌，化学物質，放射線，ビタミン A 欠乏などが原因となって細胞死が起こる．重度の場合には精巣は萎縮する．一方，セルトリ細胞は比較的強い抵抗性を持ち，精細管に残存していることが多い．

図 7-1b は犬の精巣で，精細胞が減少するとともに多核巨細胞が形成されている．巨細胞は精細胞の分裂異常で，ごく少数の巨細胞は健常な精巣でもしばしば認められる．図 7-1c はある薬物を投与したラットの精巣で，主に精母細胞が傷害され細胞死が生じている．図 7-1d は精巣の腫瘍に圧迫されて変性した犬の精細管で，精細胞が消失し，精上皮は 1 層のセルトリ細胞で構成されている．図 7-1e はセルトリ細胞も脱落した精細管で，基底膜が肥厚し波立っている．また，精細管に変性が起こると，間質に存在する間細胞（ライディッヒ細胞）に肥大や増数がみられる．

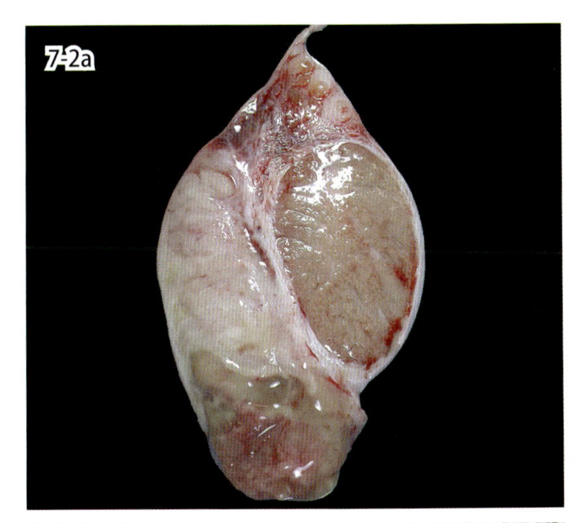

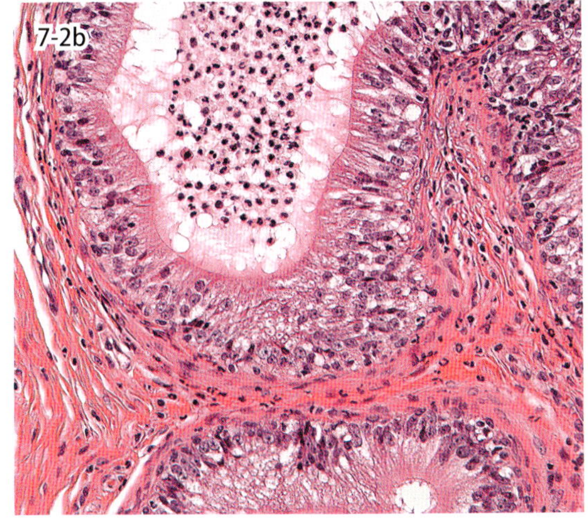

図 7-2　精巣上体炎（犬）．精巣上体尾部は腫脹し，化膿性滲出物が貯留（a）．好中球が精巣上体管の管腔内および間質に浸潤（b）．

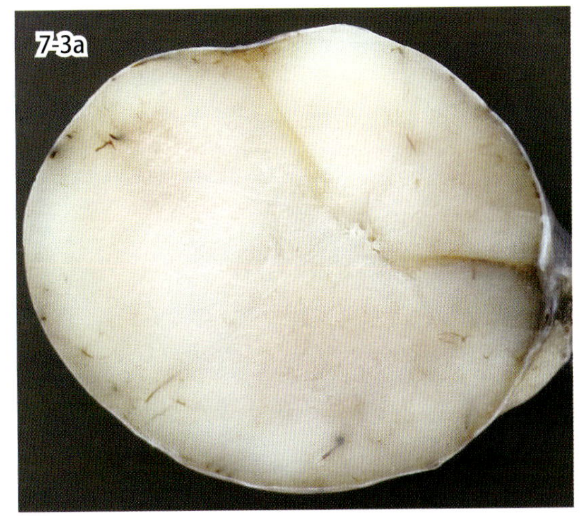

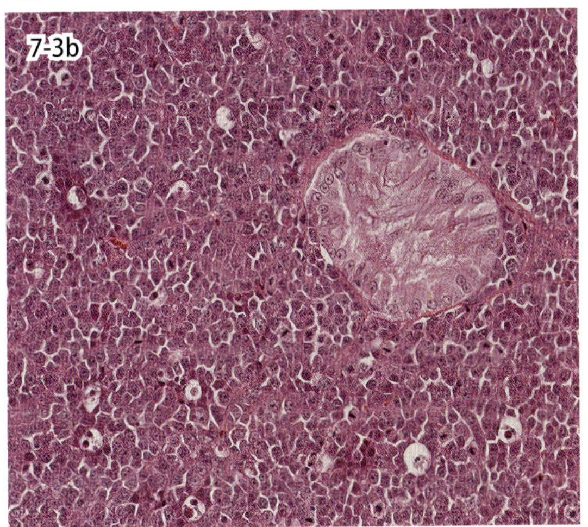

図 7-3　セミノーマ（犬，精上皮腫）．ホルマリン固定後（a）．白色無構造充実性で結合織少量（a）．腫瘍細胞がび漫性に増殖して精巣の固有構造を置換（b）．

7-2．精巣炎，精巣上体炎
Orchitis，epididymitis

精巣上体炎は羊と犬で多く発生するが，ほかの動物種ではまれである．精巣上体尾部に好発し，肉眼的には精巣上体は腫大し左右対称性が失われる（図 7-2a）．ブルセラ菌 *Brucella* spp. は重要な原因菌であるが，多くは一般細菌の上行性感染による．図 7-2b は急性期の組織像で，好中球浸潤が認められる．

精巣炎の発生はブルセラ症や結核に感染した雄牛以外ではまれで，ほとんどは精巣上体炎からの波及である．最も重篤な壊死性精巣炎は雄牛のブルセラ症や重度の外傷，虚血によって生じ，肉眼的には石灰沈着を伴う黄色乾燥性の壊死巣がみられる．組織学的には凝固壊死を特徴とし，瘻管が形成されることもある．

7-3．胚細胞腫瘍
Germ cell tumors

精巣の胚細胞由来の腫瘍は，犬のセミノーマ（精上皮腫）が最も多く発生する．犬のセミノーマにより腫大した精巣は，白膜が緊張しているが内部は軟らかく，その割面は無構造で膨隆する．図 7-3b は犬のセミノーマで，大型類円形から多形な精細胞由来腫瘍細胞がび漫性シート状に増殖し，セルトリ細胞のみが残存する曲精細管がわずかに認められる．腫瘍細胞の核は大型類円形で大小不同がみられ，細胞質は少なく，核分裂像が多数認められる．またマクロファージが散在して淡明化する星空像もみられる．腫瘤にはリンパ球の浸潤や集簇巣が混在することがある．他の胚細胞腫瘍には，３胚葉（あるいは２胚葉）を起源とする腫瘍細胞が増殖する奇形腫がある．

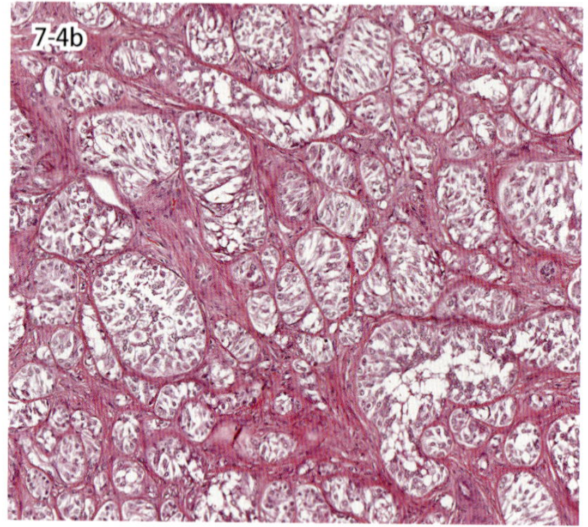

図 7-4a・b　セルトリ細胞腫（犬）．ホルマリン固定後（a）．線維増生を伴う白色腫瘤（a）．間質結合織の増生を伴う腫瘍細胞の管内増殖（b）．

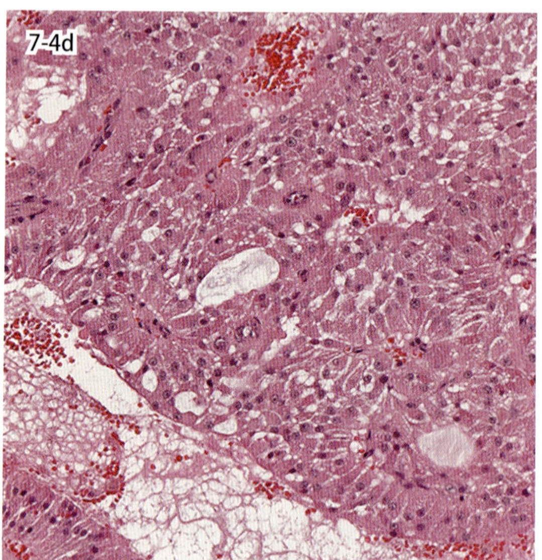

図 7-4c・d　間細胞腫（犬）．ホルマリン固定後（c）．出血を伴う褐色腫瘤（c）．好酸性細胞質を有する腫瘍細胞の増殖と大小の嚢胞形成（d）．

7-4. 性索間質（性腺間質）腫瘍

Sex cord-stromal（gonadostromal）tumors

動物の精巣の性索間質（性腺間質）腫瘍はセルトリ（支持）細胞腫 Sertoli（sustentacular）cell tumor と間（ライディッヒ）細胞腫 Interstitial（Leydig）cell tumor が多く，犬では潜在精巣（陰睾）での発生が多くを占める．

犬のセルトリ細胞腫は，間質結合織の増生が高頻度でみられ，肉眼的に精巣が変形することや硬度が増す．図 7-4b は犬のセルトリ細胞腫で，紡錘形から多形な腫瘍細胞が大小の管腔の壁に一端を付着させながら柵状に配列して増殖し，管腔周囲の間質結合織の増生が顕著に認められる．悪性腫瘍の場合には管腔構造が消失し，び漫性で浸潤性の増殖が顕著にみられる．犬のセルトリ細胞腫に随伴したエストロジェン過剰症があり，雌性化のみならず，貧血などの骨髄抑制が発生する．

犬の間細胞腫は間細胞の結節性過形成とともに老齢犬での発生が多く，双方の細胞形態が似ているために鑑別が困難で，肉眼的に直径 2 mm 以上の腫瘤を腫瘍性変化として区分している．出血や大小の嚢胞を形成することが多いため，腫瘍の割面は血液を混じて褐色を呈し，複数の嚢胞が肉眼的にも認められる（図 7-4c）．図 7-4d は犬の間細胞腫で，腫瘍細胞は類円形核と好酸性の豊富な微細顆粒状細胞質を有し，び漫性や小血管あるいは嚢胞を囲むように増殖し，分裂像はみられない．嚢胞内には赤血球を混じるものも多い．個々の腫瘍細胞には淡明ですりガラス状の細胞質を有することや，細胞質に脂質や空胞を有することもある．

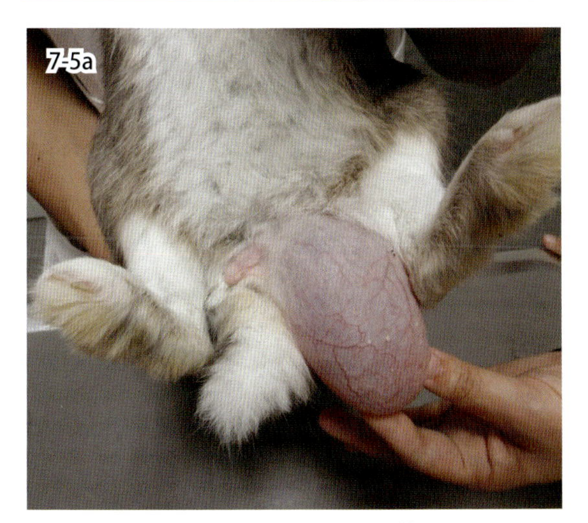

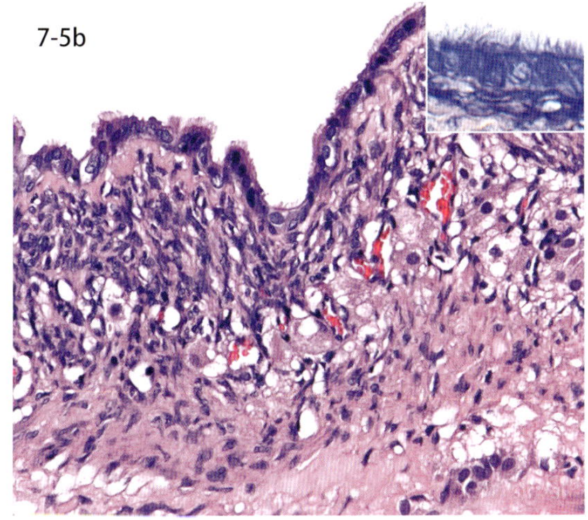

図 7-5　精巣網嚢胞（兎）．左側精巣が嚢胞状に腫大し，内腔に液体を貯留する(a)．嚢胞壁は線毛立方上皮細胞で構成され，周囲に精索細胞が観察される（挿入図は PTAH 染色）．

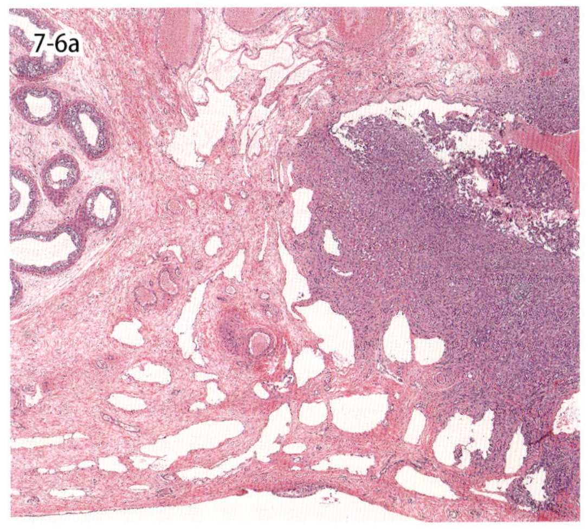

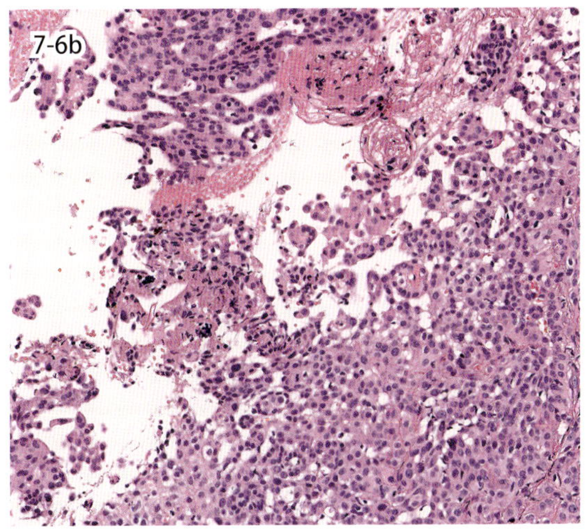

図 7-6　中皮腫（犬）．精巣上体および血管やリンパ管が豊富な精索と連続して陰嚢の内腔に向かって増殖する中皮腫（a）．腫瘍細胞の多乳頭状増殖（b）．

7-5. 精巣網の病変

Lesions of the rete testis

精細管で形成された精子は精巣縦隔内にある精巣網に送られ，さらに精巣輸出管から精巣外に送られる．これらの管組織において嚢胞や腫瘍が発生し，精巣内に占拠性病変を形成する場合がある．図 7-5a は兎の精巣網嚢胞であり，波動感のある大型の嚢胞が陰嚢内に形成される．嚢胞壁は，精巣網の特徴を有する線毛立方上皮細胞で構成される（図 7-5b）．また，上皮細胞層の周囲に未熟な精索細胞（セルトリ細胞およびライディッヒ細胞）の集塊が観察される．本症例については，精細管および精子が形成されておらず，精巣の発生異常に伴い嚢胞を形成したと考えられた．また，精巣網の腫瘍として腺腫や癌腫がまれに発生する．

7-6. 中　皮　腫

Mesothelioma

陰嚢は腹壁を取り込みながら形成されるため，その内腔面は腹腔の漿膜より構成されている．中皮腫は胸腔や腹腔の漿膜を由来とするものが一般的であるが，犬と牛では陰嚢を含め雄性生殖器を原発とする腫瘍として報告されている．組織形態は胸腔や腹腔の中皮腫と同様である．図 7-6a は精索に発生した中皮腫で，陰嚢の内腔面に向かって上皮型の形態を呈して増殖する．腫瘍細胞は類円形核と豊富な細胞質を有し，単層や多層に配列して多乳頭状に増殖し，核の大小不同が認められる（図 7-6b）．腺癌との鑑別には中皮腫の多くがサイトケラチンとビメンチンを有している特徴による免疫組織化学的染色が有用とされている．

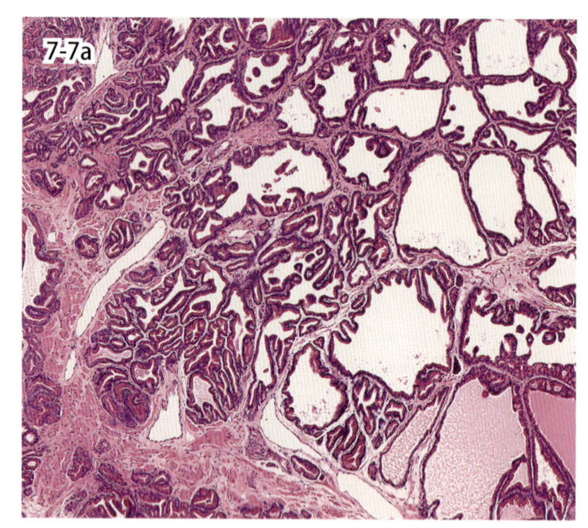

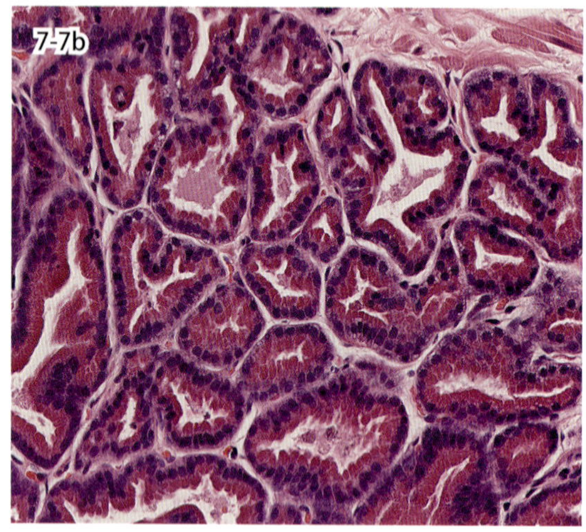

図 7-7 前立腺過形成（犬）．小葉が多数形成され，好酸性で円柱状の前立腺上皮細胞が単層に配列しながら，多乳頭状に増生し，嚢胞状に拡張した腺腔もみられる．

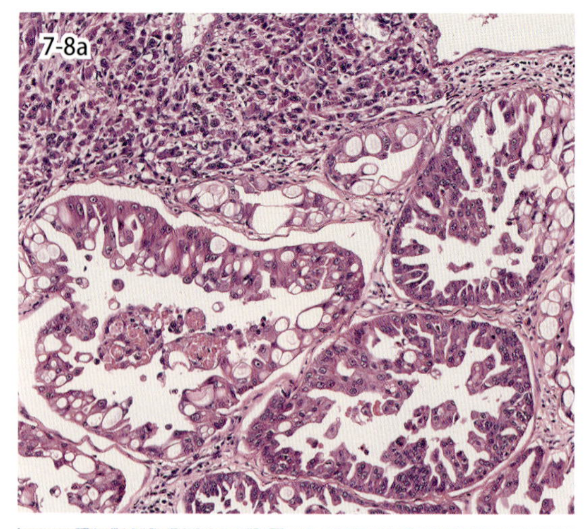

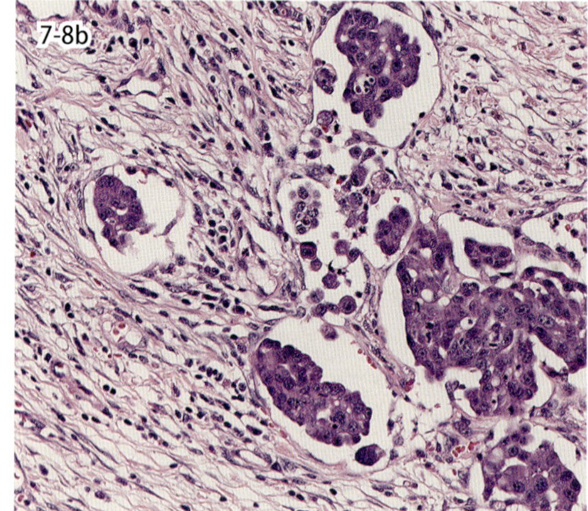

図 7-8 前立腺癌（犬）．豊富な好酸性細胞質を有する腫瘍細胞の管状増殖や孤在性の浸潤増殖がみられる（a）．腫瘍細胞はリンパ管内への侵襲がみられる（b）．

7-7. 前立腺過形成

Hyperplasia of the prostate

前立腺過形成は未去勢の雄犬が高齢になると高頻度で発生し，ヒトと同様に前立腺肥大を呈する．前立腺上皮細胞が乳頭状に増生して，腺腔は拡張や嚢胞状になる．前立腺上皮細胞に異型性はなく，核の極性を保ちながら単層に配列して増生し，組織の構造異型もみられない．過形成の発生にはアンドロゲンの精巣からの分泌やエストロゲンの作用に関連するとされている．さらに，過形成が持続するとその組織内に腫瘍発生がみられることがある．図 7-7 において増生する前立腺上皮細胞は，好酸性の豊富な細胞質を有しており，均一な形態の核が基底膜側に配列し，腺腔に向かって多乳頭状に増生する．拡張して嚢胞状を呈する腺腔には，好酸性分泌物の貯留も認められる．

7-8. 前立腺腫瘍

Tumors of the prostate

前立腺腫瘍は前立腺癌 prostate carcinoma が老犬に発生し，腺癌が主体である．前立腺癌の転移は特徴的で，所属リンパ節や肺だけでなく，腰部や骨盤の骨組織にも転移がみられる．腫瘍細胞は円形から多形で細胞質に富み，乳頭状や腺房状に増殖し，腫瘍細胞には空胞や粘液の産生がみられることもある．図 7-8a は多彩な形態を呈する前立腺癌で腫瘍細胞の管状あるいは浸潤性増殖がみられる．粘液を貯留する大型空胞を有する印環細胞様の腫瘍細胞も多数みられる．左上部には未分化で孤在性の腫瘍細胞が多数認められ，間質への浸潤性が顕著である．図 7-8b はリンパ管内に侵襲した腫瘍細胞で，腫瘤の辺縁や脂肪組織に多くみられる．

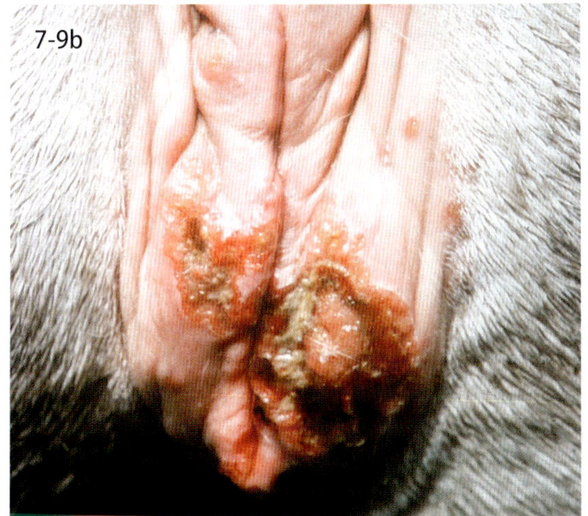

図 7-9　馬媾疹（馬）．水疱やびらんが治癒したあとにみられる陰茎の白斑（a）．外陰部に形成された水疱ないしびらん（b）（写真提供：JRA 総研）．

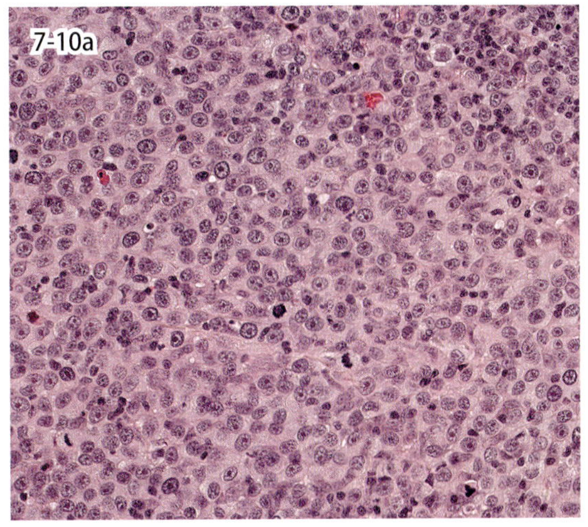

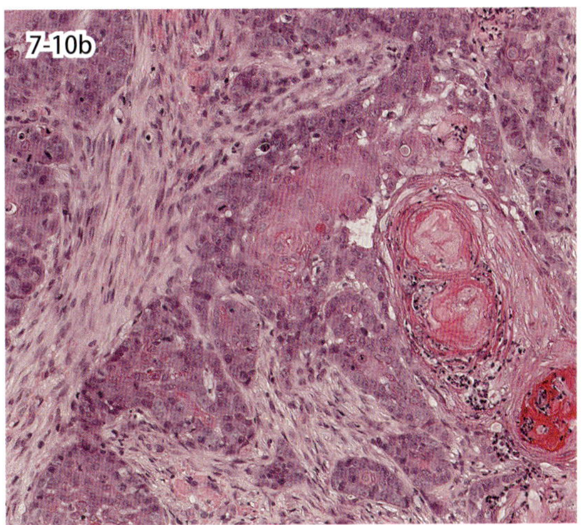

図 7-10　陰茎の腫瘍（犬）．犬可移植性性器腫瘍における大型の腫瘍細胞の充実シート状増殖（a）．扁平上皮癌における腫瘍細胞が同心円状に増殖して癌真珠を形成（b）．

7-9. 馬　媾　疹

Equine coital exanthema

馬ヘルペスウイルス Equine herpes virus 3 型感染によって，雄では陰茎や包皮に，雌では外陰部や肛門周囲に水疱やびらん，潰瘍が形成される（図 7-9a, b）．潰瘍の辺縁の上皮細胞には核内封入体が認められる．病変は通常は軽度で一過性であるが，二次性の細菌感染などを伴うと慢性に経過する．通常は約 2 週間以内に自然治癒し，病変部にはメラニン色素が消失することによる白斑が認められる．

7-10. 陰茎の腫瘍

Tumors of the penis

動物の陰茎に発生する腫瘍は，犬可移植性性器腫瘍 canine transmissible venereal tumor（CTVT），犬と馬でみられる扁平上皮癌，パピローマウイルスが関与するとされる牛の乳頭腫がみられる．図 7-10a は CTVT で，大型の核と明瞭な核小体を有する腫瘍細胞が充実性に増殖し，核分裂像が著しく多く認められる．交尾や接触によって腫瘍細胞が他の個体に伝播することが特徴で，同一の遺伝子異常を有し，組織球起源が有力とされている．ビンクリスチンなどの化学療法や放射線療法に感受性で，自然退縮もあり，飼育管理が十分な日本では激減している．図 7-10b は犬の扁平上皮癌で皮膚に発生するものと形態的に違いはなく，癌真珠形成がみられる高分化型が多い．

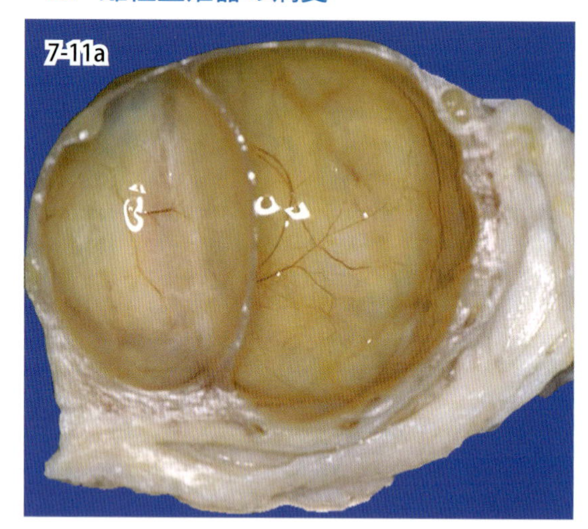

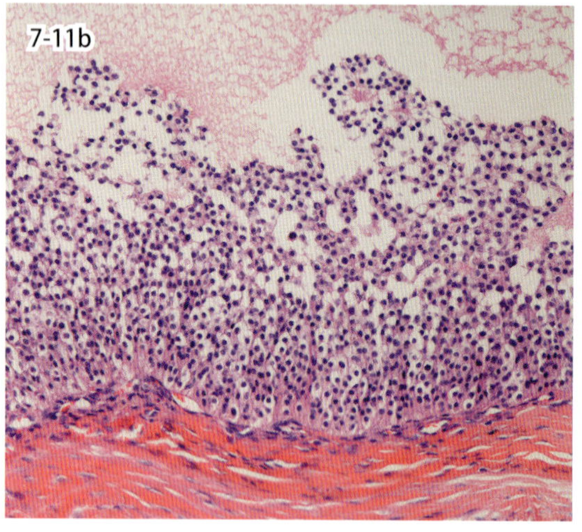

図 7-11　卵胞性嚢胞．牛（a）および犬（b）．卵巣内の大型嚢胞（a）．嚢胞内面は顆粒膜細胞に覆われる（b）（写真提供：a は澤向　豊氏）．

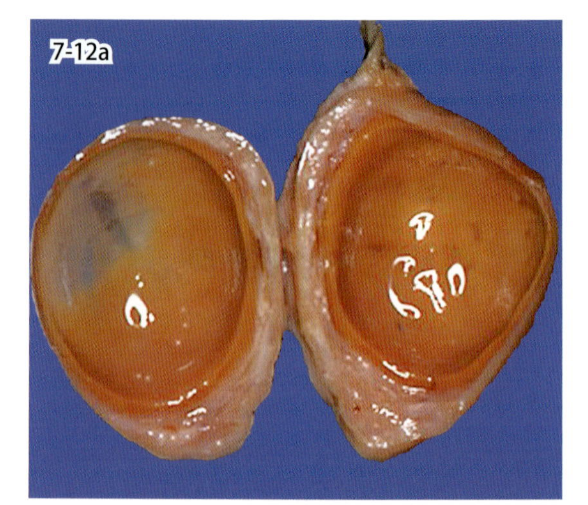

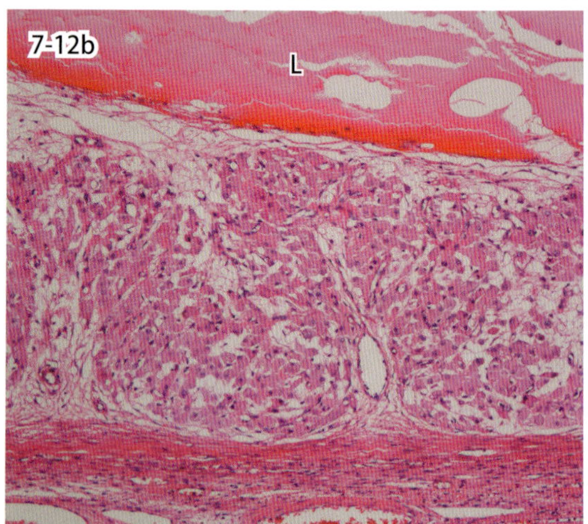

図 7-12　黄体嚢胞．牛（a）および犬（b）．黄褐色組織に内張りされる大型嚢胞（a）．嚢胞内面は黄体細胞層に覆われる（b，L は内腔）（写真提供：a は澤向　豊氏）．

7-11．卵胞性嚢胞

Ovarian follicular cyst（Graafian follicle cyst）

卵胞由来の嚢胞形成は牛と豚でとくに重要である．卵胞性嚢胞は排卵をせずに大型化した卵胞であり，単胞性または多胞性，片側性または両側性に認められる．牛では直径 2.5 cm 以上のものが卵胞性嚢胞と定義され，10 日以上黄体化せずに持続的に存在する（図 7-11a）．嚢胞内面は顆粒膜細胞に覆われ，経過とともに変性する．卵母細胞の変性も同様に認められる．顆粒膜細胞から莢膜細胞への変化やその黄体細胞への変化，もしくは，線維性組織への置換が壁の一部にみられる場合がある．

7-12．黄 体 嚢 胞

Luteinized cyst

黄体嚢胞は排卵せずに莢膜細胞が黄体化することによって形成され，牛と豚に多く認められる．牛では通常は単発性であり，豚では妊娠中に単発性嚢胞が認められるほか，不妊と関連して多発性嚢胞が認められることがある．黄体嚢胞は排卵部位に形成される冠状突起を欠く滑らかな球形であることや嚢胞が大型化することから，排卵後に内腔が持続して形成される嚢胞性黄体（嚢腫様黄体）cystic corpora lutea と鑑別される．黄体嚢胞の内面は内腔側の線維性組織の層とその周囲の黄体細胞層によって覆われる．

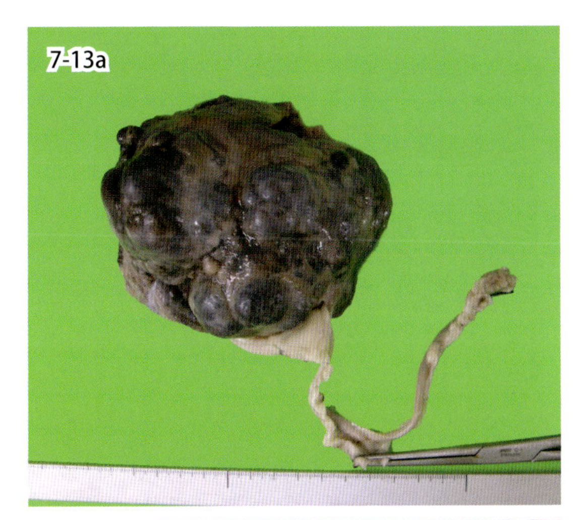

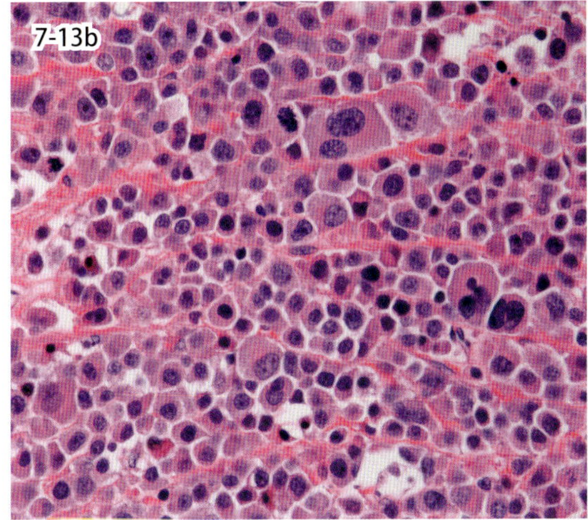

図 7-13a・b　胚細胞性腫瘍（犬）．片側卵巣に発生した未分化胚細胞腫瘍（a）．大小不同の円形から多角形の腫瘍細胞が敷石状に増殖する（b）．

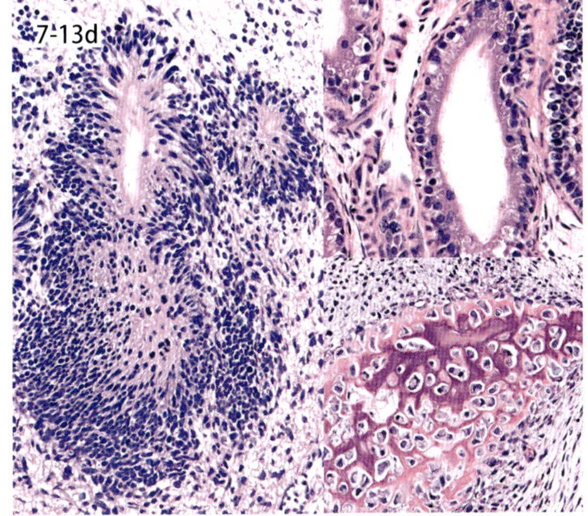

図 7-13c・d　奇形腫．扁平上皮，骨，軟骨，脂肪組織からなる犬の奇形腫（c）．神経管（左），線毛上皮（右上），骨（右下）の増殖（d）がみられた ES 細胞移植マウス腹腔内の腫瘍（d）．

7-13．胚細胞性腫瘍

Germ cell tumors of the ovary

卵巣の胚細胞性腫瘍には未分化胚細胞腫 dysgerminoma と奇形腫 teratoma がある．未分化胚細胞腫は精巣に発生する精上皮腫に相当する．通常は高齢動物の片側性に発生し，灰色軟性の腫瘤を形成する（図 7-13a）．犬，牛，馬，豚などの動物で報告されている．組織学的には，クロマチンに富む核を有する大型円形腫瘍細胞の均一な増殖からなり，多数の分裂像や多核の大型腫瘍細胞を伴うことが多い（図 7-13b）．精上皮腫と同様に間質にリンパ球の集簇巣がみられる場合がある．動物における未分化胚細胞腫の発生頻度は低く，その正確な生物学的動向や予後については不明な点が多い．

奇形腫は体細胞分裂後の胚細胞に由来すると考えられる腫瘍であり，複数の胚葉への分化を示す．馬，牛，豚，犬，鶏などさまざまな動物種で報告されている．組織学的に 2 または 3 胚葉性の組織によって構成される（図 7-13c）．成熟した組織を成分とする場合が多く，このような腫瘍は成熟（良性）奇形腫と分類される．構成組織の一部に悪性所見を伴うものは未熟（悪性）奇形腫と分類される．未熟奇形腫の悪性成分として，未分化神経外胚葉性成分が増殖する場合が多い．ES 細胞や iPS 細胞などの多分化能を持つ幹細胞を免疫不全マウスの体内に移植すると，しばしば奇形腫が形成される（図 7-13d）．奇形腫と類似の胚細胞に由来する病態として類皮嚢胞 dermoid cyst が知られている．この嚢胞は表皮に類似する上皮性組織に内張りされるが，構成する組織や細胞に異型性などの悪性所見は認められない．

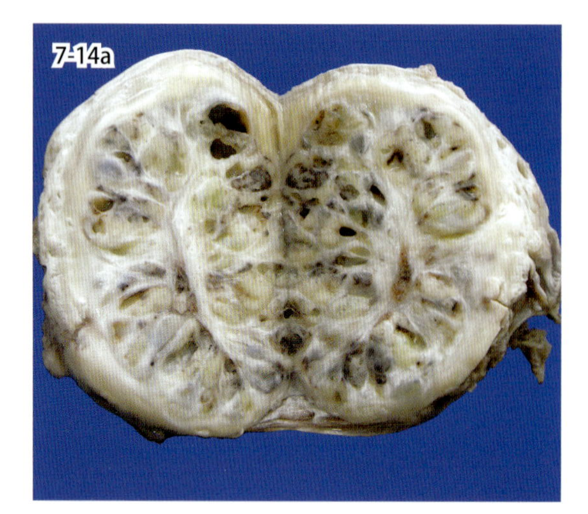

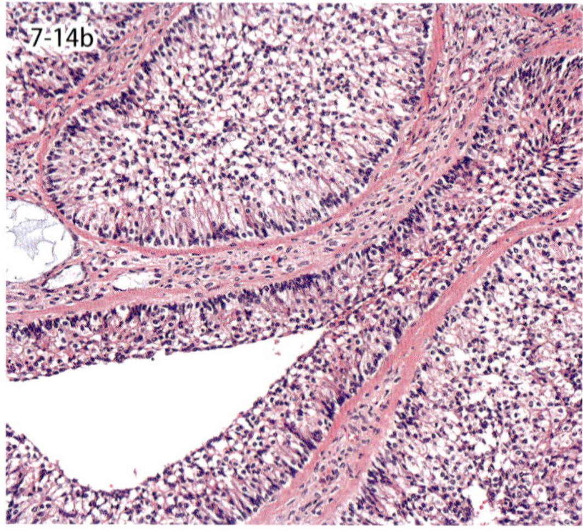

図 7-14a・b　顆粒膜細胞腫（馬）．ホルマリン固定後（a）．多数の嚢胞状構造を認める（a）．正常な卵胞に類似する細胞配列を認める腫瘍組織（b）．

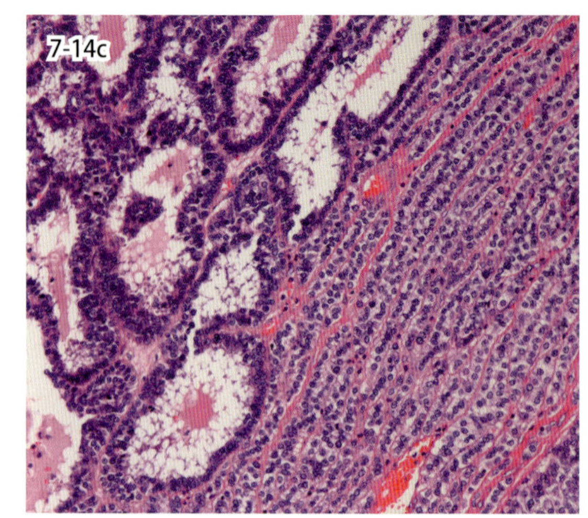

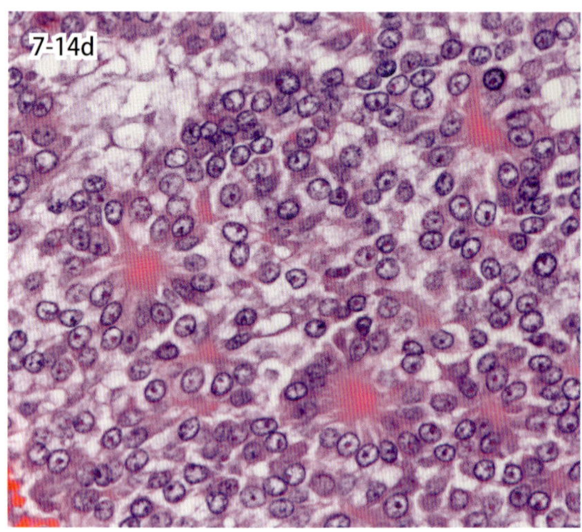

図 7-14c・d　顆粒膜細胞腫（犬）．腫瘍細胞の濾胞状配列（左上）と索状配列（右下）（c）．好酸性物質を中心に腫瘍細胞がロゼット状に配列するカル・エクスネル小体（d）．

7-14．性索間質腫瘍

Sex cord-stromal tumors of the ovary

卵巣の性索間質腫瘍には顆粒膜細胞，莢膜細胞ならびにこれらが黄体化した細胞からなる腫瘍が含まれる．顆粒膜細胞腫 granulosa cell tumor は顆粒膜細胞に類似する腫瘍細胞が主体の腫瘍であり，牛と馬では最も発生頻度の高い卵巣腫瘍であり，犬では上皮性腫瘍に次いで発生が多い．牛と犬ではまれに転移が起こる．肉眼的に腫瘍割面では白色から黄色の充実性組織もしくは嚢胞状構造が認められる．組織学的に腫瘍細胞は類円形から楕円形のクロマチンに富む核と好酸性の狭い細胞質を持ち，濾胞状，島状，索状，び漫性などの多彩な配列がみられる．正常な卵胞に類似する濾胞状配列を呈する場合もある．腫瘍細胞は内腔に対して垂直に配列する傾向を示す．カル・エクスネル小体 Call-Exner body は，淡明または好酸性硝子様物質を含む微小腔を中心として，腫瘍性顆粒膜細胞がロゼット状に配列する構造であり，顆粒膜細胞腫に特徴的な組織構造として認められる．顆粒膜細胞に加えて莢膜細胞に類似する腫瘍細胞が認められることも多く，顆粒膜莢膜細胞腫 granulosa-theca cell tumor と呼ばれることがある．顆粒膜細胞を含まず，莢膜細胞または黄体細胞のみの増殖からなる莢膜細胞腫 thecoma（theca cell tumor）および間細胞腫 interstitial cell tumor（黄体腫 luteoma，脂質細胞腫 lipid cell tumor，ステロイド細胞腫 steroid cell tumor）の動物での発生は非常にまれである．

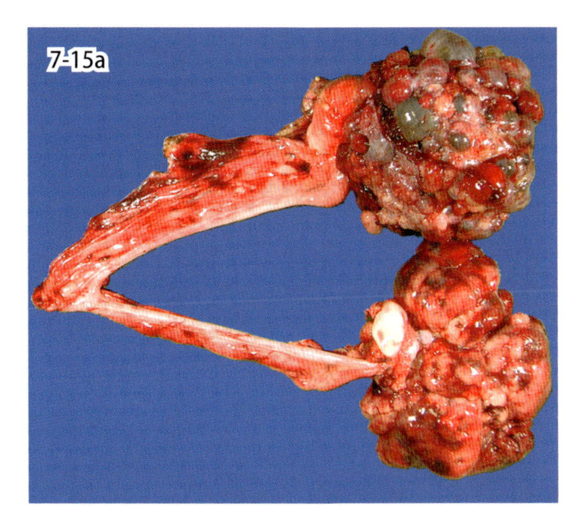

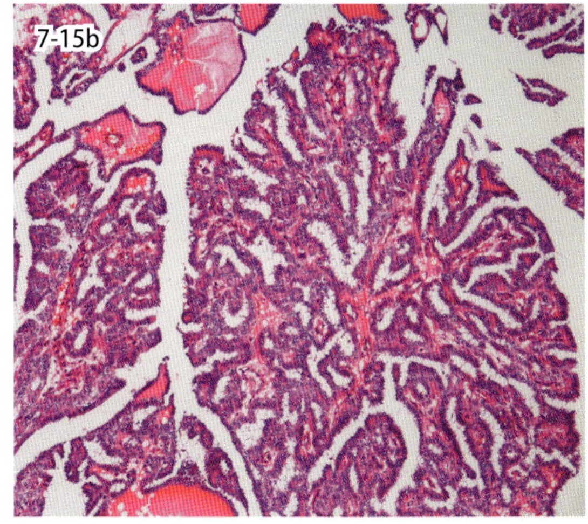

図 7-15　表面上皮腫瘍（犬）．乳頭状嚢胞腺癌（a）．卵巣表面の多発性嚢胞状の増殖．乳頭状腺腫（b）．腫瘍細胞は乳頭状配列で増殖．

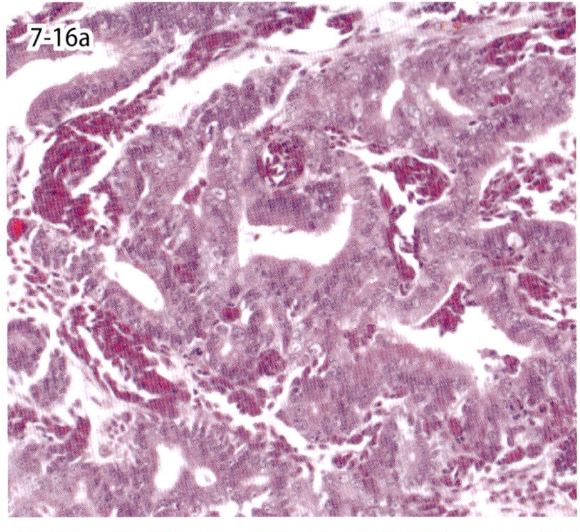

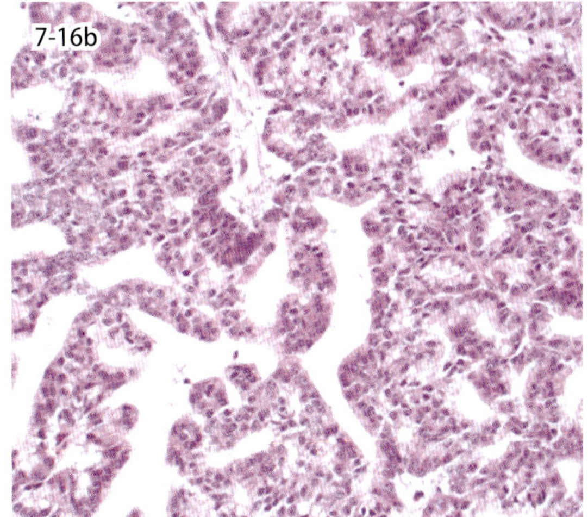

図 7-16　卵管の原発性腫瘍（セキセイインコ）．腫瘍細胞の細胞質に好酸性微細顆粒を含む卵管膨大部由来の腺癌（a）．細胞質に好酸性微細顆粒がない卵管膨大部以外の腺癌（b）．

7-15．卵巣の表面上皮腫瘍

Surface epithelial tumors of the ovary

表面上皮腫瘍は卵巣表面上皮もしくは犬の卵巣に存在する皮質小管（subsurface epithelial structures, SES）を起源とする腫瘍である．片側性または両側性で，肉眼的に単発性または多発性の嚢胞状もしくはカリフラワー状の形態をとる．腫瘍の大きさは悪性度の指標となり，悪性腫瘍では腹腔内への播種性転移を起こす．組織学的に腫瘍細胞は立方状から円柱状の上皮性細胞で，ときに線毛を有する．腫瘍細胞は乳頭状配列で増殖し，嚢胞内腔へ突出（乳頭状嚢胞腺腫，乳頭状嚢胞腺癌）もしくは卵巣表面から突出（乳頭状腺腫，乳頭状腺癌）に分けられる．腫瘍組織内の壊死や出血，腫瘍細胞の異型性，多層性，有糸分裂頻度，間質への浸潤性増殖が悪性度の指標とされる．

7-16．卵管の原発性腫瘍

Primary tumor of the uterine tube（oviduct）

卵管の腫瘍は哺乳類ではまれであるが，鳥類では比較的発生は多く，原発性腫瘍として平滑筋腫，腺癌が雌の成鳥に頻発し，いずれもホルモンとの関連が示唆されている．平滑筋腫は，卵管靭帯の中央部に好発するが，卵管壁にも認められる．卵管腺癌は，卵管膨大部や漏斗部から発生することが多く，腹腔内への播種性転移とともに肺などへの血行性転移もみられる．腫瘍細胞はエストロジェンおよびプロジェストロン受容体を有している．組織学的には腺管状あるいは腺房状構造を呈し，腫瘍細胞は淡明核と濃染する細胞質を有するが，細胞質には好酸性微細顆粒（卵白顆粒）は認められない．腺腔内の漿液はオボアルブミン陽性となる．

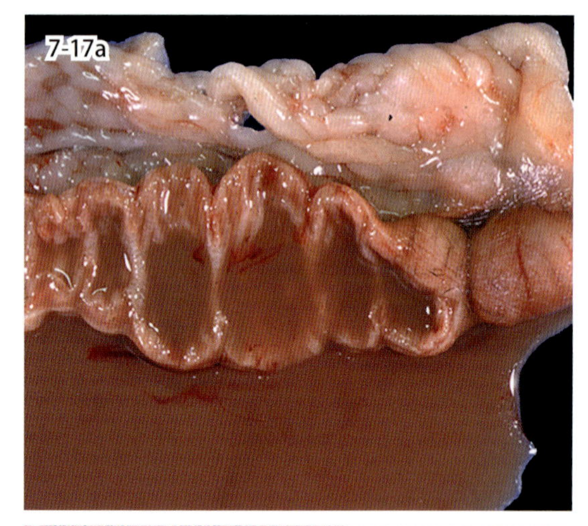

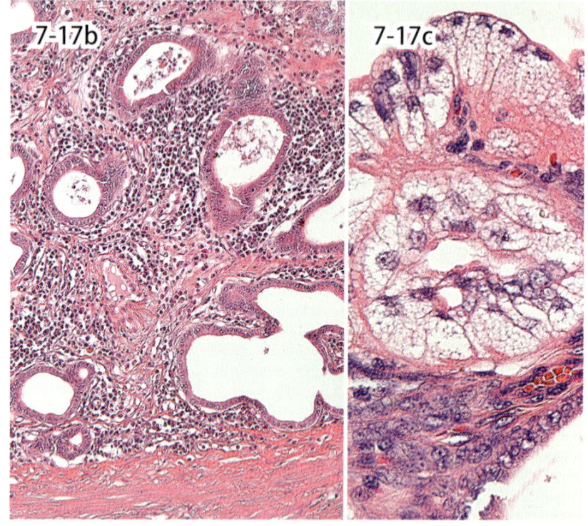

図 7-17　子宮内膜炎（犬）．子宮内腔の化膿性滲出液（a）．子宮内膜への好中球，リンパ球の浸潤（b）．子宮内膜の着床性変化（c）．

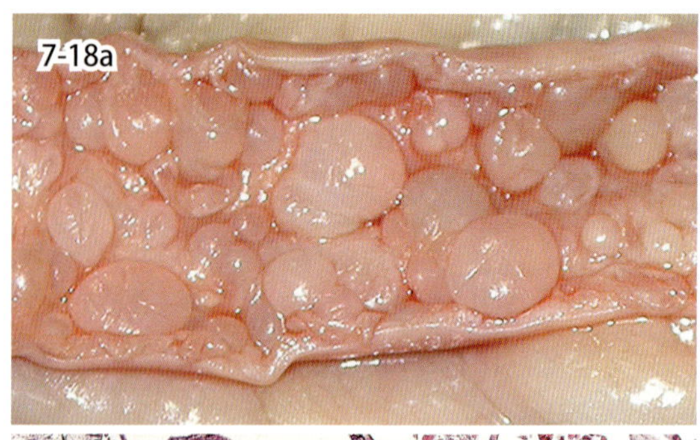

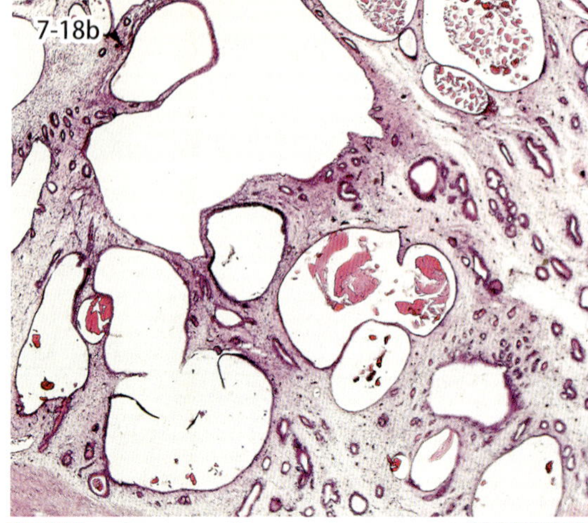

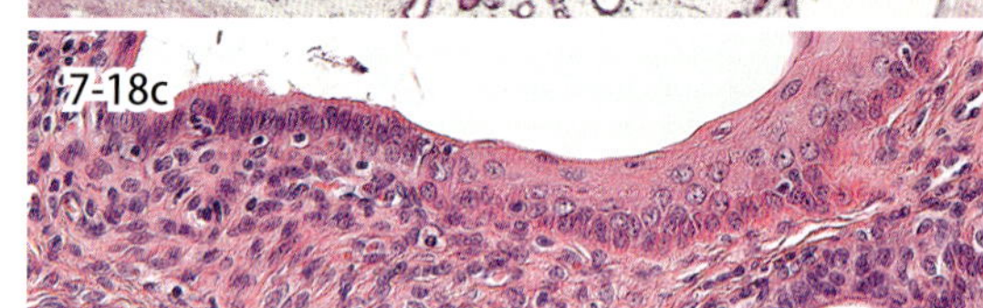

図 7-18　嚢胞性子宮内膜過形成（犬）．子宮腺の嚢胞状誇張(b)．内膜上皮の扁平上皮化生（c）．

7-17．子宮内膜炎

Endometritis

子宮疾患で最も多く，牛，馬，豚では不妊の原因として重要である．非妊娠動物では精液や細菌感染が原因で，牛ではヘルペスウイルス感染でも起こり，妊娠動物では胎盤炎や胎子感染に続発して起こる．感染は発情や分娩，分娩後に子宮頚部が開く際に上行性に感染する．

肉眼的に粘膜の水腫，出血，壊死組織を含む線維素がみられる．慢性子宮内膜炎，子宮周囲炎，膿血症，子宮蓄膿症（図 7-17a）などのさまざまな病態に進展する．組織学的には内膜の壊死や炎症性細胞の浸潤（図 7-17b），子宮腺の拡張，線維化がみられる．子宮内膜は着床性の変化が認められることがある（図 7-17c）．

7-18．子宮内膜の過形成

Endometrial hyperplasia

犬に多く，び漫性嚢胞性子宮内膜過形成と偽胎盤性子宮内膜過形成に大別される．犬や猫では病変形成初期にエストロジェンが関与し，その後の長期にわたるプロジェステロン刺激が誘因となる．図 7-19a は子宮内膜に透明漿液を容れた大小の嚢胞が多数形成されている．組織学的には子宮腺は好酸性漿液を容れて嚢胞状に拡張し，粘膜固有層には水腫および線維化がみられる（図 7-19b）．プロジェステロン影響下の子宮内膜は感染防御能が低下して細菌感染が起こりやすく，子宮蓄膿症が続発する．慢性期の粘膜上皮細胞には扁平上皮化生を認めることが多い（7-19c）．

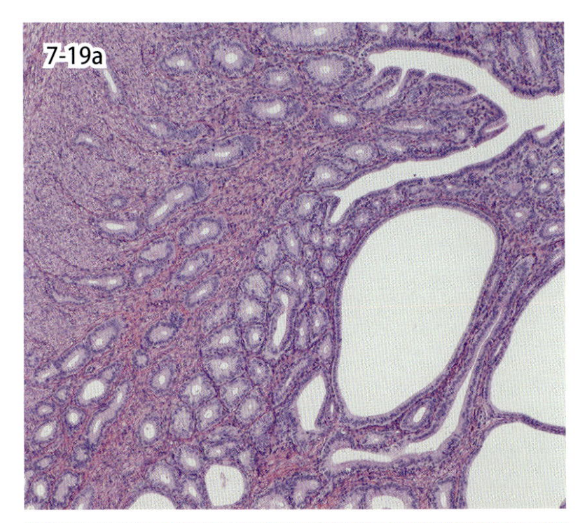

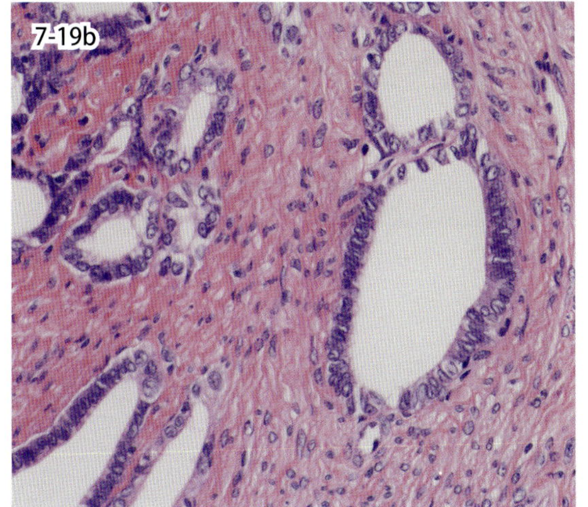

図 7-19　子宮内膜症，子宮腺筋症（犬）．子宮筋層の筋細胞群間に，子宮内膜様組織が島状に侵入出現（a）．侵入した子宮内膜構成細胞群に異型性はない（b）．

7-20a

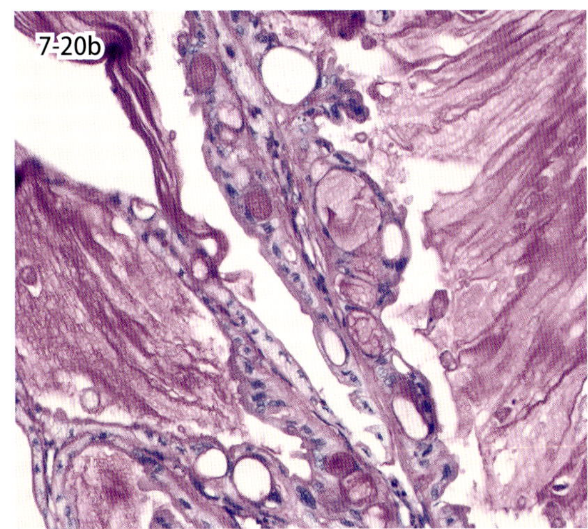

図 7-20　子宮内膜粘液癌（犬）．多数の嚢胞で拡張した子宮は，異型性が乏しい PAS 陽性粘液を有する腫瘍細胞で区画されている．

7-19．子宮内膜症，子宮腺筋症

Endometriosis，Adenomyosis

子宮腺筋症は平滑筋層内における子宮内膜成分の過形成および奇形とみなされ，多くは子宮平滑筋の過形成像を伴う．猫，牛，犬で認められ，犬では嚢胞性子宮内膜過形成を伴うことが多い．類似した病変として，月経を示す霊長類の子宮内膜症があり，発生部位が子宮筋層内に限局せず，子宮漿膜，卵巣，直腸，後腹膜などの子宮外に及ぶことが多い．霊長類では子宮筋層内のものを腺筋症または内性子宮内膜症と呼び，それ以外のものを外性子宮内膜症として区別している．霊長類以外の動物では子宮外に及ぶことがないため，霊長類の子宮内膜症とは区別する必要がある．

7-20．子宮内膜粘液癌

Mucinous adenocacinoma

子宮内膜の腫瘍の多くは良性腫瘍であるが，悪性腫瘍は犬以外にもげっ歯類，猫，兎，牛で報告されている．犬では 10 歳以上の高齢犬で認められ（発生頻度 0.3 ～ 0.4％），ホルモンバランスの異常が原因と考えられている．子宮内膜由来の粘液産生腫瘍には粘液性腺癌と漿液性腺癌があり，粘液性癌は粘液化生を伴うこともある．腺腔内に多量の粘液が蓄留することで，子宮全体は大型化する（b，ジアスターゼ消化後 PAS 染色．瘍細胞質内に多数の粘液顆粒が認められる）．なお，腫瘍細胞質内にジアスターゼ消化 PAS 陽性粘液がみられない場合は内膜腺癌と診断する．

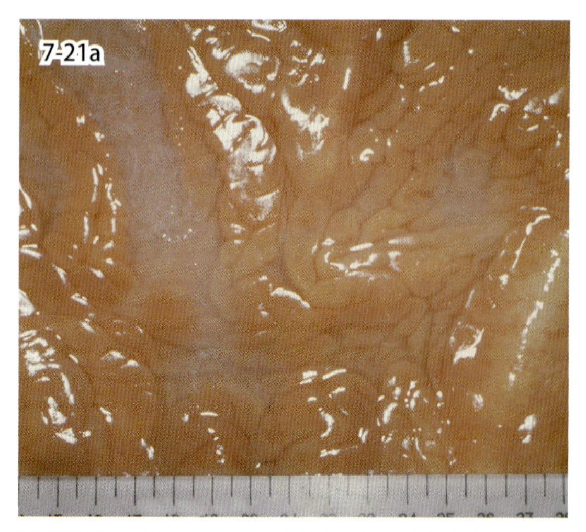

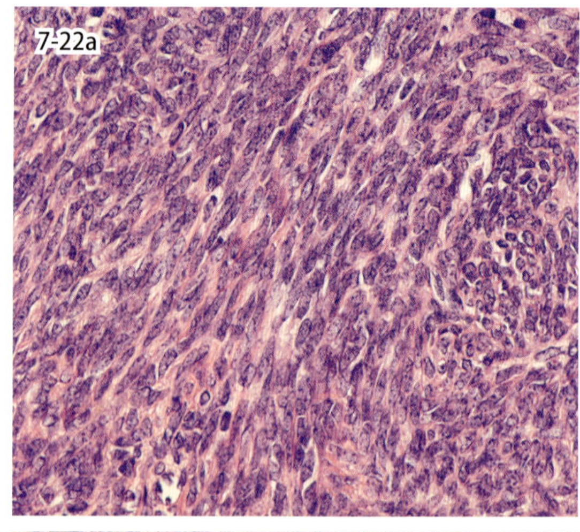

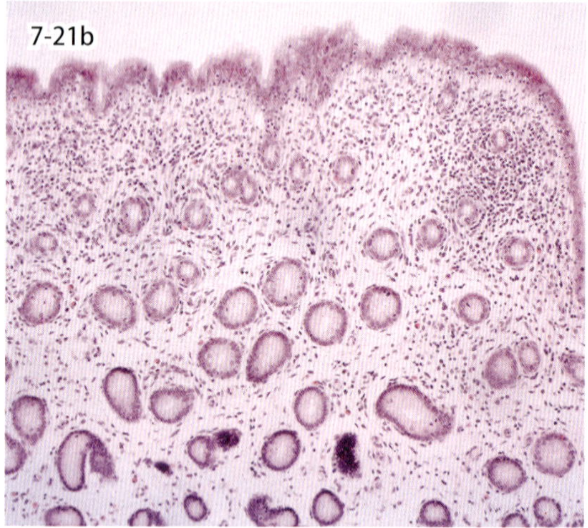

図 7-21　馬伝染性子宮炎（馬）．子宮粘膜は水腫性で表面に白色粘液（a），粘膜固有層に好中球やリンパ球が浸潤（b）（写真提供：a は JRA 総研）．

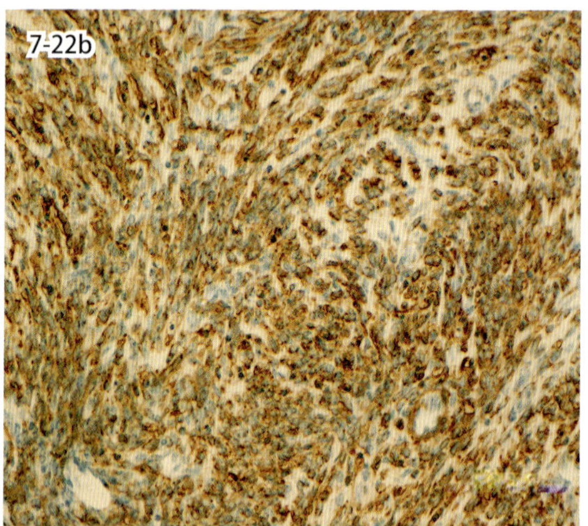

図 7-22　腟平滑筋腫（犬）．腫瘍細胞は好酸性長紡錘形で，束状に錯綜して増殖（a）．腫瘍細胞は α-SMA に陽性（b）．

7-21．馬伝染性子宮炎

Contagious equine metritis

Taylorella equigenitalis 感染により雌馬の不妊を起こす馬科動物特有の細菌感染症で，交尾などによって伝搬する．雌馬では子宮内膜炎，子宮頚管炎，腟炎などがみられるが，雄馬ではとくに症状は示さず，保菌馬になる．雌馬は感染後，とくに全身症状は示さないが，外陰部からは子宮内膜炎に伴う灰白色粘稠の粘液が排泄される（図 7-21a）．組織学的には急性子宮内膜炎で，粘膜固有層の水腫や好中球およびリンパ球の浸潤がみられる．*T. equigenitalis* は主に子宮内膜表面の粘液中で増殖する．

7-22．腟平滑筋腫

Leiomyoma of the vagina

平滑筋腫は平滑筋が発達した臓器器官である子宮，消化管，血管および皮膚などに発生する．好発動物種や系統はないが，10 歳以上の高齢犬での発生が多い．腫瘍細胞は好酸性長紡錘形で，核は中心部に位置して葉巻型を示すものが多く，束状に錯綜する．核分裂像や異型性はほとんど認められない．鍍銀染色では嗜銀線維が発達し，個々の腫瘍細胞を取り囲む．また，平滑筋由来アクチン（α-SMA），ミオシン，デスミンなどが免疫組織化学的染色で陽性を示す（b）．平滑筋腫瘍の悪性度の組織判別は，核異型の程度と核分裂の有無が判断基準とされている．

Ⅲ．胎盤の病変

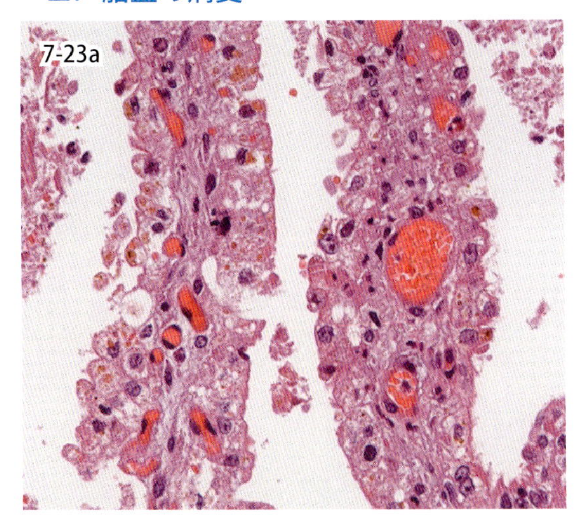

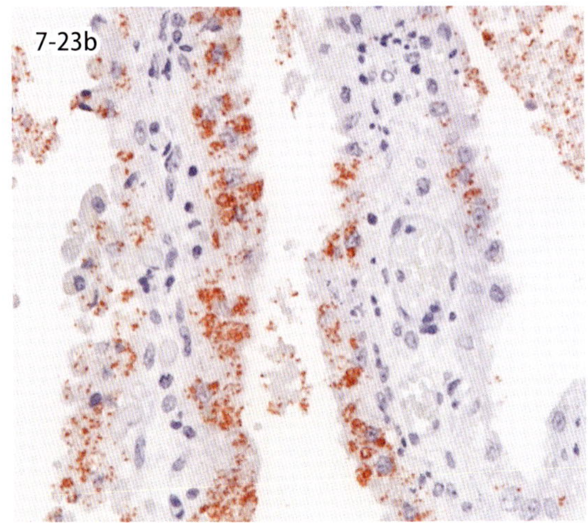

図 7-23　胎盤の感染症（羊）．胎盤の絨毛膜絨毛の変性，壊死（a）とカンピロバクター抗原（b，免疫染色）（写真提供：広島県西部家保*）．

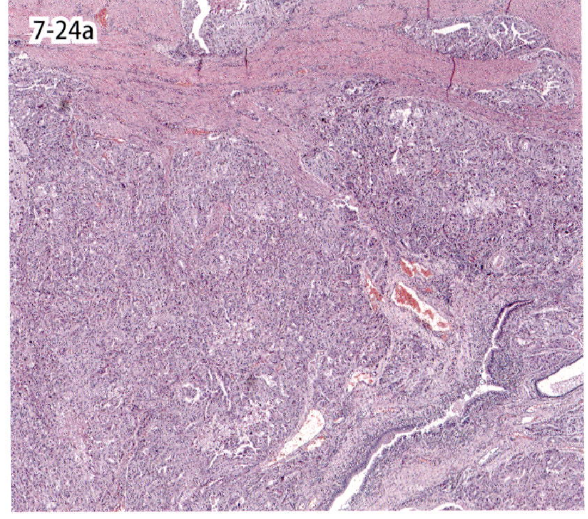

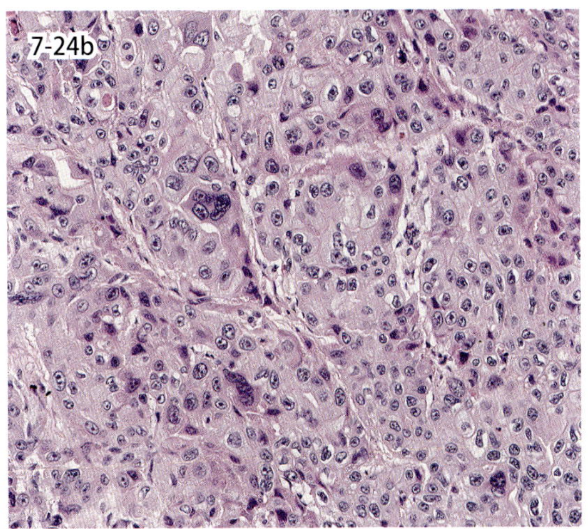

図 7-24　絨毛癌（豚）．子宮の全層に多形性の腫瘍細胞が増殖（a）．細胞性栄養膜細胞様腫瘍細胞と合胞体性栄養膜細胞様腫瘍細胞が混在し，多核巨細胞も存在（b）．

7-23．胎盤の感染症

Infection of the placenta

胎盤炎 placentitis は流産と密接な関係があり，感染あるいは非感染因子によって生じる．感染因子には，細菌，ウイルス，原虫，真菌などがあり，種々の程度の炎症が認められる．自然例の胎盤は，子宮内での停滞による自己融解により，病変の観察が困難な場合が多い．しかし，そのような胎盤でも，病原体が菌塊，封入体，菌糸，胞子として，主に栄養膜上皮細胞や壊死巣内に見出すことができる症例も少なくない．図 7-23a は，カンピロバクターが感染した羊の胎盤であり，組織学的に絨毛膜絨毛の変性，壊死が認められる．この病変部には多数のカンピロバクター抗原が確認される（図 7-23b）．

7-24．絨毛の腫瘍

Tumors of the chorion

ヒトの絨毛の疾患における悪性腫瘍は胞状奇胎を発生母体とする絨毛癌 choriocarcinoma であるが，動物での発生はきわめてまれである．図 7-24a は，妊娠・出産歴がない豚の子宮にみられた絨毛癌で，内膜面から子宮全層に異型性が強い腫瘍細胞が増殖し，リンパ管侵襲も認められる．腫瘍細胞は類円形の大型核と好酸性顆粒状の細胞質を有する細胞性栄養膜細胞様細胞が増殖し，長円形で濃縮した核と好酸性から両染性の細胞質を有する合胞体性栄養膜細胞様細胞が混在し，多核巨細胞も認められる（図 7-24b）．両腫瘍細胞はサイトケラチンに陽性で，さらに合胞体性栄養膜様細胞のいくつかは hCG に陽性であった．

*広島県西部家畜保健衛生所

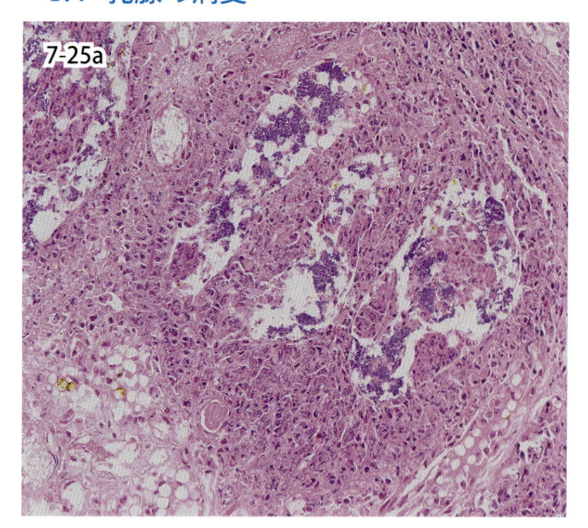

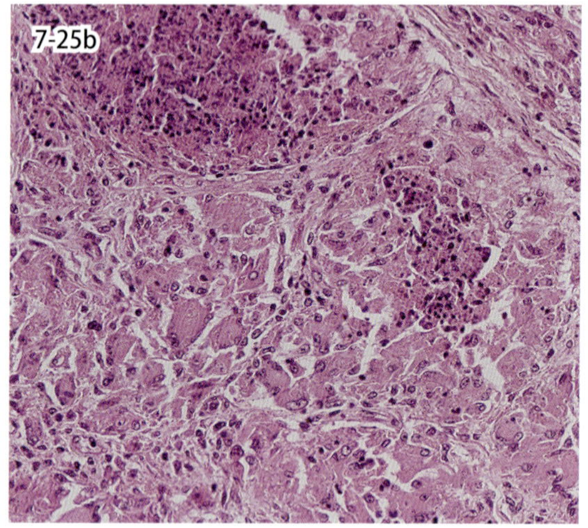

図 7-25a・b　乳房炎（牛）．ブドウ球菌性乳房炎における壊死性炎と腺腔内の多数の菌体（a）．マイコプラズマ性乳房炎における間質の顕著な線維化とリンパ球浸潤（b）．

図 7-25c・d　乳房炎（牛）．ノカルジア性乳房炎の多数の多核巨細胞をみる肉芽腫性炎（c）．プロトセカ性乳房炎における腺腔やマクロファージ内の藻類（d）．

7-25．乳　房　炎

Mastitis

牛の乳房炎は乳頭からの感染経路が一般的で，病原体の種類は多く，伝染性と環境性があり，搾乳による人為的な要因が問題となるが，牛のストレスなどの生体側の要因も発症には重要である．図 7-25a は *Staphylococcus aureus* によるブドウ球菌性乳房炎であり，強毒性の場合には急性や壊死・壊疽を主体として進行する．さらに深部に侵入して増殖する場合には，放線菌病と類似した組織学的病変を形成するボトリオミセス症を発生させ，微小膿瘍内にはグラム陽性球菌が観察される．図 7-25b は好気性放線菌である *Nocardia asteroides* によるノカルジア性乳房炎であり，多発する小さな膿瘍形成に加えて，多核巨細胞の浸潤がみられる肉芽腫性炎が発生し，広範な線維化もみられるが，棍棒体の形成はみられない．図 7-25c は *Mycoplasma bovis* によるマイコプラズマ性乳房炎であり，初期には好中球浸潤がみられるが，慢性に経過することにより間質の線維化が進行し，リンパ球の浸潤や集簇が認められ，腺腔の萎縮がみられる．図 7-25d は無葉緑体の藻類である *Protitheca zopfii* による乳房炎であり，病原体がマクロファージ内やあるいは腺腔内に遊離して認められ，間質にはマクロファージ，形質細胞，リンパ球が浸潤する．搾乳を行わない動物での乳房炎（乳腺炎）の発生は少なく，犬や猫における乳腺炎の発症要因としては妊娠や内分泌異常との関連があり，さらに乳腺症（過形成）や乳腺腫瘍に随伴してみられることも多い．

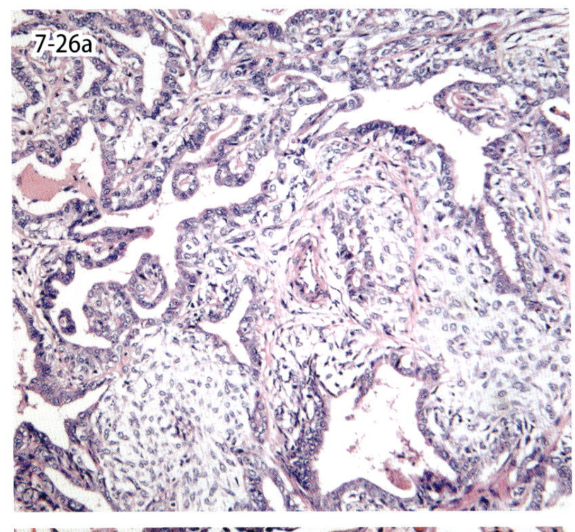

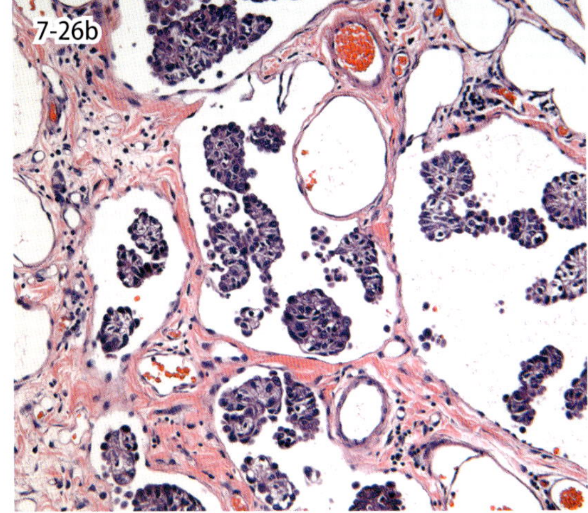

図 7-26　乳腺腫瘍（犬）．複合腺腫における腺上皮由来腫瘍細胞の管状･乳頭状増殖と筋上皮由来腫瘍細胞の結節性増殖（a）リンパ管内腫瘍塞栓（b）．

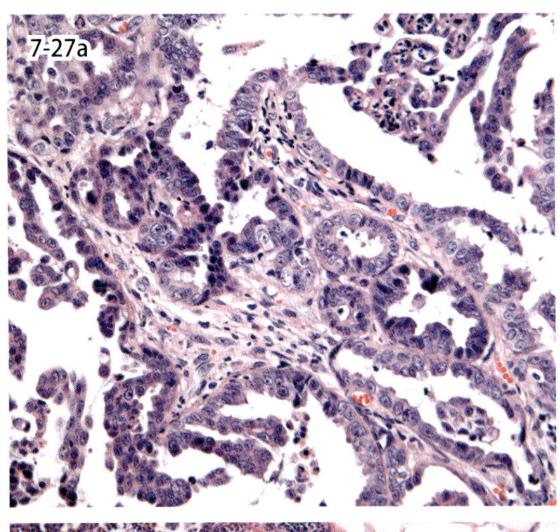

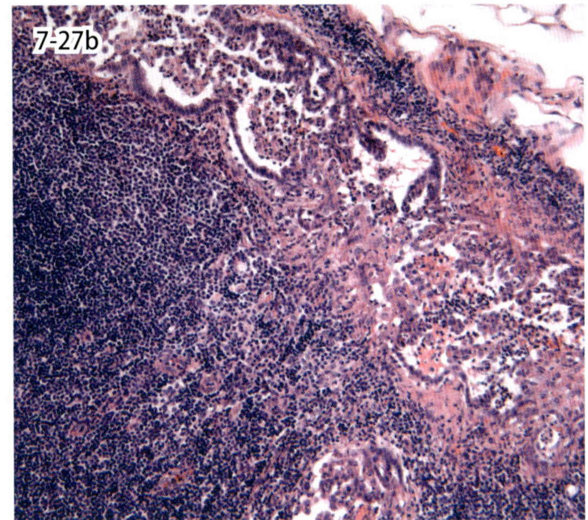

図 7-27　乳腺腫瘍（猫）．乳腺上皮由来腫瘍細胞の管状・乳頭状増殖（a）．鼠径リンパ節への転移（b）．

7-26. 犬の乳腺腫瘍

Canine mammary gland tumor

犬の乳腺腫瘍は未避妊の雌犬における腫瘍のほぼ50％を占める．犬の乳腺腫瘍はホルモン依存性であり，初回発情前の避妊手術が腫瘍発生リスクの低下に最も有益である．犬の乳腺腫瘍は腺上皮由来の腫瘍（良性は単純腺腫，悪性は単純癌），腺上皮および筋上皮由来の両方の成分が増殖する腫瘍（良性は複合腺腫，悪性は複合癌）（図 7-26a），それらの増殖に加え，軟骨，脂肪などの間葉系成分の増殖を伴う良性混合腫瘍および癌肉腫，特殊な型として骨肉腫，脂質産生癌などがあげられる．臨床的な用語として用いられている炎症性乳癌は，浮腫，紅斑，硬結，熱感などがみられ，リンパ管内における腫瘍塞栓が特徴であり，臨床挙動がきわめて悪い（図 7-26b）．

7-27. 猫の乳腺腫瘍

Feline mammary gland tumor

猫の乳腺腫瘍は全腫瘍の中で３番目に発生頻度が高く，75 ～ 90％が悪性であり，肺などへ転移することが多い．発生年齢は 10 ～ 12 歳で，雌性ホルモンとの関連が示唆されており，早期避妊は腫瘍発生率を低下させる．悪性腫瘍では，非浸潤性癌，管状乳頭状癌（図 7-27a），充実性癌，篩状癌，粘液性癌，癌肉腫などがあり，リンパ節への転移も高頻度にみられる（図 7-27b）．良性腫瘍では腺腫，線維腺腫などがある．犬の乳腺腫瘍でみられるような筋上皮細胞増殖はまれである．一方，線維腺腫様変化は，乳管と周囲間質細胞の増生を特徴とする非腫瘍性病変であり，若齢の未避妊雌に好発し，高濃度のプロジェステロンが関連している．

第8編　神　経　系

I．中枢神経系の病変

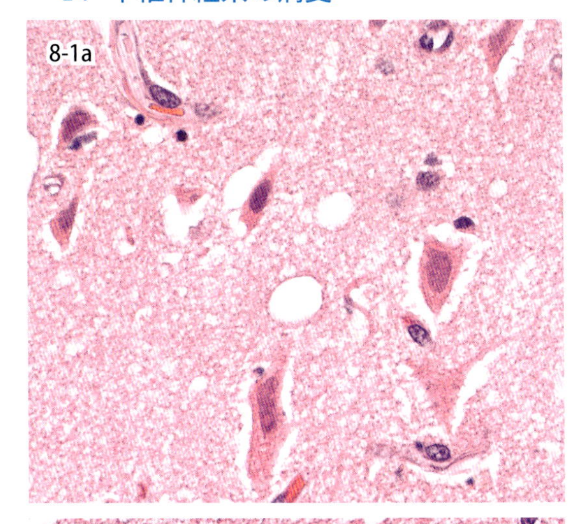

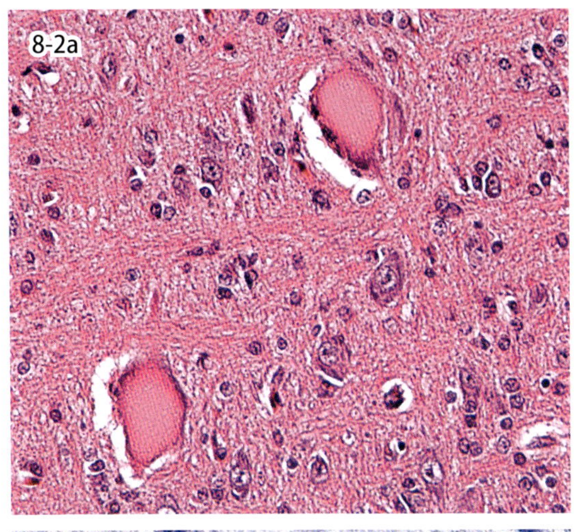

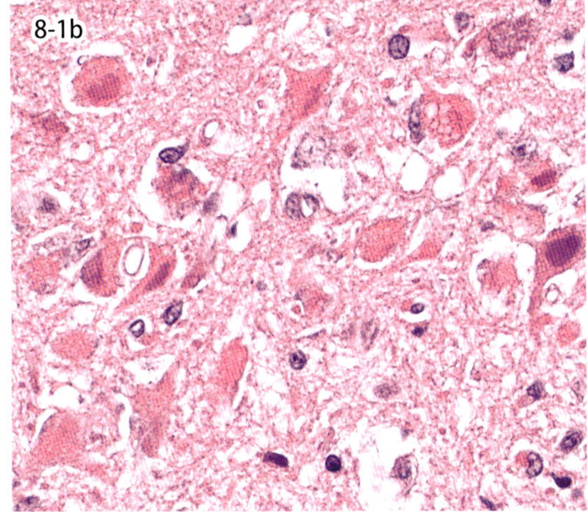

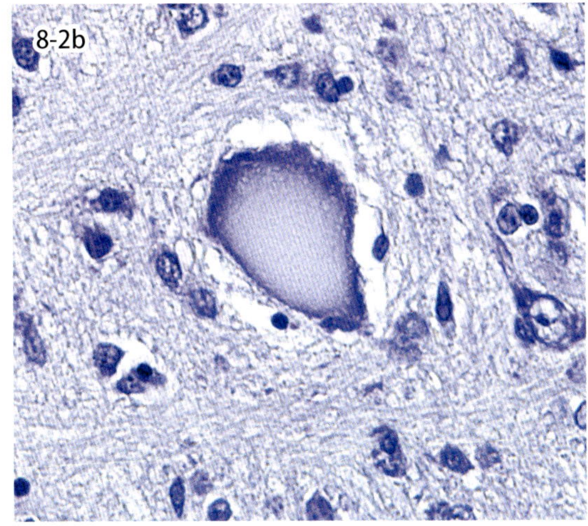

図 8-1 虚血性変化．a，b ともに 10 歳の犬の脳にみられた神経細胞の虚血性変化を示す．

図 8-2 色質融解．鶏脳脊髄炎ウイルスの野外感染例（14 日齢）の神経細胞にみられた中心性色質融解を示す．HE 染色（a）とニッスル染色（b）．

8-1．虚血性変化

Ischemic change

乏血性変化とも呼ばれる．神経細胞の細胞質のニッスル小体（粗面小胞体に相当）が消失して好酸性均質化し，輪郭が角ばってくさび形となるのが特徴である．核は淡染し，残存するものや，濃縮し，崩壊するものまでさまざまである．神経細胞は萎縮しているが，人工的な変化で生じる類似の変化とは，細胞質が好酸性化することで区別できる．また，虚血による場合は，血管の支配領域が壊死するので，神経網が海綿状を呈することが多い．この変化は，心疾患，脳血管の閉塞などの虚血によるもののほか，無酸素症，低血糖症，反芻獣のビタミン B_1 欠乏症，馬の運動ニューロン疾患，鶏のビタミン E 欠乏症，犬，牛の鉛中毒症，猫，牛，豚の有機水銀中毒症でもみられる．

8-2．色質融解

Chromatolysis

ニッスル小体は虎の縞状にみえることから虎斑小体ともいわれるが，この消失によって特徴づけられる神経細胞の変化を色質融解という．色質融解は神経細胞体の中心部で生じる中心性色質融解と細胞体の辺縁部で生じる辺縁性色質融解の 2 つに分類される．一般に前者の方が多く発生する．中心性色質融解では，神経細胞は膨化し，中心部のニッスル小体が特徴的に消失し，すり硝子様を呈する．核は細胞体の辺縁に位置することが多い．この変化は軸索障害による神経細胞体の代謝亢進を反映しており，軸索の再生が完了すると，正常の神経細胞に戻るといわれる．外傷などによる軸索切断のほか，鶏脳脊髄炎，羊，山羊の銅欠乏症，運動神経疾患などで生じる．

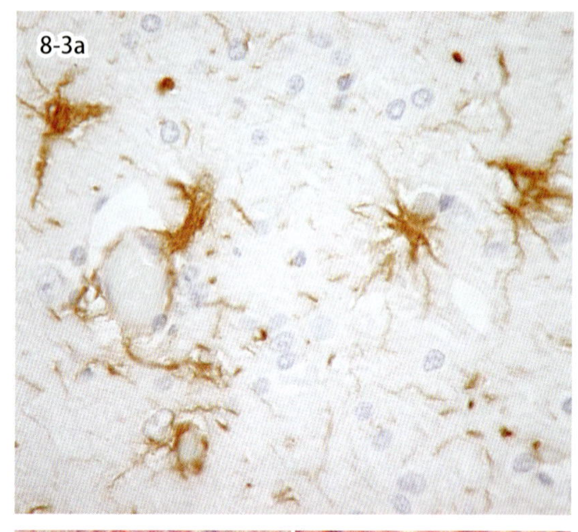

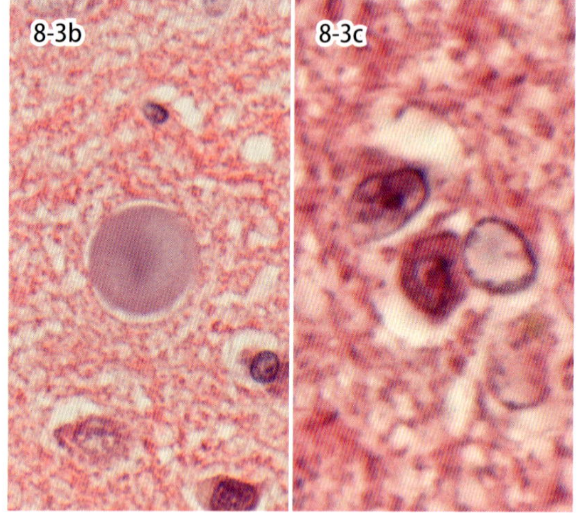

図 8-3 星状膠細胞．星状膠細胞の抗 GFAP 免疫染色（a，ラット）．デンプン様小体（b, 犬）．アルツハイマーⅡ型グリア（c, 犬）．

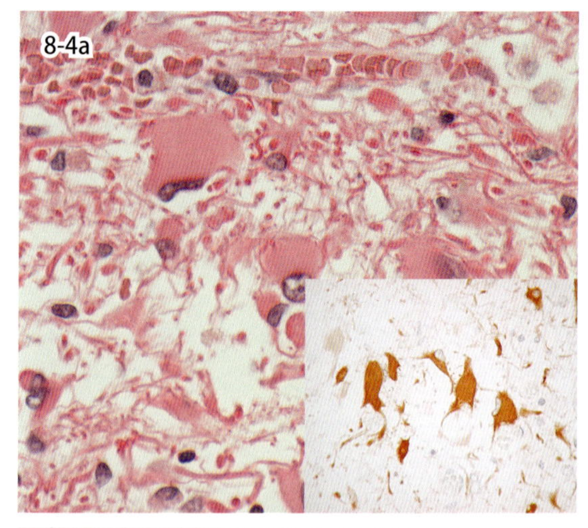

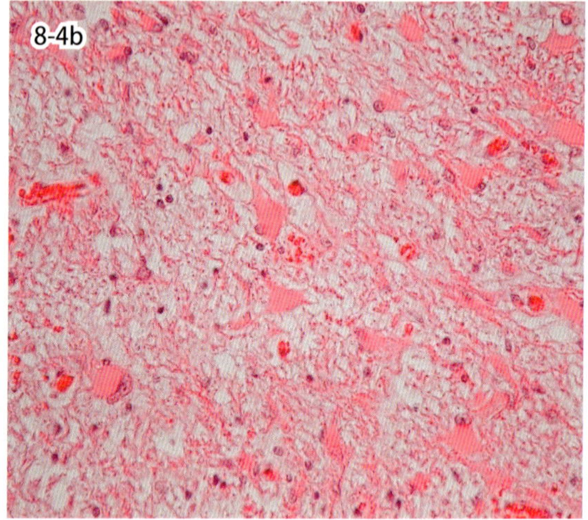

図 8-4 星状膠細胞性グリオーシス．肥満膠細胞の状態と抗 GFAP による免疫染色（a，犬）．肥満膠細胞とともに線維性グリオーシスがみられる（犬，b）

8-3．星状膠細胞の形態変化

Morphological change of astrocyte

星状膠細胞は支持細胞として働いている．また，星状膠細胞は血管に突起を伸ばし，血液脳関門の形成に関与している．星状膠細胞の細胞骨格は，グリア線維性酸性蛋白 glial fibrillary acidic protein（GFAP）からなり，抗 GFAP 抗体を用いた免疫染色は，星状膠細胞の同定に用いられる．星状膠細胞の突起内に好塩基性球状物がみられることがあり，デンプン様小体 corpora amylacea と呼ばれる．神経細胞の細胞質内に出現する Lafora 小体とともに PAS 反応に陽性で，ポリグルコサン小体と総称される．肝性脳症や高アンモニア血症と関連して，星状膠細胞の核が腫大して明るく抜けてみえるアルツハイマーⅡ型グリアが出現する．

8-4．星状膠細胞性グリオーシス

Astrocytic gliosis

星状膠細胞が反応性に腫大，増殖することをグリオーシス gliosis という．グリオーシスは脳の炎症，変性性疾患，循環障害，脱髄などのさまざまな傷害によって起こる．病変の初期には，星状膠細胞の細胞質は腫大して好酸性細胞質が目立つようになり，肥満膠細胞 gemistocyte あるいは gemistocytic astrocyte と呼ばれる．腫大したアストロサイトの細胞質内には glial fibrillary acidic protein（GFAP）からなるグリア線維が充満しており，抗 GFAP 抗体を用いた免疫染色でよく染まる．慢性病変ではグリア線維が主体となり，線維性グリオーシスと呼ばれる．この病変は，ほかの臓器の硬化性病変に相当する．

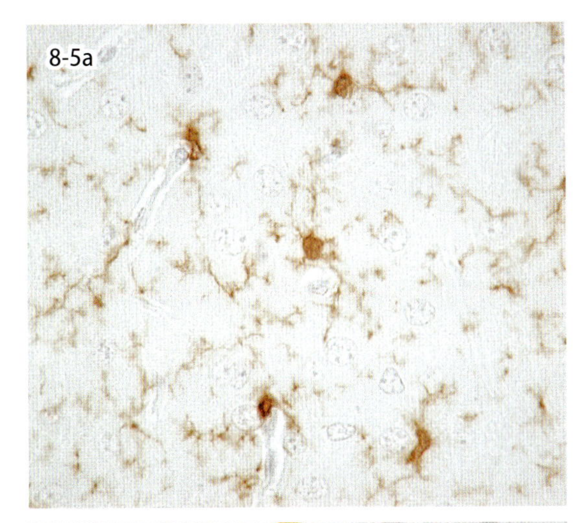

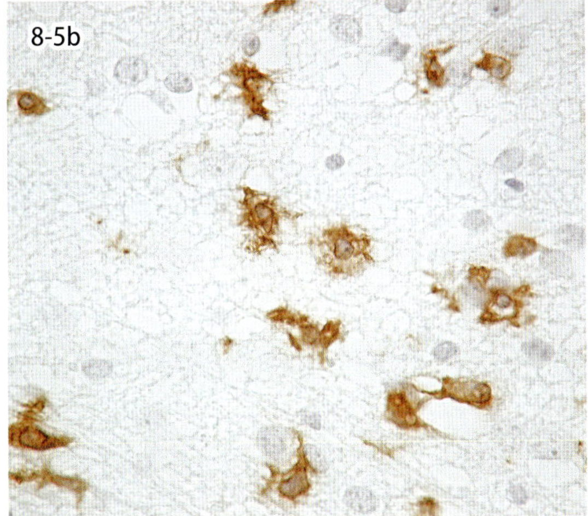

図 8-5a・b 小膠細胞. 休止型小膠細胞の Iba-1 免疫染色(a, ラット). 活性型小膠細胞の Iba-1 免疫染色 (b, 犬). 小膠細胞が活性化すると細胞質が腫大する.

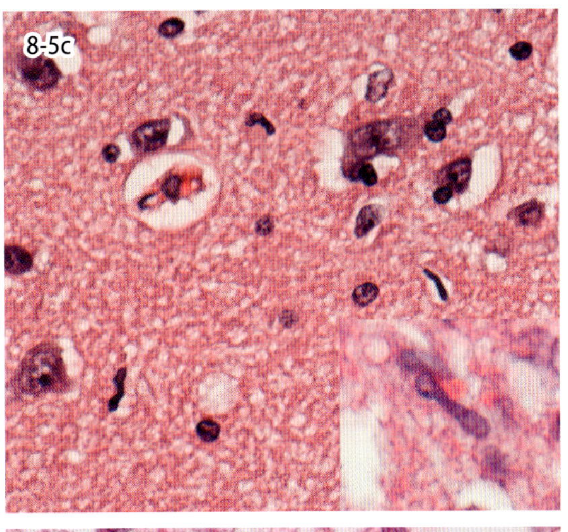

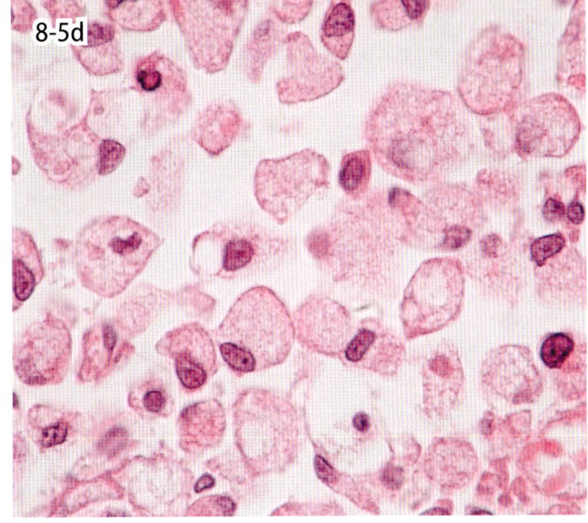

図 8-5c・d 桿状細胞. しばしばくびれを持つ桿状の核が特徴的である桿状細胞が散見される (c, 犬). 挿入図は高倍像. 脂肪顆粒細胞 (d, 犬). 細胞質が泡沫状に腫大した細胞の集簇.

8-5. 小膠細胞およびマクロファージの変化

Morphological change of microglia

小膠細胞 (ミクログリア) は脳に定着した単球系の免疫担当細胞で, 貪食作用や抗原提示能を持つ. 正常な脳組織では, 小膠細胞は小型で楕円形あるいは三角形の核を保ち, Iba-1 などの小膠細胞を同定する免疫染色を施すと複数回分岐した突起が観察される (休止型小膠細胞あるいは ramified microglia). 脳に傷害が起こると, 小膠細胞の突起は消失し, 豊富な細胞質を持つ活性型小膠細胞 (アメーバー様小膠細胞 amoeboid microglia) となる. こうした細胞質の変化は HE 染色のみでは判別が難しく, Iba-1 などの免疫染色が有用である. 小膠細胞が活性化, 増殖すると, 細長い桿状の核が目立つようになり桿状細胞 rod cell と呼ばれる. 桿状細胞の核は, ときにくびれを持つのが特徴である. 桿状細胞は脳炎や脳傷害のときに多数出現するようになる. 小膠細胞や血液由来のマクロファージが脳組織に浸潤すると, 貪食した脳組織の脂肪組織によって細胞質が泡沫状となり, 脂肪顆粒細胞, 泡沫細胞, 格子状細胞と呼ばれる.

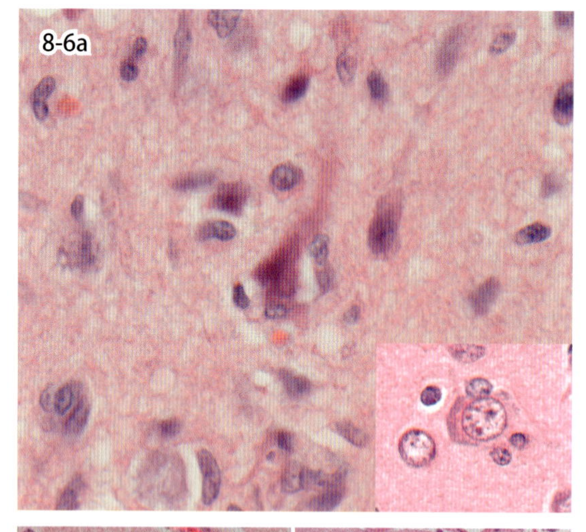

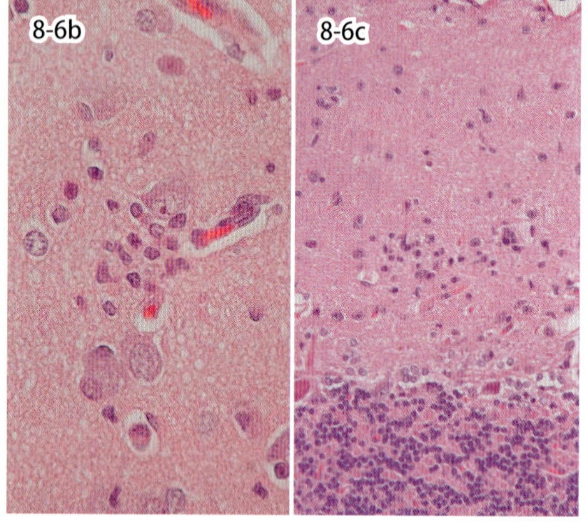

図 8-6 神経食現象．変性した神経細胞を取り囲む小膠細胞が観察される（a）．挿入図は衛星現象．グリア結節（b）．グリア灌木林（c）．

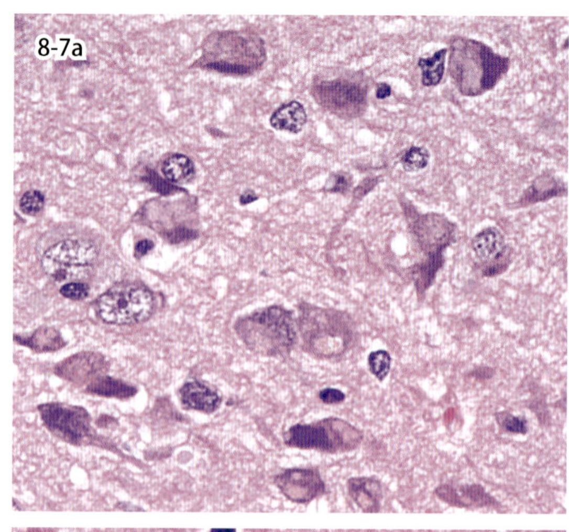

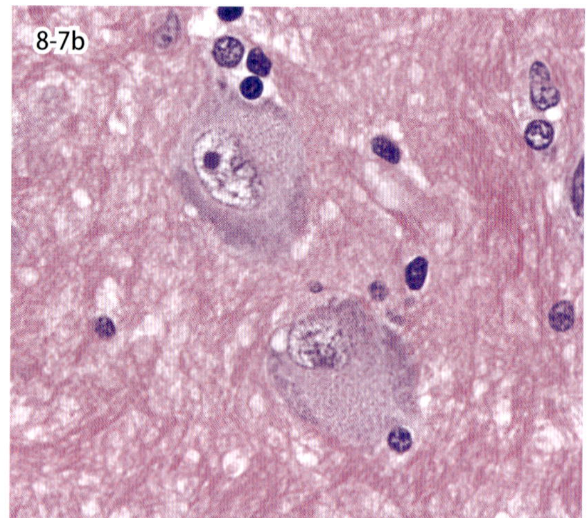

図 8-7 リポフスチン沈着．老齢のサルの脳の神経細胞にみられたリポフスチン沈着を示す（a，b）．HE 染色．

8-6．神経食現象，樹状突起食現象

Neuronophagia，Dendrophagocytosis

神経細胞が変性および壊死すると，小膠細胞が清掃のために取り囲み，神経食現象 neuronophagia と呼ばれる．一方，衛星現象 satellitosis は神経細胞の周囲に希突起膠細胞が集まるもので，神経細胞の障害と関連するとも考えられているが，必ずしも神経細胞の変性および壊死を伴っておらず，神経食現象とは区別すべき変化である．神経食現象で集まる小膠細胞は楕円形あるいは三角形の核を持つが，希突起膠細胞はほぼ正円形の核を持つ．ウイルスや細菌性の脳炎では，小膠細胞が巣状に集簇し，グリア結節と呼ばれる．小脳のプルキンエ細胞の変性および壊死に伴って，その樹状突起に沿って小膠細胞が集簇することがあり，グリア灌木林 glial shrubbery と呼ばれている．

8-7．リポフスチン沈着

Lipofuscin deposition

神経細胞の褐色色素沈着として老齢の動物（サル，犬など）によくみられ，加齢性色素ともいわれる．大型の神経細胞の細胞質内に微細な褐色色素の凝集塊として観察され，自家蛍光を発するため，顕微鏡下で焦点をかえると観察しやすい．特殊染色では，PAS 反応，シュモール反応，脂質染色（ズダン・ブラック B 染色など）により陽性となる．萎縮した神経細胞で観察しやすいが，周囲の正常の形態を維持する神経細胞もよく観察すると確認できる．生化学的に，蛋白質とリン脂質あるいは脂質からなるポリマーで，電子顕微鏡では，ライソゾームに相当する．由来は自己の細胞内小器官とされ，いわゆるオートファギー autophagy（自己貪食）により生成される．

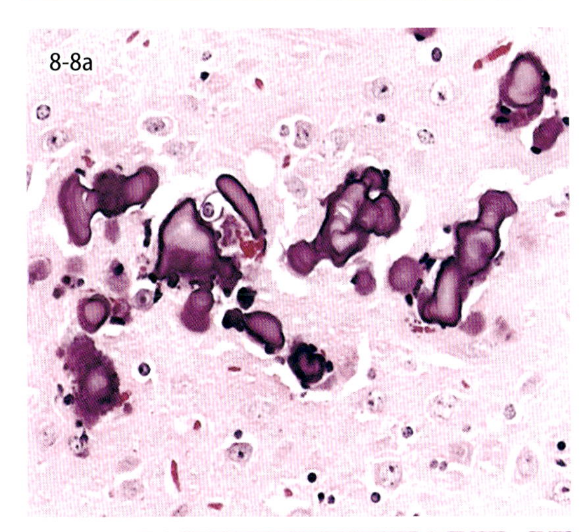

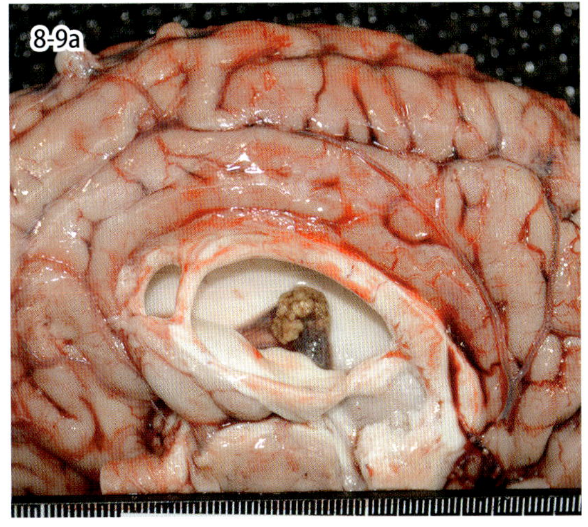

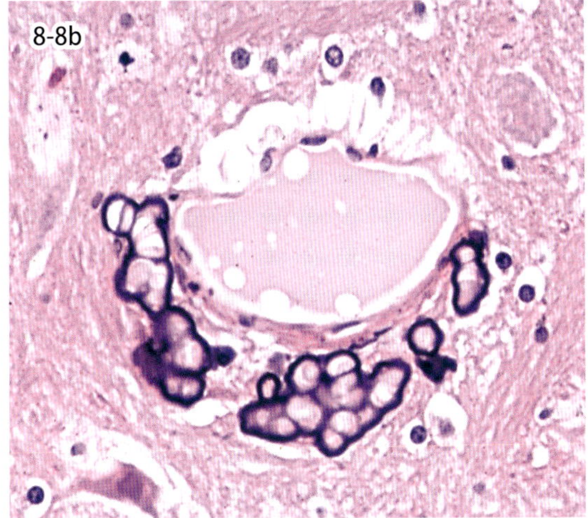

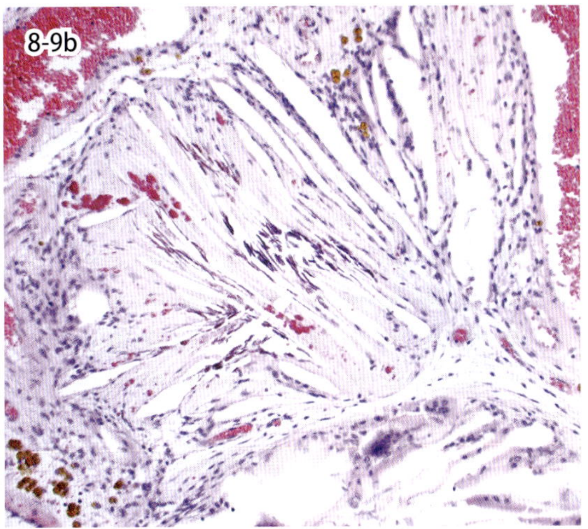

図 8-8 ミネラル沈着．マウスの視床脳における塊状あるいは同心円状のミネラル沈着（a）．カニクイザルの淡蒼球血管周囲のミネラル沈着（b）．

図 8-9 コレステリン沈着（馬）．左大脳側脳室の脈絡叢にみられたコレステリン沈着（a）．コレステリン結晶と巨細胞，ヘモジデリンが認められる（b）．

8-8. ミネラル沈着

Mineral deposition

ヒト，サル，牛，馬，げっ歯類では，加齢により脳の特定部位に球状あるいは塊状のミネラル沈着病変が認められる．ヒト，サル，牛および馬では淡蒼球を含む大脳基底核，マウスでは視床のそれぞれ両側性に観察される傾向がある．沈着物の形状はさまざまで，血管壁とその周囲における球状から塊状沈着（図 8-8a），あるいは細顆粒状沈着物として現れる．図 8-8b はカニクイザルの淡蒼球における血管周囲の球状沈着を示す．これらの沈着物は通常 PAS 反応，コッサ反応，ベルリンブルー染色に陽性を示すことから，カルシウム以外に鉄などの複合物であることが推察される．ミネラル沈着は，他疾患の存在により増強されることがあるが，その病理発生は解明されていない．

8-9. 脈絡叢のコレステリン沈着症

Cholesteatosis of the choroid plexuses

コレステリン肉芽腫 cholesterol granuloma，コレステリン腫 cholesteatoma，脈絡叢真珠腫 plexus cholesteatoma などとも呼ばれ，高齢馬の 15 ～ 20％にみられる．肉眼的には側脳室や第四脳室の脈絡叢にコレステリンが沈着し，真珠様の光沢を有する腫瘍様結節が形成される（図 8-9a）．大型のものになると，室間孔を閉塞して，内水頭症を引き起こすこともある．脈絡叢の慢性あるいは間欠性のうっ血や水腫に関連して形成される．組織学的には間質の水腫と脂肪やヘモジデリンを貪食したマクロファージや多核巨細胞の浸潤およびコレステロール結晶の沈着が観察される（図 8-9b）．

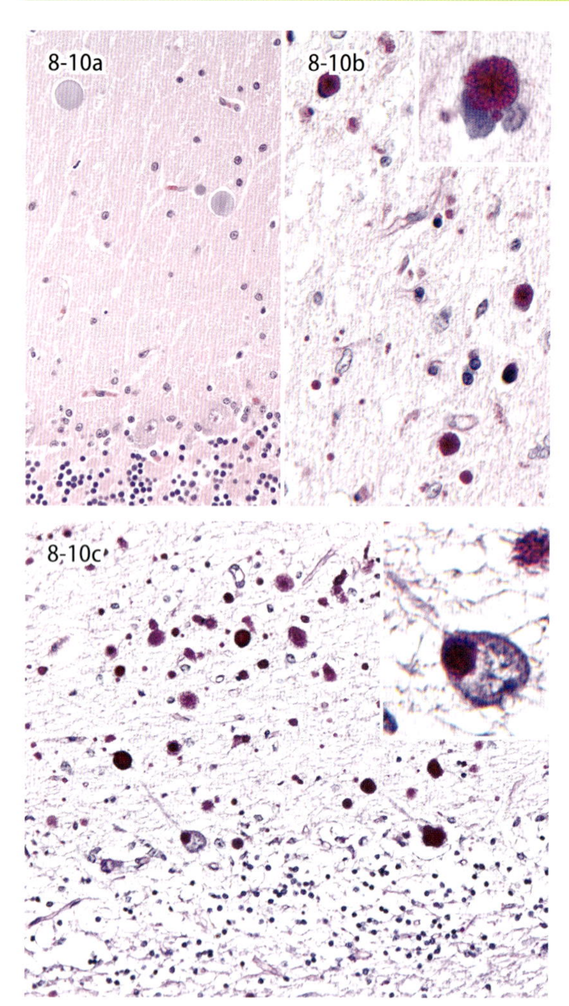

図 8-10　ポリグルコサン小体．老犬の小脳（a, HE）と大脳（b, PAS）．挿入図は星状膠細胞．ラフォラ病の小脳のラフォラ小体（c，PAS）．挿入図は神経細胞．

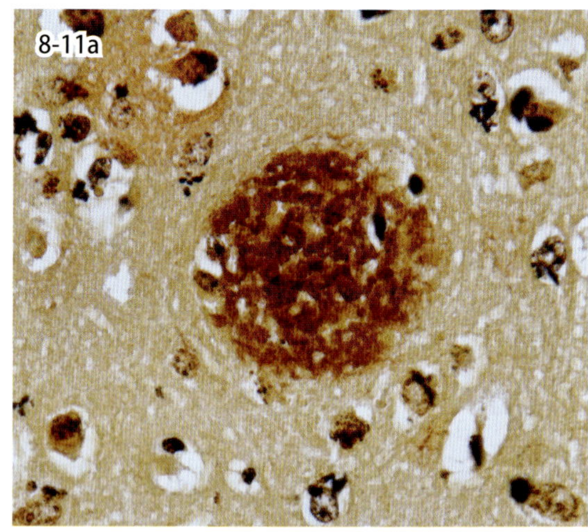

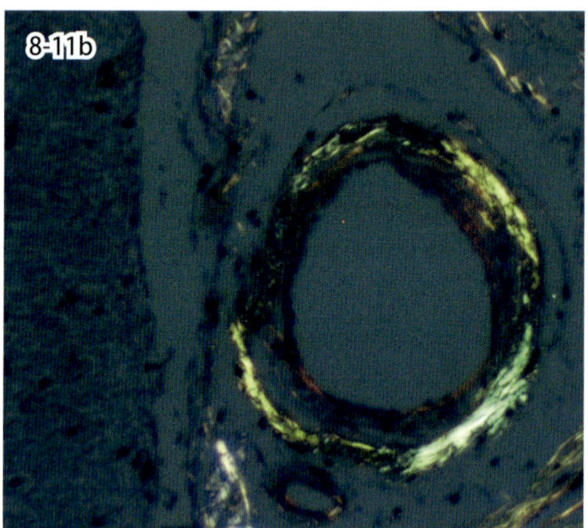

図 8-11　老人斑と血管アミロイド沈着（犬）．大脳皮質の老人斑（a, PAM 染色）および髄膜血管のアミロイド沈着（b, コンゴー赤染色）．

8-10．ポリグルコサン小体

Polyglucosan body

グルコースポリマーで組成されている構造物をポリグルコサン小体と総称する．主に老齢動物の大脳や小脳において偶発的に観察され，多くの場合は疾患との関連性が不明である．形態的には正円形あるいは花びら状を呈し，中心にコアを認めるものもある．HE 染色では淡青色を呈し（図 8-10a），PAS 反応に陽性である（図 8-10b）．ラフォラ病は，特定の遺伝子変異を原因とし，てんかんを生じる進行性疾患である．ラフォラ病の動物ではポリグルコサン小体が多数形成され，それらをとくにラフォラ小体と呼ぶ．図 8-10c は，ラフォラ病のミニチュア・ダックスフンドの小脳であり，神経細胞内に多数のラフォラ小体 Lafora body が観察される．

8-11．老人斑と血管アミロイド沈着

Senile plaque and vascular amyloid deposition

βアミロイドが構成する嗜銀性の凝集物を老人斑と呼び，老人やアルツハイマー病患者の大脳皮質に観察される．とくにアルツハイマー病では，中央部にコアを有し，周囲の神経突起の変性を伴う成熟型老人斑が多数観察される．さまざまな動物の脳においても加齢性に老人斑が形成されるが，多くはび漫型老人斑であり，神経突起の変性は稀である（図 8-11a）．また，老人斑が形成された個体の多くは脳血管の壁にもβアミロイド沈着がみられる（図 8-11b）．ヒトや犬では，重度の脳血管アミロイド沈着により大脳の出血や白質変性が生じる場合がある．び漫型老人斑はコンゴー赤染色の染色性が弱いが，成熟型老人斑や血管アミロイド沈着はコンゴー赤に陽性を示す．

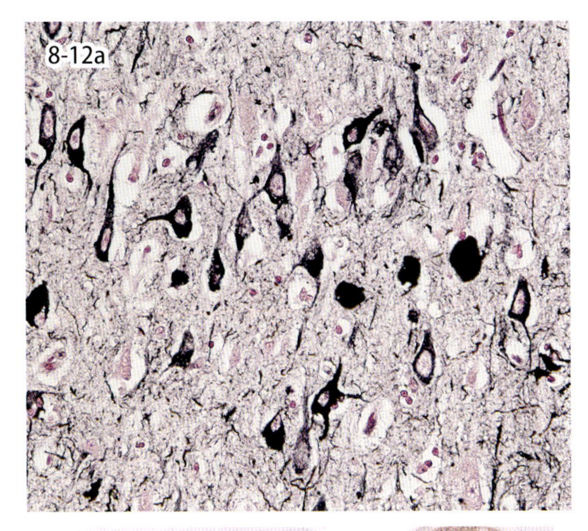

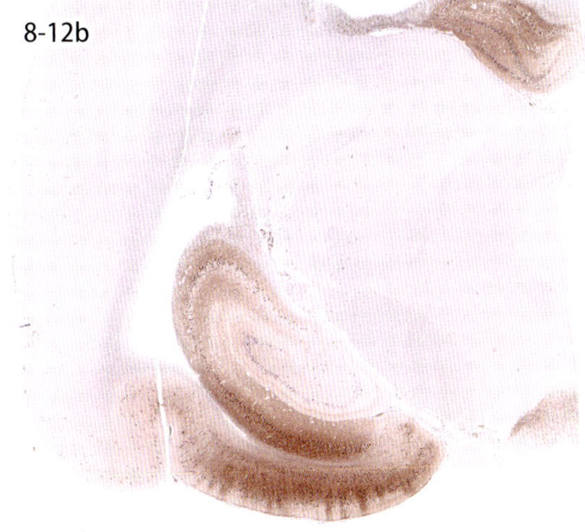

図 8-12　神経原線維変化（ヤマネコ）．黒色の凝集物が神経細胞体と神経突起にみられる（a，ガリアスブラーク染色）．海馬から嗅内野に高リン酸化タウの沈着がみられる（b，免疫染色）．

8-13a

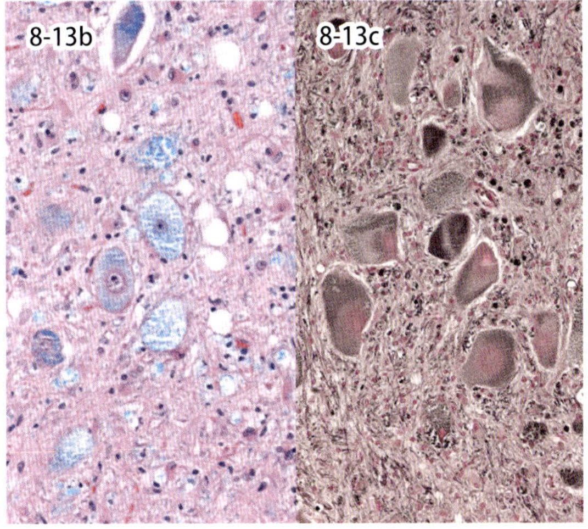

図 8-13　GM_2 ガングリオシドーシス（犬）．細胞質膨化を示す海馬錐体細胞の HE 染色所見(a)，延髄神経核の LFB-HE 染色(b) およびズダン・ブラック B 染色（c）．

8-12．神経原線維変化

Neurofibrillary tangle

ヒトの認知症の 1 つであるアルツハイマー病では，大脳の神経細胞においてタウ蛋白質が過剰にリン酸化され，細胞質に凝集物を形成する．この凝集物は神経原線維変化と呼ばれ，神経細胞の脱落に関与している．とくに，記憶を司る海馬の神経細胞が脱落することにより，認知機能障害が生じると考えられている．神経原線維変化はガリアスブラーク染色で黒色の線維状物として観察される．動物では神経原線維変化はまれであるが，一部の猫科動物の脳において加齢性に観察される（図 8-12a）．猫科動物に観察される神経原線維変化はヒトの神経原線維変化と類似しており，海馬の神経細胞脱落に関与している（図 8-12b）．

8-13．GM_1/GM_2 ガングリオシドーシス

GM_1/GM_2 gangliosidosis

ガングリオシドーシス gangliosidosis は，脂質（ガングリオシド）のリソソーム内蓄積を特徴とする疾患である．本疾患は β ガラクトシダーゼ欠損に起因する GM_1 ガングリオシドーシスと，β ヘキソサミニダーゼ A の欠損（テイ・サックス病）あるいは β ヘキソサミニダーゼ A と B 両方の欠損（サンドホフ病）に起因する GM_2 ガングリオシドーシスに大別される．図 8-13 はトイ・プードルのサンドホフ病の海馬および延髄神経核の組織像である．病理組織学的には脂質のライソゾーム内蓄積により神経細胞の著明な膨化が認められる．LFB-HE やズダン・ブラック B などの脂肪染色により蓄積物は陽性に染色される．

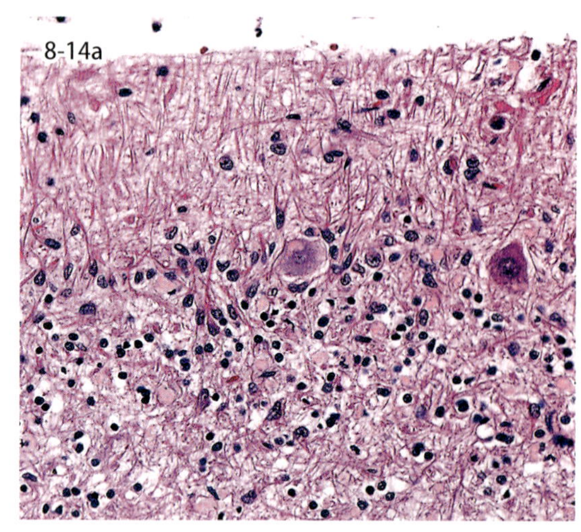

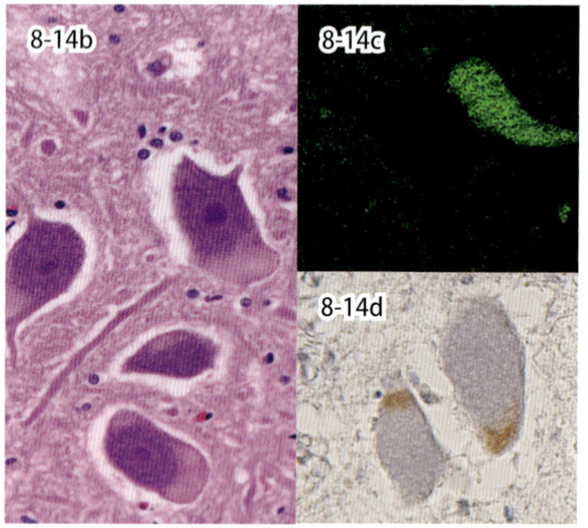

図 8-14　セロイド・リポフスチン症（犬）．小脳の神経細胞脱落(a)，延髄神経核のリポフスチン沈着(b)．内部の自家蛍光(c)とサブユニット C 蓄積（d）．

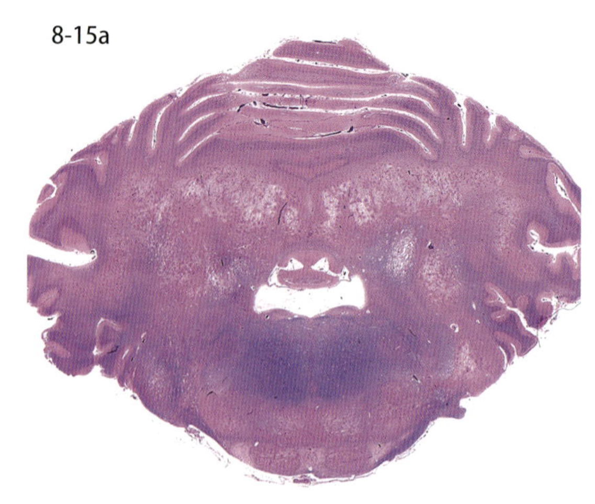

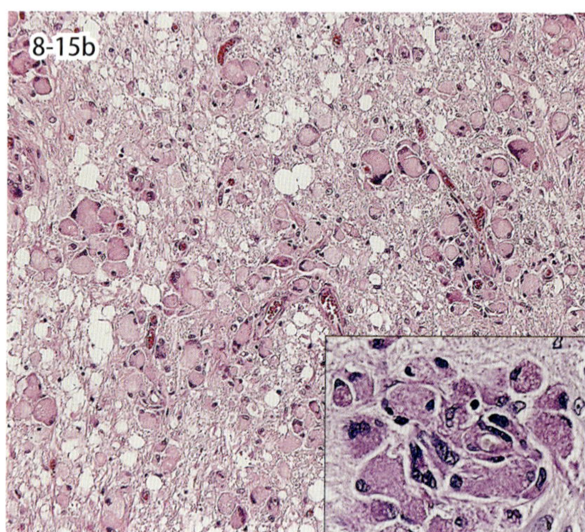

図 8-15　グロボイド細胞性白質ジストロフィー（猫）．小脳白質の髄鞘脱落（a，LFB-HE 染色）と PAS 陽性顆粒を含むグロボイド細胞が浸潤集簇する（b は HE 染色，挿入図は PAS 染色）．

Chap.8

8-14. セロイド・リポフスチン症

Ceroid lipofuscinosis

セロイド・リポフスチン症は，不飽和脂肪酸である黄色色素（セロイド・リポフスチン）のリソソーム内蓄積による疾患の総称である．さまざまな動物種で発生し，原因遺伝子の変異が羊，牛，犬の症例などで同定されている．図 8-14 は *CLN5* 遺伝子に変異が確認されたボーダー・コリーのセロイド・リポフスチン症の小脳および延髄神経核の組織像である．セロイド・リポフスチンが神経細胞およびマクロファージに沈着し，神経細胞の著明な脱落と星状膠細胞の増生が観察される．セロイド・リポフスチン症における蓄積物質の主体は蛋白質であり，多くはミトコンドリア ATP 合成酵素のサブユニット C であるが，病型によってはサポシンが蓄積する．

8-15. グロボイド細胞性白質ジストロフィー（クラッベ病）

Globoid cell leukodystrophy（Krabbe disease）

グロボイド細胞白質ジストロフィー(クラッベ病)は，ミエリンの主要構成脂質であるガラクトシルセレブロシドを分解するガラクトシルセラミダーゼ galactosylceramidase（GALC）が *GALC* 遺伝子変異により欠損してミエリン代謝異常が生じるとともに，毒性物質サイコシン psychosine が蓄積し，希突起膠細胞を傷害して，髄鞘の脱落および消失が生じる．動物ではサル，羊，犬，猫，マウスで報告されている．図 8-15 は猫のグロボイド細胞性白質ジストロフィーの小脳レベルの LFB-HE 組織像である．著明な髄鞘消失が認められ，同病変部には PAS 染色陽性顆粒を有するマクロファージ（グロボイド細胞）が浸潤および集簇する．

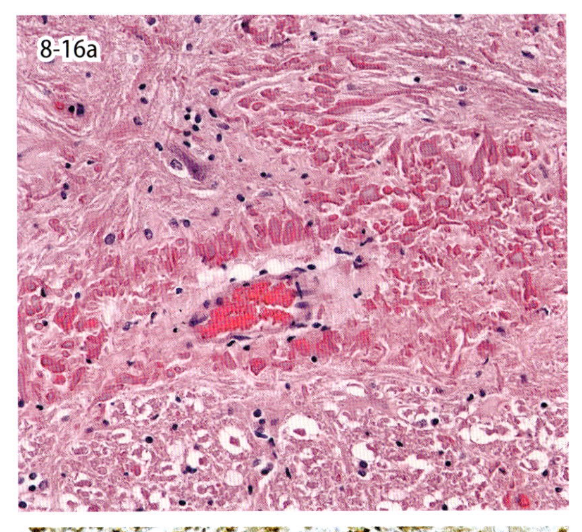

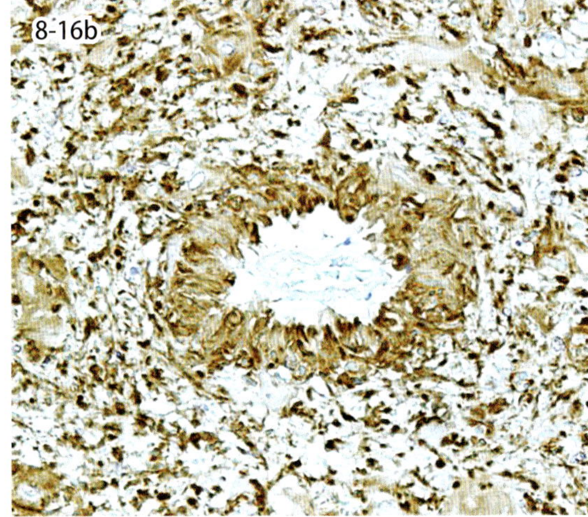

図8-16 アレキサンダー病様疾患(犬). 脳幹部血管周囲にローゼンタルファイバーが集積する (a). 同線維状物質は免疫染色でGFAP陽性 (b).

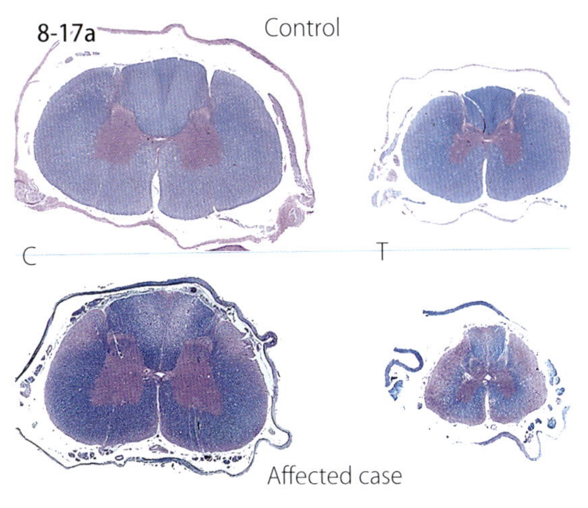

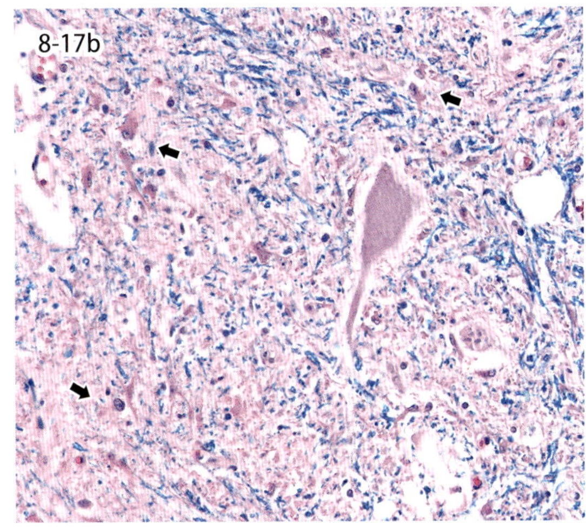

図8-17 変性性脊髄症(犬). 正常対照の頚髄(C)および胸髄(T)と比較して, 髄鞘脱落と萎縮が顕著で (a), 神経細胞のクロマチン融解と星状膠細胞増生が認められる (b).

8-16. アレキサンダー病様疾患

Alexander disease-like disease

ヒトのアレキサンダー病は *GFAP* 遺伝子変異による進行性の白質疾患であり, 発症年齢により乳児型, 若年型, 成人型に分類される. 遺伝形式は常染色体優性遺伝形式をとるが, 通常は *de novo* 変異に起因する. アレキサンダー病と類似の病態を示す疾患は各種動物で報告されている. 図8-16はフレンチ・ブルドッグで認められたアレキサンダー病様疾患の脳幹部組織像である. 病理学的に本疾患は白質血管周囲や軟膜下組織におけるローゼンタルファイバー rosenthal fiber と呼ばれる好酸性線維状物質の集積と髄鞘の脱落を特徴とする. この物質は星状膠細胞の突起の集積から構成され GFAP のほか, 数種の熱ショック蛋白が蓄積する. 白質には脱髄性病変が認められる.

8-17. 犬の変性性脊髄症

Canine degenerative myelopathy

進行性の運動失調を特徴とし脊髄に主病変がみられる疾患を変性性脊髄症 degenerative myelopathy と呼ぶが, 類似疾患がさまざまな名称で報告されている. 本疾患群には運動神経病 motor neuron disease の特徴を持つものが多い. これらの疾患では, 脊髄白質の空胞化などの病態が認められ, ミエリン鞘の消失や軸索変性が観察される. ウェルシュ・コーギーの変性性脊髄症ではヒトの家族性筋萎縮性側索硬化症と類似する *SOD1* 遺伝子変異が認められる. 図8-17は本犬種の変性性脊髄症の脊髄病変である. 脊髄の側索を中心とする白質髄鞘の脱落が認められ, 胸椎部脊髄は著明な萎縮を示す. 脊髄腹角では神経細胞の消失とクロマチン融解が認められる.

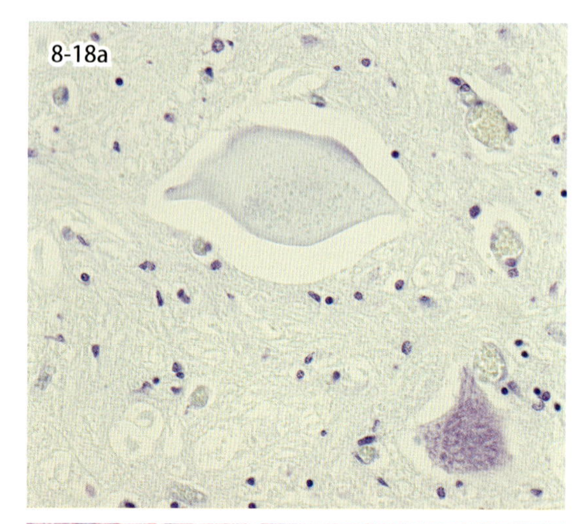

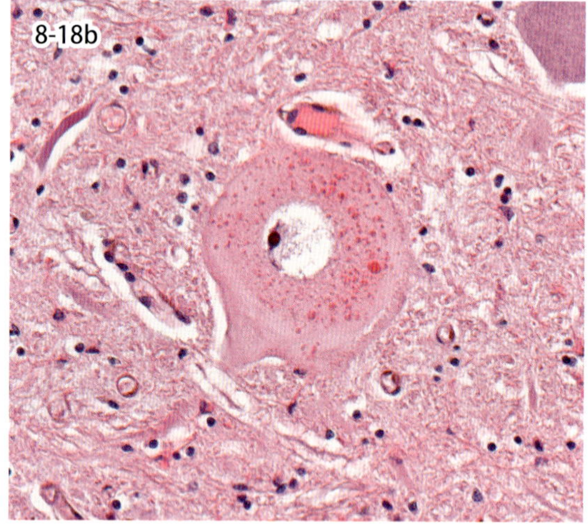

図 8-18a・b　馬運動ニューロン病．腹角運動ニューロンは腫大し，ニッスル小体は消失している（a）．運動ニューロンの細胞質内には，好酸性封入体が多数みられる（b）．

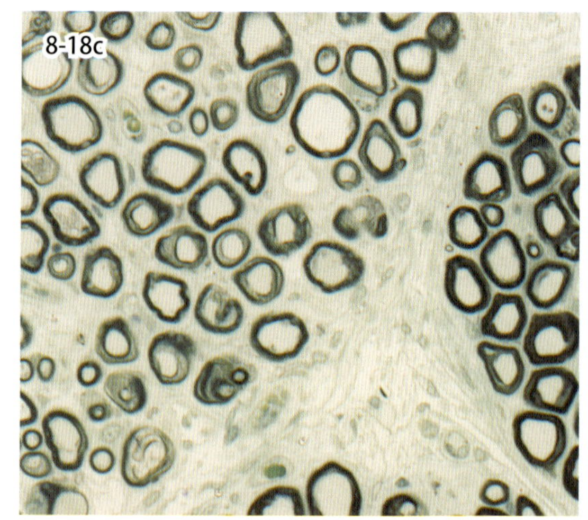

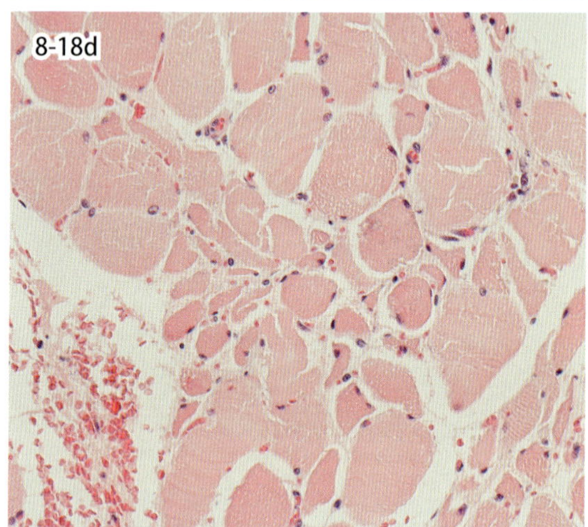

図 8-18c・d　脊髄腹根では，腫大および変性した軸索が観察される（c）．後肢の筋組織（d）．筋の神経原性萎縮（群性萎縮）が認められる．

8-18. 馬運動ニューロン病
Equine motor neuron disease

本病は 1990 年にアメリカにおいて初めて報告された神経変性疾患であり，クォーター・ホース種をはじめとして，あらゆる品種において報告されている．罹患馬は虚弱，体重減少，筋萎縮，振戦といった臨床症状が数ヵ月にわたって進行し，歩行異常および起立困難に陥る馬が多い．

剖検では筋の萎縮，褪色以外に目立った変化はみられない．組織学的病変は，主に脊髄腹角の運動性神経細胞にみられ，神経細胞の変性および消失を特徴とし，神経細胞は腫大，色質融解，萎縮を示す．免疫組織化学的には，腫大した神経細胞内にニューロフィラメントの蓄積が証明される．同様の神経細胞の変化は，舌下神経核，顔面神経核，三叉神経核など脳幹に分布する脳神経運動核にも認められる．

図 8-18a は日本で発生した馬運動ニューロン病で，腹角の神経細胞は腫大し，ニッスル小体は消失している．また，本病に特徴的な所見として，図 8-18b のような好酸性細胞質内封入体がしばしば腹角神経細胞に認められる．封入体は点状ないし不整形で，細胞体内に単発あるいは多発性にみられる．

本病の発生は散発的であり，その原因として血清中のビタミン E 濃度の低値およびグルコースの代謝異常が指摘されている．

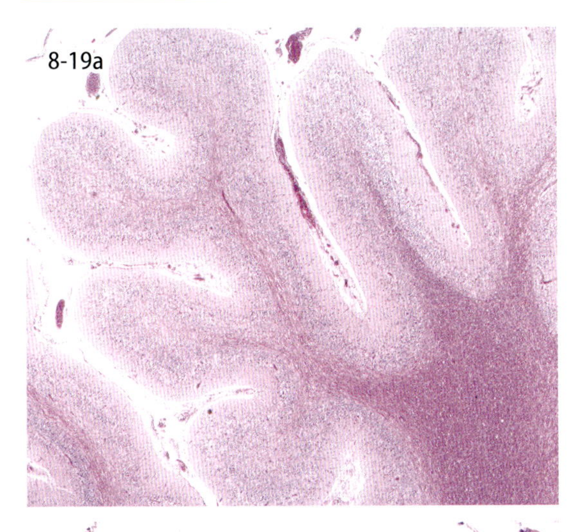

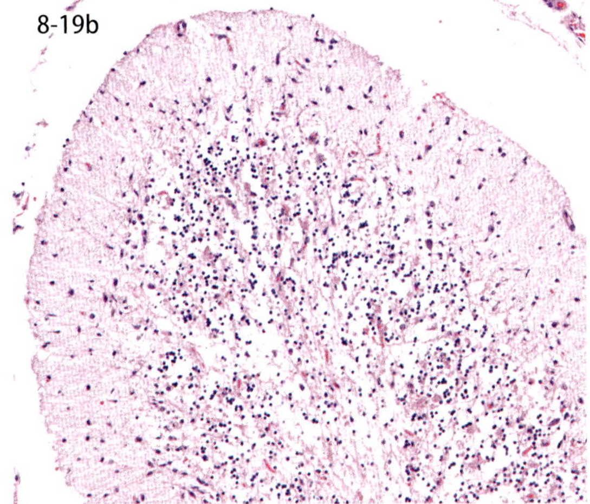

図 8-19 小脳萎縮（犬）．小脳皮質が重度に萎縮する（a）．分子層が菲薄化し，プルキンエ細胞や顆粒細胞が重度脱落する（b）．

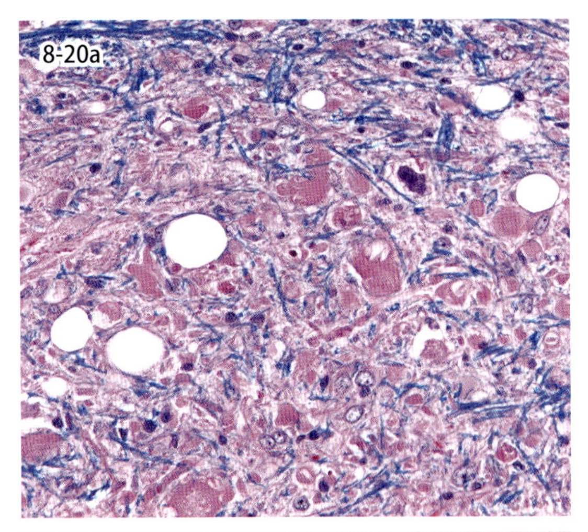

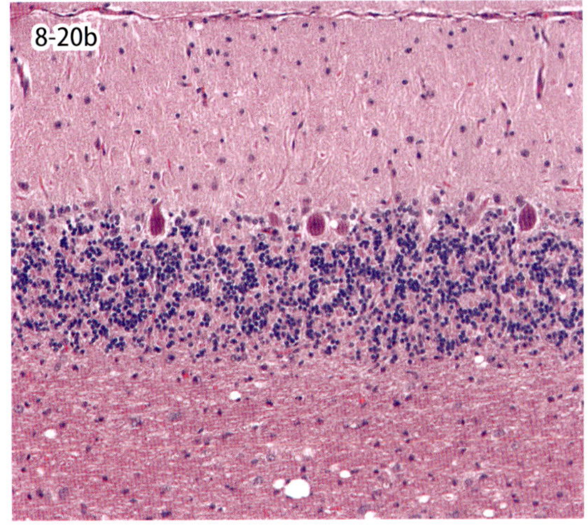

図 8-20 神経軸索ジストロフィー（犬）．延髄楔状核（a，LFB・HE 染色）に多数の軸索球が形成される．小脳では軸索球のほか，白質に空胞がみられる（b）．

Chap.8

8-19. 小脳萎縮・変性

Cerebellar atrophy/degeneration

小脳萎縮は牛，羊，豚，羊，犬，猫および兎で報告され，多くは遺伝性疾患である．犬では非常に多様な犬種において報告されており，犬種ごとに発症時期や臨床徴候に違いがみられることから，それぞれ独立した遺伝性疾患と考えられている．一般的な臨床症状は，出生直後あるいは数ヵ月齢時より発生し，進行性の小脳症状を示す．図 8-19 はパピヨンの小脳変性症の組織写真である．小脳全域にわたり皮質の分子層が菲薄化し，プルキンエ細胞や顆粒細胞が著しく脱落する．本例ではみられないが，プルキンエ細胞の軸索近位が腫大するトルペド torpedo や，プルキンエ細胞の跡を周囲の篭細胞の軸索が取り巻く空篭 empty basket なども小脳変性の際にみられる特徴的な所見である．

8-20. 神経軸索ジストロフィー

Neuroaxonal dystrophy

軸索球 spheroid は，変性した細胞小器官が神経軸索の末端部や遠位部に蓄積し，球状に腫大する変化である．本現象は加齢やビタミン E 欠乏，毒性物質への曝露などでも生じるが，とくに先天的要因で中枢神経の特定領域に軸索球が形成される疾患を神経軸索ジストロフィー neuroaxonal dystrophy と呼ぶ．本疾患は犬，馬，猫，羊，牛で報告されている．パピヨンでは，3 ～ 4 ヵ月齢時より発症し，発症後半年ほどで死亡する．組織学的には，神経系の広範領域に軸索球が形成される（図 8-20b）．軸索球の多くは神経細胞に近接し，円形から不整形で顆粒状，均質，同心円状などの性状を示す．小脳ではプルキンエ細胞や顆粒細胞が減数し，白質に空胞を認める（図 8-20a）．

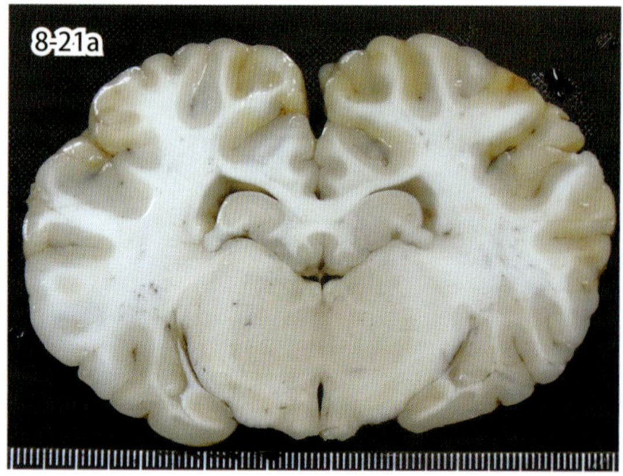

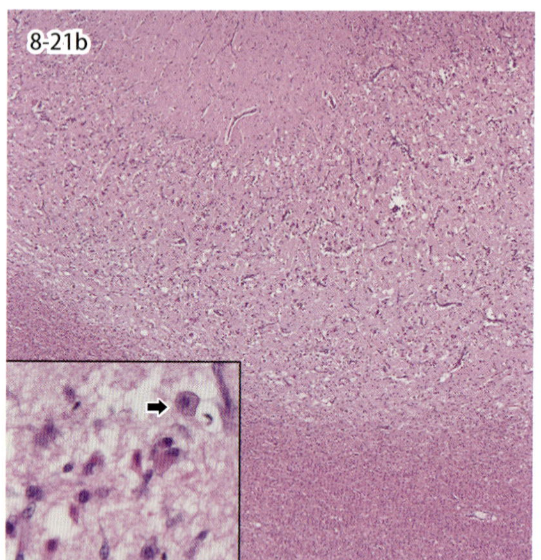

図 8-21 大脳皮質壊死症（牛）．背側の皮質領域が黄色調を呈する（a）．皮質の層状壊死（b）．神経細胞の虚血性変化とマクロファージの浸潤（b，矢印）を認める．

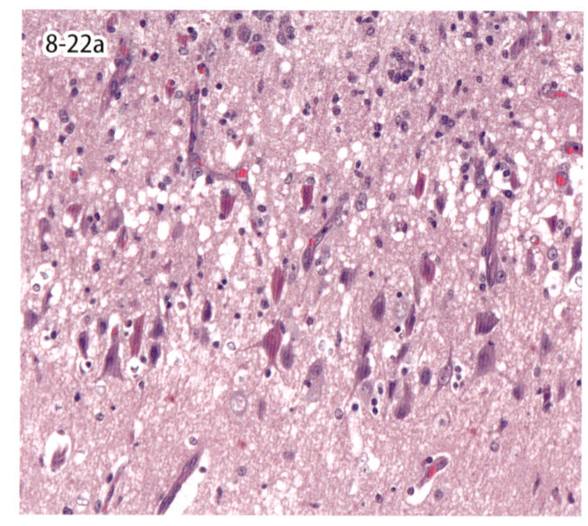

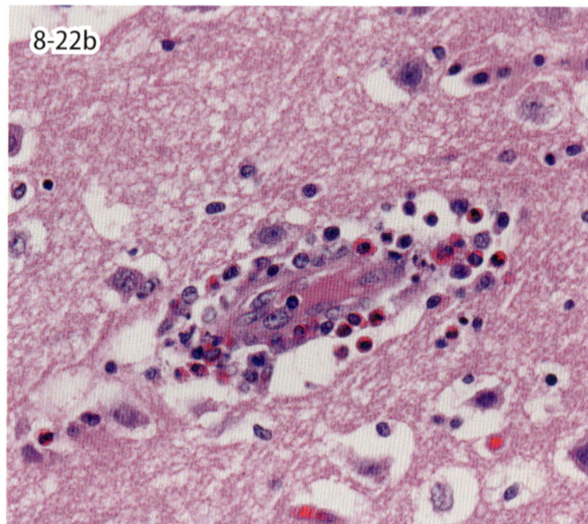

図 8-22 食塩中毒（豚）．大脳皮質の層状壊死と神経細胞の虚血性変化（a）．同症例の血管周囲への好酸球浸潤（b）（写真提供：千葉県中央家保 *）．

Chap.8

8-21. 大脳皮質壊死症

Cerebrocortical necrosis

大脳皮質壊死症の主な原因としてビタミン B_1 欠乏が知られており，反芻獣の離乳後から 18 ヵ月齢で発症することが多い．ビタミン B_1 は炭水化物代謝における補酵素として重要な役割を果たし，その欠乏は神経細胞の壊死を引き起こす．肉眼的には著明な脳水腫（脳回が平坦化）が生じ，大脳の割面では，両側性に皮質が黄色調を帯び，経過が長い症例では皮質の実質組織が欠落して空洞化する．組織学的には大脳皮質の層状壊死が特徴的であり，神経細胞の虚血性変化，星状膠細胞および血管内皮細胞の核の腫大が認められ，進行した症例では泡沫状マクロファージの浸潤が観察される．

8-22. 食塩中毒

Salt poisoning

食塩中毒は主に豚で発生することが知られており，ときに牛や羊でも起こる．原因としては食塩の大量摂取というより水の補給の障害などで起こることが多く，食塩摂取と水摂取のバランスが崩れることが主な要因である．豚では比較的食塩濃度の高い飼料を与えられているため，ほかの動物に比較して発生頻度が高く，若齢で生じることが多い．肉眼的には脳水腫，すなわち脳回が平坦化して脳溝や側脳室が閉じる．組織学的には大脳皮質のとくに中層における層状壊死が認められ，特徴的所見として髄膜および血管周囲性に好酸球浸潤が観察される．

＊千葉県中央家畜保健衛生所

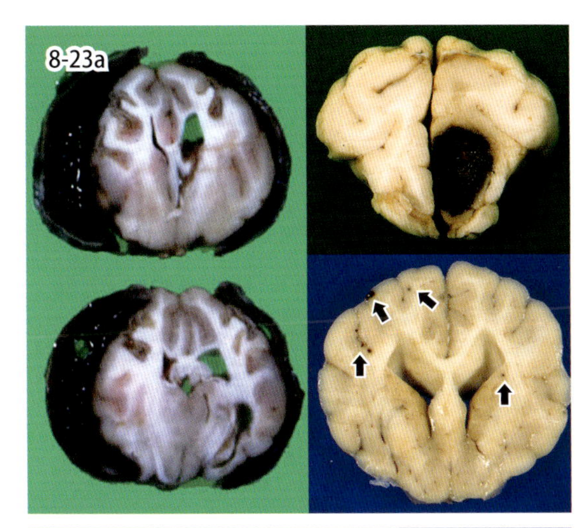

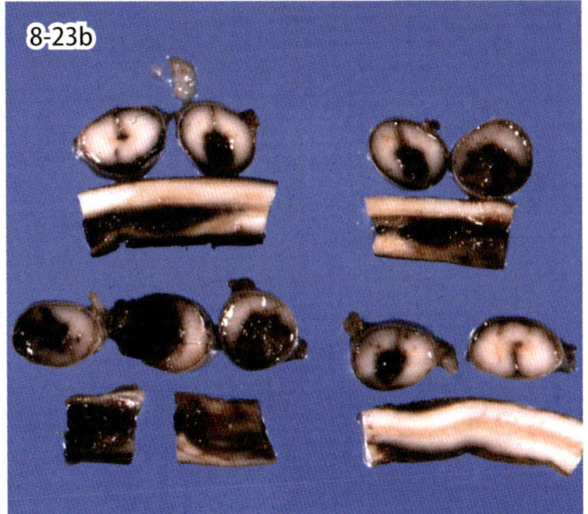

図 8-23 脳出血．高齢犬の硬膜下出血（a 左），大脳の血腫（a 右上）および点状出血（a 右下）．犬の椎間板ヘルニアに続発した脊髄出血（b）．

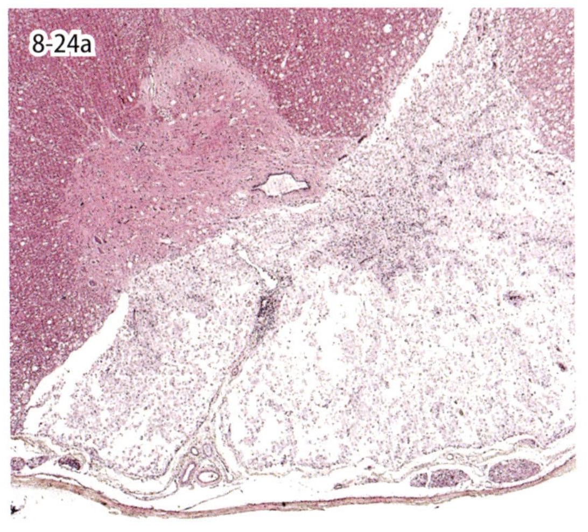

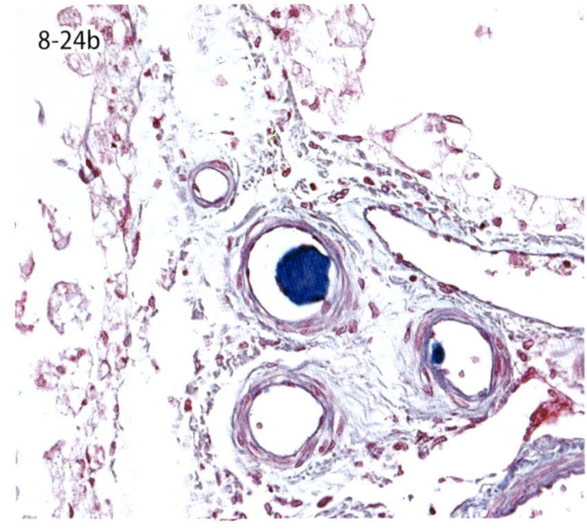

図 8-24 線維軟骨塞栓症（犬）．境界明瞭な壊死巣が形成され（a），壊死巣に接する血管内にはアルシアン青染色に青染する軟骨様物質の塞栓が認められる（b）．

8-23. 脳脊髄の出血

Cerebrospinal hemorrhage

動物では大型血管破裂による重篤な出血 hemorrhage は主に外傷に起因し，脳腫瘍や感染症に続発する場合もある．まれに硬膜下にび漫性出血を示す症例や脳実質内に孤在性の血腫を形成する例もみられる（図 8-23a）．また，梗塞に併発する出血もあるが，通常，貧血梗塞が起こる．これらの局所的な出血巣は MRI などにより生前診断することが可能である．高齢犬では大脳を中心に点状出血巣が散在性に観察される．また，ダックスフンドなどの犬種では急激かつ重度の椎間板ヘルニアにより，脊髄灰白質を中心に広範な壊死や出血巣が形成され，この病変が短期間で上行性に進行する場合がある（図 8-23b）．

8-24. 脊髄線維軟骨塞栓症

Fibrocartilaginous embolism

線維軟骨塞栓症 fibrocartilaginous embolism（FCE）は，線維軟骨組織が脊髄栄養血管内に流入し塞栓して，支配領域の脊髄組織に貧血梗塞を引き起こす病態であるが，その病理発生については十分解明されていない．動物では，大型犬種での報告が多く，とくに頚胸椎部と腰部膨大部に発生する．臨床経過は急性であり，激しい運動後あるいは発咳に続発する場合が多い．図 8-24 はミニチュア・シュナウザーに認められた FCE の頚部脊髄の組織写真である．病理学的には脊髄における境界明瞭な壊死・軟化巣形成が特徴病変であり，壊死巣に出血を伴う場合もある．病変部に接する小型動脈内には，膠原線維や軟骨組織の塞栓が確認される．

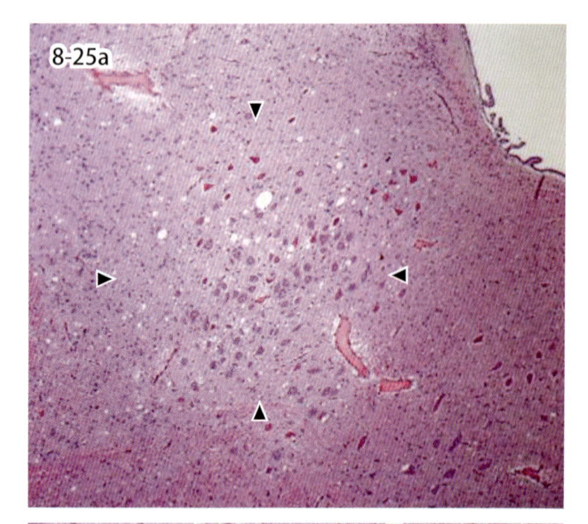

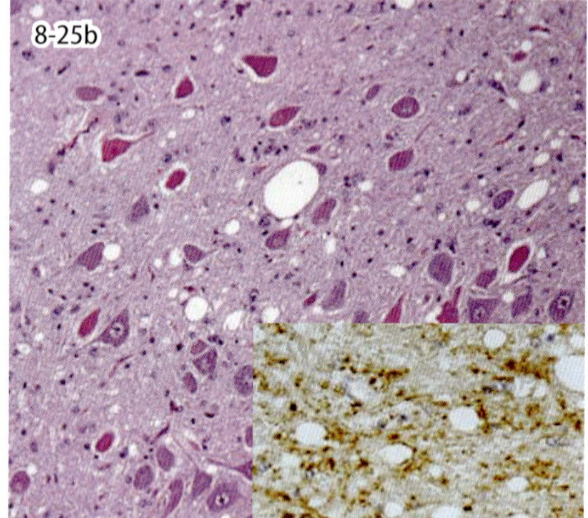

図 8-25　スクレイピー（羊）．矢頭で囲まれる迷走神経背側核を中心に空胞形成がみられる（a）．神経細胞体，神経網の空胞（b）とその周囲のプリオン陽性像（挿入図）．

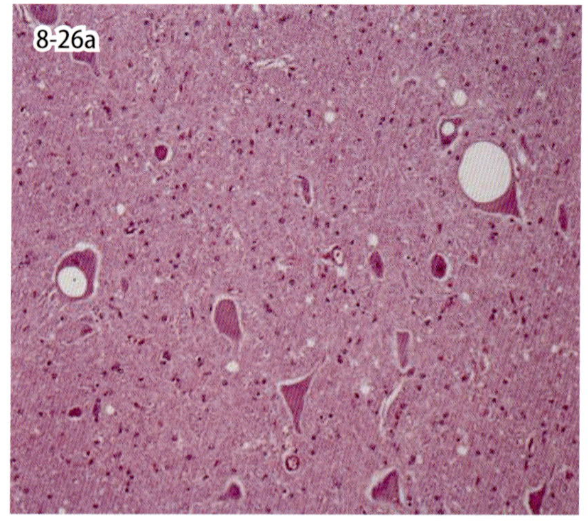

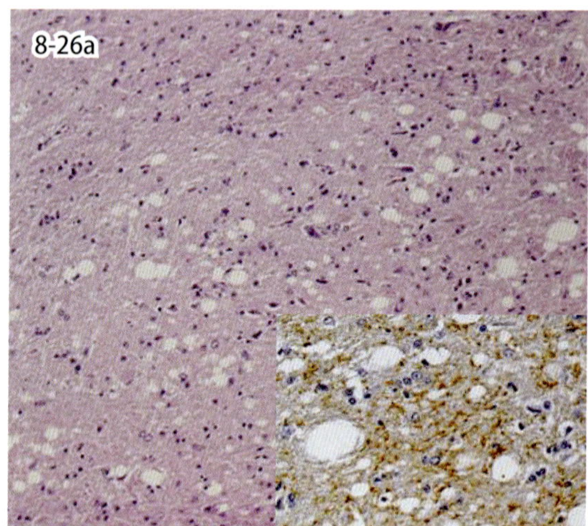

図 8-26　牛海綿状脳症．赤核にみられた神経細胞体の空胞形成（a）．孤束核神経網の空胞形成（b）と同部位のプリオン陽性像（挿入図）．

8-25. スクレイピー

Scrapie

ヒツジおよびヤギの致死性進行性疾患で，原因は感染性蛋白質プリオンである．組織病変は，神経細胞体と神経網に空胞形成を示す海綿状態が特徴的であり，海綿状脳症と診断される．これら部位に一致して星状膠細胞の反応性腫大や小膠細胞の活性化が観察される．空胞形成は脳幹部，とくに延髄閂部分に左右対称性にみられ，孤束核，迷走神経背側核，網様体に強くみられる．神経核に比較して，運動核である舌下神経核，疑核や顔面神経核の病変は軽度である．また，大脳では視床を除き病変は軽度である．免疫組織染色では病変部を中心に，ニューロンやグリア細胞を縁取るようにプリオンが検出される．すべての症例ではないが，アミロイド斑がみられることがある．

8-26. 牛海綿状脳症

Bovine spongiform encephalopathy（BSE）

致死性進行性疾患で，原因はスクレイピーと同様に感染性蛋白質プリオンである．組織学的には脳幹部，とくに迷走神経背側核や孤束核を含む多くの神経核が確認できる閂部分に特徴的な所見がみられる．臨床症状を示した動物では，神経網に多くの空胞形成がみられ，神経細胞体にも単房性から多房性の空胞形成がみられる．空胞形成は，赤核，孤束核，迷走神経背側核，脊髄路核，薄束核，楔状束核，オリーブ核や網様体辺縁部にみられるが，舌下神経核や顔面神経核などの運動神経核は比較的軽度である．病変の強さに一致して星状膠細胞の活性化がみられる．免疫組織学的検索ではこれら空胞形成部位とその周囲領域に，プリオンが検出される．

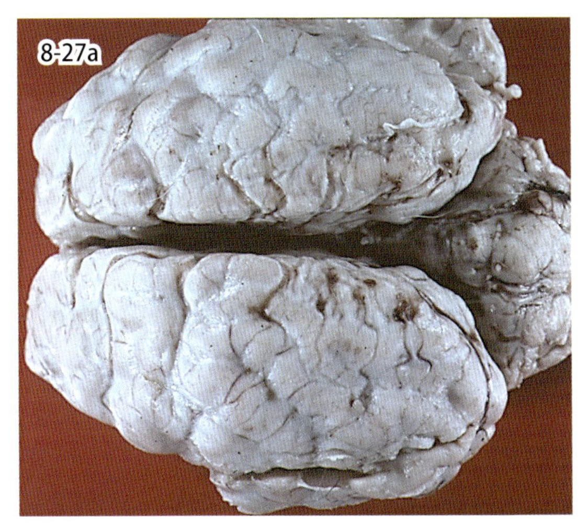

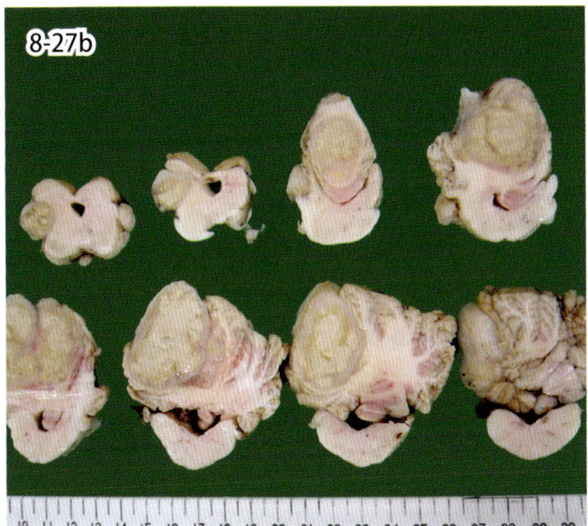

図 8-27 化膿性髄膜脳炎．髄膜に著明な肥厚と混濁が認められる（a，馬）．子牛の脳膿瘍（b）．脳幹から小脳にかけて片側性の膿瘍形成が認められる．

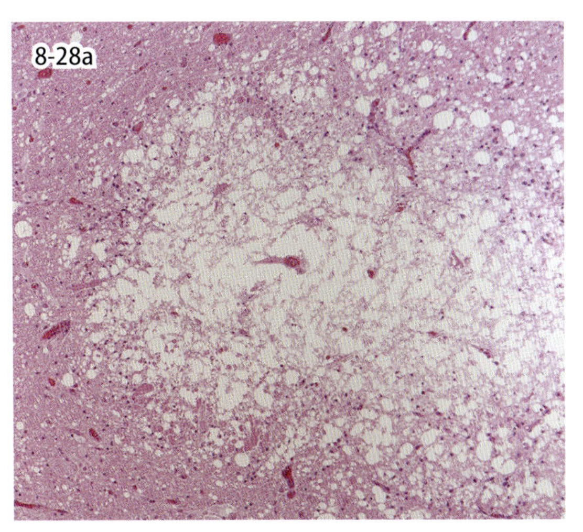

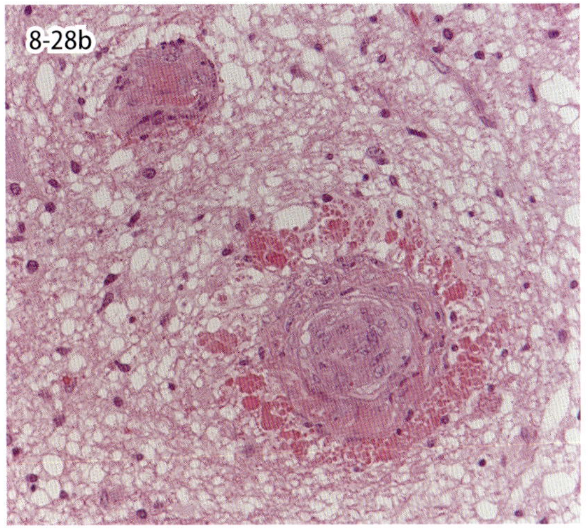

図 8-28 脳脊髄血管症（豚）．中脳の融解壊死（a）と血管病変（b）．血管壁の壊死，内皮細胞の腫大，血管周囲の好酸性滴状物がみられる（写真提供：2012 家畜衛生研修会 No.22）．

Chap.8

8-27. 化膿性髄膜脳炎

Purulent meningoencephalitis

細菌性髄膜脳炎は，血行性に細菌が髄膜や神経実質に波及して起こる．一般的には，び漫性の化膿性髄膜炎あるいは脈絡膜脳炎のパターンをとるが，脳実質の局所に脳膿瘍を形成する場合もある．中耳あるいは内耳炎に関連して細菌感染が内耳神経より波及することもある．脳神経から脳に波及する場合もある．図 8-27a は敗血症に続発した馬の化膿性髄膜脳炎である．髄膜はび漫性に肥厚および混濁する．図 8-27b は中耳・内耳炎に続発した子牛の脳膿瘍である．脳神経の走行とほぼ一致して病変が脳幹部から小脳に認められる．組織学的に化膿性髄膜脳炎は好中球を主体とする細胞浸潤を特徴とするが，膿瘍では正常部と炎症巣を境界する膿瘍膜の形成が認められる．

8-28. 豚の脳脊髄血管症

Porcine cerebrospinal angiopathy

離乳後の肥育豚で発症し，神経症状を伴う．肉眼的に，脳幹部に主座する両側性左右対称性の黄褐色～灰色軟化巣がみられる．組織学的に，脳の細動脈あるいは中径動脈の平滑筋細胞の壊死に起因する梗塞性の融解壊死が観察される（図 8-28a）．初期病変は蛋白成分に富む血管周囲性の水腫であり，PAS 反応陽性の好酸性滴状物がみられる（図 8-28b）．さらに，血管壁のフィブリノイド壊死，血管内皮細胞の腫大および増数，血管壁および血管外膜への炎症性細胞浸潤がみられる．病変の進行に伴って壊死巣にマクロファージが浸潤し，動脈は肥厚する．類似の病変は浮腫病 Edema disease の消化管粘膜下組織の動脈にも認められ，本症は浮腫病の亜急性の型であると考えられている．

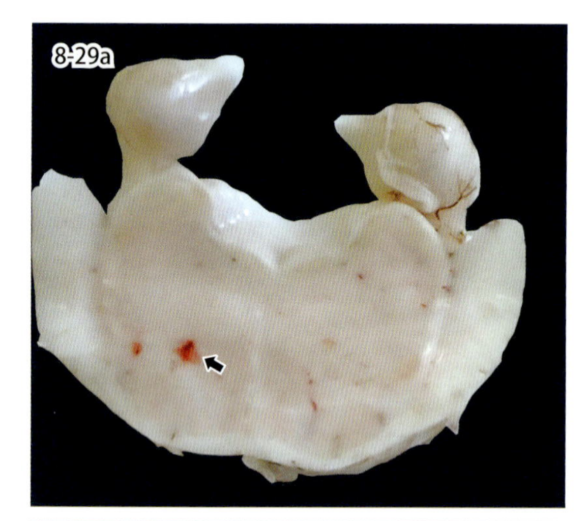

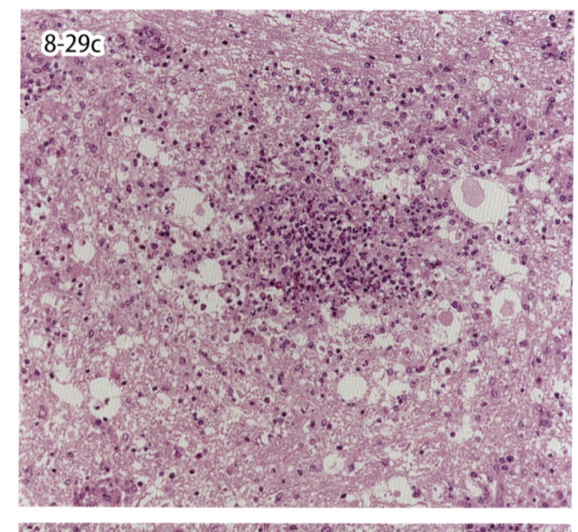

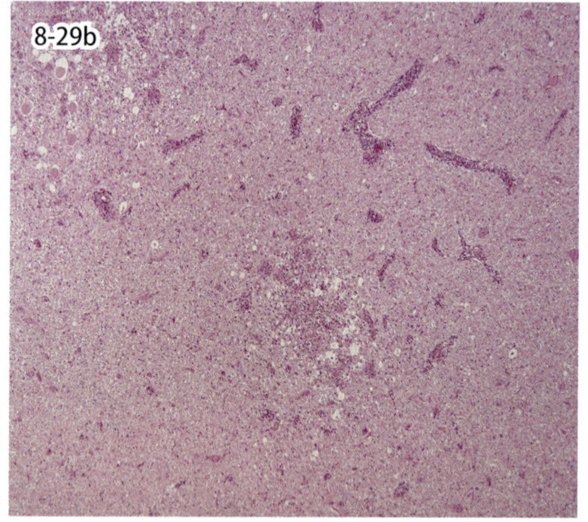

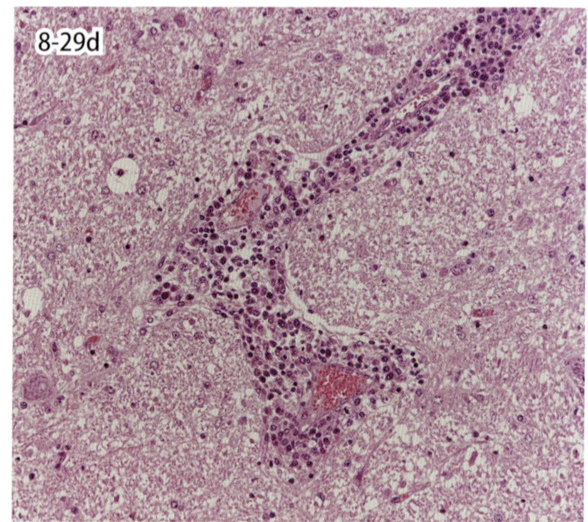

図 8-29a・b リステリア症（牛）．橋の出血斑（a の矢印）と脳炎（b）（写真提供：2015 年家畜衛生研修会 No.16）．

図 8-29c・d リステリア症（牛）．橋の微小膿瘍（c）と単核細胞性囲管性細胞浸潤（d）（写真提供：2015 年家畜衛生研修会 No.16）．

8-29. リステリア症

Listeriosis

本症は人獣共通感染症で，病原体は中枢神経系に親和性があるグラム陽性通性嫌気性細胞内寄生小桿菌の *Listeria monocytogenes*（まれに *L. ivanovii*）である．家畜では主として反芻獣（牛，山羊，羊）が感染し，脳炎型，敗血症型，流産型の 3 病型がみられる．13 種の血清型のうち，1/2a，1/2b および 4b による発症が多い．

リステリア脳炎は反芻獣の成獣に散発的に発生することが多いが，豚，馬，犬に発生することもある．旋回病と呼ばれる特徴的な臨床症状を呈する．肉眼的な病変は通常認められないが，脳幹部実質の灰黄色斑，出血（図 8-29a），髄膜の混濁がみられることもある．組織学的病変は橋と延髄に主座し，左右非対称性の髄膜脳炎である．病変は灰白質および白質の両方に観察される（図 8-29b）．初期病変は軽度のミクログリアの集簇で，のちに好中球が浸潤し，微小膿瘍となる（図 8-29c）．病変の進行に伴って組織は壊死し，マクロファージ，脂肪顆粒細胞の集簇が観察される．血管周囲にはリンパ球などの単核細胞を主体とする囲管性細胞浸潤が認められ（図 8-29d），非化膿性脳炎との鑑別が重要である．免疫組織化学により，病変内の *L. monocytogenes* 抗原を検出できる．

リステリア脳炎の感染源として汚染サイレージが重要視されており，口腔内の傷から末梢神経に侵入した本菌が神経線維を逆行性に移動し，延髄へ到達すると考えられている．神経細胞内で増殖した細菌は，エンドサイトーシスによって隣接する細胞に取り込まれる．その後，細菌は食胞を溶解し，細胞質内で増殖する．

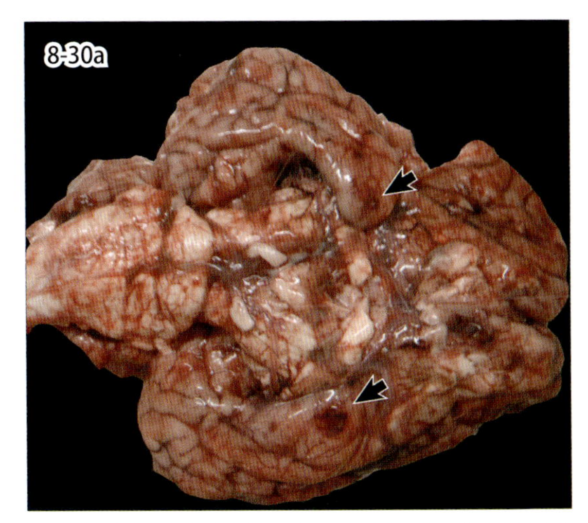

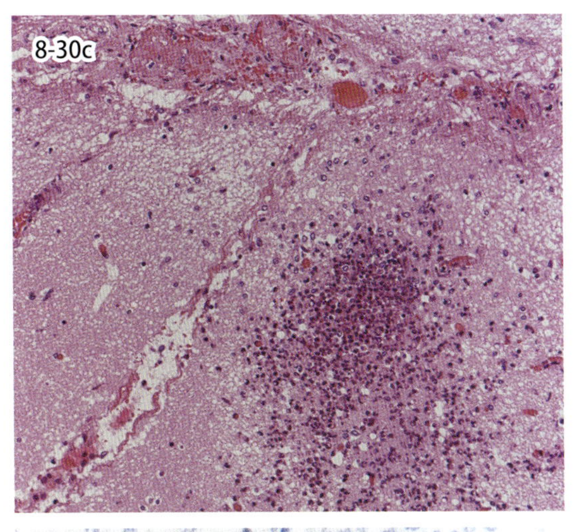

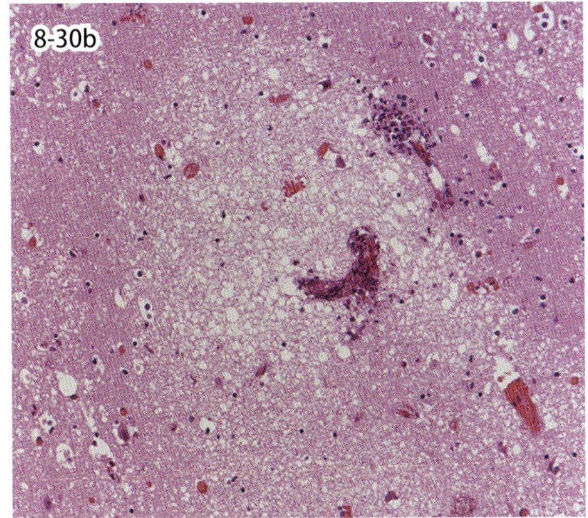

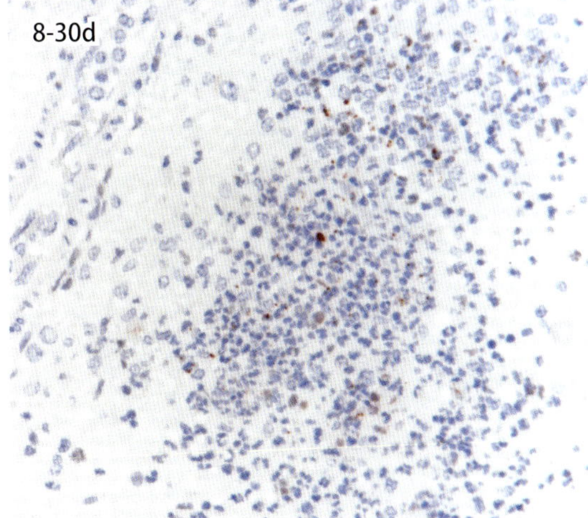

図 8-30a・b　伝染性血栓性髄膜脳炎（牛）．脳底部出血斑（a の矢印）と大脳の梗塞巣（b）（写真提供：2013 家畜衛生研修会 No.21）．

図 8-30c・d　伝染性血栓性髄膜脳炎（牛）．髄膜炎と微小膿瘍（c）と微小膿瘍内の *H. somni* 抗原（d）（写真提供：2013 家畜衛生研修会 No.21）．

8-30．伝染性血栓性髄膜脳炎

Infectious thrombotic meningoencephalitis（ITME）

ヒストフィルス・ソムニ感染症は，グラム陰性小桿菌である *Histophilus somni* を原因とし，敗血症・髄膜脳脊髄炎型，肺炎型および生殖器疾患・流産型がある．本疾患は髄膜脳脊髄炎の組織学的特徴から伝染性血栓性髄膜脳炎と呼ばれる．主として肥育牛に散発し，後弓反張，昏睡などの神経症状を呈し，急性の経過で死亡することが多い．

肉眼的に，脳脊髄液は混濁し，脳脊髄表面および割面に散在性多発性に境界明瞭な出血，壊死がみられる（図 8-30a）．組織学的に，血栓を伴う重度の血管炎と梗塞による周囲組織の壊死（図 8-30b），多発性の微小膿瘍，化膿性髄膜炎（図 8-30c）が観察される．グラム陰性細菌塊が血栓内あるいは微小膿瘍内に認められることがある．免疫組織化学により，血栓内あるいは微小膿瘍内に *H. somni* 抗原の検出が可能である（図 8-30d）．

H. somni 感染の病理発生は完全には解明されていないが，血流に侵入した *H. somni* が産生するリポオリゴ糖によって感染局所の毛細血管内皮細胞が傷害され，血管炎，血栓および梗塞が起きると考えられている．血流中の栓子の塞栓に由来した病変ではないことから，従前の血栓塞栓性髄膜脳炎よりも血栓性髄膜脳炎という方が適切である．

同様の血管炎および小化膿巣は腎臓，肺，骨格筋など多臓器にみられ，心臓では血管炎，血栓形成とそれに起因する心筋梗塞がみられることがある．

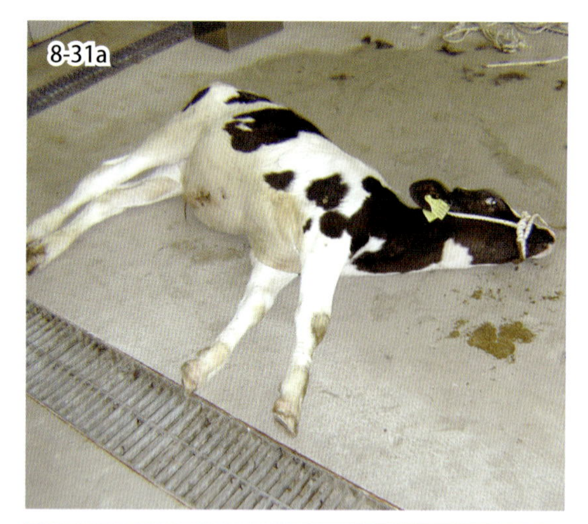

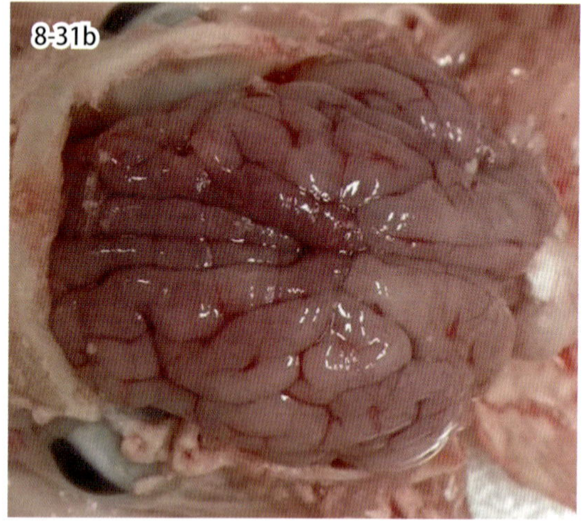

図 8-31a・b　日本脳炎（牛）．日本脳炎ウイルス感染 8 日目の牛（a）．新生子豚の脳水腫（b）．脳表面の色調は帯赤し混濁（写真提供：a は動衛研，b は静岡県中部家保 *）．

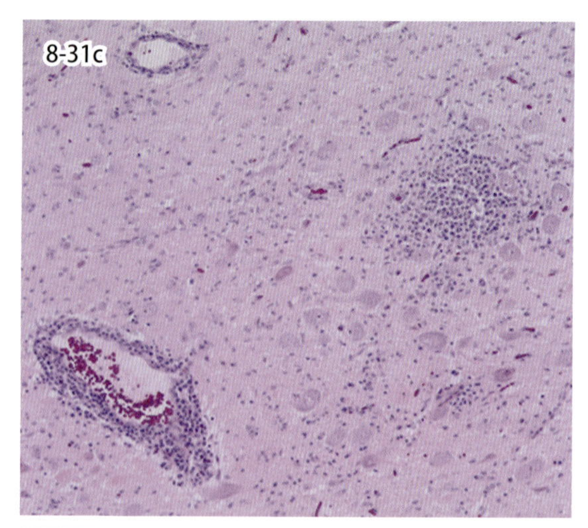

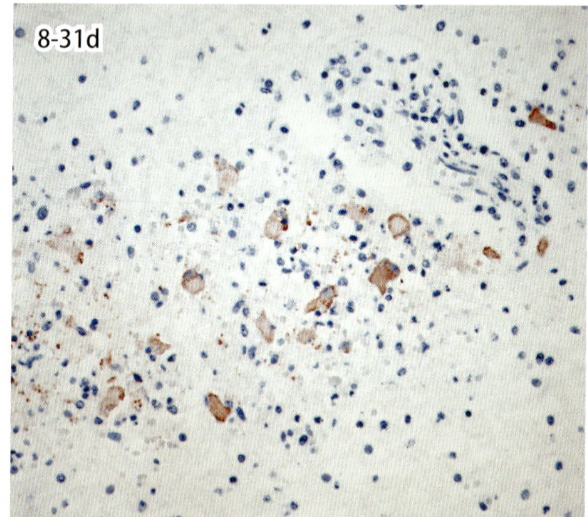

図 8-31c・d　日本脳炎（豚）．囲管性細胞浸潤およびグリア結節（c）．神経細胞細胞質内のウイルス抗原（d, IHC）（写真提供：動衛研）．

8-31. 日本脳炎
Japanese encephalitis

本病はフラビウイルス科フラビウイルス属日本脳炎ウイルス Japanese encephalitis virus によって主にコガタイエカによって媒介される．牛，馬，豚を含めた多くの哺乳類，鳥類，両生・爬虫類に伝播され，ヒトも感染する人獣共通感染症である．

日本脳炎ウイルスに感染した馬や牛は，神経症状を出した症例でも肉眼病変は少ない．組織学的には脳脊髄に囲管性細胞浸潤，グリア結節，神経細胞変性壊死を特徴とした非化膿性炎が認められる．馬や牛の神経症状として，意識混濁，狂騒，歩様異常，斜頚，起立不能後の後弓姿勢（図 8-31a）などがみられる．脳幹部から脊髄にかけて強い病変を形成する傾向にある馬のウエストナイル熱やマレーバレー脳脊髄炎と比較して，馬の日本脳炎は大脳半球から脳幹部にかけて主病変を形成する傾向にある．日本脳炎ウイルス感染豚の異常産子や新生子には，肉眼的に脳軟化，脳水腫（図 8-31b）および脊髄の萎縮が認められることが多い．脳炎病変は大脳皮質に強くみられるが，白質にも形成される．本病は生後感染によっても子豚に神経症状を伴った非化膿性脳脊髄炎を引き起こす．図 8-31c は日本脳炎ウイルスを接種した 3 週齢の子豚の大脳である．囲管性細胞浸潤，グリア結節が確認できる．感染初期では好中球浸潤が顕著にみられるが，感染 5 日目では好中球は認めず，単核細胞による囲管性細胞浸潤を特徴とする．免疫組織化学的にウイルス抗原は脳脊髄組織の神経細胞細胞質内および壊死病変部に認められる（図 8-31d）．

* 静岡県中部家畜保健衛生所

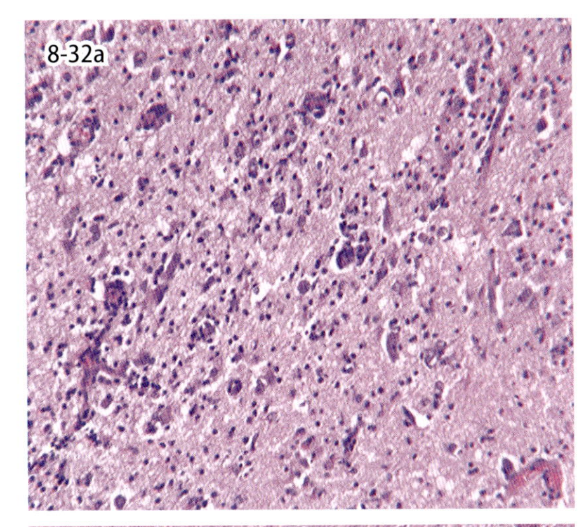

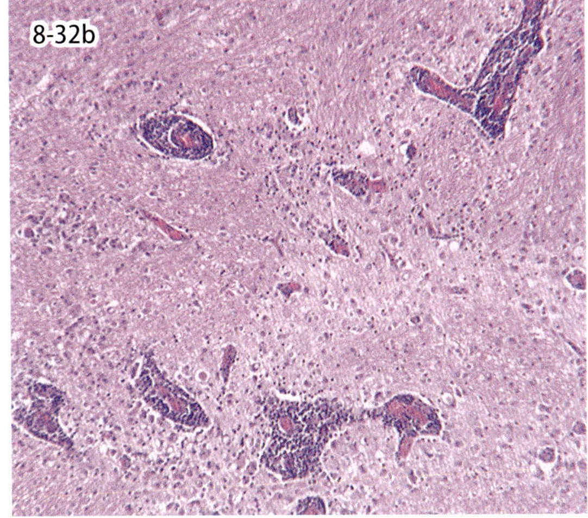

図 8-32　ボルナ病（馬）．前頭葉皮質の非化膿性脳炎像．リンパ球を主とする細胞浸潤を特徴とする（a）．大脳白質にリンパ球主体の囲管性細胞浸潤が観察される（b）．

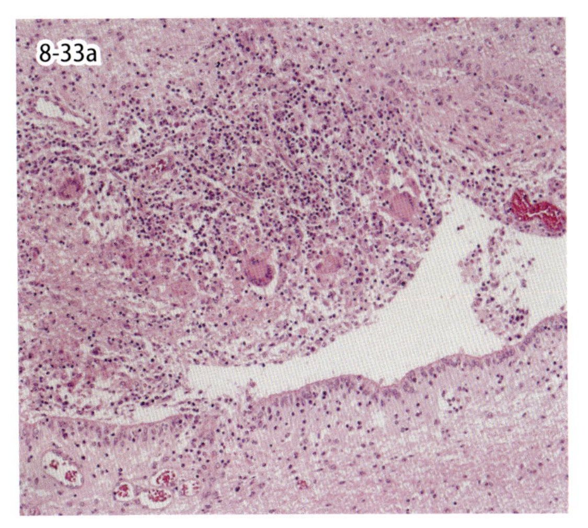

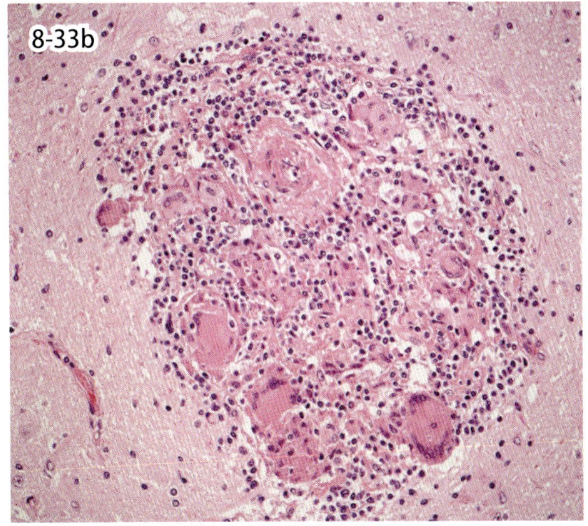

図 8-33　馬伝染性貧血（馬）．多核巨細胞を伴った脳室炎 / 脳室周囲炎（a）．病変は脳実質内の血管周囲にもみられる（b）（写真提供：動衛研）．

8-32. ボ ル ナ 病

Borna disease

ボルナ病ウイルス（BDV）による馬の致死性脳炎で，馬以外の動物にも報告がある．馬のボルナ病は数週間の潜伏期を経て発症し，知覚過敏あるいは麻痺，興奮，筋肉の震えなどの神経症状を示し，やがて運動失調，全身麻痺に陥り死に至る．剖検時，肉眼的変化は認められないことが多い．非化膿性脳炎を特徴とする．リンパ球を主体とする単核細胞が血管周囲性に浸潤する囲管性細胞浸潤，神経細胞の変性，神経食現象 neuronophagia，小膠細胞 microglia の反応などから成り立つ（図 8-32a）．一般に，囲管性細胞浸潤は細胞層が厚く，血管周囲の実質へと広がる．これらの病変は主に灰白質に認められるが，罹患領域に関連する神経路に沿って病変が形成されることもある（図 8-32b）．

8-33. 馬伝染性貧血

Equine infectious anemia

本病はレトロウイルス科オルソレトロウイルス亜科レンチウイルスに属する馬伝染性貧血ウイルス Equine infectious anemia virus による馬の致死性伝染病である．臨床症状により，高熱を呈し約 80％が死亡する急性型，発熱の繰返しにより死亡する亜急性型，繰り返される発熱が徐々に軽度となり健康馬と見分けがつかなくなる慢性型に分類される．慢性型の約半数に髄膜脳脊髄炎が認められる．脳病変は脳室系の近傍（図 8-33a），軟膜および軟膜下脳実質，血管周囲（図 8-33b）にとくに高度に分布する傾向を示し，炎症性細胞浸潤，多核巨細胞を伴った肉芽腫形成によって特徴づけられる．

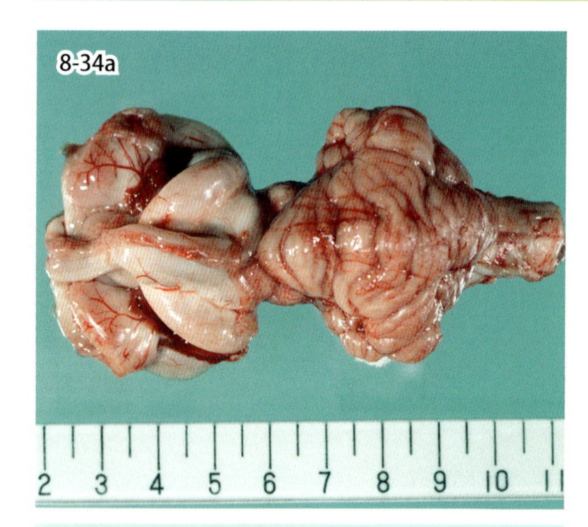

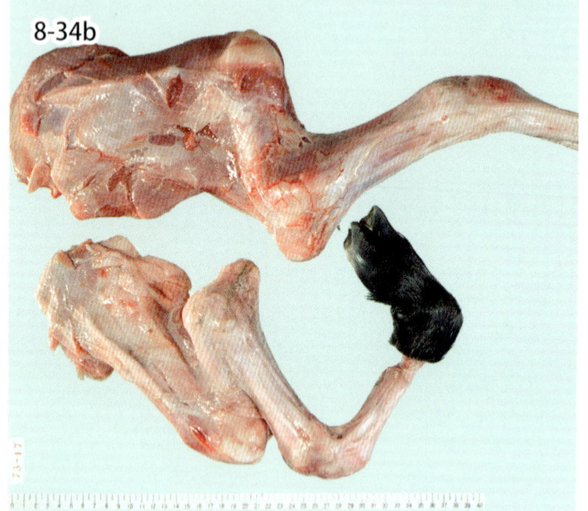

図 8-34a・b　アカバネ病（牛）．アカバネ病流行に関連してみられた新生子牛の水無脳症（a）と関節湾曲症（b）．

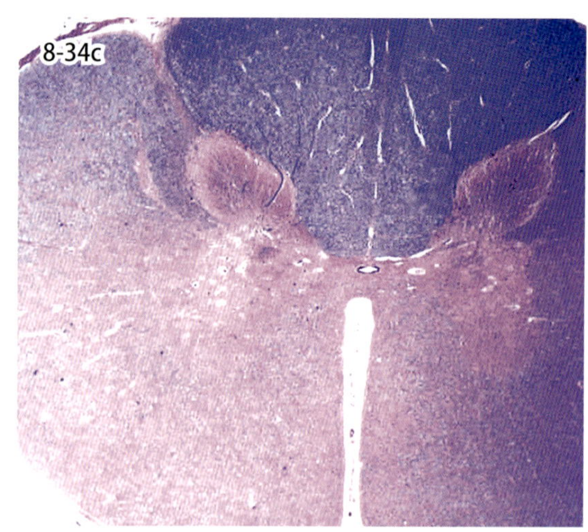

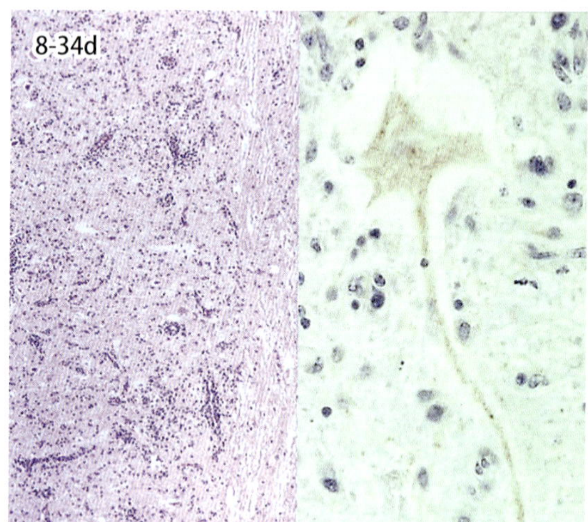

図 8-34c・d　アカバネ病の脊髄（LFB-HE）．腹角神経の著明な脱落（c）．生後感染の非化膿性炎症（d 左），変性した神経細胞内のウイルス抗原（d 右）．

8-34. アカバネ病

Akabane disease

ブニヤウイルス科アカバネウイルスはウシヌカカにより媒介されて牛の胎子に垂直感染し，流死産や先天異常を引き起こす疾患である．本ウイルスの感染に起因するアカバネ病はわが国における代表的なウイルス性異常産である．ウイルス感染はヌカカが活動する夏季を中心とし，感染した胎子の成長程度により症状が異なる．胎子発生早期に感染した場合は流早死産，中期から後期では関節湾曲症 arthrogryposis や水無脳症 hydranencephaly あるいは孔脳症が認められる（図 8-34a，b）．このような先天異常を示す子牛では，病理組織学的に脊髄の腹角運動神経細胞の脱落および減数（図 8-34c）と骨格筋の矮小筋症がみられるが，これらの病変部に活動的な病変は乏しい．

アカバネウイルスの Iriki 株など，一部の神経向性の高いウイルス株の流行の際には，生後感染により子牛で非化膿性脳脊髄炎が認められることがある．罹患症例は肉眼病変を欠き，病理組織検索により主に脳幹から脊髄の灰白質組織に分布する病変が観察される．リンパ球を主体とした囲管性細胞浸潤やグリオーシスなどを伴う活動的な脳脊髄炎像を呈する．このような症例ではウイルス抗原が病変部内の神経細胞に検出される（図 8-34d）．アカバネウイルス以外に牛の胎子に感染し，神経系に奇形を起こすウイルスには，チュウザン（カスバ）ウイルス，アイノウイルス，ブルータングウイルス，イバラキウイルス，牛ウイルス性下痢・粘膜病ウイルスなどが知られている．

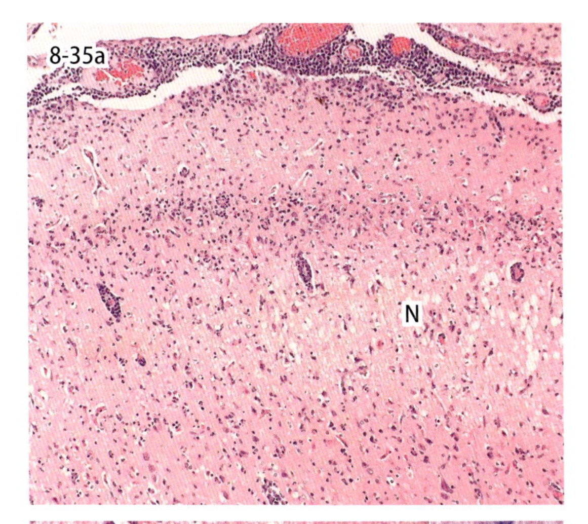

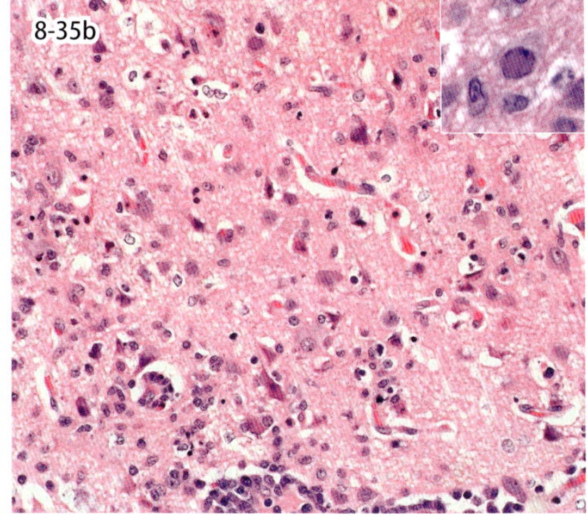

図 8-35　オーエスキー病（豚）．大脳皮質深層（N）の海綿状態（a）．皮質深層神経細胞の乏血性変化，炎症細胞浸潤（b），神経細胞核内の好酸性核内封入体（挿入図）．

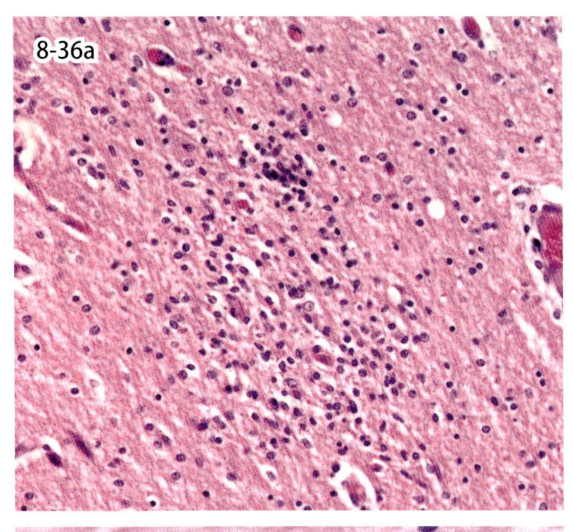

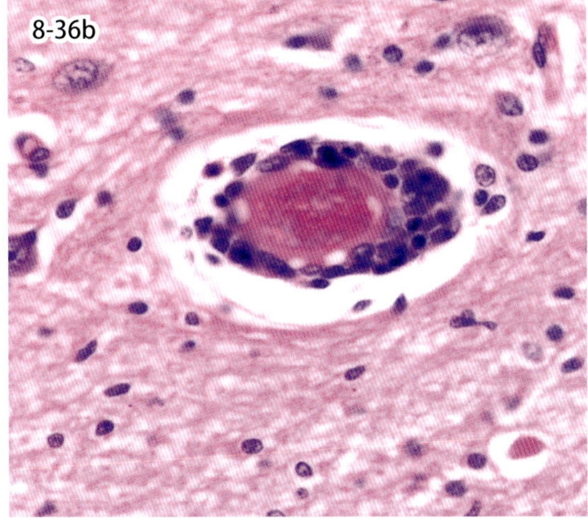

図 8-36　豚熱．大脳におけるグリオーシス（a）と軽度の囲管性細胞浸潤（b）を示す．

8-35. オーエスキー病

Aujeszky's disease（Pseudorabies）

Pseudorabies virus（porcine herpesvirus 1）の感染による．豚のほか数種の感受性動物に脳炎を起こし，子豚や豚以外の感受性動物の多くは致死性である．取り込まれたウイルスが主に鼻腔・咽頭粘膜で増殖後，知覚神経終末を介して神経向性に三叉神経，嗅球，脳へと到達し，非化膿性の髄膜脳脊髄炎を起こす．ウイルス株によっては消化管粘膜病変から腸間膜神経叢に入り自律神経を経て中枢神経に到達する場合もある．神経病変は非化膿性髄膜脳脊髄炎と三叉神経節炎であり，神経細胞の変性および壊死とともにそれらや星状膠細胞，希突起膠細胞，血管内皮細胞などに好酸性～塩基性の核内封入体が形成される．

8-36. 豚熱（豚コレラ）

Classical swine fever

豚熱は，豚熱ウイルスによって起こる豚およびイノシシの全身性ウイルス感染症である．本ウイルスの標的細胞の 1 つは血管内皮細胞であり，脾臓，腎臓，消化管漿膜，中枢神経系など多くの臓器に病変を形成する．このため，罹患豚は後躯麻痺，運動失調などの神経症状を示すことがある．中枢神経系の病変は灰白質および白質に形成され，好発部位は延髄や橋などの脳幹部と視床であるが，大脳，小脳ならびに脊髄にも病変がみられる．組織病変の特徴は血管内皮細胞の変性および壊死，腫大ならびに増殖で，リンパ球を主とした囲管性細胞浸潤が観察される．図 8-36 は豚の大脳で，神経細胞変性，グリオーシス，リンパ球を主とした軽度の囲管性細胞浸潤がみられる．

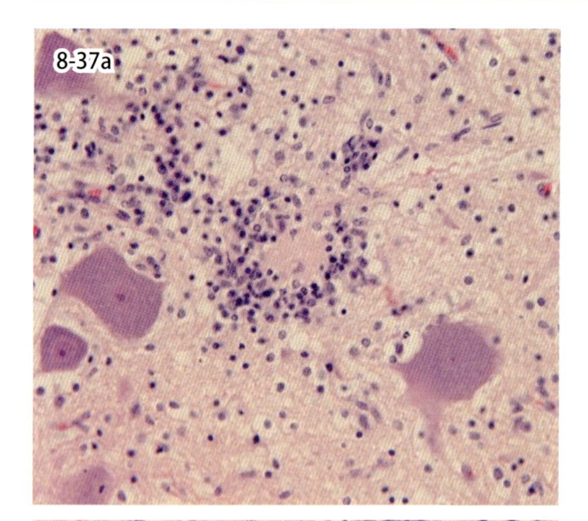

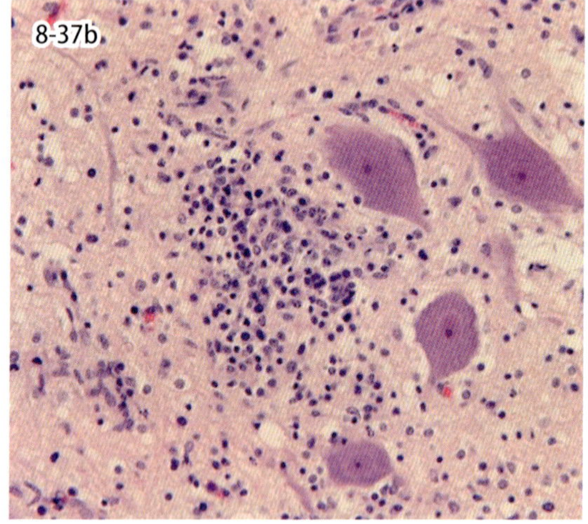

図 8-37　豚エンテロウイルス病．脊髄腹角における神経食現象（a）およびグリア結節（b）を示す．

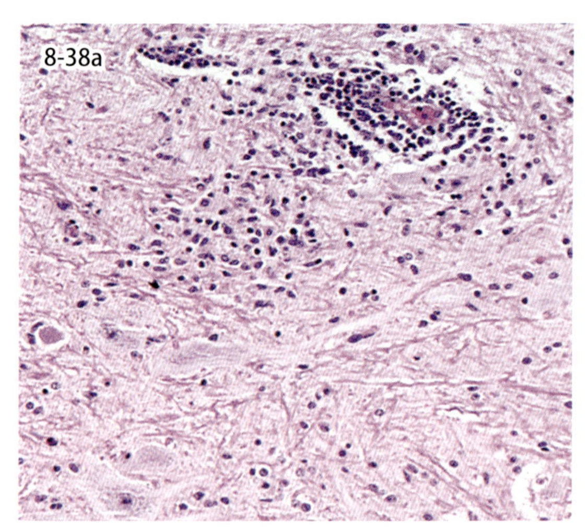

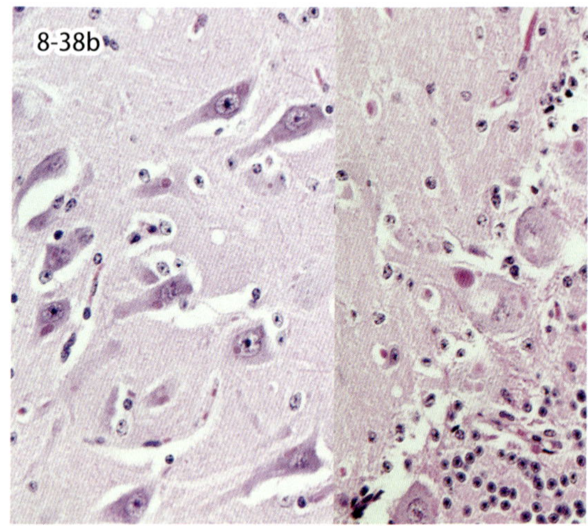

図 8-38　狂犬病（牛）．脳幹部におけるリンパ球主体の血管周囲性浸潤とグリオーシス（a）．海馬の錐体細胞（b 左）と小脳プルキンエ細胞（b 右）のネグリ小体（b）．

Chap.8

8-37．豚エンテロウイルス病
Porcine enterovirus infection

豚エンテロウイルス性脳脊髄炎の主要な病変は脳幹部，小脳ならびに脊髄にみられる．本病は発生地名にちなみテッシェン病とも呼ばれる．図 8-37a は脊髄灰白質の腹角で，壊死した神経細胞周囲に小膠細胞が取り囲む神経食現象を示す．図 8-37b はグリア結節で，神経食現象が進行した像と考えられている．そのほかの所見として，リンパ球，形質細胞ならびにマクロファージからなる囲管性細胞浸潤や腫大軸索が観察される．上記の所見は脊髄灰白質，とくに腹角に認められる．本病の原因ウイルスである豚エンテロウイルスは 13 の血清型に分類されていたが，近年の遺伝子学的解析により豚テシオウイルス，豚サペロウイルス，豚エンテロウイルス B に再分類された．

8-38．狂　犬　病
Rabies

狂犬病 rabies はラブドウイルス科の狂犬病ウイルスによる感染症で，ヒトを含むほとんどの動物に感染する．コウモリなどの野生動物や犬が主なウイルス保有宿主となる．本ウイルスは感染動物の唾液中に多く存在し，咬傷により知覚神経を経て中枢神経に達すると考えられている．本疾患は非化膿性炎症病変とネグリ小体 Negri body と呼ばれる好酸性細胞質内封入体を特徴とする．一般に非化膿性脳炎像は脳幹部に強く現れ（図 8-38a），大脳や小脳では炎症性変化を欠く場合がある．ネグリ小体は，大脳皮質の神経細胞，海馬錐体細胞，小脳プルキンエ細胞で明瞭に認められる（図 8-38b）．犬では海馬錐体細胞，反芻獣では小脳プルキンエ細胞がネグリ小体の好発部位とされる．

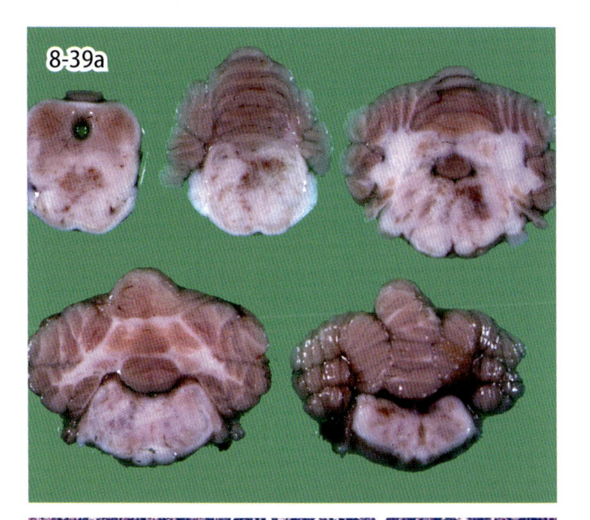

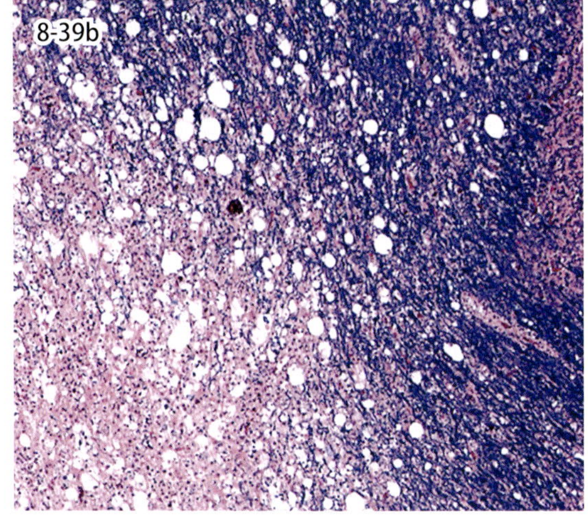

図 8-39a・b　犬ジステンパー脳炎．肉眼的に亜急性経過の症例では小脳白質や脳幹部に出血を伴う病変が観察され（a），同部には組織学的に脱髄が認められる（b，LFB-HE）．

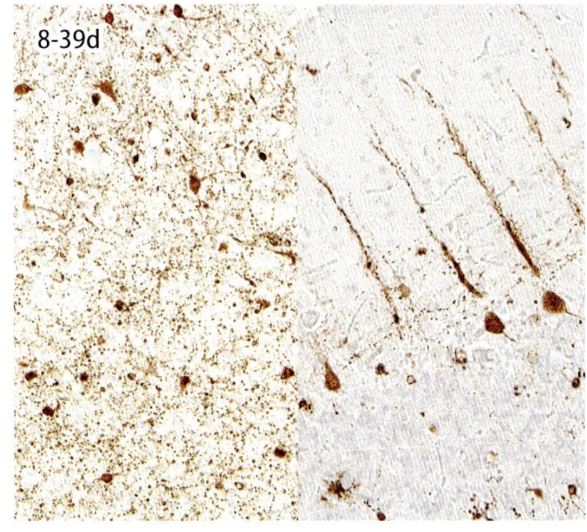

図 8-39c・d　神経細胞や星状膠細胞に好酸性の細胞質内・核内封入体が観察される（c）．ウイルス抗原が大脳や小脳の神経細胞とその突起に検出される（d）．

8-39. 脱髄性脳炎（犬ジステンパー）

Demyelinating encephalitis（canine distemper）

パラミクソウイルス科のモルビリウイルス，犬ジステンパーウイルス canine distemper virus（CDV）感染に起因する疾患であり，全身性疾患の一分症として脳脊髄炎がみられる．CDV 感染症の病変は多彩である．一般的に，小脳白質や脳室周囲の白質に脱髄病変を伴った非化膿性脱髄性脳炎が知られている．この病態は通常亜急性経過症例で観察され，主に延髄，橋，小脳脚，小脳白質，第四脳室周囲に認められる（図 8-39a）．病変として脱髄による空胞形成（図 8-39b），脂肪顆粒細胞浸潤，星状膠細胞の反応性肥大と増殖および巨細胞形成，リンパ球を主体とする血管周囲性細胞浸潤がみられる．病変部の星状膠細胞，上衣細胞，まれに神経細胞の細胞質や核内には，好酸性封入体が観察される（図 8-39c）．一方，甚急性の神経症状を示した症例では，明瞭な組織病変を欠き，大脳皮質に封入体形成を伴う神経細胞の変性および壊死と軽度のグリア細胞増殖を示す皮質病変が観察される．病変中には神経細胞や膠細胞，あるいは血管内皮細胞や周皮細胞内に大量の CDV 抗原を検出することができる（図 8-39d）．また，比較的高齢犬に発生し，進行性の運動障害や神経症状などの臨床経過が慢性に推移する遅発性脱髄性脳疾患，いわゆる老犬脳炎 old dog encephalitis と CDV の関与が知られている．本疾患では脳の萎縮や脳室拡張が認められ，組織学的には白質の脱髄病変，リンパ球，形質細胞を主体とする血管周囲性細胞浸潤，星状膠細胞増殖がみられ，星状膠細胞や神経細胞の核内に好酸性封入体が観察される．

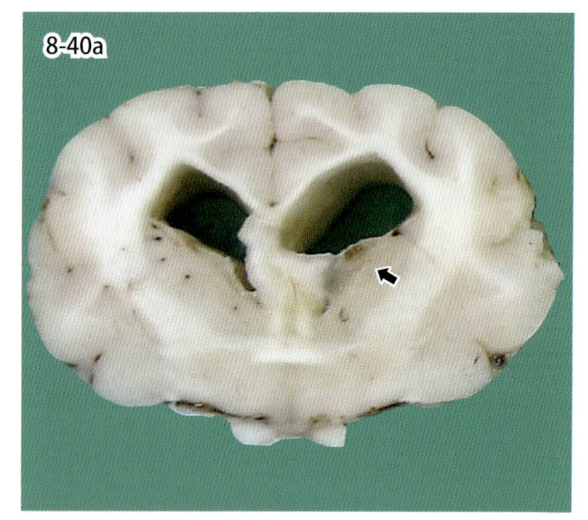

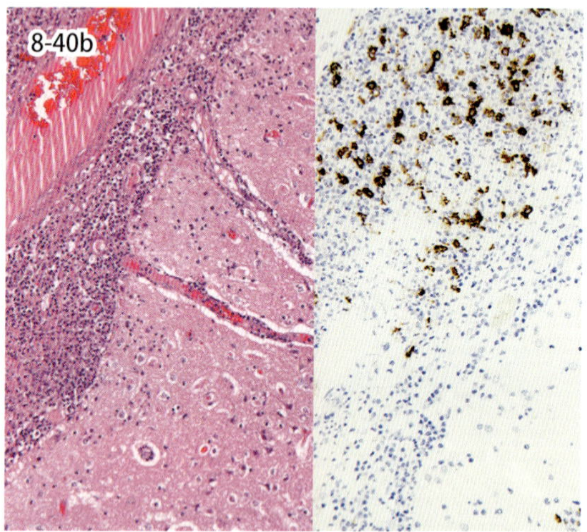

図 8-40　猫伝染性腹膜炎．側脳室の混濁腫脹（a，矢印）．髄膜の好中球，形質細胞，マクロファージの集簇（b 左）とマクロファージ内のウイルス抗原（b 右）．

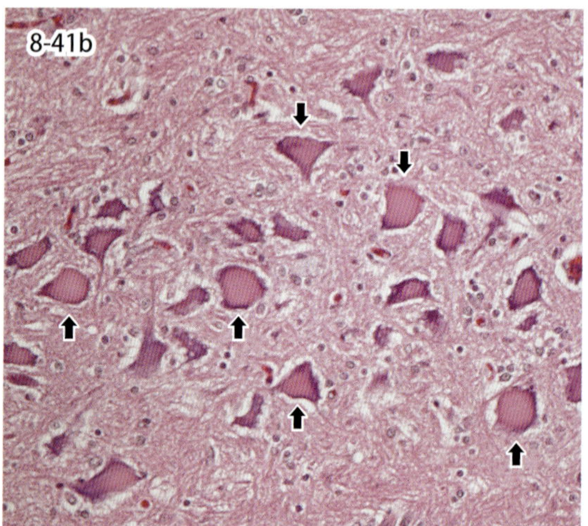

図 8-41　鶏脳脊髄炎．脚麻痺症状を呈し，うずくまる鶏群（a）．脊髄腰膨大部腹角神経細胞の中心性色質融解（b，矢印）（写真提供：a は山梨県東部家保＊，b は動衛研）．

8-40．猫伝染性腹膜炎

Feline infectious peritonitis（FIP）virus infection

猫伝染性腹膜炎 FIP は，コロナウイルス科に属する FIP ウイルスによる全身性疾患であるが，一分症として中枢神経系にも病変が認められる．脳病変は主に髄膜，脈絡膜，脳室周辺に分布し，脳実質の病変はまれである（図 8-40a）．髄膜病変は，軟膜血管周囲における好中球，マクロファージ，リンパ球などの細胞浸潤を特徴とし，重症例ではフィブリン析出や血管壁のフィブリノイド変性を伴う．免疫染色により FIP ウイルス抗原はマクロファージ内に確認できる（図 8-40b）．一方，脳室および脈絡膜病変は形質細胞主体の血管周囲性細胞浸潤を特徴とし，これに好中球やマクロファージが混在する．また，線維素の析出により粘稠性の高い混濁した脳脊髄液が貯留する．

8-41．鶏脳脊髄炎

Avian encephalomyelitis

本病はピコルナウイルス科の鶏脳脊髄炎ウイルス avian encephalomyelitis virus を原因とする．本病は介卵感染が多いことから孵化直後に群発生し，成鶏は不顕性感染を示す．症状は斜頚，脚麻痺症状を呈し（図 8-41a），衰弱する．肉眼的に脳および主要臓器に異常は認めない．ウイルスは脊髄腹角，延髄，小脳，視葉の神経細胞に感染し，脳幹部から脊髄の灰白質脳脊髄炎を特徴とする．病変は大型神経細胞の中心性色質融解 central chromatolysis に始まり（図 8-41b），これに囲管性細胞浸潤やグリア結節が加わり，非化膿性脳脊髄炎を示す．中心性色質融解を示した神経細胞の細胞質は膨化し，細胞中心部のニッスル小体は消失して好酸性を示し，核は偏在もしくは消失する．

＊山梨県東部家畜保健衛生所

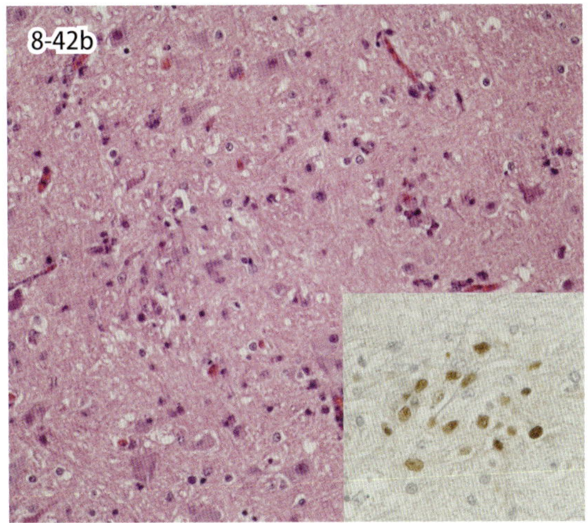

図 8-42a・b 高病原性鳥インフルエンザ（鶏）．鶏の外景所見（a）．神経細胞壊死（b）とグリア結節内ウイルス抗原（b 挿入図）（写真提供：山本 佑氏）．

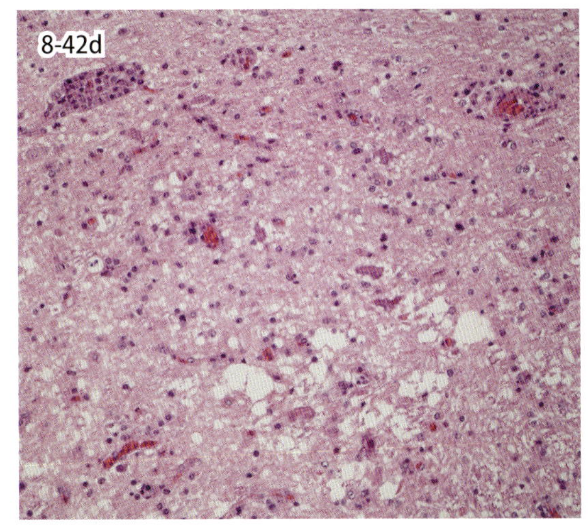

図 8-42c・d 高病原性鳥インフルエンザ．カモの神経症状（c，斜頚）囲管性細胞浸潤と軟化巣（d）（写真提供：山本 佑氏）．

Chap.8

8-42. 高病原性鳥インフルエンザ（家禽ペスト）

Highly pathogenic avian influenza（HPAI）

本病は赤血球凝集素（H）抗原による型別で H5，H7 亜型に属する高病原性のトリインフルエンザウイルス avian influenza virus（インフルエンザウイルス A，influenza virus A）を原因とする家禽の急性致死性伝染病である．かつては家禽ペスト fowl plague と呼ばれていた．図 8-42a は H5N1 ウイルス接種 24 時間以内にすべて死亡した鶏群で，肉眼病変はほとんど認められない．感染鶏は甚急性の経過で死亡することがあるため，養鶏場では突然の死亡数の増加に注意が必要である．肉眼的に肉冠や肉垂，脚鱗などの皮膚のチアノーゼ，水腫および出血を示すものもある．感染鶏ではまれに心冠部や肺，肝臓の出血，心嚢水腫がみられる．図 8-42c は H5N1 ウイルス実験感染アイガモでみられた斜頚症状で，水禽類では重症度に比例して斜頚や歩行異常，痙攣が顕著にみられる．また，高率に角膜混濁がみられる．HPAI ウイルスはまれに中枢神経病変を形成する．鶏における脳病変は脳の白質，灰白質に多発巣状壊死やび漫性壊死としてみられ，炎症反応は乏しい（図 8-42b）．ときに小さなグリア結節を形成する．カモでは壊死性病変に加え，リンパ球およびマクロファージによる囲管性細胞浸潤，血管内皮細胞の腫大，神経食現象，軽度の髄膜炎が認められ，非化膿性脳炎の病態を示す（図 8-42d）．軟化巣がみられることもある（図 8-42d）．感染初期では免疫組織化学的に壊死病変および脳実質内の血管内皮細胞にウイルス抗原が広汎にみられる．グリア結節内や病変周辺の神経細胞細胞質内にもウイルス抗原は確認できる．

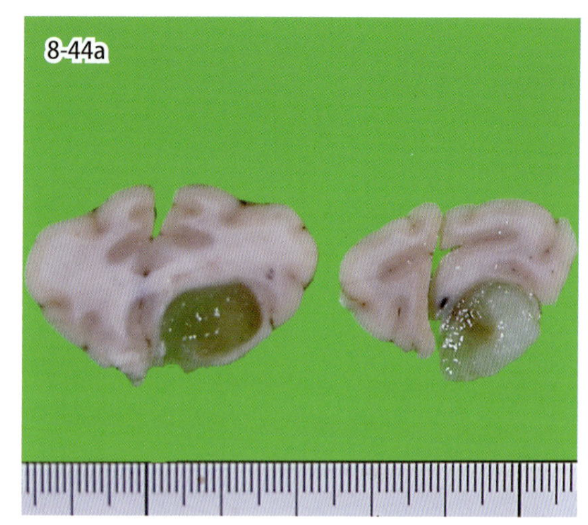

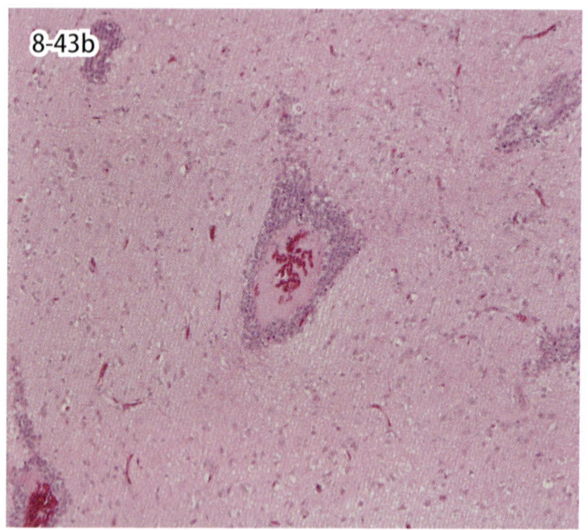

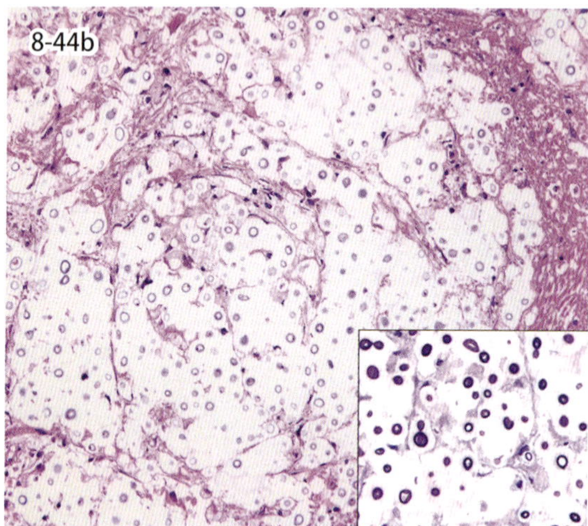

図 8-43　ニューカッスル病．鶏の神経症状（a，斜頸）．中脳でみられた顕著な囲管性細胞浸潤（b）（写真提供：a は山本佑氏，b は動衛研）．

図 8-44　クリプトコッカス症．肉眼的に粘稠なゼリー状の病巣が観察される（a）．マクロファージ浸潤と酵母型真菌（b）．挿入図は PAS 染色．

8-43．ニューカッスル病

Newcastle disease

本病はパラミクソウイルス科のニューカッスル病ウイルス Newcastle disease virus による家禽の致死性伝染病で，鶏のほか，ハト，七面鳥，ダチョウなどほとんどすべての鳥類が感染し，発病する．また，ヒトに感染して結膜炎を起こすことがある．鶏の日齢にかかわらず感染するが，若齢鶏ほど致死率は高い．神経症状を示すものはより経過の長い病型（慢性型，神経型）で，緑色下痢便と開口呼吸も特徴的である．主な神経症状は，嗜眠，斜頸（図 8-43a），頸部麻痺あるいは頸部捻転である．病理組織学的に，中脳から延髄，小脳を中心に神経細胞の変性および壊死，リンパ球を中心とした囲管性細胞浸潤（図 8-43b），グリア結節 glial nodule からなる非化膿性脳炎がみられる．

8-44．脳のクリプトコッカス症

Cryptococcosis in the brain

クリプトコッカス症は，*Cryptococcus neoformans* による感染症で，ヒト，牛，豚，馬，犬，猫など多くの動物で発生が認められている．本疾患は免疫抑制などの条件下で病原性を示す日和見感染症の代表的な疾患であり，常在部位である上部気道や皮膚などに一次病変を形成したのち，通常は血行性に真菌が中枢神経系に波及する．重症例では肉眼的に軟膜や脳実質に半透明ゼリー状の病変を形成する（図 8-44a）．組織学的にはマクロファージの浸潤を主体とする炎症病変が形成され，同炎症巣内に HE 染色には不染性の厚い莢膜を有する直径 5 ～ 20 μm の酵母型真菌が認められる．この酵母型真菌は PAS 染色やグロコット染色で染色される（図 8-44b）．

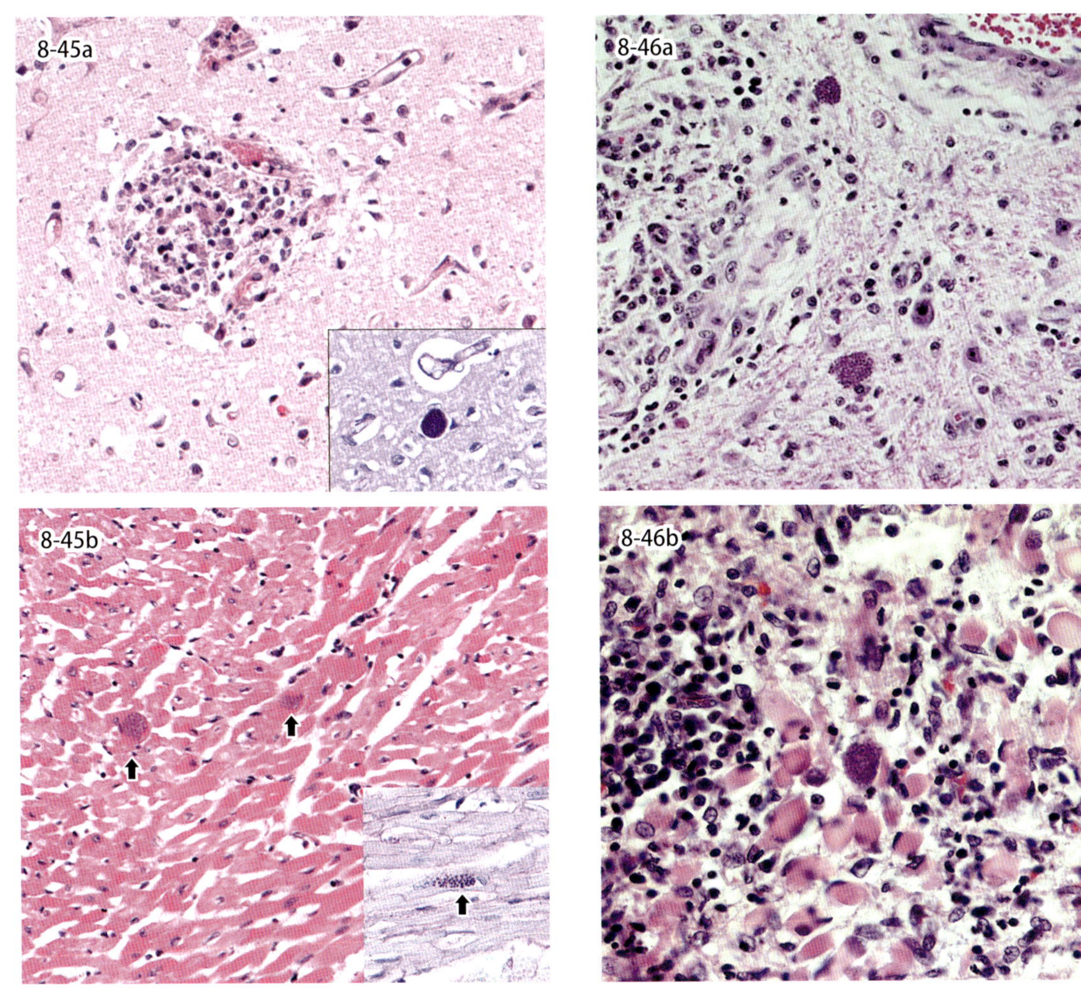

図 8-45 トキソプラズマ症．ミーアキャットの脳（a）と心臓（b）の病変．炎症巣内や病変周囲に PAS 染色で陽性を示す原虫のシストが観察される（挿入図 a および b）．

図 8-46 ネオスポラ症（犬）．ネオスポラ症の脊髄（a）および舌筋（b）病変．いずれの組織でも重度の非化膿性炎症巣に近接して原虫が観察される．

8-45. 脳のトキソプラズマ症

Toxoplasmosis in the brain

トキソプラズマ症 Toxoplasmosis はアピコンプレックス門コクシジウム（亜）綱に属する原虫である *Toxoplasma gondii* による疾患で，多くの哺乳動物と鳥類で発生する．本原虫は，猫を終宿主とし，他の動物は中間宿主となる．ヒトではとくに胎盤感染による流死産や胎児中枢神経に対する催奇形性が重要である．感染動物における中枢神経病変はさまざまで，リンパ球を主体とする囲管性細胞浸潤，壊死巣形成を伴う小膠細胞の結節性あるいはび漫性増殖などが認められ，肉芽腫形成を伴う場合もある（図 8-45a）．そのほかリンパ節，肺，肝臓，心筋（図 8-45b），および骨格筋などにも病変が認められる．病変にはトキソプラズマのタキゾイトを複数含むシストが認められる．

8-46. ネオスポラ症

Neosporosis

ネオスポラ症は，アピコンプレックス門コクシディア目ザルコシスティス科ネオスポラ属の原虫で，犬を終宿主とする *Neospora caninum* 感染に起因する．牛，羊および山羊などは中間宿主となるが，とくに犬と牛で重要である．牛のネオスポラ症では，胎盤感染による流死産や新生子牛の先天異常がみられ，心筋と中枢神経系に非化膿性炎症と原虫体が確認される．中枢神経ではときにグリア結節が観察される．犬では，新生子における感染のほかに，免疫抑制状態の成犬における発症が知られる．病理学的には中枢神経系（図 8-46a），心筋や骨格筋に非化膿性病変が観察される（図 8-46b）．病巣内外に，多数のタキゾイトの集塊やブラディゾイトを含む組織嚢胞が認められる．

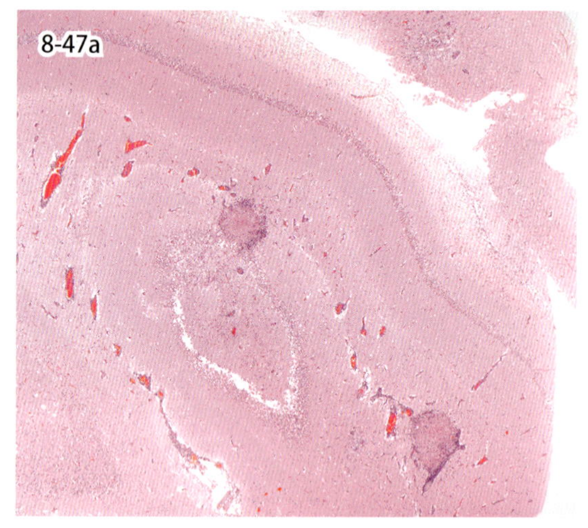

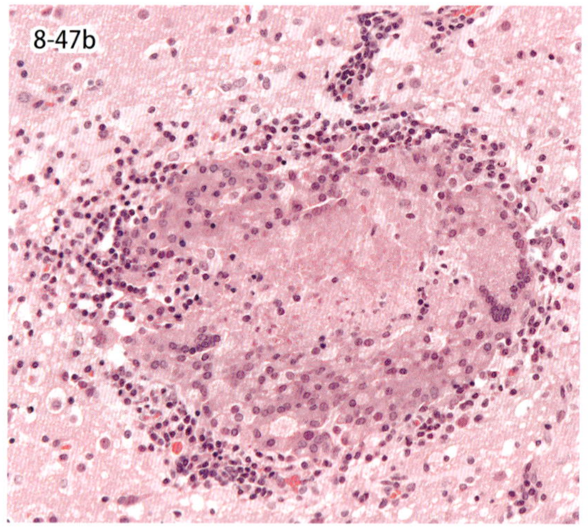

図 8-47　エンセファリトゾーン症（兎）．大脳において多巣性の病変（a）．類上皮化したマクロファージが集簇し，周囲にリンパ球が観察される．

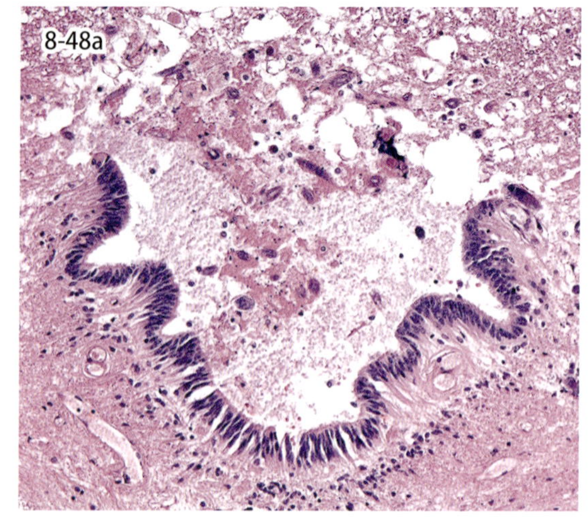

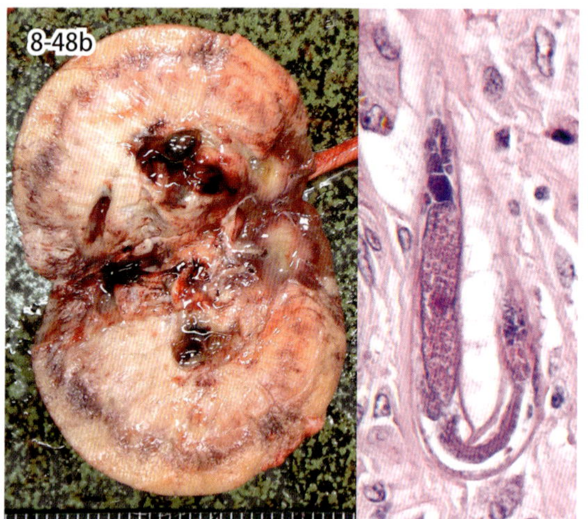

図 8-48　ハリセファロブス症（馬）．脊髄中心管内に多数の虫体がみられる（a）．腎臓の割面（b 左）と腎臓に観察された虫体の組織像（b 右）．

8-47. エンセファリトゾーン症

Encephalitozoonosis

Encephalitozoon cuniculi は，偏性細胞内寄生性の真核生物であり，微胞子虫に分類される．さまざまな動物に感染するが，とくに兎の斜頸症状との関連性が示唆されている．急性期において脳や腎臓に病原体が観察されるが，慢性病変では病原体の観察がしばしば困難である．中枢神経系において多巣状に小肉芽腫病変を形成し（図 8-47a，b），腎臓に間質性肉芽腫性炎症を生じる．

8-48. ハリセファロブス症

Halicephalobus gingivalis infection

本線虫は土壌中に生息する自由生活性の線虫であるが，これまで馬，牛およびヒトへの感染が報告されている．虫体は全身諸臓器に観察され，とくに腎臓に多数観察される．また，中枢神経系に侵入する傾向があり，臨床的には重度の神経症状を示す．図 8-48a は感染馬の脊髄であり，中心管内に多数の虫体が観察される．腎臓では多数の虫体とともに肉芽腫性炎症が認められ，肉眼的には白色充実性に腎臓が腫大する（図 8-48b）．病変部には *H. gingivalis* の雌成虫，幼虫および虫卵が観察される．雌成虫にみられる反転する子宮が特徴的である（図 8-48b 右）．

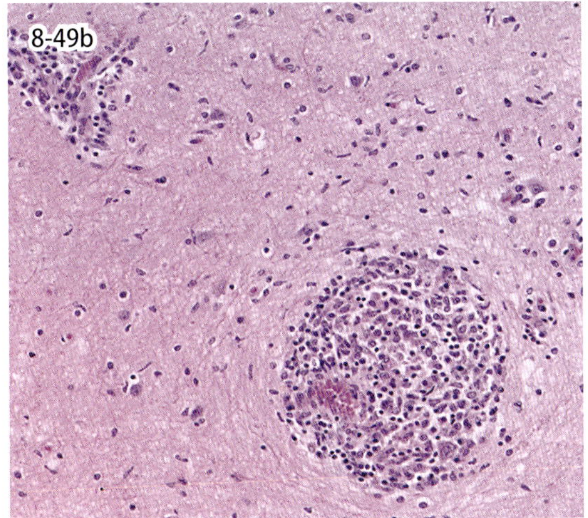

図 8-49 肉芽腫性髄膜脳炎（犬）．脳幹部を中心に変色巣が観察される（a）．組織学的に血管周囲のマクロファージや類上皮細胞の集簇を特徴とする（b）．

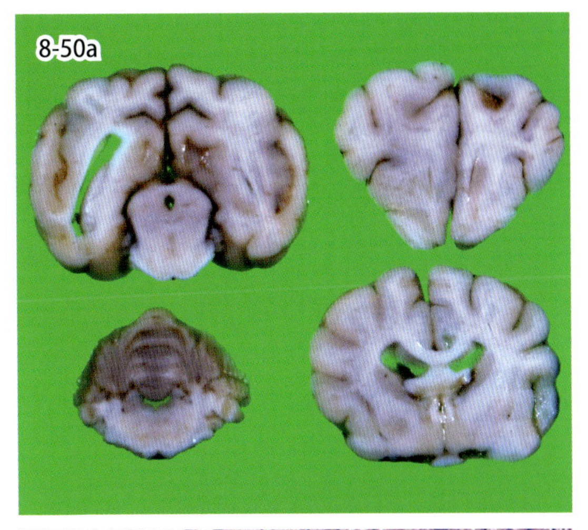

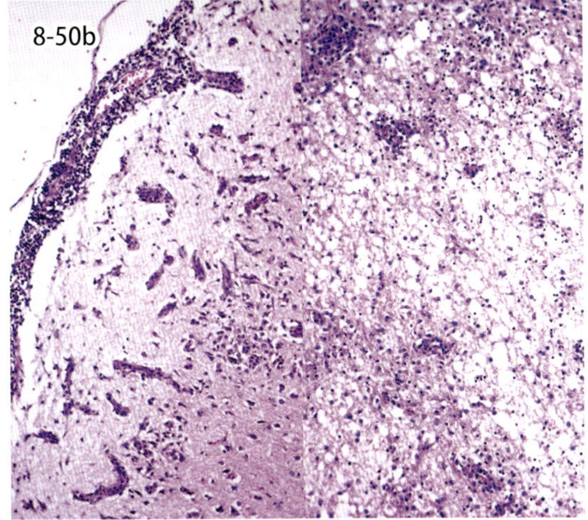

図 8-50 壊死性髄膜脳炎（犬）．大脳の皮質と白質の境界領域に変色部が観察される（a）．髄膜に層状にリンパ球主体の炎症細胞が浸潤し（b 左），広範な壊死巣が形成される（b 右）．

8-49．犬の肉芽腫性髄膜脳炎

Canine granulomatous meningoencephalitis

犬の肉芽腫性髄膜脳脊髄炎 granulomatous meningoencephalitis（GME）は，さまざまな年齢，犬種に発生する原因不明の非化膿性脳炎である．本症では中枢神経系のさまざまな場所に病変が形成され，その臨床像も多彩であるが，視神経が侵襲された場合は盲目などの視覚障害が認められる．病理学的には，主に脳幹部を中心として，大脳白質，小脳白質に病変が認められ（図 8-49a），これらの部位の血管周囲に，マクロファージ，リンパ球，形質細胞の強い浸潤集簇が認められる．多くのマクロファージは，類上皮細胞の形態を示し肉芽腫病変を形成する（図 8-49b）．犬 GME の病理発生には脳組織特異的な T 細胞依存性遅延型アレルギーの関与が示唆されている．

8-50．犬の壊死性髄膜脳炎

Canine necrotizing meningoencephalitis

壊死性髄膜脳炎 necrotizing meningoencephalitis（NME）は，犬種特異性より，パグ犬脳炎と呼称されることもあるが，類似疾患が他犬種でも発生する．パグの壊死性髄膜脳炎の病変は基本的に大脳皮質に主座し，まれに小脳皮質，脳幹の一部に病変が及ぶ（図 8-50a）．ヨークシャー・テリアでは大脳白質と視床脳に壊死病変が形成される．壊死性髄膜脳炎では，大脳軟膜直下に層状の単核細胞浸潤がみられ，同様の細胞浸潤が大脳皮質と白質の境界領域に形成される（図 8-50b）．亜急性～慢性経過例では肉眼でも観察可能な軟化病巣が大脳皮質に多巣状性に形成され，周囲に反応性星状膠細胞の増殖が認められる．病理発生は不明であるが免疫介在性疾患と考えられている．

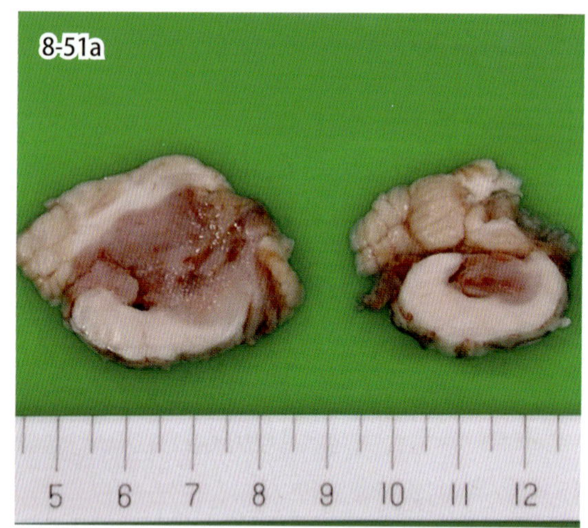

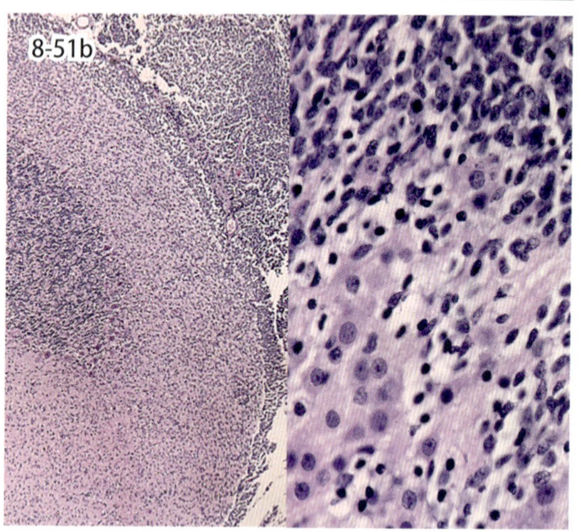

図 8-51a・b　小脳髄芽腫（犬）．小脳から脳幹部で浸潤性増殖を示す（a）．小脳外顆粒層よりび漫性に腫瘍細胞が増殖し（b 左），一部は神経細胞への分化を示す（b 右）．

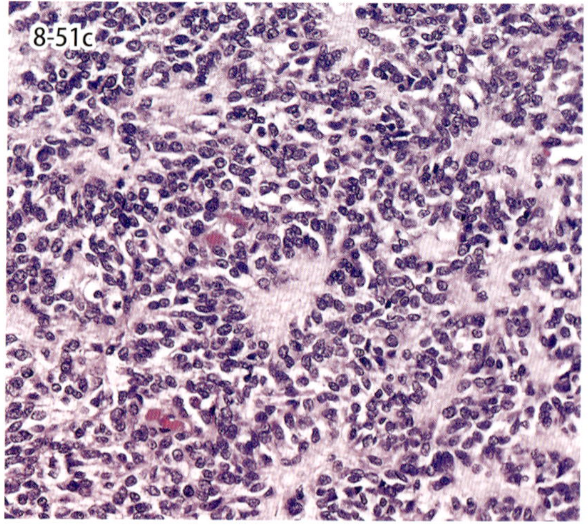

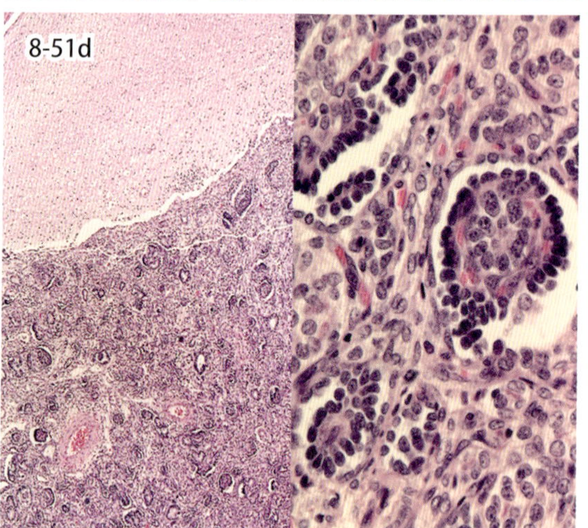

図 8-51c・d　原始神経外胚葉性腫瘍（犬）．腫瘍細胞は Homer-Wright 型ロゼット形成示す（c）．若齢犬の胸腰部脊髄腫瘍（d 左）．原始糸球体様構造（d 右）．

Chap.8

8-51. 原始（未分化）神経外胚葉性腫瘍

Primitive neuroectodermal tumors（PNET）

神経系腫瘍の中で，最も未分化な細胞に由来する腫瘍として，多分化能を有する原始神経外胚葉性腫瘍 primitive neuroectodermal tumors（PNET）や髄芽腫 medulloblastoma あるいは神経細胞への分化を示す未分化な神経芽腫 neuroblastoma がある．なお，犬の脊髄には，神経外胚葉以外の胚葉に由来する未分化な腫瘍（胸腰部脊髄腫瘍）が発生する．PNET と髄芽腫は同じ腫瘍であり，髄芽腫の名称は小脳発生のものに限り使用する．髄芽腫（小脳 PNET）は，小脳外側胚芽層より発生すると考えられる悪性腫瘍である．小脳皮質を置換する浸潤性の高い境界不明瞭な腫瘤を形成する（図 8-51a）．細胞形態は多様で，神経細胞へ分化する細胞以外は細胞質に乏しく，小型核を有する（図 8-51b）．免疫組織化学では，1 ないしそれ以上の神経細胞・膠細胞マーカー陽性を示す．小脳外 PNET は小脳以外の場所に発生した髄芽腫と同様の形態的特徴を有する腫瘍である．組織学には Homer-Wright および Flexner-Wintersteiner 様のロゼット rosette がみられる（図 8-51c）．末梢神経に発生した同様の腫瘍は末梢性 PNETs と分類される．神経芽腫は神経系への単一分化を示す未分化な胚細胞性腫瘍であり，髄芽腫同様のロゼット形成が認められる．胸腰部脊髄腫瘍は若齢大型犬の T10 ～ L2 硬膜内に発生する腫瘍であり，異所性の腎芽腫 nephroblastoma と考えられる．原始糸球体の形成を示しながら緩慢な増殖を示す（図 8-51d）．

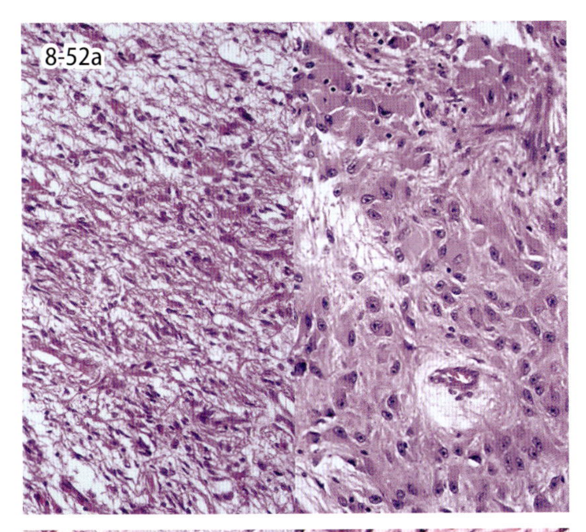

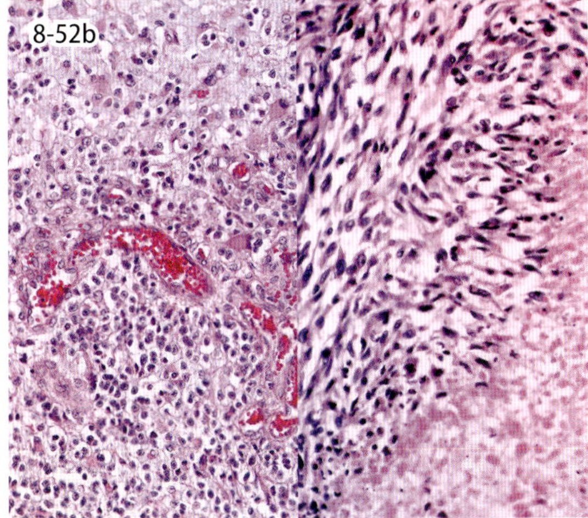

図 8-52a・b　星状膠細胞腫（犬）．線維性星状膠細胞腫と肥満膠細胞性星状膠細胞腫（a）．高グレード星状膠細胞腫（膠芽腫）では，血管増殖と偽柵状配列を認める（b）．

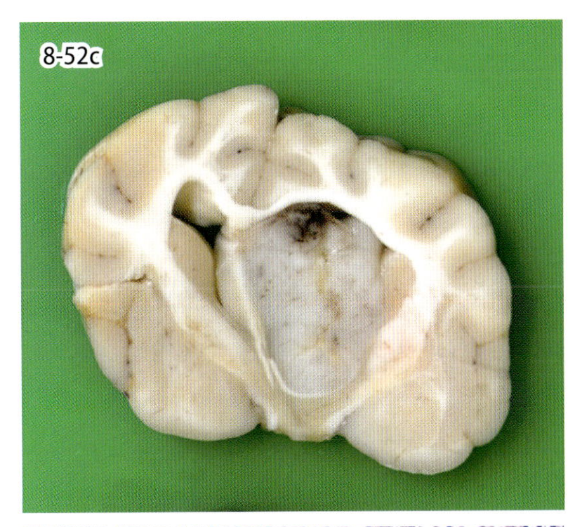

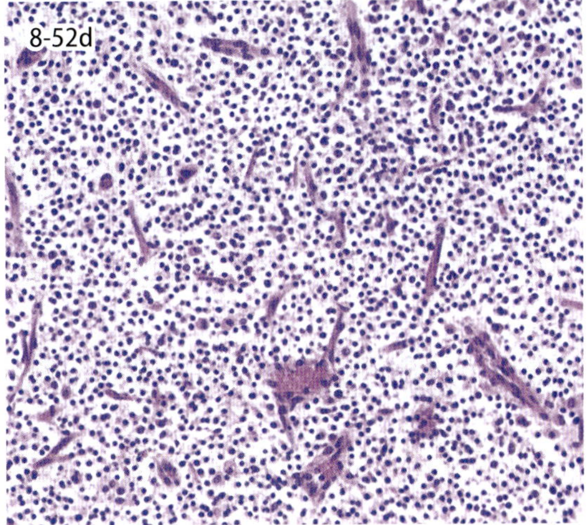

図 8-52c・d　希突起膠細胞腫（犬）．線条体部の希突起膠細胞腫（c）．組織学的に蜂巣状構造を形成して淡明な円形細胞が増殖する（d）．

8-52. 膠細胞性腫瘍（膠腫）
Glial tumors (glioma)

動物の星状膠細胞性腫瘍は悪性度に応じて分類される．低グレード（高分化型）星状膠細胞腫 astrocytoma は，高度に分化した星状膠細胞からなる腫瘍群であり，形態的特徴より線維性，原形質性，肥満膠細胞性の3型に分類される（図 8-52a）．中間グレード（退形成性 / 悪性）星状膠細胞腫では，腫瘍細胞密度の増加，細胞の多形性，核異型，および核分裂増加がみられる．高グレード星状膠細胞腫（膠芽腫 glioblastoma）は星状膠細胞腫における最も悪性型の腫瘍であり，血管増殖や壊死巣形成を伴う．膠芽腫の腫瘍細胞は核分裂像が多く，腫瘍細胞の偽柵状配列を伴う壊死巣形成や血管新生像が豊富である（図 8-52b）．免疫染色により，GFAP 陽性像が観察される．

希突起膠細胞腫瘍はとくに犬の大脳皮質前頭葉に発生が多い（図 8-52c）．悪性度により希突起膠細胞腫 oligodendroglioma と退形成（悪性）希突起膠細胞腫 anaplastic/malignant oligodendroglioma に分類される．組織学的に特徴的な蜂巣状構造がみられるが（図 8-52d），これは人工産物と考えられている．退形成希突起膠細胞腫では，組織学的に腫瘍細胞の異型性や核分裂像の増加，新生血管の増殖および壊死巣形成がみられる．免疫染色では，olig2 抗体に陽性で，GFAP 抗体に陰性である．特殊な膠細胞腫瘍として星状膠細胞と希突起膠細胞が混在する混合膠腫 mixed glioma や，明瞭な腫瘤形成がなく大脳や脊髄の広範囲にび漫性に小型腫瘍細胞が増殖する大脳膠腫症 gliomatosis cerebri が知られている．

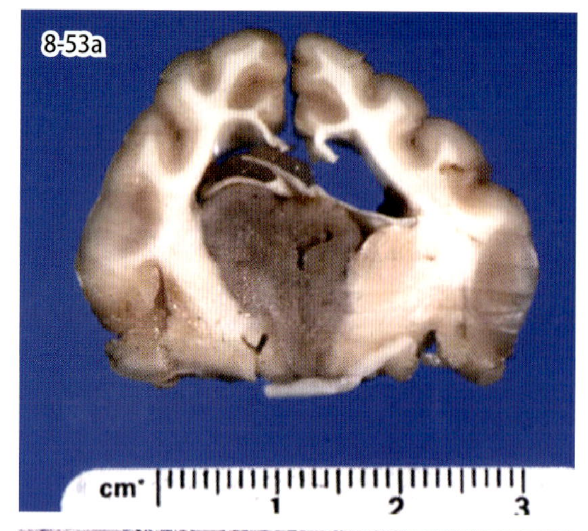

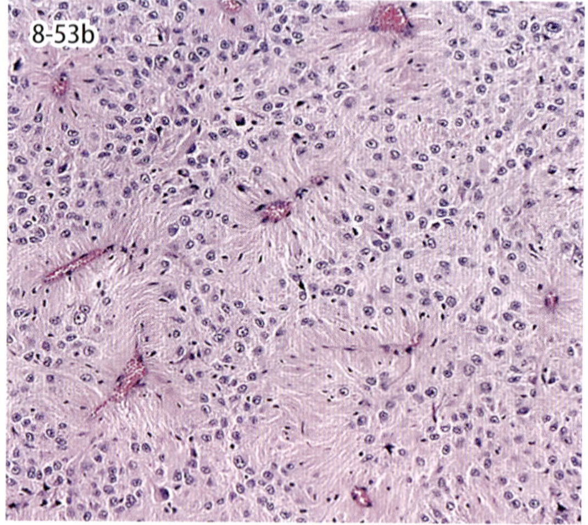

図 8-53a・b　上衣腫（猫）．第三脳室内に発生した上衣腫（a）．血管周囲にロゼット様配列を示しながら腫瘍細胞が増殖する（b）．

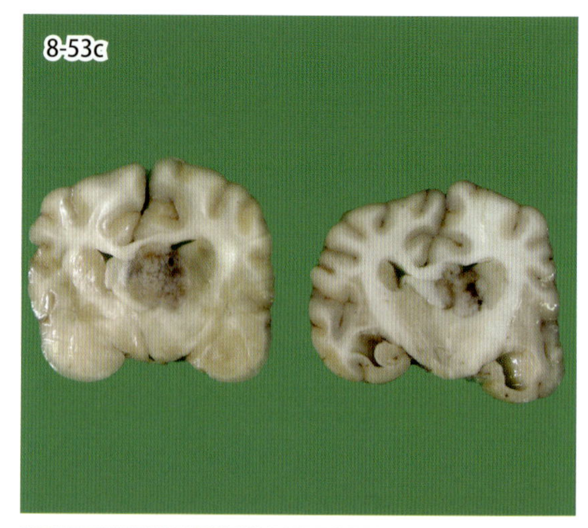

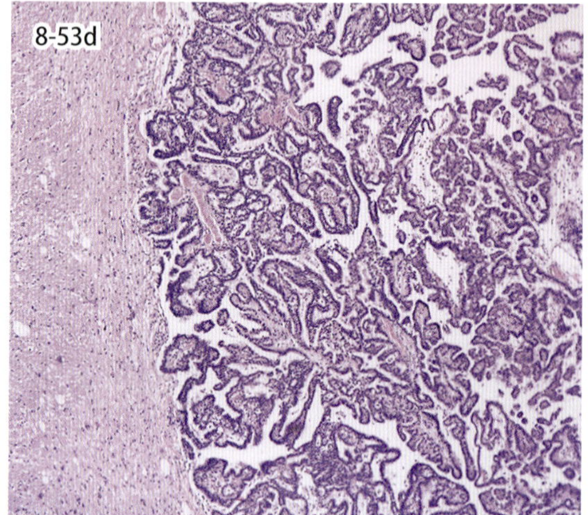

図 8-53c・d　脈絡膜乳頭腫（犬）．側脳室の脈絡膜乳頭腫（c）．上皮様形態を示す腫瘍細胞が乳頭状形態を示して，脳室内に充実性に増殖する（d）．

8-53. 上衣細胞腫瘍と脈絡膜腫瘍

Ependymoma and choroid plexus tumors

上衣細胞腫瘍は上衣腫 ependymoma と退形成性（悪性）上衣腫 anaplastic ependymoma に大別される．本腫瘍は脳室や脊髄中心管での発生が知られているが，とくに第三脳室における発生が多い（図 8-53a）．腫瘤の増大により，脳脊髄液の循環が阻害され，2 次的に水頭症を誘発する例がある．組織学的には血管周囲に腫瘍細胞が配列する偽ロゼット pseudo-rosette 構造や腫瘍細胞が管腔様に配列する真のロゼット true-rosette 構造を形成しながら増殖する点が特徴である（図 8-53b）．主に脳実質への浸潤性の有無などにより良性と悪性を区別する．免疫組織化学的には GFAP に対する抗体に陽性であり，とくに悪性腫瘍の場合は，星状膠細胞性腫瘍との鑑別が困難になる．上衣細胞への分化を示す未分化腫瘍である上衣芽腫 ependymoblastoma が牛で報告されている．

脈絡膜腫瘍は脈絡膜乳頭腫 choroid plexus papilloma と脈絡膜癌 choroid plexus carcinoma に大別される．上衣腫と同様，本腫瘍も脳室内に発生し（図 8-53c），脳脊髄流の障害や脳脊髄液過剰産生により水頭症を誘発する．第四脳室や側脳室における発生が多い．組織的には上皮としての性格の強く，脳室内で腫瘍細胞が乳頭状に増殖する（図 8-53d）．悪性の脈絡膜癌では脳実質内への浸潤増殖が認められ，さらに脳脊髄液還流により脳室内播種病変を形成する．免疫組織化学的には cytokeratin に対する抗体や上皮性カドヘリン E-cadherin などの細胞接着分子に対する抗体に陽性で，星状膠細胞や上衣細胞のマーカーである GFAP 抗体には陰性である．

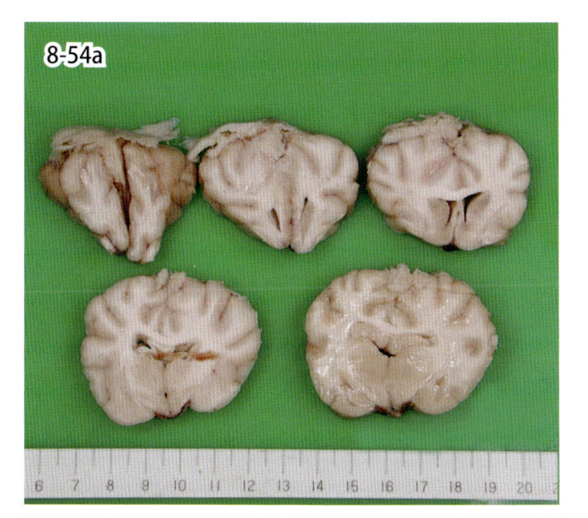

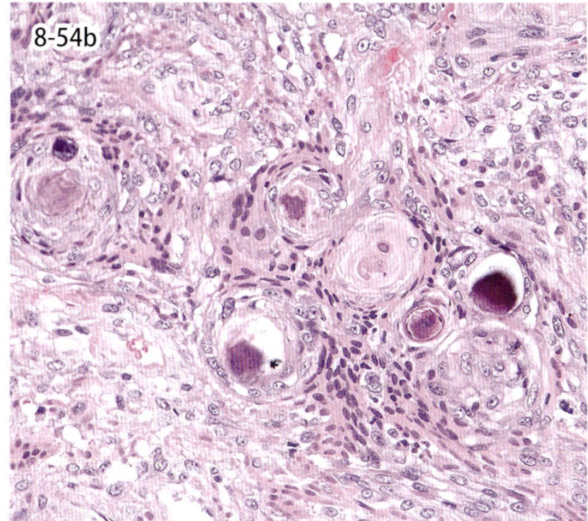

図 8-54a・b　髄膜腫（犬）．大脳頭頂部から大脳鎌に発生した髄膜腫（a）．渦巻状の胞巣を形成しながら腫瘍細胞が増殖し，胞巣の中心部に砂粒体を認める（b）．

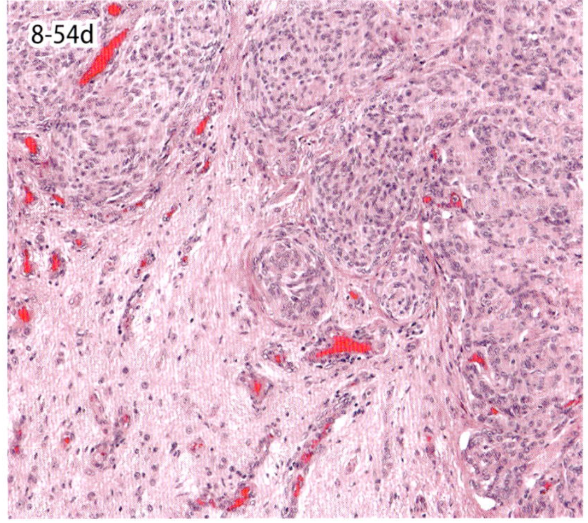

図 8-54c・d　上皮様細胞と顆粒細胞が混在する髄膜腫．顆粒細胞は豊富な好酸性の顆粒状細胞質を持つ（c）．退形成性（悪性）髄膜腫では，腫瘍細胞が脳実質へ浸潤する（d）．

8-54. 髄膜腫瘍

Meningeal tumors

髄膜腫 meningioma は，間葉組織のくも膜上皮細胞に由来する腫瘍であるが，頭蓋内あるいは脊柱管内腫瘍としては最も発生率が高い．髄膜組織が存在する脳表層部のいずれの部位にも発生しうるが，犬では小脳テントおよび大脳鎌（図 8-54a），猫では第三脳室が好発部位とされる．本腫瘍は基本的に膨張性増殖を示し，脳実質への浸潤性は乏しい．組織学的には，きわめて多彩な組織像を示し，その組織像に応じて髄膜上皮型，線維性（線維芽細胞様）型，移行型（混合型），砂粒体型，血管腫型，乳頭型，顆粒細胞型，粘液型などに分類される．脳実質に浸潤性増殖を示す腫瘍群は，退形成性（悪性）髄膜腫 anaplastic meningioma として悪性腫瘍に分類する．基本となる組織像は髄膜上皮型であり，腫瘍細胞が渦巻状の構造を形成しながら増殖し，間質域にはコレステリン沈着や好中球・マクロファージ浸潤を伴う．中心部に砂粒体 psammoma body がみられる場合もある（図 8-54b）．髄膜腫の亜型に分類される顆粒細胞型髄膜腫は，ラットや犬での発生が知られ，通常の髄膜腫と異なり，び漫性の浸潤増殖を示す場合がある．また，腫瘍細胞に豊富な顆粒状の細胞質と小型円形核を有する（図 8-54c）．この顆粒は PAS 染色により弱陽性でジアスターゼ分解に抵抗性を示す．退形成性（悪性）髄膜腫は，異型性および多形性の高い腫瘍細胞が，神経組織実質や硬膜組織に浸潤性増殖を示す悪性腫瘍であり，組織型に関係なく，これらの悪性所見が認められた場合には本腫瘍に分類する（図 8-54d）．

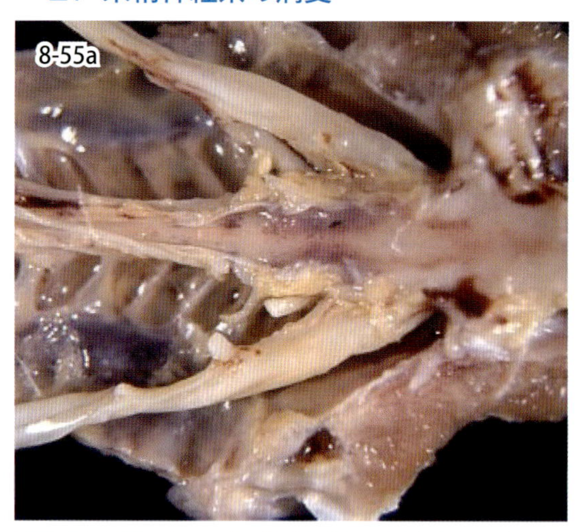

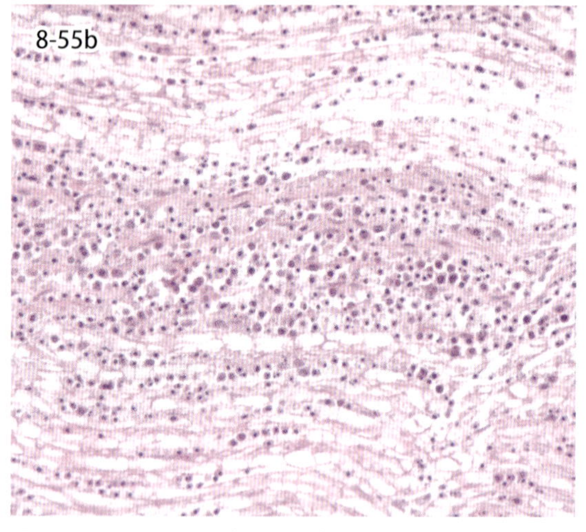

図 8-55a・b マレック病（鶏）．坐骨神経は高度に腫大して横線は不明瞭となる（a）．神経線維間には大小さまざまな大きさのリンパ様細胞が浸潤および増殖（b）．

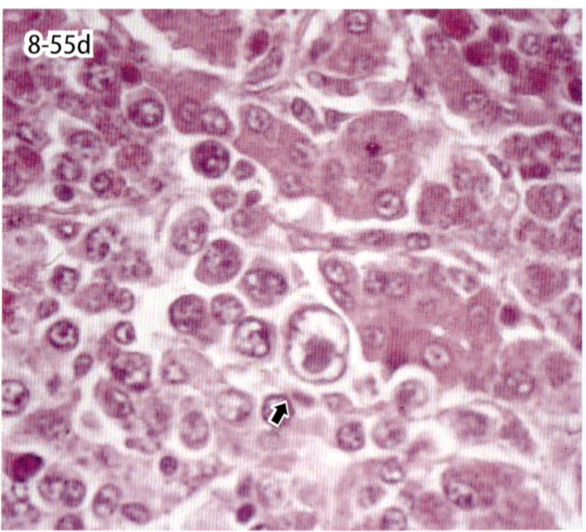

図 8-55c・d 肝臓に白色の結節が多発（c）．肝細胞間に大小のリンパ様細胞が増殖（d）．

8-55．マレック病

Marek's disease

マレック病(MD)はMDウイルスに起因する疾患で，鶏やウズラに悪性リンパ腫症を生じる．MDには古典的（定型的）MDと急性（内臓型）MDがあるが，本質的には同じものである．古典的MDは，一般的に3～5カ月齢の鶏にみられ，翼下垂，脚弱および脚麻痺，斜頚，捻転などの神経症状を示す．罹患鶏では，末梢神経が2～3倍大（10倍以上になることもある）の腫脹，水腫，条斑の消失が認められる．頚部迷走神経，腕神経叢，腰仙骨神経叢で容易に病巣は観察されるが，背根神経節も侵され丸く腫大する．急性MDは，3カ月齢未満の若鶏に多発し，急性に進行，沈うつ症状を示し衰弱および死亡するが，症状を全く示さず死亡する場合もある．リンパ腫は肝臓，脾臓，腎臓，心臓，肺，腺胃，卵巣，精巣，骨格筋に好発し，び漫性，結節性の灰色から白色の腫瘍として認められる．そのほかに皮膚の羽包に腫瘤を形成する皮膚型MD，眼球を侵す眼型MDがある．

末梢神経の組織病変は，小型リンパ球と形質細胞の軽度浸潤および水腫を伴う炎症性病変と腫瘍性増殖性病変に分類される．腫瘍性病変では，大小さまざまなリンパ系の腫瘍細胞が神経線維間に浸潤，増殖する．これらの腫瘍細胞の多くは免疫組織学的に $CD4^+$T細胞系であり，Tリンパ腫と診断される．なお，このような末梢神経病変を示す例では，肝臓や脾臓などにも腫瘍性病変が多発している．マレック病ウイルス（ヘルペスウイルス群）の封入体は皮膚の羽包上皮細胞核内に出現し，末梢神経には出現しない．

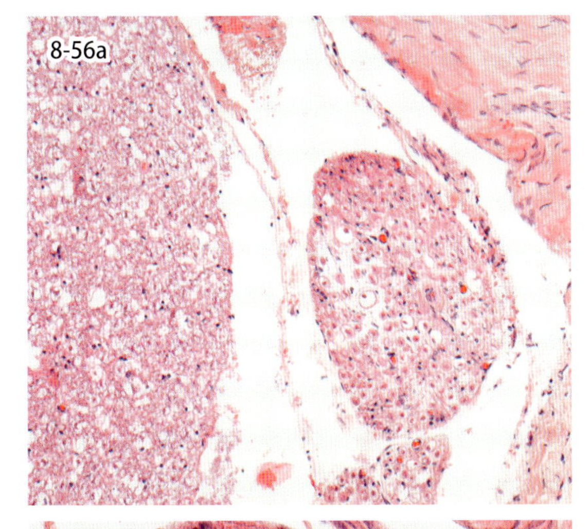

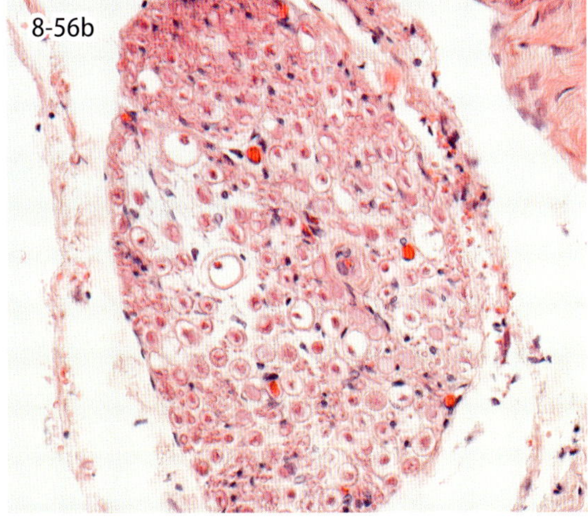

図 8-56 神経根症（犬）．腰髄の腹根において，空胞性病変が散見される（a）．軸索の変性および萎縮と軸索周囲の空胞変性（髄鞘の変性）が観察される（b）．

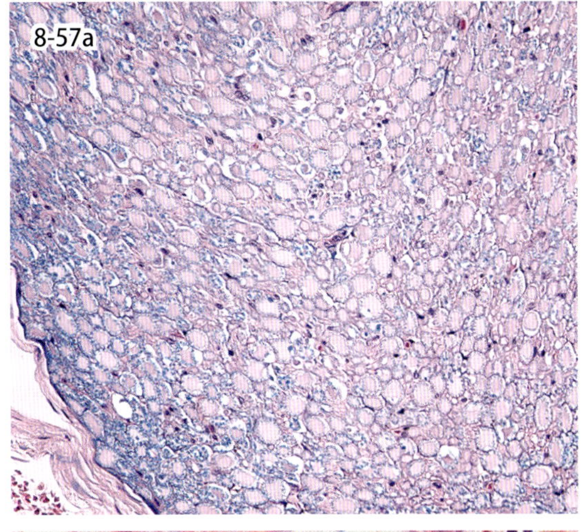

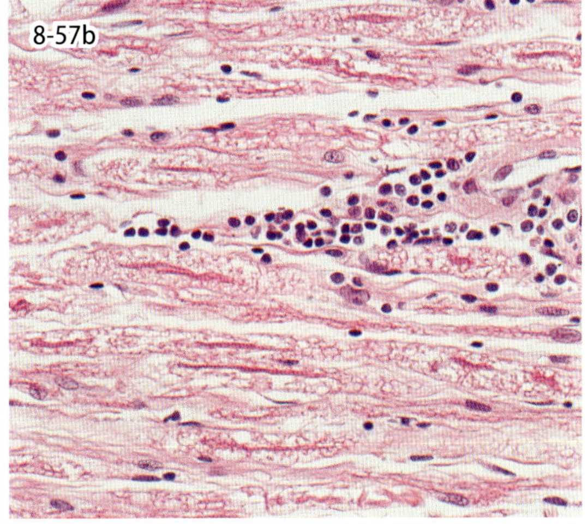

図 8-57 末梢神経症（犬）．腰部の神経根の軸索の腫大と髄鞘の消失が認められる（a）．末梢神経炎（猫）．頚部の神経根に多数のリンパ球浸潤が観察される（b）．

8-56. 神経根症

Radiculoneuropathy

神経根症は脊髄の腹根あるいは背根にみられる変性性病変であり，ラットやマウスでは加齢性病変としてみられる．組織学的には髄鞘の空胞形成が特徴的で，軸索の膨化および消失，限局性の脱髄，マクロファージ浸潤も観察される．ラットなどでは，後肢麻痺や下肢筋の変性および萎縮を伴うことがある．

犬の脊髄にも散発的にみられるが，臨床症状との関連性は不明なことが多い．

8-57. 末梢神経症，末梢神経炎

Peripheral neuropathy，Peripheral neuritis

末梢神経の変性を主体とする病変を末梢神経症と呼ぶ．末梢神経の変性は髄鞘と軸索に生じ，シュワン細胞の腫大や増生を伴うことがある．軸索の変性に伴って，マクロファージが浸潤し，崩壊した髄鞘を貪食，清掃する．ヒトでは糖尿病の合併症として末梢神経症がみられる．動物では糖尿病性末梢神経症はまれな病態であるが，猫でみられることがある．

神経炎 neuritis は炎症を主体とする病態で多発性に生じるため，多発性神経炎と呼ばれる．北米では，アライグマに噛まれた猟犬に急性多発性神経根炎が発生することが知られており，アライグマ猟犬麻痺 coonhound paralysis と呼ばれている．ヒトのギラン・バレー症候群も，急性多発性神経炎の 1 つである．

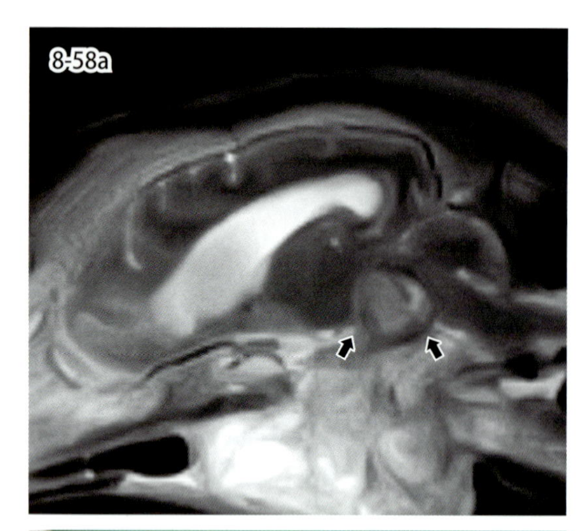

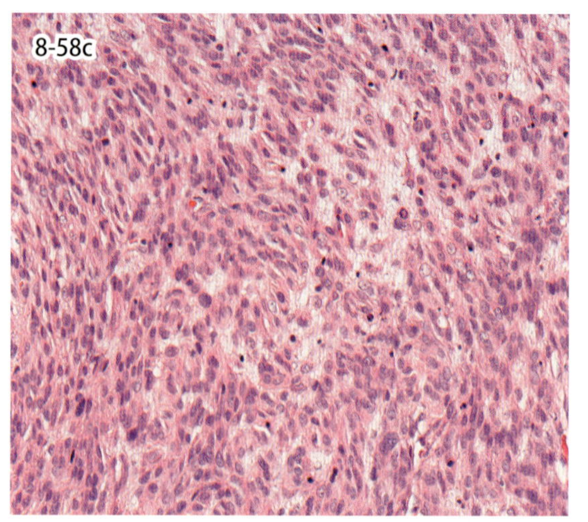

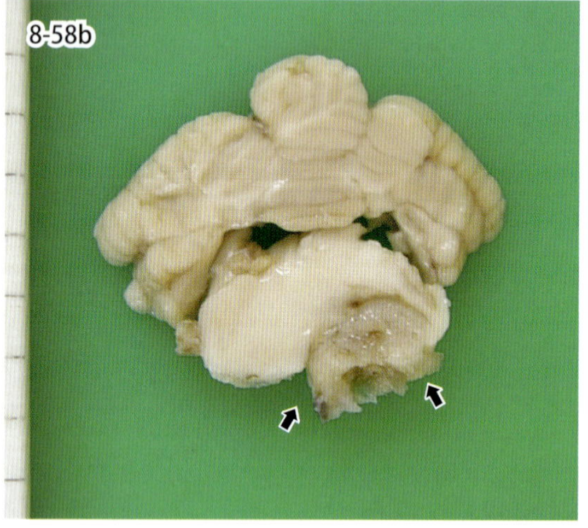

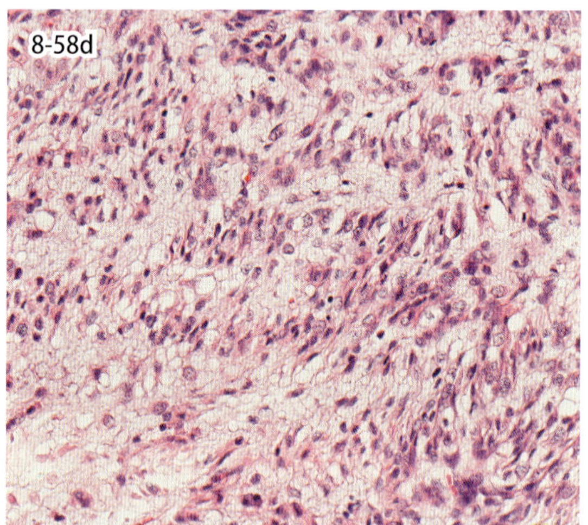

図 8-58a・b　末梢神経鞘腫瘍（犬）．三叉神経の末梢神経鞘腫瘍（PNST）の MRI 所見（a，矢印）と同症例の延髄を圧迫する PNST の肉眼所見（b，矢印）．

図 8-58c・d　紡錘形腫瘍細胞が密に増殖する Antoni A 領域（c）と粘液様間質を背景に粗に増殖する Antoni B 領域（d）．

8-58．末梢神経鞘腫瘍

Peripheral nerve sheath tumor（PNST）

末梢神経に発生する腫瘍には，シュワン細胞腫，神経線維腫，神経周膜腫などがあるが，いずれの腫瘍もシュワン細胞および神経周膜に由来する紡錘形細胞から構成され，通常の組織観察では鑑別が困難であるため Peripheral nerve sheath tumor（PNST）と総称される．なお，増殖細胞の異型性や浸潤性の高い悪性の腫瘍は Malignant PNST（MPNST）と呼ばれる．MPNST では紡錘形細胞の増殖に加え，骨および軟骨，筋組織や上皮など多様な分化傾向を示す場合がある．PNST は頭蓋や脊椎に関連するものは脳神経（とくに三叉神経）や脊髄神経根（とくに頚部神経根）に発生する．これらの腫瘍は脳組織や脊髄組織を圧迫し，MPNST では中枢神経組織への浸潤増殖を示す（図 8-58a，b）．

組織学的には，紡錘形の腫瘍細胞が束状に増殖し，核の観兵式配列 palisade がしばしばみられる．腫瘍細胞が密に増殖する部位（Antoni A 領域）と粗に増殖する部位（Antoni B 領域）と呼ばれる部位があり，しばしば混在することが多い．電子顕微鏡観察では腫瘍細胞を取り囲むように基底膜が発達するが，MPNST では発達が悪い．免疫染色ではシュワン細胞に由来する腫瘍細胞は S-100 蛋白質，神経成長因子受容体，GFAP に対する抗体などに陽性を示す場合があり診断の一助となる．しかしながら PNST や MPNST の診断には末梢神経との連続性を肉眼あるいは組織レベルで確認することが最も重要である．

第9編　感　覚　器

Ⅰ．眼球の病変

9-1．硝子体動脈遺残 Persistent hyaloid artery

9-2．白内障 Cataract

9-3．網膜萎縮 Retinal atrophy

9-4．網膜異形成 Retinal dysplasia

9-5．緑内障 Glaucoma

9-6．ブドウ膜炎 Uveitis

9-7．扁平上皮癌 Squamous cell carcinoma

9-8．虹彩毛様体上皮性腫瘍 Iridociliary epithelial tumors

9-9．黒色腫 Melanocytoma/Melanoma

9-10．視神経髄膜腫 Optic nerve meningioma/Antero-ocular meningioma

Ⅱ．耳道の病変

9-11．外耳道炎 Otitis externa

9-12．中耳炎 Otitis media

9-13．真珠腫性中耳炎（真珠腫）Cholesteatoma

9-14．鼻咽喉頭ポリープ Nasopharyngeal polyp

9-15．耳道原発腫瘍 Tumors originated from the auditory meatus

9-1a

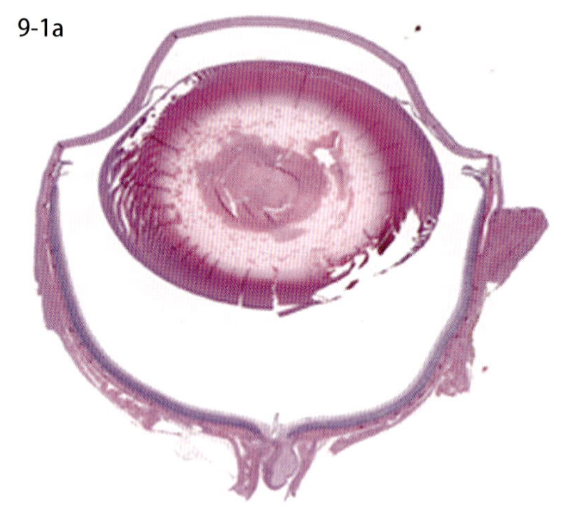

9-2a

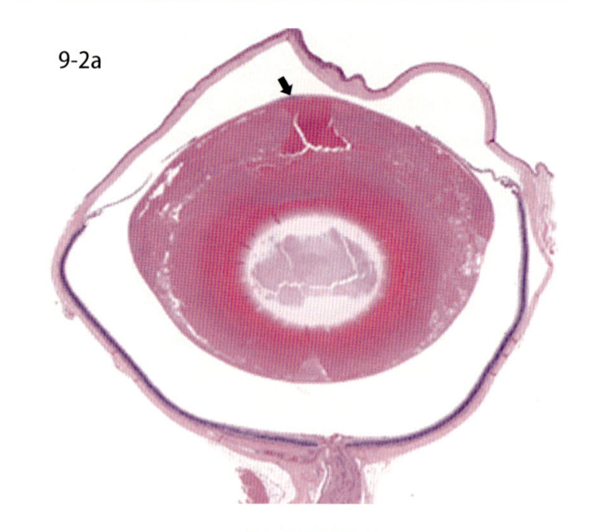

9-1b

9-2b

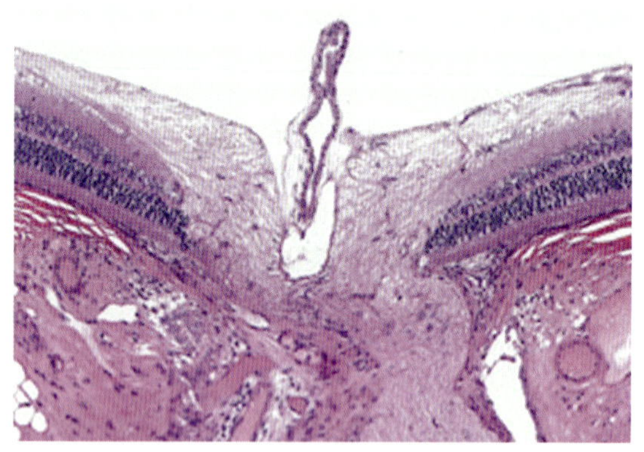

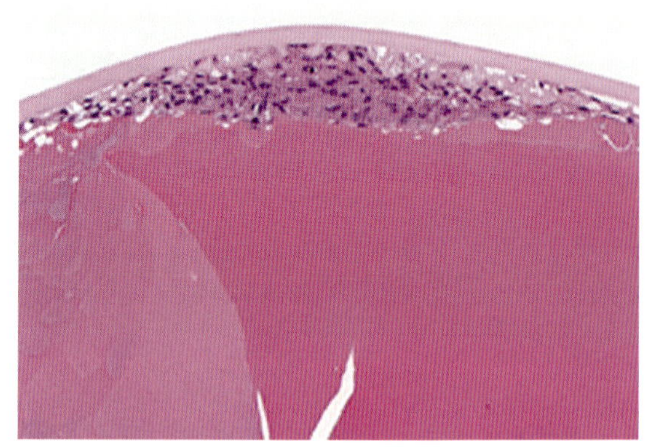

図 9-1　硝子体動脈遺残（ラット）．眼球のルーペ拡大（a）と遺残動脈の拡大（b）．げっ歯類では，この程度の遺残はしばしば認められる．

図 9-2　白内障（ラット）．自然発症糖尿病モデル（SDT 系統，41 週齢）で，高血糖に伴って白内障を生じる（a）．病変が重篤になると水晶体上皮は過形成を起こす（b は a の矢印部）．

9-1．硝子体動脈遺残

Persistent hyaloid artery

視神経乳頭から延びて，水晶体後面に分布する動脈を硝子体動脈 hyaloid artery と呼ぶ．眼球の発達過程において水晶体に栄養を補給する役割を果たしており，妊娠期間の末期あるいは生後直後に退化する．この動脈が生後も退化せず残存した病態である（図 9-1b）．遺残動脈が水晶体後面に届くほど長い場合や出血などの変化を伴う場合は所見とするが，若干延びている程度では異常所見とはしない．反芻獣と犬では，硝子体動脈遺残が生後数年間みられることが多く，水晶体の混濁や異形成を伴うことがある．バセンジーでは 6 ヵ月齢以下の子犬に常染色体劣性遺伝病として発生する．

9-2．白　内　障

Cataract

水晶体は，核や細胞内小器官の乏しい線維状上皮細胞のタマネギ状配列によって構成されている．水晶体の透明性は，細胞配列の規則性ではなく，細胞内の可溶性蛋白質であるクリスタリンの性状および核やミトコンドリアなどが乏しいことによる．

水晶体の不透明化を白内障と呼び，水晶体混濁の発生部位により，被膜白内障 subcapsular cataract，皮質白内障 cortical cataract および核白内障 nuclear cataract の 3 型に大別される．組織学的には，水晶体線維細胞の変性および崩壊，モルガニー小体の出現，線維細胞間隙の水腫，被膜下水晶体上皮細胞の反応性過形成（図 9-2b）および水腫性肥大，線維細胞への化生，変性した水晶体線維への石灰塩沈着などがみられる．

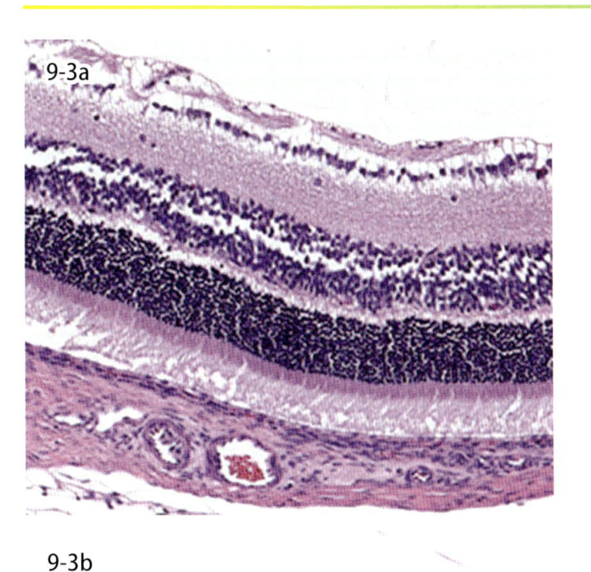

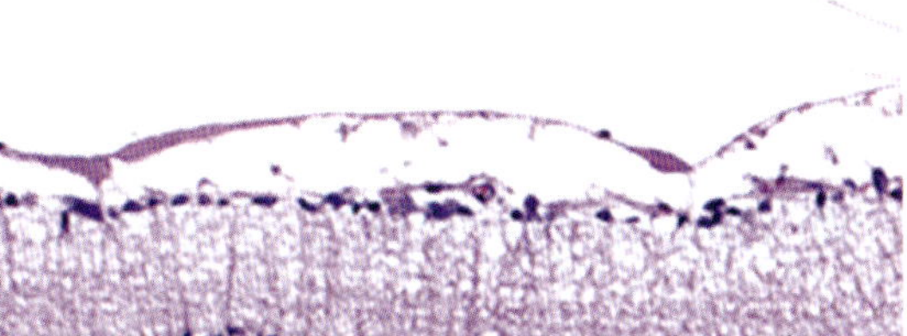
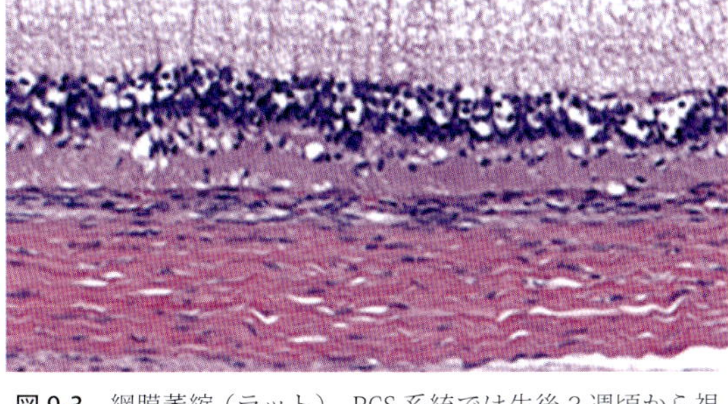

図 9-3 網膜萎縮（ラット）．RCS 系統では生後 3 週頃から視細胞に変性壊死が生じ加齢とともに進行して，10 週齢では外顆粒層の大半が消失する（b）．a は 2 週齢の正常な網膜．

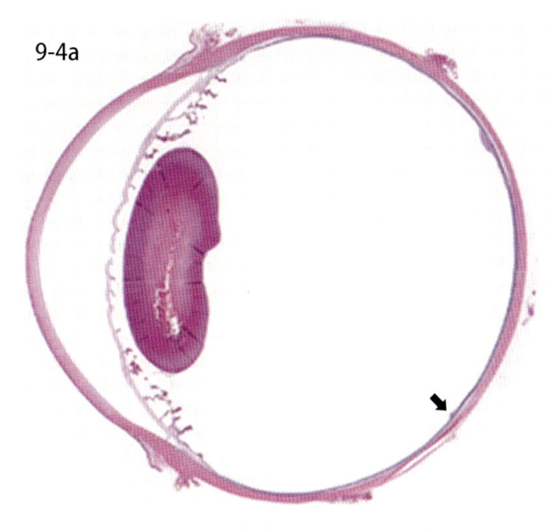

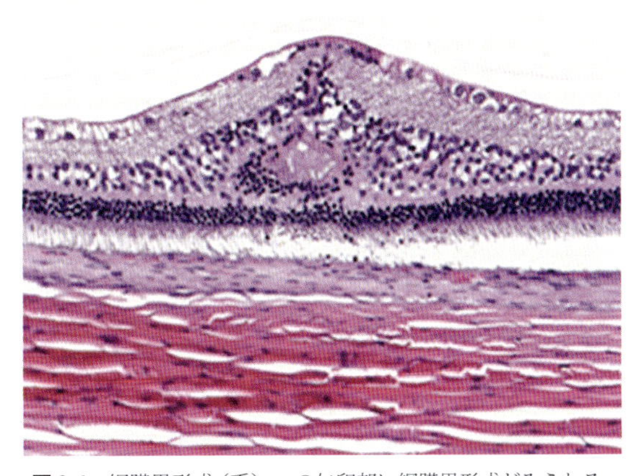

図 9-4 網膜異形成（兎）．a の矢印部に網膜異形成がみられる．b はその拡大で，層構造の乱れや視細胞に由来するロゼット様配列が生じている．

9-3. 網膜萎縮

Retinal atrophy

網膜の非炎症性疾患は網膜変性 retinal degeneration あるいは網膜萎縮 retinal atrophy と呼ばれる．栄養欠乏，中毒，先天性代謝障害，加齢，圧迫（緑内障）などが病理発生に関与する．代謝障害を原因とする場合，病変は視細胞あるいは網膜色素上皮細胞の変性に始まり，進行すると，網膜内のそのほかの細胞層や網状層の萎縮に発展する．網膜の血管病変に基づく網膜組織の虚血性変性壊死も知られている．

図 9-3 は，常染色体劣性遺伝によって進行性の網膜萎縮を呈する RCS ラットの網膜を示す．網膜色素上皮細胞の貪食機能不全が原因で，視細胞外節が貪食されないで蓄積するため視細胞が変性脱落して，外顆粒層はほぼ消失する．

9-4. 網膜異形成

Retinal dysplasia

網膜の層構造の異常配列（ロゼット様配列や折りたたみ構造 folding）を特徴とする，網膜の発生異常である．真の発生異常による網膜異形成はまれであり，ウイルス感染などによる胎生期の網膜傷害後の組織異常や，低酸素状態およびある種の化学物質投与によっても誘発される．すなわち，その大半が網膜色素上皮細胞の異常あるいは発生分化過程における網膜傷害が原因と考えられている．

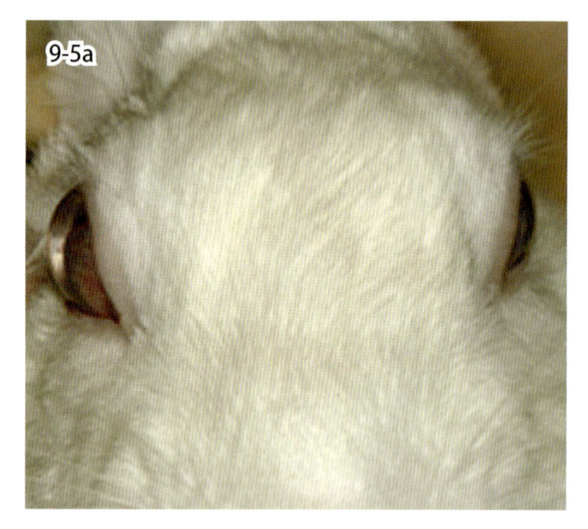

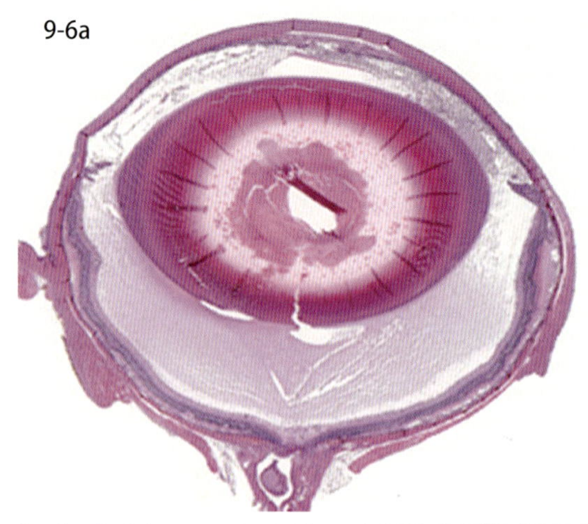

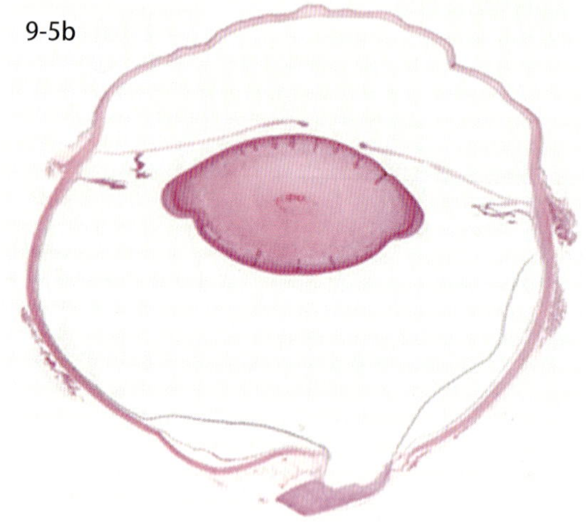

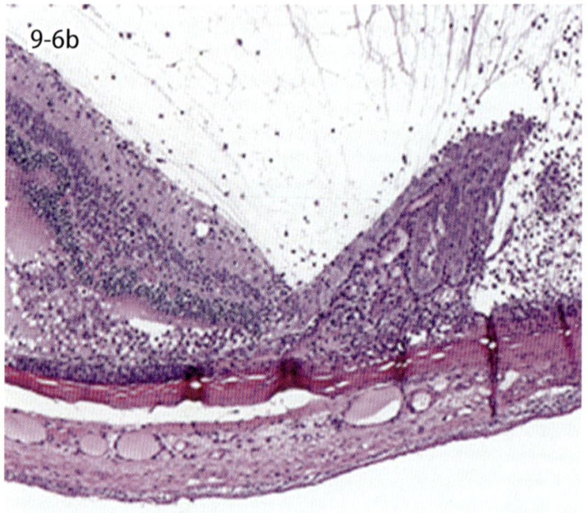

図 9-5　緑内障（兎）．先天性緑内障により右眼球が肥大突出している（a，牛眼症という）．隅角形成不全が原因で眼球内圧が上昇し，乳頭部陥凹などの傷害を起こす（b）．

図 9-6　ブドウ膜炎（ラット）．実験的自己免疫性のブドウ膜炎である（a）．脈絡膜や虹彩，毛様体とともに網膜にもマクロファージやリンパ球などが浸潤している（b）．

9-5. 緑 内 障
Glaucoma

持続的な眼内圧の亢進によって，眼球組織に異常をきたした病態を緑内障という．眼内圧亢進は眼房水の産生過多あるいは流出量低下により起こりうるが，隅角における眼房水の流出障害によることが多い．原因によって，原発性緑内障と二次性緑内障に大別される．原発性緑内障は先天性の隅角狭窄によることがほとんどで，犬での発生が多い．二次性緑内障は動物では最も発現頻度が高く，眼球内腫瘍やブドウ膜炎による隅角の狭窄および閉塞などが原因として知られている．組織学的には，前房拡張，角膜，虹彩，毛様体，網膜の萎縮および視神経乳頭部陥凹などの変化がみられる．図 9-5 は，先天性緑内障の兎を選抜交配して形質を固定させた牛眼症モデル動物である．

9-6. ブドウ膜炎
Uveitis

虹彩，毛様体および脈絡膜は眼球壁の中間層を形成し，血管とメラニン色素に富み，肉眼的にブドウの皮のような色をしていることからブドウ膜と呼ばれる．ブドウ膜の炎症は，網膜，硝子体，角膜さらに強膜に波及して内眼球炎 endophthalmitis あるいは汎眼球炎 panophthalmitis へと進展することがある．

ブドウ膜炎の発生には，眼の物理・化学的傷害，感染，腫瘍増殖あるいは免疫学的な機序が関与している．図 9-6 は，視細胞間レチノイド結合蛋白を完全フロインドアジュバンドと混和して足底部に皮下投与することによって両眼性に惹起された，内因性ブドウ膜炎の病態モデルである．

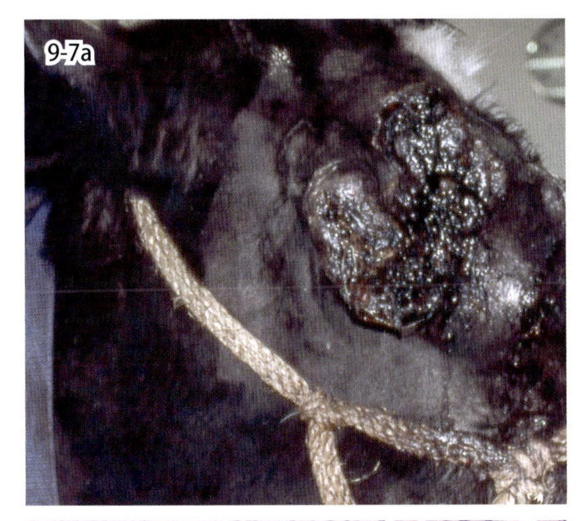

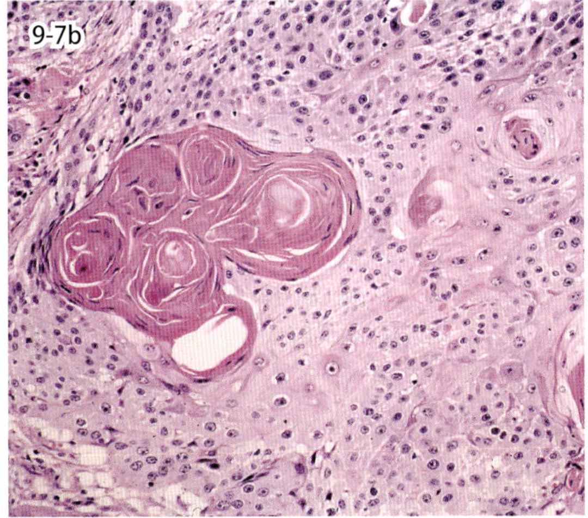

図 9-7　扁平上皮癌（牛）．眼球を覆うように眼瞼に形成された腫瘤（a）．腫瘍細胞がシート状に増殖して中心部には癌真珠が形成される（b）．

9-8a

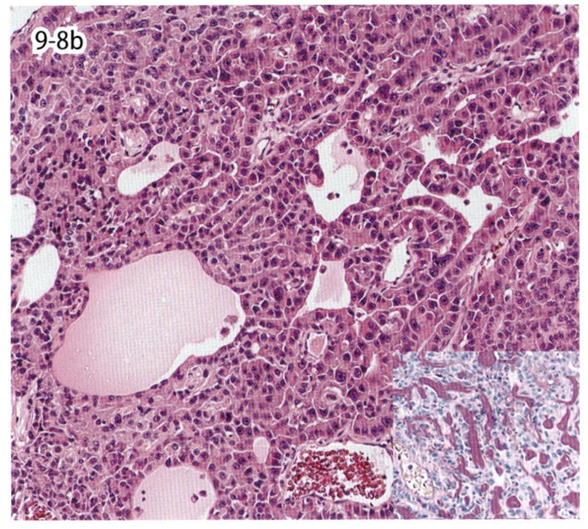

図 9-8　虹彩毛様体腺癌（犬）．虹彩 - 毛様体から発生した腫瘤が後眼房内に突出（a）．腫瘍細胞が管状に増殖し（b），PAS 陽性分泌物を産生（挿入図）．

9-7．扁平上皮癌

Squamous cell carcinoma

結膜，瞬膜，あるいは眼瞼の扁平上皮細胞が由来で牛，馬，猫，犬に発生するが，牛に多く発生してキャンサーアイ cancer eye と呼ばれる．皮膚の扁平上皮癌同様に紫外線との関連が重要であり，眼瞼や結膜に色素が少ないヘレフォード種の牛に多発する．また，パピローマウイルスの感染や遺伝的素因との関連も示唆されている．組織学的には体表に発生する扁平上皮癌と同様で，明瞭な癌真珠を形成する分化度の高い腫瘍と角化傾向に乏しい未分化な腫瘍に分類される．

9-8．虹彩毛様体上皮性腫瘍

Iridociliary epithelial tumors

虹彩あるいは毛様体の神経外胚葉から発生し，しばしば後眼房内に突出して増大する．組織学的に立方状の腫瘍細胞が乳頭状，管状，充実性に増殖し，犬では腫瘍巣内に PAS 陽性基底膜物質が豊富に産生される．猫では充実性増殖が多く，PAS 陽性の基底膜様物質も目立たない．メラニン色素の沈着がみられる場合がありメラノサイト由来の腫瘍との鑑別が必要な場合がある．腺腫と腺癌に分類され，腺癌では充実性増殖が目立ち，腫瘍細胞の形態学的な悪性所見に加えて脈絡膜や強膜への浸潤がみられる．

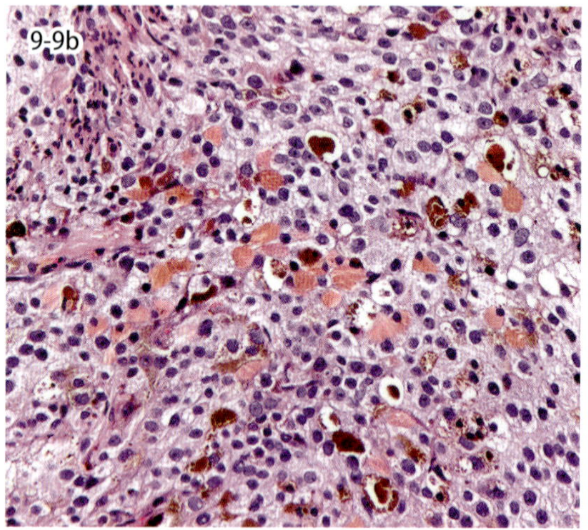

図 9-9 黒色腫（猫）．ブドウ膜全体が腫瘍により肥厚する（a）．腫瘍細胞は類円形でメラニン色素を産生する（b）．

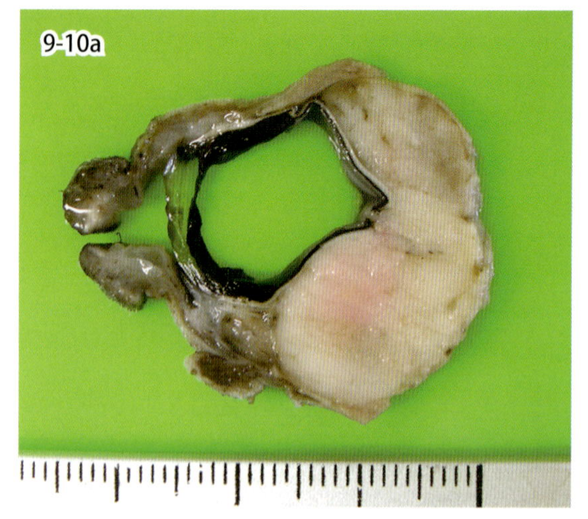

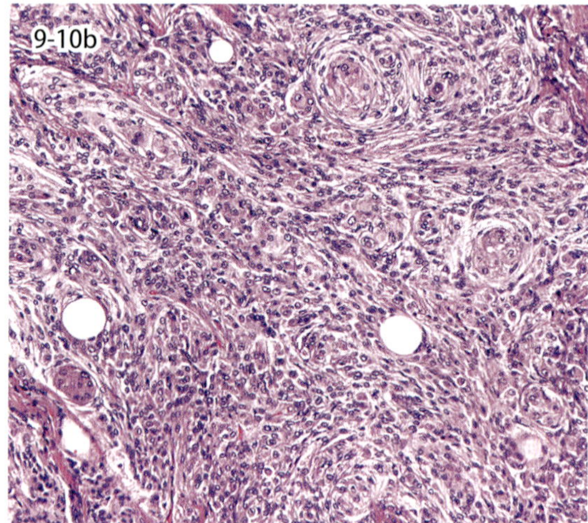

図 9-10 視神経髄膜腫（犬）．視神経を取り囲むように腫瘤が形成される（a）．腫瘍細胞は紡錘形で束状や渦巻状に配列して増殖する（b）．

9-9. 黒 色 腫
Melanocytoma/Melanoma

眼瞼，結膜，角膜炎，ブドウ膜（虹彩，毛様体，脈絡膜）に発生する．眼球内発生の黒色腫は，犬では虹彩や毛様体に発生する前ブドウ膜メラノサイトーマの発生が最も多い．そのほかに発生部位により輪部メラノサイトーマ，犬脈絡膜メラノサイトーマ，犬び漫性ブドウ膜メラノーシスがあり，猫ではび漫性虹彩メラノーマと猫多発性ブドウ膜メラノサイトーマがWHO分類で組織型として分類されている．腫瘤の圧迫による隅角の狭窄や炎症性浸出物や腫瘍細胞の閉塞により緑内障を併発する場合がある．腫瘍の増大に伴って脈絡膜，視神経，強膜に浸潤する．組織像は，通常はメラニン色素の産生が豊富で，多くは黒色の腫瘤病変が形成される．

9-10. 視神経髄膜腫
Optic nerve meningioma/Antero-ocular meningioma

視神経を包む髄膜から発生する眼窩内腫瘍である．腫瘤の肉眼像は特徴的であり，視神経を中心にして腫瘤が形成されるため，CTやMRIなどの画像診断でも診断されやすい．腫瘍が視神経を圧迫あるいは眼窩内を充満すると失明や眼球突出がみられる．また，腫瘍は視神経に沿って進展および増大するため，進行すると視神経から脳内に浸潤する．腫瘍巣は視神経鞘と視神経の間のくも膜下腔に形成される．組織像は脳の髄膜腫と同様であるが，髄膜上皮型の髄膜腫が比較的多くみられる．また，視神経に浸潤性を示す腫瘍では退形成性髄膜腫と診断する．

II. 耳道の病変

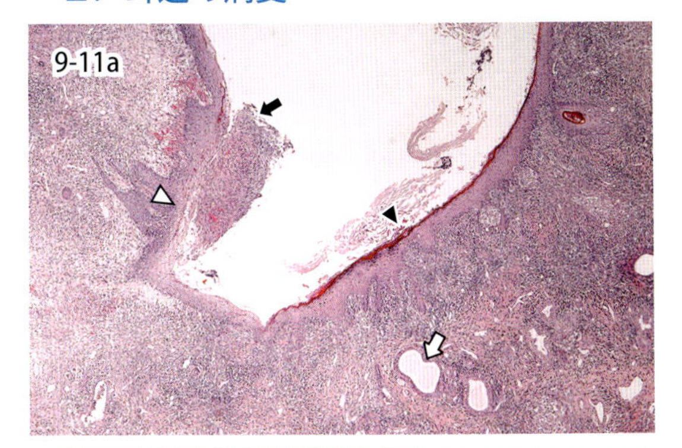

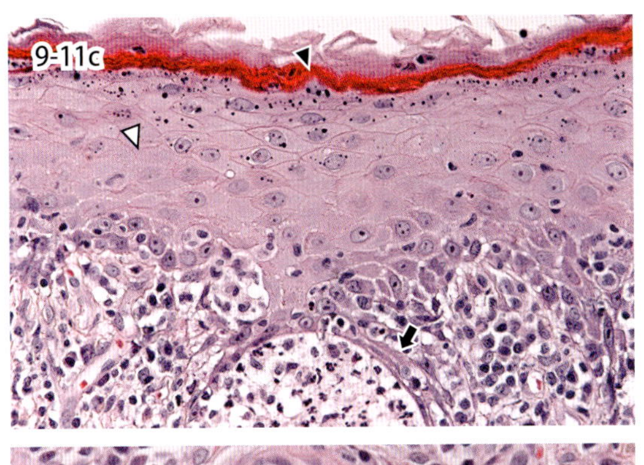

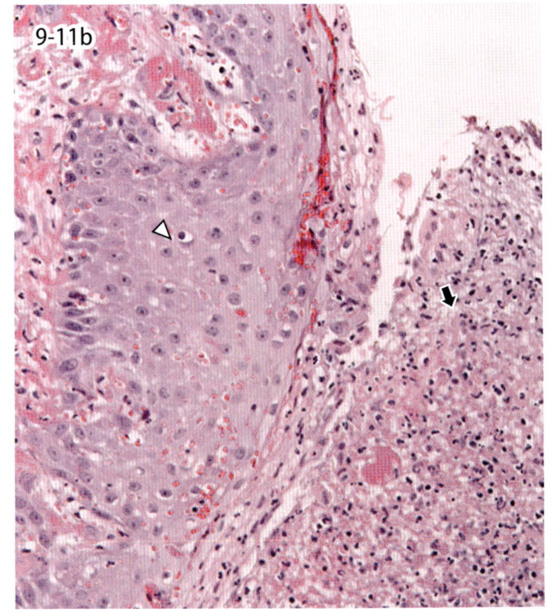

図 9-11a・b　外耳炎（犬）．b は a の一部拡大像．表皮の過形成（白矢頭），角化亢進（黒矢頭），化膿性滲出液・痂皮（黒矢印），耳垢腺過形成（白矢印）による外耳道の狭窄が認められる．

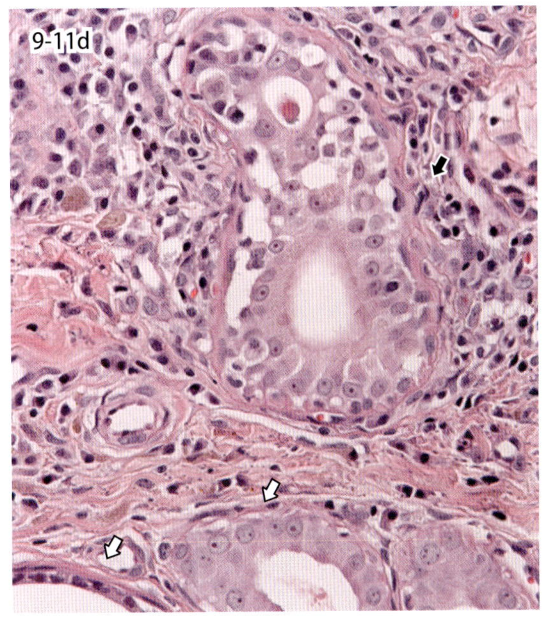

図 9-11c・d　外耳炎（犬）．c と d は a の一部拡大像．表皮の過形成（白矢頭），角化亢進（黒矢頭），炎症細胞浸潤（黒矢印），耳垢腺の嚢胞性過形成（白矢印）が認められる．

9-11. 外耳道炎
Otitis externa

外耳は耳介と外耳道によって構成され，外耳道は鼓膜によって鼓室と隔てられている．外耳道炎は，犬および猫でよくみられる疾患であるが，他の家畜でもよく起こる．猫，牛や山羊では，外耳炎は耳ダニの感染に始まることが多い．耳ダニ感染後の宿主のアレルギー性の免疫応答による炎症の関与が示唆されている．犬の外耳炎は，垂れ耳および外耳道内の被毛の多い犬種での発生が多いことから，換気不全や湿気が本疾患の背景にあると考えられている．植物の穂や芒（のぎ）などの異物を介した外耳道内腔の機械的刺激による傷害も微生物感染の要因となる．スタフィロコッカス，シュードモナス，プロテウス属の細菌や酵母マラセチアなどの外耳道内腔に常在する微生物が病巣から分離されることが多い．脂質成分が豊富な耳道内では脂質に親和性のあるマラセチアの増殖が起こる．外耳炎の病変は非特異的である．肉眼的には外耳道の充血に始まり，進行すると外耳道内への漿液，化膿性滲出液，耳垢，剥離上皮細胞塊の堆積がみられるようになる．白血球浸潤が顕著な場合は化膿性滲出液が，また，耳垢が顕著な場合は暗褐色の脆弱な堆積物がみられる．組織学的には，棘細胞増生を伴う表皮の過形成，角化亢進，毛包萎縮，炎症性細胞浸潤，痂皮形成や潰瘍が起こる．慢性化すると，分泌亢進を伴う耳垢腺の嚢胞性過形成および線維化が認められ，その結果，表皮の過形成と合わせて外耳道の狭窄および閉塞を招くようになる．これらの増殖性変化は腫瘍性病変に類似するため，鑑別が必要な場合がある．外耳道の波及により鼓膜が破壊されると中耳炎に発展する．

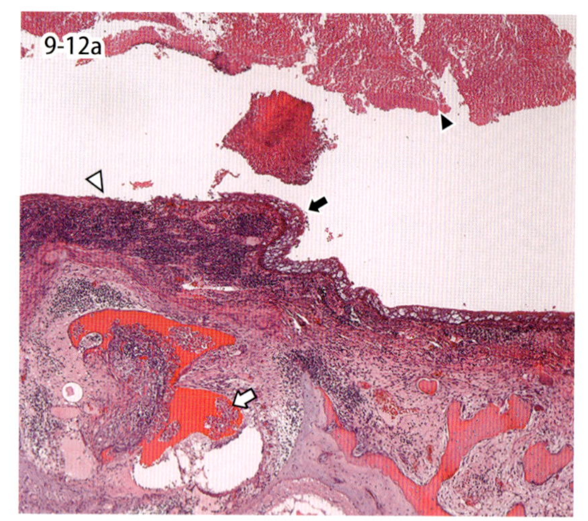

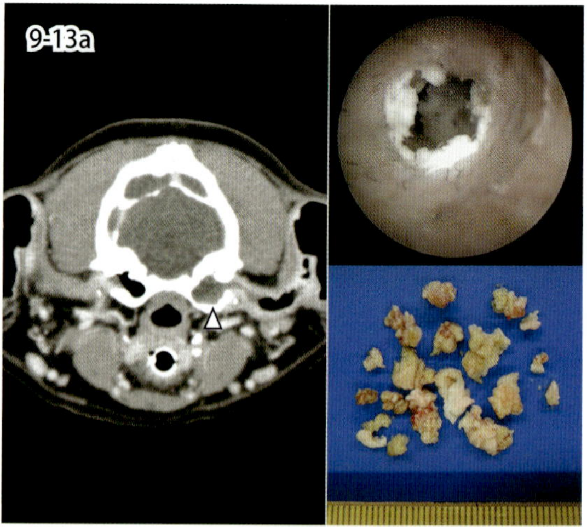

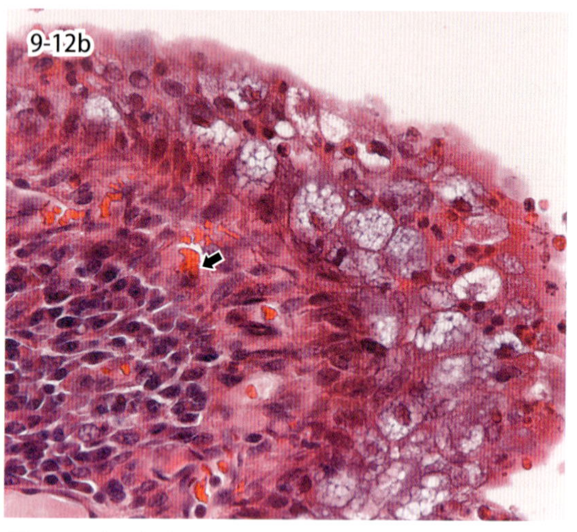

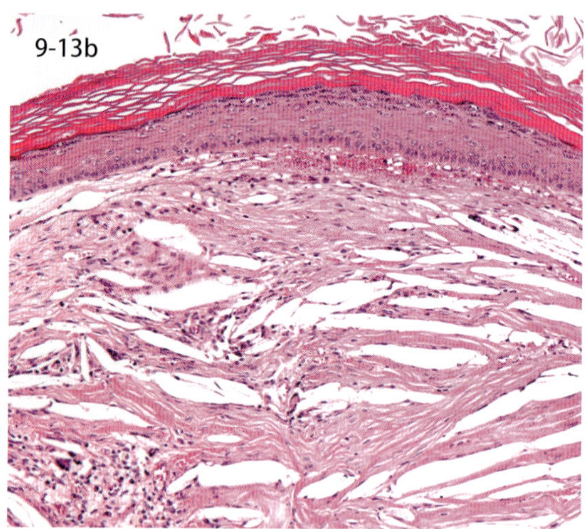

図 9-12　中耳炎（豚）．b は a の一部拡大像．中耳腔表層への炎症細胞浸潤（黒矢印），粘膜潰瘍（白矢頭），化膿性浸出液の貯留（黒矢頭）と炎症の波及（白矢印）．

図 9-13　真珠腫性中耳炎（犬）．真珠腫性中耳炎の CT および肉眼所見（a）．粘膜は扁平上皮からなり，固有層に炎症とコレステリン沈着がみられる（b）．

9-12. 中　耳　炎

Otitis media

中耳とは，鼓膜，鼓室および耳管の 3 組織の総称である．中耳炎は側頭骨鼓室内の炎症であり，耳管からあるいは鼓膜穿孔による外耳からの細菌性炎症の波及により生じる．血行性の感染もありうるが，犬および猫では，慢性外耳炎の波及によるものが多い．豚および子羊では，耳管を介した喉頭および気道からの感染によることが多い．マイコプラズマの関与が豚および牛で知られている．中耳炎病巣の特徴として，中耳腔粘膜には充血，水腫あるいは潰瘍がみられる．進行すると好中球浸潤が重度となり，漿液線維素性炎症から化膿性炎症に発展する．重症例では，耳小骨融解へと進行し，内耳や脳幹に炎症が波及する．

9-13. 真珠腫性中耳炎（真珠腫）

Cholesteatoma

コッカー・スパニエルなど外耳炎の好発犬種に多くみられ，慢性外耳炎に併発することが多い．中耳腔内に重層化した角化物が貯留して白い塊を形成する（図 9-13a）．炎症を伴わない場合には真珠腫（コレステリン腫）と呼ぶが，多くの場合は外耳炎からの波及による炎症を伴い真珠腫性中耳炎となる．真珠腫の名称は角化物塊が真珠のようにみえることが由来であり，扁平上皮癌の癌真珠とは異なる．真珠腫は鼓膜のポケットが中耳内の炎症を起こした粘膜に接触，癒着した際に生じるとされる．

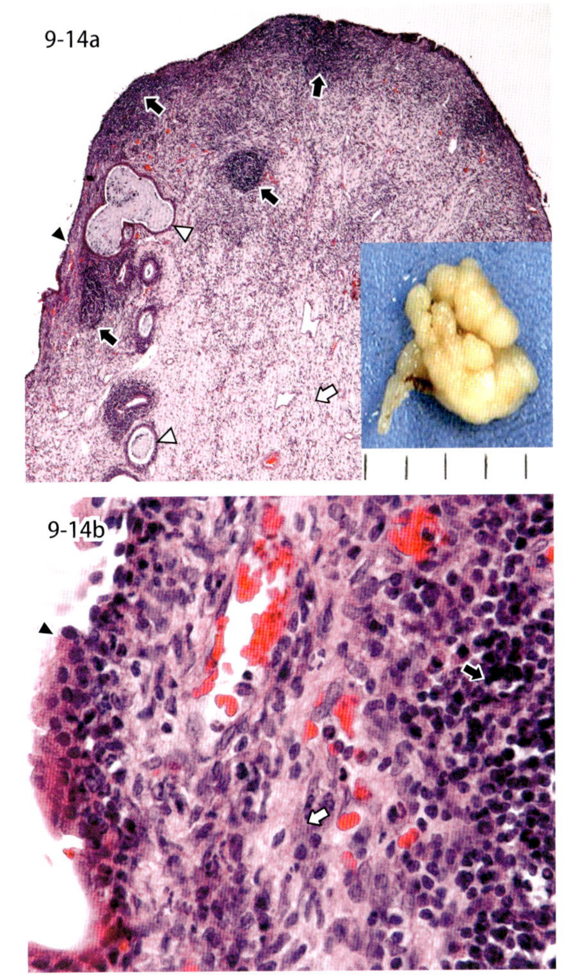

図 9-14　鼻咽頭ポリープ（猫）．b は a の拡大像．挿入図は肉眼像．線毛上皮細胞（白矢頭）と線維増生（白矢印），リンパ濾胞を伴う炎症（黒矢印），分泌粘液貯留（白矢頭）．

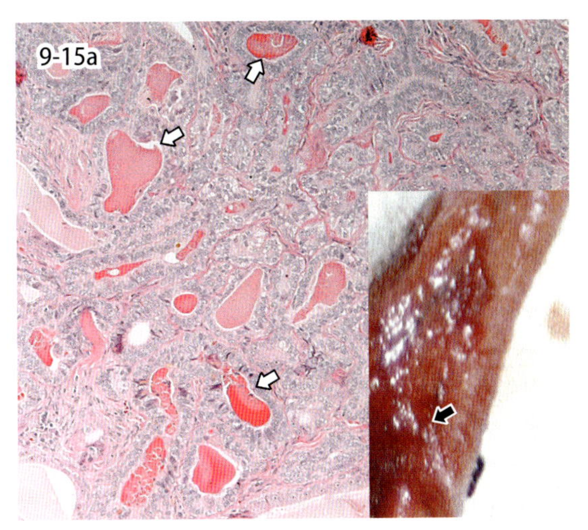

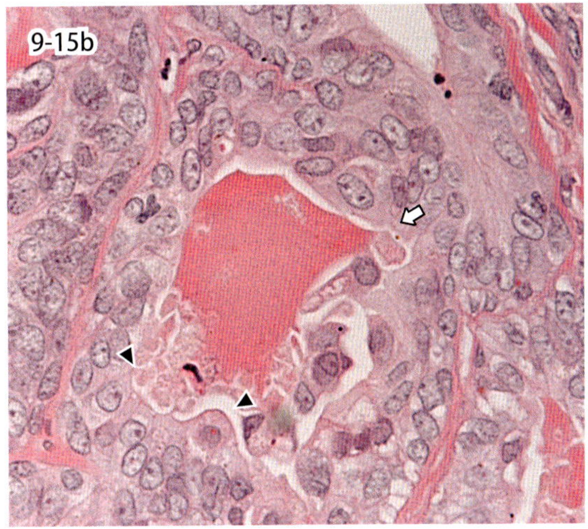

図 9-15　耳垢腺腫（犬）．b は a の拡大像．挿入図は肉眼像（黒矢印）．コロイド状分泌物を含んだ腫瘍細胞の増殖（白矢印）およびアポクリン分泌（黒矢頭）が認められる．

9-14．鼻咽頭ポリープ

Nasopharyngeal polyp

鼻咽頭ポリープは猫で頻発する炎症性腫瘤で，中耳腔あるいは耳管内に発生する．1 歳から 3 歳の若齢で発生する．腫瘤が外耳道へ波及したものがいわゆる耳ポリープである．鼻咽頭ポリープは，慢性炎症に伴う進行性の線維性増殖であるが，原因は不明である．組織学的に，線毛を有した呼吸上皮あるいは扁平上皮に覆われた疎な線維血管性の増生部分から構成される．腫瘤表面のほとんどが扁平上皮細胞により覆われている場合でも，注意深く観察すると線毛上皮細胞が認められることが多い．また，腫瘤表面はしばしば潰瘍化し，その部位にはリンパ球，形質細胞，マクロファージや好中球の浸潤がみられる．腫瘤基部が十分に切除されていないと再発が起こる．

9-15．耳道原発腫瘍

Tumors originated from the auditory meatus

耳道には，耳垢腺由来の腫瘍，耳管や中耳腔の粘膜上皮細胞由来の腫瘍などが発生する．耳垢腺 ceruminous gland はアポクリン汗腺由来であり，外耳道全体および外耳道開口部周辺に分布している．耳垢腺腫瘍は老齢の犬および猫でよく発生する．耳垢腺の腺腫では，腫瘤は通常直径 1 cm を超えることはなく，よく分化した腺上皮細胞の乳頭状増殖あるいはエオジンに濃染するコロイド状の分泌物（耳垢）を含んだ嚢胞性増殖が認められ，しばしば慢性外耳炎に伴う耳垢腺組織の過形成との鑑別が困難である．腺癌では腫瘍細胞の細胞異型および周囲組織への浸潤増殖がみられる．軟骨あるいは骨化生を伴う混合腫瘍もまれに発生する．

第10編　内分泌系

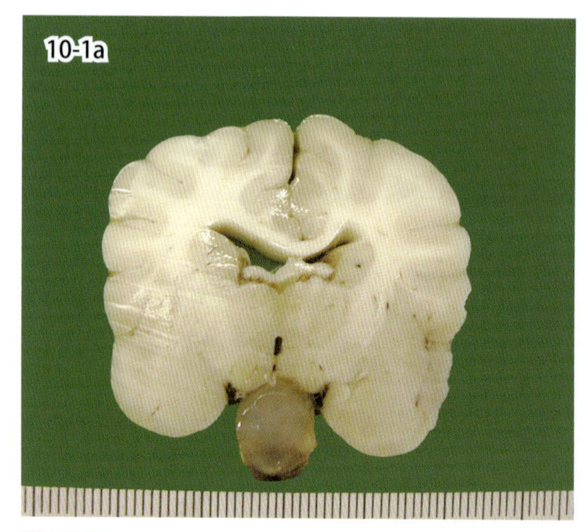

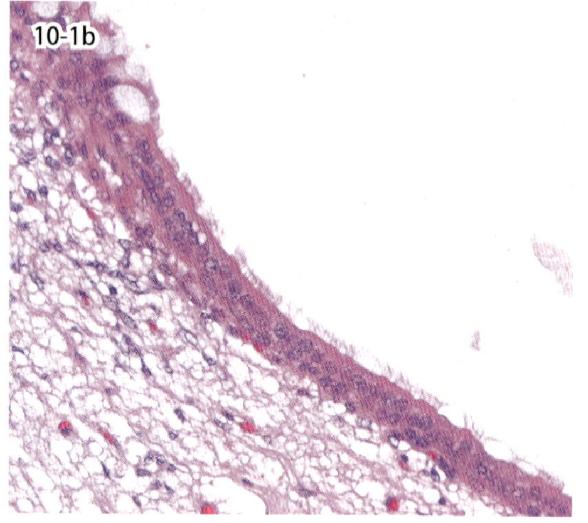

図 10-1　ラトケ嚢胞（犬）．粘液状物質を貯留する嚢胞が形成されている（a）．嚢胞壁は円柱線毛細胞と杯細胞により構成される（b）．

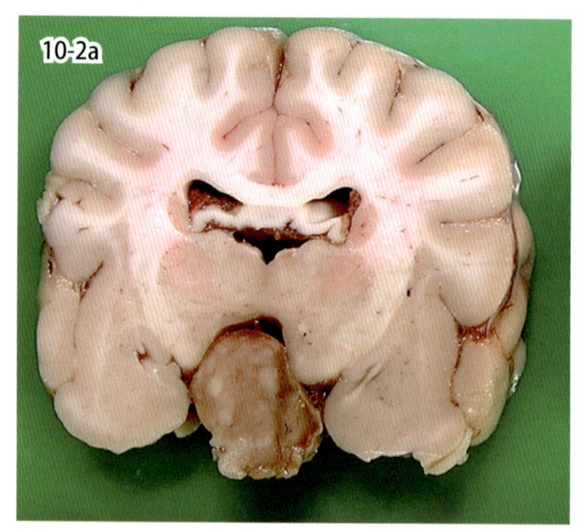

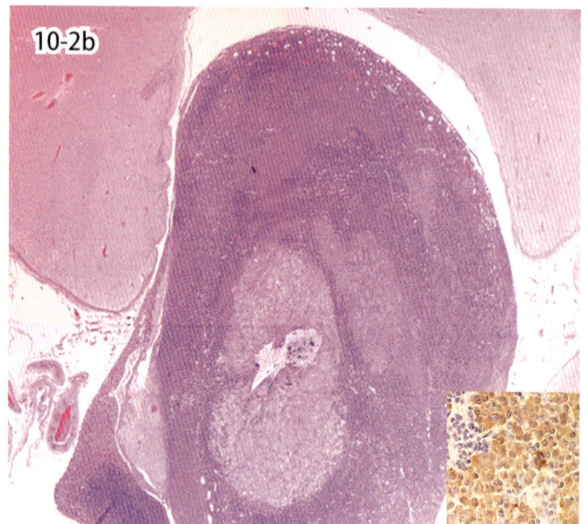

図 10-2　下垂体腺腫（犬）．挿入図（b）は ACTH 免疫染色．視床下部を圧迫する腫瘤形成が認められ（a），ACTH 陽性の細胞が充実性増殖を示す（b）．

10-1．下垂体の嚢胞

Cysts of the pituitary gland

下垂体の発生に関連する嚢胞病変として，頭蓋咽頭管嚢胞やラトケ嚢胞 Rathke cleft cyst が知られる．ラトケ嚢胞はラトケ嚢の遺残組織に由来し，粘液状物質でみたされた嚢胞としてトルコ鞍内や鞍上に形成される（図 10-1a）．組織学的にラトケ嚢胞の壁は呼吸上皮に類似する線毛円柱上皮細胞や杯細胞様の粘液産生細胞により構成される（図 10-1b）．大型の嚢胞が形成されると，下垂体性侏儒症になることがある．一方，頭蓋咽頭管は，胎生期に下垂体前葉の母組織である内胚葉性組織が口腔より頭蓋骨内に陥入した際に遺残した組織である．通常は成長とともに消失するが，嚢胞が残存した場合に頭蓋咽頭管嚢胞と呼ばれる．同組織に由来する頭蓋咽頭管腫瘍の発生も知られている．

10-2．下垂体腫瘍

Pituitary tumors

下垂体腫瘍の多くは前葉に由来し，悪性腫瘍の発生はまれである．ホルモン産生の有無により機能性腫瘍と非機能性腫瘍に分類される．機能性腫瘍は，ACTH 産生腺腫，GH 産生腺腫，プロラクチン産生腺腫，TSH 産生腺腫，性腺刺激ホルモン産生腺腫，多ホルモン産生腺腫に分類される．犬ではとくに ACTH 産生腺腫が多く，下垂体性クッシング症候群（クッシング病）の原因となる．猫では GH 産生腺腫が，馬では中間葉に由来する MSH 産生腺腫の発生が知られる．図 10-2 はクッシング症候群を呈した犬の下垂体腫瘍である．膨張性の増殖を示す抗 ACTH 抗体陽性の腫瘍が確認できるが，視床への浸潤所見はみられない．

Ⅱ．甲状腺の病変

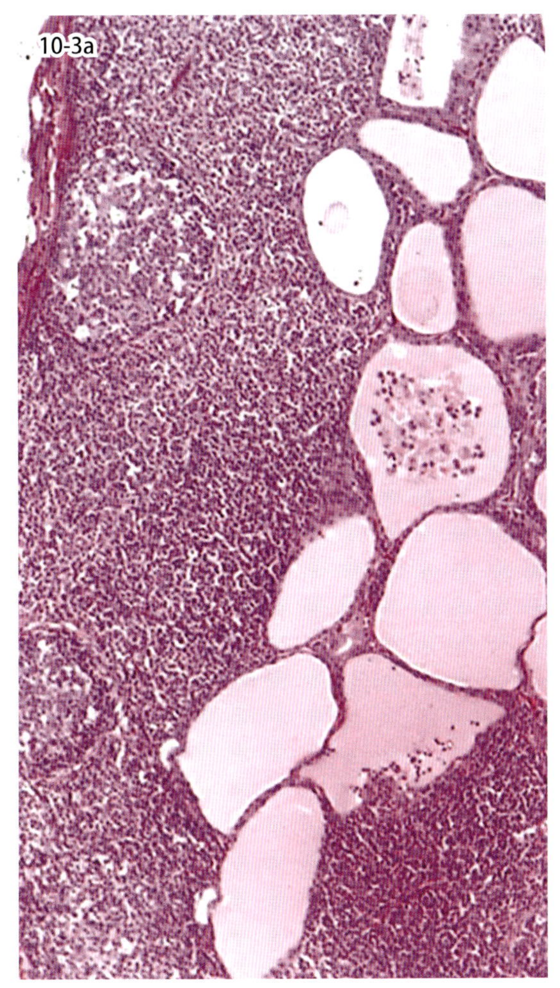

図 10-3a　リンパ球性甲状腺炎（鶏）．リンパ系細胞の著しい浸潤と胚中心形成，甲状腺濾胞の大小不同と減少，および濾胞コロイドの染色性変化（a）．

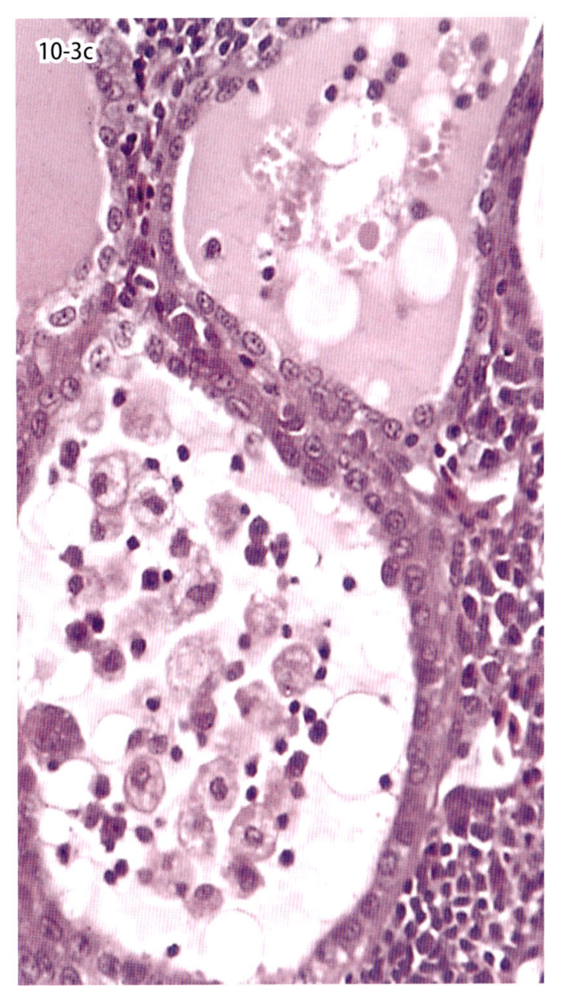

図 10-3b　リンパ球およびマクロファージの濾胞内への破壊的浸潤，濾胞上皮の腫大と配列の乱れ，浸潤マクロファージによるコロイド貪食（b）．

10-3．甲状腺炎
Thyroiditis

甲状腺の炎症にはウイルスや細菌，真菌などの感染性因子による一般的な急性炎症のほかに，亜急性～慢性の炎症としてリンパ球性甲状腺炎 lymphocytic thyroiditis が各種動物にみられる．本病は犬，鶏，ラット，馬などのほか，マストミスやサル類で自然発生する遺伝性の免疫介在性疾患で，ヒトの橋本病に類似する．実験的にアジュバントを加えたサイログロブリンでマウスを感作することによっても誘発される．サイログロブリン，サイロペルオキシダーゼ，TSH 受容体，濾胞コロイド抗原などに対する自己抗体の産生が特徴的である．また，甲状腺機能低下症に特徴的な血中の T3 および T4 レベルの低下をはじめ，鶏では体型の小型化，皮下織の脂肪蓄積や羽毛の伸長，犬では皮下粘液水腫および皮膚の弛みなどを伴うが，これらは甲状腺炎の程度によりさまざまである．特徴病変として，間質にリンパ球，形質細胞，マクロファージなどが多巣状性～び漫性に浸潤し，胚中心が形成される．進行すると甲状腺濾胞壁や濾胞内にも細胞浸潤がみられ，濾胞の小型化～減少とコロイドの変性や減少～消失を伴う．残存する濾胞はしばしば代償性に肥大し，それらの上皮は丈を増した円柱上皮となる．濾胞周囲の基底膜は免疫複合体の沈着によりしばしば肥厚する．本病の病理発生は十分には明らかにされていないが，補体依存性あるいは抗体依存性細胞傷害機構によることが示唆されている．

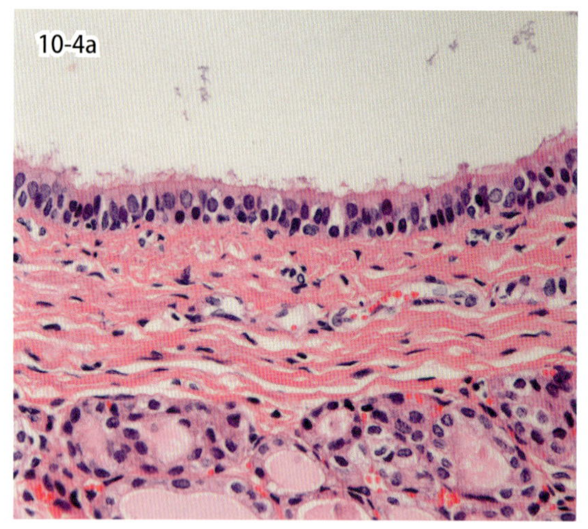

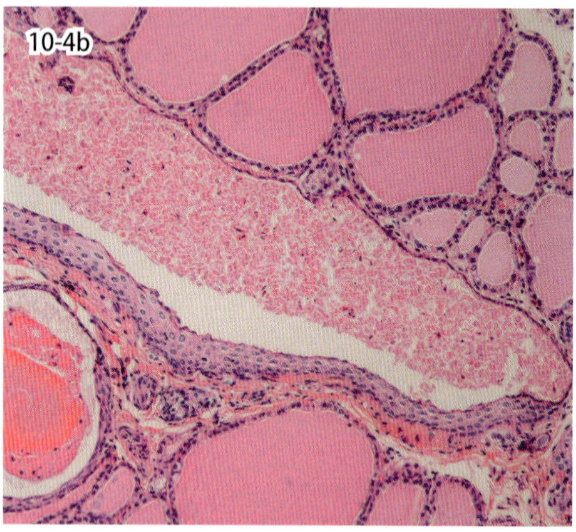

図 10-4 甲状舌管嚢胞（ニホンジカ）．多列線毛上皮に内張りされる（a）．鰓後体嚢胞（ニホンジカ）．重層扁平上皮に内張りされる（b）．

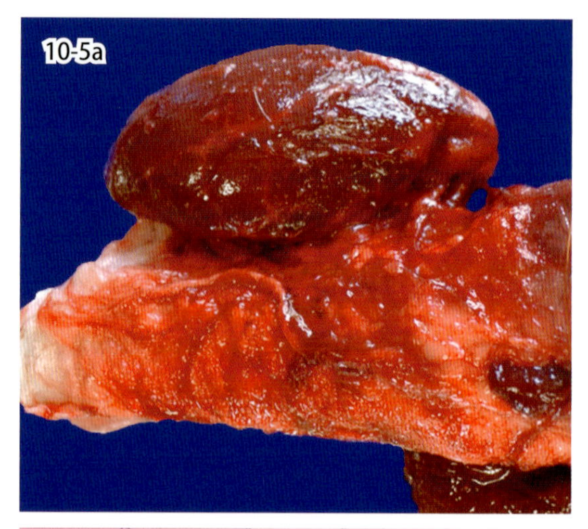

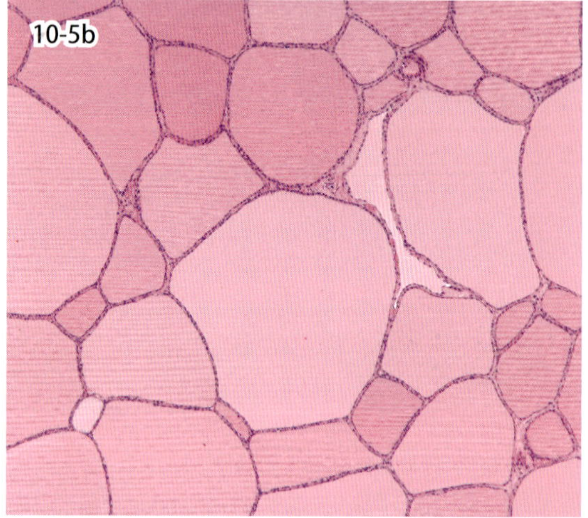

図 10-5 甲状腺腫（豚）．甲状腺のび漫性の腫大（a）．多量のコロイドを容れて拡張する濾胞（膠様性（コロイド）甲状腺腫）（b）．

10-4. 嚢　胞

Cysts in and around the thyroid gland

甲状腺領域には胎子組織の遺残に由来する嚢胞が形成され，由来組織や形成部位によって分類される．甲状舌管嚢胞 thyroglossal duct cyst は甲状腺峡部や舌根部から前縦隔部の正中またはその近傍に認められる．口腔に近いものは扁平上皮，下部のものでは多列線毛上皮や濾胞上皮で内張りされる．鰓後体嚢胞 ultimobranchial duct cyst は甲状腺門部付近の実質内に認められ，角化扁平上皮や線毛細胞に内張りされる．鰓嚢胞 branchial cyst は甲状腺領域の外側に認められ多列上皮や扁平上皮に内張りされ，一部に線毛を認める．上皮小体嚢胞 parathyroid cyst は上皮小体もしくはその近傍に認められ，立方状から円柱状のしばしば線毛を有する上皮により内張りされる．

10-5. 甲状腺腫

Goiter

肉眼的に甲状腺が腫大した状態を甲状腺腫という．甲状腺ホルモンの合成障害に対する代償性変化であり，腫瘍性ならびに炎症性の腫大は含まない．肉眼的に甲状腺が全体的に腫大するび漫性甲状腺腫と多結節状の増生を認める結節状甲状腺腫に区別される．び漫性甲状腺腫はヨード欠乏やヨード過剰摂取，甲状腺ホルモン合成を障害する植物や薬物，もしくは遺伝的なホルモン産生異常を原因とする．組織学的には濾胞細胞の肥大と過形成が認められ，コロイドを欠いて虚脱する濾胞や濾胞上皮の内腔への乳頭状突出がみられる実質性甲状腺腫と，多量のコロイドを容れて拡張した濾胞からなる膠様性（コロイド）甲状腺腫に分けられる．結節性甲状腺腫は老齢の馬，犬，猫に認められる．

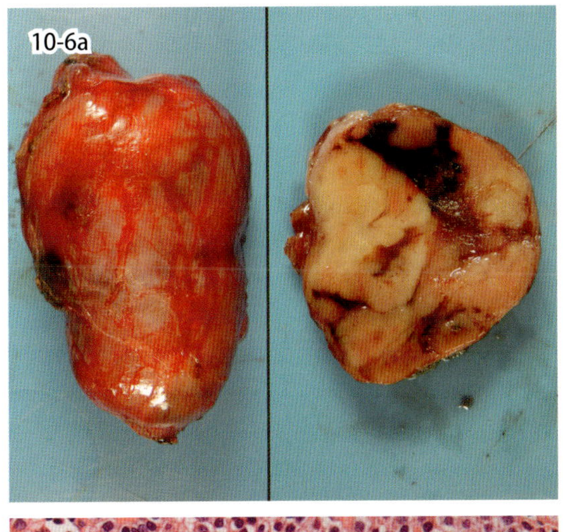

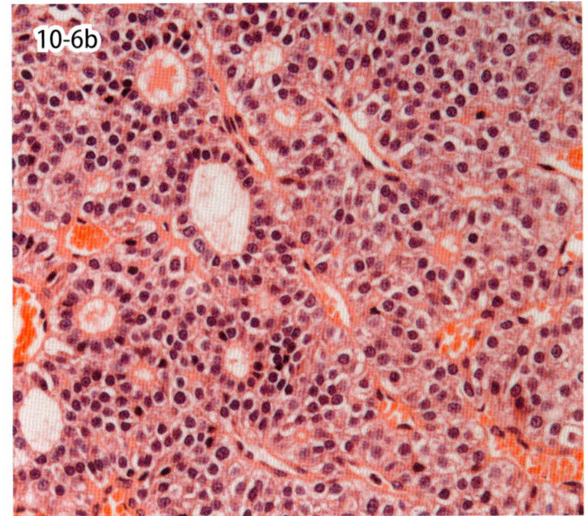

図 10-6　高分化型甲状腺癌（犬）．甲状腺の腫大と淡褐色組織の増殖（a）．濾胞形成を伴う腫瘍細胞の充実性増殖（b）．

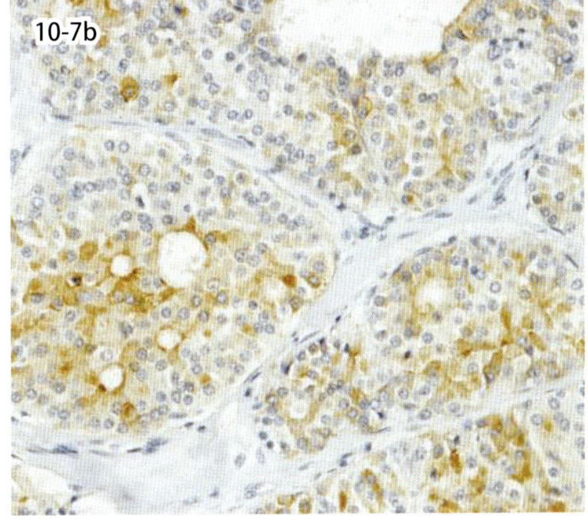

図 10-7　C 細胞癌（犬）．カルシトニン免疫染色（b）．円形～楕円形核と弱好酸性微細顆粒状細胞質を有する腫瘍細胞が胞巣状に増殖している．

10-6. 濾胞上皮の腫瘍

Tumors of thyroid follicular cells

濾胞上皮由来の腫瘍には良性の甲状腺腺腫と悪性の甲状腺癌がある．甲状腺腺腫は実質内における白色から淡褐色の孤在性結節として認められる．周囲の甲状腺組織との境界は明瞭で，厚い線維性被膜を形成する．組織学的に濾胞状甲状腺腺腫と乳頭状甲状腺腺腫に分類される．甲状腺癌は急速に大型化し，しばしば気管や食道，喉頭などの周囲組織へ浸潤性に増殖する．早期に甲状腺静脈の分枝へ侵入することによる肺転移も起こりうる．組織学的には高分化型，低分化型ならびに未分化型に分類される．高分化型はさらに濾胞状，充実性，濾胞充実性および乳頭状甲状腺癌に分類される．甲状腺腫瘍は舌根部から前縦隔部，心底部にかけて分布する異所性甲状腺から発生することがある．

10-7. C 細胞の腫瘍

Thyroid C-cell（parafollicular）tumors

甲状腺 C 細胞（傍濾胞細胞）の腫瘍には，腺腫および癌があり，病変が両側性にみられることもある．高齢の雄牛で最も多く観察され，馬や犬などでもしばしば認められる．C 細胞腺腫は灰色～黄褐色調を示す明瞭な結節として認められ，単発性あるいは多発性に発生する．また，C 細胞癌よりも少し病変が小さく（直径約 1 ～ 3 cm），周囲の甲状腺組織からは線維性被膜によって明瞭に分画される．C 細胞癌は多結節性腫瘤として認められ，甲状腺全体を置換することもある．C 細胞腺腫に比べて細胞密度が高く，腫瘍細胞は多形性を示す．また，腫瘍細胞の小胞巣を取り囲むように硝子化した間質が多量にみられる場合もあり，アミロイドの沈着が観察されることもある．

Ⅲ．上皮小体の病変

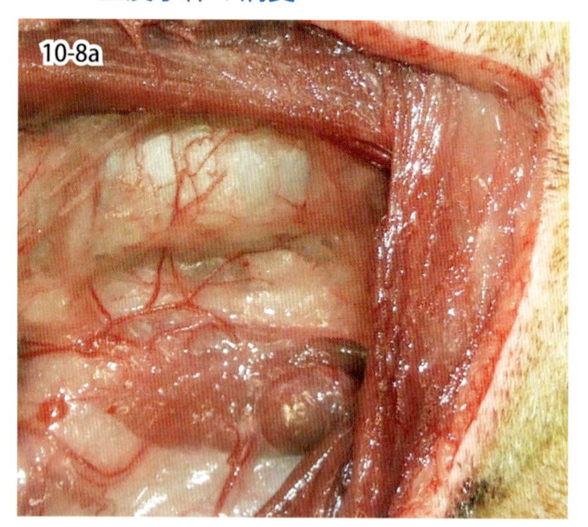

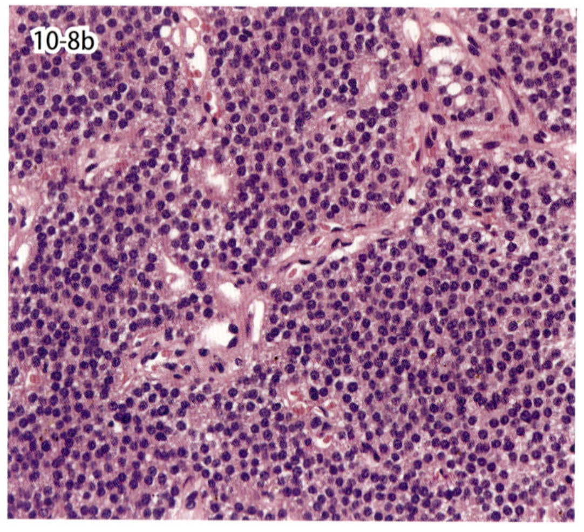

図 10-8　上皮小体主細胞腺腫（犬）．甲状腺に接する腫瘤性病変（a）．密集する腫瘍細胞集塊は血管結合組織によって分画されている（b）（写真提供：a は廉澤　剛氏）．

10-8．上皮小体腫瘍

Parathyroid tumor

上皮小体腫瘍は高齢の犬，猫，ラットおよびマウスにまれに発生する．腺腫は通常腫大した単一の上皮小体組織として発見される．甲状腺組織との境界は明瞭で被膜を有し甲状腺組織を圧迫する．腫瘍細胞集塊は微細な血管結合組織によって分画される．主細胞由来の腫瘍細胞の細胞質は明調で好酸性である.好酸性型，水様明型あるいは移行型の腫瘍細胞が散在することがある．機能性腫瘍の場合には PTH を分泌し原発性上皮小体機能亢進症の原因となる．過形成および癌腫との鑑別はしばしば困難である．過形成では多中心性発生や被膜を持たず甲状腺組織の圧迫所見が不明瞭であること，癌腫では腫瘍細胞の異型性や核分裂頻度が高く,脈管内侵入像がみられることなどが鑑別点となる．

Ⅳ．副腎の病変

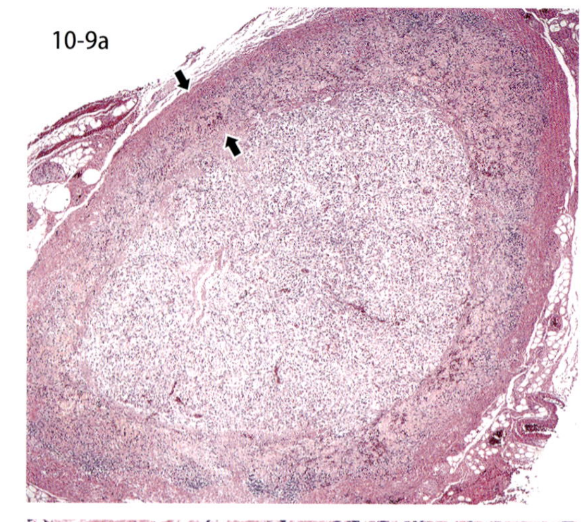

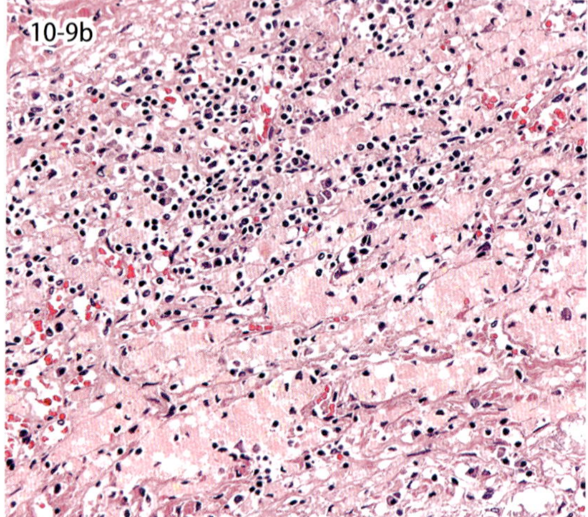

図 10-9　特発性副腎皮質萎縮症（犬）．弱拡大像（a）と強拡大像（b）．皮質細胞には著明な色素沈着が認められ，間質にリンパ球や形質細胞が浸潤する（b）．

10-9．犬の特発性副腎皮質萎縮症

Idiopathic adrenocortical atrophy in the dog

コルチコステロイドが大量に使用された場合，副腎皮質の顕著な萎縮が起こり，これを医原性 iatrogenic の副腎皮質萎縮症という．また，原因が特定できない副腎皮質の萎縮症もあり，これを特発性副腎皮質萎縮症と呼ぶ．ヒトでは副腎皮質ホルモンの低下に起因する慢性原発性副腎皮質機能低下症をアジソン病 Addison's disease と呼び，副腎皮質萎縮も原因の１つである．図 10-9a は犬の副腎組織像であるが，正常と比較して皮質の著明な萎縮（矢印）が認められる.図 10-9b は萎縮した副腎皮質組織の拡大像である.皮質細胞には黄褐色色素の顕著な沈着が認められ，間質にはリンパ球や形質細胞の浸潤が観察される．本症に似たヒトの病態は自己免疫疾患と考えられている．

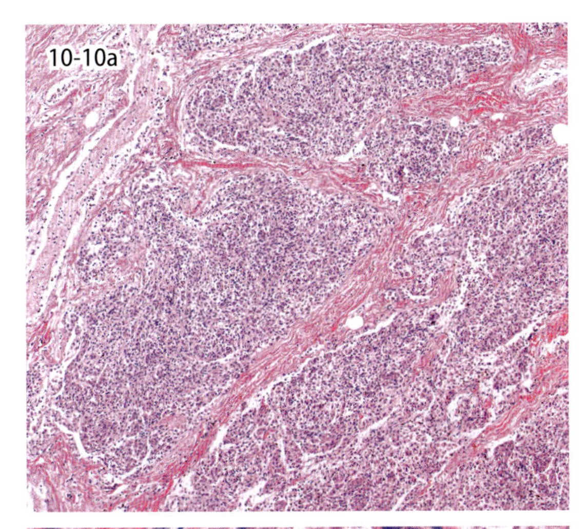

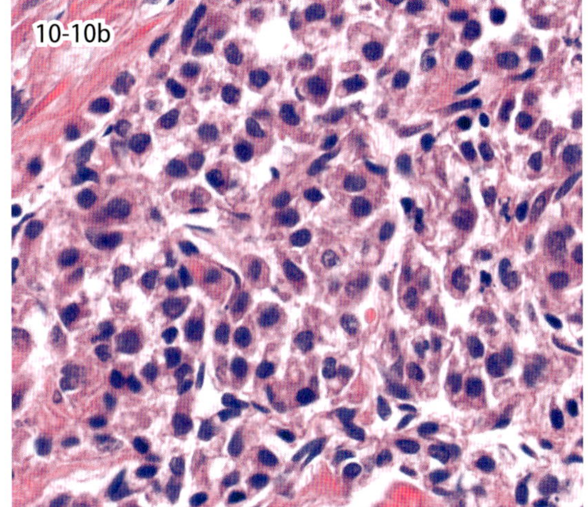

図 10-10　副腎皮質癌（犬）．線維性結合組織で分割されている（a）．腫瘍細胞は大型で多角形異型性を示し，クロマチンに富む核と好酸性の細胞質を持つ（b）．

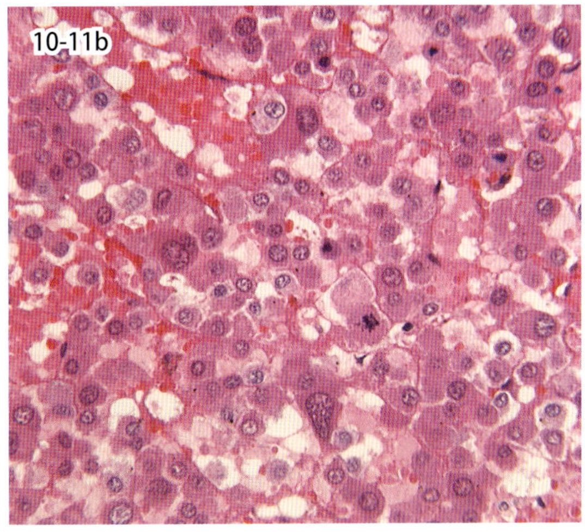

図 10-11　悪性クロム親和性細胞腫（オオカミイヌ）．腫瘍内に壊死巣と出血巣がみられる（a）．腫瘍細胞は大小不同で多形性を示す（b）．

10-10．副腎皮質癌

Adrenal cortical carcinoma

老犬でまれに発生するが，その発生頻度は低い．腺腫に比べ大きく，両側性に発生しやすい．割面は黄色調でしばしば出血巣を伴い，質感は脆い．副腎の被膜や周囲組織への浸潤が顕著で，しばしばリンパ管や血管に侵入する．腫瘍組織は種々の厚さの線維性血管結合組織で小柱状あるいは小胞巣状に分割される（図 10-10a）．腫瘍細胞は大型で多角形異型性を示し，クロマチンに富む核と好酸性の細胞質を持つ（図 10-10b）．副腎皮質の腫瘍にはホルモンを産生する機能性腫瘍と産生しない非機能性腫瘍がある．前者はクッシング様症状を示す．

10-11．悪性クロム親和性細胞腫

Malignant pheochrocytoma

副腎髄質細胞由来の腫瘍で悪性褐色細胞腫ともいう．犬や牛での報告がまれにある．両側性または片側性に発生して著しく大きくなり，皮質は圧迫され萎縮する．褐色調で壊死や出血がある場合には黄褐色あるいは暗赤色の色調を帯びる．図 10-11a はオオカミイヌ（7 歳, 雄）の右側副腎に発生した悪性褐色細胞腫で，割面は黄白色，出血壊死巣を伴っている．本腫瘍では後大静脈腔内に腫瘍組織が侵入し，肺，肝臓などで転移巣を形成することもある．組織学的に腫瘍細胞は大小不同の大型の細胞で異型性を示す．豊富な細胞質は好酸性で顆粒状のものと淡明な染色性を示すものとが観察される．核は強い異型性を示す大型で不整形なものから，円形ないし楕円形のものまで多様性を示す．

第11編　運動器系

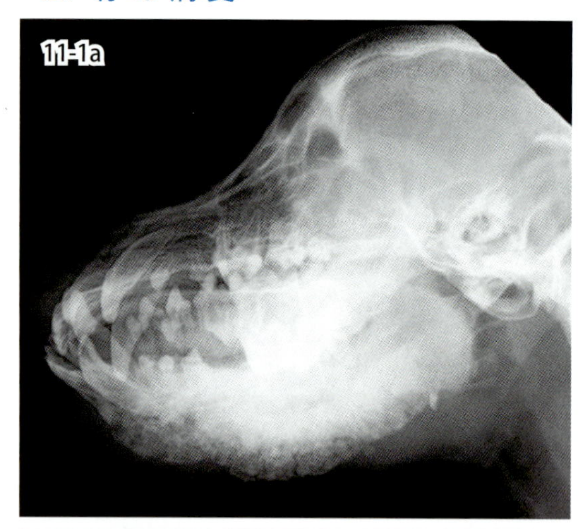

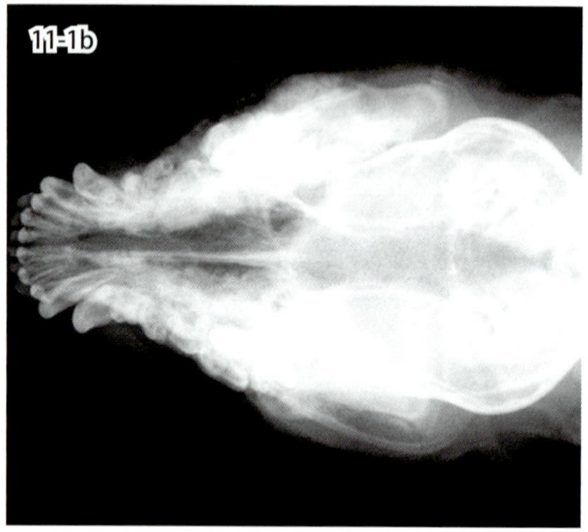

図 11-1　頭蓋下顎骨症（犬）．若齢テリア犬の頭蓋 X 線所見．下顎部の不整な骨増殖（写真提供：織間博光氏）．

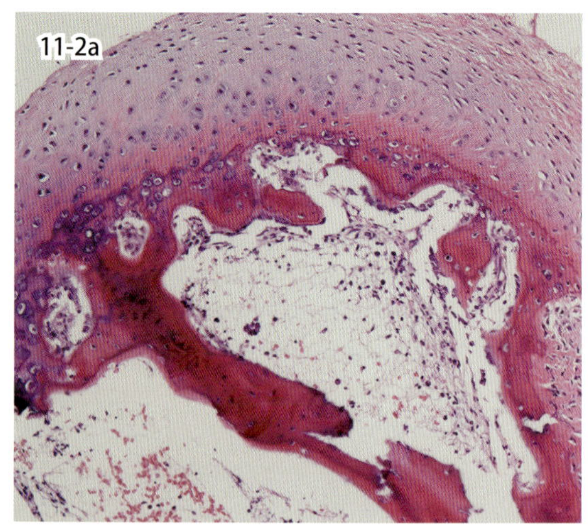

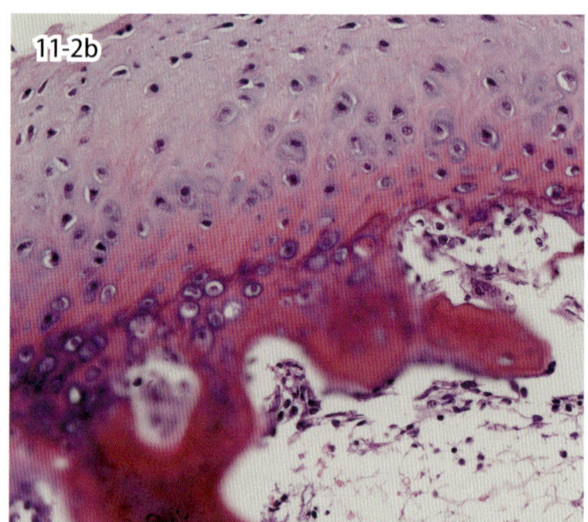

図 11-2　骨軟骨腫（猫）．腫瘤表層には硝子軟骨からなる軟骨帽がみられ，深部に向かって海綿骨形成がみられる（a は弱拡大図，b は拡大図）．

11-1. 頭蓋下顎骨症

Craniomandibular osteopathy

頭蓋下顎骨症は lion jaw とも呼ばれ，下顎，側頭骨，後頭骨および中耳鼓室包での内・外骨膜性骨増殖を特徴とする犬の疾患である．ウエスト・ハイランド・ホワイト・テリア種およびスコティッシュ・テリア種が好発犬種であり，これら犬種では常染色体性劣性遺伝病であることが確認されている．本疾患では，疼痛を伴う咀嚼・開口困難が 4 ～ 7 ヵ月齢時までに出現する．骨病変は両側対称性にみられ，間歇性に進行し，数週間から数ヵ月間持続する．摂食ができる状態であれば，その後自然治癒する．本疾患の特徴は，急速で無秩序なモデリングとリモデリングであり，線維骨周囲の層板骨では不規則な接合線が形成され，モザイク構造（パターン）が出現する．

11-2. 骨軟骨腫（症）

Osteochondroma（Osteochondromatosis）

成長板や関節軟骨増殖層の近傍に発生する非腫瘍性病変であり，長管骨，肋骨，椎体，肩甲骨や寛骨などに好発する．多発性の場合は骨軟骨腫症（多発性軟骨性外骨症）と呼ばれる．犬や馬では常染色体性優性遺伝病とされており，馬では病巣が両側対称性に分布する傾向がある．腫瘤表層を硝子軟骨が覆うように分布し（軟骨帽），内部に向かって軟骨内骨化により，海綿骨が形成される．腫瘤組織内に分布する海綿骨と骨髄腔が正常骨のそれら構造と連続しているのが特徴である．成熟とともに表層の硝子軟骨が骨化し，腫瘤の発育は停止するが，悪性腫瘍に転化することもある．猫の骨軟骨腫症では，扁平骨に病変が好発し，猫白血病ウイルス感染との関連が指摘されている．

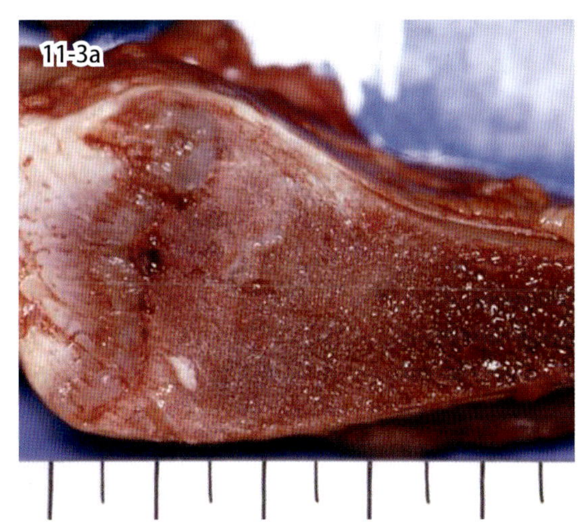

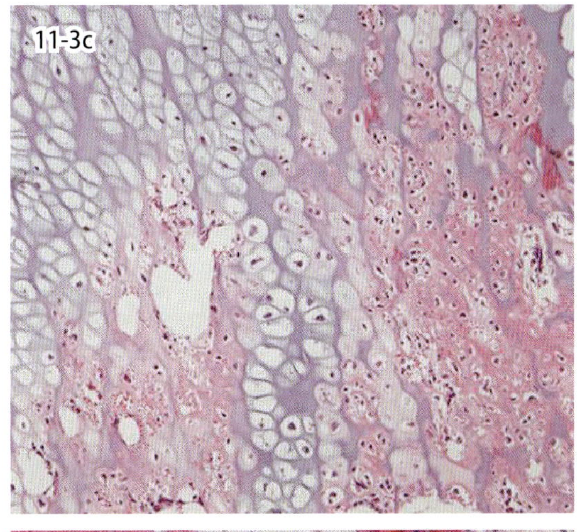

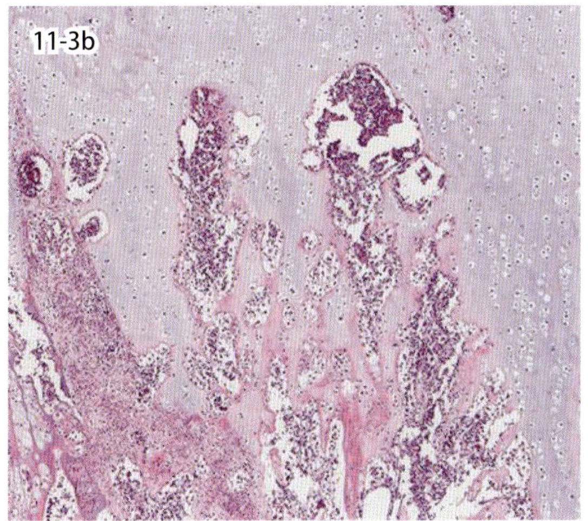

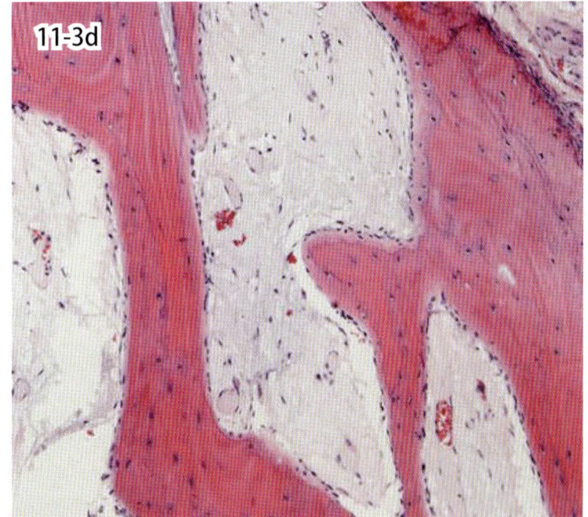

図 11-3a・b　くる病（牛）．くる病念珠（a）．石灰化不全軟骨組織の堆積と軟骨細胞の柱状配列の乱れが認められる（b）．

図 11-3c・d　くる病（牛）．成長板部では肥大および変性した軟骨細胞と類骨蓄積がみられる（c）．骨軟化症（ポニー）．拡張したハバース管周囲に類骨が蓄積する（d）．

11-3. くる病と骨軟化症

Rickets and osteomalacia

くる病と骨軟化症は同一の原因によって起こる疾患であり，ビタミンDあるいはリンの欠乏を主因とする．慢性腎不全やフッ素中毒も原因となるが，単純なカルシウム欠乏がこれら疾患を誘発するか否かについては疑問視されている．くる病と骨軟化症の違いは罹患動物が成長過程に存在する成長板を有するか否かによって決まるが，いずれの疾患も骨の石灰化障害に基づく類骨 osteoid の過剰形成を特徴とする．

くる病は若齢動物の成長板での軟骨内骨化不全を特徴とし，その病変は成長板で強く現れる．くる病に罹患した動物の成長板では，石灰化不全軟骨が堆積し，軟骨の結節が形成される．本変化は肋軟骨結合部で目立ち，くる病念珠 rachitic rosary と呼ばれる．組織学的に病変部では，軟骨細胞の柱状配列が乱れ，肥大軟骨細胞が塊をなして類骨に囲まれて分布する．

くる病に罹患した動物の海綿骨では，骨梁周囲に石灰沈着がみられない基質，すなわち類骨が蓄積する．また，皮質骨では，ハバース管周囲に類骨が蓄積する．HE 染色では，類骨は石灰化している骨に比して少し淡明に染色される傾向があるが，正確な判別には非脱灰切片や特殊染色が利用される．

骨軟化症は成長板が閉鎖した成熟個体で発生がみられるため，成長板での変化は認められず，くる病の項で記載した海綿骨および皮質骨の変化のみが観察される．

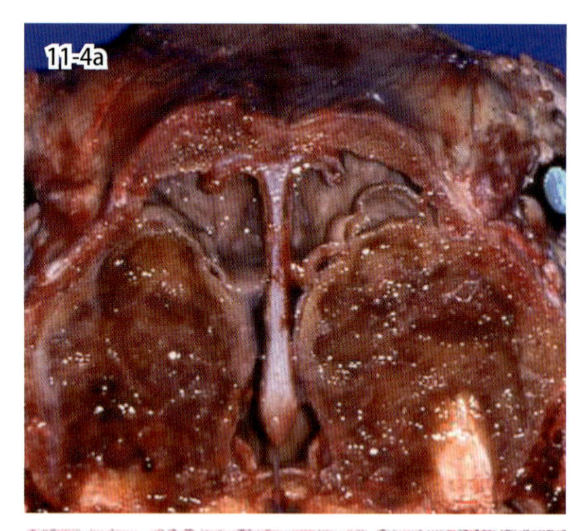

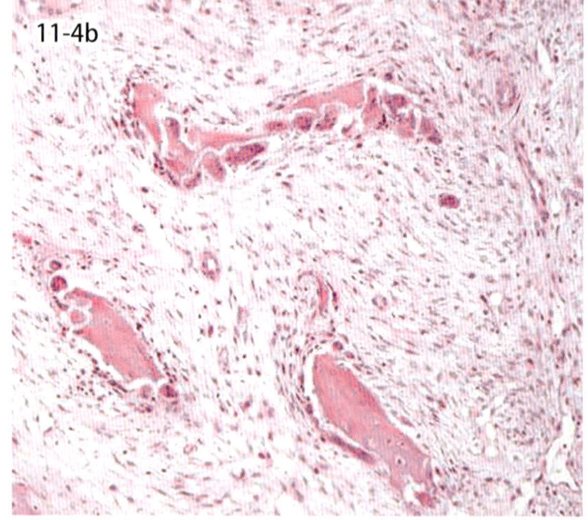

図 11-4a・b　線維性骨異栄養症（馬）．上顎骨割面（a）．上顎骨の顕著な両側性腫大により鼻腔は狭小化している．腫大部では顕著な線維組織増生がみられる．

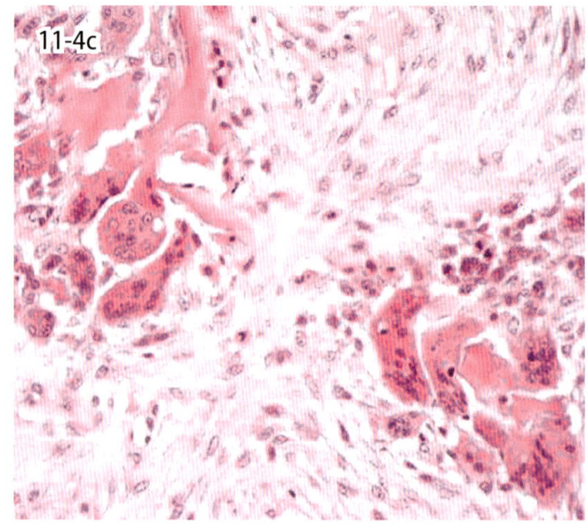

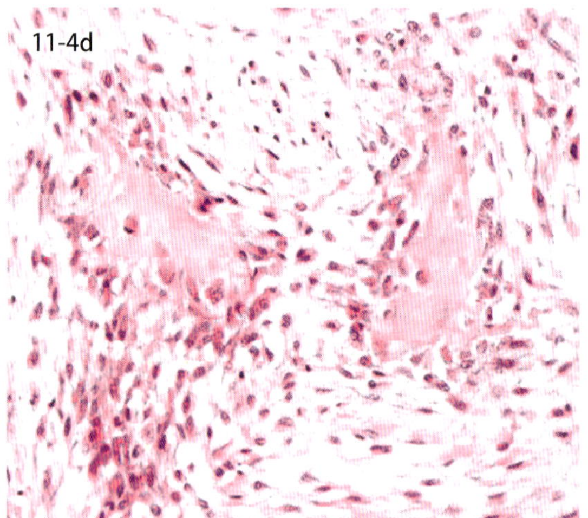

図 11-4c・d　線維性骨異栄養症（馬）．腫大部では破骨細胞性骨吸収が顕著であり（c），同時に骨形成もみられる（d）．

11-4. 線維性骨異栄養症

Fibrous osteodystrophy

線維性骨異栄養症は上皮小体機能亢進症の結果として起こり，破骨細胞性骨吸収の亢進と線維性組織の増生を特徴とする．上皮小体ホルモン（PTH）により間接的に破骨細胞による骨吸収が誘導される．また，PTH 濃度が高い状態で推移すると間質細胞が線維芽細胞に分化し，線維増生が起こると考えられている．

本病態は一次性（原発性）および二次性に大別され，前者は上皮小体の機能性腫瘍などによって起こり，後者は腎機能障害（腎性）や低カルシウム高リン飼料の給餌などによって起こる．また，肛門嚢腺癌などで分泌される PTH 関連蛋白（PTH-rP）によっても同様の病態が誘発され，その場合は偽亢進症と呼ばれる．

本疾患は馬，豚，山羊，犬，猫などでしばしば発生がみられるが，羊や牛での発生はまれである．また，動物種によって上皮小体機能亢進症に対する感受性，主因，病巣分布が少し異なる．馬では，成長期にある個体でより急速に進行し，頭蓋骨（上下顎骨）の両側対称性腫大が特徴的であり，「big-head」と形容される．同質の変化は肋骨や四肢骨などでも認められる．

病変の組織学的特徴はいずれの動物種でも同様であり，破骨細胞性骨吸収の亢進と高度の線維組織増生に加えて，未熟な線維骨形成を伴う骨芽細胞の増生もみられる．重度の病変では，海綿骨が未熟な線維骨や線維組織で置換され，皮質骨においても線維組織による置換が起こるため，骨は柔らかくなり，屈曲および骨折しやすくなる．

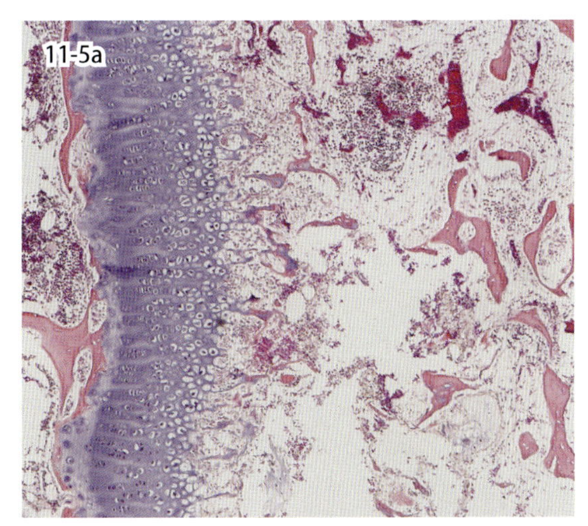

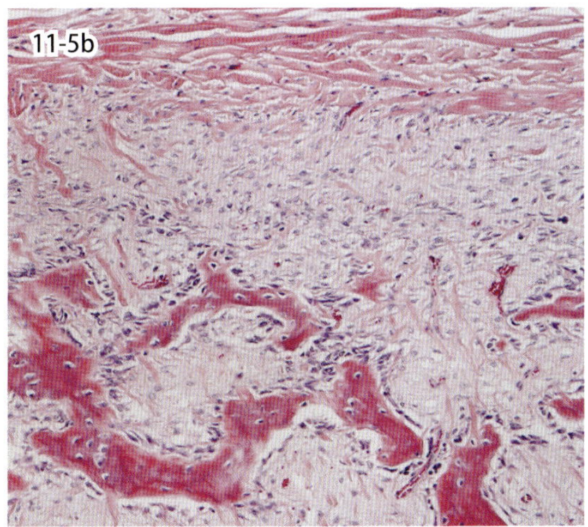

図 11-5　骨粗鬆症（羊）．椎骨．骨梁は細く不整で，骨梁間は著しく拡大している（a）．皮質骨は薄く，主に線維骨からなり，不整で層板構造を欠く（b）（写真提供：動衛研）．

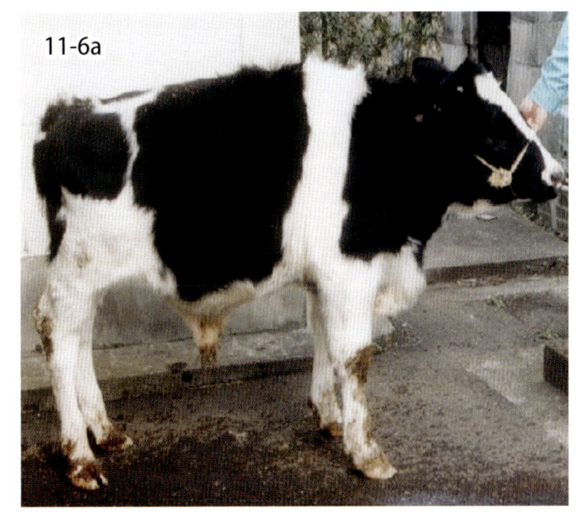

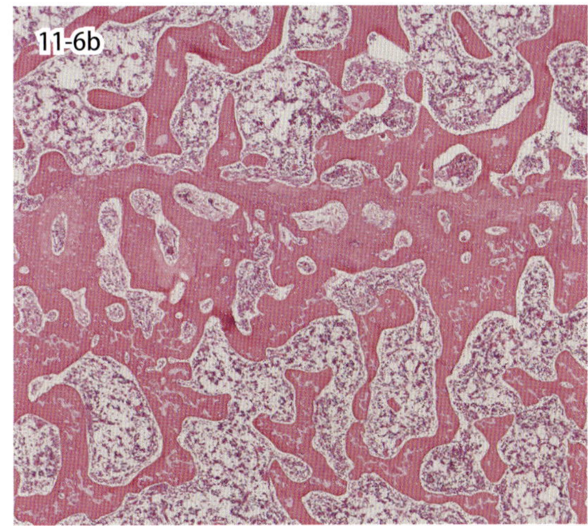

図 11-6　ビタミン A 過剰症（牛）．腰が落ちたハイエナ姿勢を示す（a）．大腿骨．骨端軟骨板は消失し，海綿骨骨梁も不整となっている（b）（写真提供：a は長崎県県南家保＊，b は動衛研）．

11-5. 骨 粗 鬆 症

Osteoporosis

骨粗鬆症はカルシウム，リンあるいは銅の欠乏，栄養不良，物理的負荷の減少（不使用性萎縮），ステロイド過剰，エストロジェン欠乏（閉経）などが原因となって起こる．骨組織の減少（骨量および骨密度の減少）により，骨が菲薄化ならびに脆弱化し，骨折しやすくなる．解剖時に肋骨を外すとき，肋骨は力を加えると簡単に折れてしまう．また，椎骨や長管骨もやわらかく，容易に解剖刀を入れることができる．組織学的に骨梁は細く，骨梁間が著しく拡大する（図 11-5a）．皮質骨は内骨膜側からの骨吸収により薄くなり，内骨膜の骨縁が不整となる（図 11-5b）．成熟骨組織の萎縮であり，くる病や骨軟化症にみるような質的な変化を伴う形成異常ではない．

11-6. ビタミン A 過剰症（ハイエナ病）

Hypervitaminosis A（Hyena disease）

ハイエナ病 hyena disease はビタミン A 過剰摂取による成長板の早期閉鎖あるいは断裂を特徴とする若齢牛の全身性骨疾患である．症状は脱毛や削痩で始まる．成長に従い成長板軟骨増殖が最も盛んな後肢長管骨の伸長不足が目立ち，腰部以降の背線の下降が顕著なハイエナに似た体形となる（図 11-6a）．肉眼所見として，四肢の長管骨の発育不良が顕著で，大腿骨の骨端軟骨板（骨端線）は不明瞭となり断裂，消失（閉鎖）する．組織学的に，骨端の軟骨内骨化の異常がみられ，骨端軟骨板の特有の櫛状構造は消失し，軟骨細胞の変性，消失がみられる（図 11-6b）．

＊長崎県県南家畜保健衛生所

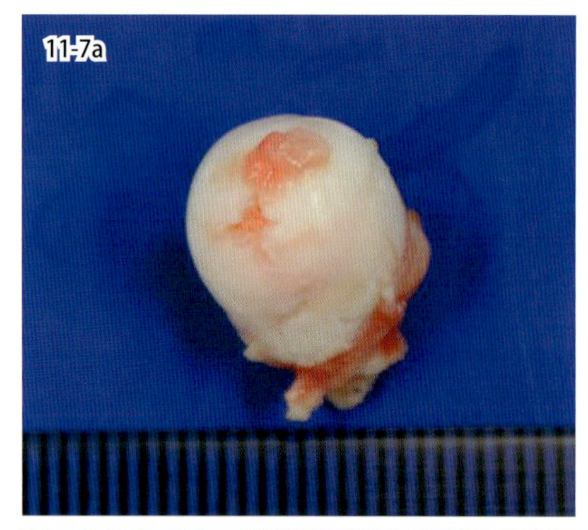

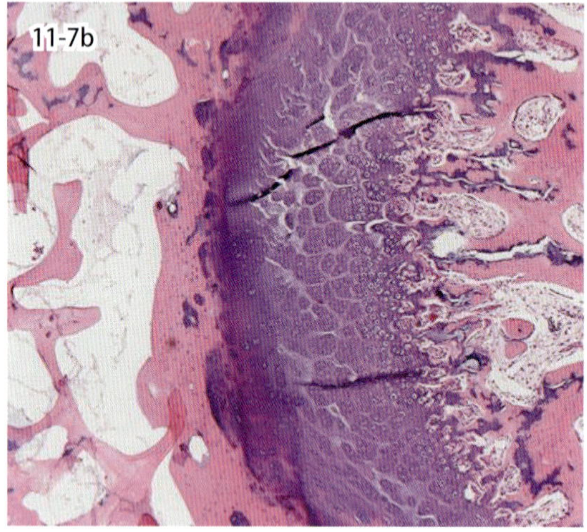

図 11-7　レッグ・カルベ・ペルテス病（犬）．肉眼的に関節軟骨面は不整になっている．関節表面側（左）の骨組織は，核の染色性が消失し壊死している．

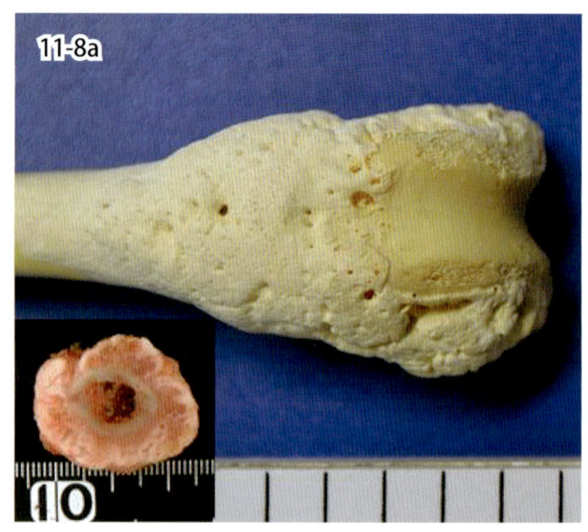

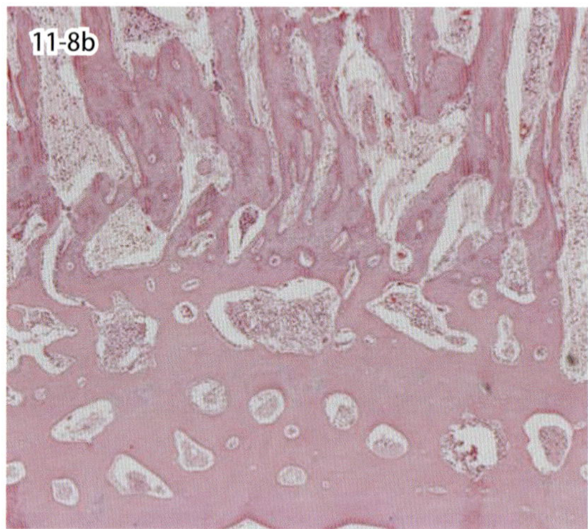

図 11-8　（肺性）肥大性骨症（犬）．骨標本（a，挿入図は横断面）．顕著な外骨膜性異常造骨がみられる．

11-7. レッグ・カルベ・ペルテス病

Legg-Calvé-Perthes disease

乏血性の大腿骨頭壊死を特徴とする小児疾患であるレッグ・カルベ・ペルテス病と同様の病変が犬，とくに小型犬種でみられる．常染色体性劣性遺伝病の可能性が指摘されている．本疾患は潜行性に進行し，通常4～8ヵ月齢で発症する．両側性に病変が出現する症例もある．大腿骨頭部の乏血の原因として，成長期における大腿骨頭への血液灌流障害，関節内圧の上昇や静脈圧迫が関与すると考えられている．壊死領域が小さく，血液供給が早期に回復すると治癒するが，壊死領域が広範に及ぶ場合は骨折や壊死した関節下海綿骨の虚脱が起こり，大腿骨頭は扁平化する．大腿骨頭の骨折による骨頭壊死とは病理発生機序が異なるので，区別すべきである．

11-8. （肺性）肥大性骨症

（Pulmonary）hyperplastic osteopathy

肥大性骨症はマリー病とも呼ばれ，犬での発生頻度が高い．多くの症例で胸腔内病変が随伴していること，それら病変の治療によって骨病変が軽快するという事実から，肺性肥大性骨症とも呼ばれる．骨幹部での外骨膜性異常造骨を特徴とし，病変は通常，四肢遠位から近位へと進行する．同様の変化は骨端部でもみられることがある．初期の組織変化は，骨膜での血管に富む結合組織の増生と充血および水腫であり，出血がみられることもある．その後，皮質骨周囲に骨が形成される．骨膜周囲に形成された新生骨と皮質骨との境界は初期には明瞭であるが，その後不明瞭となる．本病変の詳細な病理発生機序は未解明であるが，前述の通り，四肢骨への血流増加が共通する初期変化である．

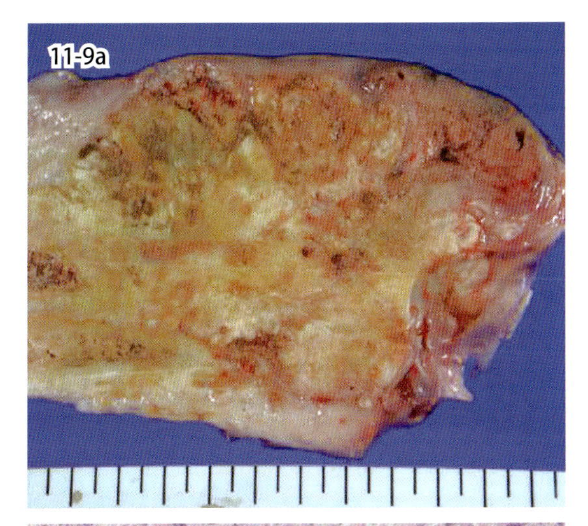

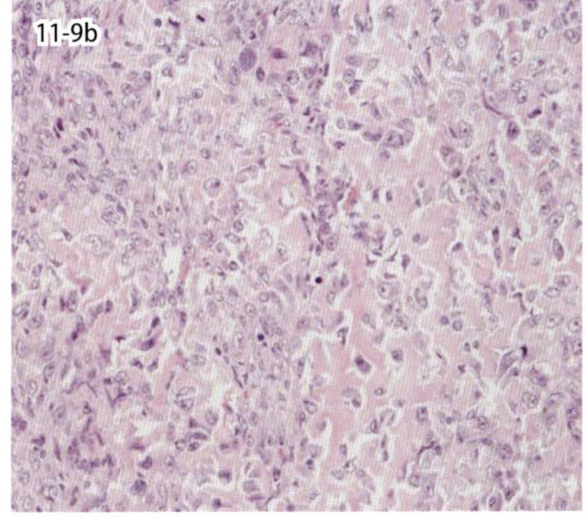

図 11-9　骨肉腫（犬）．類骨形成を伴って異型性を示す多角形～紡錘形腫瘍細胞が密に増殖している．

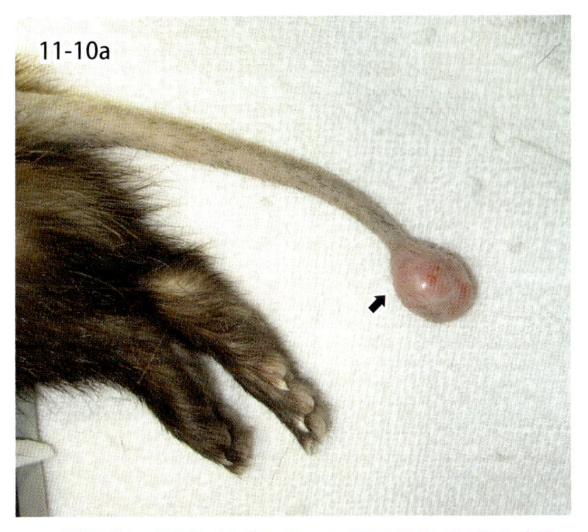

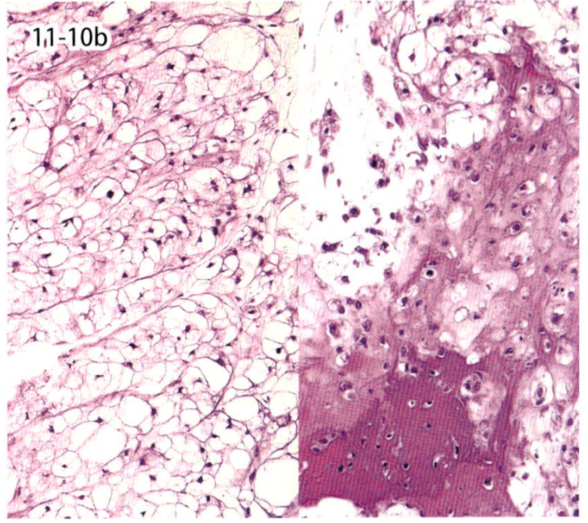

図 11-10　脊索腫（フェレット）．尾部の脊索腫（a）．淡明で空胞状の細胞質を持つ腫瘍細胞が充実性に増殖し（b 左），軟骨や骨組織形成がみられる（b 右）．

11-9. 骨原発腫瘍（骨肉腫）

Primary bone tumors（osteosarcoma）

骨原発腫瘍は犬および猫では多く観察され，骨および軟骨形成腫瘍の発生頻度が高い．骨原発の悪性腫瘍は腫瘍の発生部位により，骨内に発生する中心性と骨辺縁に発生する周辺性に分類される．骨肉腫は骨原発の悪性腫瘍の中で最も発生頻度が高い腫瘍で，とくに犬での発生が多い．中心性骨肉腫の発生頻度が高く，中心性骨肉腫は周辺性骨肉腫に比して発育速度が早く，悪性度も高い．骨肉腫は同一症例の腫瘍組織内でも多彩な組織像を示すことが多いが，優勢な腫瘍細胞の形態から低分化型，骨芽細胞型，軟骨芽細胞型，線維芽細胞型，血管拡張型および巨細胞型に分類されている．腫瘍性類骨・骨組織の形成が特徴である．

11-10. 脊　索　腫

Chordoma

脊索腫 Chordoma は胎生期の脊索の遺残により発生する腫瘍であり，ヒトでは頭蓋底部と仙骨部に発生するまれな腫瘍として知られ，一般に良性腫瘍とされる．動物では犬や猫の症例報告があるが，フェレットでは尾先端部などに好発し，遠隔転移を示す悪性例も報告されている．組織学的には豊富な細胞質を有する腫瘍細胞が充実性に増殖する．同細胞の細胞質は空胞状で HE 染色では不染性であるが，細胞質の一部はアルシャンブルー染色や PAS 染色に陽性を示す．腫瘍細胞は免疫染色によりサイトケラチン抗体に陽性を示す．また，粘液状の間質組織に富み，さらに軟骨組織や骨組織などの間葉系組織形成を伴うこともある．

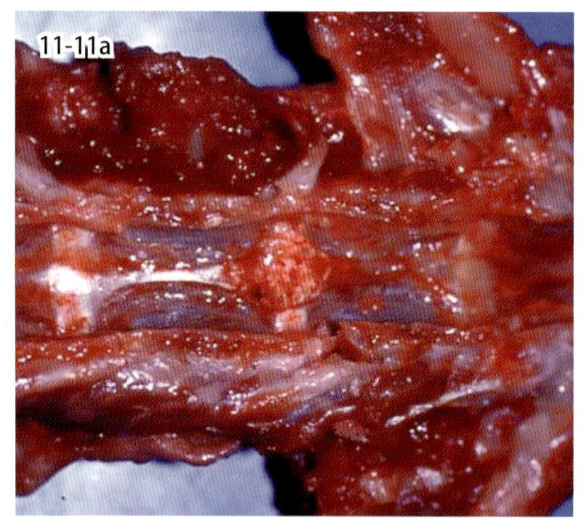

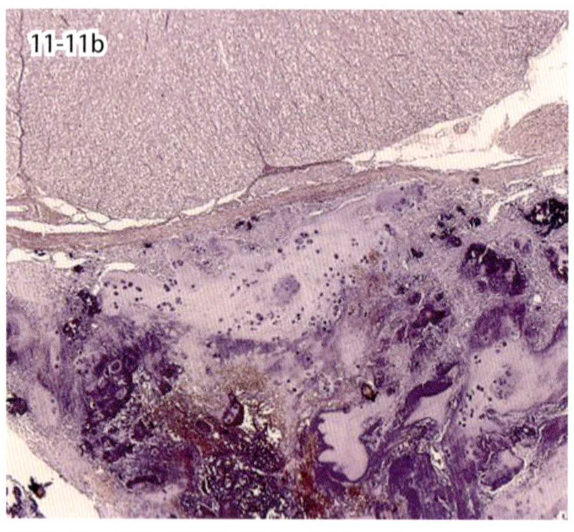

図 11-11　椎間円板変性（犬）．変性および石灰化した髄核組織が脊柱管内に突出している．

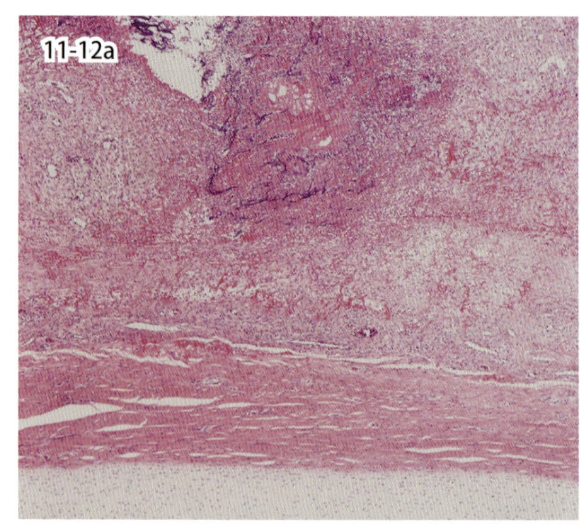

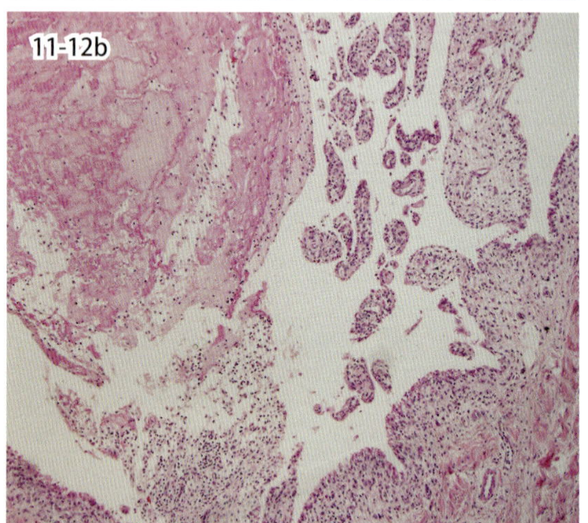

図 11-12　細菌性関節炎（a 豚，b 山羊）．関節内に化膿性滲出物が充満している(a)．線維素の析出と滑膜増生がみられる(b)（写真提供：動衛研）．

11-11．椎間円板変性

Degeneration of intervertebral disks

椎間板変性は多くの動物種で知られているが，犬でとくに問題となる．ダックスフンドなどの軟骨異栄養型犬種でみられる Hansen Ⅰ型と，非軟骨異栄養型犬種でみられる Hansen Ⅱ型に区別される．軟骨異栄養型犬種では，1 歳齢に満たない年齢で髄核の変性がみられ，髄核は乾燥した灰白色～黄色の軟骨様物質によって置換される．病状が進行すると，髄核での軟骨変性と石灰化に加え，線維輪の変性も出現する．線維輪の断裂が起これば変性した髄核が脊柱管内に急激に逸脱および突出し，脊髄や脊髄神経を傷害する．本ヘルニアは 3 ～ 7 歳齢時に好発する．一方，非軟骨異栄養型犬種の椎間板変性は加齢性変化としてみられ，椎間板組織の突出は緩徐に起こる．

11-12．細菌性関節炎

Bacterial arthritis

細菌性関節炎とは，関節の関節包，滑膜包，腱鞘およびその周囲に細菌が感染することによって生じる関節炎の総称である．肉眼所見として，罹患関節は腫脹し，関節包は肥厚し，関節腔は混濁した関節液の増量を伴って拡張する．さらに慢性経過をたどると関節軟骨の表面は粗造化し，潰瘍もみられる．組織所見は感染病原体，動物種，病変のステージなどによってさまざまな様相を呈する．図 11-12a は豚にみられた化膿性関節炎である．関節腔内には化膿性滲出物が充満している．図 11-12b は山羊伝染性胸膜肺炎（マイコプラズマ感染症）の山羊にみられた線維素性関節炎である．滑膜絨毛は過形成を示し，関節腔内には線維素の析出が顕著にみられる．

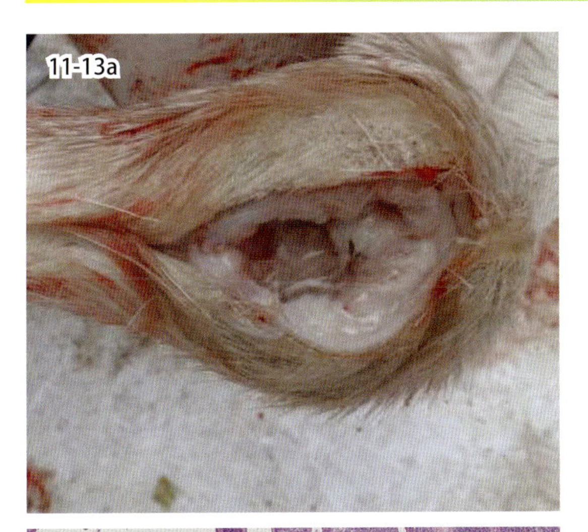

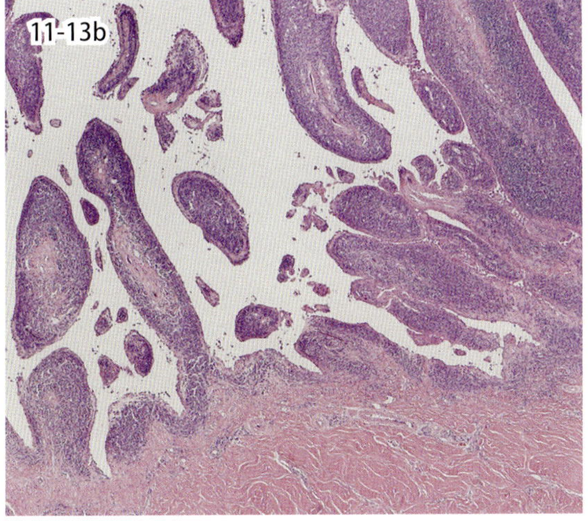

図 11-13　ウイルス性関節炎（山羊）．手根関節の腫脹と関節包の肥厚（a）．滑膜絨毛はリンパ球の浸潤を伴い過形成を示す（b）（写真提供：a は鹿児島中央家保＊，b は動衛研）．

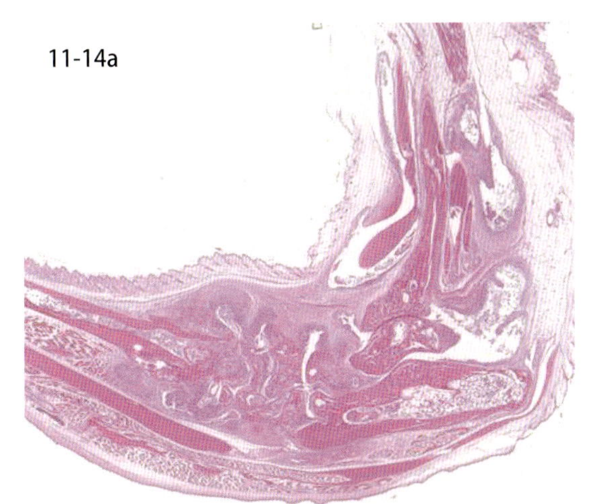

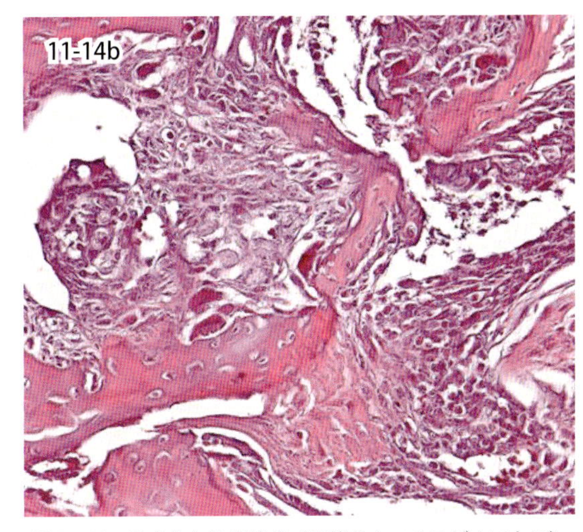

図 11-14　免疫介在性関節炎（関節リウマチモデルマウス）．ルーペ像（a）および組織所見（b）．炎症性細胞浸潤を伴って関節が高度に破壊されている．

11-13．ウイルス性関節炎

Viral arthritis

細菌性関節炎と比較して，ウイルス性関節炎では化膿性変化や線維素の析出といった変化に乏しく，増量した関節液が透明であることが多い（図 11-13a）．組織学的にも関節腔内に滲出物は認めないことが多い（図 11-13b）．山羊関節炎・脳炎ウイルスは初乳による垂直感染後，5 年以上の潜伏期を経て罹患山羊の四肢の関節にヒトの慢性関節リウマチと類似した進行性関節炎を形成する．この関節炎の組織所見として，滑膜絨毛の顕著なリンパ球浸潤を伴う過形成がみられ（図 11-13b），増殖した滑膜絨毛の固有層にはリンパ濾胞の形成を伴うことが多い．羊ではビスナ・マエディウイルスによる，猫ではカリシウイルスによる，鶏ではレオウイルスによる関節炎が知られている．

＊鹿児島中央家畜保健衛生所

11-14．免疫介在性（多発性）関節炎

Immune-mediated（poly）arthritis

非感染性関節炎とも呼ばれ，犬での発生がよく知られている．感染性関節炎と同様，関節液では好中球数が増加するが，好中球に変性像がみられないことが特徴とされる．ただし，感染性関節炎でも好中球の変性像がみられないこともあり，鑑別が必要である．免疫介在性関節炎では通常，複数の関節が侵される．関節軟骨の変化により，びらん性と非びらん性に分類され，前者にはリウマチ性関節炎やグレーハウンドの多発性関節炎などが含まれる．これら関節炎では免疫学的反応が関節内で生じ，パンヌス形成と関節軟骨辺縁部にびらん形成がみられる．非びらん性関節炎では，免疫複合体が関節滑膜の毛細血管床に運ばれ関節炎を誘発すると考えられており，パンヌス形成はない．

Ⅲ．骨格筋の病変

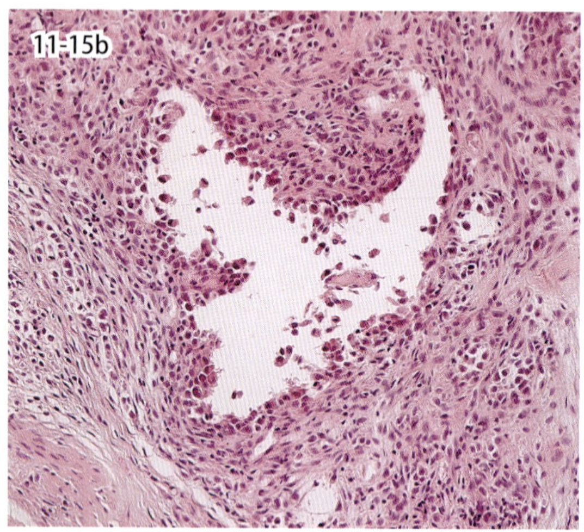

図 11-15　滑膜肉腫（兎）．乳白色の腫瘍が足根関節腔を占拠している（a）．空隙を内張りする上皮様細胞と，周囲に小紡錘形細胞が増殖する．

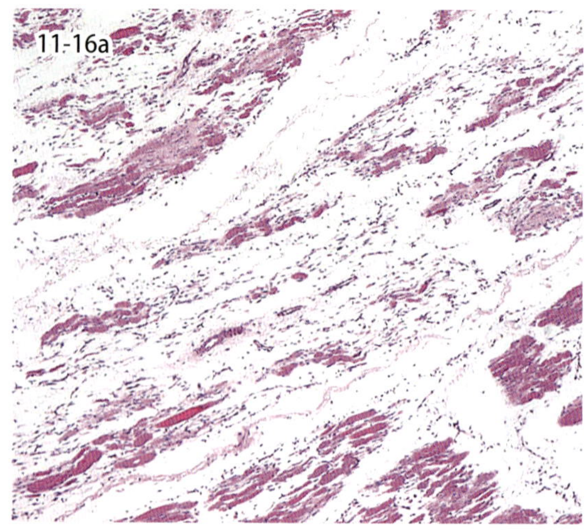

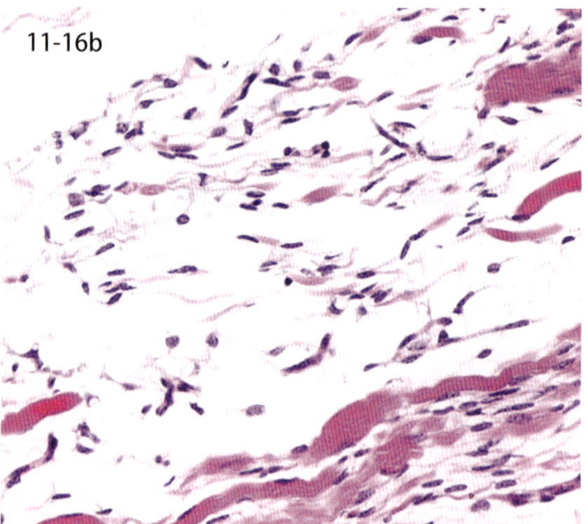

図 11-16　矮小筋症（牛）．関節拘縮などの骨格異常を示した新生子牛の骨格筋（a，b）．筋線維は脂肪組織内に疎に分布し（a），同部の筋線維は著しく小型である（b）．

11-15．滑膜肉腫
Synovial sarcoma

滑膜はマクロファージに類似した上皮様の A 型細胞と線維芽細胞様の B 型細胞で構成される．滑膜肉腫はこれら 2 種類の細胞に似た腫瘍細胞が 1 つの腫瘍内で同時に増殖することが最大の特徴である．基本的に両方の細胞が増殖する二相性のパターンを示すが，症例によりこれら細胞の割合はさまざまで，一方が優勢に増殖する場合もある．しばしば負重の大きい関節で発生するほか，腱や腱鞘からも生じる．肉眼的に境界は不明瞭で，固有の滑膜は腫瘍で置換される．周囲へは筋膜に沿って浸潤する．組織学的には紡錘形腫瘍細胞のシート状増殖巣の中に，上皮様細胞で内張りされたスリット状あるいは嚢胞状の空隙が形成され，ここに粘液あるいは蛋白液を容れる．

11-16．矮小筋症
Runt muscle

矮小筋症 runt muscle とは，アカバネ病やアイノウイルス病などのウイルス性異常産子牛の骨格筋に認められる筋病変であり，病理学的には筋肉の萎縮あるいは低形成の範疇に分類される病態である．矮小筋症では，間質で脂肪細胞の増殖が認められ，横紋筋線維は疎に分布する（図 11-16a）．同部では著しく小径の筋線維が散在性に観察される（図 11-16b）．重度の矮小筋症例では，脊柱彎曲や関節拘縮などの骨格異常が認められる．病理発生については，胎生期のウイルス感染により脊髄腹角が傷害され，骨格筋運動が阻害されるという機序（筋原性）と，ウイルスが骨格筋組織を直接傷害する（神経原性）という 2 つの機序が提唱されている．

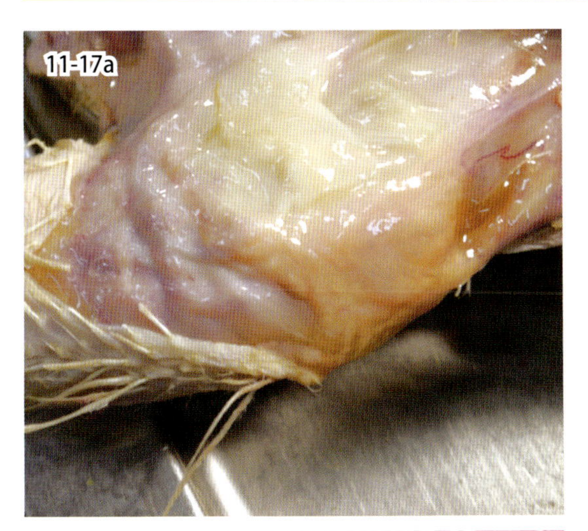

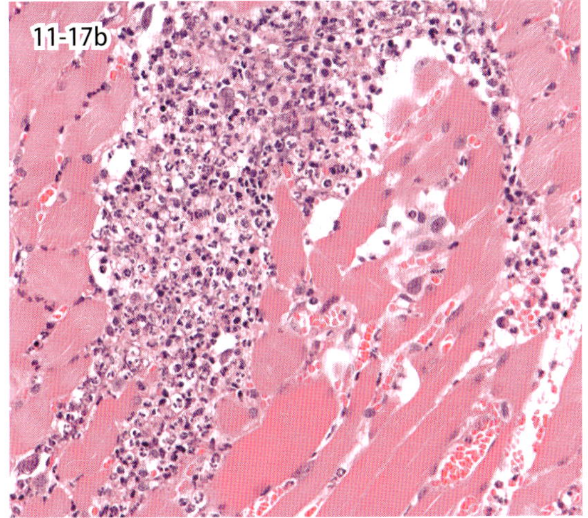

図 11-17　細菌性筋炎（鶏）．骨格筋の褪色と黄色フィブリンの析出がみられる（a）．犬の前肢筋の化膿性筋炎．好中球とマクロファージ主体の炎症が認められる（b）．

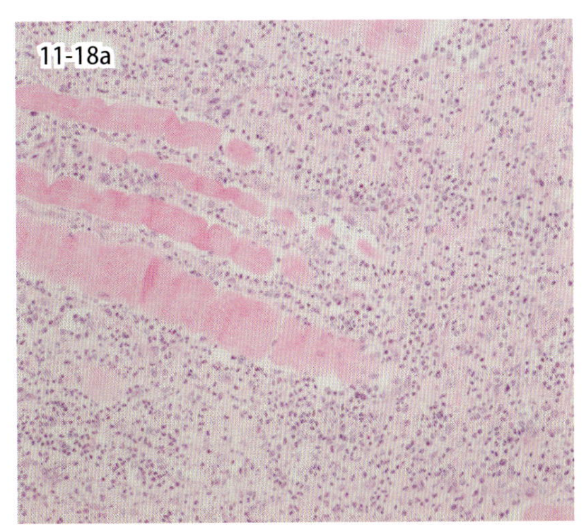

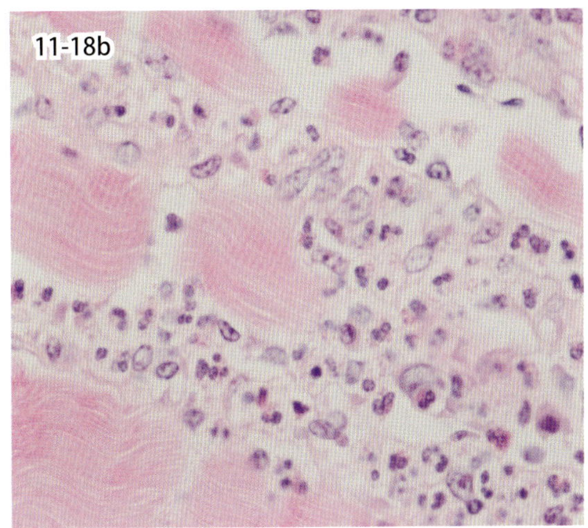

図 11-18　好酸球性筋炎（牛）．弱拡大像（a）と強拡大像（b）．間質に多数の好酸球浸潤がみられる．間質で炎症性細胞浸潤と結合組織増生がみられる（a）．浸潤細胞には好酸球が多い（b）．

11-17．細菌性筋炎

Bacterial infections involving muscles

産業動物で重要な細菌性筋炎としては，気腫疽 blackleg と悪性水腫 malignant edema がある．気腫疽は *Clostridium chauvoei* を原因とし，病変部には滲出液とともにガス泡沫がみられる．悪性水腫は *C. septicum* や *C. perfringens*，*C. novyi* の感染に起因し牛でみられる．病変は気腫疽と類似するが出血性水腫が著明である．図 11-17a は鶏大腿部の蜂窩織炎に続発した化膿性筋炎である．筋間に多量の線維素の析出がみられる．鶏では大腸菌症やブドウ球菌感染に関連するものが多い．犬や猫では，外傷による局所感染や敗血症の分症として化膿性筋炎が認められる．組織学的には筋線維の変性壊死や好中球とマクロファージ主体の炎症が認められる（図 11-16b）．

11-18．好酸球性筋炎

Eosinophilic myositis

本症は好酸球の浸潤を特徴とするまれな筋炎で，あらゆる年齢の牛，羊で発生する．臨床症状を示すことはほとんどなく，食肉検査で偶発的に発見される場合が多い．肉眼的には索状からび漫性の灰白色から灰緑色調を示し，組織学的には筋線維間に多数の好酸球浸潤がみられる．病巣の筋線維は萎縮または消失し，リンパ球，形質細胞，マクロファージなどのほか，異物型巨細胞の浸潤もみられる．間質では線維性結合組織の増生や毛細血管の新生などもみられる．陳旧性病巣では，筋線維の壊死や石灰化などもみられる．本症の原因は不明だが，住肉胞子虫 *Sarcocystis* spp. のシストを原因とするアレルギー説が最も有力と考えられている．

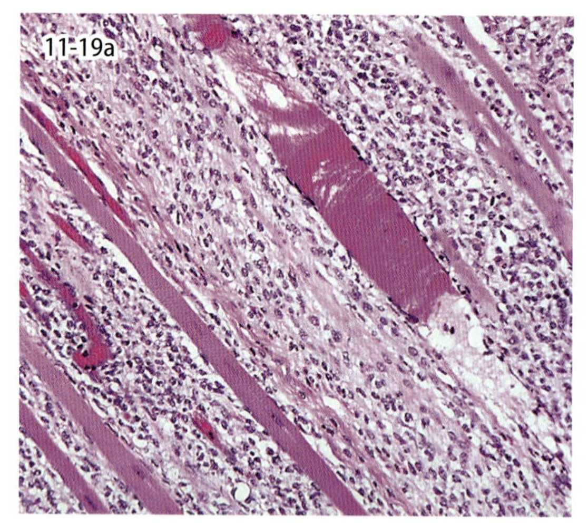

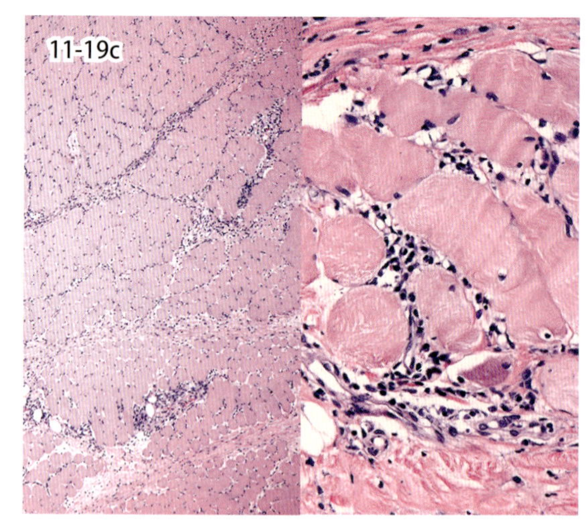

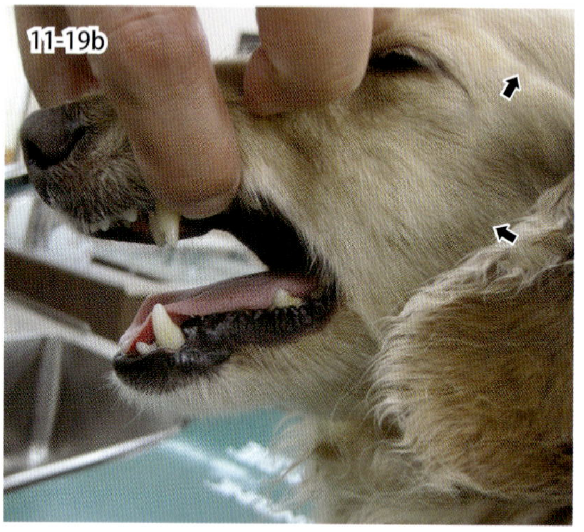

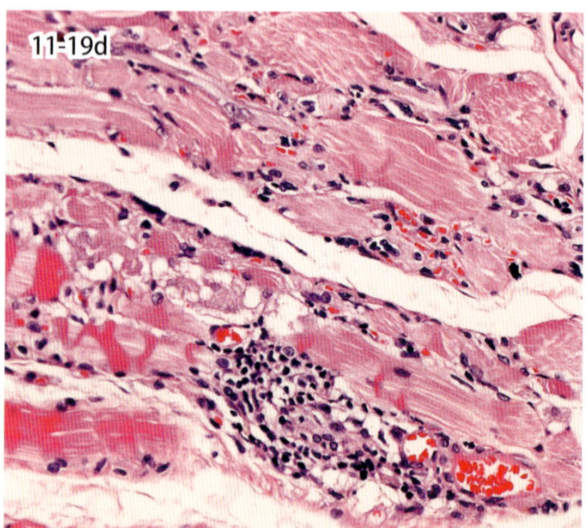

図 11-19a・b　多発性筋炎（犬）．筋線維の壊死とリンパ球や組織球の浸潤が認められる（a）．咀嚼筋炎（犬）．開口困難を示し，側頭筋や咬筋の萎縮がみられる（b，矢印）．

図 11-19c・d　咀嚼筋炎（咬筋炎，犬）．リンパ球と好中球が混在する細胞浸潤がみられる（c）．関節炎関連炎症性筋症（犬）．血管周囲に好中球とリンパ球の浸潤が認められる（d）．

11-19. 免疫介在性筋症

Immune-mediated myopathy

多発性筋炎は多くの動物で確認されている代表的な免疫介在性筋症である．犬では体幹，四肢や顔面などの全身骨格筋に病変が認められる．発症の初期病変としては，筋線維の変性壊死，間質におけるリンパ球，組織球系細胞，および形質細胞などの単核細胞浸潤が特徴的に認められる．慢性化により筋萎縮や間質の線維化が主病変となる．本疾患では一般的に特異的自己抗体は検出されず，病変部に T 細胞，とくに CD8 陽性細胞の浸潤が多いことから，細胞傷害性 T 細胞が病理発生に重要と考えられている．咀嚼筋炎は開口困難を特徴とする犬の疾患であり，咀嚼筋（咬筋，側頭筋，翼突筋および顎二腹筋）に病変が局在する．肉食動物ならびにヒト以外の霊長類の咀嚼筋には 2M 筋線維が存在し，本疾患では 2M 筋線維に特異的な自己抗体が検出される．組織学的に筋線維の変性壊死とリンパ球などの単核細胞に加え，好中球や好酸球などの顆粒球系細胞の浸潤もみられる．慢性化により筋萎縮と間質の線維化などの非可逆的変化が主体となる．ある特定の筋が傷害される疾患として，犬の外眼筋炎（眼筋炎）が知られている．皮膚筋炎は犬の全身の皮膚と骨格筋に病変がみられる疾患で，コリーやシェットランド・シープドッグに好発する．病理学的には筋組織の間質にリンパ球と組織球系細胞の浸潤を特徴とするが，小血管中心の炎症所見が認められることから，免疫複合物の沈着による血管炎が本疾患の病理発生に関与すると考えられている．皮膚筋炎のほか，犬では関節炎を併発する炎症性筋疾患がみられるが，この病態にも血管炎が関与すると考えられている．

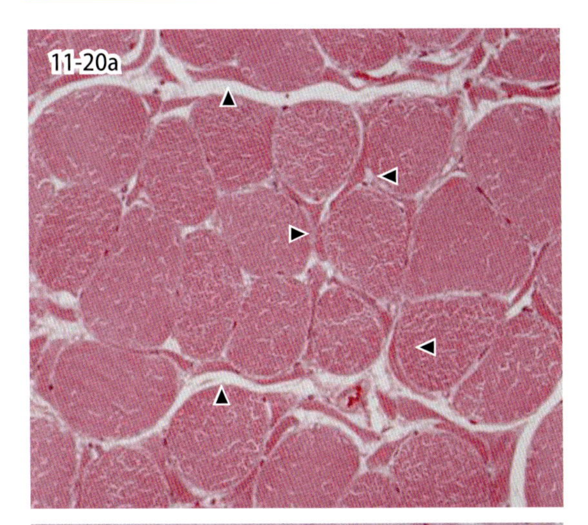

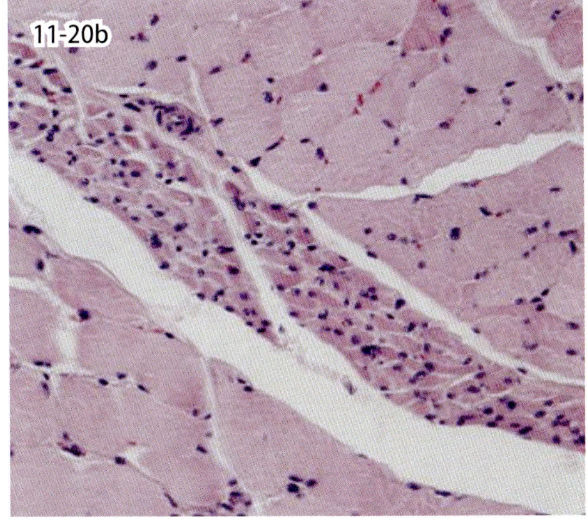

図 11-20a・b　神経原性筋疾患（馬）．肥大筋線維にまとわりつくように小角化線維（矢頭）が多数みられる（a）．慢性化により筋束単位の萎縮（小群性萎縮，b）が生じる．

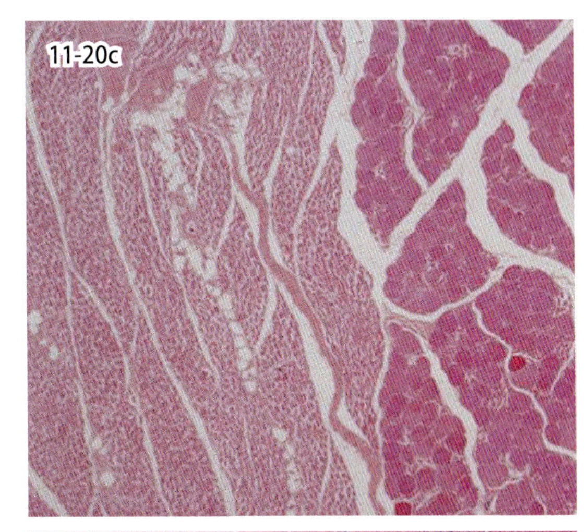

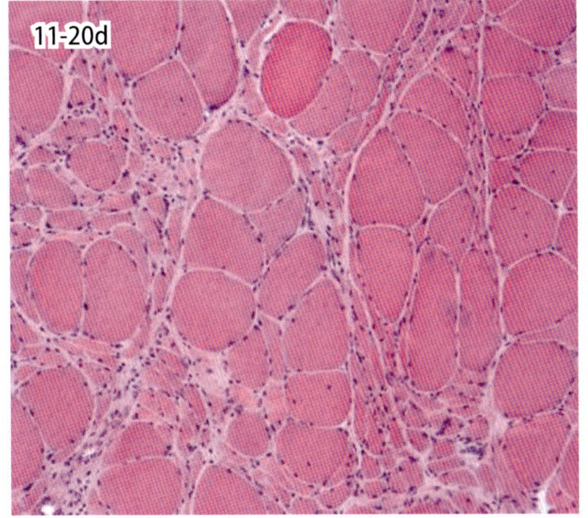

図 11-20c・d　神経原性筋疾患（馬）．大群性萎縮がみられる（c）．凍結切片では，筋線維の形態がよく保持され，肥大筋線維群と萎縮筋線維群が明瞭に観察できる（d）．

11-20．神経原性筋疾患

Neurogenic musclar diseases

運動機能発現の基本単位である「運動単位」は，脊髄腹角細胞（加えて，舌下神経をはじめ脳幹の種々の運動神経核が含まれる），それに続く末梢神経，運動終板とこれらに支配される骨格筋から構成される．この筋線維を除いた部位が障害されると，随意運動が不良となり，支配下の骨格筋が次第に萎縮する．このようなときにみられる骨格筋の変化を神経原性萎縮と呼び，神経原性の萎縮を起こす筋疾患を神経原性筋疾患と総称する．このような疾患を呈するものには，脊髄腹角の運動ニューロンに一次的な原因がある運動ニューロン病や末梢神経に一義的な病変のある末梢神経症が含まれる．初期の脱神経が起こった組織では，萎縮筋線維がほぼ正常なサイズの筋線維間に散在してみられる．このような萎縮筋線維は周囲の正常大の筋線維に圧迫され角張ってみえることから小角化線維と呼ばれる．小角化線維，あるいは萎縮筋線維は次第に群をなし，初期には数本単位の集合として観察されるようになる．この集合が筋束の中に 10 数本あるいは数十本単位の小さな群として観察される場合，これを小群性萎縮と呼ぶ．さらに，慢性あるいは脱神経支配と再神経支配が繰り返し起こる中で，1 つの筋束すべてが萎縮筋線維で占められるような大群性萎縮がみられるようになる．理論的には脱神経支配と再神経支配が繰り返されることで，生存する 1 個の神経細胞の支配する筋線維の数が増え，運動単位が拡大する．さらに，この拡大した運動単位が障害されるために，支配下の筋線維の萎縮が広範になり大群性萎縮が起こる．

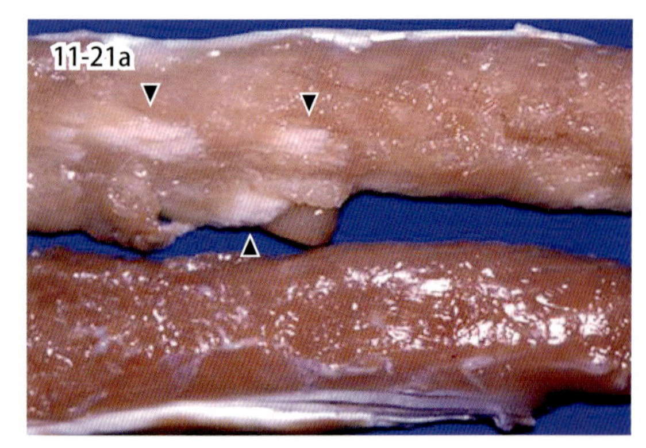

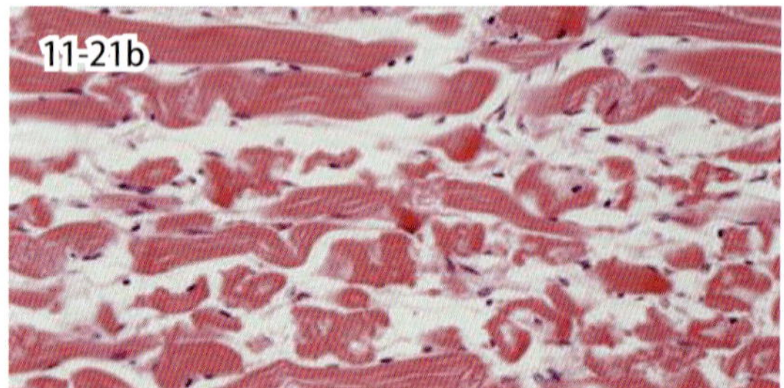

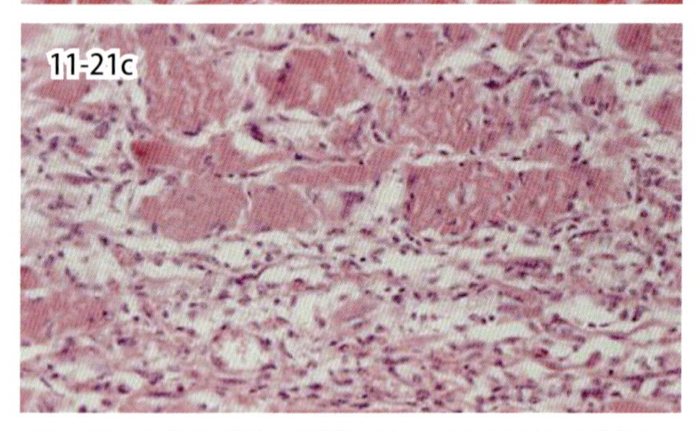

図 11-21 白筋症（馬）．対照筋（下）に比べ全般に白色化し，斑状病巣（矢頭）もみられる（a）．初期には横紋消失や塊状崩壊がみられ（b），経過に伴い肉芽組織の増生が出現する（c）．

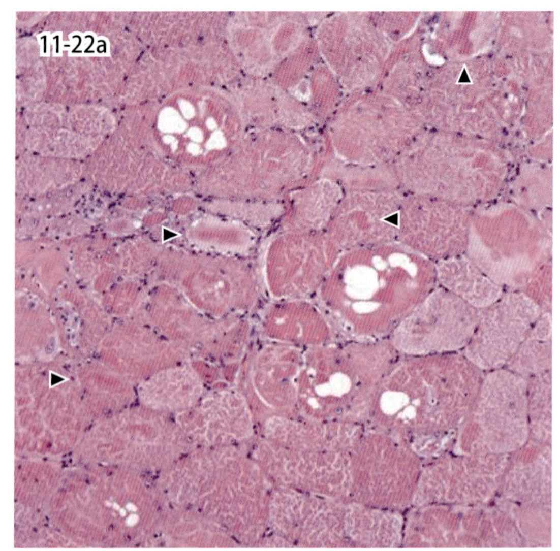

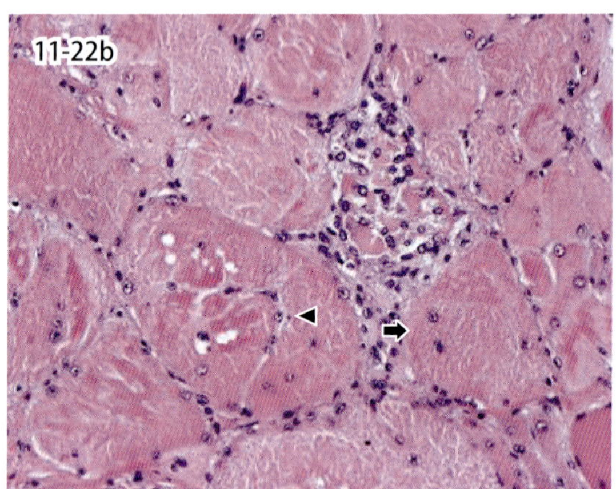

図 11-22 横隔膜筋症（牛）．大小不同，空胞変性，コア様構造（矢頭）がみられる（a）．壊死筋線維に対する貪食像と肥大筋線維の分裂（矢頭），筋核の移動（矢印）がみられる（b）．

11-21. 白 筋 症

White muscle disease

土壌中のセレン欠乏やセレンと同様に抗酸化作用を有するビタミン E の欠乏によって起こる．妊娠中の母親のセレンやビタミン E 不足により，生後 1 ～ 2 ヵ月齢の若齢動物に発生する．脱力，強直，歩様異常や起立不能を示す．肉眼的に，筋肉は褪色し，白色を呈する．進行に伴い乾燥感を伴う白色（煮肉様）を示す．とくに四肢末端に顕著にみられることが多い．組織学的に，病変初期では筋核は濃縮～消失，横紋構造は失われ，筋形質は均質化する．さらに，筋線維は空胞変性から塊状崩壊に至る．病変が進むと，好中球やリンパ球を少数まじえつつ，大食細胞が浸潤し，崩壊組織を取り除く（筋貪食現象）．その後，筋線維の再生や線維化が出現する．

11-22. 横隔膜筋症

Hereditary myopathy of diaphragmatic muscles

本症は，Meuse-Rhine-Yssel 牛やホルスタイン種牛にみられる常染色体性劣性遺伝性疾患である．発症年齢は 2 ～ 10 歳（平均 5 歳），症状として再発性あるいは慢性鼓脹症がみられる．その原因となる横隔膜筋部は肉眼的に褪色し，腫脹，硬結感を呈する．組織学的には筋線維の大小不同，変性，壊死筋線維と間質の線維化が特徴的である．肥大筋線維の多くには大小の空胞変性や筋線維中央部や辺縁部における大小のコア様構造物の出現がみられる．コア様構造はアクチンフィラメントを主体とした筋原線維の凝集からなる．散在性の壊死筋線維には，ときにマクロファージによる筋貪食もみられる．また，肥大筋線維の分裂や筋鞘核の増加や筋線維辺縁から中央への移動がみられる．

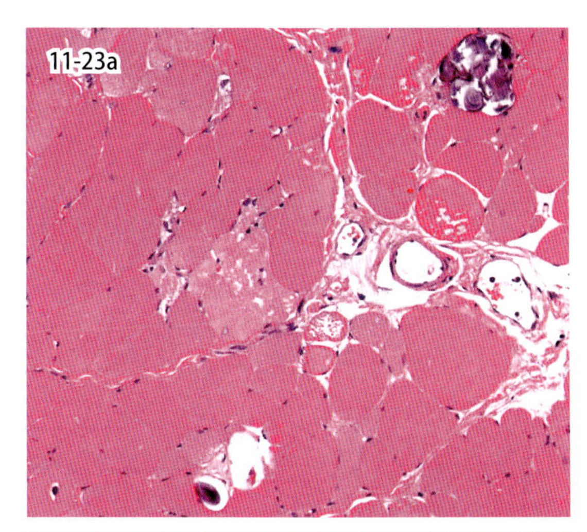

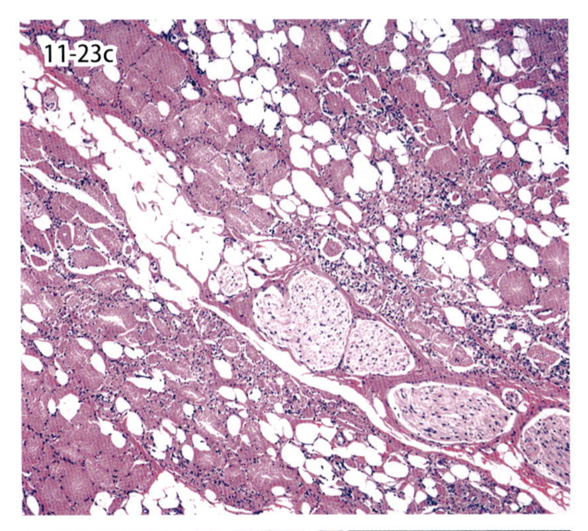

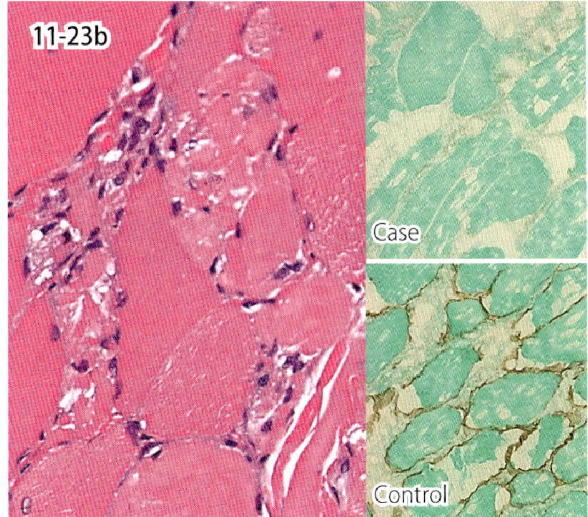

図 11-23a・b　筋ジストロフィー（犬）．筋組織の軽度の萎縮および変性と石灰沈着（a）．筋線維の断裂を認め，免疫染色でジストロフィンの欠損が確認される（b）．

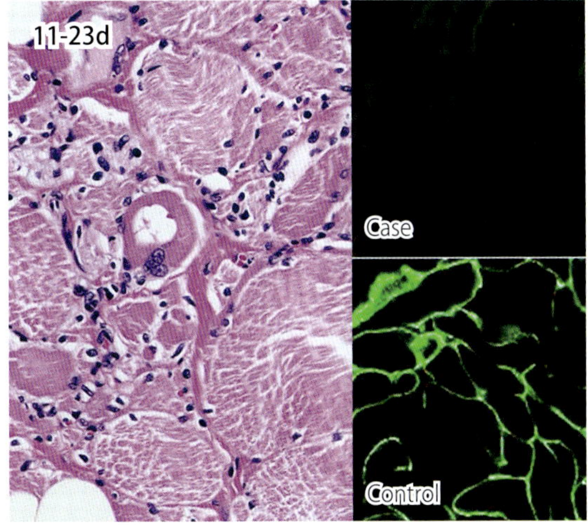

図 11-23c・d　筋ジストロフィー（猫）．筋組織の萎縮と脂肪組織浸潤がみられる（c）．筋組織は断裂や再生変化を示し，免疫染色でラミニン α 2 の欠損が確認される．

11-23．筋ジストロフィー

Muscular dystrophy

筋原性筋疾患 myogenic myopathy は骨格筋の 1 次的障害に起因する筋萎縮および変性であり，とくに遺伝的な背景が明らかで，進行性の筋力低下を示す筋疾患群を筋ジストロフィーと呼ぶ．ヒトでは，多様な原因遺伝子の変異が知られているが，ジストロフィン複合体を形成する蛋白の部分的あるいは完全な欠損に関連するものが多い．代表例として，ジストロフィンの完全欠損によるデュシェンヌ Duchenne 型と部分的欠損によるベッカー Becker 型筋ジストロフィーが知られている．ジストロフィン遺伝子は X 染色体上に存在し性染色体劣性遺伝形式をとる．類似疾患は各動物種でも報告されており，犬ではモデル疾患コロニーも存在する．組織学的にはさまざまな程度で，筋線維の大小不同や円形化，中心核や筋衛星細胞の増加，間質結合組織の増生や脂肪化が認められ，石灰沈着も認められる（図 11-23a）．本疾患の確定にはジストロフィンの欠損や発現低下を証明する必要がある（図 11-23b）．そのほか，動物では，ザルコグリカン類の欠損やラミニン α 2（メロシン）の完全あるいは部分的欠損に起因する筋ジストロフィーが報告されている．メロシン欠損による猫の筋ジストロフィーでは，著明な筋萎縮，脂肪組織浸潤，軽度の炎症所見が認められる（図 11-23c）．骨格筋では，さまざまな程度の壊死再生所見と結合組織増加と組織球などの炎症細胞浸潤を認める．凍結標本を用いた抗ラミニン α 2 抗体による免疫染色で，本蛋白質の発現低下あるいは完全欠損が確認される（図 11-23d）．本疾患はヒトでは常染色体劣性遺伝形式を示す．

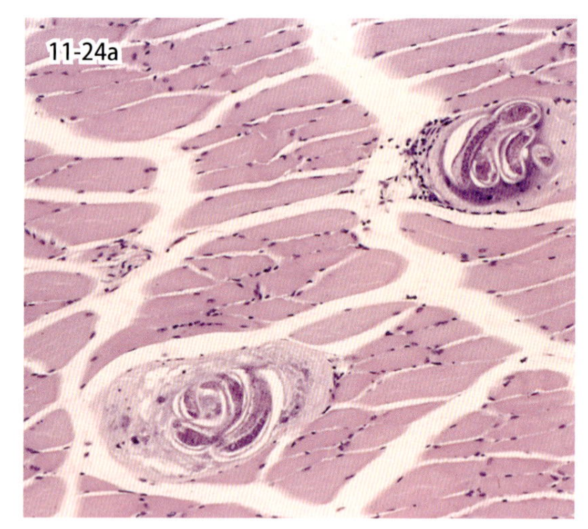

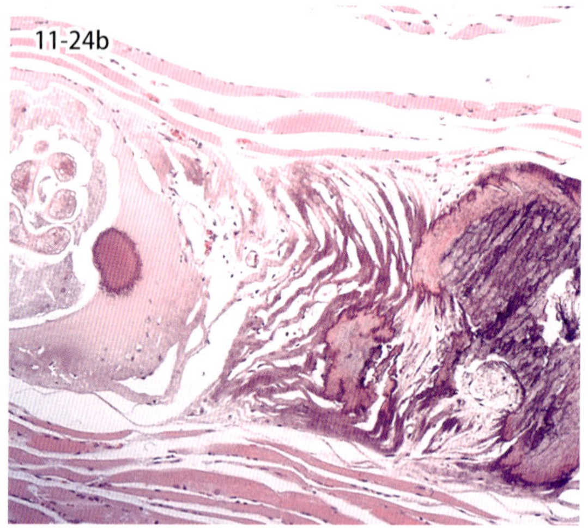

図 11-24 筋肉トリヒナ（シロクマ）．被嚢幼虫が横隔膜の筋線維内にみられる（a）．石灰化した被嚢幼虫がみられる（b）．

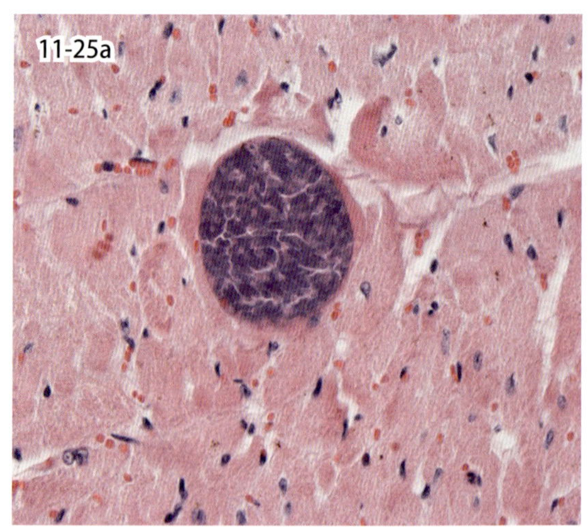

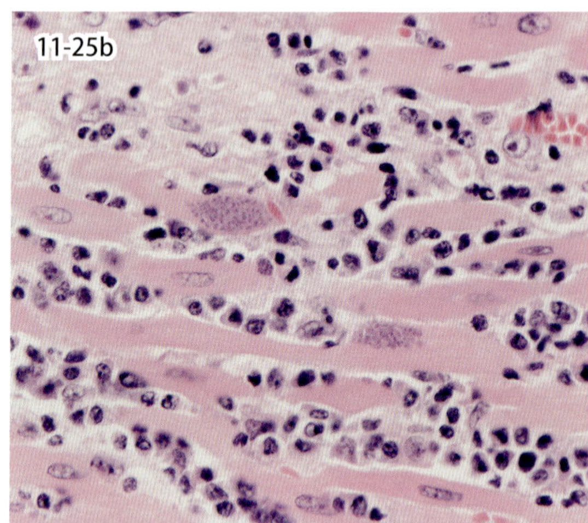

図 11-25 住肉胞子虫症（牛）．心筋線維内に住肉胞子虫のシストがみられる（a）．トキソプラズマ症（アカカンガルー）．炎症巣の心筋線維内にトキソプラズマ原虫がみられる（b）．

11-24. 筋肉トリヒナ

Muscular trichinellosis

トリヒナ（旋毛虫）*Trichinella spiralis* はきわめて特異な発育を示す線虫で，同一の動物が終宿主と中間宿主を兼ね，成虫は腸管内に，幼虫は横紋筋内に寄生し，虫自身が外界に現れることはない．幼虫は供給血量の多い舌，横隔膜，肋間筋，咬筋への寄生を好む．筋線維内に侵入した幼虫はらせん状に巻き，その周囲に硝子様被嚢を形成する（図 11-24a）．この硝子様被嚢は宿主の筋線維によって形成され，筋核を含む．被嚢の周囲に炎症性細胞浸潤がみられるものもある．被嚢幼虫はやがて石灰化に陥り（図 11-24b），それは肉眼的に筋肉の白斑として確認される．豚では感染後約 5 ヵ月頃で石灰化する．被嚢内の幼虫は長期間（ヒトでは 30 年余り）生存する．

11-25. 筋肉の原虫感染症

Protozoan diseases of muscle

骨格筋の原虫感染症として，住肉胞子虫症やトキソプラズマ症，ネオスポラ症があげられる．ヒトや草食動物などの中間宿主の心筋や骨格筋細胞に寄生した住肉胞子虫 *Sarcocystis* spp. がブラディゾイト bradyzoite（胞子）に発育して被嚢化されたものをサルコシスト sarcocyst（肉胞，Miescher's tube）という．この肉胞は通常は微小であるが，大型のものは肉眼的に白色結節として認められる．サルコシストが形成されても通常は無症状で経過し，炎症性反応も認めず，組織検査で偶然確認されるものがほとんどである（図 11-25a）．トキソプラズマ症やネオスポラ症では強い炎症性反応が認められることが多い（図 11-25b）．

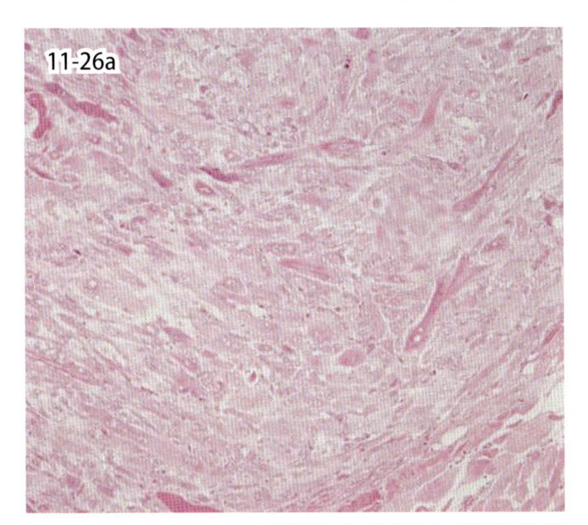

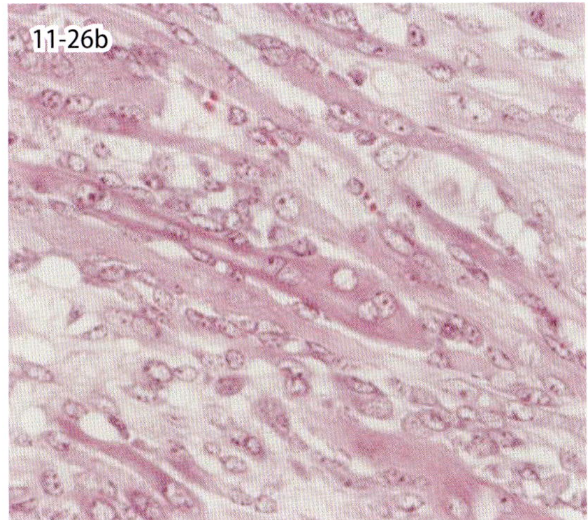

図 11-26a・b　横紋筋肉腫（マウス）．小型～大型紡錘形と多彩な形態を示す腫瘍細胞の充実性増殖がみられる（a）．拡大図では多核大型細胞で横紋構造がみられる（b）．

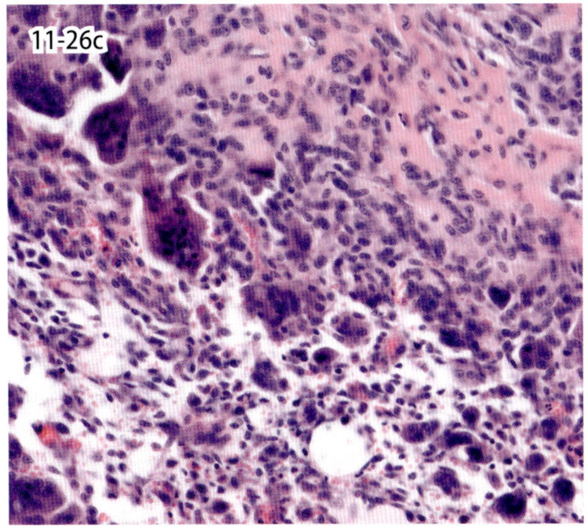

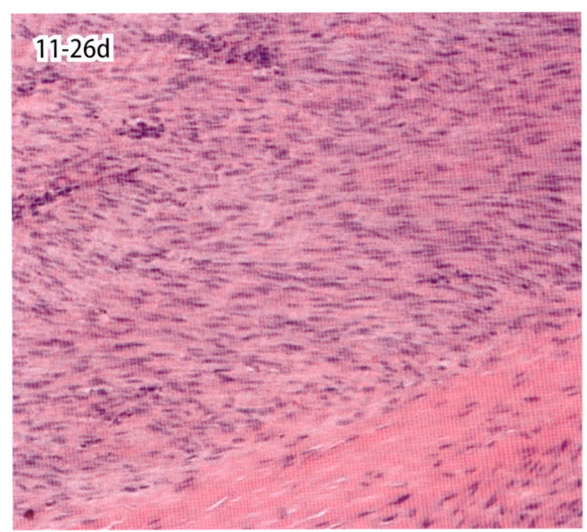

図 11-26c・d　腱鞘巨細胞腫（猫）．多数の多核巨細胞の出現がみられる（c）．線維腫（犬）．異型性の低い線維芽細胞様紡錘形細胞の多方向性増殖がみられる（d）．

11-26. 骨格筋および腱鞘原発腫瘍

Tumors of skeletal muscle and tendon sheath

横紋筋に由来する腫瘍はまれな腫瘍であるが，骨格筋以外での発生もみられる．横紋筋腫は骨格筋および心筋から発生するが，若齢豚の心臓横紋筋腫と犬の喉頭横紋筋腫が有名である．若齢豚の心臓横紋筋腫は過誤腫や異形成病巣と考えられており，その形態像や免疫組織化学的な反応性はプルキンエ細胞のそれらに類似する．犬の喉頭横紋筋腫は好酸性顆粒状を示す豊富な細胞質を持つ大型円形～多角形腫瘍細胞からなる．

横紋筋肉腫 rhabdomyosarcoma は若齢動物の頚部や口腔内，とくに舌に好発する．胎子型，胞巣型および多形型に分類される．胎子型およびその亜型であり，若齢大型犬の膀胱に好発するブドウ状横紋筋肉腫の発生頻度が高い．両組織型の組織像はおおむね類似しており，筋肉の発生段階を反映して小型円形～紡錘形と，多彩な形態を示す腫瘍細胞の充実性増殖がみられる．横紋筋由来腫瘍の診断には腫瘍細胞での横紋の検出が重要であり，横紋は細長くて多核の帯状細胞や卵円形のラケット細胞で観察されることが多い．横紋はリンタングステン酸ヘマトキシリン（PTAH）染色切片で描出できるが，検出が困難なこともある．近年では，ミオグロビンやミオジェニンなどを免疫組織化学的に証明することにより診断する．超微形態学的に筋原線維や Z 帯構造を証明することも診断に有用である．

腱鞘原発腫瘍 tendon sheath tumors としては，良性腫瘍であり，多数の腫瘍性多核巨細胞の出現を特徴とする腱鞘巨細胞腫が最も一般的であり，線維腫の発生もみられる．

第 12 編　皮膚・軟部組織

12-38. 基底細胞癌 Basal cell carcinoma
12-39. 扁平上皮癌 Squamous cell carcinoma
12-40. 毛芽腫 Trichoblastoma
12-41. 毛包性腫瘍 Follicular tumors
12-42. 汗腺腫瘍 Sweat gland tumors
12-43. 脂腺腫瘍 Sebaceous tumors
12-44. 皮膚肥満細胞腫 Cutaneous mast cell tumor
12-45. 犬皮膚組織球腫，犬皮膚ランゲルハンス細胞性組織球症
Canine cutaneous histiocytoma，Canine cutaneous Langerhans cell histiocytosis
12-46. 形質細胞腫 Plasma cell tumor，Plasmacytoma
12-47. 皮膚リンパ腫 Cutaneous lymphoma
12-48. 悪性黒色腫 Malignant melanoma

Ⅱ. 軟部組織の病変

12-49. 無菌性結節（性）脂肪組織炎 Sterile nodular panniculitis
12-50. 黄色脂肪症 Yellow fat disease
12-51. 血管腫，血管肉腫 Hemangioma，Hemangiosarcoma
12-52. 犬血管周皮腫 Canine hemangiopericytoma
12-53. 末梢神経鞘腫瘍 Peripheral nerve sheath tumor（PNST）
12-54. 脂肪腫，脂肪肉腫 Lipoma，Liposarcoma
12-55. 粘液腫，粘液肉腫 Myxoma，Myxosarcoma
12-56. 線維腫，線維肉腫 Fibroma，Fibrosarcoma

I．皮膚の病変

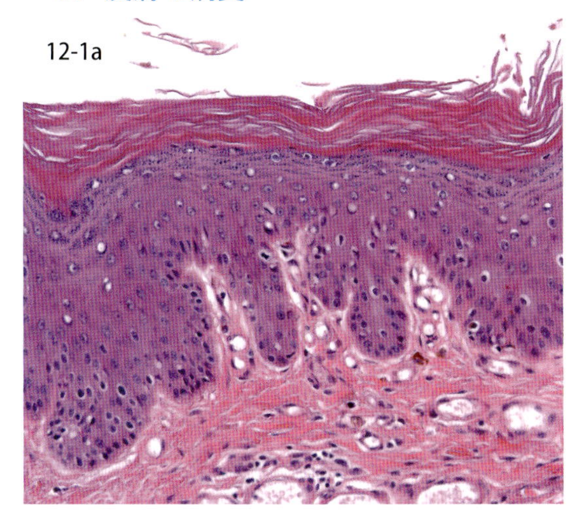

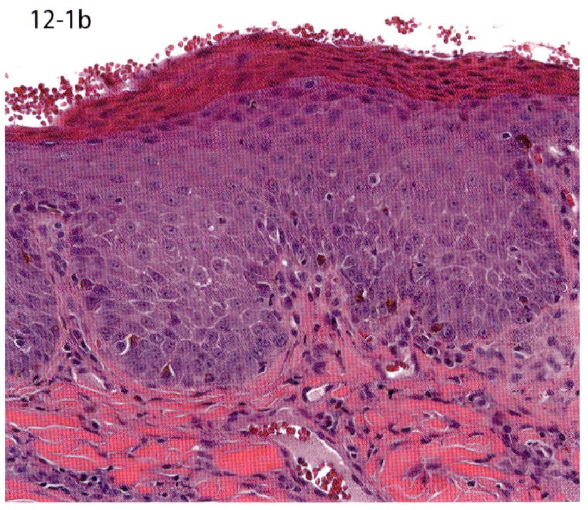

図 12-1a・b　角化亢進および表皮肥厚（犬）．正角化亢進および不規則性表皮肥厚（a）．錯角化亢進および規則性表皮肥厚（b）．

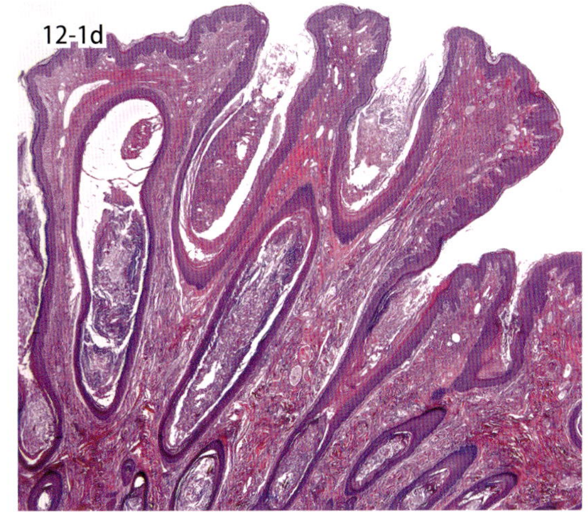

図 12-1c・d　角化亢進および表皮肥厚（犬）．正角化および錯角化亢進ならびに不規則性表皮肥厚（c）．毛包性角化亢進および表皮肥厚（b）．

12-1．角化亢進と表皮肥厚（表皮過形成）
Hyperkeratosis and acanthosis（epidermal hyperplasia）

角化亢進は，表皮，毛包漏斗部の角質層が過度に肥厚した状態をいう．正常な角化が亢進した正角化 orthokeratosis（図 12-1a）と角質層内に核が残存する不全角化性の錯角化 parakeratosis（図 12-1b）に大別される．正角化は，形状によりバスケット織状，層状および緻密に分類される．皮膚の正常な角化はバスケット織状であるが，肉球は緻密な角化が正常である．角化異常を示す疾患では，緻密で層状の正角化あるいは不全角化を示し，両者が混在することも多い（図 12-1c）．また，毛包性角化亢進では，角質を充満し拡張した毛包や角質による毛包開口部の高度拡張がみられる（図 12-1d）．

表皮肥厚（棘細胞症）は表皮有棘層の増生を，表皮過形成は角質層を除く表皮の肥厚，増生をいうが，厳密な区別なく用いられることもある．炎症による反応性で可逆性の変化であり，腫瘍性変化ではない．表皮の増殖形態により 4 パターンに分類される．①不規則性：最もよくみられ，表皮突起の長さや形が不規則（図 12-1a, c）．②乾癬様：表皮突起の長さが規則的（図 12-1b）．③乳頭状：表皮が上方に突出（図 12-1d）．④偽癌腫性：著しく不規則な過形成で，扁平上皮癌に類似した浸潤性を示すが，明瞭な浸潤や異型性を欠く．

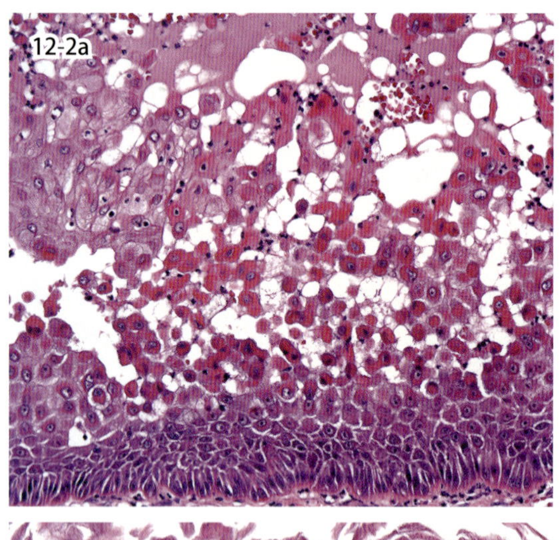

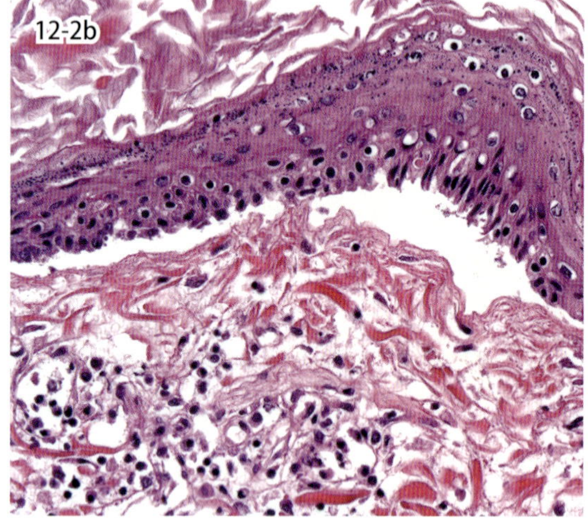

図 12-2　棘融解（犬）．好酸性で球状の棘融解細胞がみられる（a）．裂隙（犬）．表皮下に線状の裂隙が形成されている．裂隙内は，無細胞性である（b）．

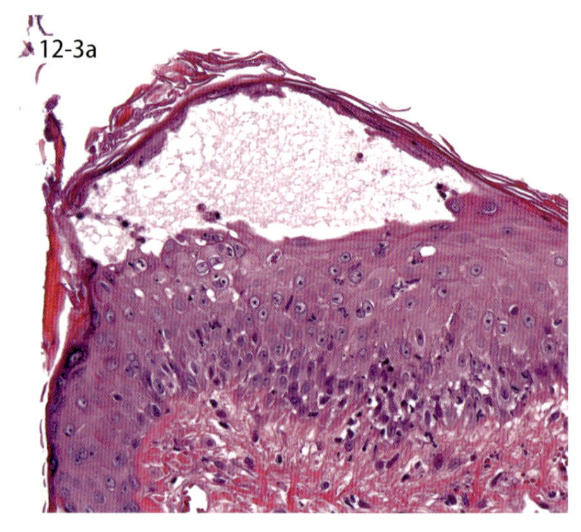

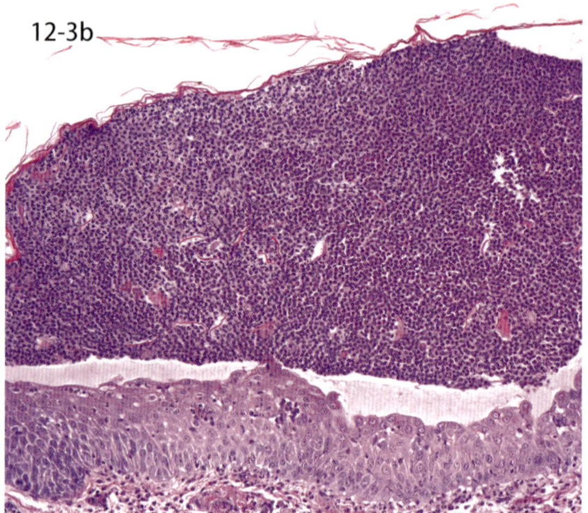

図 12-3　水疱（犬）．表皮内に水疱が形成されている（a）．膿疱（犬）．角質下膿疱が形成されている．膿疱内は，好中球が充満している（b）．

12-2．棘融解，裂隙
Acantholysis，Clefts

棘融解は，ケラチノサイトの細胞間接着（とくにデスモゾーム）が離解し，細胞が分散している状態である．表皮内の裂隙，膿疱および水疱が形成され，好酸性で球状のケラチノサイト（棘融解細胞 acantholytic cell）が浮遊するようにみられる（図 12-2a）．自己免疫疾患や扁平上皮癌で認められるが，細菌感染により好中球が多数浸潤する疾患においても形成される．

裂隙は，液体を含まない線状の空間で，表皮内，表皮下，上皮細胞と周囲の間質，真皮結合織内，腫瘍組織内など皮膚の全域で形成される（図 12-2b）．表皮内や表皮下の裂隙は，水疱や膿疱に進行することがある．組織傷害により形成されるが，固定や組織標本作製過程での組織の収縮によっても形成される．

12-3．水疱，膿疱
Bulla，Pustule

水疱は，漿液をいれた空隙で，発生部位により表皮内水疱と表皮下水疱に区別される（図 12-3a）．水疱は表皮の海綿状態が進行，棘融解，基底膜の障害などにより起こる．中でも自己免疫反応によるものが多く，障害部位の違い（表皮下の基底膜，基底細胞あるいはケラチノサイト）により水疱形成の位置が異なる．

膿疱は表皮内に形成された膿瘍で，好中球や好酸球の集族巣である（図 12-3b）．発生部位により角質内，角質下，汎表皮性に区別される．細菌や真菌による表在性感染，落葉性天疱瘡などの自己免疫性，無菌性ならびに薬剤性など多様な原因で発生する．上皮向性リンパ腫で表皮内に形成される腫瘍細胞の集族巣を Pautrier 微小膿瘍というが，真の膿疱ではない．

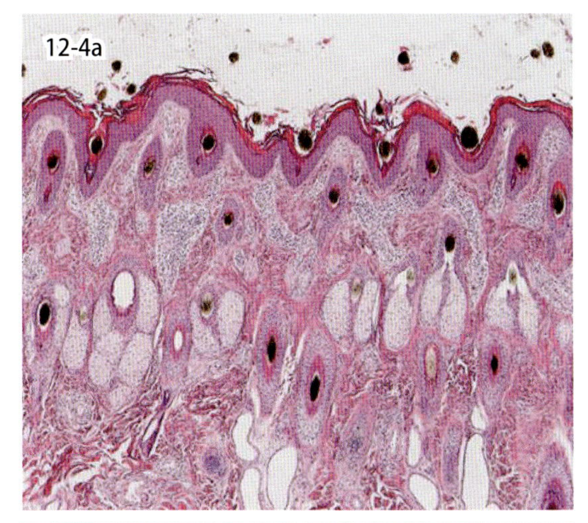

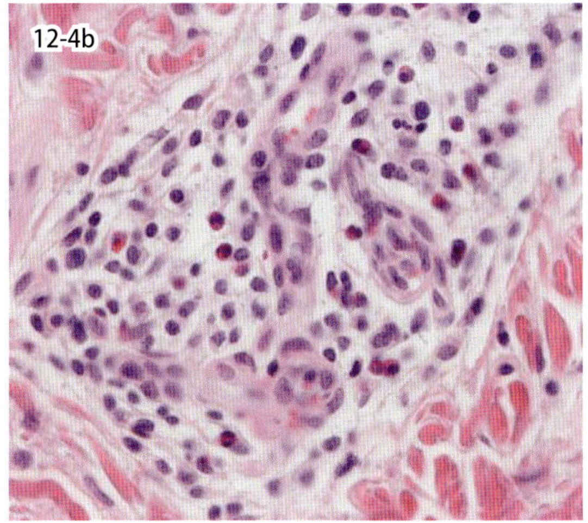

図 12-4　血管周囲性皮膚炎（犬）．真皮表層の血管周囲で好酸球を含む炎症性細胞浸潤がみられる．

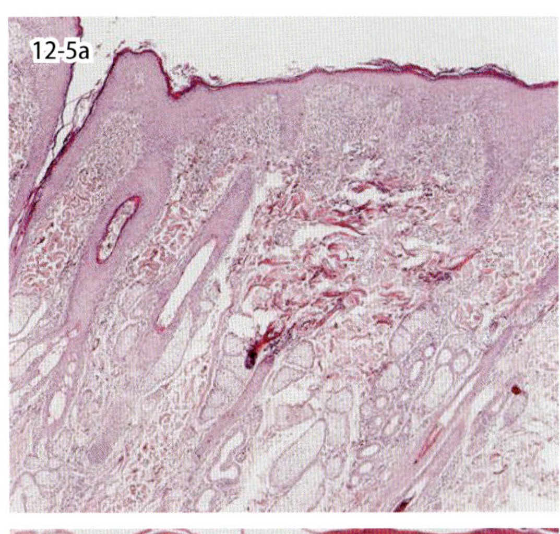

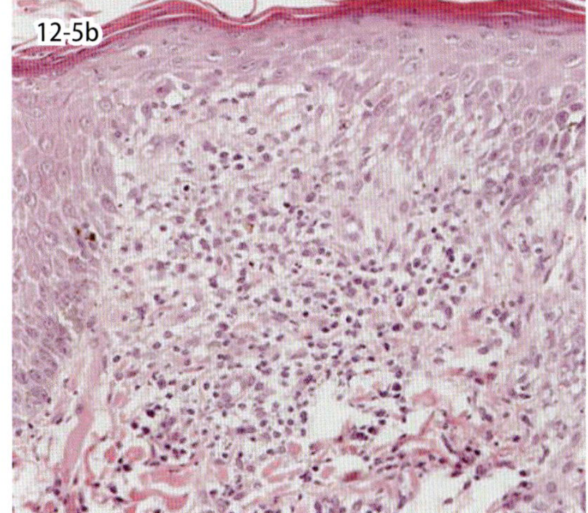

図 12-5　境界部皮膚炎（犬）．表皮基底層ケラチノサイトの傷害を伴う炎症反応が表皮 - 真皮結合部領域を中心に帯状にみられる．

12-4. 血管周囲性皮膚炎

Perivascular dermatitis

血管周囲性皮膚炎は，最も一般的で軽微な炎症パターンであり，血管周囲炎の真皮内分布と表皮病変が原因の鑑別に役立つ（図 12-4）．表層性分布は過敏症性反応で一義的に観察されるが，細菌感染やウイルス感染など，ほかの多くの皮膚疾患でもみられる変化であるので，診断には注意を要する．表皮の変化がみられない，あるいは軽微である場合，蕁麻疹や急性の過敏症反応が疑われる．表皮の海綿状態（細胞間水腫）がみられる場合は，過敏症反応，接触性皮膚炎，外部寄生虫症などが疑われる．皮膚の慢性刺激に起因する最も一般的な皮膚炎では，表皮の過形成のみが随伴する．角化亢進を伴う場合，錯角化性であれば亜鉛反応性皮膚炎などが疑われる．

12-5. 境界部皮膚炎

Interface dermatitis

境界部皮膚炎では，表皮基底層ケラチノサイトの傷害を伴う炎症反応が表皮 - 真皮結合部領域を中心にみられる（図 12-5）．炎症反応が顕著でない病変は乏細胞性と形容され，皮膚筋炎，虚血性皮膚疾患，多形紅斑，牛ウイルス性下痢・粘膜病ウイルス感染症，薬物および中毒などでみられる．顕著な炎症性細胞浸潤が真皮上層で帯状に分布する皮膚炎は，苔癬様と形容され，円板状エリテマトーデス，フォークト - 小柳 - 原田様（VKH）症候群，悪性カタル熱，薬物および中毒などで観察される．多くの苔癬様境界部皮膚炎では，リンパ球と形質細胞が浸潤細胞の主体をなすが，VKH様症候群ではリンパ球とメラニンを貪食した組織球の浸潤を特徴とする．

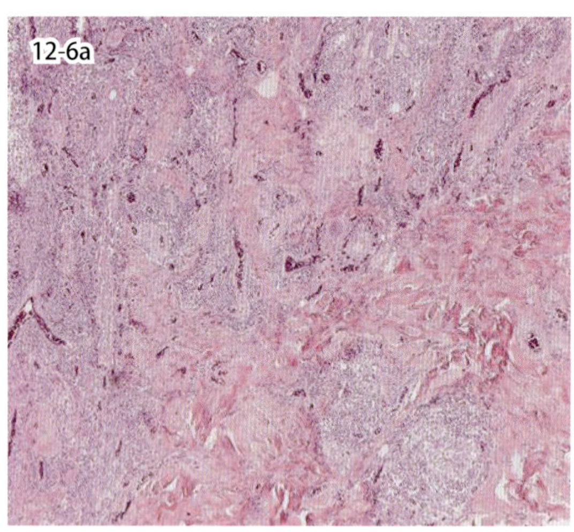

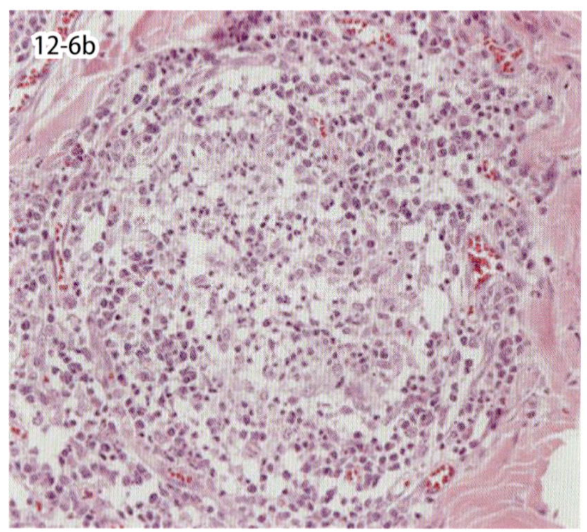

図 12-6　結節性・び漫性皮膚炎（犬）．a の右下では炎症が結節状に分布するが，左方では炎症はび漫性に分布する．b は a の結節部の拡大．

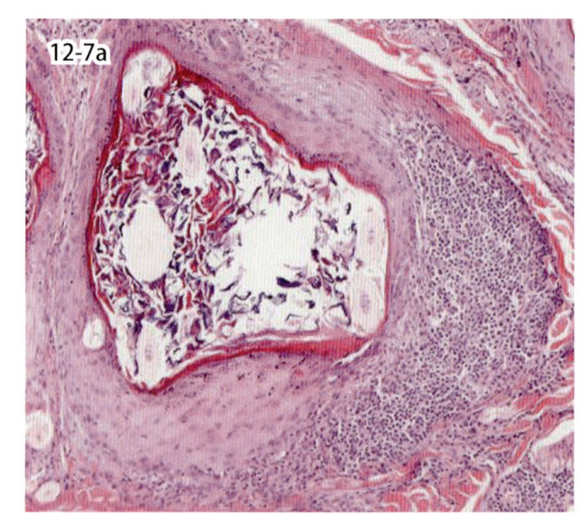

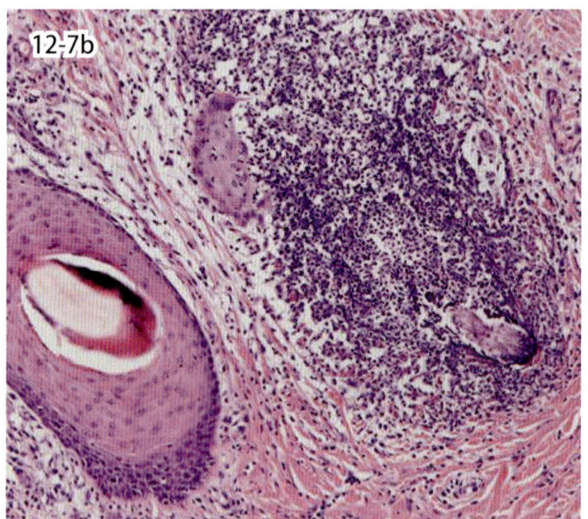

図 12-7　毛包炎，毛包周囲炎（犬）．毛包壁および毛包周囲で炎症性細胞浸潤がみられる（a）．毛包の崩壊を伴う炎症性細胞浸潤が観察される（b）．

12-6．結節性皮膚炎，び漫性皮膚炎

Nodular and diffuse dermatitis

炎症が真皮内に結節状に分布していると結節性皮膚炎，結節が癒合するなどして炎症がび漫性にみられる場合，び漫性皮膚炎と呼ぶ（図 12-6a）．本炎症パターンは，感染性，非感染性，あるいは特発性にみられる．肉芽腫性皮膚炎はすべてこのパターンをとるが，すべての結節性・び漫性皮膚炎で肉芽腫の形成がみられるわけではない．（化膿性）肉芽腫性皮膚炎を惹起する感染性因子には，さまざまな真菌，抗酸菌，ノカルジアなどの細菌や原虫が含まれる．非感染性因子には，外来性異物やケラチンなどの内因性異物が含まれる．特発性肉芽腫性皮膚炎では，上述の因子の関与が証明されず，ステロイド治療に反応することから，免疫学的な病理発生機序が考えられている．

12-7．毛包炎，毛包周囲炎

Folliculitis，Perifolliculitis

毛包炎は毛包壁に炎症がみられる炎症パターンである（図 12-7a）．毛包が崩壊し，毛包・毛包内成分が周囲の真皮に漏れ出て起こる強い炎症は，癤（せつ）furunculosis と呼ばれる（図 12-7b）．毛包周囲炎は，毛包周囲への炎症性細胞浸潤を特徴とし，毛包上皮では顕著な炎症性病変はみられない．しかしながら，毛包周囲炎，毛包炎および癤は，連続性を持つ病態であることが多く，通常は同一組織内で混在して観察される．毛包の炎症は，細菌感染症，皮膚糸状菌症，毛包虫症などの感染性疾患で認められることが多いが，非感染性や特発性のものもある．感染性因子による毛包炎では好中球浸潤が顕著であることが多いが，さまざまな過敏症では好酸球浸潤が顕著となる．

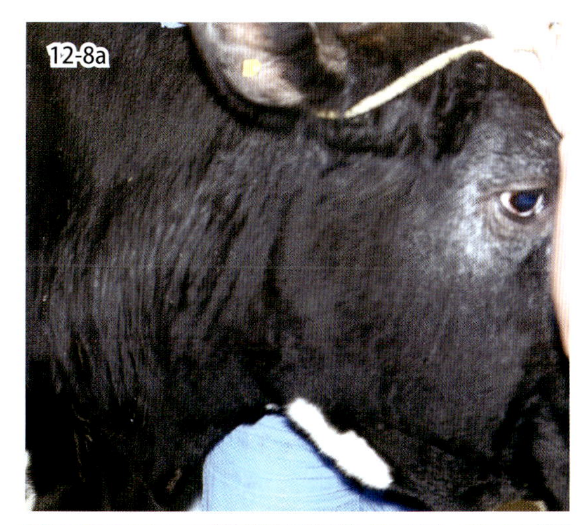

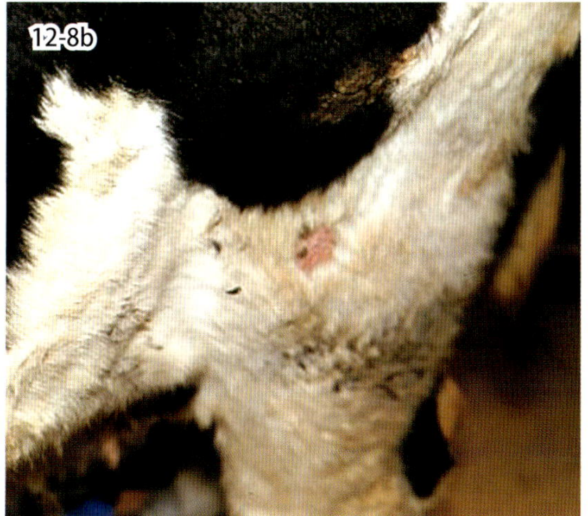

図 12-8a・b　皮膚無力症（牛）．頚部皮膚は弛緩して皺襞を形成する（a）．同症例の大腿部には脱毛巣の形成が観察される（b）．

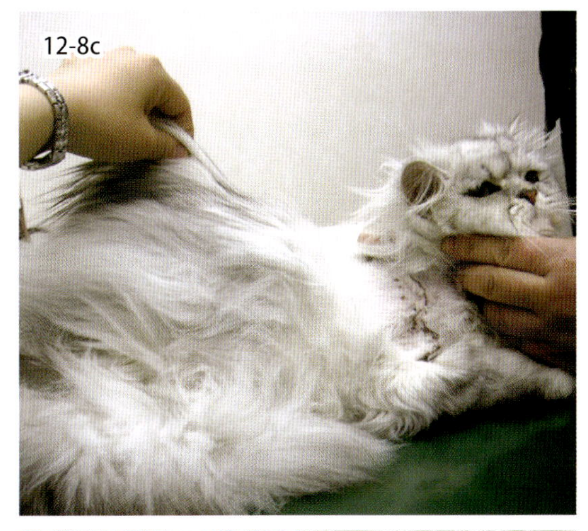

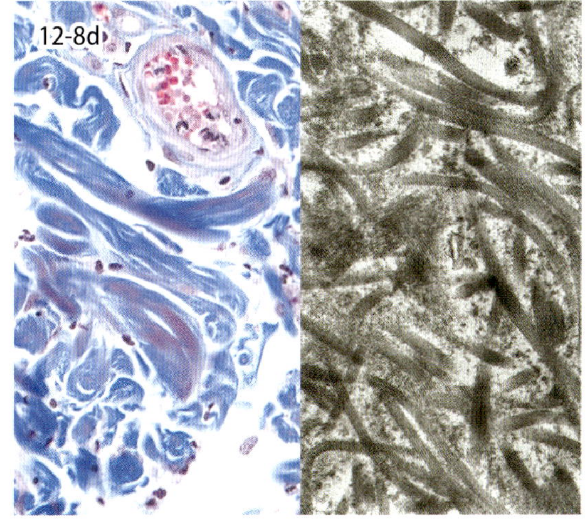

図 12-8c・d　皮膚無力症（猫）．過剰伸長を示す猫の背部皮膚（c）．真皮膠原線維は粗造で（d 左：マッソン・トリクローム染色），電顕でコラーゲン線維配列の乱れや離開を認める．

12-8. 皮膚無力症

Cutaneous asthenia

皮膚無力症は，膠原線維の先天性形成障害で，膠原線維異形成 collagen dysplasia とも呼ばれる．皮膚の脆弱化と易損性を特徴とし，高頻度に皮膚の過伸展および弛緩がみられる．この障害は，ヒト，牛，羊，馬，犬，猫（図 12-8c），ミンクおよび兎で報告されているが，臨床的，遺伝的および生化学的に複数の疾患グループを包含している．ヒトではエーラス・ダンロス症候群 Ehlers-Danlos syndrome（EDS）と呼ばれ，臨床，生化学および分子遺伝学研究に基づいて，現在少なくとも 10 種の型に分類されている．またヒト EDS では，皮膚の脆弱化に加えて，過剰な関節可動性がみられるが，動物では本症状はまれである．

動物での病変の程度は一般的に，羊で最も重度であり，牛，犬および猫，馬の順で軽度となる．羊および牛では，破れた皮膚を意味するデルマトスパラキシス dermatosparaxis と呼ばれ（図 12-8ab），いずれも劣性遺伝する．犬および猫では（図 12-8c），優性遺伝する皮膚無力症も確認されている．膠原線維異形成の診断は，特徴的な臨床症状と真皮膠原線維の形態学的，あるいは生化学的な異常に基づいて行われる．典型的には，本症に罹患した個体では，組織学的に真皮の厚さは正常～菲薄化する．膠原線維は離解し，正常に比して細く，マッソン・トリクローム染色で赤く染色されることがある（図 12-8d）．大部分の症例では，膠原線維の異常を評価するのに電顕検索が必要となる．電顕的には，縦断面では崩壊，扁平化やねじれがみられ（図 12-8d），横断面では象形文字様の断面を示す線維が観察されることもある．

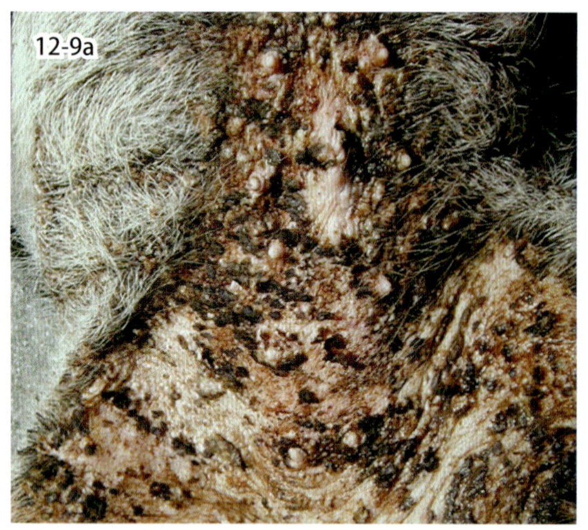

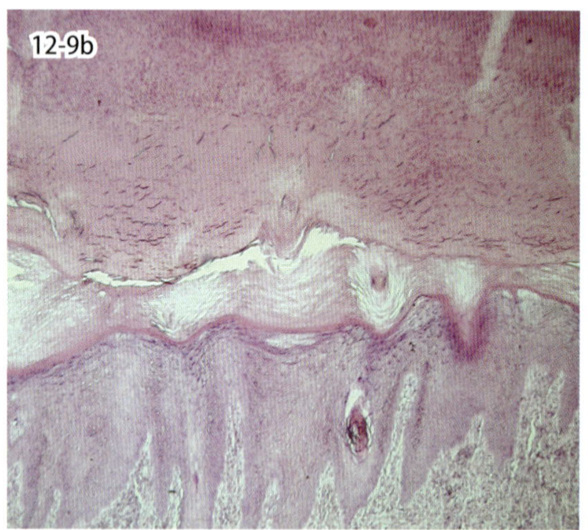

図 12-9　錯角化症（豚）．腹部の表皮に丘疹あるいは粗造な鱗屑・痂皮形成（a）．表皮細胞の変性と過角化亢進．一部錯角化（核が残存）が認められる（b）．

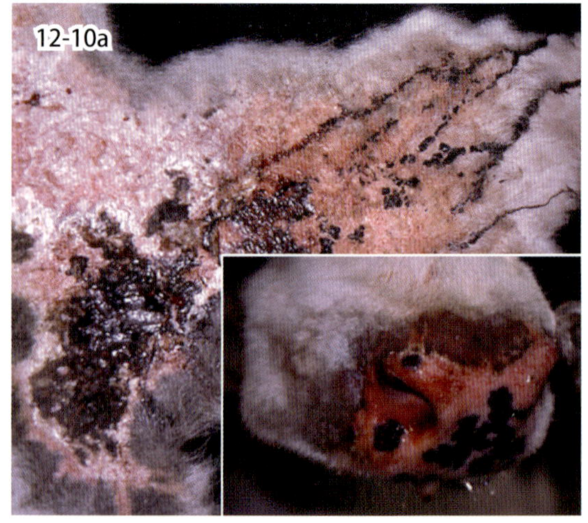

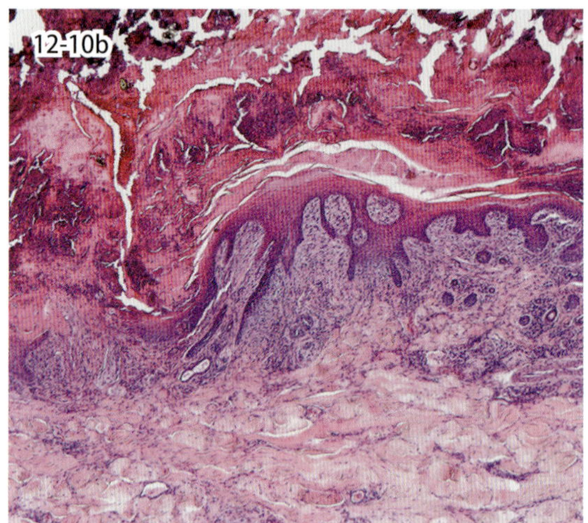

図 12-10　肝性光線過敏症（牛）．表皮および鼻鏡粘膜における潰瘍および出血（a）．表皮の潰瘍，著明な錯角化，真皮浅層に炎症性細胞浸潤が認められる（b）．

12-9. 錯 角 化 症
Parakeratosis

錯角化症は，角質層の細胞内に核の遺残がみられる角化亢進（過角化）である．慢性の皮膚症，亜鉛反応性皮膚症，デルマトフィルス症，表在性壊死融解性皮膚炎などで観察される．豚の錯角化症は，皮膚の錯角化症を生じる代表的な疾患である．2 ～ 4 ヵ月齢の成長期の豚に発生し，肉眼的には，初期では腹部と大腿内側面の紅斑であり，その後丘疹が形成され，さらに灰褐色乾燥性の粗造な鱗屑および痂皮へと進展する（図 12-9a）．組織学的には，著明な不全角化性の錯角化を伴う皮膚炎が認められる（図 12-9b）．

12-10. 光線過敏症
Photosensittization

光線過敏症は光線過敏性皮膚炎とも呼ばれ，日光（波長 290 ～ 320 nm の紫外線 B）と光感作物質との反応により起こる皮膚炎で，白色被毛部に限局するのが特徴である．光感作物質として，フロクマリン，ポルフィリン，フィロエルトリンが知られており，それぞれ植物中毒，先天性ポルフィリン症，肝臓障害時に皮膚に蓄積し，紫外線 B と反応し皮膚傷害を生じる．肉眼的には，初期に紅斑と浮腫が認められ，その後，水疱形成，表皮の脱落および痂皮形成が観察される（図 12-10a）．組織学的には表皮の水腫および潰瘍，出血，血管のフィブリノイド変性，血栓形成および炎症細胞浸潤が認められる．

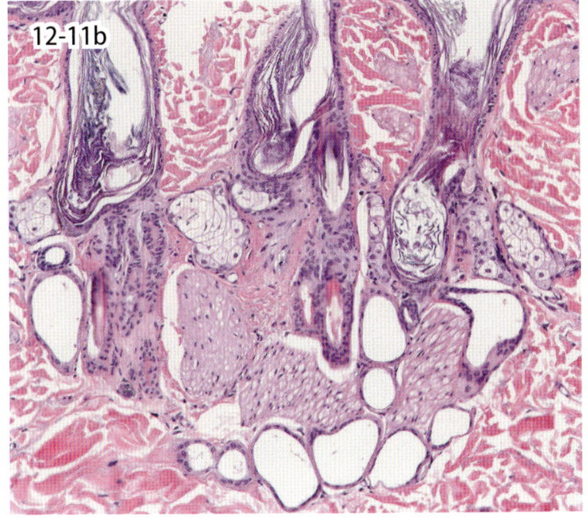

図 12-11　甲状腺機能低下症（犬）．表皮の角化亢進，休止期毛包（a）．休止期毛包周囲の立毛筋の肥大および空胞化（b）．

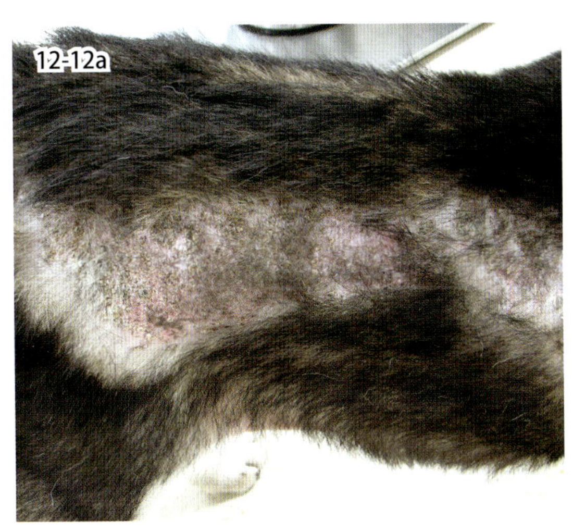

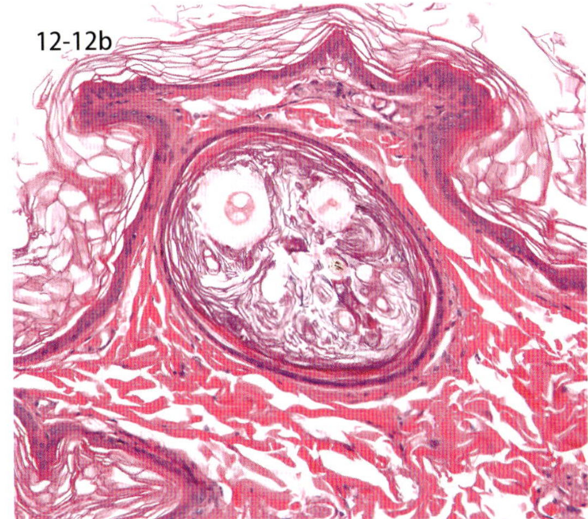

図 12-12　副腎皮質機能亢進症（犬）．体幹部の脱毛と発赤（a）．表皮は過角化し，拡張した毛包内に角化物質が蓄積（b）．

12-11．甲状腺機能低下症

Hypothyroidism

甲状腺機能低下症は犬で最も多い内分泌性皮膚疾患であり，特発性甲状腺萎縮やリンパ球性甲状腺炎が主な原因である．

肉眼病変は，体幹部の貧毛および脱毛，皮膚苔癬化，色素沈着などであり，左右対称性の病変分布を示すことが特徴である．組織学的には，休止期毛包の増加，立毛筋の肥大・空胞形成，表皮の角化亢進と色素沈着などが観察される（図 12-11a，b）．粘液水腫は真皮へのムチンの沈着により，皮膚が肥厚する甲状腺機能低下症の特徴病変の 1 つであるが，その発生頻度は乏しい．

12-12．副腎皮質機能亢進症

Hyperadrenocorticism

副腎皮質ホルモンまたはその類似物質の過剰によって症状を示す疾患であり，クッシング症候群 Cushing's syndrome とも呼ばれる．原因は下垂体性，副腎性，薬物誘発性（医原性）である．肉眼病変は両側対称性の貧毛，脱毛，皮膚の菲薄化が特徴である（図 12-12a）．組織学的には角化亢進，表皮の菲薄化，面皰形成，皮脂腺萎縮，色素沈着，皮膚石灰沈着症がみられる．石灰沈着は真皮膠原線維や基底膜に起こり，骨化生を伴うこともある．易感染性となるため細菌感染や毛包虫症が合併することが多い．本症は犬に多く，猫ではまれである．猫では真皮膠原線維が減少し，皮膚が脆弱化する．

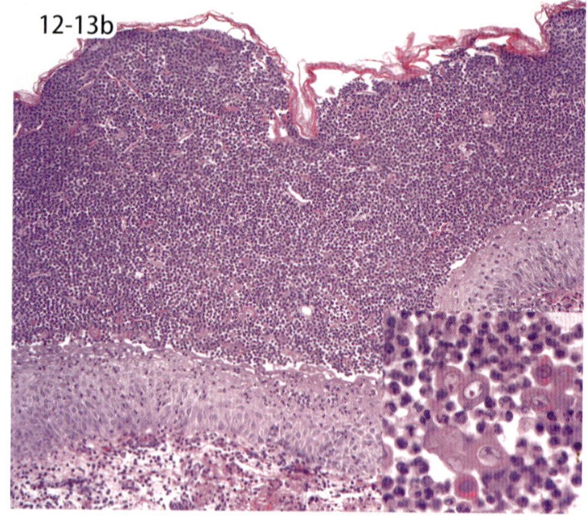

図 12-13　落葉性天疱瘡（犬）. 脱毛, 膿疱および痂皮が形成（a）. 膿疱内に好中球と棘融解細胞がみられる（b）. 挿入図（b）は棘融解細胞（写真提供：西藤公司氏）.

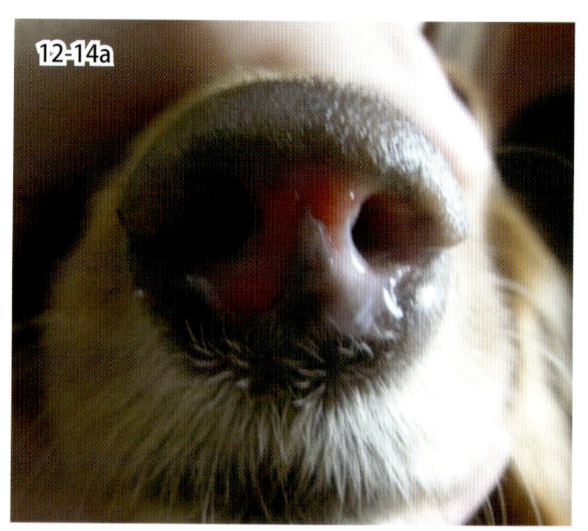

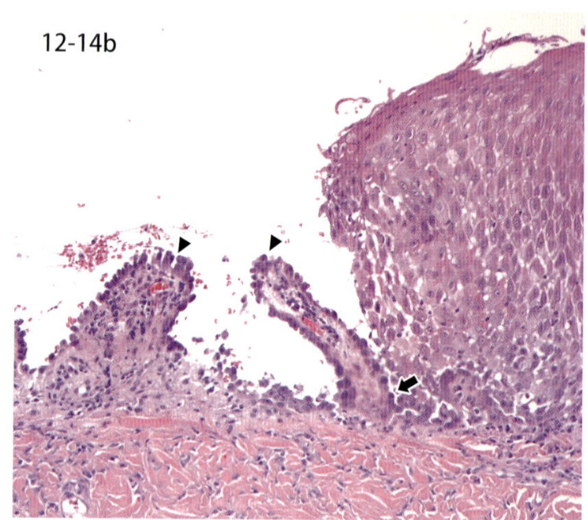

図 12-14　尋常性天疱瘡（犬）. 鼻鏡部の潰瘍がみられる（a）. 基底細胞直上に裂隙（矢印）. 水疱が消失した領域では基底細胞（矢頭）が墓石状に配列する（b）（写真提供：下ノ原望氏）.

12-13. 落葉性天疱瘡

Pemphigus foliaceus

落葉性天疱瘡は，表皮および毛包の表層性膿疱性皮膚炎 superficial pustular dermatitis で角質層および顆粒層が病変の主座である. 犬でよくみられる天疱瘡で，好発部位は鼻背部，眼周囲，耳介，肉球であり，初期病変は膿疱であるが，膿疱が破綻するとびらんや痂皮が形成される（図 12-13a）. 角質内あるいは角質下膿疱内には好中球や好酸球とともに棘融解細胞が含まれる（図 12-13b）. 膿疱の天井部に付着している顆粒層のケラチノサイトから棘融解細胞が形成される所見は，この疾患の特徴的所見である. 表層性細菌感染，皮膚糸状菌感染においても，棘融解細胞を含む膿疱が形成されるため，臨床症状を合わせた鑑別診断が必要である.

12-14. 尋常性天疱瘡

Pemphigus vulgaris

尋常性天疱瘡は，表皮の水疱性および潰瘍性病変で，基底層直上部が病変の主座である. 最も重篤な天疱瘡で，好発部位は落葉性天疱瘡とは異なり，口腔，眼周囲，耳介，趾間，肛門および陰部であり，水疱，びらん，潰瘍および痂皮が形成される（図 12-14a）. 基底細胞の直上で表皮が離解し水疱が形成され，1 層の基底細胞が墓石状に並ぶ像が特徴的所見である（図 12-14b）. 水疱が壊れていない場合には少数の棘融解細胞を認めるが，水疱が壊れると水疱天蓋部が消失し基底細胞のみが残る（図 12-14b）. さらに病変が進行すると好中球を含む膿疱やびらん，潰瘍となる.

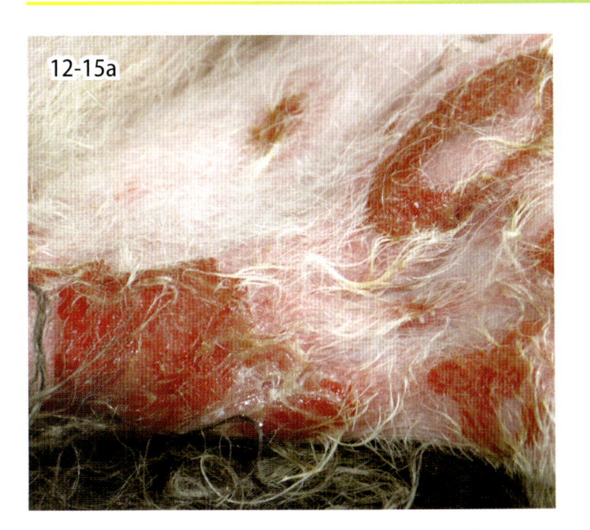

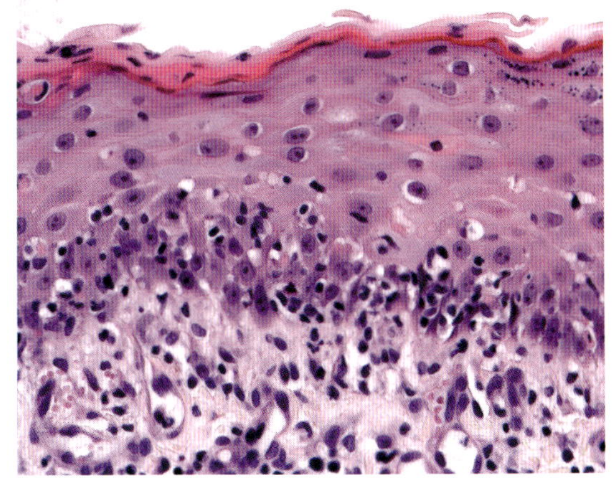

図 12-15　エリテマトーデス（犬）．びらん，潰瘍，発赤および痂皮（a）．基底細胞のアポトーシスと，真皮浅層の帯状の炎症細胞浸潤（b）（写真提供：前田貞俊氏）．

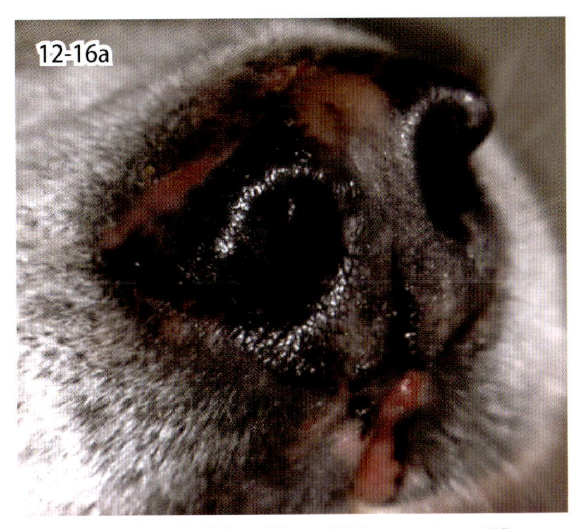

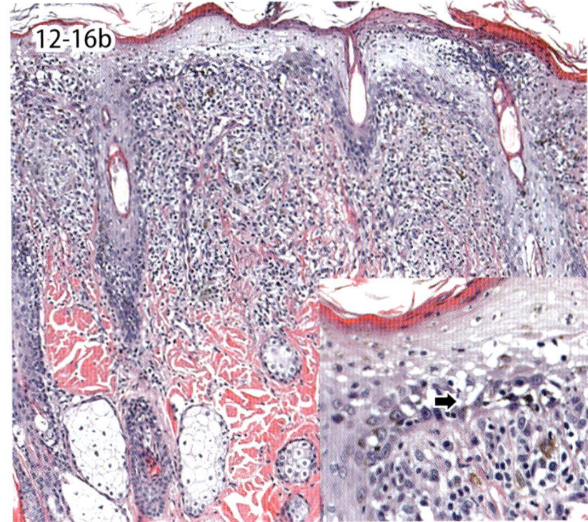

図 12-16　フォークト・小柳・原田症候群（犬ブドウ膜皮膚症候群）．鼻鏡の色素脱出(a)．真皮浅層に苔癬様の細胞浸潤(b)．b の挿入図は拡大図．

12-15. エリテマトーデス

Erythematosus

エリテマトーデスは，全身性（SLE）と皮膚型（CLE）に分類され，CLE は犬でよく認められる円板状（DLE）が含まれる．SLE は皮膚以外に関節や腎臓が傷害されるが，CLE は皮膚に限局し，とくに DLE は顔面に限局し鼻梁や眼瞼周囲が主として侵される．びらんや発赤がみられ，円盤状では色素脱出も伴う（図 12-15a）．表皮基底細胞のアポトーシスおよび液状変性と表皮直下の真皮への帯状の炎症細胞浸潤を特徴とする境界部皮膚炎 interface dermatitis である（図 12-15b）．SLE と DLE を組織学的に区別することはできないが，DLE の境界部皮膚炎は強い傾向にある．

12-16. フォークト・小柳・原田症候群（犬ブドウ膜皮膚症候群）

Vogt-Koyanagi-Harada syndrome（Canine uvelo-dermatologic syndrome）

フォークト・小柳・原田症候群（犬ブドウ膜皮膚症候群）は，左右の眼球ブドウ膜炎と左右対称の皮膚の色素脱出を特徴する犬の疾患で，秋田犬やシベリアン・ハスキーに好発する．眼瞼，口唇，鼻鏡などの頭部の有色部に色素脱出がみられ，紅斑，びらんや痂皮形成を伴うこともある（図 12-16a）．表皮は肥厚し，表皮内のメラニン顆粒の減少およびメラノサイトの減少を認める（図 12-16b）．表皮直下の真皮浅層にはマクロファージが浸潤し苔癬様となる（図 12-16b）．浸潤するマクロファージ内には屑様のメラニン顆粒をいれている．

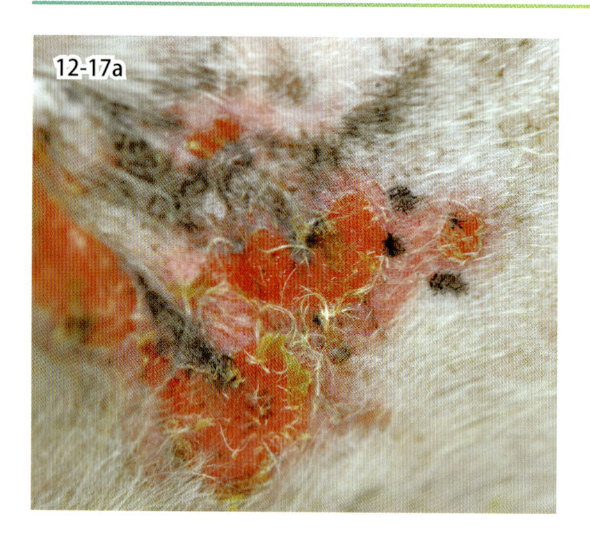

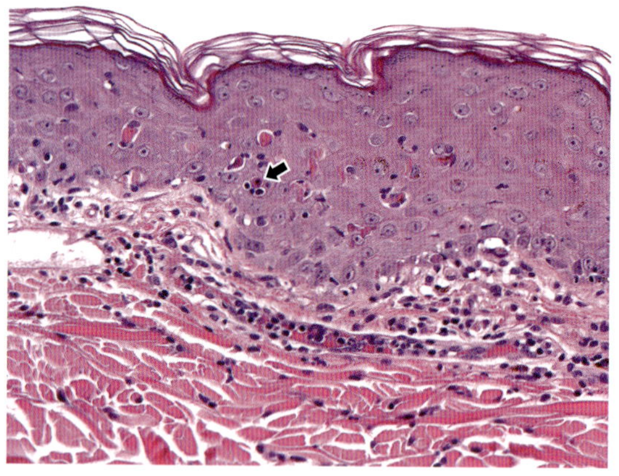

図 12-17　多形紅斑（犬）．多形性の紅斑（a）．表皮全層のケラチノサイトのアポトーシスとその周囲をリンパ球が取り囲む衛星病変（矢印，b）（写真提供：西藤公司氏）.

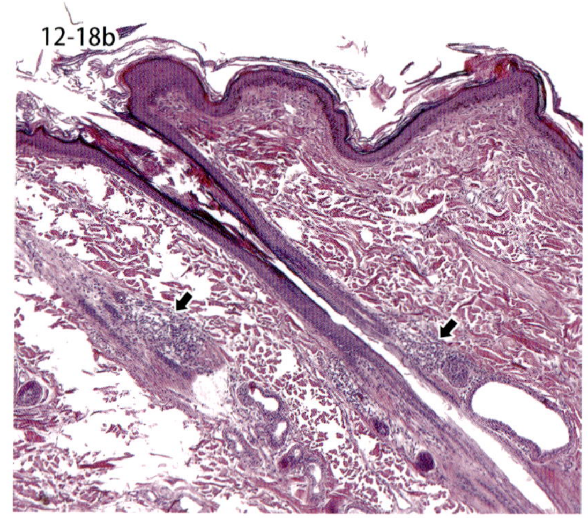

図 12-18　肉芽腫性脂腺炎（犬）．被毛消失と付着した鱗屑（a）．脂腺周囲（矢印）に肉芽腫性炎がみられ，正角化性の角化が亢進している（b）（写真提供：永田雅彦氏）.

12-17. 多 形 紅 斑

Erythema multiforme

多形紅斑は，薬物，ウイルス，腫瘍などさまざまな原因により誘発され，表皮全層のアポトーシスとリンパ球の衛星病変を特徴とする．体幹部を主体とする多型性の皮疹が特徴で，紅斑，丘疹および局面が形成され，潰瘍や痂皮形成を伴い標的状病変となる（図 12-17a）．エリテマトーデスとは異なり，表皮全層に及ぶケラチノサイトのアポトーシスとその周囲をリンパ球が取り囲む衛星病変により確定診断される（図 12-17b）．さらに，表皮基底層と表皮直下に帯状および苔癬様のリンパ球，マクロファージの浸潤を認め，色素脱出を伴うこともある．真皮の壊死や血管炎は認められないことから，虚血性病変と鑑別される．

12-18. 肉芽腫性脂腺炎

Granulomatous sebaceous adenitis

肉芽腫性脂腺炎は，原因不明の角化異常であり，秋田犬やスタンダード・プードルに好発する．臨床所見は，長毛種と短毛種で異なるが，被毛の消失，付着した鱗屑および毛包円柱は共通している（図 12-18a）．病期により組織所見は異なり，初期には脂腺周囲にリンパ球，マクロファージおよび好中球が集族する肉芽腫性あるいは化膿性肉芽腫性炎である（図 12-18b）．病変の進行とともに脂腺および炎症がともに消失し，線維化に置き換わる．加えて，表皮および毛包に正角化性あるいは錯角化性の高度の角化亢進があり，毛包性角化亢進が目立つ（図 12-18b）．

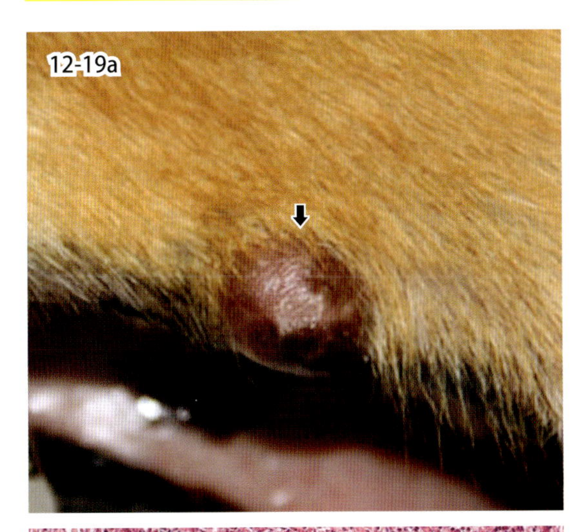

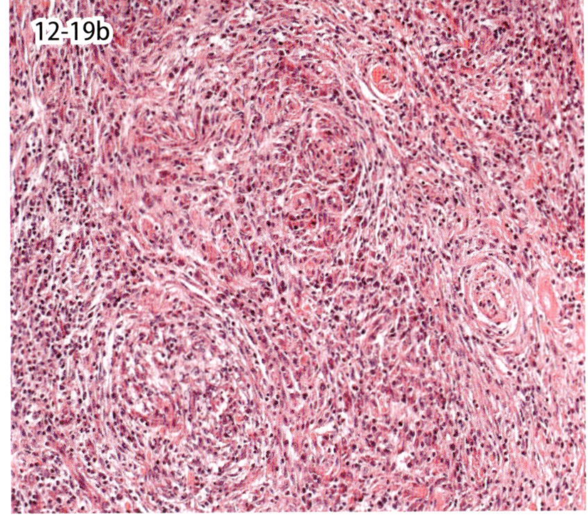

12-19a・b　好酸球性肉芽腫（犬）．口唇部（矢印）に形成された結節性病変（a）には，肉芽腫病変が形成される（b）．

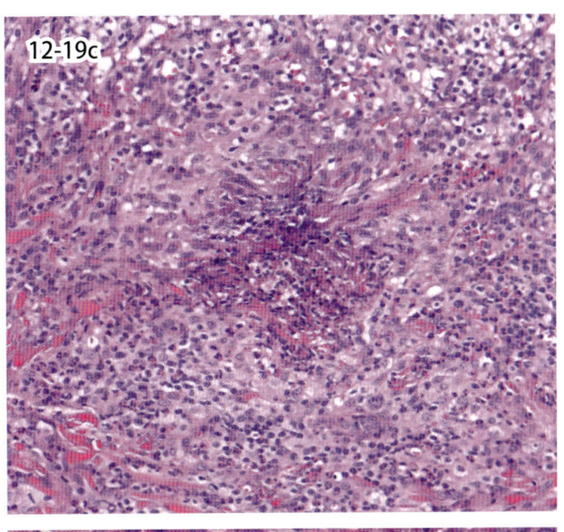

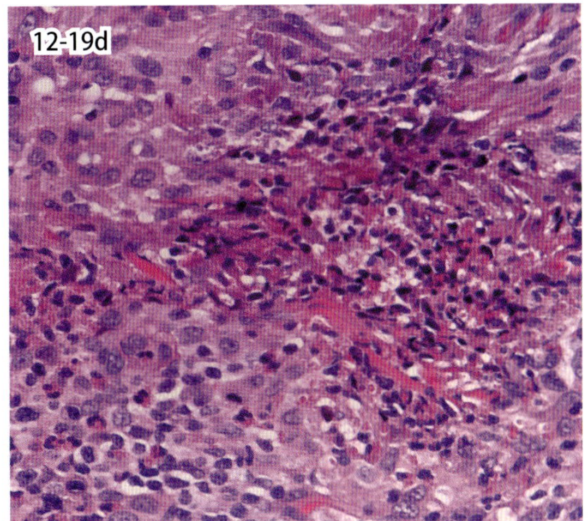

12-19c・d　好酸球性肉芽腫（猫）．変性し赤紫色に染色される膠原線維周囲に肉芽腫が形成（c），変性した膠原線維周囲には脱顆粒した好酸球が集簇している（d）．

12-19. 好酸球性肉芽腫

Eosinophilic granuloma

皮膚の好酸球性肉芽腫は痒みを伴う皮膚疾患である．病巣は単発あるいは，ときに多発性で周囲との境界は明瞭である．肉眼的には，やや盛り上がった円形から楕円形の丘疹や結節病変として認められ，口唇，耳介，四肢，体幹などに発生する（図 12-19a）．犬，猫，そして馬での報告がある．膠原線維に対するアレルギー反応が疑われている．よって膠原線維融解性肉芽腫とも呼ばれ，組織学的には，変性および壊死した膠原線維を取り囲むように渦状に形成される小結節性肉芽腫病変として観察される（図 12-19b，c）．変性した膠原線維の周囲には脱顆粒した好酸球が集簇し，それを囲むように類上皮細胞，マクロファージ，リンパ球や形質細胞，そして明瞭な顆粒をいれた好酸球が特徴的にみられる（図 12-19d）．犬ではシベリアン・ハスキーなどの好発犬種が知られている．好酸球性肉芽腫は，ときに好酸球性潰瘍 eosinophilic ulcer や好酸球性プラーク eosinophilic plaque と同時に生じることがある．これらは関連した病変で異なるステージを現していると考えられる．

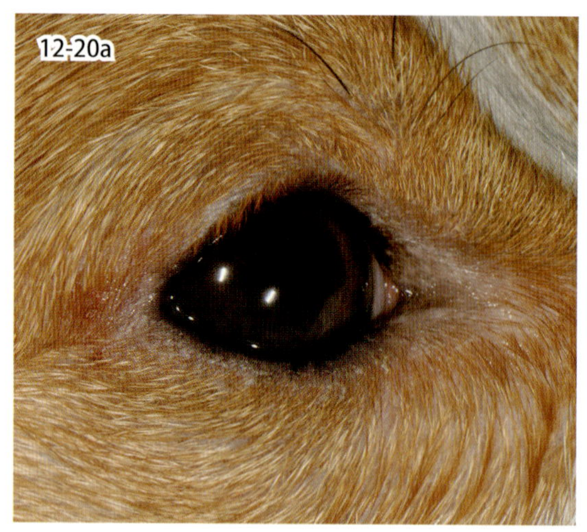

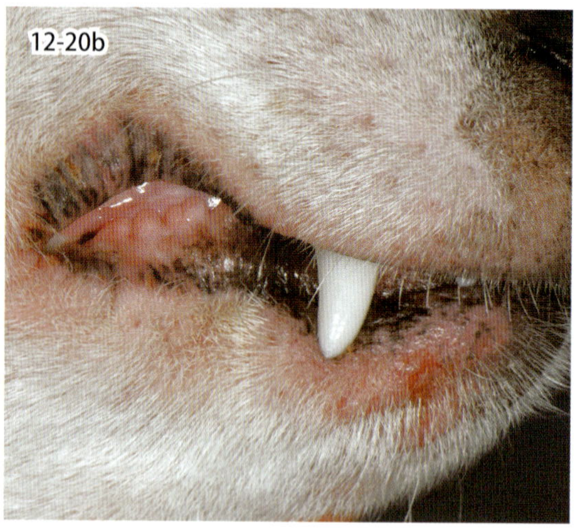

図 12-20a・b　アトピー性皮膚炎（犬）．眼周囲（a）には紅斑，口周囲（b）には紅斑，脱毛，苔癬化を認める（写真提供：永田雅彦氏）．

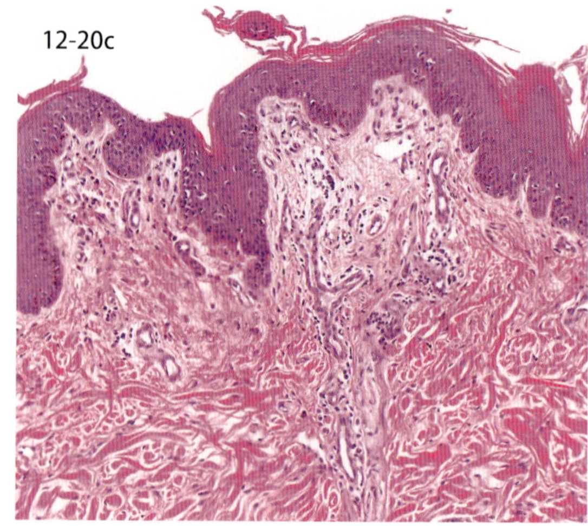

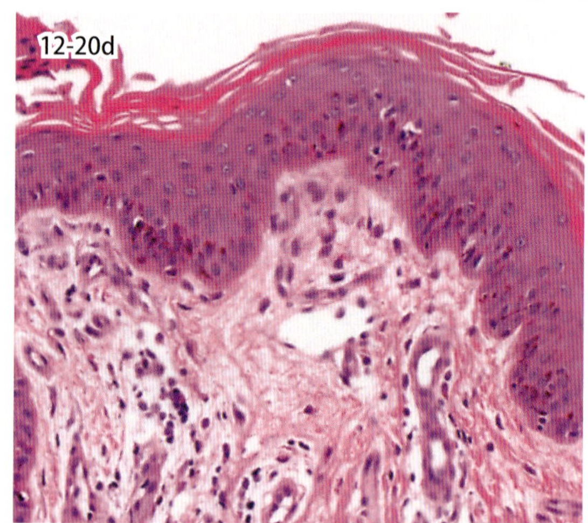

図 12-20c・d　アトピー性皮膚炎（犬）．表皮には角化亢進，不規則な肥厚と色素過剰およびリンパ球浸潤，真皮には浅層における浮腫，炎症細胞浸潤と血管拡張を認める．

12-20．アトピー性皮膚炎

Atopic dermatitis

動物のアトピー性皮膚炎は犬に好発し，犬では「環境抗原に対する IgE 抗体を生じやすい遺伝的体質に発症する瘙痒性慢性皮膚炎」と定義されており，サイトカインや皮膚バリアー機能に関わる遺伝的異常が報告されている．犬のアトピー性皮膚炎は若齢で発症し，眼周囲，口周囲，耳介，腋窩，大腿鼠径，四肢端などに好発し，非季節性の瘙痒を伴うことが特徴である（図 12-20a，b）．アトピー性皮膚炎の病理組織学的変化は非特異的であり，診断は臨床的な基準に基づき行われる．臨床的には慢性に経過するものが多く，皮膚の苔癬化や色素沈着が認められる．病理組織像は急性皮膚炎ないし慢性皮膚炎像で，慢性経過例では非特異的な慢性皮膚炎の像を示し，表皮の正常角化性ないし錯角化性角化亢進，表皮の肥厚および色素沈着，リンパ球の表皮内浸潤を伴う軽度な海綿状態，真皮浅層における炎症細胞浸潤，血管拡張，血管周囲での肥満細胞の増数などが認められる（図 12-20c，d）．

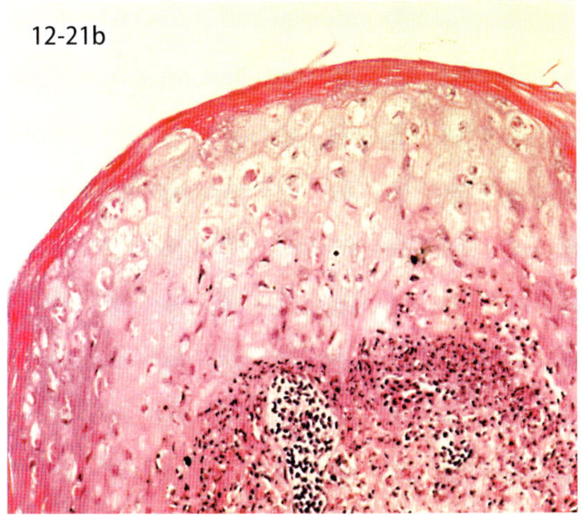

図12 21a・b　鶏痘．肉冠および肉垂に多数の発痘やびらん，痂皮が観察される（a）．発痘部皮膚（b）．腫脹して淡明化した有棘細胞の細胞質にボリンゲル小体が形成．

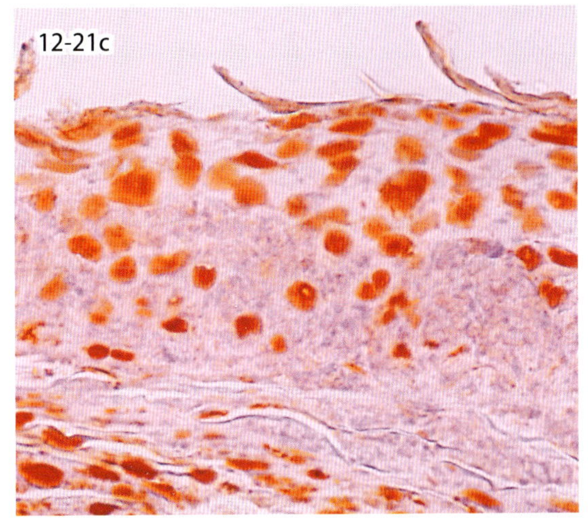

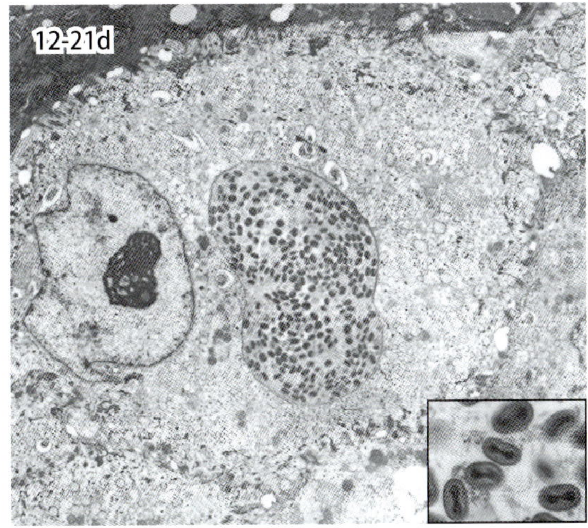

図12-21c・d　発痘部皮膚（c，ズダンⅢ染色）．ボリンゲル小体が陽性．電顕像（d）．ボリンゲル小体に一致してウイルスが集積．楕円形状で，コーヒー豆様．

12-21. 鶏　　痘

Fowl pox

ポックスウイルス感染症はさまざまな動物種（ヒト，ほ乳類，鳥類）にみられる．とくに，鶏痘は毎年散発的に発生している．鶏痘ウイルスはカやヌカカによって機械的に伝播され，接触や吸引により感染し，皮膚型や粘膜型，あるいは混合型の病変を形成する．したがって，夏季には皮膚型が多く発生する．皮膚型の発痘部位は肉冠，肉垂，眼瞼，口角など無羽部であるが，指や脚，翼下，肛門周囲にも発現することがある．一方，粘膜型は冬季に多く発生し，鼻腔，口腔，喉頭部，気管，食道に発痘が生じる．

皮膚型は，発疹から丘疹，びらん，表層の壊死，痂皮形成，脱落という経過をたどり（図12-21a），粘膜型は湿潤隆起，白色ないしチーズ様の線維素性偽膜形成，脱落という経過をとる．病気は通常3～4週間の経過で回復するが，混合感染があれば経過は長くなる．

組織学的に，ウイルスが感染した有棘細胞は腫脹淡明化（風船様（水腫性）変性），増生（棘細胞症）し，それらの細胞質内には好酸性の顆粒状から上皮細胞核の大きさを超える大型の類円形封入体（ボリンゲル小体 Bollinger's body）が多数形成される（図12-21b）．封入体は脂質を含んでおり，脂肪染色で陽性を示す（図12-21c）．病巣部の真皮には偽好酸球やリンパ球，組織球など炎症細胞の浸潤が観察される．ボリンゲル小体は，電顕的にウイルス粒子の集積として観察される．ウイルス粒子は楕円形状，コーヒー豆様できわめて大きく，およそ短径200×長径300 nmである（図12-21d）．

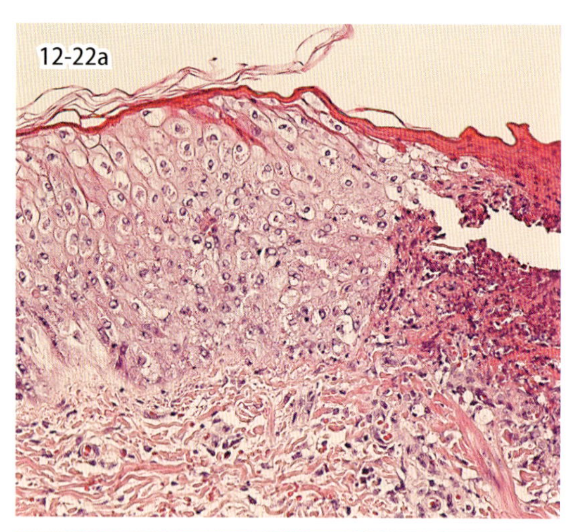

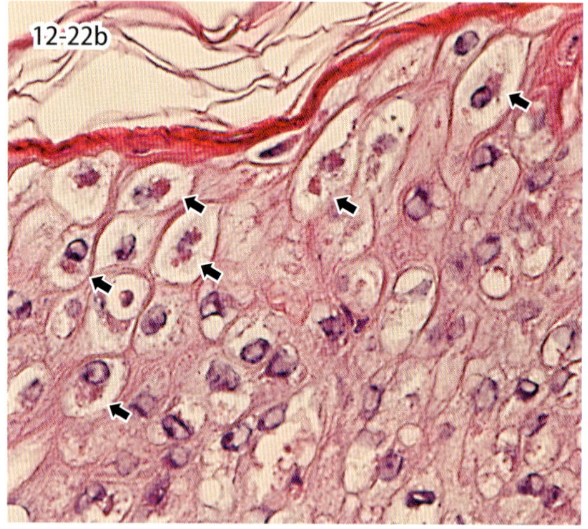

図 12-22　豚痘（豚）．有棘細胞の風船様変性，棘細胞症（a）．風船様変性した有棘細胞の細胞質における小型の好酸性封入体形成（b，矢印）．

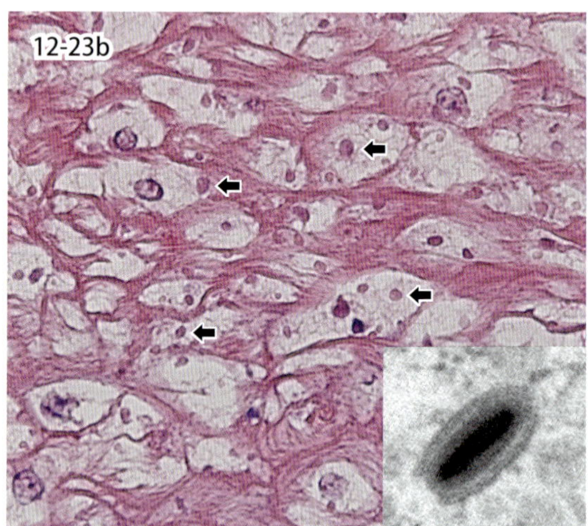

図 12-23　伝染性膿疱性皮膚炎（ニホンカモシカ）．口腔に丘疹や結節が形成（a）．好酸性封入体（b，矢印）．電顕ではコーヒー豆形のウイルス粒子（挿入図）．

12-22．そのほかのポックスウイルス感染症
Other Poxvirus infections

ポックスウイルス科には orthopoxvirus（天然痘，牛痘，猿痘，馬痘），avipoxvirus（鶏痘，カナリア痘），capripoxvirus（羊痘，山羊痘，ランピースキン病），suipoxvirus（豚痘），parapoxvirus（偽牛痘，牛丘疹性口炎，羊伝染性膿疱性皮膚炎）などが含まれる．宿主特異性が高いが，馬痘や牛丘疹性口炎はヒトにも発生する．

これらウイルスに感染した動物の皮膚には，水疱や膿疱，壊死（痂皮）を生じる．組織学的には，有棘細胞の風船様（水腫性）変性，棘細胞症，ボリンゲル小体の形成が共通的に観察される（図 12-22a, b）．また，ウイルス合成の初期には小型の好塩基性封入体（基本小体，ボレロ小体 Borrel's body）がみられる．

12-23．伝染性膿疱性皮膚炎
Contagious pustular dermatitis

伝染性膿疱性皮膚炎はパラポックスウイルス Parapoxvirus のオルフウイルス感染による牛，山羊，羊，ニホンカモシカの疾患である．無毛部皮膚や口腔粘膜などに丘疹，結節あるいは痂皮形成を特徴とする（図 12-23a）．一般的に，病変部は痂皮形成後に治癒に向かうが，口腔粘膜病変による採食困難や二次的細菌感染が生じた場合には致死的となる．組織学的に角質上皮が風船様（水腫性）に腫大し，これら細胞質には多数の好酸性封入体（矢印）が観察される（図 12-23b）．挿入図はウイルス粒子の微細形態像である．長さ 300 nm，幅 180 nm に及ぶコーヒー豆形のウイルス粒子が観察される．

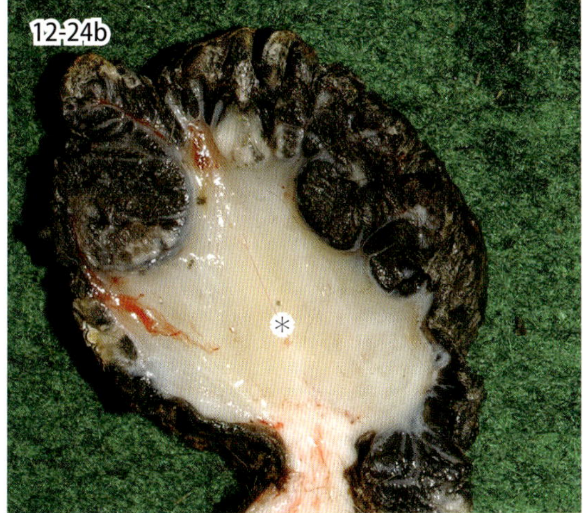

図 12-24a・b　線維乳頭腫（牛）．皮膚に表面凹凸な有茎性腫瘤が観察される（a）．ホルマリン固定後の割面では，表皮の乳頭状増殖と真皮に水腫（＊）が認められる（b）．

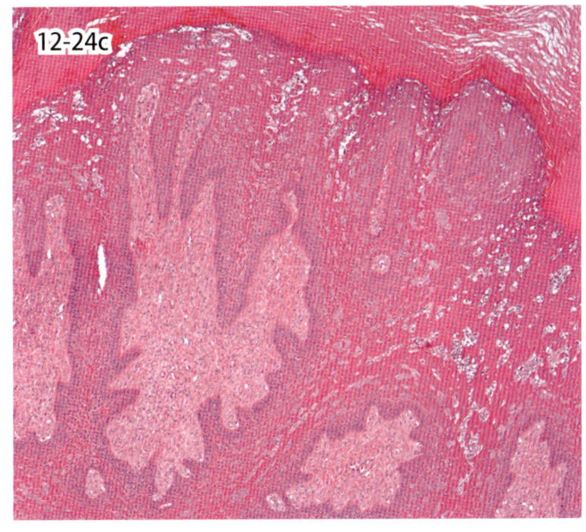

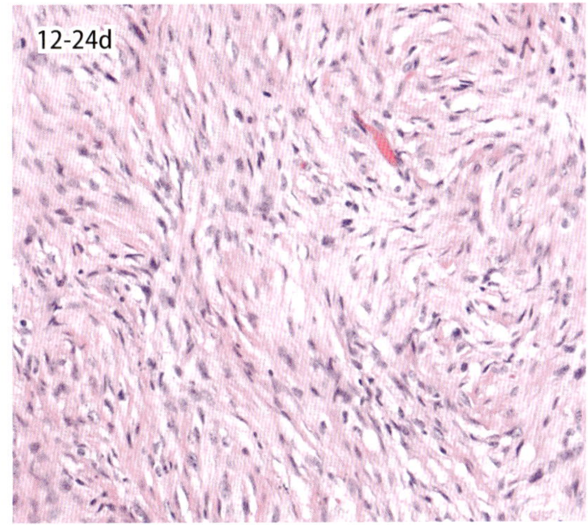

図 12-24c・d　線維乳頭腫（牛）．有棘細胞の下方性増殖と角化亢進が認められる（c）．真皮では間質の水腫と結合組織の増生が認められる（d）．

12 24. 乳頭腫（ウイルス性）

Papilloma

乳頭腫はパピローマウイルス papilloma virus によって起こる扁平上皮細胞の良性腫瘍である．牛，馬，犬において発生頻度が高く，皮膚，口唇，口腔粘膜，咽喉頭，食道および胃などに腫瘤を形成する．組織学的特徴によって，扁平上皮性乳頭腫 squamous papilloma と線維乳頭腫 fibropapilloma に大別される．前者は有棘細胞の上方への過形成（棘細胞症）と角質層の肥厚（角化亢進）を特徴とする．後者は有棘細胞が下方へ増殖するほか，真皮における水腫，小径血管の増数および結合組織の増殖を特徴とする．ウイルスに感染した腫瘍細胞は水腫性に腫大し，有棘細胞の核内に弱好塩基性の封入体を形成する．しかし，自然発生例のパラフィン標本上で封入体はめったに見つからない．図 12-24a，b は，黒毛和種牛の肩甲部皮膚にみられた線維乳頭腫 fibropapilloma である．角化亢進を伴って表面凹凸であり，手で触ると非常に硬い．図 12-24b はホルマリン固定後の割面である．表皮の乳頭状増殖（黒くみえるのは，表皮のメラニン顆粒のため）と真皮の水腫性肥厚（＊）が認められる．組織学的には，表皮有棘細胞の乳頭状増殖と角化亢進がみられ，一部の腫瘍細胞は下方性に伸展増殖している（図 12-24c）．真皮では，間質の水腫と結合組織の増生が顕著である（図 12-24d）．

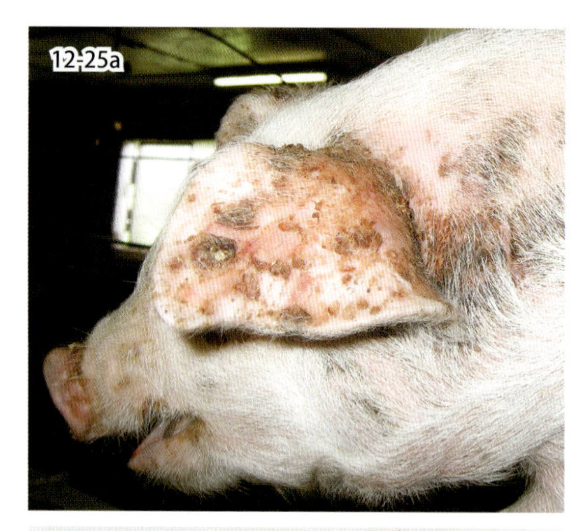

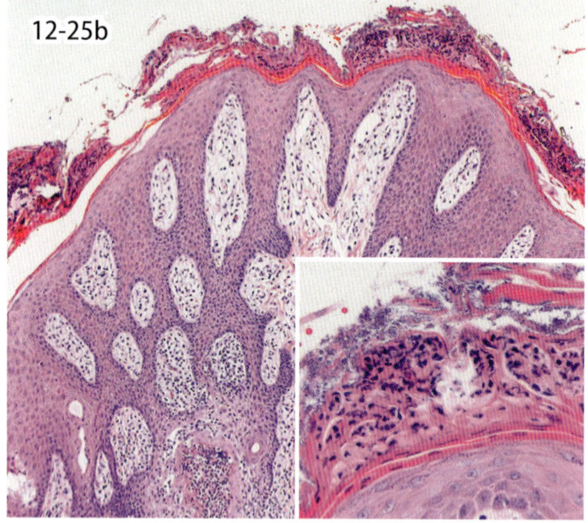

図 12-25　滲出性皮膚炎（豚）．黒ずんだ滲出物，痂皮が付着し（a），組織学的に表皮肥厚，好中球を含む膿疱，球菌が認められる（b）．（写真提供者：a は谷本忠司氏）

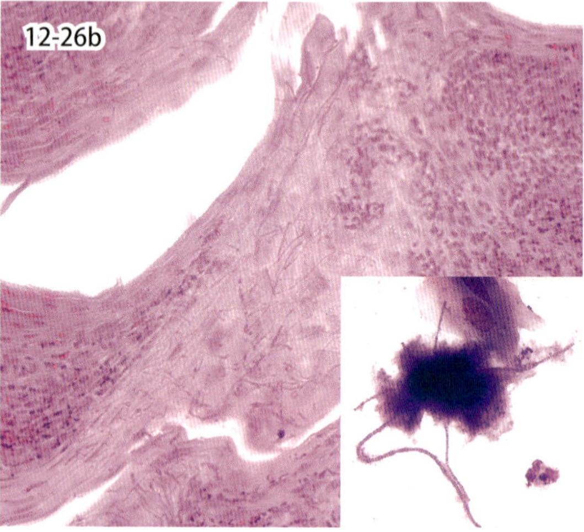

図 12-26　デルマトフィルス症（牛）．多数の丘疹形成（a）．角化亢進した表皮内にフィラメント状の菌体が侵入している（b）．

12-25. 滲出性皮膚炎

Exudative dermatitis

滲出性皮膚炎は急性滲出性化膿性の皮膚炎で，豚では豚伝染性膿痂疹 impetigo contagiosa suis またはスス病 grasy-pig disease ともいわれ，*Staphyrococcus hycus* の日和見感染が原因とされる．病変部における炎症性滲出物や痂皮にはほこりや汚物が付着するため黒ずみ，煤をかぶったような外観を呈する（図 12-25a）．組織学的には表皮に膿疱形成と化膿性毛包炎が認められ，真皮にも好中球が浸潤する（図 12-25b）．病変部には表皮細胞の変性および解離が認められるが，これは原因菌 *Staphyrococcus hycus* の外毒素である表皮剥脱毒素による細胞間接着因子の分解および切断によるものとされている．

12-26. デルマトフィルス症（分岐菌感染症）

Dermatophilosis（streptothricosis）

Dermatophilus congolensis による背部，四肢に多い牛，馬，羊の皮膚感染症で，世界各地の熱帯，亜熱帯の湿気の高い季節にみられる．日本でも，沖縄県や宮崎県の屋内飼育牛の皮膚にみられる．肉眼的に丘疹，膿疱や厚い痂皮を形成し，融合したり，被毛が長い場合はもつれたりする（図 12-26a）．グラム陽性フィラメント状の菌が毛包や表皮に侵入するように増殖する（図 12-26b），好中球が反応し微小膿瘍を形成するが，増殖が抑えられることによって表皮が再生する．以上の増殖パターンで，表皮は特徴的な「層状構造」を形成する．羊の lumpy-wool（いわゆる真菌性皮膚炎）や strawberry foot-rot（増殖性皮膚炎）などの臨床型がある．

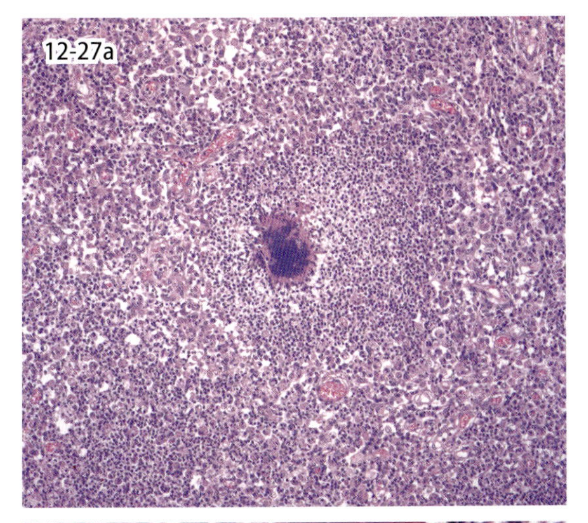

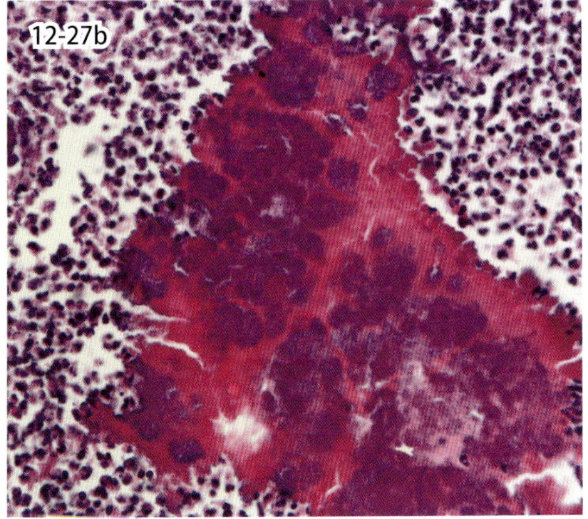

図 12-27　ボトリオマイコーシス（a 猫，b 牛）．細菌コロニーと Splendore-Hoeppli 物質を取り囲む肉芽腫（a, b）（写真提供：b は動衛研）．

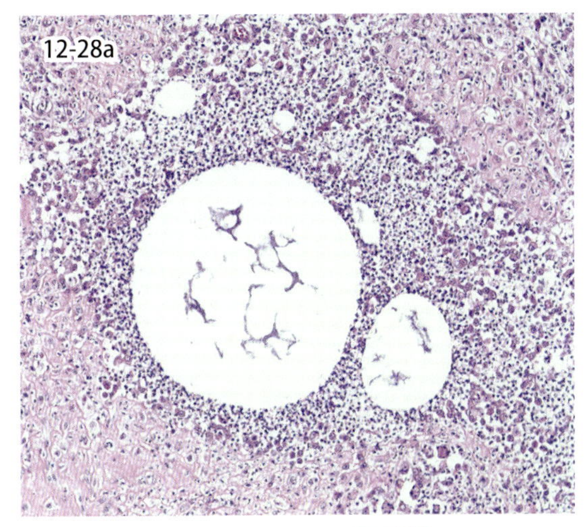

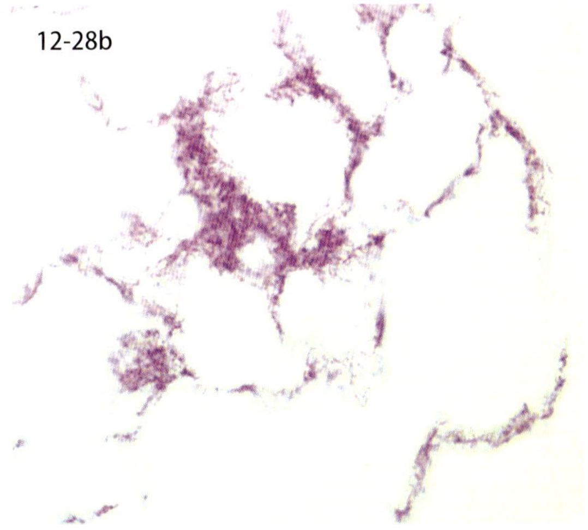

図 12-28　抗酸菌症（猫）．透明空胞を中心にした化膿性肉芽腫性炎（a）．透明空胞内に桿菌（*Mycobacterium smegmatis*）（b，抗酸菌染色変法）．

12-27. ボトリオマイコーシス

Botryomycosis

ブドウ球菌によって引き起こされる表在性細菌性皮膚感染症とは異なり，慢性の化膿性肉芽腫性炎である．黄色ブドウ球菌だけでなく，フィラメント状以外の細菌が原因菌である．組織学的には，細菌コロニーとそれを取り囲む Splendore-Hoeppli 物質と呼ばれる好酸性放射状棍棒体からなる硫黄顆粒がみられる．その周囲には好中球が浸潤し，マクロファージも集簇する（図 12-27a，b）．好酸性棍棒体形成を伴う同様の病変は，皮膚放線菌やアクチノバチルスの感染によっても形成される．

12-28. 抗酸菌症

Mycobacteriosis

皮膚抗酸菌症は結核性と非結核性に大別され非結核性抗酸菌症は遅発育性と迅速発育菌群と標準的培養法では発育しない癩菌群などが原因菌となる．猫はほかの動物種より発生報告が多い．肉芽腫性あるいは化膿性肉芽腫性皮膚炎，皮下脂肪組織炎であり，肉芽腫形成が弱い場合もある．猫では迅速発育菌群による皮膚病変の全身播種はまれで，遅発育性菌群の *Mycobacterium avium* complex によっても限局性あるいは全身感染症の一分症として皮膚病変が生じる．HE 染色では抗酸菌の観察が困難な場合と多数の細菌が観察される場合があり，迅速発育菌群以外では主にマクロファージ内に細菌が観察される．鑑別診断には抗酸菌染色変法と抗結核菌抗体による免疫染色が必須である．

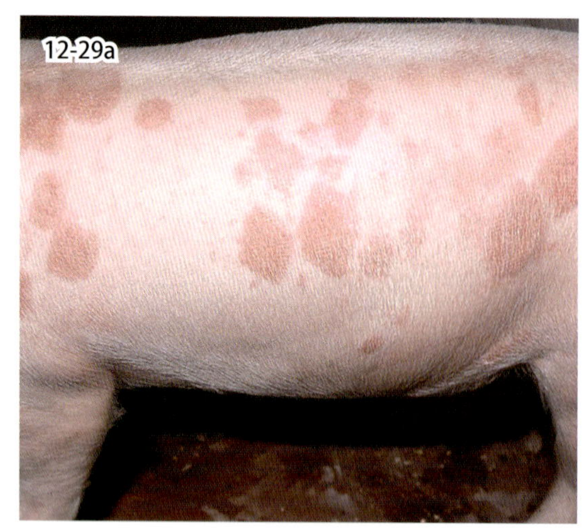

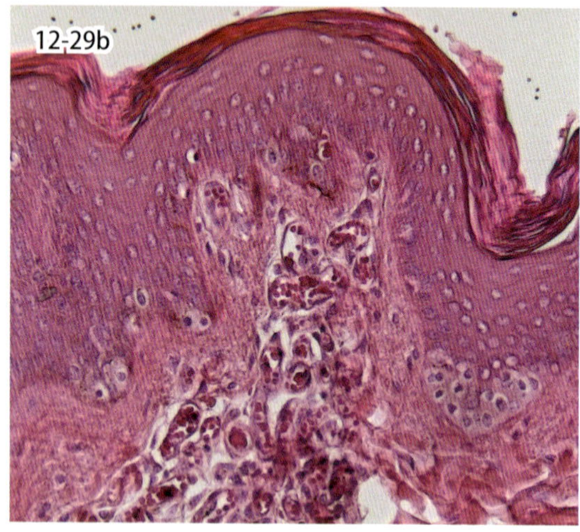

図 12-29　豚丹毒（豚）．菱形疹（a）と真皮浅層の血管の拡張（b）（写真提供：a は動衛研）．

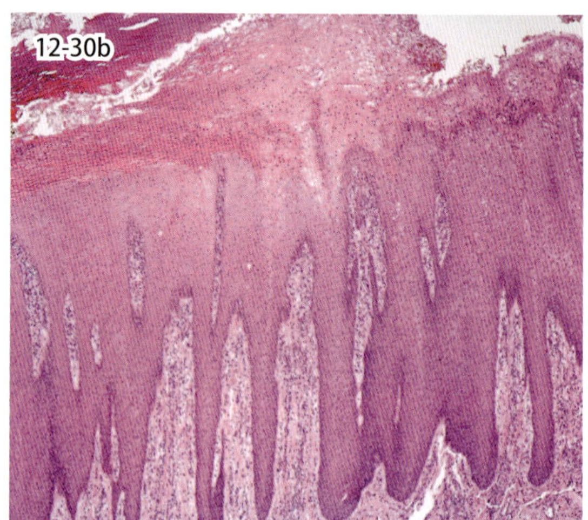

図 12-30　牛の乳頭状趾皮膚炎．趾間隆起部の丘疹状の肥厚(a)と表皮の著しい増殖と表皮突起伸長，過度の伸展(b)(写真提供：a は真鍋　智氏)．

12-29. 豚　丹　毒

Swine erysipelas

豚丹毒は，*Erysipelothrix rhusiopathiae* の感染により豚およびイノシシなどに急性の敗血症，亜急性の蕁麻疹，慢性の心内膜炎および関節炎を起こす．

敗血症型は 40℃以上の高熱が突発し 1 ～ 2 日でチアノーゼを呈して急死する．蕁麻疹型は発熱や食欲不振のあとに，菱形疹（ダイヤモンドスキン）と呼ばれる隆起した淡紅色の菱形丘疹が背部，臀部皮膚にみられるが，死亡することは少ない（図 12-29a）．関節炎型は四肢，関節が腫脹する．心内膜炎型は僧帽弁に疣状の肉芽組織が形成されるが，多くは無症状である．

組織学的に蕁麻疹型の皮膚では，真皮浅層の血管の拡張（図 12-29b）とうっ血や出血がみられ，リンパ球，マクロファージおよび好中球が浸潤する．

12-30. 牛の乳頭状趾皮膚炎

Bovine papillomatous digital dermatitis（PDD）

牛の乳頭状趾皮膚炎の病変の多くは，後趾蹄球に隣接する趾間隆起部付近（矢印）に認められる（図 12-30a）．皮膚は直径 0.5 ～ 5 cm の大きさで丘疹状に肥厚する．病変が進行すると，表皮が乳頭腫様の外観をとり，びらん，潰瘍を伴うことが多い．

組織学的に角質層から有棘細胞層が著しく肥厚し，錯角化を伴っている（図 12-30b）．ワーチン・スターリー染色にて，角質層からの上部有棘細胞層において，細胞間に多数の黒色のらせん菌がみられるが，炎症性細胞の直接的な反応は乏しい．抗 *Treponema pallidum* 血清を用いた免疫組織化学的検索にて，陽性反応を示す．

電顕的には *Treponema* 属特有の軸糸が認められる．

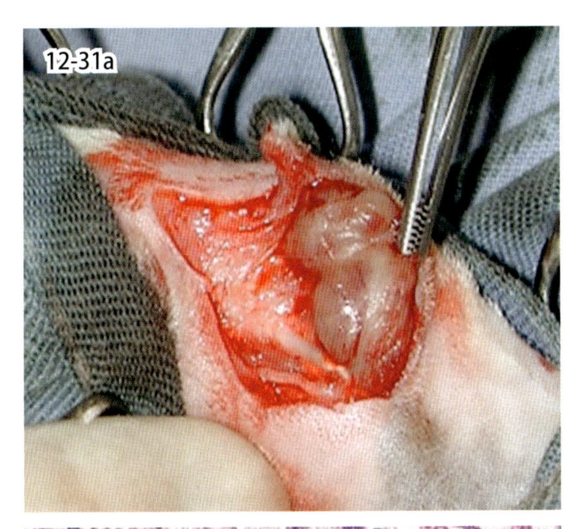

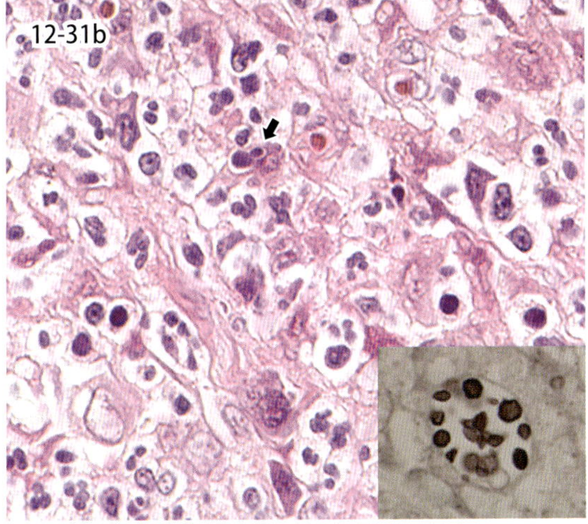

図 12-31　スポロトリコーシス（猫）．皮下に形成された結節性腫瘤（a）．肉芽腫病変内の両染性酵母様の菌体（b の矢印）（写真提供：a は渡邊一弘氏）．

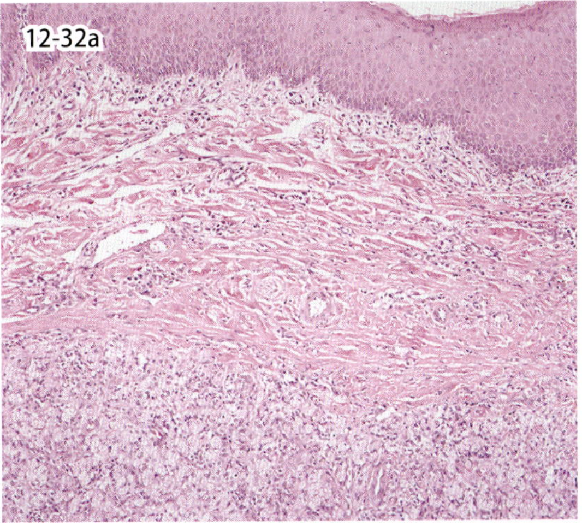

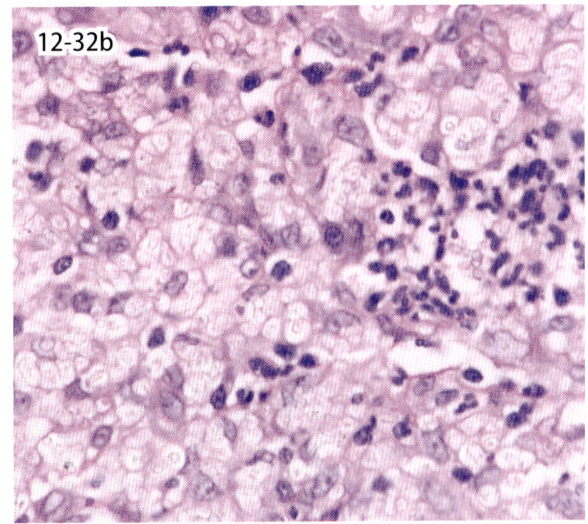

図 12-32　ヒストプラズマ症（犬）．歯肉粘膜下組織に無数のマクロファージと少数の好中球が浸潤している（a）．マクロファージの細胞質内にハローを持つ球形菌が観察される（b）．

12-31. スポロトリコーシス
Sporotrichosis

スポロトリコーシスは，環境中の腐生菌の一種である *Sporothrix schenkii* 感染による慢性深在性真菌症で，ヒト，猫および犬など多くの動物種で報告されている．わが国では猫での報告が少数ある．感染猫では，外傷部位における結節状腫瘤として認められ（図 12-31a），組織学的にはマクロファージの高度な浸潤を主体とした化膿性肉芽腫であり，病巣中には多核巨細胞，リンパ球および形質細胞の浸潤も伴う（図 12-31a）．病巣中心部では，遊離胞子およびマクロファージの細胞質内における両染性～好塩基性（図 12-31b），PAS 反応およびグロコット染色陽性の 1 ～ 3 μm の円形顆粒状真菌が認められる．クリプトコッカス菌体と類似しているが，小型で厚い莢膜を欠いている．

12-32. ヒストプラズマ症
Histoplasmosis

ヒストプラズマ症は *H. capsulatum* var. *capsulatum* の感染による真菌症である．本菌の侵入門戸は肺と皮膚で，細胞性免疫不全の動物では肺から全身感染に至ることが多い．また，細胞内寄生菌であるため治療が難しく重篤になりやすい．犬，猫においては消化管における潰瘍性病変や皮膚に化膿性肉芽腫性病巣を形成する．図 12-32 は犬の歯肉粘膜下組織に形成された肉芽腫性病変で，無数のマクロファージと少数の好中球の浸潤からなる．腫大したマクロファージの細胞質内に多数の球形から卵円形の酵母様菌（直径 2 ～ 5 μm）が認められる．これらの菌は，過ヨウ素酸シッフ（PAS）反応，ゴモリのメセナミン銀染色，グリドリー真菌染色で明瞭に染色される．

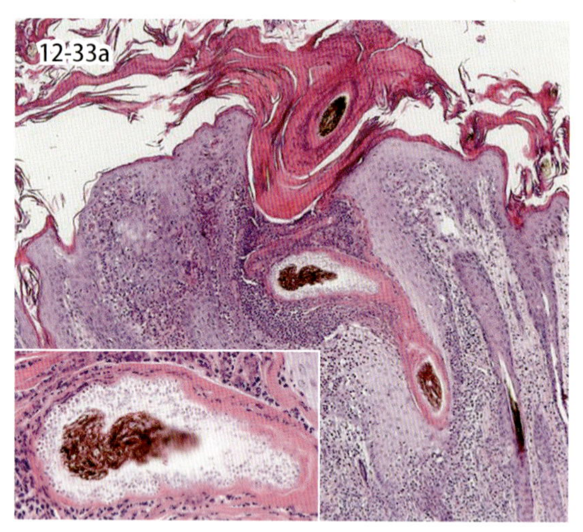

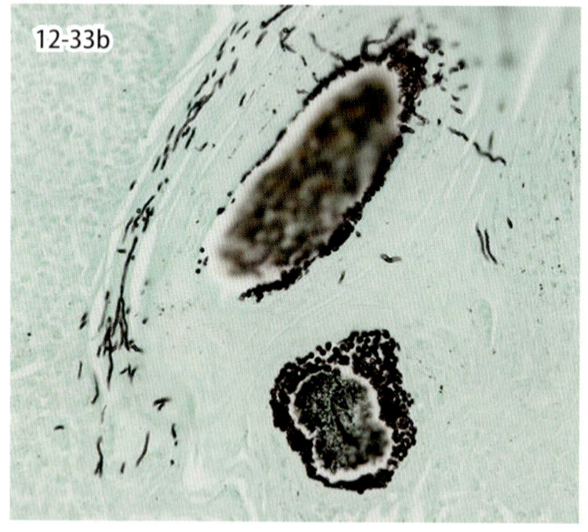

図 12-33　皮膚糸状菌症（牛）．好中球主体の細胞浸潤（a）．角化上皮に多数の菌糸（a の挿入図）．グロコット染色により菌糸は黒褐色に染色（b）．

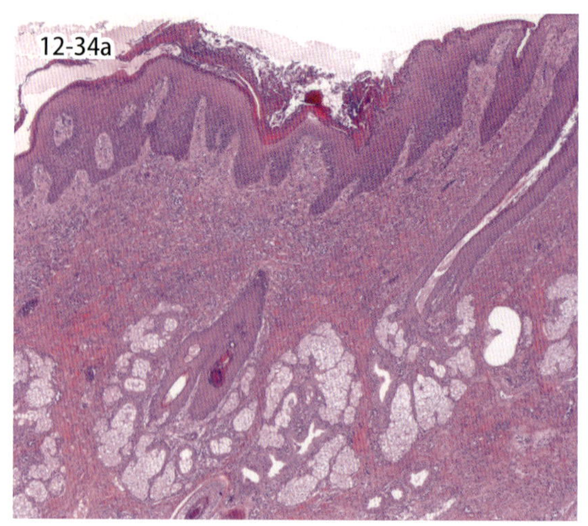

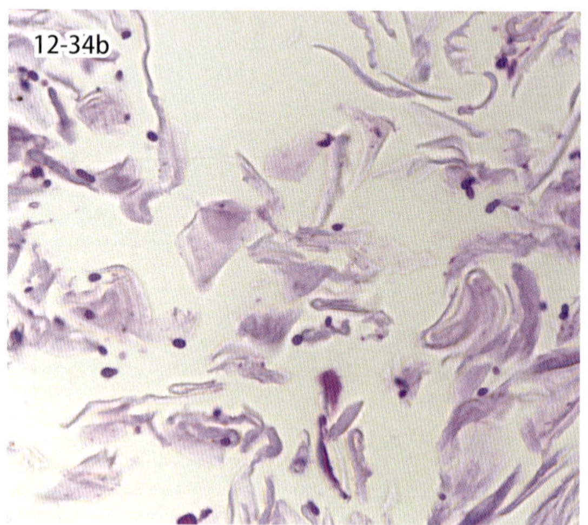

図 12-34　マラセチア皮膚炎（犬）．角化亢進を伴い表皮から毛包漏斗部が肥厚している（a）．角質内に PAS 反応の酵母様真菌がみられる（b）．

12-33. 糸 状 菌 症
Dermatophytosis

皮膚糸状菌症は，表在性糸状菌，小胞子菌，白癬菌が原因の真菌症である．暑さや湿気がある環境に加え，ステロイドの長期投与，栄養不良，糖尿病，白血病などが誘因となる．皮膚糸状菌は，ケラチナーゼなどを含む蛋白分解酵素を産生し，角質層内に病巣を形成する．痒みを伴う皮膚炎で，肉眼的には，脱毛，色素脱，紅斑，隆起状結節を呈する．組織学的には，表皮過形成，角化亢進，毛包炎としてみられる．細菌感染が加わると膿疱や角質層の微小膿瘍が形成される．図 12-33 は，毛包の漏斗部の角質上皮に感染した糸状菌で，周囲に好中球の著しい反応を伴っている．角質層内には菌糸がみられ，グロコット染色で黒褐色に染まることで確認できる（図 12-33b）．

12-34. マラセチア皮膚炎
Malassezia dermatitis

マラセチア皮膚炎は，酵母型真菌であるマラセチアによる皮膚炎で，犬では頻繁に認められるが，猫ではまれである．好発部位は，耳介，頚部腹側，腋窩，大腿部内側，趾間などの皮膚の皺壁であり，紅斑，脱毛，落屑，痂皮および色素沈着がみられ，悪臭と掻痒を伴う．表皮から毛包漏斗部に及ぶ表皮の不整な肥厚と海綿化，正角化ならびに錯角化の亢進を認める（図 12-34a）．真皮にはリンパ球，好中球，好酸球が浸潤し，表皮内に膿疱がしばしば形成される．角質内に酵母型の真菌が感染しており，PAS 反応により容易に識別できる（図 12-34b）．

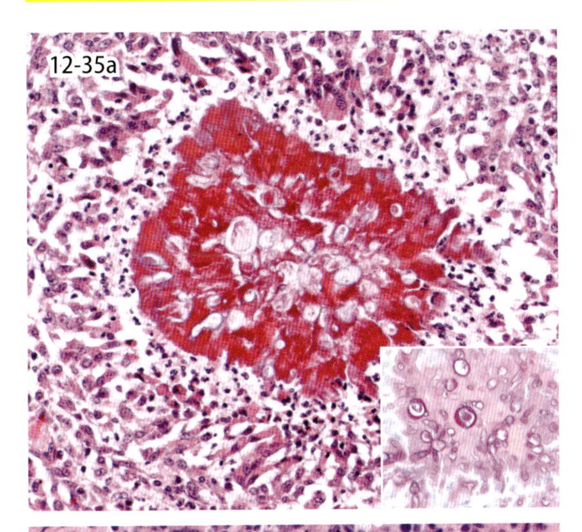

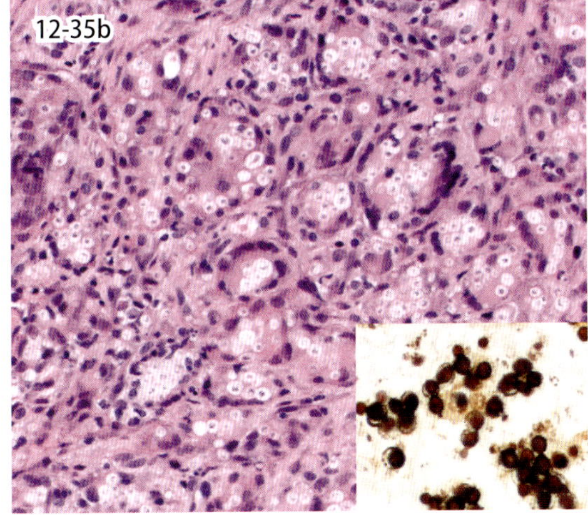

図 12-35　フサリウム症（a，イルカ）．菌糸が中心の肉芽腫．PAS 陽性菌糸（挿入図）．ラカジオーシス症（b，イルカ）．菌体を含む巨細胞集簇による肉芽腫．グロコット染色（挿入図）．

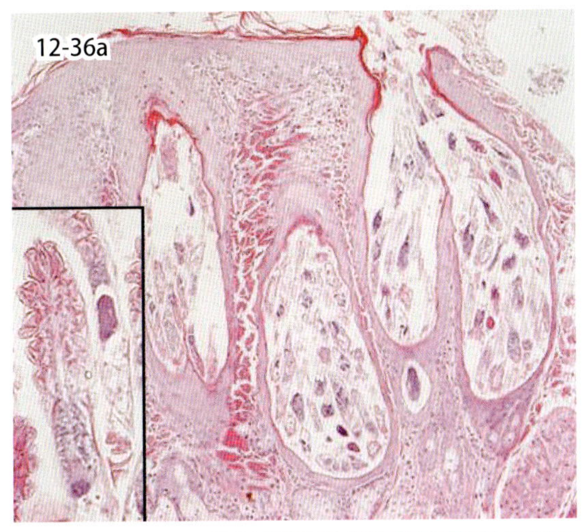

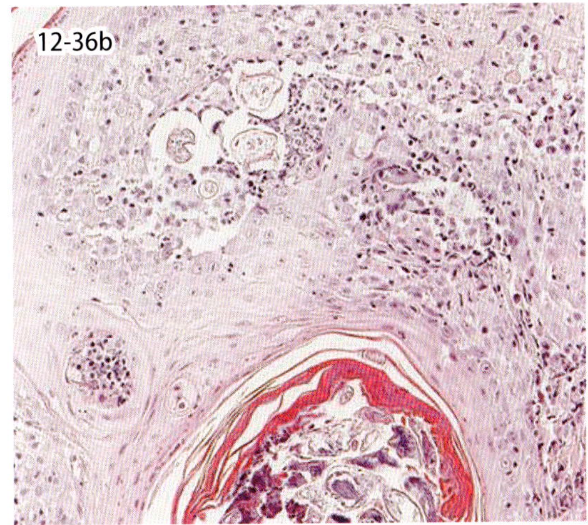

図 12-36　毛包虫症（犬）．拡張した毛包内にはニキビダニのさまざまな断面が観察される（a）．挿入図は本寄生虫の拡大．毛包壁の破壊による毛包炎がみられる（b）．

12-35．そのほかの真菌症
Other mycosis

皮下組織での深部真菌症の原因菌の多くは水中，土壌，植物や皮膚などに常在し，病原性は弱いが，傷口などから皮下組織に深く侵入し環境が適合すると病変を形成する．図 12-35a は皮下組織でのフサリウム感染症を示す．フサリウム属は土壌真菌であり，アステロイド小体様構造物に含まれる菌糸塊を中心に類上皮細胞に囲まれた肉芽腫が形成される．図 12-35b は皮膚のラカジオーシス感染症を示す．原因菌はパラコクシジオイデス症に近縁であるとされる．難治性のケロイド状肉芽腫を形成する．組織学的には，巨細胞の集簇による小肉芽腫が形成され，連鎖した酵母様の菌体がみられる．

12-36．毛 包 虫 症
Demodicosis

毛包虫症（アカルス症）は，ニキビダニ *Demodex* spp. を原因とする皮膚疾患で，犬，牛，豚で多くみられ，猫ではまれで，動物種それぞれで種類の異なるニキビダニを原因とする．全身性あるいは眼，口周囲，四肢端などの局所性に脱毛，落屑，痂皮，脂漏，色素沈着，化膿が認められる．掻痒はないあるいは軽度である．ニキビダニは宿主の毛包内で，孵化，幼虫，若虫，成虫，産卵と，全生活環を営む．宿主の免疫力の低下で寄生数が増加し，寄生虫を入れた毛包が嚢胞状に拡張し，脂腺肥大と毛孔性角化がみられる（図 12-36a）．壁破壊による毛包炎や皮脂腺炎を生じ，毛包虫症を発症する（図 12-36b）．細菌などの二次感染が起きると，化膿や出血を伴うようになる．

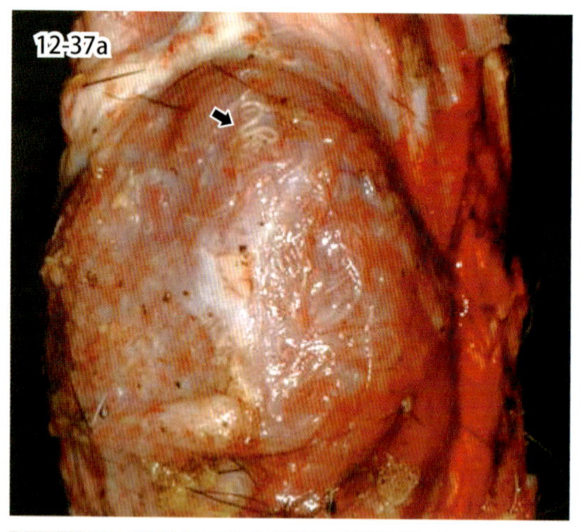

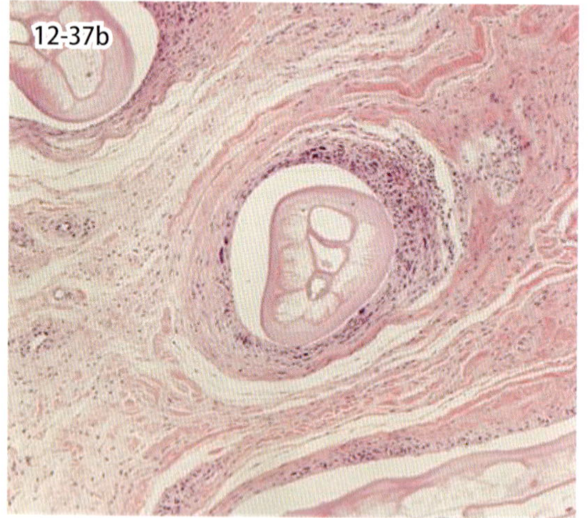

図 12-37 オンコセルカ症（ニホンカモシカ）．関節部表面の結節性病変．蛇行する虫体（a，矢印）．結合組織間に被包化した虫体がみられる（b）．

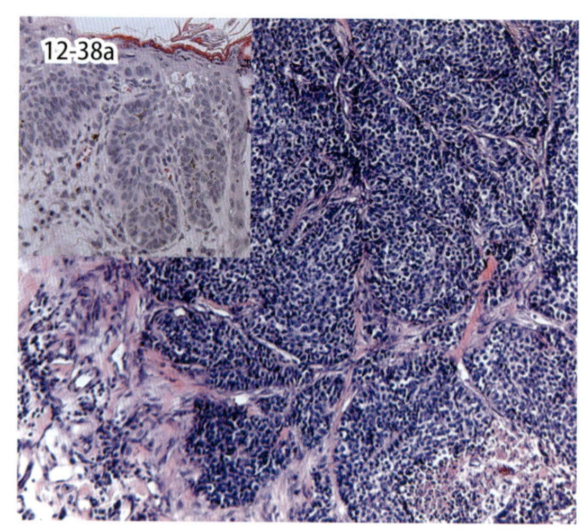

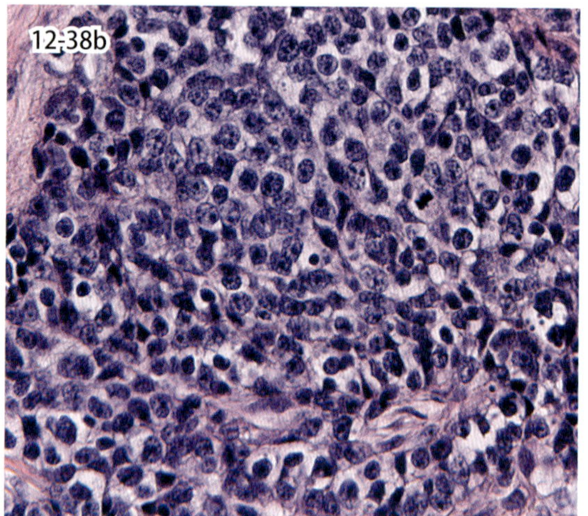

図 12-38 基底細胞癌（猫）．上皮胞巣の不規則な浸潤増殖像（a）．表皮との連続性（挿入図）．クロマチンに富む円形核と乏しい細胞質が特徴（b）．

12-37．オンコセルカ症

Onchocerciasis

蠕虫性皮膚疾患として，犬糸状虫の体内移行，幼虫の被包（有鉤嚢虫など），オンコセルカ症 onchocerciasis があげられる．

オンコセルカ症は，糸状虫による皮膚疾患で，ヒト，馬，牛，ニホンカモシカなどで報告されており，オンコセルカの種類によって病変形成部が異なる．

組織学的には寄生虫を取り囲むように肉芽組織や化膿性肉芽腫が形成される（図 12-37b）．

12-38．基底細胞癌

Basal cell carcinoma

基底細胞癌は表皮あるいは付属器の基底層上皮細胞（基底細胞）に由来する悪性腫瘍である．再発はあっても通常転移はしない．犬，猫でまれにみられる．腫瘍細胞は大小不整な充実胞巣を形成し，表皮から真皮，さらには皮下織に向かって浸潤増殖する（図 12-38a）．腫瘍細胞はクロマチンに富む小型円形核と乏しい細胞質を有し，核分裂像は比較的多い（図 12-38b）．また，腫瘍細胞はときどきメラニン色素を有する．大型胞巣中心部ではしばしば壊死がみられる．胞巣間には線維結合織がよく発達する．腫瘍細胞と表皮との連続性が確認できるが，付属器への分化がみられないのが特徴である．この病理発生として猫では慢性紫外線照射とパピローマウイルスの関与が指摘されている．

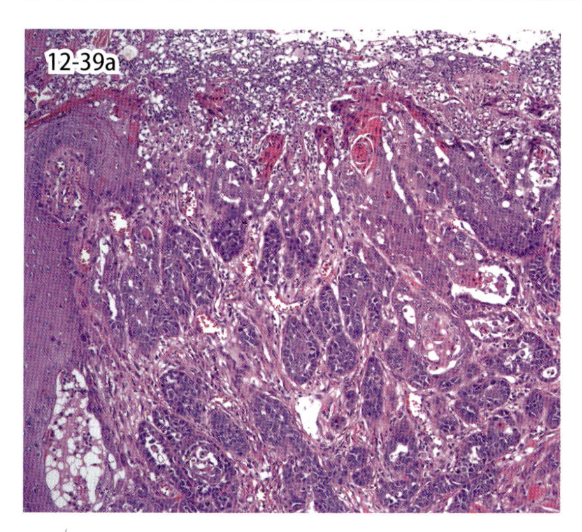

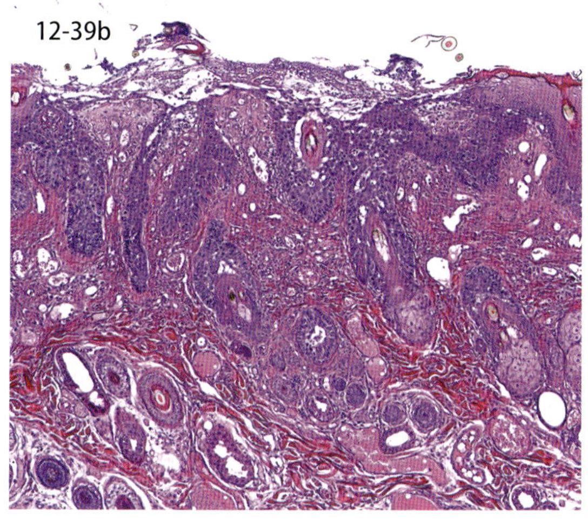

図 12-39a・b　扁平上皮癌（a，犬）および多中心性上皮内扁平上皮癌（b，猫）．表皮から連続する細胞索の真皮内への浸潤（a）．表皮および毛包上皮内での腫瘍細胞の増殖（b）．

図 12-39c・d　扁平上皮癌（犬）．胞巣中心部で角質が同心円状となった癌真珠を認める高分化型扁平上皮癌（c）．胞巣中心部の棘融解による偽腺管構造（d）．

12-39. 扁平上皮癌

Squamous cell carcinoma

皮膚の扁平上皮癌は表皮有棘細胞に由来する悪性腫瘍である．猫では紫外線やパピローマウイルス感染により発生することが知られている．腫瘍細胞が基底膜を越えて真皮に浸潤することが特徴であり（図 12-39a），基底膜を越えず上皮内で増殖する多発性腫瘍は，多中心性上皮内扁平上皮癌と診断され（図 12-39b），パピローマウイルスとの関連が示唆されている．扁平上皮癌の腫瘍細胞は表皮から連続し，真皮内に島状，索状および胞巣状に浸潤増殖する．胞巣中心部ではさまざまな程度に角化傾向を示し，高分化型では，同心円状の角質の集塊，癌真珠 cancer pearl が特徴である（図 12-39c）．分化度が低くなると核異型が明瞭となるが，癌真珠の形成が乏しくなり，胞巣内で数個の細胞が孤在性の角化を示す程度となる．胞巣中心部の腫瘍細胞間が棘融解を示し，偽腺腔ないし偽血管構造をとることがあり汗腺や乳腺腫瘍との鑑別が必要である（図 12-39d）．紡錘形細胞の増殖が主体になることもあり，肉腫との鑑別には免疫染色を用いるべきである．また，胞巣間では結合組織の発達と炎症細胞浸潤が好発することから，肉腫や炎症との鑑別にも注意を要する．

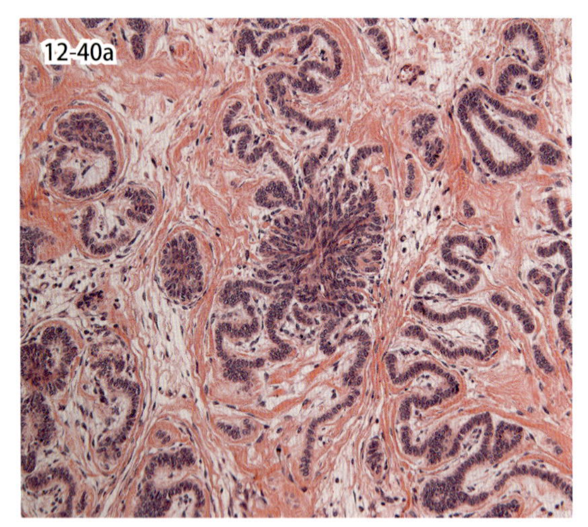

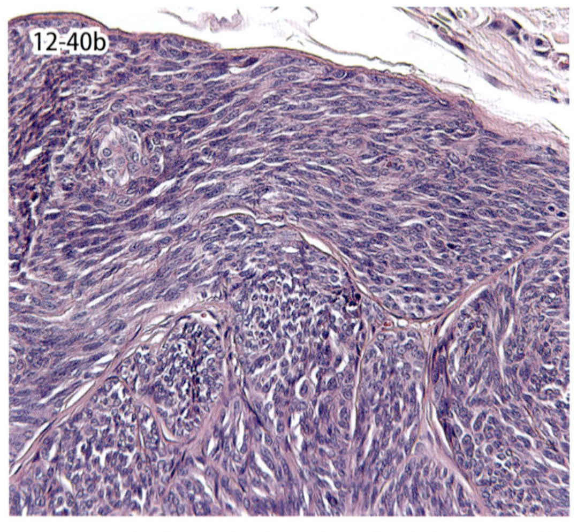

図 12-40　毛芽腫．リボン型（a，犬）．2 〜 3 列の腫瘍細胞が紐状に連なり，塊状増殖部と放射状に連続する．紡錘形細胞型（b，猫）．紡錘形細胞の分葉状配列．

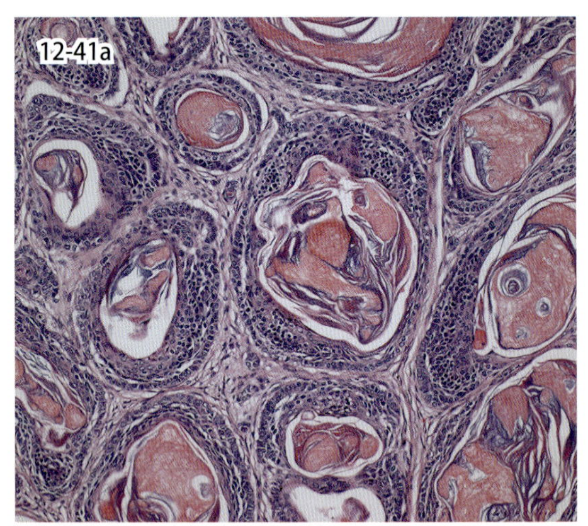

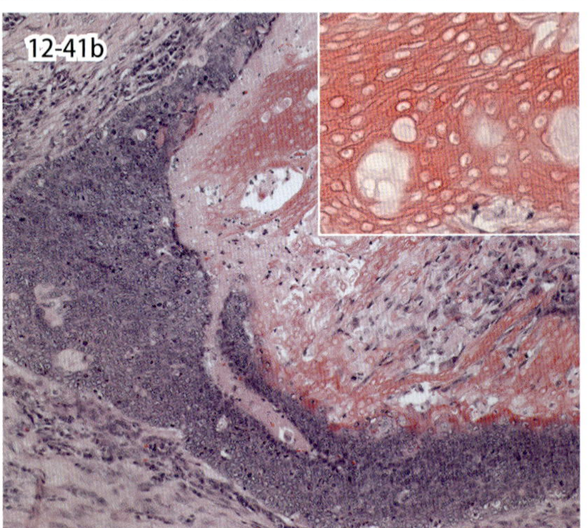

図 12-41　毛包上皮腫（a，犬）．基底細胞および扁平上皮細胞からなる胞巣の中心部は角質化を示す．毛母腫（b，犬）．基底細胞からなる嚢胞は，内腔に陰影細胞（挿入図）をいれる．

12-40．毛　芽　腫

Trichoblastoma

毛芽腫は，原始毛芽の特徴を持つ良性腫瘍である．以前は表皮基底細胞由来の基底細胞腫として分類されたが，毛芽への分化を示すことから改称された．犬と猫でよくみられる．増殖様式および細胞形態からリボン型，索状型，顆粒細胞型，紡錘形細胞型の 4 つに亜分類される．リボン型は，腫瘍細胞が分岐あるいは癒合しながら長い紐状に配列する（図 12-40a）．腫瘍細胞の核は紐の長軸に対して垂直に 2 ないし 3 列に並ぶ．索状型は腫瘍細胞が多葉状に配列する．小葉縁では核が柵状に配列する．顆粒細胞型は腫瘍細胞の細胞質内に豊富な好酸性微細顆粒を持つ．紡錘形細胞型は猫で多くみられ，紡錘形腫瘍細胞の多分葉状配列が特徴である（図 12-40b）．

12-41．毛包性腫瘍

Follicular tumors

毛包性腫瘍は犬，猫で好発し，多くは良性である．毛包上皮腫 trichoepithelioma は毛包漏斗部，峡部，毛包下部への分化を特徴とする．基底細胞様ないし扁平上皮細胞様腫瘍細胞からなる多数の島状組織，あるいは嚢胞構造として発生する（図 12-41a）．島状組織の中心は角化し，また嚢胞内にはケラチンが蓄積し，しばしば陰影細胞の小集塊がみられる．毛母腫 pilomatricoma は毛母基に由来する良性腫瘍で，犬でまれにみられる．毛母細胞に類似した数層の基底細胞様腫瘍細胞に裏打ちされた大型嚢胞が形成され，内腔にはケラチンおよび陰影細胞を充満する（図 12-41b）．陰影細胞はしばしば石灰沈着や骨化を伴う．

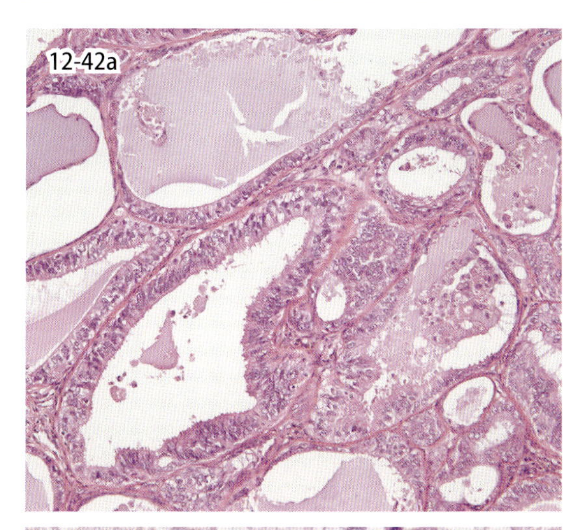

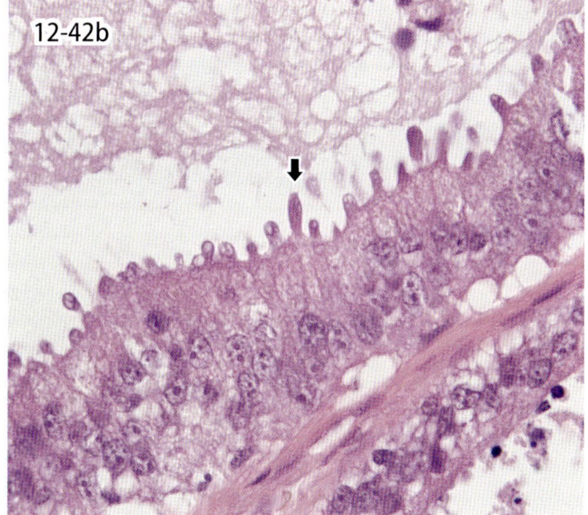

図 12-42　アポクリン腺腫（犬）．内腔の明瞭な大小の腺管が形成されている（a）．矢印はアポクリン腺に特有の断頭分泌像を示す（b）．

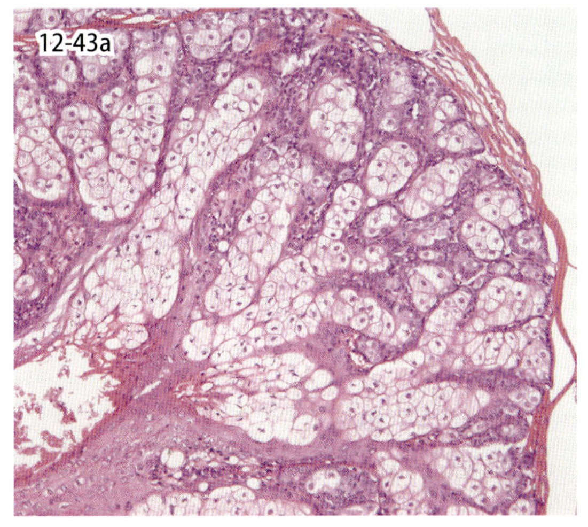

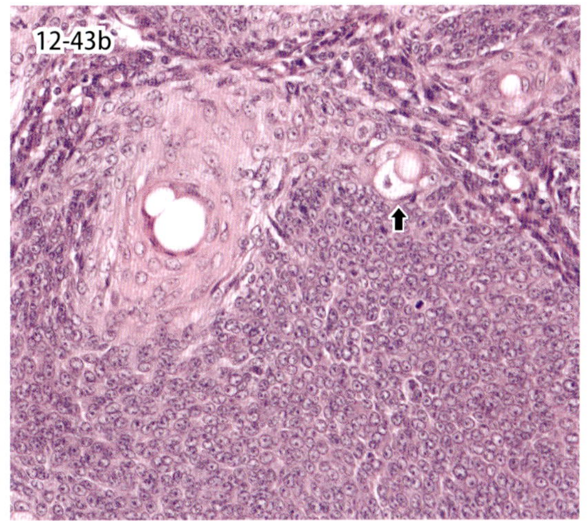

図 12-43　脂腺腺腫（a，犬）および脂腺上皮腫（b，犬）．腺腫は分化した脂腺細胞が主体であり，脂腺上皮腫では補助細胞の増殖が主体となる．矢印は分化の高い脂腺細胞を示す．

12-42. 汗腺腫瘍

Sweat gland tumors

汗腺腫瘍にはアポクリン汗腺腫瘍とエクリン汗腺腫瘍があるが，動物ではエクリン汗腺腫瘍の発生はきわめてまれで，犬猫の肉球にのみまれに起こる．組織学的に，アポクリン腺腫は比較的境界明瞭な腫瘍であり，異型性の低い立方ないし円柱状の細胞が大小さまざまな腺管，嚢胞または乳頭状構造を形成し，管腔内にしばしば分泌物を含んでいる（図 12-42a）．管腔を内張りする上皮には，アポクリン腺に特有の断頭分泌がみられる（図 12-42b）．筋上皮細胞の増殖や軟骨・骨形成を伴うと複合および混合アポクリン腺腫と分類される．アポクリン腺癌には浸潤性があり，付属リンパ節や遠隔臓器に転移することがある．アポクリン汗腺腫瘍は組織学的には耳垢腺腫瘍と乳腺腫瘍に類似する．

12-43. 脂腺腫瘍

Sebaceous tumors

脂腺腫瘍は，脂腺腺腫，脂腺上皮腫，脂腺癌に分類される．脂腺上皮腫は低悪性度腫瘍と考えられている．犬では一般的で，ほかの動物での発生は比較的少ない．腫瘍は表皮 - 真皮の境界から真皮内，または皮下組織にわたって形成され，結合組織隔壁で区画された脂腺小葉が密に集簇する．脂腺腺腫の小葉は，片縁に位置する 1 ～数層の濃染する分化の低い補助細胞と中心部に存在する細胞質に多数の小型空胞を有する成熟した脂腺細胞で構成される（図 12-43a）．脂腺上皮腫は補助細胞の増殖が主体となり，一部脂腺細胞を入れている（図 12-43b）．脂腺癌には種々の脂腺への分化がみられるが，細胞は全体的に未分化である．

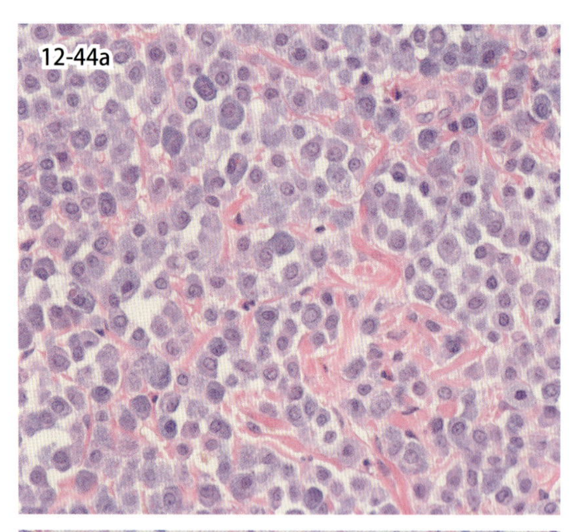

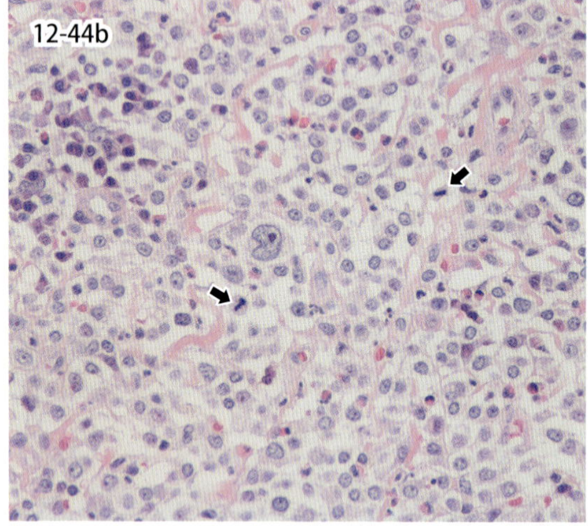

図 12-44a・b　皮膚肥満細胞腫（犬）．Patnaik グレードⅠ（a）とⅢ（b）．b において巨大核の腫瘍細胞（写真中央）や頻繁な分裂像（矢印）が認められる．

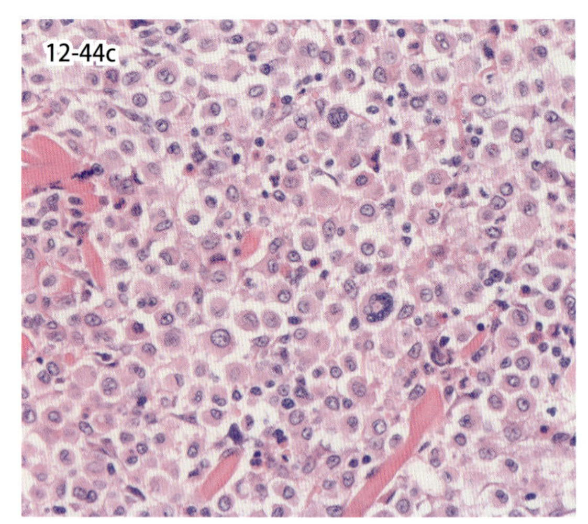

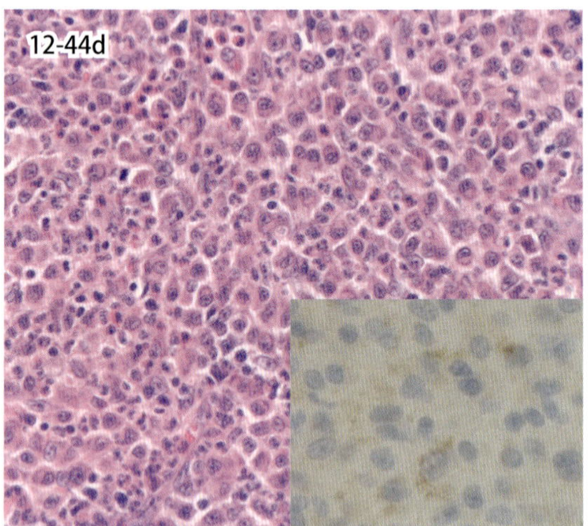

図 12-44c・d　皮膚肥満細胞腫（猫）．多形型（c）と組織球様（d）．挿入図（d）は c-KIT 免疫染色．組織球様の腫瘍細胞が c-KIT 陽性を呈している．

12-44. 皮膚肥満細胞腫

Cutaneous mast cell tumor

犬では最も発生頻度の高い皮膚腫瘍である．被膜のない真皮内あるいは皮下組織にいたる腫瘤で，索状からシート状に配列した独立円形細胞の増殖である．正常肥満細胞に類似した円形核と微細顆粒を充満した豊富な細胞質からなる高分化な細胞から，異型核と顆粒が不明瞭な細胞質からなる低分化な細胞まで多様である．好酸球の浸潤がほとんどの腫瘍で認められ，膠原線維の増生や変性，浮腫も頻繁に伴っている．犬の皮膚肥満細胞腫の予後評価にはグレードⅠ（高分化型），Ⅱ（中間型），Ⅲ（低分化型）の３段階からなる Patnaik の分類が長く用いられているが，診断医間の不一致や，グレードⅡに分類される腫瘍数が多いことにより，予後評価に混乱が生じている．このため，２段階分類（Kiupel 分類）が提唱されている．

猫においても肥満細胞腫はありふれた皮膚腫瘍で，多発する傾向がある．大半は犬の Patnaik グレードⅠに類似した高分化型であり，正常肥満細胞に類似した円形細胞のシート状増殖からなる．犬と異なり好酸球浸潤や膠原線維の増生や変性は乏しい．犬のような組織学的グレード分類は存在しない．まれに多形型や非定型的乏顆粒型（組織球様）がみられる．多形型肥満細胞腫は核の大小不同が明瞭で多核細胞が多く認められ，分裂頻度も高く，全身転移する可能性がある（図 12-44c）．組織球様肥満細胞腫は腫瘍細胞が組織球に類似しており，好酸球などの炎症性細胞が多数浸潤するため，炎症との鑑別が必要となる（図 12-44d）．診断にはトルイジン青染色や c-KIT や mast cell tryptase などの免疫組織化学を併用することが望ましい．

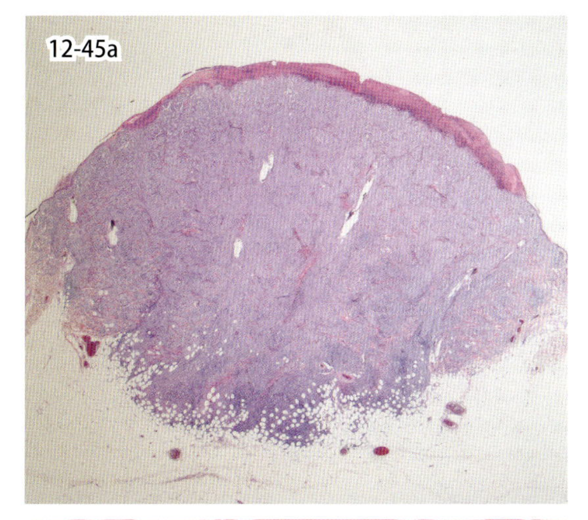

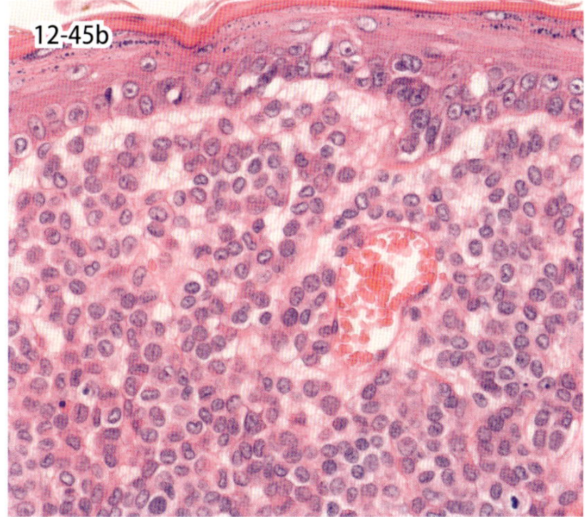

図 12-45a・b　犬皮膚組織球腫（犬）．低倍像（a）では top heavy なシルエットが明らかである．ソラマメ型の淡染核が多くみられる（b）．

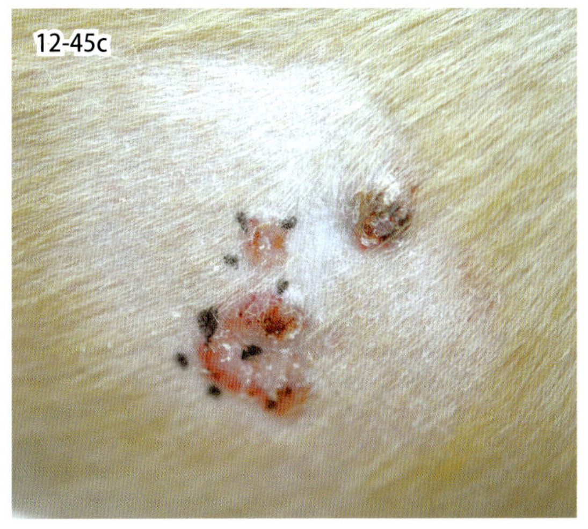

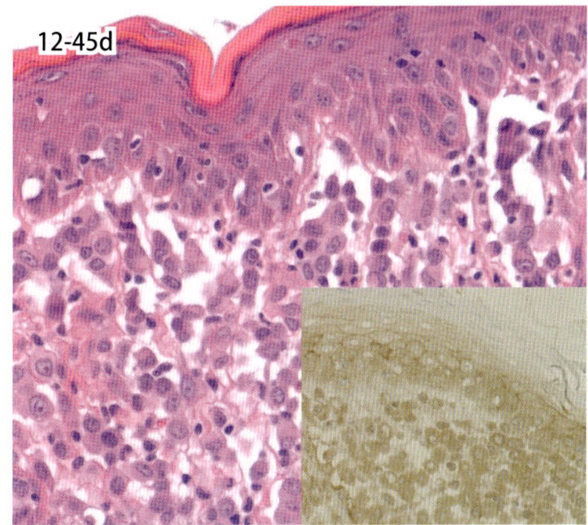

図 12-45c・d　犬皮膚ランゲルハンス細胞性組織球症（犬）．肉眼（c）および組織所見（d）．腫瘍細胞の異型性が目立つ（d）．挿入図（d）は E-cadherin 免疫染色．

12-45．犬皮膚組織球腫，犬皮膚ランゲルハンス細胞性組織球症

Canine cutaneous histiocytoma，Canine cutaneous Langerhans cell histiocytosis

皮膚組織球腫は E-cadherin 陽性の表皮ランゲルハンス細胞由来の増殖性病変で，もっぱら犬に生じ，大半は良性挙動を示す．3 歳以下でよくみられるが，中年齢以降の発生も決して珍しくない．肉眼的に孤在性ドーム状腫瘍である．真皮浅層で増殖するため低倍像で頭でっかち top heavy のシルエットを示し，突起の伸長を伴うことが多い（図 12-45a）．腫瘍細胞は表皮基底膜に接近，接触し，まれに表皮に浸潤する．腫瘍細胞は豊富な両染性細胞質と大小不同に乏しい類円形～ソラマメ型の淡染核を有し，核溝 nuclear crease を示してコーヒー豆様にみえることもある（図 12-45b）．分裂像は一般に多い．大半の病変はリンパ球が浸潤して自然退縮する．退行期の病変はリンパ腫との鑑別に注意が必要である．

皮膚ランゲルハンス細胞性組織球症は，皮膚組織球腫が多発した状態を指す（図 12-45c）．シャーペイに好発するが，他の犬種でも起こる．獣医領域では犬以外で本症の報告はない．初期には皮膚に限局しているが，粘膜皮膚移行部，所属リンパ節，内臓に波及することもある．個々の病変は皮膚組織球腫と大差ないものの，腫瘍細胞の異型性が目立ち，核の大小不同や多核細胞を伴うこともまれにある（図 12-45d）．腫瘍細胞のリンパ管浸潤は，リンパ節への腫瘍の波及を予見させる予後不良因子である．全身性ランゲルハンス細胞性組織球症の際には常に肺に病変がみられ，腫瘍細胞は気管支周囲に分布する．

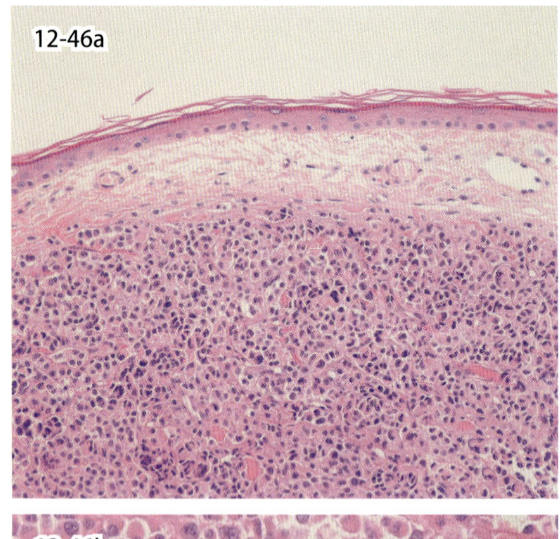

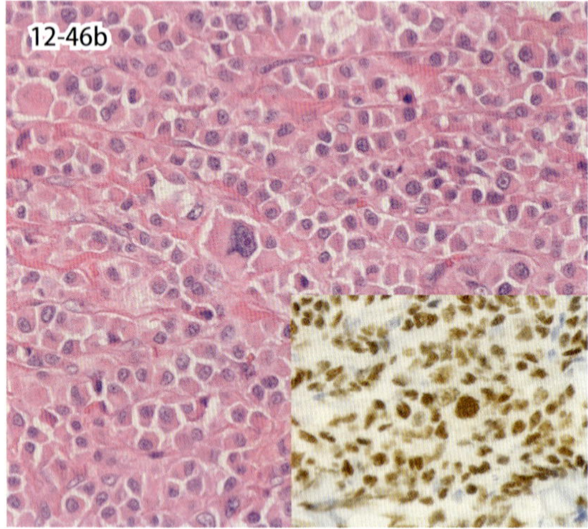

図 12-46a・b　形質細胞腫（犬）．真皮浅層の Grenz zone を示す（a）．腫瘍細胞は多形性に富み（b），MUM1 免疫染色に陽性である（b の挿入図）．

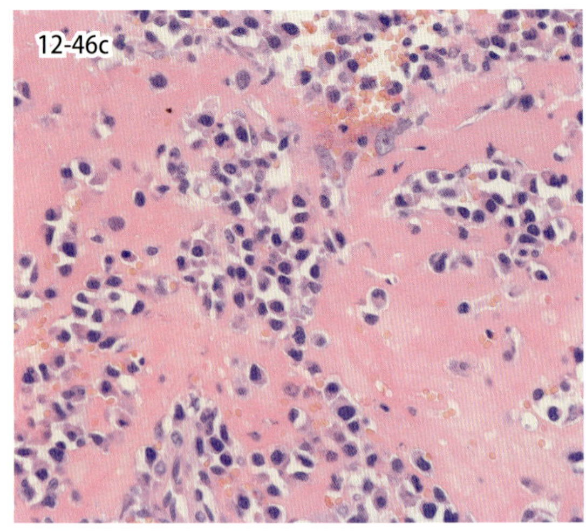

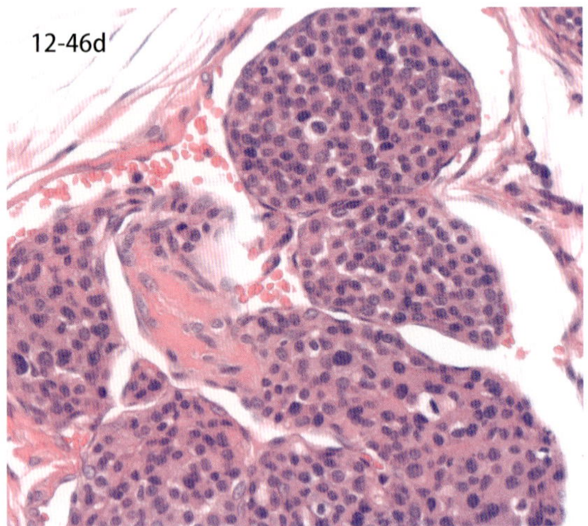

図 12-46c・d　形質細胞腫（犬）．腫瘍細胞によるアミロイド産生（c）と，リンパ管への腫瘍伸長（d）を示す．

12-46. 形質細胞腫

Plasma cell tumor，Plasmacytoma

犬でよくみられ，好発部位は耳介，口唇，指趾，顎，口腔粘膜である．口腔以外の消化管粘膜にもまれに発生する．大部分は孤在性および良性で外科的剔出によって治癒するが，まれに多発し悪性挙動を示すことがある．本腫瘍と全身性形質細胞性悪液質が関連していることは滅多にない．

腫瘍細胞は多形性を呈し，シート状・充実性胞巣状に増殖する．繊細な血管結合織で分画された細胞胞巣をしばしば認める．腫瘍性腫瘤と表皮は多くの場合，腫瘍細胞を含まない真皮浅層の帯状領域 Grenz zone で隔てられており，他の独立円形細胞腫瘍との鑑別点の 1 つとなる（図 12-46a）．腫瘍細胞は中等量～豊富な細胞質，大小不同の明らかな円形～類円形核，核内に均一に分布する粗大なクロマチン（車軸状核），明瞭な核小体を有する（図 12-46b）．分裂頻度はさまざまである．大型核や複数核，核周囲明庭（ゴルジ野）も本腫瘍細胞の特徴である．腫瘍の辺縁部において，正常な形質細胞に類似した形態を示すことが多い．間質にアミロイド沈着を伴うことがある（図 12-46c）．腫瘍細胞の形態に基づく細分類が提唱されているが，臨床的挙動との相関性は示されていない．腫瘤の辺縁において，内皮細胞で覆われた腫瘍細胞の集塊がリンパ管内腔に認められることがある（腫瘍伸長）（図 12-46d）．これは腫瘍細胞の脈管内浸潤とは区別されるべき所見で，臨床家に混乱を与えないために詳細な観察が望まれる．形質細胞腫と他の独立円形細胞腫瘍との鑑別には，抗 Multiple myeloma oncogene 1（MUM1）抗体を用いた免疫染色が有用である（図 12-46b）．

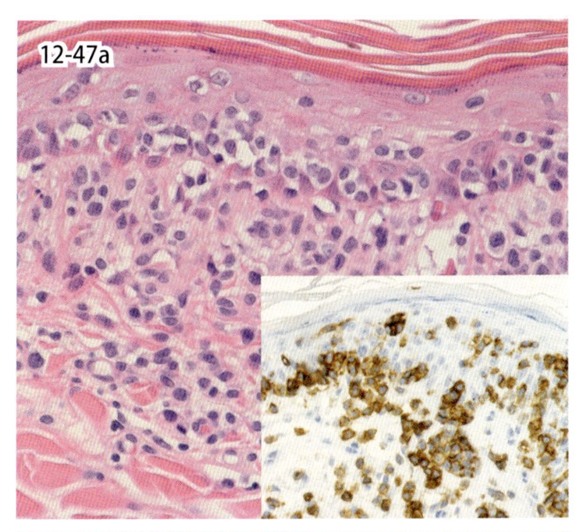

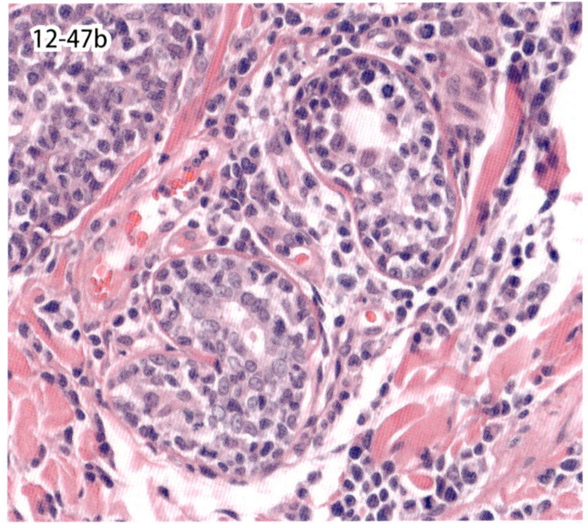

図 12-47a・b　上皮向性リンパ腫（犬）．挿入図（a）は CD3 免疫染色．腫瘍細胞は表皮（a）や汗腺上皮（b）に浸潤している．

12-47c

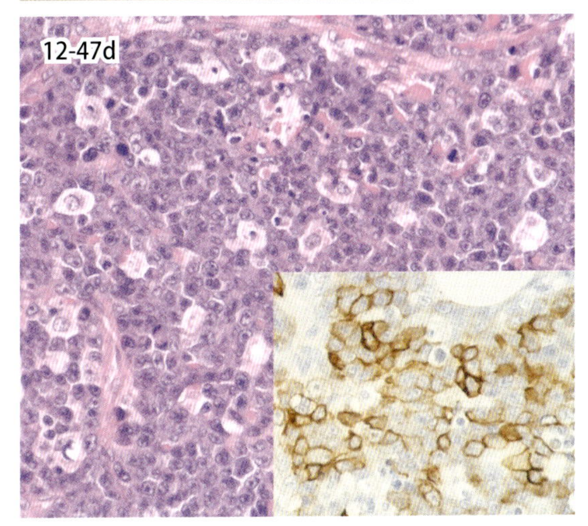

図 12-47c・d　非上皮向性リンパ腫（猫）．真皮～皮下組織に形成された腫瘤（c）は B 細胞性リンパ腫である（d，挿入図は CD20 免疫染色）．

12-47．皮膚リンパ腫

Cutaneous lymphoma

皮膚リンパ腫は表皮および上皮への浸潤（上皮向性）の有無によって大別される．

上皮向性リンパ腫は犬で最もよくみられ，猫，馬，牛，フェレットでも報告がある．このタイプのリンパ腫はもっぱら T 細胞由来で，「典型的」菌状息肉腫 'classical' mycosis fungoides（表皮，毛包上皮，汗腺上皮，真皮で腫瘍細胞が増殖し，腫瘍期にはリンパ節に波及する），パジェット様細網症 pagetoid reticulosis（表皮や上皮のみが侵され腫瘤を形成しない），Sézary 症候群 Sézary syndrome（菌状息肉腫の腫瘍期の病態に加え，末梢血にも腫瘍細胞が検出される）を含む．腫瘍細胞は概して小型だが，腫瘍期には中型～大型リンパ球に類似する．表皮や毛包上皮で増殖する腫瘍細胞は，び漫性に増殖するとともに表皮内の腫瘍細胞の小集塊であるポトリエ Pautrier の微小膿瘍の形成や，全層ではなく基底側半分に集中するなどの特徴を示すことがある（図 12-47a，b）．

非上皮向性リンパ腫は猫で比較的よくみられる．皮膚原発の場合と播種性リンパ腫の一環である場合がある．T 細胞由来のことが多いが，B 細胞性の腫瘍もまれにみられる（図 12-47c，d）．腫瘍細胞の形態は多様である．皮膚原発の非上皮向性リンパ腫として血管向性 angiotropic（リンパ腫様肉芽腫症 lymphomatoid granulomatosis などの別名が複数ある），血管中心性 angiocentric，血管浸潤性 angioinvasive の各リンパ腫があり，炎症と腫瘍の鑑別が困難なことが多いため，継時的な生検と免疫組織化学的検索が望まれる．

II．軟部組織の病変

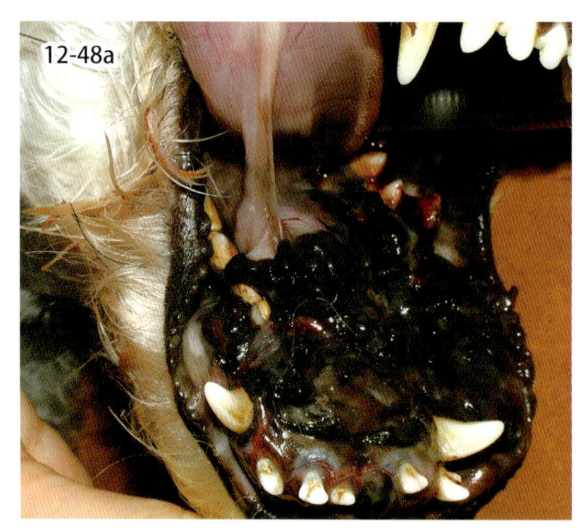

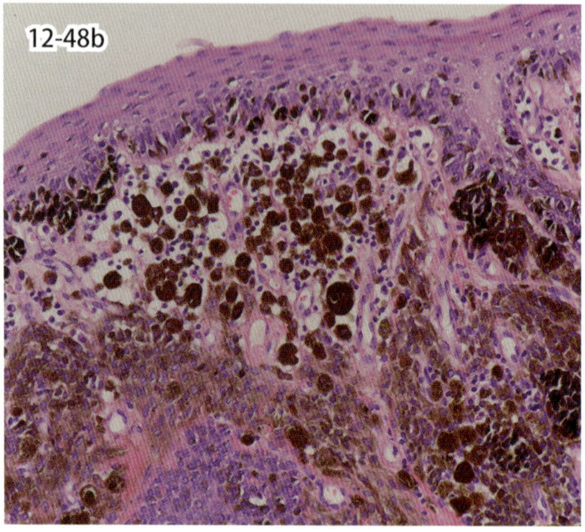

図 12-48　悪性黒色腫（犬）．口腔内黒色結節（a）．メラニン色素を含む腫瘍細胞．腫瘍細胞は表皮内にも巣状に集簇している（b）（写真提供：a は廉澤　剛氏）．

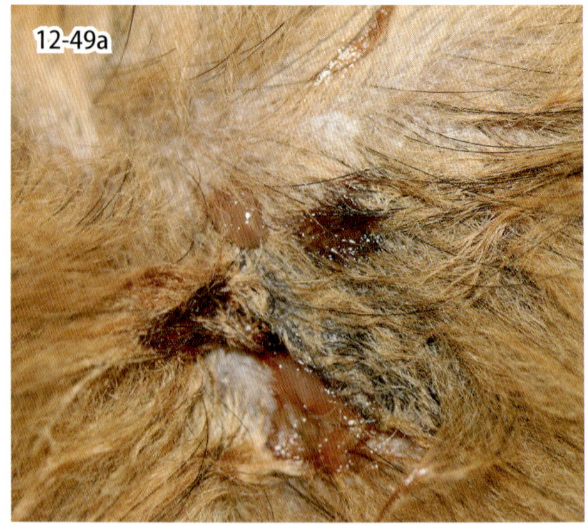

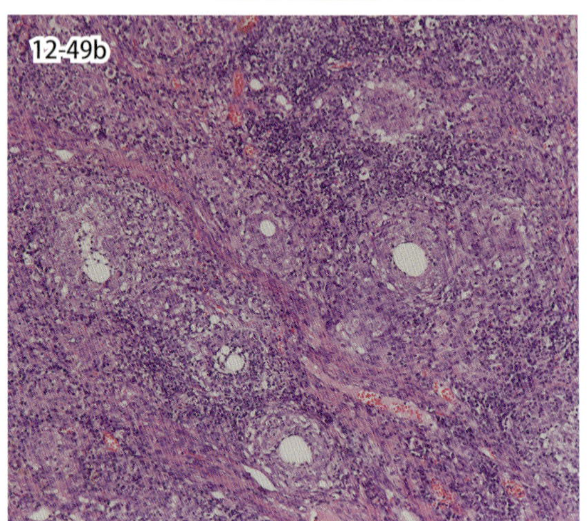

図 12-49　無菌性結節性脂肪組織炎（犬）．瘻管形成および脂肪を含む液体の流出（a）．脂肪組織周囲にマクロファージ，リンパ球，好中球が浸潤（b）（写真提供：a は柴田久美子氏）．

12-48．悪性黒色腫

Malignant melanoma

メラノサイトから発生する腫瘍で，良性はメラノサイトーマ，悪性は悪性黒色腫（メラノーマ）とされる．犬，馬，豚では一般的な腫瘍であるが，猫や牛ではまれである．良性腫瘍は，犬では眼瞼部，馬では四肢や体幹部に好発する．犬の有毛部に形成される腫瘍は良性であることが多く，眼瞼部を除く皮膚粘膜移行部や口腔内，爪下に発生する腫瘍は悪性の挙動を示す（図 12-48a）．腫瘍細胞は多様な組織像を呈し，顕著なメラニン色素を含む場合や色素が確認できない場合などさまざまである．表皮真皮境界部活性や上皮内細胞浸潤が特徴的である（図 12-48b）．分裂像は重要な予後因子であり，口腔内では 4 個以上 /10 高倍率視野，皮膚では 3 個以上 /10 視野である場合，予後が悪い．

12-49．無菌性結節（性）脂肪組織炎

Sterile nodular panniculitis

脂肪組織炎は皮下の脂肪組織に引き起こされる炎症であり，さまざまな要因により引き起こされるが，無菌性結節性脂肪組織炎は特発性あるいは一次性，または膵臓の結節性過形成，膵臓腫瘍，膵炎，免疫介在性疾患に付随して発生する．犬では皮下以外にも腹腔内や脊髄腔，骨組織内にも発生が報告されている．ミニチュア・ダックスフンドで好発傾向を示す．肉眼的には体幹部に好発し，孤在性あるいは多発性で，しばしば瘻管の形成を伴う．組織学的には，皮下に結節性から多結節性に好中球とマクロファージ，リンパ球からなる肉芽腫を形成し，中心部には脂肪組織が含まれる．感染性の脂肪組織炎との鑑別は困難であることから，確定診断には特殊染色や細菌培養などが必要である．

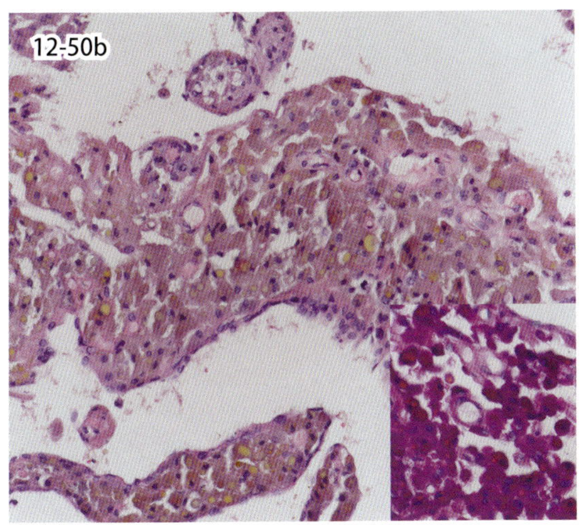

図 12-50　黄色脂肪症（猫）．黄色化した脂肪組織（a）．茶褐色の色素を含むマクロファージの浸潤（b）．挿入図の褐色の色素は PAS 反応に陽性を示す．

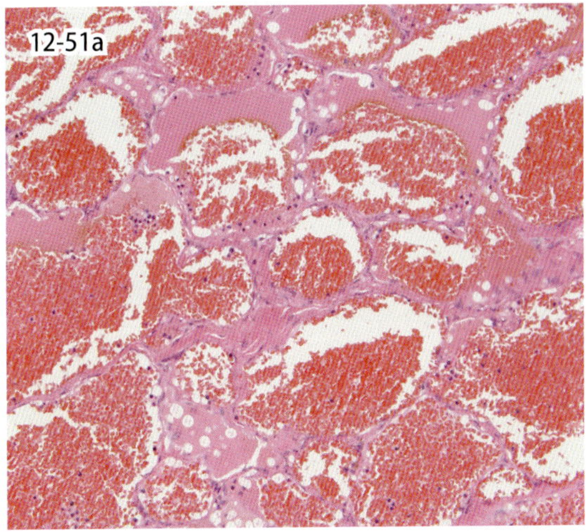

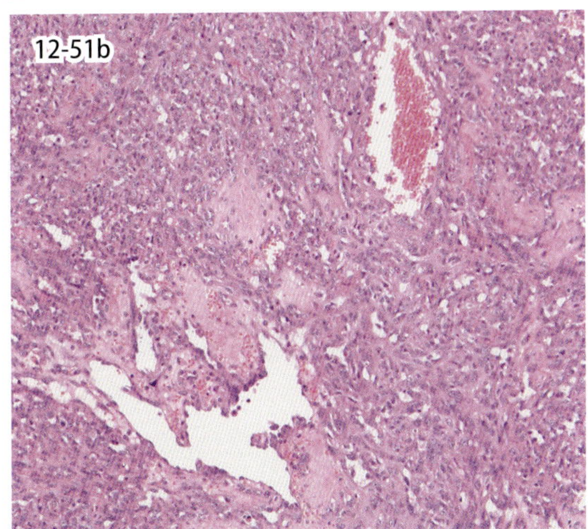

図 12-51　血管腫（a）と血管肉腫（b）（犬）．a は海綿状血管腫．大小の血管腔が複数形成されている（a）．異型性の強い細胞が小型の不整な血管を主体に形成している．

12-50．黄色脂肪症

Yellow fat disease

脂肪組織炎（黄色脂肪症）はビタミン E の欠乏により引き起こされる．猫，豚，子馬，ミンクで報告がある．高級不飽和脂肪酸に富み，α-トコフェロール（VitE）の少ない餌により，脂肪酸の酸化が引き起こされる．猫では，発熱や全身倦怠感，皮下に病変が波及した場合は，疼痛の原因となる．肉眼的に脂肪組織は消耗性色素（セロイド）に黄色化する（図 12-50a）．組織学的には脂肪組織の壊死と好中球やマクロファージ，多核巨細胞の浸潤とセロイド沈着が認められる（図 12-50b）．この不溶性の色素は抗酸菌染色や PAS 反応に陽性を示す．子馬でも黄色脂肪症は，ビタミン E 欠乏により引き起こされるが，筋変性を伴っている．

12-51．血管腫，血管肉腫

Hemangioma，Hemangiosarcoma

血管内皮細胞由来の腫瘍は犬に多く発生し，ときに猫，馬に発生する．血管腫は犬と馬に多く，血管肉腫は犬に多い．血管腫は異型のない内皮細胞が血液を貯留した大小多数の血管腔を形成する病巣で，血管腔の大きさによって毛細血管腫と海綿状血管腫に分類される（図 12-51a）．血管腫の中には真の腫瘍と組織奇形との鑑別が難しいものがあり，血管腫類似の病変が血管腫症や血管過誤腫として報告されているが，それらの疾患の中にも真の腫瘍と奇形的な病変が混在していると考えられている．血管肉腫は多型な内皮細胞が不整な血管腔を形成し出血壊死を伴うことが多く（図 12-51b），皮膚や皮下組織に原発する場合と内臓発生腫瘍の転移病巣として形成されることがある．

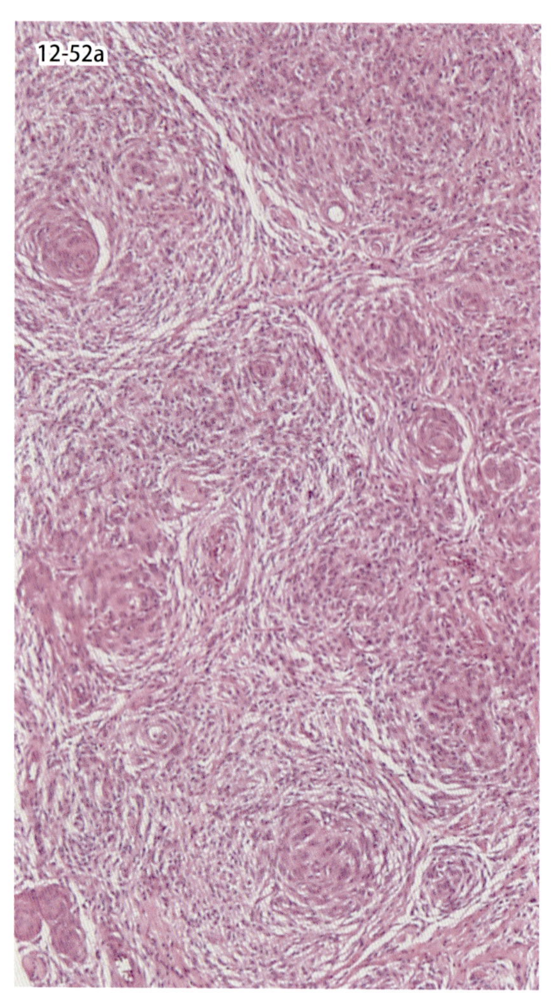

図 12-52a　犬血管周皮腫．腫瘍細胞が大小多数の渦巻き状配列を形成して増殖している．渦巻き構造を形成する領域の細胞密度は高いが，周囲は細胞間がやや疎である．

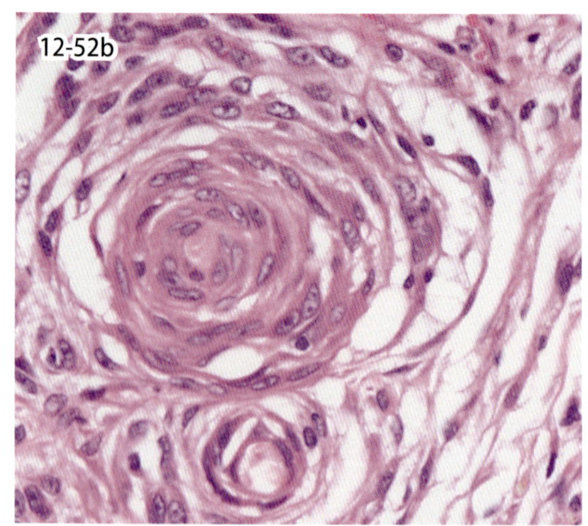

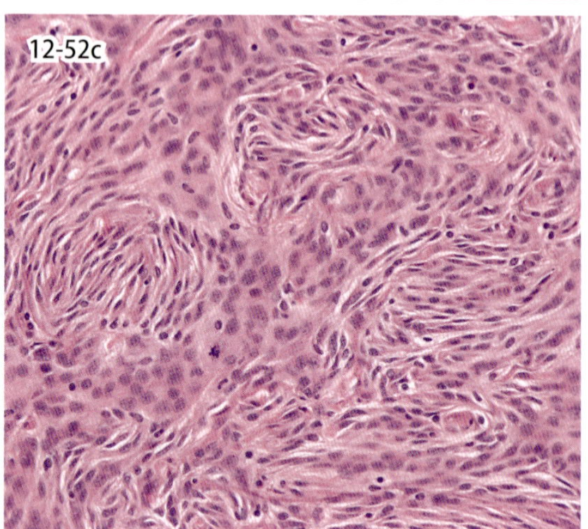

図 12-52b・c　犬血管周皮腫．2 種類の特徴的な腫瘍細胞の配列．b には渦巻き状配列が 2 個認められ，上部の構造の中心には血管がみられず，下部の構造の中心には血管様構造が存在する．

12-52．犬血管周皮腫

Canine hemangiopericytoma

犬血管周皮腫は犬に発生する軟部組織腫瘍の中で発生が多い腫瘍である．性差や好発品種はないが大型犬種に多く発生するとされる．通常は孤在性，低成長性，多結節性の腫瘤で肉眼的境界が明瞭なことが多く，大型の腫瘤を形成することもある．肉眼的境界が不明瞭な場合や広範囲な切除縁を取れないことが原因でしばしば再発する．肉眼的境界が明瞭でも切除縁が乏しいと再発が起こりやすい．遠隔転移はまれである．多くは真皮と皮下組織に発生し，腫脹した紡錘形細胞が渦巻き状の配列を形成する像が特徴的で，ときに中心に小血管を含む（図 12-52b）．同じ形態の細胞がシートや折り重なる細胞束も形成し（図 12-52c），多角形細胞や多核細胞もみられ，種々の量の膠原線維成分を伴うものが多い．細胞密度の高い領域と粘液腫様変化を伴う疎な領域が混在し，リンパ球集簇巣が混在することもある．腫瘍巣辺縁では腫瘍細胞が筋膜沿いに微小な伸展を起こすことが多く，これが臨床的に境界明瞭と感じられる腫瘍が不完全切除となりやすい原因となる．近年，これまで犬血管周皮腫とされてきた腫瘍の中に血管周皮細胞以外の血管壁を構成する種々の細胞由来の腫瘍（グロームス腫瘍，真の血管周皮腫，脈管平滑筋腫 / 肉腫，脈管筋線維芽細胞腫，脈管線維腫）が混在していることが報告された．これらの腫瘍の鑑別には種々の免疫染色が必要で，組織学的特徴と生物学的挙動が類似していることから，血管内皮細胞以外の血管壁を形成する細胞由来腫瘍を指す，血管周囲壁腫瘍 perivascular wall tumor（PWTs），という名称が提唱されている．

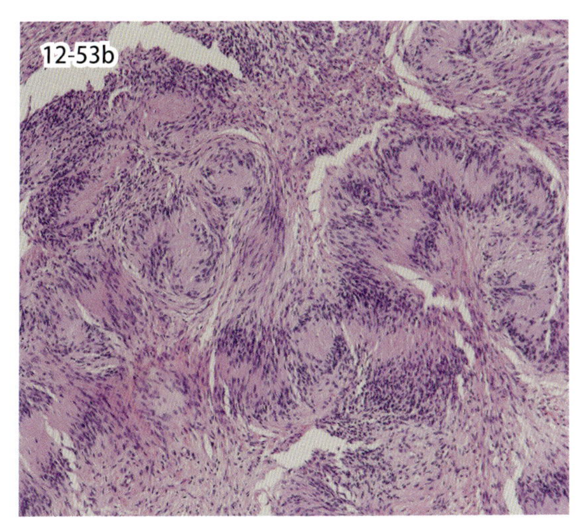

図 12-53　悪性末梢神経腫瘍（a，犬）．腕神経叢の神経はび漫性に腫大（a）．良性末梢神経腫瘍（b，猫）．紡錘形細胞の柵状配列を示す（写真提供：a は高木　哲氏）．

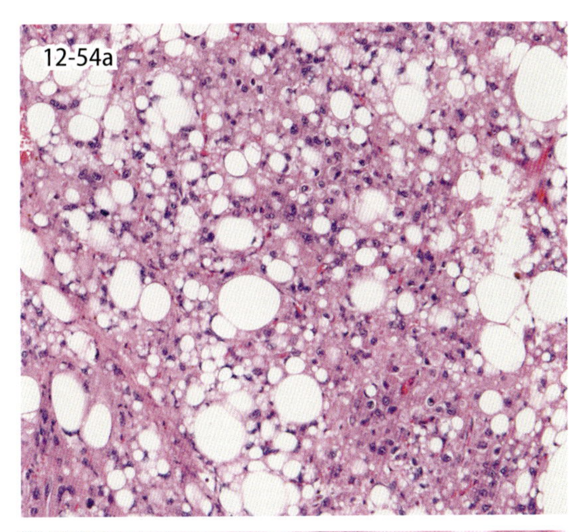

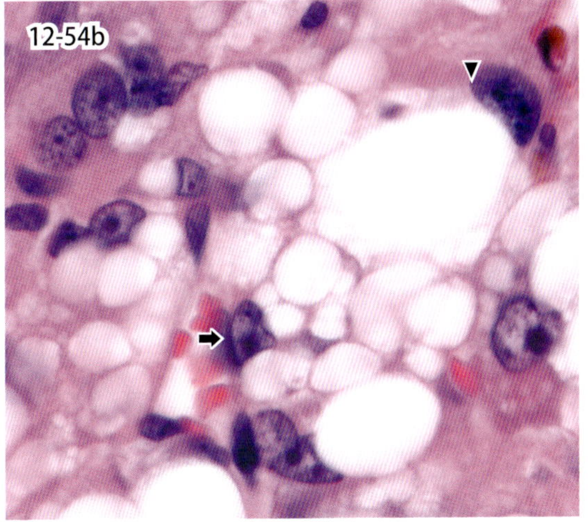

図 12-54　脂肪肉腫（犬）．細胞質内に大小の空胞を持つ腫瘍細胞が密に増殖している（a）．細胞質内に複数の脂肪滴を持つ腫瘍細胞（矢印）と大きな脂肪滴を 1 つ持つ腫瘍細胞（矢頭，b）．

12-53．末梢神経鞘腫瘍

Peripheral nerve sheath tumor（PNST）

末梢神経腫瘍は，シュワン細胞由来や線維芽細胞，神経周膜細胞からなる腫瘍の総称である．

良性の末梢神経腫瘍は猫の頭部に好発するが，犬ではまれである．牛では，多発性の腫瘤が皮下や心臓，腕神経叢に形成されることもある．馬では，眼瞼部に好発する．腫瘍は波状を示す紡錘形細胞の束状，柵状，同心円状を示す（図 12-53b）．

悪性の末梢神経腫瘍は，犬で最も好発し，猫ではまれである．腕神経叢や腰神経叢に好発する．明らかな腫瘤を形成せず，神経自体が腫大することが特徴的である（図 12-53a）．病変は複数の神経を巻き込み，神経を伝わって広がる．組織学的には，紡錘形細胞の束状，同心円状，シート状配列と線維状の間質からなる．

12-54．脂肪腫，脂肪肉腫

Lipoma，Liposarcoma

脂肪腫は脂肪細胞由来の良性腫瘍で，すべての動物に発生する．一般的に，成年から老年の動物に発生し，多くは体幹と四肢に発生し，多発することもある．よく分化した脂肪細胞で構成された境界明瞭な結節を形成し，軟骨，骨，膠原線維，血管を含むことがある．ほかの良性間葉系腫瘍成分を含む場合は，脈管脂肪腫，線維脂肪腫，筋脂肪腫などと呼ばれる．犬には脂肪腫と同じ形態の腫瘍が筋肉や筋膜に浸潤する浸潤性脂肪腫 infiltrative lipoma と呼ばれる腫瘍もまれに発生する．脂肪肉腫は異型な核を持つ脂肪細胞や脂肪芽細胞で構成される腫瘍で，細胞の形態や間質の状態で高分化型，多形型，粘液型に分けられる（図 12-54a，b）．局所再発が起こることがあるが，転移はまれである．

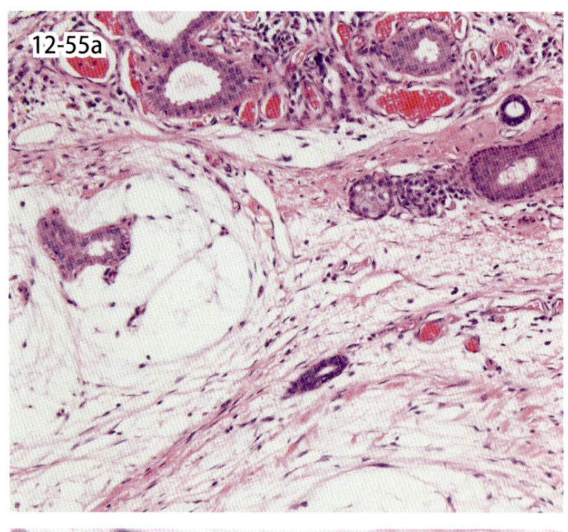

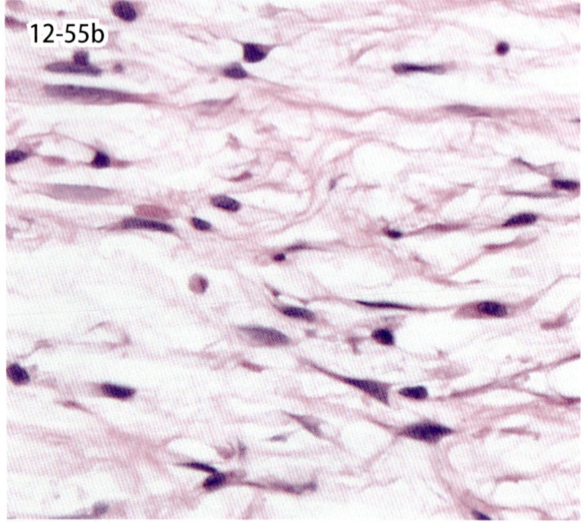

図 12-55 粘液腫（犬）．細胞間に豊富な粘液成分を伴う腫瘍組織が皮膚付属器間に浸潤性に増殖している（a）．腫瘍細胞の異型は乏しく，細胞質は少ない（b）．

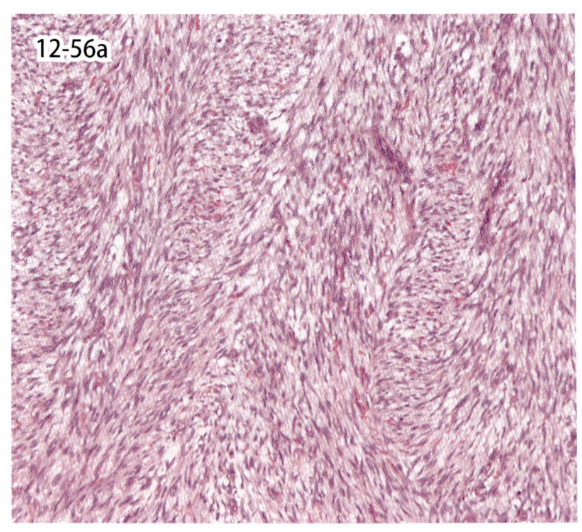

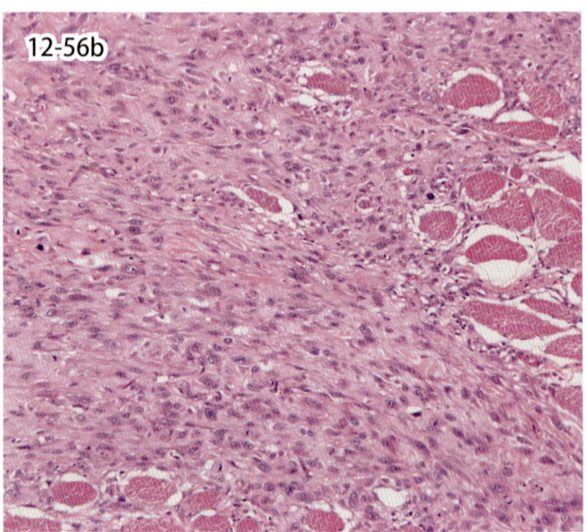

図 12-56 線維肉腫（a は犬，b は猫）．紡錘形の腫瘍細胞が杉綾模様を形成して配列している（a）．異型性のやや強い腫瘍細胞が筋肉組織間に浸潤性に増殖している（b）．

12-55. 粘液腫，粘液肉腫

Myxoma，Myxosarcoma

皮膚の粘液腫と粘液肉腫は線維芽細胞あるいは多分化能を持つ間質細胞が豊富なムコ多糖基質を伴って増殖する腫瘍で，その発生はまれである．通常，成年から老年の動物に発生し，境界不明瞭な浸潤性のある軟性腫瘤として発生する．組織学的には被膜を持たない，真皮や皮下組織の腫瘤で，星状から紡錘形の細胞が豊富な粘液と細い膠原線維を伴って増殖する（図 12-55a）．粘液腫と粘液肉腫のいずれも浸潤性腫瘍で局所再発が起こりやすく，核分裂像が乏しいため両者の区別が難しいことが多い．核や細胞の異型性が乏しいものを粘液腫（図 12-55b），異型性がより明らかなものや異型核分裂像が存在するものを粘液肉腫とする．

12-56. 線維腫，線維肉腫

Fibroma，Fibrosarcoma

線維腫は線維芽細胞と豊富な膠原線維で構成されるまれな腫瘍で，成年から老年期に発生し，被膜のない境界明瞭な真皮あるいは皮下組織の腫瘤である．線維肉腫は犬猫の発生が多く，皮下組織に発生し，腫瘍細胞が杉綾模様状に配列する像が典型だが（図 12-56a），この像を示さない例も多く，膠原線維の豊富な肉腫が線維肉腫と診断されることもある．犬では老齢動物に発生し，低悪性度で局所再発が起こりやすく転移はまれである．顎骨に発生する高分化型線維肉腫では硝子化した膠原線維が主体で細胞成分が乏しいこともある．猫ではレトロウイルスの関連した線維肉腫とワクチン接種部位に発生する線維肉腫が多く，腫瘍細胞の異型性や浸潤性が強い例が多い（図 12-56b）．

索　　引

日本語索引（五十音順）

き

く

け

こ

せ

そ

た

ち

つ

て

と

な

へ

ほ

ま

み

む

め

も

ゆ

よ

ら

り

る

れ

ろ

わ

外国語索引（アルファベット順）

A

B

C

D

E

I

J

L

M

R

S

T

動物病理カラーアトラス **第2版**　　定価（本体 17,000 円＋税）

2007 年 2 月 20 日　第 1 版第 1 刷発行　　<検印省略>
2018 年 1 月 20 日　第 2 版第 1 刷発行
2022 年 9 月 20 日　第 2 版第 3 刷発行

編　集　日本獣医病理学専門家協会
発行者　福　　毅
印刷・製本　㈱ムレコミュニケーションズ

発　行　**文永堂出版株式会社**
〒 113-0033　東京都文京区本郷 2 丁目 27 番 18 号
TEL　03-3814-3321　FAX　03-3814-9407
URL　https://buneido-shuppan.com
振替　00100-8-114601 番

ISBN 978-4-8300-3268-4